铅锌质量技术监督手册

中国有色金属工业标准计量质量研究所　编著

北　京
冶 金 工 业 出 版 社
2002

图书在版编目(CIP)数据

铅锌质量技术监督手册/中国有色金属工业标准计量质量研究所编著 .—北京:冶金工业出版社,2002.4
ISBN 7-5024-2966-2

Ⅰ.铅… Ⅱ.中… Ⅲ. ①铅—粉末冶金制品—质量管理—技术手册 ②锌—粉末冶金制品—质量管理—技术手册 Ⅳ.TF125.2-62

中国版本图书馆 CIP 数据核字(2002)第 005035 号

出版人　曹胜利(北京沙滩嵩祝院北巷 39 号,邮编 100009)
责任编辑　王之光　美术编辑　熊晓梅　责任校对　栾雅谦　责任印制　李玉山
北京兴华印刷厂印刷;冶金工业出版社发行;各地新华书店经销
2002 年 4 月第 1 版,2002 年 4 月第 1 次印刷
787mm×1092mm　1/16;　31 印张;　747 千字;　484 页;　1-3000 册
80.00 元
冶金工业出版社发行部　电话:(010)64044283　传真:(010)64027893
冶金书店　地址:北京东四西大街 46 号(100711)　电话:(010)65289081
(本社图书如有印装质量问题,本社发行部负责退换)

编 委 会 成 员

鸣　谢：

深圳市中金岭南有色金属股份有限公司

白银有色金属公司

葫芦岛锌业股份有限公司

前　言

铅、锌属于十大常用有色金属，是国民经济建设不可缺少的物资。铅主要用于电气工业、印刷业、军工、化工及放射性防护工业等行业，2000年世界总产量已达663万t，中国产量达101万t；锌用于镀锌、铜合金等基础工业，2000年世界总产量达890万t，中国产量达184万t。随着我国加入WTO，以及世界经济一体化进程的加快，提高产品质量已成为占领市场的关键和追求效益的主要途径。因此，加强铅、锌的质量监督和管理，有着极其深远的意义。

本手册共分八章，主要介绍国内外铅、锌的资源、生产和消费概况及其冶炼技术发展动向，LME的铅、锌贸易要求、价格走势，世界铅、锌进出口贸易统计，铅、锌的品种和质量、铅、锌的检验方法及质量标准要求等，其中包括40个国家标准和行业标准，特别适合于铅、锌生产、使用、质量监督和贸易等部门相关人员使用。

本手册中引用的国家标准和行业标准，以忠实原文为宗旨，未做任何改动，读者在使用时，对计量单位应按国际单位制进行换算后使用。

在本手册的编写过程中，得到了铅、锌相关企业的支持，在本书出版之际，谨向为本书的编写做出贡献的单位和专家表示衷心的感谢。

由于本手册编写时间仓促，水平有限，难免有不足之处，敬请读者提出宝贵意见，请与主编单位(中国有色金属工业标准计量质量研究所)联系。

电话：010—62228795，传真：010—62241898，E-mail：cnsmw@x263.net。

编　者

2001年12月

目　录

第一章　国内外铅、锌概况

第一节　国外铅、锌概况

一、资源状况

据2000年美国地调局统计，已查明世界的铅资源量为15亿t，锌资源量为19亿t。2000年已查明世界的铅储量为6400万t，储量基础13000万t；锌储量为19000万t，储量基础43000万t。铅、锌储量较多的国家见表1-1。

表1-1　世界上著名的铅、锌资源国家　（万t）

铅储量国家	铅储量	锌储量	铅储量基础	锌储量基础
澳大利亚	2000	1700	3400	6500
美　国	800	1600	2000	5000
加拿大	400	2100	1300	5600
秘　鲁	200	700	300	1200
南　非	200	—	300	—
墨西哥	100	600	200	800
原苏联地区	900	1000	1200	1500
其　他	1800	11300	4300	22400
总　计	6400	19000	13000	43000

二、生产状况

（一）精矿生产

20世纪70年代曾是世界铅精矿产量增长最快、年产量最高的时期，年产量在340～360万t（金属铅量，下同）之间，进入80年代以来逐年下降，1981～2000年间年均下降0.4%，2000年略有回升为318.4万t。世界铅精矿产量下降的主要原因是80年代后，再生铅生产得到了很大发展，对精矿的需求减少。1997～2000年世界铅精矿主要产地见表1-2。

表1-2　1997～2000年铅精矿主要产地　（万t）

年份	中国	澳洲	美国	秘鲁	墨西哥	加拿大	瑞典	南非	摩洛哥	波兰	世界总量
2000	71.0	68.6	43.8	27.1	15.3	14.9	10.8	8.5	8.2	6.8	318.4

续表 1-2

年份	中国	澳洲	美国	秘鲁	墨西哥	加拿大	瑞典	南非	摩洛哥	波兰	世界总量
1999	54.7	68.1	51.4	27.1	12.6	16.1	11.6	8.0	6.9	6.8	299.0
1998	58.1	61.7	49.1	25.8	16.6	19.0	11.4	8.4	7.0	6.0	302.0
1997	71.2	53.1	45.8	25.8	17.5	18.6	10.7	8.3	7.4	5.5	305.1

注：以 2000 年前 10 名产量列出。

与铅精矿相比，世界锌精矿产量则明显增长，自 20 世纪 70 年代达 600 万 t，90 年代升至 700 万 t 以上，2000 年达到 803.6 万 t，1981～2000 年均在增长。1997～2000 年世界锌精矿主要产地见表 1-3。

表 1-3 1997～2000 年锌精矿主要产地 （万 t）

年份	澳洲	加拿大	中国	秘鲁	美国	墨西哥	哈萨克斯坦	爱尔兰	西班牙	瑞典	世界总量
2000	114.2	99.7	99.5	91.0	82.5	35.9	32.2	26.6	20.2	17.6	803.6
1999	116.3	100.9	147.6	90.0	84.3	35.4	28.8	22.6	15.4	17.5	802.5
1998	105.9	106.2	127.3	86.9	75.5	39.5	22.6	18.1	12.8	16.5	762.3
1997	96.2	107.6	121.0	86.8	63.2	37.9	22.3	18.0	14.7	15.8	733.5

注：以 2000 年前 10 名产量列出。

（二）冶炼产品生产

自 20 世纪 80 年代中期开始，西方国家精炼铅的生产发生了重大变化，冶炼能力不稳定，再生铅得到很大发展，原生铅生产萎缩。1981～2000 年，世界精铅产量仅以年均 0.86% 的速度增长，1999～2000 年增长略快，2000 年为 663.4 万 t。1997～2000 年世界精炼铅的主要产地见表 1-4。

表 1-4 1997～2000 年精炼铅主要产地 （万 t）

年份	美国	中国	德国	墨西哥	英国	日本	加拿大	法国	意大利	哈萨克斯坦	世界总量
2000	143.7	101.0	41.5	33.8	33.4	31.2	28.4	26.8	23.4	20.8	663.4
1999	138.1	82.1	37.4	27.0	34.8	29.4	26.3	27.9	21.5	29.4	617.3
1998	142.1	75.7	38.0	26.3	35.0	30.2	26.5	29.0	19.9	30.2	601.4
1997	144.9	70.8	32.9	24.6	38.4	29.7	27.1	28.3	21.2	29.7	597.4

注：以 2000 年前 10 名产量列出。

1981～2000 年，世界精炼锌产量以年均 5.08% 的速度增长，2000 年达到 890.2 万 t。1997～2000 年精炼锌的主要产地见表 1-5。

表 1-5　1997～2000 年精炼锌主要产地　(万 t)

年 份	中 国	加拿大	日 本	韩 国	澳 洲	西班牙	美 国	法 国	墨西哥	德 国	世界总量
2000	184.3	78.0	70.9	47.3	47.3	38.6	36.3	34.8	33.7	32.8	890.2
1999	168.5	78.1	63.3	43.0	34.4	38.5	37.1	33.1	21.9	33.3	839.0
1998	148.6	74.3	60.8	39.0	30.3	38.9	36.8	32.0	22.9	33.4	799.8
1997	133.0	70.2	60.3	33.5	30.7	37.8	36.6	31.7	22.3	31.8	767.2

注：以 2000 年前 10 名产量列出。

三、消费状况

1981～2000 年世界精炼铅消费年均增长 0.8%，2000 年达到 630.8 万 t，见表 1-6。同期精炼锌消费年均增长 2.7%，2000 年为 861.7 万 t，见表 1-7。世界铅消费增长缓慢的原因是环保的限制和除蓄电池之外的其他消费逐渐下降；而锌则不同，除镀锌逐年增长外，其他用途基本稳定，使消费量增长较快。

表 1-6　1996～2000 年金属铅的主要消费地　(万 t)

年 份	美 国	中 国	德 国	日 本	韩 国	英 国	意大利	法 国	墨西哥	中国台湾	世界总量
2000	166.0	66.3	41.2	34.3	30.9	30.1	28.1	26.2	19.5	14.8	630.8
1999	174.5	52.5	37.4	31.8	25.6	28.3	26.5	26.4	20.3	14.4	611.8
1998	172.6	53.0	36.2	32.2	26.0	27.6	26.2	24.7	18.5	13.3	608.6
1997	165.0	53.0	34.0	33.0	29.5	27.0	25.9	25.9	16.0	14.2	601.9
1996	164.8	46.4	30.3	33.0	23.1	27.3	28.8	25.5	7.5	12.4	574.2

注：以 2000 年前 10 名消费量列出。

表 1-7　1996～2000 年金属锌的主要消费地　(万 t)

年 份	美 国	中 国	日 本	德 国	韩 国	意大利	法 国	中国台湾	比利时	印 度	世界总量
2000	132.0	128.8	73.2	52.8	41.9	37.4	36.5	29.4	27.5	22.9	861.7
1999	134.1	119.6	63.4	56.4	47.2	33.8	33.1	27.5	27.5	22.9	838.6
1998	129.0	112.8	65.9	57.3	30.2	37.2	30.2	24.0	26.0	24.1	802.1
1997	125.9	79.7	74.2	50.6	31.2	36.0	25.1	22.9	26.0	21.6	764.2
1996	120.9	97.7	73.6	46.8	35.0	33.6	24.8	19.6	25.3	19.9	757.3

注：以 2000 年前 10 名消费量列出。

从 1960～1998 年，随着世界各国环保法规的日益严格，不仅铅的用途在减少，而且除铅酸蓄电池外的其他应用部门的铅消费也在降低，其消费结构的变化见表 1-8。蓄电池方面的铅消费从 20 世纪 60 年代的 28%上升到 1998 年的 74%，这主要是受汽车工业的发展所推动。其他消费部门中，电缆护套和汽油添加剂所占份额下降最多，前者是由于光纤电缆的发展，逐步淘汰了以铅作护套的电缆，后者是由于含铅汽油是大气铅的主要来源之一，在西方发达国家均已禁止使用。

表 1-8　1960～1998 年世界铅的消费结构变化　　(%)

项　目	1960 年	1970 年	1980 年	1990 年	1998 年
蓄电池	28	38	48	64	74
化工产品	10	12	15	14	8
铅　材	21	16	11	9	9
电缆护套	—	12	8	4	2
合　金	11	8	6	3	4
汽车添加剂	9	11	7	2	1
其　他	4	3	5	4	2
合　计	—	100	100	100	100

锌的消费主要集中在镀锌，其次为铜材、锌合金、锌化合物等，其消费结构见表 1-9。

表 1-9　世界锌的消费结构　　(%)

消费领域	镀　锌	铜　材	锌合金	锌化合物	其　他	总　计
所占份额	51	21	15	9	4	100

四、再生铅、锌状况

世界上一些经济比较发达的国家都很重视废铅回收和再生，制定了一系列鼓励、扶持和强制废铅回收再生的法律法规，因此，再生铅工业发展很快。1999 年世界再生铅生产能力增加到 373 万 t/a，这些生产能力大部分分布在北美洲（约占 40%）、欧洲（约占 35%）和亚洲（约占 18%）。西方国家再生铅产量占精铅总产量的 59%。美国是世界上最大的再生铅生产国，产量约占西方国家的 1/3。2000 年，世界精炼铅总量为 663.4 万 t，其中再生铅为 249.1 万 t，占精铅总量的 37.5%。在生产工艺上，发达国家主要采用机械破碎分选，并进行脱硫等预处理技术，具有代表性的分选系统有两种，意大利 Engitec 公司开发的 CX 破碎分选系统和美国 M.A 公司开发的 M.A 破碎分选系统，其工艺是根据废铅蓄电池各组分的密度与粒度不同，将其分开，分为橡胶、塑料、废酸、铅金属、铅膏等几大部分，然后再分别回收利用。冶炼工艺，主要采用回转短窑冶炼，也有采用鼓风炉与回转短窑联合冶炼流程，个别厂家采用电炉。其先进的再生铅技术具有如下特点：

(1) 金属回收率高，总回收率达 95%以上，最高可达 98.5%；

(2) 综合利用水平高，塑料、橡胶、硫酸及其他有价元素都能得到合理利用；

(3) 无污染、减少了铅蒸气、二氧化硫及废酸对环境的污染；

(4) 吨铅能耗（标煤）低，达到 150～200kg；

(5) 机械化、自动化水平高，劳动强度低。

1996～2000 年再生铅主要产地见表 1-10。

表 1-10　1996～2000 年再生铅主要产地　　(万 t)

年　份	美　国	德　国	日　本	英　国	意大利	法　国	加拿大	墨西哥	西班牙	其他亚洲国家	世界总量
2000	66.7	20.4	18.2	17.1	16.0	15.8	12.5	9.0	6.8	6.2	249.1
1999	63.5	20.4	16.8	16.3	14.8	15.4	11.7	9.0	8.6	6.2	243.7

续表 1-10

年　份	美　国	德　国	日　本	英　国	意大利	法　国	加拿大	墨西哥	西班牙	其他亚洲国家	世界总量
1998	66.7	20.3	15.7	16.4	14.2	17.2	13.6	8.7	7.5	5.3	246.6
1997	66.3	16.4	15.4	17.1	14.6	15.9	13.2	8.7	9.0	6.1	244
1996	65.2	14.9	14.7	17.5	14.4	16.2	11.5	6.6	8.6	6.0	233.5

注：以 2000 年前 10 名产量列出。

第二节　我国铅、锌概况

一、资源状况

我国是世界上铅、锌资源比较丰富的国家之一，不仅分布广、类型多，而且资源前景好，已探明的储量位居世界前列。2000 年世界已查明的铅储量为 6400 万 t，储量基础 13000 万 t，锌储量为 19000 万 t，储量基础 43000 万 t，而我国在历经 50 年地质勘查，全国累计探明铅、锌储量（含金属量，下同）分别达 4618 万 t 和 11157 万 t（截止 1999 年），经 40 多年的开采消耗，目前保有铅储量为 3497 万 t，锌保有储量为 9212 万 t，其铅、锌储量均居世界第二位。我国各地区铅、锌保有储量分布情况见表 1-11。

表 1-11　我国各地区铅锌储量分布　（万 t）

项　目	保有储量	中　南	西　南	西　北	东　北	华　北	华　东
铅	3497	909.2	804.3	629.5	104.9	384.7	664.4
锌	9212	2118.8	2579.4	1381.7	368.5	1658.2	1105.4

目前我国铅锌储量主要集中在大中型矿床中，其铅、锌保有储量 2767 万 t，占总保有储量的 82.9%，其中铅、锌储量大于 500 万 t 的特大型矿区有广东凡口、云南兰坪金顶和甘肃西成地区。铅、锌储量在 100 万 t 以上的矿区有内蒙古白音诺尔铅锌矿、江苏南京栖霞山铅锌矿、浙江黄岩五部铅锌矿、湖南李梅锌矿、广西南丹县大厂巴力-龙头山铅锌矿区、会东铅锌矿、陕西凤县铅硐山铅锌矿、青海锡铁山铅锌矿等。这些以大中型矿床为中心形成的铅、锌资源集中区，为我国铅、锌规模化生产，形成铅、锌工业基地奠定了基础。

二、生产状况

据有关统计数据，1995～1999 年中，我国铅精矿产量基本呈下降趋势，2000 年又回升到 1997 年同等水平，为 71 万 t；锌精矿的产量在 1996～1999 年以 9.7% 递增，2000 年狂减 32%，为 99.5 万 t；而精铅产量年均增长 9.66%，2000 年为 101 万 t；锌产量年均增长 11.71%，2000 年为 184.3 万 t，见表 1-12、表 1-13；2000 年我国铅精矿产量已居世界第一位，占世界总产量的 22.3%；锌精矿产量居世界第三位，占 12.4%；精铅产量居世界第二位，占 15.2%；锌产量居世界第二位，占 14.9%。

表 1-12　我国铅产量、消费量及进出口量　(万 t)

项　目	1996 年	1997 年	1998 年	1999 年	2000 年
铅精矿产量	64.3	71.2	58.0	54.9	71.0
精铅产量	70.6	70.8	75.7	82.1	101.0
精铅消费	46.4	53.0	53.0	52.5	66.3
铅及合金出口量	24.6	18.5	23.5	45.0	44.8
铅及合金进口量	0.4	0.7	0.9	0.8	0.8
铅精矿出口	0.9	1.5	3.4	2.3	0.3
铅精矿进口	4.2	7.1	23.6	11.0	31.1

表 1-13　我国锌产量、消费量及进出口量　(万 t)

项　目	1996 年	1997 年	1998 年	1999 年	2000 年
锌精矿产量	112.1	121	127.3	147.6	99.5
锌产量	118.5	133.0	148.6	168.5	184.3
锌消费	97.7	79.7	112.8	119.6	128.8
锌及合金出口量	21.8	54.4	38.3	52.7	60
锌及合金进口量	1.1	1.1	1.2	1.6	2.0
锌精矿出口	5.5	19.1	20.1	23.3	13.9
锌精矿进口	14.8	8.3	5.3	4.4	7.8

自 20 世纪 80 年代中期开始，中国铅、锌冶炼能力和生产进入了快速增长时期，特别是 90 年代铅、锌冶炼能力的增加，一方面是骨干企业为追求规模效益，不断扩建；另一方面是有原料供应的地区，追求较高的冶炼利润而新建大量的中小冶炼厂。国家屡次限制的规模标准、技术标准和环保标准得不到有效贯彻，铅、锌工业表现为整体的持续性简单扩大再生产。2000 年，我国铅、锌年生产能力分别为 97.74 万 t 和 214.78 万 t，共有 770 多家铅、锌生产企业，几乎遍及全国各省，其中大中型企业不足 30 家，其余绝大部分为中小企业，其主要生产企业见表 1-14，全国铅、锌工业主要技术经济指标见表 1-15。

表 1-14　2000 年我国主要铅、锌生产企业的生产能力

企 业 名 称	生产能力/万 t	企 业 名 称	生产能力/万 t
葫芦岛锌厂	锌 33	沙甸电冶厂	铅 2
水口山矿务局	铅 8、锌 6	白音诺尔铅锌矿	铅、锌精矿 3
株洲冶炼厂	铅 10、锌 25	南京锌阳矿业公司	铅、锌精矿 3
河南豫光金铅公司	铅 6	黄沙坪铅锌矿	铅、锌精矿 3.5
汉江冶炼厂(锡铁山矿务局)	铅 4	柳州华锡集团公司	铅、锌精矿 3.5
中金岭南集团公司	铅 6、锌 15	泗顶铅锌矿	铅、锌精矿 12
柳州锌品公司	锌及锌品 8	广西北山矿业公司	铅、锌精矿 2
柳州龙城化工总厂	锌 9	南丹龙泉矿业总厂	铅、锌精矿 2.5
豫北有色金属冶炼厂	铅 4	会东铅锌矿	铅、锌精矿 3
云南新立公司	铅 8	会理锌矿	铅、锌精矿 3
会泽铅锌矿	铅 2、锌 6	兰坪有色金属公司	铅、锌精矿 2
白银有色金属公司	铅 5、锌 13	西部矿业公司	铅、锌精矿 10
昆明冶炼厂	铅 5		

表 1-15　全国铅、锌工业主要技术经济指标

主要技术经济指标		单　位	指　标
铅锌系统	Lead Zinc		
坑采	Underground Mining		
铅出矿品位	Grade of Ore Output	%	3.30
锌出矿品位	Grade of Ore Output	%	5.04
采矿损失率	Loss Rate of Mining	%	8.35
矿石贫化率	Dilution of Ore	%	11.96
掘采比	Ratio of Drifiting Meters Over Mining Tonnages	m/万 t	217.66
采矿工班效率	Efficiency of Mining	t/工班	14.91
掘进工班效率	Efficiency of Drifging	m/工班	0.34
采出矿综合能耗	Overall Energy Consum.of Mining	kg/t	13.64
工人实物劳动生产率	Productivity of Miner	t/(人·a)	622.14
露采	Oper-Pit Mining		
铅出矿品位	Grade of Ore Output	%	1.14
锌出矿品位	Grade of Ore Output	%	10.14
采矿损失率	Loss Rate of Mining	%	0.82
矿石贫化率	Dilution of Ore	%	6.86
剥采比	Ratio of mining Over stripping	t/t	2.10
采出矿综合能耗	Overall Energy Consum.of Mining	kg/t	1.13
工人实物劳动生产率	Productivity of Miner	(t/人·a)	1934.48
选矿	Milling		
铅原矿品位	Grade of Ore	%	2.83
锌原矿品位	Grade of Ore	%	5.26
铅精矿品位	Grade of Concentrate	%	57.89
锌精矿品位	Grade of Concentrate	%	51.45
铅尾矿品位	Grade of Tailing	%	0.37
锌尾矿品位	Grade of Tailing	%	0.62
铅选矿实际回收率	Actual Recovery of Milling	%	83.82
锌选矿实际回收率	Actual Recovery of Milling	%	83.42
磨矿机作业率	Working Rate of Grinder	%	66.32
工人实物劳动生产率	Productivity of Miner	t/(人·a)	1034.89
选矿综合能耗	Overall Energy Consum.of Milling	kg/t	20.71
铅冶炼	Lead Smelting		
铅冶炼总回收率	Overall Recovery of Lead Smelting	%	93.49
粗铅冶炼总回收率	Recovery of gr. Lead Smelting	%	92.36
铅电解回收率	Recovery of Lead Electrolysing	%	98.61
铅冶炼综合能耗	Overall Energy Consum. of Lead Smelting	kg/t	900.85

续表 1-15

主要技术经济指标		单　位	指　标
粗铅焦耗	Coke Consum. of Bullion Lead	kg/t	430.64
电铅直流电耗	DC Consum. of lead	kW·h/t	145.66
锌冶炼	Zinc Smelting		
蒸馏锌总回收率	Recovery of Distilled Zinc	%	92.73
精馏锌总回收率	Overall Recovery of Refing Distilled Zinc	%	95.06
电锌总回收率	Overall Recovery of Electrolytic Zinc	%	92.27
蒸馏锌标准煤耗	Coal Consum. of Distilled Zinc	kg/t	1679.00
电锌直流电耗	DC Consum. of Electrolytic Zinc	kW·h/t	3204.87
精馏锌综合能耗	Overall Energy Consum. of Refin Distilled Zinc	kg/t	2267.32
电锌综合能耗	Overall Energy Consum. of Electrolytic Zinc	kg/t	2246.28

三、消费状况

(一) 铅消费状况

据国家统计局的统计，1981～2000 年我国精铅的消费年均增长 8.77%，2000 年为 66.3 万 t，主要消费在铅酸蓄电池、氧化铅、电缆护套及机械制造等领域，其消费结构见表 1-16。

表 1-16　我国铅消费结构　(%)

消费领域	蓄电池	氧化铅	电　缆	机械制造	其　他	总　计
消费百分比	65	10	6	4	15	100

从铅的消费结构看，铅酸蓄电池是铅的主要消费领域。我国目前铅酸蓄电池厂家有 1000 多家，生产能力由 1990 年的 580 万 kW·h 增加到 1998 年的 1530 万 kW·h。铅酸蓄电池生产能力大幅增加，带动了铅的消费。

1990 年以来，我国汽车保有量年均增幅 11.47%，摩托车、电动自行车产销量的增长也对铅的消费起到了拉动作用。

但是，在铅的消费中，其深加工产品开发的力度不够，产品还比较单一，虽然氧化铅的消费率达到 10%，但主要是因为国外氧化铅生产受环保要求较高、生产逐渐萎缩引起的，其他深加工产品，如海底电缆和高压充电电缆护套以及埋置核废料用铅材等产品开发几乎还是空白。

(二) 锌消费状况

据有关统计，近 10 年间，我国锌的消费以 8.69% 的速度增长，2000 年为 128.8 万 t。其中镀锌、干电池、铜材和锌合金增长较快，氧化锌相对稳定，锌材(非电池用)处于下降趋势。其消费结构见表 1-17。

表 1-17　我国锌消费结构　(%)

消费领域	镀　锌	干电池	氧化锌及立德粉	铜　材	合　金	其　他	总　计
消费百分比	34	25	17	12	9	3	100

镀锌领域用锌最多的仍是一般镀锌，这与全国城乡电网改造、交通运输等基础设施的建设和家用电器的普及有关，镀锌管受塑料管及铜水管的冲击，全国已有10个城市明确规定今后建筑用给水管不再使用镀锌管，但这方面减少的用锌量可能被一般镀锌增加的用锌量所抵消。

近年来，我国干电池产量达140亿只以上，出口量超过100亿只，电池总产量中90%左右依然为锌锰干电池，但用低汞和无汞锌粉生产的碱锰电池正在受到极大的重视并得到了发展，碱锰电池与传统的锌锰电池相比，其结构发生较大的变化，它是采用一种新的反极式结构，即电池正极在外，用钢壳作电池容器，负极活性物质采用纯度极高、粒度分布均匀、表面积大的高活性金属锌粉，因此，碱锰电池的耗锌比传统的中性锌锰电池大大下降，这意味着干电池行业用锌量的增长速度在放慢。

我国锌的消费按地区及行业分布形成了以下特点：以广东、福建和浙江为主的压铸件生产集散地，主要消费为锌合金；广西一带是氧化锌和立德粉生产基础，主要直接用锌矿；上海、江苏和浙江拥有全国70%的铜材生产，这三省锌的消费以铜材为主；东南沿海几个省拥有全国干电池60%以上的生产量，电池行业以锌饼和锌粉消费为主。

四、再生铅、锌状况

我国再生铅工业起步于20世纪50年代，由于没引起有关部门的足够重视，产量一直在千吨位徘徊，直到1990年才达到2.82万t，近10年来，再生铅工业取得了一定的进展，已初步形成独立的产业，1994年产量达到9.5万t，是快速发展的标志年，2000年达30万t左右，是1990年的10.6倍，再生铅年产量占精铅总量29%，但从总体水平看，再生铅企业数量多、规模小、耗能高、污染重、工艺技术落后，综合回收利用率低，而且我国立法滞后，低水平重复建设严重。目前，我国大大小小的再生铅企业近300家，2万t以上的企业只有徐州春兴集团和湖北金洋冶金股份有限公司等屈指可数的几个企业，工艺上全国只有少数几家采用预处理分选的再生铅新工艺技术，其余均采用未经预处理分选冶炼工艺，使用传统的反射炉，少数厂家采用水套炉、鼓风炉和冲天炉等熔炼工艺，一些个体企业采用原始的土炉土罐熔炼。整个回收技术与环保水平体现如下：

(1) 回收率。金属回收率一般为80%～85%，最高的不过90%，有相当一部分小型再生铅企业或个体户回收率仅为80%，渣含铅达10%以上，全国每年大约有1万t铅在熔炼过程中流失掉。

(2) 综合利用水平。废蓄电池由于没采用预处理分选技术，板栅金属和铅膏混炼，合金成分中的锑、废蓄电池塑料没有得到合理利用。

(3) 能耗。国内吨铅能耗(标煤)一般水平为400～500kg，高的可达600kg，而国外一般水平是150～200kg。

(4) 环保水平。80%的小型再生铅企业没有收尘设施，熔炼过程中产生大量铅蒸气、铅尘、二氧化硫，废气中铅含量超过国家标准几十倍，造成环境污染。

(5) 生产规模。生产能力在千吨以上的不多,每个省市都有再生铅企业,有的县、镇达10家以上,而国外最低规模在万吨以上,有的甚至达到10万t级。

综上所述,我国再生铅产业技术水平仅相当于发达国家20世纪60年代水平。

与再生铅相比,再生锌产量就更低了,其所占精锌总量之比可忽略不计,年产量大约在5万t左右。主要以废镀锌管等为原料,全国再生锌专业厂家很少,年生产能力在5000t的企业几乎没有。这不仅仅是缺少相应的政策扶持的缘故,更主要的是锌的回收率低、成本高、利润少。此外,尚无成熟的无污染再生锌工艺技术也是一些投资商不愿涉足的根本原因。据专家介绍,我国每年用于生产干电池所耗费的锌达13万～14万t,占我国年锌产量10%左右,仅通过废电池再生利用,每年就能再生锌皮4万t,由于无再生锌厂家生产,1998年以前,这些废电池都白白地扔掉了,实在可惜。

五、铅、锌工业存在的问题

尽管我国铅、锌工业的发展突飞猛进,各地建设计划雄心勃勃,但必须看到,我国铅、锌工业的制约因素越来越突出,竞争越来越激烈,整个铅、锌工业在产业结构、产品结构、品种质量、资源综合利用以及企业综合实力上仍存在很多问题,主要体现在:

(1) 生产规模小。目前,我国共有铅锌生产企业770多家,万吨级以上的企业不足30家。

(2) 技术装备落后、污染严重。目前我国铅冶炼基本采用烧结-鼓风传统炼铅工艺,20世纪80年代国外发展起来的直接炼铅的Kivcet、QSL、IsA法还未在我国正式使用。锌冶炼工艺火法、湿法并存,湿法炼锌产能占我国炼锌总产能的60%。铅锌冶炼厂排出的二氧化硫,含重金属工业废水和粉尘是铅、锌工业主要环境污染源。据对6个大中型铅、锌冶炼厂环境监测报告,其二氧化硫、工业废水和工业粉尘的排放量,1999年比1981年分别增长了55.53%、55.73%和6.87%,大型企业尚且如此,其他大批小企业就可想而知了。

(3) 铅、锌单位产品的资源和能源消耗指标居高不下。根据国内几家铅锌联合企业的统计资料测算,我国每生产1t铅和锌需要消耗矿产资源约30～50t,消耗能源1.8～3.0t和2.5～2.9t标煤,使用工业新水至少在35t以上(有的企业高达100t以上),分别比国外同类型铅锌企业高出1倍、1.5倍和1.8倍,个别企业甚至高出10倍。

1999年的综合能耗指标,除电锌和精锌分别比1991年有所下降外,电铅和粗铅的综合能源指标始终居高不下,徘徊在一个令人担忧的水平上。

(4) 铅、锌生产技术经济指标呈下滑状态。在铅生产中,1981年平均选矿处理原矿品位为2.14%,选后精矿品位为61.10%,其选矿回收率为86.2%,粗铅冶炼回收率为95%。1999年平均选矿处理原矿品位升高至2.83%,而选后精矿品位却下降为57.89%,选矿回收率降为83.82%,粗铅冶炼回收率降至92.36%。铅锌的选矿与冶炼回收率下降,不仅意味着资源损失量增大,也表明各种污染物产生量在增多。

(5) 后备资源不足。我国铅、锌资源较丰富,根据“十五”铅、锌工业发展研究报告,截止到1999年底,我国铅保有储量3497万t,锌保有储量9212万t,是我国开发效益较好的资源。但从整体上讲,我国的铅、锌资源与国际上的铅、锌资源相比,大型矿床少,铅、锌平均品位分别在1.4%和3.26%的中等品位资源占50%以上,而且已探明的储量中已开发利用占了近55%,未被开发利用的储量大多集中在建设条件和资源条件不好的矿区。“十五”期间除兰坪矿拟开发外，目前未见其他矿区大规模开采的信息。近几年，铅、锌矿民采的矿量增长较快，采富弃贫、滥采乱挖现象严重。现有部分老矿山因资源枯竭，将逐年关闭，还将消失一部分能力。因此我国的铅、锌后备资源不足的问题不容忽视。1999 年我国净进口铅精矿 11.0 万 t，锌精矿净进口 4.4 万 t，2000 年我国净进口铅精矿 31.1 万 t，锌精矿净进口 7.8 万 t。据了解，要维持现有冶炼能力，2001 年国内进口铅、锌精矿还将增加。

(6) 再生金属综合利用率低。我国的铅、锌冶炼厂仍以处理原生矿为主，近几年国内从事再生铅回收的企业开始增多，目前规模较大的有徐州春兴集团和湖北金洋公司。2000 年再生铅产量为 30 万 t，占精铅产量总量的 29%，2000 年的再生锌产量仅为 5 万 t，占全国锌产量的 1%，可见铅、锌产量大幅增长仍以处理原生矿为主。国外再生铅产量占全部铅产量的 59%以上，再生锌占全部锌产量的 30%以上，因此加强再生金属的利用是我国铅、锌工业可持续发展的当务之急。

(7) 发展深加工品种及产品延伸亟待加强。近几年我国大型铅、锌企业为增强国际竞争力，在增加品种上做了许多工作，效果明显，如开发了热镀锌合金、压铸合金、铅锑合金、铅钨合金、铅钙合金等，氧化锌系列、氧化铅系列、锌粉等直接面对用户的产品。据统计，我国大型铅、锌生产企业深加工或延伸产品的产量与金属锭产量的比例为 20%，发达国家已经达 30%以上，因此初级产品比重过大、技术含量高的深加工品种及产品延伸的新产品仍较少，调整产品结构是我国铅锌冶炼企业增强竞争力的主要手段。

第三节　国内外铅冶炼技术发展方向

一、国内外铅冶炼技术现状

近 10 年来，铅的生产技术并没像 20 世纪 70 年代末 80 年代初那样得到实质性的突破和飞跃发展，但是当时发展起来的几种硫化铅精矿直接熔炼法，如基夫赛特法、QSL 法及卡尔多法等得到了一定程度的应用，但由于铅价低迷不振，推广并不迅速。

目前，粗铅的生产工艺仍采用火法，湿法炼铅仍处于试验阶段。传统的烧结焙烧——鼓风炉还原熔炼工艺仍占主导地位，据统计，大约有 80%的铅是通过这种工艺生产出来的。

几种硫化铅精矿直接熔炼法简介如下：

(1) 基夫赛特法。基夫赛特法较为成功，在前苏联有 3 个工厂，德国、意大利、玻利维亚和加拿大各建有 1 个工厂。这种方法的核心设备是基夫赛特炉，由带火焰喷嘴的反应塔、填有焦炭过滤层的熔池、立式余热锅炉、铅锌氧化物的还原挥发电热区组成。基夫赛特法具有产出的烟气二氧化硫浓度高、生产环节少、焦耗少、生产成本低、对原料的适应性强等优点。基夫赛特的不足之处是，它对原料的制备要求较高，入炉的物料粒度需小于 1mm，水分需小于 1%，这就增加了备料的复杂程度。此外，该工艺需要用到含氧浓度大于 90%的工业氧气，因此必须配套制氧厂，这样也增加了投资。

(2) QSL 法。QSL 法在德国斯托尔勃格和韩国温山冶炼厂已取得成功。该法将铅精矿加入炉内，鼓入富氧氧化，硫化铅被氧化成氧化铅时，会放出大量的热使过程自热，氧化铅和硫化铅交互反应生成金属铅，部分反应不完全的氧化铅在还原区加还原剂还原成金属铅，硫氧化成二氧化硫。因采用富氧熔炼，烟气中的二氧化硫浓度高达 15%左右，有利于制酸。

总的来看，该工艺的“三废”排放完全达到国际环保要求，因此不会污染环境。我国于1985年引进该项技术，在西北铅锌冶炼厂建了一套5.2万t/a的QSL炉，但存在一些缺陷，未达到设计指标，目前处于停产状态。

QSL法改善了卫生条件，简化了操作，比传统流程的投资少，生产成本低，二氧化硫浓度高，但其烟尘率高达25%，必须返回处理。另外，炉渣含铅高，一定要配合烟化炉才能得到弃渣。

现在，韩国温山冶炼厂QSL炉的情况非常稳定，每年能生产10万t粗铅，超过了6.1万t的设计能力。

(3) 卡尔多法。卡尔多炉炼铅工艺在直接炼铅法中占有一席之地。卡尔多炉炼铅法的加料、氧化、还原和排渣均在一个相对较小的空间中完成。由于瑞典波利登公司采用了先进的控制设备，使得整个过程流畅轻松，炉前仅需1名工人间断性地管理，另有1名工人通过工业电视和计算机系统对整个过程进行监管。另外，卡尔多炉具有广泛的原料适应性，对处理含硫低的物料尤其合适。卡尔多法的熔炼(氧化)与还原在同一个炉中进行，没有流态物料的任何形式的转运过程。但卡尔多法有两个不足：一是在熔炼过程中要抽出一部分烟气压缩，使二氧化硫气体转变为液态二氧化硫，在还原过程中又将液态二氧化硫送去制酸，以保证工艺顺利进行；二是间断性作业。

(4) 艾萨法。艾萨法是一种能处理铜、铅、锌、锡、铁阳极泥等多种物料的方法。

该熔炼工艺由两台炉子组成，精矿在第一台炉子被氧化，形成的熔体通过溜槽送到第二台炉子里，在第二台炉子内将氧化铅还原成金属铅，然后将形成的渣和金属铅分别排到炉外，工艺为连续性。首先是氧化熔炼阶段，生成铅锭和高铅渣，此阶段的温度与精矿、氧气的加入量必须精密控制，以最大限度地避免硫化铅挥发；然后是渣的还原阶段，产出粗铅与还原渣；最后是渣的演化阶段，产出弃渣和氧化锌烟灰。但这种作业方式不便于制酸。这个方法的特点是它能够处理湿料，因此，备料系统可以实现无尘作业。还原炉具有除去有害元素的能力，可以把砷、锑、镉等的含量降到很低的水平，这样得到的炉渣无污染危险，能用来做填充料或建材。

目前采用此技术除在澳大利亚的芒特·艾萨矿业公司使用外，澳洲熔炼公司还和欧洲金属公司于1995年共同在法国制造了一套年处理量为1000t的半工业性试验炉，经过试验，双方又于1996年在德国诺丁汉建成了一套年处理量为12万t的工业炉，取代了该公司原有的烧结焙烧——鼓风炉熔炼工艺，非洲纳米比亚楚布梅公司也在澳洲熔炼公司的帮助下，于1996年在楚布梅建成并投产了一套年处理量为12万t的工业炉。另外，韩国锌公司在1992年就用澳熔技术在温山冶炼厂取代原有的烟化炉来处理铅锌炉渣，年处理量为10万t。英国布里坦尼亚金属精炼公司用这项技术处理二次物料。

(5) 奥托昆普法。奥托昆普法是芬兰的奥托昆普公司开发的，是一种闪速熔炼法。和基夫赛特法相似，混合好的炉料以悬浮状态通过立式反应室，自上而下，完成氧化和熔化，过程是连续的。整个工艺分干燥、闪速熔炼、炉渣净化和烟气处理等几个部分。奥托昆普炉的体积较小，密闭性好，可避免铅和硫对工作环境的污染。

精矿中的硫被氧化成二氧化硫进入烟气，产生的熔融粗铅和炉渣在炉子的沉淀区聚集，粗铅的硫含量非常低。通过较彻底的氧化，可使粗铅的含硫量小于0.1%。燃烧器的效率很高，而且通过它能对氧化过程进行严格控制，因此在该工艺中，氧气的利用率接近100%。

在炉子的沉降槽中，熔融的颗粒从烟气流中分离出来，形成炉渣层。贵金属进入粗铅，和粗铅一道从沉降槽底部连续放出。由于使用氧气，铅和二氧化硫的逸出量很少。

采用奥托昆普法，可将所有的过程，包括炉渣贫化都放在一个设备中进行，粗铅的产率较高，而炉渣的产率较少。炉内的温度较低，能处理湿的物料。

除了以上几种硫化铅精矿直接熔炼方法外，还有如SKS(水口山炼铅)法、碱法熔炼、低温碱熔炼法等，但还没有得到工业应用。

综上所述，硫化铅精矿的直接熔炼法与烧结焙烧——鼓风炉还原熔炼法相比，有着显著的优越性。但直接熔炼法的主要困难是，如果想获得含硫很低的粗铅，则无法获得含铅很低的炉渣。因此在任何一个直接炼铅法中，都少不了一个炉渣贫化的阶段，从而增加了工艺的复杂性和操作的难度。另外，由于硫化铅、铅等都是沸点较低的物质，尤其是硫化铅在600℃就开始挥发，其沸点仅为1281℃，在1000～1100℃的熔炼温度下，铅及硫化铅的蒸气压都相对较高。直接炼铅法多数都是采用富氧强化熔炼，铅及硫化铅等大量挥发，烟尘率很高，这就带来一定的工艺和工程问题。

二、铅冶炼技术的发展

上述直接炼铅工艺的出现，是因为冶炼界普遍认为烧结焙烧——鼓风炉熔炼工艺具有一些无法克服的弊病：即生产环节多，流程长，返料多，不能充分利用精矿的表面能和燃烧热。特别是由于生产环节多，产生粉尘、烟尘的污染源也随之增多，尤其是烧结产生的低浓度二氧化硫制酸难度很大。

发达国家的铅冶炼厂也在不断地比较新旧方法在经济和技术方面的孰优孰劣。新方法在技术方面的优势十分明显，但都有投资庞大的弊端。从铅价低迷的20世纪80年代中期到整个90年代，投资过大的弊端严重地制约了新方法的推广和应用。在这种情况下，许多发达国家的铅冶炼厂仍保留了传统的烧结焙烧——鼓风炉熔炼工艺，全力搞好设备密封和烟气治理，同样达到了治理环境污染和改善工业卫生的目标。

此外，国外一些工厂还对烧结焙烧——鼓风炉熔炼工艺进行了许多改进。如采用了预热空气和富氧，既降低了热能消耗，又提高了生产能力；采用了汽化水套，有效地利用了废热；加强了过程控制的自动化，既减轻了工人的劳动强度，又减少了工人人数。

对于我国采用传统的烧结焙烧——鼓风炉熔炼工艺的冶炼厂，由于其经济优势，只要加强自动化仪表和机械化控制程度，加强环境污染治理，仍能保持其生命力而继续生存下去。

对于新建的冶炼厂，由于直接冶炼法的技术和环境治理优势，以及有些直接炼铅法和基尔赛特法、卡尔多法、QSL法等的日益完善和发展，可根据其规模及其他实际情况，引进这些比较成熟的直接炼铅法。

总之，在未来的一段时间内，铅冶炼将会出现传统的烧结焙烧——鼓风炉炼铅法和直接炼铅法并存的局面。但无论未来的铅冶炼厂采用何种方法，都会朝着高冶炼强度、全自动化、高密封、生产连续化的方向发展。另外，随着全球环保政策和工业卫生规范要求的日趋严格，湿法炼铅(包括硫化铅矿的三氯化铁浸出、硫化铅矿在硅氟酸介质中的氧化浸出、硫化铅精矿的直接电解、硫化铅矿的非氧化浸出、硫化铅矿的硝酸浸出等)的进展将渐露水面。

第四节 国内外锌冶炼技术发展方向

一、国内外锌冶炼技术现状

迄今为止，已得到工业应用的锌生产方法主要有横罐炼锌、湿法炼锌、竖罐炼锌、电热法炼锌、密闭鼓风炉炼锌、硫化锌精矿氧压浸出等几种方法。其中，横罐炼锌已基本淘汰；竖罐炼锌在国外也已基本淘汰，但在我国葫芦岛锌厂和部分中小锌厂，仍是主要生产方法之一；湿法炼锌是目前世界上应用最广的生产方法，用此方法生产的电锌产量约占80%左右；密闭鼓风炉炼锌是仅次于湿法炼锌的方法，用此方法生产的电锌产量约占12%左右，我国的韶关冶炼厂已采用此法炼锌；硫化锌精矿氧压浸出技术已基本成熟，已在国外4家工厂应用，目前正在推广中。目前，全国有大小炼锌厂140多家，除硫化锌精矿的氧压浸出技术外，各种炼锌方法在我国都有应用，具体情况见表1-18。

表1-18 各种炼锌法在我国的应用情况

方法	代表性厂家	技术水平
土法炼锌	若干作坊式小厂，产量数万吨	环境污染严重，浪费资源，将被取缔
横罐炼锌法	若干小厂	落后，将被淘汰
湿法炼锌	株洲冶炼厂(25万t)、西北铅锌厂(10万t)、葫芦岛锌厂(13万t)及若干中小锌厂	大型工厂技术水平部分已达世界先进水平，中小企业竞争力较差
竖罐炼锌	葫芦岛锌厂(20万t)及若干中型工厂	技术有发展，有一定竞争力，但劳动条件差，综合回收问题仍存在
电热法炼锌	已建数家工厂，产量较小	能耗高，产量小，是否有竞争力不详
密闭鼓风炉炼锌	韶关冶炼厂(铅锌合计20万t)	部分技术水平已达世界先进水平

几种锌冶炼方法介绍如下：

(1) 湿法炼锌。湿法炼锌由焙烧、浸出、净液、电积等主要工序组成。其优点是较好地满足了环境保护的要求，劳动条件好，金属回收率高，且易于大规模的连续化、自动化生产。可以预见在将来一段时期内，湿法炼锌仍是锌的主要生产方法。

(2) 鼓风炉炼锌。鼓风炉炼锌(ISP)是20世纪50年代由英国帝国熔炼公司始创的，在60～70年代得到了较大的发展。目前世界上有10余家工厂采用此法生产，技术已十分成熟，我国的韶关冶炼厂就采用此法炼锌。在难分选铅锌矿、复杂物料处理等方面独具优势。今后的发展方向是进一步提高冶炼强度和降低能源消耗，采用的主要措施是：提高热风温度与富氧，风口喷粉煤等燃料，鼓风去湿，利用热、冷制团技术处理各种含锌物料，铅液喷雾冷凝等。

(3) 竖罐炼锌。竖罐炼锌虽然在国外已经淘汰，但在我国还是主要的炼锌方法之一。但我国对原有的竖罐炼锌技术做了不断的改进：一是用锌精矿高温氧化流态化焙烧技术取代低温流态化焙烧加带式烧结机两段流程；二是简化制团工艺；三是竖罐大型化；四是实现了蒸馏过程连续化和全过程的机械化。竖罐炼锌具有对原料适应性强、回收率较高等优点，但由于在能源消耗、单罐生产能力和环保方面的劣势,其发展潜力不会太大。

(4) 氧压浸出。氧压浸出是加拿大舍利特-高登公司开发的技术,其优点在于可处理低品位矿石、环保好、浸出率高,锌生产不受硫酸市场的制约,流程简单。目前已在国外4家工厂得到工业应用。氧压浸出技术是继电积法炼锌和鼓风炉炼锌问世以来的又一大技术进步,但对原料的适应性和设备的可靠性问题还有待彻底解决。

二、锌冶炼技术的发展

锌由于其性质的特殊性,属较难冶炼的金属之一,这在一定程度上决定锌冶炼技术的发展较慢,目前所用方法都属于能耗较高、效率较低的非强化冶炼方法。锌冶炼性质的特殊性表现为:沸点低,在火法冶炼温度下难以液态产出;氧化物稳定性高,一方面是还原挥发难度较大,冷凝中易重新氧化;另一方面决定了难以从硫化物直接氧化得到金属;负电性大,电积过程对净化要求高。对锌冶炼方法可能发展的方面简要介绍如下:

(1) 以液态产出锌的还原熔炼法,需采用高压火法设备,在可以预见的未来,不会成功。

(2) 硫化物直接氧化产出锌,实现的可能性很低。

(3) 硫化物直接还原,日本东京大学开展了在氧化钙存在条件下,用碳直接还原挥发锌的研究,但目前只进行了实验室试验。此外,大量含硫化钙的罐渣如何处理尚需研究。

(4) 喷吹炼锌法:该工艺是将焦粉、氧气、锌焙砂喷入熔体渣中,使锌还原挥发,再用铅雨冷凝。该方法显然是试图借鉴三菱炼铜法的技术,开发出节能、过程强化的炼锌法。该法在理论分析的基础上,进行了实验室试验,于1983~1984年间进行了日产1t锌的扩大试验,其后又进行了日产10t锌的半工业试验,但因锌回收率低而停止。主要原因可能在于挥发率不够高,在含大量粉尘的炉气中锌冷凝效率低等。

(5) 沃纳炼锌法(Warner Process):英国伯明翰大学采用金属铜置换硫化锌使锌挥发,所得冰铜在另一炉中进一步吹炼后返回利用。此法未经工业试验证实。

(6) 湿法炼锌技术已趋完善,目前在改变电化体系,降低阳极电位方面有一些研究,如通氢气、加入甲醇等。但由于经济方面原因,目前还看不到应用前景。浸出渣的处理仍是今后研究的热点。

总而言之,在将来相当长一段时间内,锌冶炼工艺的开发还很难取得较大的进展,锌冶炼技术的发展还将集中在现有技术的完善方面,特别是湿法冶炼将会朝着设备大型化、作业连续化、操作机械化和控制自动化的方向不断发展。

第二章　铅、锌贸易市场

第一节　伦敦金属交易所铅、锌贸易

一、伦敦金属交易所简介

伦敦金属交易所(简称 LME)是世界上最大的有色金属市场,日交易量从 1999 年起连续 3 年递增 8%,已达到 100 亿美元。LME 在世界范围内有着有色金属供求“晴雨表”的称号,它所公布的正式牌价,被世界各国公认为金属贸易买卖双方长期合约的订价基准。

LME 主要有 3 个功能:

(1) 提供有色金属交易日常指导价格。

(2) 套期保值,即允许锁定价格的期货和期权交易。

(3) 提供仓库储存有色金属。

除以上主要功能外,还有“质量要求”功能。由于 LME 的国际地位和贸易影响,各国纷纷按照 LME 注册产品的质量要求组织产品生产,并要求相应国家标准或行业标准达到 LME 的质量要求。

目前,LME 主要期货、期权品种有铝、铝合金、A 级铜、锌、锡、原生镍、标准铅和银。远期合约品种有铝、铝合金、A 级铜、标准铅、原生镍、锡和锌。其指定仓库分布在 12 个国家,达 370 多家,已有 66 个国家的 460 多个产品在 LME 注册,进行交易。

我国从 20 世纪 80 年代末开始关注、重视 LME,逐年有有色金属生产企业在 LME 注册商标。到目前为止,已有 4 家企业注册 A 级铜,9 家企业注册铝,6 家企业注册锌,9 家企业注册铅,1 家企业注册镍,4 家企业注册锡等。未来将有更多的企业在 LME 注册产品。应该说,我国有色金属大多数产品已在价格、质量要求等方面与国际接轨,而在 LME 注册产品已成为我国有色金属进入国际市场的重要标志。在我国已加入 WTO 的今天,了解 LME 显得更加重要。

二、LME 标准铅合约、商标及交货地点

(一) LME 标准铅合约

1. 批重

25t。

2. 主要货币

LME 用美元作为每项合约的主要货币，并用于大厅交易和公布正式价格。由于英镑、欧元、德国马克和日元也可以作为 LME 结算所有金属的有效货币，所以，LME 每日都要公布货币汇率，供结算时换算价格用。

3. 最小价格波幅

每吨 50 美分。

4. 交割日期

每天为 3 个月期货交割日，每个星期三为 4～6 个月期货交割日，每个月的第三个星期三为 7～15 个月期货交割日（总计未来 15 个月）。

5. 质量

本合约规定的交货铅必须是精炼铅锭（铅含量不小于 99.97%）。所有交货的铅锭必须符合如下规定：

a) 必须在 LME 标准铅商标清单中注册。

b) 锭重不超过 55kg。

6. 形状和重量

每一批为 25t，应放在同一货仓内，而且是由同一商标，同一尺寸的锭组成。为了满足稳固码垛的要求，允许在每捆的底部放有不同形状和尺寸的铅锭。从 1992 年 5 月 6 日起，每批货应提供栈单，并用带牢固捆扎，每捆不超过 1.5t。在 1985 年 6 月 1 日到 1992 年 5 月 5 日之间，每批货都应提交栈单，并用带牢固捆扎，并且每捆不得超过 1.2t，此外，从 1995 年 10 月 16 日起，每批货都应提交栈单，并捆扎成捆，以便在安全装卸条件下不致变形或散捆。

7. 栈单

每份栈单应为 25t（短溢不超过 2%）。从 1999 年 5 月 17 日后发出的每份栈单都要标有一个条形码。

8. 斯权交易

对照优先期权合约，凡在 LME 交易用美元、英镑、日元、欧元和德国马克结算的铅期权合约，都是有效合约。

标准铅期权在每个交割日到后续的 15 个月内为有效兑换。按 LME 的规则，宣告日（期机被宣告的最后一天）是交割月的第一个星期三，而且交割日是交割月的第三个星期三。

与 LME 的现货和期货合约一样，所有期权交易是由结算所登记并且形成日复一日的贸易中的实质部分。LME 交易的期权可以称之为所有者自己的商品。因此，他们可以在期权到期之前自由的买卖——升、贴水是惟一的变量因素。

货　币	结算价格等级	升、贴水信誉度
美　元	25 美元以上结算价格为每 25 美元 1 个等级	最低 0.01 美元
英　镑	20 英镑以上结算价格为每 20 英镑 1 个等级	最低 0.01 英镑
日　元	从 5000 日元到 245000 日元的结算价格为每 5000 日元 1 个等级，250000 日元以上结算价格为每 10000 日元 1 个等级	最低 10 日元
欧　元	25 欧元以上的结算价格为每 25 欧元 1 个等级	最低为 0.01 欧元
德国马克	从 2450 马克以下的结算价格为每 50 马克 1 个等级 2500 马克以上的结算价格为每 100 马克 1 个等级	最低 0.10 马克

(二) LME 标准铅注册商标

LME 标准铅注册商标见表 2-1。

表 2-1　LME 标准铅注册商标

国家及地区	商　　标	生　产　商
Australia 澳大利亚	PASMINCO BHAS-BROKEN HILL AUSTRALIA(9997 on reverse)	Pasminco Metals
	PASMINCO BHAS-BROKEN HILL AUSTRALIA(9999 on reverse)	Pasminco Metals
Austria 奥地利	BBU	BMG Metall und Recycling GmbH
Belgium 比利时	HOBOKEN EXTRA RAFFINE	Union Miniere Business Unit Hoboken
	MC	Metallo-Chimique International NV
	MCR MADE IN BELGIUM	Campine SA
Bulgaria 保加利亚	HP6 KUM 99.99% * *	KCM SA, Plovdiv
	HP6 OU3 *	Lead & Zinc Complex Ltd, Kardjali
	HP6 OU3 99.97%	Lead & Zinc Complex Ltd, Kardjali
	HP6 OU3 99.985%	Lead & Zinc Complex Ltd, Kardjali
	HP6 OU3 99.99%	Lead & Zinc Complex Ltd, Kardjali
	KUM 99.97%	KCM-SA, Plovdiv
	KUM 99.99%	KCM-SA, Plovdiv
Canada 加拿大	AIM	American Iron & Metal Company Inc
	NORANDA	Noranda Mining & Exploration Inc Brunswick Smelting Division
	NOVA PB	Nova Pb Inc
	TADANAC	Cominco Ltd
	TONOLLI CANADA	Tonolli Canada Ltd

续表 2-1

国家及地区	商　标	生　产　商
China 中国	HANJIANG	Xitieshan Mining Bureau 锡铁山矿务局
	IBIS	Baiyin Non-Ferrous Metals Company 白银有色金属公司
	JIN SHA	Yunnan Xinli Nonferrous Metal Co Ltd 云南新立有色金属公司
	MINER	Shenyang Smelter 沈阳冶炼厂
	NH-R	Shenzhen Zhongjin Lingnan Nonfemet Co Ltd 深圳中金岭南有色金属股份有限公司
	SKS	Shui Kou Shan Mining Bureau 水口山矿务局
	TORCH	Zhuzhou Smelter 株洲冶炼厂
	YUGUANG	Henan Yuguang Gold & Lead (Group) Co 河南豫光金铅集团公司
	YY	Shadian Refinery 沙甸电冶厂
France 法国	METALEUROP ME	Metaleurop Nord S. A. S
	METALEUROP PYA	Metaleurop Nord S. A. S
	ME-ES	Metaleurop SA
	ME-VF	Metaleurop SA
Germany 德国	BHAS-WEST.GERMANY 99985%	Norddeutsche Affinerie
	BSB	BSB Recycling GmbH
	F	Muldenhutten Recycling und Umwelttechnik GmbH
	ME OKER W 99.97	Metaleurop Handel GmbH
	ME WESER W 99.97	Metaleurop Handel GmbH
	NA(NORDDEUTSCHE AFFINERIE)E9999	Norddeutsche Affinerie
	NA(NORDDEUTSCHE AFFINERIE)F99985	Norddeutsche Affinerie
	NA(NORDDEUTSCHE AFFINERIE)H9997	Norddeutsche Affinerie
	STOLBERG	"Berzelius"Stolberg GmbH
India 印度	HAMCO	Hamco Mining & Smelting Ltd
	IN Lead	Indian Lead Ltd
Italy 意大利	MAK-1	Piombifera Bresciana Spa
	P. COLOMBO	Piomboleghe Srl
	S	Eco-Bat Spa
	SAMIM	Portovesme Srl
	SAN GAVINO	Portovesme Srl
Japan 日本	EMK-K	Mitsui Mining & Smelting Co Ltd
	EMK-T	Mitsui Mining & Smelting Co Ltd
	SK	Sumitomo Metal Mining Co Ltd

续表 2-1

国家及地区	商标	生产商
Japan 日本	TAK	Toho Zinc Co Ltd
	THREE DIAMOND	Mitsubishi Materials Corporation
Kazakhstan 哈萨克斯坦	C13	Chimkent Standard Lead Smelter
	YKCUK	Ust. Kamengorsk Standard Lead & Zinc Combinat
Korea(South) 韩国	KZ-Standard Lead	Korea Zinc Co Ltd
Macedonia 马其顿	ZLETOVO 99.985%	Topilnica Za Cink I Olovo Zletovo
Malaysia 马来西亚	MRISB MALAYSIA	Metal Reclamation(Industries)Sdn. Bhd
Mexico 墨西哥	PZ MAROC	Societe des Fonderies de Plomb de Zellidja
Morocco 摩洛哥	PZ MAROC	Societe des Fonderies de Plomb de Zellidja
Myanmar 缅甸	BM REFINED	No.1 Mining Enterprise
Peru 秘鲁	CP PERU INDUSTRIA PERUANA	The Doe Run Company
Poland 波兰	H.2OMS	Huta Cynku Miasteczko Slaskie
Spain 西班牙	FESA	Metalurgica de Medina SA
	MTG	S.E. del Acumulador Tudor S A
Sweden 瑞典	BERA	Boliden Bergsoe AB
	BOLIDEN A	Boliden Mineral AB
Taiwan 中国台湾	TMI	Thye Ming Industrial Co Ltd
UK 英国	BLCO 9997%	Britannia Refined Metals Ltd
	BLCO 9999%	Britannia Refined Metals Ltd
	HJ ENTHOVEN & SONS	H.J. Enthoven & Sons
	LAA	Britannia Refined Metals Ltd
USA 美国	DOE RUN	The Doe Run Company
	EXIDE	Exide Corporation
	GLOVER	ASARCO Incorporated
	GNB	GNB Inc
	REVERE	RSR Corporation

续表 2-1

国家及地区	商　　标	生　产　商
USA 美国	RSR-CLFR	RSR Corporation
	RSR-INDY	RSR Corporation
	SANDERS	Sanders Standard Lead Co Inc
	SCHUYLKILL	Exide Corporation
Yugoslavia 南斯拉夫	TREPCA	Trepca Rudarsko-Metalursko Hemijski Kombinat Oloval Cinka

(三) LME 标准铅交货地点

LME 标准铅交货地点见表 2-2。

表 2-2　LME 标准铅交货地点

欧　　洲			美　　国		远　东　地　区	
Belgium 比利时	Antwerp	安特卫普	Baltimore	巴尔的摩	Singapore	新加坡
France 法国	Dunkirk	敦刻尔克	Detroit	底特律		
Germany 德国	Bremen	不来梅	Pittsburgh	匹兹堡		
	Hamburg	汉　堡	Toledo	托来多		
Italy 意大利	Genoa	热那亚	Chicago	芝加哥		
	Leghorn	里窝那	Long Beach	长滩		
	Trieste	的里雅斯特	Los Angeles	洛杉矶		
Netherlands 荷兰	Rotterdam	鹿特丹	New Haven	纽黑文		
	Vlissingen	弗里辛恩	New Orleans	新奥尔良		
Spain 西班牙	Barcelona	巴塞罗那	St. Louis	圣路易斯		
	Bilbao	毕尔巴鄂				
Sweden 瑞典	Gothenhurg	哥德堡				
	Helsingborg	赫尔辛堡				
U.K 英国	Avonmouth	埃文矛斯				
	Goole	古尔				
	Hull	赫尔				
	Liverpool	利物浦				
	Newcastle	纽卡斯尔				
	Sunderland	森德兰				

三、LME特高级锌合约、商标及交货地点

(一) LME特高级锌合约

1. 批重

25t。

2. 主要货币

LME用美元作为每项合约的主要货币,并用于大厅交易和公布正式价格。由于英镑、欧元、德国马克和日元也可以作为结算LME所有金属有效货币,所以,LME每日都要公布货币汇率,供结算时换算价格用。

3. 最小价格波幅

每吨50美分。

4. 交割日期

每天为3个月期货交割日,每个星期三为4~6个月期货交割日,每个月的第三个星期三为7~27个月期货交割日(总计未来27个月)。

5. 质量

本合约规定的交货锌的最小纯度为99.995%。注册锌从2000年11月1日起,必须符合标准BSEN1179:1996《锌及锌合金-原生锌》中99.995%等级的要求。所有交货的锌:

a) 必须在LME特高级锌商标清单中注册。

b) 锭(或扁锭、板等)重不超过55kg。

6. 形状和重量

每一批为25t,应放在同一货仓内,而且是由同一商标,同一尺寸的锭、扁锭或板组成。为了满足稳固码垛的要求,允许在每捆的底部放有不同形状和尺寸的锌。每批货应提供栈单,并捆扎成不超过1.5t的捆,安全运输。此外从1995年12月18日起,每批货都应提交栈单,并捆成捆,以便在安全装卸条件下不致变形或散捆。

7. 栈单

每份栈单应为25t(短溢不超过2%)。从1999年5月17日后起发出的每份栈单都要标有一个条形码。

8. 斯权交易

对照优先期权合约,凡在LME交易用美元、英镑、日元、欧元和德国马克结算的锌期权合约,都是有效合约。

锌期权在每个交割日到后续的 27 个月内为有效兑换。按 LME 的规则，宣告日(期机被宣告的最后一天)是交割月的第一个星期三，而且交割日是交割月的第三个星期三。

与 LME 的现货和期货合约一样，所有期权交易是由结算所登记并且形成日复一日的贸易中的实质部分。LME 交易的期权可以称之为所有者自己的商品。因此，他们可以在期权到期之前自由的买卖——升、贴水是惟一的变量因素。

货　币	结算价格等级	升、贴水信誉度
美　元	25～1725 美元结算价格为 25 美元 1 个等级 1750～2950 美元结算价格为 50 美元 1 个等级 3000 美元以上结算价格为每 100 美元 1 个等级	最低 0.01 美元
英　镑	20 英镑以上结算价格为每 20 英镑 1 个等级	最低 0.01 英镑
日　元	10000～390000 日元的结算价格为每 10000 日元 1 个等级 400000 日元以上结算价格为每 20000 日元 1 个等级	最低 10 日元
欧　元	25～1725 欧元的结算价格为每 25 欧元 1 个等级 1750～2950 欧元的结算价格为每 50 欧元 1 个等级 3000 欧元以上的结算价格为每 100 欧元 1 个等级	最低为 0.01 欧元
德国马克	100～4900 马克的结算价格为每 100 马克 1 个等级 5000 马克以上的结算价格为每 200 马克 1 个等级	最低 0.10 马克

(二) LME 特高级锌注册商标

LME 特高级锌注册商标见表 2-3。

表 2-3　LME 特高级锌注册商标

国　家	商　标	生 产 商
Algeria 阿尔及利亚	SNS SHG	Alzinc Spa
Australia 澳大利亚	AZ-SHG Zn 99995	Pasminco Metals
	SMC	Sun Metals Corporation Pty Ltd
Belgium 比利时	* * * * VM 99995 + %	Union Miniere Business Unit Zinc Refining
Brazil 巴西	CMM	Cia. Mineira De Metais
	CPM ZINCO ELECTROLITICO	Cia. Paraibuna De Metais
Bulgaria 保加利亚	KUM 99.995	KCM S A
Canada 加拿大	CEZINC SHG	Canadian Electrolytic Zinc Ltd
	HBMS CANADA SHG	Hudson Bay Mining & Smelting Co Ltd
	KIDD SHG	Falconbridge Ltd

续表 2-3

国 家	商 标	生 产 商
Canada 加拿大	COMINCO TADANAC MADE IN CANADA SHG	Cominco Ltd
	MADE IN CANADA SHG	
China 中国	HX	Huludao Zinc Smelter 葫芦岛锌厂
	IBIS	Baiyin Nonferrous Metals Company 白银有色金属公司
	NH-SHG	Shenzhen Zhongjin Lingnan Nonfemet Co Ltd 深圳中金岭南有色金属股份有限公司
	TORCH SHG	Zhuzhou Smelter 株洲冶炼厂
	TORCH Ⅱ	Zhuzhou Smelter 株洲冶炼厂
	YINLI SHG	Yinli Chemical & Metallurgical(Group) Company 银荔冶金化工集团公司
Finland 芬兰	OUTOKUMPU ZINC	Outokumpu Kokkola Zinc Oy
France 法国	PENARROYA Z1	Metaleurop Nord S. A. S
Germany 德国	ME WESER E-ZINK	Metaleurop Handel GmbH
	MHD 99995 +	M. I. M. Huttenwerke Duisberg GmbH
Italy 意大利	NUOVA SAMIM Zn 99.995	Portovesme Srl
	PORTOVESME 99.995	Portovesme Srl
Japan 日本	AZC	Akita Zinc Co Ltd
	EMC-H	Mitsui Mining & Smelting Co Ltd Mitsui
	EMC-K	Mitsui Mining & Smelting Co Ltd
	HSC-SHG	Mitsui Mining & Smelting Co Ltd
	SK SHG	Sumitomo Metal Mining Co Ltd Sumitomo
	TOHO EZ	Toho Zinc Co Ltd
Korea(South) 韩国	KZ-SHG 99.995	Korea Zinc Co Ltd
	YP-SHG	Young Poong Corporation
Macedonia 马其顿	ZLETOVO ZN 99.995	Topilnica Za Cink I Olovo Zletovo
Mexico 墨西哥	IMM SLP	Groupo Industrial Minera Mexico SA de CV
	PENOLES	Met-Mex Penoles SA de CV
Netherlands 荷兰	BILLITON ZINK****	Budel Zink BV
	BUDEL ZINK Z1	Budel Zink BV
Norway 挪威	NORZINK MADE IN NORWAY	Norzink AS

续表 2-3

国　家	商　标	生　产　商
Peru 秘鲁	MP LIMA SHG 99995**	Minero Peru SA
	COMINCO PERU ZINC SHG	Refineria de Cajamarquilla SA
	CP PERU INDUSTRIA PERUANA 99995+	The Doe Run Company
Spain 西班牙	ASTUZINC ELECTRO 99.99+***	Asturiana de Zinc SA
	ASTUZINC ELECTRO 99.995%	Asturiana de Zinc SA
	EDZ	Espanola del Zinc SA
Thailand 泰国	PADAENG THAILAND SHG	Padaeng Industry Co Ltd
U.K 英国	BZL-Z1	Britannia Zinc Ltd
USA 美国	JMZ	Pasminco Zinc Inc

(三) LME 特高级锌交货地点

LME 特高级锌交货地点见表 2-4。

表 2-4　LME 特高级锌交货地点

欧　洲			美　国		远东地区	
Belgium 比利时	Antwerp	安特卫普	Baltimore	巴尔的摩	Singapore	新加坡
France 法国	Dunkirk	敦刻尔克	Chicago	芝加哥		
Germany 德国	Bremen	不来梅	Detroit	底特律		
	Hamburg	汉堡	Long Beach	长滩		
Italy 意大利	Genoa	热那亚	Los Angeles	洛杉矶		
	Leghorn	里窝那	New Haven	纽黑文		
	Trieste	的里雅斯特	New Orleans	新奥尔良		
Netherlands 荷兰	Rotterdam	鹿特丹	Pittsburgh	匹兹堡		
	Vilssingen	弗里辛恩	St. Louis	圣路易斯		
Spain 西班牙	Barcelona	巴塞罗那	Toledo	托莱多		
	Bilbao	毕尔巴鄂				
Sweden 瑞典	Gothenburg	哥德堡				
	Helsingborg	赫尔辛堡				
U.K 英国	Avonmouth	埃文矛斯				
	Goole	古尔				
	Hull	赫尔				

续表 2-4

欧洲			美国		远东地区	
U.K 英国	Liverpool	利物浦				
	Newcastle	纽卡斯尔				
	Sunderland	桑德兰				

四、LME 发布统计的标准铅生产和消费结构

LME 统计的标准铅生产结构（按区域划分）见表 2-5。

表 2-5 LME 统计的标准铅生产结构

地区	产量/kt	占总量比例/%（估算）	地区	产量/kt	占总量比例/%（估算）
北美	1475	27	西欧	1634	27
拉美	446	7	东欧	216	4
非洲	132	2	亚洲	1764	29
大洋洲	276	4	总量	6143	100

LME 统计的标准铅消费结构（按用途划分）见表 2-6。

表 2-6 LME 统计的标准铅消费结构

用途	所占比例/%（估算）	用途	所占比例/%（估算）
电池	73	合金	2
电缆护套	2	颜料和其他化合物	11
轧制和挤压产品	6	其他	4
弹药	2		

五、LME 发布统计的特高级锌生产和消费结构

LME 统计的特高级锌生产结构（按区域划分）见表 2-7。

表 2-7 LME 统计的特高级锌生产结构

地区	产量/kt	占总量比例/%	地区	产量/kt	占总量比例/%
北美	1146	14	西欧	2170	6
南美	652	8	东欧	497	6
非洲	148	2	亚洲	3259	40
大洋洲	348	4	总量	8220	100

LME 统计的特高级锌消费结构（按用途划分）见表 2-8。

表 2-8　LME 统计的特高级锌消费结构

用　途	所占比例/%(估算)	用　途	所占比例/%(估算)
电　镀	47	化学品	8
锌合金	16	锌　粉	1
黄铜和青铜	19	其　他	3
锌半成品	7		

六、LME 近 10 年铅锌价格统计

LME 作为世界上最大的有色金属材料市场，其所公布的有色金属正式价格，被世界各国公认为金属贸易买卖双方的订价基准。LME 铅锌价格的波动，直接影响国内铅锌市场的价格变化，了解 LME 的价格走势，将对各铅锌贸易企业有着重要的意义。LME 近 10 年来铅锌的价格统计见表 2-9，其价格走势见图 2-1 与图 2-2。

表 2-9　LME 近 10 年铅锌价格统计　(美元/t)

时　间	铅				锌			
	平均价	最高价	最低价	3个月均价	平均价	最高价	最低价	3个月均价
1990	459.78	815.00	313.00	444.51	1520.27	1870.00	1237.00	1471.01
1991	315.44	364.00	274.00	326.47	1115.31	1433.00	973.00	1115.00
1992	306.57	356.00	274.00	317.89	1239.57	1453.00	1012.00	1220.40
1993	338.02	485.50	254.00	349.83	960.65	1109.00	859.00	978.48
1994	549.01	684.00	424.50	564.10	998.45	1181.00	903.00	1021.02
1995	630.51	773.00	505.00	639.26	1030.80	1206.50	949.00	1054.98
1996	773.96	902.00	660.00	771.64	1025.03	1097.00	978.00	1049.09
1997	624.08	725.00	510.00	633.01	1313.27	1760.00	1035.00	1302.81
1998	528.42	615.00	477.50	533.29	1023.26	1143.00	916.00	1045.78
1999	502.24	559.50	463.00	509.25	1077.32	1239.00	900.00	1093.14
2000	454.22	518.50	399.00	468.07	1128.11	1277.00	1021.00	1137.34
2000								
3月	441.30	456.00	433.00	456.20	1116.37	1141.00	1084.50	1133.26
4月	421.14	493.00	399.00	439.38	1127.64	1167.50	1080.50	1135.76
5月	412.12	432.00	403.00	430.01	1156.88	1179.00	1129.50	1170.77
6月	419.59	440.50	410.00	435.93	1117.93	1148.00	1090.00	1134.68
7月	452.12	472.00	434.00	462.25	1136.21	1162.00	1115.00	1151.67
8月	473.09	480.00	466.00	485.41	1169.80	1194.00	1133.00	1169.16
9月	487.05	518.50	463.50	492.81	1224.40	1277.00	1180.00	1178.73
10月	486.14	507.00	470.50	492.65	1095.80	1160.00	1049.00	1104.70
11月	468.02	496.00	449.50	480.78	1059.05	1092.00	1030.00	1073.59
12月	462.34	480.50	446.00	476.68	1059.79	1099.00	1021.00	1075.55
2001								
1月	478.05	506.00	453.00	488.40	1033.36	1053.00	1013.50	1048.40
2月	501.80	512.50	483.00	500.18	1020.88	1041.00	1066.50	1026.74
3月	498.39	522.50	473.50	503.91	1004.73	1036.50	977.00	1017.31

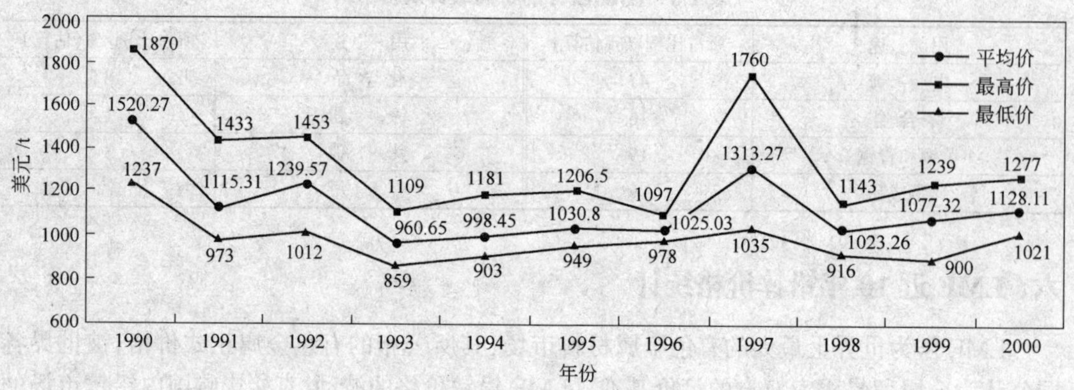

图 2-1　LME 特高级锌近 10 年价格走势

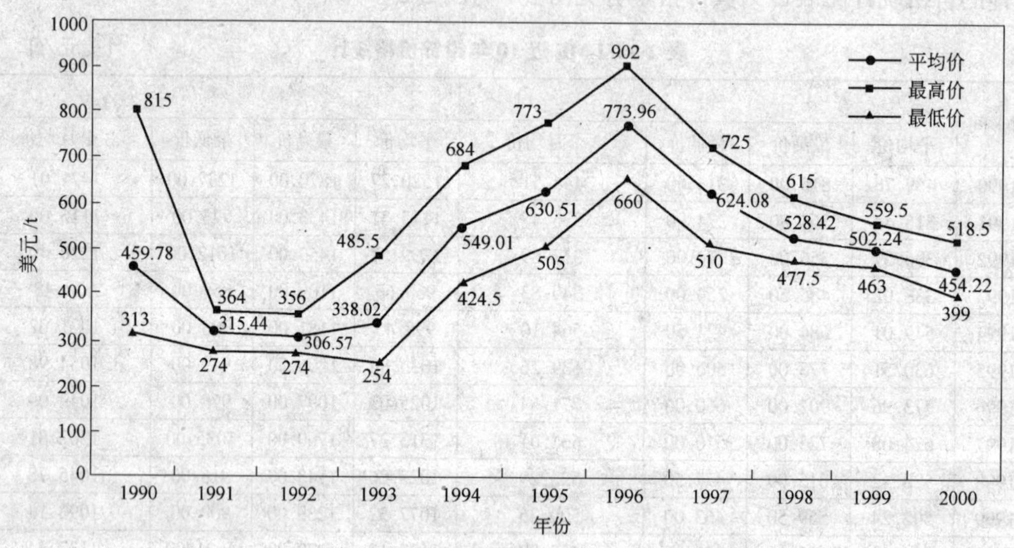

图 2-2　LME 标准铅近 10 年价格走势

第二节　国内铅、锌市场价格走势

目前，国内铅、锌市场还未形成期货贸易，基本上都是现货贸易，并以北京、上海、沈阳、天津、长沙、成都、白银、兰州、广州等 9 个城市的平均价，作为国内生产资料市场的平均价指导国内的贸易市场。1990～2000 年国内生产资料市场铅锌年平均价格见表 2-10，其价格走势见图 2-3。

表 2-10　1990～2000 年国内生资市场铅锌年平均价格　　(元/t)

年份	1990	1991	1992	1993	1994	1995	1996	1997	1998	1999	2000
铅	4100	3500	3630	3400	6000	6780	7106	6563	5354.5	4845	4807
锌	7280	7150	7570	7978	8718	10330	9673	10840	9828	9781	10905

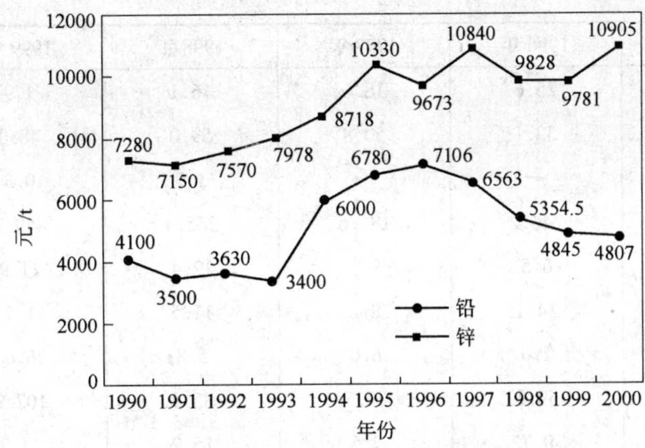

图 2-3 1999～2000 年国内生资市场铅、锌价格走势

第三节 世界铅、锌进出口贸易统计

一、世界铅进出口贸易统计

世界主要国家的铅进出口贸易情况见表 2-11。

表 2-11 世界精炼铅进出口贸易统计 (kt)

国家及地区	1996 年	1997 年	1998 年	1999 年	2000 年
出口					
奥地利	6.0	5.4	6.4	4.5	4.0⑧
比利时	105.3	97.6	86.8	90.9	97.8⑦
丹麦	1.2	0.7	0.6	13.9	1.9⑧
芬兰	0.4	2.4	0.4	0.5	—
法国	81.7	63.7	76.8	66.0	69.7
德国	43.8	63.2	78.9	70.1	86.6⑧
希腊	0.1	0.4	0.1	1.0	0.0⑦
荷兰	10.7	9.0	1.8	2.2	1.4④
波兰	13.4	19.7	11.1	18.4	28.1⑧
罗马尼亚	5.8	3.6	4.4	3.1	12.0⑧
俄罗斯	6.1	5.8	3.7	3.4	1.4
斯洛文尼亚	6.7	6.7	6.1	7.0	6.3
西班牙	5.0	0.8	2.1	6.2	4.0⑧
瑞典①	51.1	55.7	57.5	57.0	61.2⑧
瑞士	4.9	5.0	2.7	2.5	5.1
英国	67.4	78.5	100.2	81.3	83.9

续表 2-11

国家及地区	1996年	1997年	1998年	1999年	2000年
南斯拉夫	25.6	18.6	16.1	1.9	5.3
摩洛哥	33.1	50.8	59.0	48.0	—
南非	—	—	1.3	0.3	0.3
中国	246.2	184.6	235.4	449.7	448.0
香港	6.5	9.3	12.4	11.9	13.0
印度尼西亚	14.1	8.2	11.5	1.7	4.7⑦
日本②	7.0	6.0	5.8	6.8	6.4
哈萨克斯坦	59.3	77.7	85.2	107.9	155.5
马来西亚	0.7	2.5	15.2	34.0	10.1⑦
新加坡	13.9	23.6	30.9	—	68.1
韩国	9.8	25.1	44.9	30.6	26.1
中国台湾	14.5	12.6	9.2	13.2	18.2
阿根廷	—	—	4.3	0.6	—
加拿大③	166.6	158.6	156.8	166.0	166.9
墨西哥	81.8	102.1	71.4	28.3	19.7
秘鲁	80.2	91.6	93.6	101.4	166.5
美国②	45.1	41.3	24.6	25.6	20.4
澳大利亚	169.4	169.0	172.6	254.9	218.5
新西兰	8.9	9.6	11.4	8.3	6.2
总计	1392.3	1409.2	1501.3	1719.2	1817.2
进口					
奥地利	40.4	44.3	49.6	36.0	38.2⑧
比利时	29.3	44.9	52.7	62.3	23.8⑦
丹麦	6.1	5.2	4.1	2.5	3.1⑧
芬兰	1.3	1.9	1.6	1.7	2.6
法国	45.0	42.3	39.7	60.8	69.5
德国	94.1	81.5	89.5	83.1	94.6
希腊	5.3	5.3	3.5	5.3	3.4⑦
匈牙利	13.8	13.8	12.4	4.9	5.5⑧
爱尔兰②	25.5	21.2	27.1	20.8	19.0⑦
意大利	93.2	94.8	75.0	90.7	62.8
荷兰	45.2	45.2	36.1	14.4	5.6④
挪威②	3.8	3.1	2.2	2.4	4.0
波兰	5.5	5.5	5.8	14.0	24.9⑧
葡萄牙	15.6	18.8	26.0	18.1	16.5⑧
罗马尼亚	0.2	0.2	1.1	2.4	2.4

续表 2-11

国家及地区	1996 年	1997 年	1998 年	1999 年	2000 年
俄罗斯	44.8	33.3	19.0	27.2	52.7
斯洛文尼亚	8.3	9.2	8.2	7.6	9.2
西班牙	63.4	81.1	96.0	103.2	76.4⑥
瑞典	7.7	2.0	3.0	1.9	3.9⑧
瑞士	3.9	5.8	3.4	5.4	6.0
英国	32.7	17.0	29.3	38.4	100.9
南斯拉夫	2.4	5.5	5.0	6.1	5.1
南非	10.1	19.9	16.4	11.4	13.3
中国	4.2	7.0	8.8	7.5	8.1
香港	6.4	8.2	11.4	10.2	10.8
印度	28.1	12.6	2.9	24.9	—
印度尼西亚	20.5	36.0	29.7	4.7	35.5⑦
日本②	31.7	29.9	23.9	13.2	22.8
马来西亚	75.0	40.2	52.0	174.0	62.0⑦
菲律宾	8.1	6.4	4.3	17.3	11.4⑧
新加坡	44.1	27.3	35.5	—	82.2
南非	101.0	95.6	70.8	102.4	112.9
中国台湾	98.1	114.2	101.2	120.6	126.3
泰国	62.0	38.5	15.2	40.0	51.0
土耳其	40.9	26.7	38.9	35.4	44.1⑧
巴西	33.4	62.2	60.0	56.1	38.9④
加拿大③	6.8	10.2	5.4	6.0	4.7
智利	6.2	6.1	6.4	3.7	—
墨西哥	10.8	—	14.3	56.0	36.3
美国	246.0	245.3	254.1	294.2	339.2
总计	1420.9	1367.8	1341.4	1586.7	1629.6

① 包括粗铅；② 包括合金；③ 包括铅弹头；④ 1～6 月；⑤ 1～7 月；⑥ 1～9 月；⑦ 1～10 月；⑧ 1～11 月。

二、中国铅进出口贸易统计

中国铅精矿和精炼铅进出口贸易统计见表 2-12。

表 2-12　中国铅精矿及精炼铅进出口贸易统计　(kt)

类　　别	1998 年	1999 年	2000 年
产量			
铅精矿（铅金属量）	580.500	548.938	711.900
精炼铅	756.866	821.011	1009.538

续表 2-12

类　　别		1998 年	1999 年	2000 年
进口				
铅精矿	总计	236.034	169.669	311.395
来源地				
澳洲		56.843	67.499	135.693
比利时		3.491	0	6.826
加拿大		43.150	0	32.526
德国		19.737	16.835	20.195
伊朗		9.474	3.000	7.560
纳米比亚		8.983	16.895	5.886
韩国		3.780	3.374	5.899
秘鲁		32.866	25.934	19.134
西班牙		17.864	4.777	38.149
泰国		5.616	0	0
美国		23.778	10.356	10.325
其他国家		10.452	20.999	29.202
精炼铅	总计	8.793	7.518	8.122
来源地				
澳洲		6.617	5.851	6.468
香港		0.100	0.010	0.175
日本		0.116	0.202	0.369
中国台湾		0.531	0.699	0.673
英国		0.090	0.045	0
其他国家		1.330	0.711	0.437
出口				
铅精矿	总计	34.371	22.906	2.766
来源地				
日本		10.423	2.746	2.766
新加坡		4.550	0	0
韩国		14.358	20.159	0
泰国		5.040	0	0
其他国家		0	1	0
精炼铅		235.428	449.738	447.988
来源地				
澳洲		2.070	3.040	0
香港		60.961	62.282	48.460
印度		4.844	6.376	1.220

续表 2-12

类　别	1998 年	1999 年	2000 年
印度尼西亚	9.791	17.466	12.832
日本	16.591	10.355	22.620
马来西亚	19.664	30.755	34.857
荷兰	2.530	0.418	1.765
新加坡	20.135	90.479	70.465
韩国	55.964	71.344	82.811
中国台湾	20.433	44.315	37.858
泰国	6.021	11.943	21.041
美国	12.981	66.051	82.832
其他国家	3.443	34.914	31.227
消费量			
精炼铅	530.232	525.000	663.000

三、世界锌进出口贸易统计

世界主要锌锭进出口贸易统计见表 2-13。

表 2-13　世界锌锭的进出口贸易统计　(kt)

国家及地区	1996 年	1997 年	1998 年	1999 年	2000 年
出口					
奥地利	2.8	12.8	14.5	15.6	18.5⑧
比利时①	144.9	143.1	105.3	87.1	80.6⑦
丹麦	0.0	0.1	0.2	—	0.1
芬兰	137.3	128.7	155.5	186.9	176.4
法国	226.7	177.1	143.7	127.9	111.7
德国	70.1	49.1	53.4	58.1	59.9⑧
爱尔兰	—	—	—	0.2	0.0⑦
意大利	40.4	15.6	8.7	5.6	5.3⑧
荷兰	166.7	169.4	255.0	240.9	99.2④
挪威	113.0	124.2	116.8	121.9	117.0
波兰	63.4	68.2	67.9	93.6	68.6⑧
罗马尼亚	8.2	14.8	18.6	18.9	45.7
俄罗斯	119.3	120.3	117.2	118.2	117.2
西班牙②	183.1	180.2	122.7	142.4	66.3⑥
英国	10.9	10.4	10.2	16.3	12.4
南斯拉夫	21.8	20.1	6.6	1.2	15.4
南非	8.2	13.2	11.2	20.5	11.9

续表 2-13

国家及地区	1996年	1997年	1998年	1999年	2000年
中国	218.4	543.8	370.6	507.5	574.6
香港	19.1	15.5	16.9	12.9	15.5
印度	—	12.0	0.0	—	—
日本	28.5	23.5	46.7	70.8	51.1
哈萨克斯坦	132.2	186.3	218.0	205.9	229.2
马来西亚	—	0.0	6.6	24.9	1.6⑦
新加坡	34.9	126.6	135.4	110.0	100.7
韩国	24.3	91.2	159.1	153.5	177.2
泰国	0.0	23.7	43.8	30.7	24.1
土耳其	3.3	9.3	15.5	9.7	0.0⑧
阿根廷	5.0	7.4	5.1	55.2	—
巴西	49.8	24.5	14.8	26.2	17.5⑥
加拿大	581.6	547.6	576.9	610.7	603.4
墨西哥	75.9	—	65.1	74.0	89.8
秘鲁	109.2	104.9	94.2	76.4	109.0
美国	6.0	4.4	2.7	3.5	5.0
澳大利亚	155.2	133.9	151.9	200.5	298.4
总计	2760.1	3102.1	3130.8	3427.6	3303.3
进口					
奥地利	43.1	46.7	59.6	48.6	41.8⑧
比利时①	220.8	247.9	232.2	192.8	196.3⑦
克罗地亚	2.4	2.5	3.0	2.0	2.1
丹麦	10.6	10.8	14.3	10.0	11.6⑧
芬兰	0.0	0.0	0.0	0.0	0.3
法国	108.0	114.2	116.9	128.5	129.1
德国	187.9	236.2	258.6	252.2	228.1⑧
希腊③	6.1	21.4	19.4	17.9	17.8⑦
爱尔兰③	1.7	2.5	2.9	1.9	1.8⑦
意大利	101.7	98.1	148.9	198.1	190.5⑧
荷兰	115.6	100.5	159.0	125.5	79.5④
挪威	1.1	2.1	3.6	2.1	1.4
波兰	1.9	2.6	3.0	5.9	0.2⑥
葡萄牙	6.4	7.4	11.7	13.6	11.6⑧
罗马尼亚	1.0	0.7	7.9	4.5	5.5
俄罗斯	10.3	5.3	35.1	7.5	13.7
斯洛文尼亚	14.1	19.6	21.5	14.3	17.0

续表 2-13

国家及地区	1996 年	1997 年	1998 年	1999 年	2000 年
西班牙	2.4	3.8	0.8	2.1	1.9⑥
瑞典	32.0	34.9	37.8	28.6	20.7⑧
瑞士	17.1	19.1	20.1	19.2	16.3
英国	132.0	137.1	160.9	112.2	118.7
南斯拉夫	14.7	12.7	4.7	3.8	3.8
南非	0.6	9.4	2.3	1.1	22.2
中国	10.6	10.8	12.1	16.1	19.5
香港③	29.6	25.0	38.3	27.3	21.4
印度	50.1	87.6	16.3	149.4	—
印度尼西亚	88.7	83.7	60.0	55.1	63.8⑦
日本	134.8	179.7	113.4	62.3	83.8
马来西亚	30.6	56.2	50.3	99.4	80.9⑦
菲律宾	48.3	45.9	33.6	41.3	25.4⑧
新加坡	45.5	241.7	169.0	132.5	158.9
韩国	88.1	67.7	71.0	111.3	128.5
中国台湾	196.4	228.9	240.7	273.0	294.1
泰国	37.7	28.1	14.4	18.7	15.3
土耳其	47.4	37.6	67.4	63.5	87.0⑧
阿根廷	11.9	8.7	2.7	5.5	—
巴西	4.0	3.4	8.4	14.4	10.5⑥
加拿大	2.2	7.1	3.4	4.0	6.6
智利	8.9	—	8.7	7.9	5.4④
墨西哥	1.7	12.4	24.8	46.6	35.1
美国	818.7	876.2	868.7	1065.5	920.0
委内瑞拉	15.2	—	—	—	—
新西兰	13.8	16.3	15.9	11.7	13.9
总计	2702.1	3136.4	3127.8	3386.0	3088.1

① 包括再生锌；② 包括废杂锌；③ 包括合金；④ 1～6 月；⑤ 1～7 月；⑥ 1～9 月；⑦ 1～10 月；⑧ 1～11 月。

四、中国锌进出口贸易统计

中国锌精矿和锌锭的进出口贸易统计见表 2-14。

表 2-14　中国锌精矿及锌锭进出口贸易统计　(kt)

类　别	1998 年	1999 年	2000 年
产量			
锌精矿（锌金属量）	1273.222	1476.025	995.136

续表 2-14

类　别	1998 年	1999 年	2000 年
锌锭	1486.283	1684.575	1842.585
进口			
锌精矿　总计	52.508	44.003	77.942
来源地			
澳洲	20.371	9.928	—
加拿大	—	—	—
智利	—	—	—
印度	10.595	—	—
伊朗	9.960	8.249	35.296
缅甸	3.639	12.823	—
韩国	2.434	1.333	1.380
秘鲁	—	—	—
菲律宾	—	—	—
越南	—	—	—
其他国家	5.509	11.670	41.266
锌锭　总计	12.091	16.091	19.496
来源地			
澳洲	1.144	1.511	2.062
比利时	1.100	1.744	3.495
加拿大	1.395	2.704	1.989
香港	0.677	0.209	2.163
日本	0.055	0.366	1.152
韩国	0.409	0.348	0.149
新加坡	2.183	1.735	0.960
中国台湾	0.602	0.924	0.289
其他国家	4.526	6.550	7.237
出口			
锌精矿　总计	201.325	233.150	138.891
来源地			
比利时	—	—	
意大利	1.504	—	—
日本	8.832	13.586	10.058
哈萨克斯坦	2.530	—	—
朝鲜	16.884	23.353	10.921
俄罗斯	8.763	13.344	2.191
韩国	62.340	99.968	71.676

续表 2-14

类别	1998年	1999年	2000年
西班牙	4.290	9.550	—
瑞士	—	—	—
泰国	76.439	66.845	31.952
乌兹别克斯坦	18.800	3.017	4.309
其他国家	0.943	3.487	7.784
锌锭 总计	370.612	507.501	574.630
来源地			
香港	67.377	74.816	69.105
印度	1.364	3.845	12.502
印度尼西亚	2.496	1.418	0.672
意大利	—	35.198	8.769
日本	28.287	44.835	61.884
新加坡	121.029	70.168	125.049
韩国	54.126	111.298	108.153
中国台湾	25.166	62.748	84.439
美国	60.600	88.969	58.030
越南	5.664	8.474	10.965
其他国家	4.503	5.732	35.062
消费量			
锌锭	1127.764	1195.528	1287.450

五、2001年我国海关自动化系统商品(铅、锌)报关归类目录

2001年海关自动化系统商品报关归类目录见表2-15,关税税率见表2-16。

表 2-15 2001年海关自动化系统商品报关归类目录 (kg)

商品编号	申报商品名称及备注	进口关税/%		增值税/%	监管单位
		优惠	普通		
2608	锌矿砂及其精矿				
26080000	锌精矿			13.0	A4y
26080000	锌矿粉			13.0	A4y
26080000	异极矿			13.0	A4y
26080000	红锌矿			13.0	A4y
26080000	闪锌矿			13.0	A4y
26080000	菱锌矿			13.0	A4y
26080000	氢化硅酸锌矿			13.0	A4y
26080000	碳酸锌矿			13.0	A4y

续表 2-15

商品编号	申报商品名称及备注	进口关税/%		增值税/%	监管单位
		优惠	普通		
26080000	硫化锌矿			13.0	A4y
26080000	氧化锌矿			13.0	A4y
26080000	锌矿砂			13.0	A4y
2817	氧化锌及过氧化锌				
28170010	锌氧粉(氧化锌)	7.0	40.0	17.0	
28170010	锌氧粉(氧化锌)	7.0	40.0	17.0	
28170010	氧化锌	7.0	40.0	17.0	
28170010	氧化锌粉	7.0	40.0	17.0	
28170010	过氧化锌	7.0	30.0	17.0	
2824	铅的氧化物;铅丹及铅橙				
28241000	氧化铅	7.0	30.0	17.0	
28242000	铅橙	7.0	45.0	17.0	
28242000	铅丹	7.0	45.0	17.0	
28249000	二氧化铅(紫褐色氧化物,高铅酐)	7.0	30.0	17.0	
7801	未锻轧铅				
78011000	纯铅(未锻轧,精炼)	3.0	20.0	17.0	
78011000	电解精炼铅(未锻轧)	3.0	20.0	17.0	
78011000	铅锭(未锻轧,精炼的)	3.0	20.0	17.0	
78011000	铅块(未锻轧,精炼的)	3.0	20.0	17.0	
78019100	粗铅(含锑,未锻轧)	3.0	20.0	17.0	
78019100	铅锑合金(未锻轧)	3.0	20.0	17.0	
78019900	铅钙合金(未锻轧)	3.0	20.0	17.0	
78019900	铅锡合金锭	3.0	20.0	17.0	
78019900	铅锡合金(未锻轧)	3.0	20.0	17.0	
78019900	铅合金锭(未锻轧)	3.0	20.0	17.0	
7802	铅废碎料				
78020000	铅废碎料	1.5	20.0	17.0	
7803	铅条、杆、型材及异型材或丝				
78030000	铅丝	6.0	30.0	17.0	
78030000	铅条	6.0	30.0	17.0	
78030000	铅型材	6.0	30.0	17.0	
78030000	铅异型材	6.0	30.0	17.0	
78030000	铅锡条	6.0	30.0	17.0	
78030000	铅杆	6.0	30.0	17.0	
78030000	铅线	6.0	30.0	17.0	

续表 2-15

商品编号	申报商品名称及备注	进口关税/%		增值税/%	监管单位
		优惠	普通		
7804	铅板、片、箔;铅粉及片状粉末				
78041100	铅片(除衬背外厚度≤0.2mm)	6.0	30.0	17.0	
78041900	铅板(厚度≥0.2mm)	6.0	30.0	17.0	
78042000	铅合金粉	6.0	35.0	17.0	
78042000	铅粉	6.0	35.0	17.0	
78042000	铅片状粉末	6.0	35.0	17.0	
7805	铅管及管子附件(例如,接头、肘管、管套)				
78050010	铅S形弯管	6.0	30.0	17.0	
78050010	铅管	6.0	30.0	17.0	
78050020	铅制接头	6.0	30.0	17.0	
78050020	铅制肘管	6.0	30.0	17.0	
78050020	铅制管套	6.0	30.0	17.0	
7806	其他铅制品				
78060010	电镀铅阳极(工业用)	6.0	40.0	17.0	
78060010	固定器(工业用)	6.0	40.0	17.0	
78060010	游艇的铅龙骨(工业用)	6.0	40.0	17.0	
78060090	铅制砝码	18.0	80.0	17.0	
78060090	铅制钟摆	18.0	80.0	17.0	
7901	未锻轧锌				
79011100	锌锭(未锻轧,含锌量≥99.99%)	3.0	20.0	17.0	AB4y
79011100	锌砖(未锻轧,含锌量≥99.99%)	3.0	20.0	17.0	AB4y
79011100	非合金纯锌 (未锻轧,含锌量≥99.99%)	3.0	20.0	17.0	AB4y
79011200	粗锌(未锻轧,含锌量<99.99%)	3.0	20.0	17.0	B4y
79011200	非合金生锌 (未锻轧,含锌量<99.99%)	3.0	20.0	17.0	B4y
79011200	锌锭(未锻轧,含锌量<99.99%)	3.0	20.0	17.0	B4y
79011200	锌合金	3.0	20.0	17.0	B4y
79011200	锌砖(锌合金制)	3.0	20.0	17.0	B4y
7902	锌废碎料				
79020000	锌废碎料	1.5	20.0	17.0	AP
79020000	废锌合金	1.5	20.0	17.0	AP
79020000	废锌合金渣	1.5	20.0	17.0	AP
79020000	废锌	1.5	20.0	17.0	AP
79020000	废锌渣	1.5	20.0	17.0	AP
79020000	废锌混合碎料	1.5	20.0	17.0	AP
7903	锌末、锌粉及片状粉末				

续表 2-15

商品编号	申报商品名称及备注	进口关税/%		增值税/%	监管单位
		优惠	普通		
79031000	锌末	6.0	20.0	17.0	
79039000	锌粉(锌末除外)	6.0	20.0	17.0	
7904	锌条、杆、型材及异型材或丝				
79040000	锌线	6.0	30.0	17.0	
79040000	锌型材	6.0	30.0	17.0	
79040000	锌合金料	6.0	30.0	17.0	
79040000	合金料(锌条、杆、型材及异型材或丝)	6.0	30.0	17.0	
79040000	锌异型材	6.0	30.0	17.0	
79040000	锌条	6.0	30.0	17.0	
79040000	锌合金条	6.0	30.0	17.0	
79040000	锌杆	6.0	30.0	17.0	
79040000	锌丝	6.0	30.0	17.0	
7905	锌板、片、带、箔				
79050000	印刷锌版(包括带、箔)	6.0	30.0	17.0	
79050000	锌板	6.0	30.0	17.0	
79050000	锌带	6.0	30.0	17.0	
79050000	锌表带料(包括片、带、箔)	6.0	30.0	17.0	
79050000	锌版片	6.0	30.0	17.0	
79050000	锌片	6.0	30.0	17.0	
79050000	锌合金片	6.0	30.0	17.0	
79050000	锌料片	6.0	30.0	17.0	
79050000	磨光锌片(包括片、带、箔)	6.0	30.0	17.0	
7906	锌管及管子附件(例如:接头、肘管、管套)				
79060010	锌管	6.0	30.0	17.0	
79060010	锌雨水管头	6.0	30.0	17.0	
79060020	锌肘管	6.0	30.0	17.0	
79060020	锌管套	6.0	30.0	17.0	
79060020	锌管子接头	6.0	30.0	17.0	
7907	其他锌制品				
79070011	锌饼	6.0	40.0	17.0	
79070011	电池壳体坯料	6.0	40.0	17.0	
79070011	锌合金大身(工业用)	6.0	40.0	17.0	
79070019	锌壳(工业用)	6.0	40.0	17.0	
79070019	锌合金牙轮(工业用)	6.0	40.0	17.0	
79070019	锌保护阳极(工业用)	6.0	40.0	17.0	

续表 2-15

商品编号	申报商品名称及备注	进口关税/%		增值税/%	监管单位
		优惠	普通		
79070019	光轴套毛坯(锌制,工业用)	6.0	40.0	17.0	
79070019	锌支架(工业用)	6.0	40.0	17.0	
79070019	锌刻花模板(工业用)	6.0	40.0	17.0	
79070019	锌电镀阳极(工业用)	6.0	40.0	17.0	
79070019	锌合金粒(工业用)	6.0	40.0	17.0	
79070019	锌栏杆(工业用)	6.0	40.0	17.0	
79070019	合金零件(锌制,工业用)	6.0	40.0	17.0	
79070019	锌合金搅手(工业用)	6.0	40.0	17.0	
79070019	锌阴极(工业用)	6.0	40.0	17.0	
79070019	锌合金表胚(工业用)	6.0	40.0	17.0	
79070090	锌天窗框(非工业用)	14.0	80.0	17.0	
79070090	锌屋顶构件(非工业用)	14.0	80.0	17.0	
79070090	锌灌洗器(非工业用)	14.0	80.0	17.0	
79070090	锌盒(非工业用)	14.0	80.0	17.0	
79070090	锌搓板(非工业用)	14.0	80.0	17.0	
79070090	锌浴盆(非工业用)	14.0	80.0	17.0	
79070090	锌脸盆	14.0	80.0	17.0	
79070090	护罩(锌制,非工业用)	14.0	80.0	17.0	
79070090	锌壶(非工业用)	14.0	80.0	17.0	
79070090	锌门窗框(非工业用)	14.0	80.0	17.0	
79070090	锌檐槽(非工业用)	14.0	80.0	17.0	
79070090	锌洒水壶(非工业用)	14.0	80.0	17.0	
79070090	锌暖房框架(非工业用)	14.0	80.0	17.0	
79070090	齿杆(锌制,非工业用)	14.0	80.0	17.0	
79070090	抽手(锌制,非工业用)	14.0	80.0	17.0	
79070090	手把座(锌制,非工业用)	14.0	80.0	17.0	

表 2-16　2001 年关税税率表

商品编号	货品名称	2001 年出口税率/%
26.07		
2607.0000	铅矿砂及其精矿	30
26.08		
2608.0000	锌矿砂及其精矿	30
79.01		
7901.0000	未锻轧锌	20

第三章　铅、锌品种质量

第一节　国内外铅、锌牌号及化学成分

一、铅

（一）中国

铅锭牌号及化学成分见表 3-1。

表 3-1　铅锭牌号及化学成分

牌　号	化学成分（质量分数）/%										标准号
	Pb（不小于）	Ag	Cu	Bi	As	Sb	Sn	Zn	Fe	杂质总和	
Pb99.994	99.994	0.005	0.001	0.003	0.0005	0.001	0.001	0.0005	0.0005	0.06	GB/T 469—1995
Pb99.99	99.99	0.001	0.0015	0.005	0.001	0.001	0.001	0.001	0.001	0.01	
Pb99.96	99.96	0.0015	0.002	0.03	0.002	0.005	0.002	0.001	0.002	0.04	
Pb99.90	99.90	0.002	0.01	0.03	0.01	0.05	0.005	0.002	0.002	0.10	

加工铅、铅合金牌号及化学成分见表 3-2。

表 3-2　加工铅及铅合金牌号及化学成分

金属分类	牌　号	化学成分（质量分数）/%（不大于）①										标　准　号
		Pb（不小于）	Sb	Ag	Cu	As	Bi	Sn	Zn	Fe	杂质总和	
纯铅	Pb1	99.994	0.001	0.0005	0.001	0.0005	0.003	0.001	0.0005	0.0005	0.006	GB/T 1470—1988 GB/T 1472～1474—1988
	Pb2	99.9	0.05	0.002	0.01	0.01	0.03	0.01	0.002	0.002	0.1	
	Pb3	99.0	0.5	0.003	0.1	0.2	0.2	0.2	0.01	0.01	1.0	
铅锑合金	PbSb0.5	余量	0.3～0.8	—	—	0.005	0.06	0.008	0.005	0.005	0.15	GB/T 1470—1988 GB/T 1472～1474—1988
	PbSb2		1.5～2.5	—	—	0.010	0.06	0.008	0.005	0.005	0.2	
	PbSb4		3.5～4.5	—	—	0.010	0.06	0.008	0.005	0.005	0.2	

续表 3-2

金属分类	牌　号	化学成分(质量分数)/%(不大于)[①]										标　准　号
		Pb(不小于)	Sb	Ag	Cu	As	Bi	Sn	Zn	Fe	杂质总和	
铅锑合金	PbSb6	余　量	5.5~6.5	—	—	0.015	0.08	0.01	0.01	0.01	0.3	GB/T 1470—1988 GB/T 1472~1474—1988
	PbSb8		7.5~8.5	—	—	0.015	0.08	0.01	0.01	0.01	0.3	
	PbSb3.5		3.0~4.5	—	—	—	—	Sn+Cu 0.5	—	—	—	GB/T 5191—1985
铅锡合金	PbSn4.5-2.5	余量	2.0~3.0	—	—	—	—	4.0~5.0	—	—	—	GB/T 5191—1985
	PbSn2-2	余量	1.5~2.5	—	—	—	—	1.5~2.5	—	—	—	
	PbSn6.5	余量	—	—	—	—	—	5.0~8.0	—	—	—	
保险铅丝	产品规格A0.25~1.10	余量	1.5~3.0								0.5	GB3132—1982 (1995)
	产品规格A1.25~2.50	98	0.3~1.5								1.5	
铅银合金	PbAg1	余量	0.004	0.8~1.2	0.001	0.002	0.006	0.002	0.001	0.002	0.02	GB/T 1471—1988

① 注明范围和余量者除外。

铸造铅基轴承合金锭牌号及化学成分见表 3-3。

表 3-3　铸造铅基合金锭牌号及化学成分

牌　号	化学成分(质量分数)/%													标准号
	主　要　成　分						杂 质 含 量(不 大 于)							
	Sb	Cu	Sn	As	Cd	Pb	As	Fe	Zn	Bi	Cu	Al	总和	
ZCHPbSbD16-1-1	14.5~17.5	—	0.8~1.2	0.8~1.4	—	余量	—	0.1	0.005	0.1	0.6[①]	0.006	0.3	GB/T 8740—1988
ZCHPbSbD16-16-2	15.0~17.0	1.5~2.0	15.0~17.0	—	—	余量	0.1	0.08	0.05	0.1	—	0.01	0.4	
ZCHPbSbD15-11-2	14.0~16.0	1.0~2.0	9.0~12.0	—	—	余量	0.1	0.1	0.05	0.1	—	0.05	0.5	
ZCHPbSbD15-10	14.0~16.0	0.1~0.5	9.0~11.0	—	—	余量	0.2	0.1	0.05	0.1	—	0.005	0.5	
ZCHPbSbD15-5-3	14.0~16.0	2.5~3.0	5.0~6.0	0.6~1.0	1.8~2.3	余量	—	0.1	0.05	0.1	—	—	0.3	
ZCHPbSbD15-5	14.0~15.5	0.5~1.0	4.0~5.5	—	—	余量	0.2	0.1	0.05	0.1	—	0.01	0.5	

续表 3-3

牌号	化学成分(质量分数)/%													标准号
	主要成分					杂质含量(不大于)								
	Sb	Cu	Sn	As	Cd	Pb	As	Fe	Zn	Bi	Cu	Al	总和	
ZCHPbSbD 14-5	14.0~15.0	0.1~0.5	4.0~6.0	—	—	余量	0.1	0.1	0.05	0.1	—	0.01	0.4	GB/T 8740—1988
ZCHPbSbD 13-7-1	12.0~14.0	—	6.0~8.0	0.8~1.2	—	余量	—	0.1	0.05	0.1	0.5	0.01	0.3	
ZCHPbSbD 10-6	9.0~11.0	0.1~0.5	5.0~7.0	—	—	余量	0.1	0.1	0.05	0.1	—	0.01	0.4	

① 不计杂质总量。

(二) 德国

铅锭的牌号及化学成分见表 3-4。

表 3-4 铅锭的牌号及化学成分

牌号	化学成分(质量分数)/%(不大于)①										标准号
	Pb(不小于)	Ag	As	Bi	Cu	Fe	Sb	Sn	Zn	杂质总和	
Pb99.99	99.99	0.001	0.001	0.005	0.001	0.001	0.001	0.001	0.001	0.01	DIN 1719—1986
Pb99.985	99.985	0.001	0.001	0.01	0.001	0.001	0.001	0.001	0.001	0.015	
Pb99.97	99.97	0.003	0.001	0.027	0.001	0.001	0.001	0.001	0.001	0.03	
Pb99.94	99.94	0.003	0.001	0.05	0.001	0.001	0.001	0.001	0.001	0.06	
Pb99.9	99.9	0.005	0.001	0.09	0.005	0.001	0.001	0.001	0.001	0.10	

① 注明不小于者除外。

一般用途的铅合金包括含铜铅 2 个牌号,铅锑合金 8 个牌号,其化学成分见表 3-5。

表 3-5 一般用途铅合金的牌号及化学成分

牌号	化学成分(质量分数)/%(不大于)①										标准号
	As	Cu	Sb	Pb	Ag	Bi	Fe	Sn	Zn	杂质总和	
Pb99.985Cu	0.001	0.04~0.05	0.001	余量	0.005	0.01	0.001	0.005	0.001	0.015	DIN 7640—1986
PbSb0.25Pb(Sb)	—	—	0.2~0.3	余量	—	—	—	—	—	—	
PbSb1As(R-Pb)	0.02~0.05	—	0.75~1.25	余量	—	—	—	—	—	—	
PbSb1	②	—	0.7~1.3	余量	—	—	—	—	—	—	
PbSb4	②	—	3.5~4.5	余量	—	—	—	—	—	—	
PbSb6	②	—	5.5~6.5	余量	—	—	—	—	—	—	
PbSb8	②	—	7.5~8.5	余量	—	—	—	—	—	—	
PbSb12	—	—	10~14	余量	—	—	—	—	—	—	
PbSb18	—	—	15~21	余量	—	—	—	—	—	—	

① 注明范围和余量者除外。②对加工合金,W_{As}0.04%~0.06%,对铸造合金,W_{As}0.08%~0.15%。

铸造铅合金牌号及化学成分见表 3-6。

表 3-6　压铸件用铅合金牌号及化学成分

牌　号	化学成分(质量分数)/%(不大于)[①]								标准号
	Pb	Sb	Sn	As	Cd	Fe	其他 单个	其他 总和	
GD-Pb95Sb	94.0～96.0	4.0～6.0	—	0.05	0.05	0.05	0.03	0.1	DIN 1741—1974
GD-Pb87Sb (原 SgPb87)	86.0～88.0	12.0～14.0	—	0.05	0.05	0.05	0.03	0.1	
GD-Pb85SbSn (原 SgPb85)	84.0～86.0	9.0～11.0	4.0～6.0	0.05	0.05	0.05	0.03	0.1	
GD-Pb80SbSn	79.0～81.0	14.5～15.5	4.5～5.5	0.05	0.05	0.05	0.03	0.1	

① 注明范围者除外。

(三) 法国

铅锭化学成分见表 3-7。

表 3-7　铅锭化学成分

材料名称	化学成分(质量分数)/%(不大于)[①]											标准号
	Pb(不小于)	Bi	Ag	Cu	Zn	Fe	Cd	Sb	Sn	As	As+Sb+Sn	
铅锭	99.985	0.0100	0.0010	0.0010	0.0010	0.0010	0.0003	0.0003	0.0003	0.0001	0.0005	NF A 55-105—1980
	99.97	0.0250	0.0010	0.0010	0.0010	0.0010	0.0003	0.0003	0.0003	0.0001	0.0005	
	99.90	0.0950	0.0010	0.0010	0.0010	0.0010	0.0003	0.0003	0.0003	0.0001	0.0005	
	99.97	0.0300	0.0050	0.0050	0.0010	0.0010	0.0010	0.0025	0.0003	0.0001	—	
	99.90	0.0950	0.0050	0.0050	0.0010	0.0010	0.0010	0.0025	0.0003	0.0001	—	
	99.5	—	—	—	—	—	—	—	—	—	—	

① 注明不小于者除外。

冷轧铅制品化学成分见表 3-8。

表 3-8　冷轧铅制品化学成分

材料名称	化学成分(质量分数)/%(不大于)[①]											标准号
	Pb(不小于)	Bi	Ag	Cu	Zn	Fe	Cd	Sb	Sn	As	As+Sb+Sn	
冷轧铅制品	99.985	0.0100	0.0010	0.0010	0.0010	0.0010	0.0003	0.0003	0.0003	0.0001	0.0005	NFA 55-401—1982
	99.97	0.0250	0.0010	0.0010	0.0010	0.0010	0.0003	0.0003	0.0003	0.0001	0.0005	
	99.90	0.0950	0.0010	0.0010	0.0010	0.0010	0.0003	0.0003	0.0003	0.0001	0.0005	
	99.97	0.0300	0.0050	0.0050	0.0010	0.0010	0.0010	0.0025	0.0003	0.0001	—	
	99.90	0.0950	0.0050	0.0050	0.0010	0.0010	0.0010	0.0025	0.0003	0.0001	—	

① 注明不小于者除外。

(四) 日本

铅锭的牌号及化学成分见表 3-9。

表 3-9 铅锭的牌号及化学成分

牌号	化学成分(质量分数)/%(不大于)①								标准号
	Pb(不小于)	Ag	Cu	As	Sb+Sn	Zn	Fe	Bi	
特级	99.99	0.002	0.002	0.002	0.005	0.002	0.002	0.005	JIS H 2105 (1955)
1级	99.97	0.002	0.003	0.002	0.007	0.002	0.004	0.010	
2级	99.95	0.002	0.005	0.005	0.010	0.002	0.005	0.050	
3级	99.90	0.004	0.010	0.010	0.015	0.010	0.010	0.100	
4级	99.80	—	0.05	0.010	0.04	0.015	0.02	0.10	
5级	99.50	—	0.05	0.010	0.15	0.015	0.05	0.15	

① 注明不小于者除外。

加工铅及铅合金主要用于制作铅板、铅管。制作铅板的有 5 个牌号,制作一般工业用铅管的有 5 个牌号,制作衬塑铅管的有 3 个牌号。其牌号及化学成分见表 3-10。

表 3-10 加工铅及铅合金的牌号及化学成分

牌号	化学成分(质量分数)/%(不大于)										标准号	用途
	Pb	Te	Sb	Sn	Cu	Ag①	As①	Zn①	Fe①	Bi①		
PbP-1	余量	0.0005	合计 0.10								JIS H 4301 (1955)	铅板
PbP-2												
TPbP		0.015～0.025	合计 0.02									
HPbP4		—	3.50～4.50	合计 0.40								
HPbP6		—	5.50～6.50									
PbT-1	余量	0.0005	合计 0.10								JIS H 4311 (1993)	一般工业用铅
PbT-2			合计 0.40									
TPbT		0.015～0.025	合计 0.02									
HPbT4		—	3.50～4.50	合计 0.40								
HPbT6		—	5.50～6.50									
PbTWS-L	余量	0.015～0.025	合计 0.02								JIS H 4312 (1997)	衬塑铅管
PbTW1-4		0.0005①	合计 0.10									
PbTW2-L		—	0.10～0.30	合计 0.25								

① 除非另有说明,该元素不做分析。

印刷活字金属锭与硬铅铸件的牌号及化学成分见表 3-11。

表 3-11　活字金属锭与硬铅铸件的牌号及化学成分

牌　号	化学成分(质量分数)/%(不大于)[①]								标准号
	Pb	Sb	Sn	Cu	As	Zn	Fe	Bi + 其他杂质	
K20:10	余量	19.0~21.0	9.5~10.5	1.0	0.5	0.01	0.03	—	JIS H 2231 (1962)
K17:8	余量	16.0~18.0	7.5~8.5	0.5	0.5	0.01	0.03	—	
K17:3	余量	16.0~18.0	2.5~3.5	0.3	0.75	0.02	0.05	—	
K15:6	余量	14.0~16.0	5.5~6.5	0.5	0.5	0.01	0.03	—	
K15:3.5	余量	14.0~16.0	3.0~4.0	0.3	0.75	0.02	0.05	—	
K13:4	余量	12.0~14.0	3.5~4.5	0.5	0.5	0.01	0.03	—	
K13:2	余量	12.0~14.0	1.5~2.5	0.3	0.75	0.02	0.05	—	
K13:1	余量	12.0~14.0	0.5~1.5	0.3	0.75	0.02	0.05	—	
HPbC8	余量	7.5~8.5	0.50	0.20	—	—	—	0.10	JIS H 5601 (1990)
HPbC10	余量	9.5~10.5	0.50	0.20	—	—	—	0.10	

① 注明余量和范围者除外。

(五) 俄罗斯

铅锭的牌号及化学成分见表 3-12。

表 3-12　铅锭的牌号及化学成分

牌　号	化学成分(质量分数)/%(不大于)[①]											标准号
	Pb(不小于)	Ag	Cu	Zn	Bi	As	Sn	Sb	Fe	Mg + Ca + Na	杂质总和	
C0	99.992	0.0003	0.0005	0.001	0.004	0.0005	0.0005	0.0005	0.001	0.002	0.008	ГОСТ 3778—1977
C1C	99.99	0.001	0.001	0.001	0.005	0.001	0.001	0.001	0.001	0.002	0.01	
C1	99.985	0.001	0.001	0.001	0.006	0.001	0.001	0.001	0.001	0.003	0.015	
C2C	99.97	0.002	0.002	0.002	0.02	0.002	0.001	0.005	0.001	0.003	0.03	
C2	99.95	0.0015	0.001	0.001	0.03	0.002	0.002	0.005	0.002	0.015	0.05	
C3	99.9	0.0015	0.002	0.005	0.06	0.005	0.002	0.005	0.005	0.04	0.1	
C3C	99.5	0.01	0.09	0.07	0.15	0.05	0.10	0.20	0.01	—	0.5	

① 注明不小于者除外。

(六) 英国

铅锭分屏蔽用铅锭和化工用铅锭两种，各有 3 个牌号分别为 BS3909/1，BS3909/2，BS3909/3 和 A 型，B 型，C 型。其牌号及化学成分见表 3-13。

加工铅及铅合金：

(1) 制造管材的铅及铅合金有 3 个牌号，其化学成分见表 3-14。

表 3-13 铅锭的牌号及化学成分

牌号	化学成分(质量分数)/%(不大于)①														标准号
	Pb(不小于)	Sb	Bi	Cu	Te	Sn	Zn	As	S	Fe	Ni	Cd	Ag	杂质总和	
BS 3909/1	99.95	0.1	0.05	0.07	0.065	0.10	0.005	—	—	—	—	—	—	—	BS 3909—65 (1996)
BS 3909/2	余量	3.8~4.2	—	0.05	—	0.05	0.005	0.05	0.02	—	—	—	—	0.25	
BS 3909/3	99.99	0.002	0.005	0.003	—	—	0.002	—	—	0.003	Ni+Co 0.001	—	0.002	0.01	
A型	99.99	0.002	0.005	0.003	—	0.001	0.002	0.0005	0.0005	0.003	0.001	0.0005	0.002	0.01	BS334—82 (1989)
B型		0.002	0.005	0.003	—	0.001	0.002	0.0005	0.0005	0.003	0.001	0.0005	0.002	0.01	
C型		2.5~11	0.015	0.01	—	0.001	0.002	0.01	0.0005	0.003	0.005	0.0005	0.01	—	

① 注明不小于和余量者除外。

表 3-14 管材用铅及铅合金的牌号及化学成分

牌号	化学成分(质量分数)/%(不大于)①								标准号
	Pb(不小于)	Sb	Zn	Cu	Bi	Sn	As	未列出的杂质总和	
BS602 No. Ⅰ	99.80	0.02	0.005	0.03	0.05	0.075	—	0.02	BS 602, 1085—1970
BS602 No. Ⅱ	99.25~99.80	0.10	0.005	0.07	—	0.050	—	0.075	
BS602 No. Ⅲ	余量	0.02	0.025	0.07	0.04~0.065	0.005	0.005	0.02	

① 注明不小于、余量和范围者除外。

(2) 建筑用铅及铅合金及其化学成分见表 3-15。

表 3-15 建筑用铅及铅合金化学成分

化学成分(质量分数)/%(不大于)①							
Pb(不小于)	Cu	Sb	Zn	Sn	Bi	Ag	其他元素总和
余 量	0.03~0.06	0.01	0.005	0.005	0.05	0.01	0.01

① 注明不小于、余量和范围者除外。

(3) 电缆包皮用铅合金有 4 个牌号。其化学成分见表 3-16。

表 3-16 电缆包皮铅合金化学成分

化学成分(质量分数)/%(不大于)①											标准号
Pb(不小于)	Sb	Sn	Cd	As	Te	Ag	Cu	Bi	Zn	其他杂质总和	
余量(99.8)	0.15	0.35	0.02	0.005	0.005	0.005	0.06	0.05	0.002	0.01	BS 801—1984
余量(99.8)	0.15~0.25	0.35~0.45	0.02	0.005	0.005	0.005	0.06	0.05	0.002	0.01	
余量(99.8)	0.80~0.95	0.01	0.02	0.005	0.005	0.005	0.06	0.05	0.002	0.01	
余量(99.8)	0.005	0.18~0.22	0.06~0.09	0.005	0.005	0.005	0.06	0.05	0.002	0.01	

① 注明不小于、余量和范围者除外。

（七）美国

加工铅及铅合金牌号及化学成分见表 3-17。

表 3-17　加工铅及铅合金牌号及化学成分

牌　号	化学成分(质量分数)/%(不大于)①												标准号
	Sb	As	Sn	Sb+As+Sn	Cu	Ag	Bi	Zn	Te	Ni	Fe	Pb(不小于)	
L50006	0.0005	0.0005	0.0005	—	0.0010	0.0010	0.0015	0.0005	0.0001	0.0002	0.0002	99.995	ASTM B 749—1997
L50021	0.0005	0.0005	0.0005	—	0.0010	0.0025	0.025	0.0005	0.0001	0.0002	0.001	99.97	
L50049	0.001	0.001	0.001	0.002	0.0015	0.005	0.05	0.001	—	0.001	0.001	99.94	
L51121	0.001	0.001	0.001	0.002	0.040～0.080	0.020	0.025	0.001	—	0.002	0.002	99.90	

① 注明范围和不小于者除外。

衬层铅用作机车、煤水车、客车用轴颈轴承的衬层，其化学成分见表 3-18。

表 3-18　衬层铅化学成分(质量分数)　(%)

Sn	Sb	Sn+Sb	As	Cu	Sb+Pb+As	其他杂质总和	标准号
按用户要求	8.0	10.0～14.0	0.2	0.5	99.25	0.75	ASTMB 67—93a

二、锌

（一）中国

锌锭的牌号及化学成分见表 3-19。

表 3-19　锌锭的牌号及化学成分

牌　号	化学成分(质量分数)/%										标准号
	Zn(不小于)	杂质含量(不大于)									
		Pb	Cd	Fe	Cu	Sn	Al	As	Sb	总和	
Zn99.995	99.995	0.003	0.002	0.001	0.001	0.001	—	—	—	0.0050	GB/T 470—1997
Zn99.99*	99.99	0.005	0.003	0.003	0.002	0.001	—	—	—	0.010	
Zn99.95	99.95	0.020	0.02	0.010	0.002	0.001	—	—	—	0.050	
Zn99.5	99.5	0.3	0.07	0.04	0.002	0.002	0.010	0.005	0.01	0.50	
Zn98.7	98.7	1.0	0.20	0.05	0.005	0.002	0.010	0.01	0.01	1.30	

注：Zn99.99*牌号的锌锭用于生产压铸合金，最高铅含量应为 0.003%。

加工锌及锌合金牌号及化学成分见表 3-20。

表 3-20 加工锌及锌合金牌号及化学成分

材料名称	牌号	化学成分(质量分数)/%(不大于)[①]									标准号
		Zn(不小于)	Pb	Fe	Cd	Cu	Sn	Al	Mg	杂质总和	
纯锌	Zn1	99.99	0.005	0.003	0.003	0.002	0.001			0.010	GB/T 2058—1989
	Zn2	99.95	0.020	0.010	0.02	0.001				0.050	
	Zn3	99.9	0.05	0.02	0.02	0.002				0.10	GB/T 5191—1985
电池用锌合金	XD1		0.30~0.50	0.011	0.20~0.35	0.002	0.002			0.02	GB/T 1978—1988
	XD2		0.35~0.80	0.008~0.015	0.03~0.06	0.002	0.003			0.025	
	XB1		0.35~0.80	0.015	0.03~0.06	0.002	0.003			0.025	
	XB2		0.10~0.20	0.006	0.05~0.10	0.002	0.001			0.01	GB/T 3610—1997
	XB3		0.50~0.80	0.004	0.05~0.10	0.002	0.001			0.01	
照相制版用锌合金	XI1	余量	0.20~0.50	0.012~0.02	0.20~0.35	0.003	0.004			0.05	YS/T 329—1994
	XI2	余量	0.005	0.006	0.005	0.001	0.001	0.02~0.10	0.05~0.15	0.013	GB/T 1977—1988
	XJ	余量	0.3~0.5	0.008~0.02	0.09~0.14	0.005	0.001	0.03		0.05	GB/T 3496—1983 (1995)

① 注明范围和余量者除外。

热镀锌合金锭牌号及化学成分见表 3-21。

表 3-21 热镀锌合金牌号及化学成分

材料名称	牌号	化学成分(质量分数)/%												标准号
		主要成分			杂质(不大于)									
		Al	Pb	Zn	Fe	Pb	Cd	Sn	Si	Cu	其他杂质 单个	其他杂质 总和	杂质总和	
热镀锌合金锭	RZnAl 0.36	0.34~0.38	0.06~0.09	余量	0.006	—	0.01	0.01	—	0.01			0.04	YS/T 310—1995
	RZnAl 0.42	0.40~0.44												
	RZnAl 5RE	4.7~6.2	La+Ce 0.03~0.10	余量	0.075	0.005	0.005	0.002	0.015	—	0.02	0.04	—	

铸造锌合金主要用于制造种种铸件和压铸件,共有 16 个牌号。其化学成分见表 3-22。

表 3-22 铸造锌合金牌号及化学成分

材料名称	牌号	化学成分(质量分数)/%											标准号
		主要成分					杂质(不大于)						
		Al	Cu	Mg	Pb	Zn	Fe	Pb	Cd	Sn	Si	Cu	
铸造锌合金锭	ZZnAlD4A	3.9~4.3	—	0.03~0.06	—	余量	0.03	0.003	0.003	0.001	—	0.03	GB/T 8738—1988
	ZZnAlD4	3.9~4.3	—	0.03~0.06	—	余量	0.1	0.005	0.003	0.002	—	0.03	
	ZZnAlD4-0.1	3.5~4.3	0.10~0.15	0.05~0.1	—	余量	0.1	0.005	0.003	0.003	—	—	
	ZZnAlD4-0.5	3.5~4.3	0.5~0.9	0.08~0.15	—	余量	0.1	0.015	0.01	0.005	—	—	
	ZZnAlD4-1A	3.9~4.3	0.50~1.25	0.03~0.06	—	余量	0.03	0.003	0.003	0.001	—	—	
	ZZnAlD4-1	3.9~4.3	0.50~1.25	0.03~0.06	—	余量	0.1	0.005	0.003	0.002	—	—	
	ZZnAlD4-3A	3.9~4.3	2.50~3.50	0.03~0.06	—	余量	0.05	0.003	0.003	0.001	—	—	
	ZZnAlD4-3	3.9~4.3	2.50~3.50	0.03~0.06	—	余量	0.1	0.005	0.003	0.002	—	—	
	ZZnAlD5-1	4.5~6.0	0.8~1.8	0.02~0.05	—	余量	0.1	0.03	0.005	0.005	—	—	
	ZZnAlD5-5-1	4.5~5.5	4.5~5.5	—	0.5~1.5	余量	0.1	—	0.005	0.002	—	—	
	ZZnAlD6-4	6.5~7.5	3.5~4.5	0.03~0.06	—	余量	0.2	0.007	0.005	0.005	—	—	
	ZZnAlD9-1.5	9.0~11.0	1.0~2.0	0.03~0.06	—	余量	0.1	0.02	0.015	0.01	0.03	—	
	ZZnAlD10-1	9.0~11.0	0.6~1.0	0.02~0.05	—	余量	0.1	0.03	0.02	0.01	—	—	
	ZZnAlD10-2	9.0~12.0	1.5~2.5	0.03~0.06	—	余量	0.2	0.03	0.02	0.01	—	—	
	ZZnAlD10-5	9.0~12.0	4.0~5.5	0.03~0.06	—	余量	0.1	0.02	0.015	0.01	0.03	—	
	ZZnAlD11-1	10.5~11.5	0.50~1.25	0.015~0.03	—	余量	0.075	0.004	0.003	0.002	—	—	

(二) 德国

锌锭的牌号及化学成分见表 3-23。

表 3-23 锌锭的牌号及化学成分

牌号	化学成分(质量分数)/%(不大于)①								标准号
	Zn(不小于)	Pb	Cd	Fe	Sn	Cu	Al	表中所列杂质总和	
Z1	99.995	0.003	0.003	0.002	0.001	0.001	0.001	0.005	DINEN 1179—1996
Z2	99.99	0.005	0.005	0.003	0.001	0.002	—	0.01	
Z3	99.95	0.03	0.01	0.02	0.001	0.002	—	0.05	
Z4	99.5	0.45	0.01	0.05	—	—	—	0.5	
Z5	98.5	1.4	0.01	0.05	—	—	—	1.5	

① 注明不小于者除外。

建筑用加工锌合金只有一种成分,即锌-铜-钛合金。其化学成分见表 3-24。

表 3-24 建筑用加工锌合金化学成分

化学成分(质量分数)/%				标准号
Cu	Ti	Al	Zn	
0.08~1.0	0.06~0.2	≤0.015	余量	DINEN 988—1996

铸造锌合金的牌号及化学成分见表 3-25。

表 3-25 铸造锌合金的牌号及化学成分

牌号	化学成分(质量分数)/%(不大于)①												标准号
	Al	Cu	Mg	Cr	Ti	Pb	Cd	Sn	Fe	Ni	Si	Zn	
ZnAl4	3.8~4.2	0.03	0.035~0.06	—	—	0.003	0.003	0.001	0.020	0.001	0.02	余量	DINEN 1774—1997
ZnAl4Cu1	3.8~4.2	0.7~1.1	0.035~0.06	—	—	0.003	0.003	0.001	0.020	0.001	0.02		
ZnAl4Cu3	3.8~4.2	2.7~3.3	0.035~0.06	—	—	0.003	0.003	0.001	0.020	0.001	0.02		
ZnAl6Cu1	5.6~6.0	1.2~1.6	0.005	—	—	0.003	0.003	0.001	0.020	0.001	0.02		
ZnAl8Cu1	8.2~8.8	0.9~1.3	0.02~0.03	—	—	0.005	0.005	0.002	0.035	0.001	0.035		
ZnAl11Cu1	10.8~11.5	0.5~1.2	0.02~0.03	—	—	0.005	0.005	0.002	0.05	—	0.05		
ZnAl27Cu2	25.5~28.0	2.0~2.5	0.012~0.02	—	—	0.005	0.005	0.002	0.07	—	0.07		
ZnCu1CrTi	0.01~0.04	1.0~1.5	0.02	0.1~0.2	0.15~0.25	0.005	0.004	0.003	0.04	—	0.04		

① 注明范围者除外。

(三) 法国

锌锭的牌号及化学分析方法见表 3-26。

表 3-26 锌锭的牌号及化学分析方法

牌 号	化学成分(质量分数)/%(不大于)①								标准号
	Zn(不小于)	Pb	Cd	Fe	Sn	Cu	Al	表中所列杂质总和	
Z1	99.995	0.003	0.003	0.002	0.001	0.001	0.001	0.005	NF EN 1179—1995
Z2	99.99	0.005	0.005	0.003	0.001	0.002	—	0.01	
Z3	99.95	0.03	0.01	0.02	0.001	0.002	—	0.05	
Z4	99.5	0.45	0.01	0.05	—	—	—	0.5	
Z5	98.5	1.4	0.01	0.05	—	—	—	1.5	

① 注明不小于者除外。

建筑用加工锌合金只有一种成分,即锌-铜-钛合金。其牌号及化学成分见表 3-27。

表 3-27 建筑用加工锌合金的牌号及化学成分

化学成分(质量分数)/%				标 准 号
Cu	Ti	Al	Zn	NF EN 988—1996
0.08~1.0	0.06~0.2	≤0.015	余 量	

铸造锌合金的牌号及化学成分见表 3-28。

表 3-28 铸造锌合金的牌号及化学成分

牌 号	化学成分(质量分数)/%(不大于)①												标准号
	Al	Cu	Mg	Cr	Ti	Pb	Cd	Sn	Fe	Ni	Si	Zn	
ZnAl4	3.8~4.2	0.03	0.035~0.06	—	—	0.003	0.003	0.001	0.020	0.001	0.02	余量	NF EN 1774—1997
ZnAl4Cu1	3.8~4.2	0.7~1.1	0.035~0.06	—	—	0.003	0.003	0.001	0.020	0.001	0.02		
ZnAl4Cu3	3.8~4.2	2.7~3.3	0.035~0.06	—	—	0.003	0.003	0.001	0.020	0.001	0.02		
ZnAl6Cu1	5.6~6.0	1.2~1.6	0.005	—	—	0.003	0.003	0.001	0.020	0.001	0.02		
ZnAl8Cu1	8.2~8.8	0.9~1.3	0.02~0.03	—	—	0.005	0.005	0.002	0.035	0.001	0.035		
ZnAl11Cu1	10.8~11.5	0.5~1.2	0.02~0.03	—	—	0.005	0.005	0.002	0.05	—	0.05		
ZnAl27Cu2	25.5~28.0	2.0~2.5	0.012~0.02	—	—	0.005	0.005	0.002	0.07	—	0.07		
ZnCu1CrTi	0.01~0.04	1.0~1.5	0.02	0.1~0.2	0.15~0.25	0.005	0.004	0.003	0.04	—	0.04		

① 注明范围者除外。

(四)国际标准化组织(ISO)

锌锭的牌号及化学成分见表3-29。

表3-29 锌锭的牌号及化学成分

牌号	化学成分(质量分数)/%(不大于)①							标准号
	Pb	Cd	Fe	Sn	Cu	Al	表中所列杂质总和	
Zn99.995	0.003	0.003	0.002	0.001	0.001	0.005	0.0050	ISO 752—1981
Zn99.99②	0.003	0.003	0.003	0.001	0.002	0.005	0.010	
Zn99.95	0.03	0.02	0.02	0.001	0.002	0.005	0.050	
Zn99.5	0.45	0.05	0.05	③	—	0.010④	0.50	
Zn98.5	1.4	0.05	0.05	③	—	0.020④	1.50	

① 注明范围者除外。② 不用于生产压铸合金的Zn99.99,其铅含量不大于w_{Pb}0.005%。③ 不大于w_{Sn}0.003%适用于轧制。④ 用于轧制时不大于w_{Al}0.005%。

铸造锌合金的牌号及化学成分见表3-30。

表3-30 铸造锌合金的牌号及化学成分

牌号	化学成分(质量分数)/%(不大于)①								标准号
	Pb	Cd	Fe	Sn	Cu	Al	Mg	Ti+In	
ZnAl4	0.003	0.003	0.03	0.001	0.03	3.9～4.3	0.03～0.06	0.0015	ISO 301—1981
ZnAl4Cu1	0.003	0.003	0.03	0.001	0.50～1.25	3.9～4.3	0.03～0.06	0.0015	
ZnAl4Cu3	0.003	0.003	0.05	0.001	2.50～3.50	3.9～4.3	0.03～0.06	0.0015	
ZnAl11Cu1	0.004	0.003	0.075	0.002	0.50～1.25	10.5～11.5	0.015～0.03	0.0015	

① 注明范围者除外。

(五)俄罗斯

锌锭的牌号及化学成分见表3-31。

表3-31 锌锭的牌号及化学成分

牌号	化学成分(质量分数)/%(不大于)①									标准号
	Zn(不小于)	Pb	Cd	Fe	Cu	Sn	As	Al	杂质总和	
Ц В 00	99.997	0.00001	0.002	0.00001	0.00001	0.00001	0.0005	0.00001	0.003	ГОСТ 3640—94
Ц В 0	99.995	0.003	0.002	0.002	0.001	0.001	0.0005	0.005	0.005	
Ц В	99.99	0.005	0.002	0.003	0.001	0.001	0.0005	0.005	0.01	
Ц 0 А	99.98	0.01	0.003	0.003	0.001	0.001	0.0005	0.005	0.02	
Ц0	99.975	0.013	0.004	0.005	0.001	0.001	0.0005	0.005	0.025	
Ц1	99.95	0.02	0.01	0.01	0.002	0.001	0.0005	0.005	0.05	

续表 3-31

牌　号	化学成分(质量分数)/%(不大于)①									标准号
	Zn(不小于)	Pb	Cd	Fe	Cu	Sn	As	Al	杂质总和	
Ц2	98.7	1.0	0.2	0.05	0.005	0.002	0.01	0.010	1.3	ГОСТ 3640—94
Ц3	97.5	2.0	0.2	0.1	0.05	0.005	0.01	—	2.5	

① 注明不小于者除外。

铸造锌合金有 12 个牌号，其化学成分见表 3-32。

表 3-32　铸造锌合金的牌号及化学成分

牌　号	化学成分(质量分数)/%												标准号
	合　金　元　素					杂　质　(不大于)							
	Al	Cu	Mg	Fe	Zn	Cu	Pb	Cd	Sn	Fe	Si	Pb+Cd+Sn	
ZnAl4A	3.5~4.5	—	0.02~0.06	—	余量	0.06	0.004	0.003	0.001	0.06	0.015	0.007	ГОСТ 25140—93
ЦА4о	3.5~4.5	—	0.02~0.06	—		0.06	0.005	0.003	0.001	0.06	0.015	0.009	
ЦА4	3.5~4.5	—	0.02~0.06	—		0.06	0.01	0.005	0.002	0.07	0.015	—	
ZnAl4Cu1A	3.5~4.5	0.7~1.3	0.02~0.06	—		—	0.004	0.003	0.001	0.06	0.015	0.007	
ЦА4М1о	3.5~4.5	0.7~1.3	0.02~0.06	—		—	0.005	0.003	0.001	0.06	0.015	0.009	
ЦА4М1	3.5~4.5	0.7~1.3	0.02~0.06	—		—	0.01	0.005	0.002	0.07	0.015	—	
ЦА4М1$_B$	3.5~4.5	0.6~1.3	0.02~0.10	—		—	0.02	0.015	0.005	0.12	0.03	—	
ZnAl4Cu3A	3.5~4.5	2.5~3.7	0.02~0.06	—		—	0.004	0.003	0.001	0.06	0.015	0.007	
ЦА4М3о	3.5~4.5	2.5~3.7	0.02~0.06	—		—	0.006	0.003	0.001	0.06	0.015	0.009	
ЦА4М3	3.5~4.5	2.5~3.7	0.02~0.06	—		—	0.01	0.005	0.002	0.07	0.015	—	
ЦА8М1	7.1~8.9	0.70~1.40	0.01~0.06	—		—	0.01	0.006	0.002	0.10	0.015	—	
ЦА30М5	28.5~32.1	3.8~5.6	0.01~0.08	0.01~0.5		—	0.02	0.016	0.01	—	0.075	—	

加工锌有3个牌号，其化学成分见表3-33。

表3-33　加工锌的牌号及化学成分

牌　号	化学成分(质量分数)/%(不大于)①									标　准　号
	Zn(不小于)	Pb	Cd	Fe	Cu	Sn	As	Al	杂质总和	
Ц0	99.975	0.013	0.004	0.005	0.001	0.001	0.0005	0.005	0.025	ГОСТ3640—94
Ц1	99.95	0.02	0.01	0.01	0.002	0.001	0.0005	0.005	0.05	ГОСТ1180—91 ГОСТ18326—87
Ц2	98.7	1.0	0.2	0.05	0.005	0.002	0.01	0.010	1.3	ГОСТ18327—73

① 注明不小于者除外。

压铸锌合金有8个牌号，其化学成分见表3-34。

表3-34　压铸锌合金的牌号及化学成分

牌　号	化学成分(质量分数)/%(不大于)①									标　准　号
	Al	Cu	Mg	Zn	Pb	Fe	Sn	Cd	Si	
ЦАМ4-1о	3.9~4.3	0.7~1.2	0.03~0.06	余量	0.004	0.05	0.001	0.002	0.015	ГОСТ 9424—74
ЦАМ4-1	3.5~4.3	0.7~1.2	0.03~0.06	余量	0.01	0.05	0.002	0.005	0.015	
ЦАМ4-1$_B$	3.5~4.3	0.6~1.2	不大于0.1	余量	0.02	0.10	0.005	0.015	0.03	
ЦА4о	3.9~4.3	0.03	0.03~0.06	余量	0.004	0.05	0.001	0.002	0.015	
ЦА4	3.5~4.3	0.03	0.03~0.06	余量	0.01	0.05	0.002	0.005	0.015	
ЦАМ4-3	3.5~4.3	2.5~3.5	0.03~0.06	余量	0.01	0.05	0.002	0.005	—	
ZnA14A	3.5~4.3	0.03	0.03~0.06	余量	0.003	0.03	0.001	0.002	—	
ZnAl4Cu1A	3.5~4.3	0.7~1.2	0.03~0.06	余量	0.003	0.03	0.001	0.002	—	

① 注明范围和余量者除外。

(六) 日本

锌锭的牌号及化学成分见表3-35。

表3-35　锌锭的牌号及化学成分

牌　号		化学成分(质量分数)/%(不大于)①					标　准　号
		Zn(不小于)	Pb	Fe	Cd	Sn	
高纯锌		99.995	0.003	0.002	0.002	0.001	JIS H 2107 (1999)
特级		99.99	0.007	0.005	0.004	—	
普通级		99.97	0.02	0.01	0.005	—	
蒸馏锌	特级	99.6	0.3	0.02	0.1	—	
	1级	98.5	1.3	0.025	0.4	—	
	2级	98.0	1.8	0.1	0.5	—	

① 注明不小于者除外。

压铸用锌合金锭的牌号及化学成分见表3-36。

表 3-36 压铸用锌合金锭牌号及化学成分

牌 号	化学成分(质量分数)/%(不大于)①								标准号
	Al	Cu	Mg	Pb	Fe	Cd	Sn	Zn	
1级	3.9～4.3	0.75～1.25	0.03～0.06	0.003	0.075	0.002	0.001	余量	JIS H 2201 (1999)
2级	3.9～4.3	0.03	0.03～0.06	0.003	0.075	0.002	0.001	余量	

① 注明范围和余量者除外。

(七) 英国

锌锭的牌号及化学成分见表 3-37。

表 3-37 锌锭的牌号及化学成分

牌 号	化学成分(质量分数)/%(不大于)①								标 准 号
	Zn (不小于)	Pb	Cd	Fe	Sn	Cu	Al	表中所列杂质总和	
Z1	99.995	0.003	0.003	0.002	0.001	0.001	0.001	0.005	BS EN 1179—1996
Z2	99.99	0.005	0.005	0.003	0.001	0.002	—	0.01	
Z3	99.95	0.03	0.01	0.02	0.001	0.002	—	0.05	
Z4	99.5	0.45	0.01	0.05	—	—	—	0.5	
Z5	98.5	1.4	0.01	0.05	—	—	—	1.5	

① 注明不小于者除外。

建筑用加工锌合金的牌号及化学成分见表 3-38。

表 3-38 建筑用加工锌合金的牌号及化学成分

化学成分(质量分数)/%				标 准 号
Cu	Ti	Al	Zn	
0.08～1.0	0.06～0.2	≤0.015	余 量	BS EN 988—1997

铸造锌合金的牌号及化学成分见表 3-39。

表 3-39 铸造锌合金的牌号及化学成分

牌 号	化学成分(质量分数)/%(不大于)①												标准号
	Al	Cu	Mg	Cr	Ti	Pb	Cd	Sn	Fe	Ni	Si	Zn	
ZnAl4	3.8～4.2	0.03	0.035～0.06	—	—	0.003	0.003	0.001	0.020	0.001	0.02	余 量	BS EN 1774—1998
ZnAl4Cu1	3.8～4.2	0.7～1.1	0.035～0.06	—	—	0.003	0.003	0.001	0.020	0.001	0.02		
ZnAl4Cu3	3.8～4.2	2.7～3.3	0.035～0.06	—	—	0.003	0.003	0.001	0.020	0.001	0.02		

续表 3-39

牌号	化学成分(质量分数)/%(不大于)①												标准号
	Al	Cu	Mg	Cr	Ti	Pb	Cd	Sn	Fe	Ni	Si	Zn	
ZnAl6Cu1	5.6~6.0	1.2~1.6	0.005	—	—	0.003	0.003	0.001	0.020	0.001	0.02	余量	BS EN 1774—1998
ZnAl8Cu1	8.2~8.8	0.9~1.3	0.02~0.03	—	—	0.005	0.005	0.002	0.035	0.001	0.035		
ZnAl11Cu1	10.8~11.5	0.5~1.2	0.02~0.03	—	—	0.005	0.005	0.002	0.05	—	0.05		
ZnAl27Cu2	25.5~28.0	2.0~2.5	0.012~0.02	—	—	0.005	0.005	0.002	0.07	—	0.07		
ZnCu1CrTi	0.01~0.04	1.0~1.5	0.02	0.1~0.2	0.15~0.25	0.005	0.004	0.003	0.04	—	0.04		

① 注明不小于者除外。

(八) 美国

锌锭化学成分见表 3-40。

表 3-40 锌锭化学成分

牌号	化学成分(质量分数)/%(不大于)①								标准号
	Pb	Fe	Cd	Al	Cu	Sn	杂质总和	Zn(不小于)	
Z13001	0.003	0.003	0.003	0.002	0.002	0.001	0.010	99.990	ASTM B 6—1998
Z15001	0.03	0.02	0.02	0.01	—	—	0.10	99.90	
Z19001	0.5~1.4	0.05	0.20	0.01	0.20	—	2.0	98.0	

① 注明范围或不小于者除外。

热镀锌合金化学成分见表 3-41。

表 3-41 热镀锌合金化学成分

牌号	化学成分(质量分数)/%(不大于)①										标准号
	Al	Ce+La	Fe	Si	Pb	Cd	Sn	其他元素单个	其他元素总和	Zn	
Z38510 (Zn-5Al-MM)	4.2~6.2	0.03~0.10	0.075	0.015	0.005	0.005	0.002	0.02	0.04	余量	ASTM B750—99

注：1. 热镀锌合金 Z38510 含有(质量分数)锑、铜、镁，分别可达 0.002%、0.1%和 0.05%，对热镀锌无害，可不必分析；

2. 按用户要求，镁可达 w_{Mg}0.1%，铝最高可达 w_{Al}8.2%，w_{Zr}、w_{Ti}可达 0.02%。

① 注明范围和余量者除外。

商品轧制锌分两种，一种是带卷或从带材剪切的薄板，另一种是以任何轧制法生产的厚板，如锅炉板、壳体板。轧制锌的化学成分见表 3-42。

表 3-42　轧制锌合金牌号及化学成分

合金牌号	化学成分(质量分数)/%(不大于)										标准号
	Cu	Pb	Fe	Cd	Ti	Al	Sn	Mn	Mg	Zn	
轧制特高级锌(Z13004)	0.003	0.003	0.003	0.003	—	0.002	0.001	—	—	余量	ASTM B 69—1998
工业用轧制纯锌(Z15006)	0.08	0.03	0.02	0.01	0.02	0.01	0.003	—	—	余量	
锌-低铜轧制锌合金(Z40101)	0.08～0.040	0.01	0.01	0.005	0.02	0.01	0.003	—	—	余量	
锌-高铜轧制锌合金(Z40301)	0.50～1.0	0.01	0.01	0.005	0.04	0.01	0.003	—	—	余量	
锌-低铜-钛轧制锌合金(Z41121)	0.08～0.49	0.01	0.01	0.005	0.05～0.18	0.01	0.003	—	—	余量	
锌-高铜-钛轧制锌合金(Z41321)	0.50～1.00	0.01	0.01	0.005	0.08～0.18	0.01	0.003	—	—	余量	
锌-铅轧制锌合金(Z20301)	0.005	0.10	0.01	0.01	0.02	0.002	—	—	—	余量	
锌-铅-镉轧制锌合金(Z21721)	0.005	1.0	0.01	0.07	0.02	0.002	—	—	—	余量	
锌-铅-镁轧制锌合金(Z24311)	0.005	0.03～0.08	0.01	0.005	0.02	0.002	—	0.015	0.0015	余量	
锌-铝轧制锌合金	5.0	0.05	0.1	0.15	0.2	1.4～34.0	0.003	—	0.10	余量	

铸造锌合金共有 7 个牌号。其中,用于铸造和压铸的锌铝合金有 3 个牌号,这些牌号的锌铝合金(质量分数)可含 Cr、Mn、Ni 分别为 0.01%、0.01%、0.03%而不必进行分析。专用于压铸的锌合金有 4 个牌号,这些牌号的锌合金(质量分数)可含 Ni、Cr、Si、Mn 分别为 0.02%、0.02%、0.035%、0.05%而不必进行分析(除 Z33522 外)。化学成分见表 3-43。

表 3-43　铸造锌合金的牌号及化学成分

牌　号	化学成分(质量分数)/%(不大于)①									标准号
	Al	Cu	Mg	Zn	Fe	Pb	Cd	Sn	Ni	
Z35635(ZA-8)	8.2～8.8	0.8～1.3	0.020～0.030	余量	0.065	0.005	0.005	0.002	—	ASTM B 240—1998
Z35630(ZA-12)	10.8～11.5	0.5～1.2	0.020～0.030	余量	0.065	0.005	0.005	0.002	—	
Z35840(ZA-27)	25.5～28.0	2.0～2.5	0.012～0.020	余量	0.072	0.005	0.005	0.002	—	
Z33521(AG40A)	3.9～4.3	0.10	0.025～0.05	余量	0.075	0.004	0.003	0.002	—	
Z33522(AG40B)	3.9～4.3	0.10	0.010～0.020	余量	0.075	0.0020	0.0020	0.0010	0.005～0.020	
Z35530(AC41A)	3.9～4.3	0.75～1.25	0.03～0.06	余量	0.075	0.004	0.003	0.002	—	
Z35540(AC43A)	3.9～4.3	2.6～2.9	0.025～0.050	余量	0.075	0.004	0.003	0.002	—	

① 注明范围值和余量者除外。

加工或铸造而成的用于电镀的锌阳极有两种牌号,其化学成分见表 3-44。

表 3-44 电镀用锌阳极的牌号及化学成分

牌 号	化学成分(质量分数)/%(不大于)①							标 准 号
	Al	Cd	Fe	Pb	Cu	其他杂质总和	Zn	
Ⅰ类	0.1~0.5	0.025~0.07	0.005	0.006	0.005	0.1	余量	ASTM B 418—95
Ⅱ类	≤0.005	≤0.003	0.0014	0.003	0.002	—	余量	

① 注明范围和余量者除外。

第二节 中国铅、锌质量

一、铅

铅是重要的有色金属材料,2000 年产量突破 100 万 t。铅主要用于电气工业、印刷业、军工和放射性防护工业等。由于铅的用途广泛,其质量的好坏直接影响许多后续工业部门的生产和产品质量。中国刚刚加入 WTO,产品质量和价格将成为参加国际竞争的两大法宝,但由于伦敦金属交易所的影响,目前我国铅价已与国际完全接轨,那么铅产品质量就成为参与竞争和抢占市场的关键。而反映产品质量水平的基本依据是标准水平。下面重点介绍铅精矿、铅锭两项产品。

(一) 铅精矿

铅精矿是最初级的原材料产品,2000 年我国的铅精矿产量约为 71 万 t(以含金属量计)。由于与国外大型采选冶联合企业不同,我国绝大部分矿山和冶炼厂独立分开,所以制定了铅精矿产品行业标准,而其他国家或相关国际组织均没有同类标准。现行行业标准 YS/T 319—1997《铅精矿》是对 YS/T 319—1994(YB 113—82)《铅精矿技术条件》的修订。修订本标准时,既充分考虑了我国矿山资源状况、选矿技术水平,又考虑了冶炼厂的需求和进口铅精矿的指标情况。所以现行 YS/T 319—1997《铅精矿》标准是适应目前市场经济发展的。具体指标见表 3-45。

表 3-45 铅精矿化学成分(质量分数) (%)

品 级	Pb(不小于)	杂质(不大于)				
		Cu	Zn	As	MgO	Al_2O_3
一级品	70	1.2	4	0.2	1.0	2.0
二级品	65	1.5	5	0.3	1.5	2.5
三级品	55	2.0	6	0.4	1.5	3.0
四级品	45	2.5	7	0.6	2.0	4.0

由于各矿山资源差异很大,所以铅精矿产品质量是否合格,不能简单按是否达到 YS/T 319—1997《铅精矿》标准来判定。最好的方式是冶炼厂可以与矿山签订定向供货(购货)合同,冶炼厂可采取混矿等方法来保证回收率和冶炼产品质量。这一点各单位使用标准时应尤其注意。

(二) 铅锭

据统计,2000 年我国铅锭产量达 101 万 t,且大大超过国内总需求,每年净出口量约 40 万 t。以下将从两个方面来阐述铅锭质量现状。

1. 标准水平

我国现行铅锭产品的质量标准为 GB/T 469—1995《铅锭》,系等效采用 ГОСТ 3778—1993《铅技术条件》。其化学成分见表 3-46。

表 3-46　铅锭和化学成分

牌　号	化学成分(质量分数)/%									
	Pb (不小于)	杂　质(不大于)								
		Ag	Cu	Bi	As	Sb	Sn	Zn	Fe	总和
Pb99.994	99.994	0.0005	0.001	0.003	0.0005	0.001	0.001	0.0005	0.0005	0.006
Pb99.99	99.99	0.001	0.0015	0.005	0.001	0.001	0.001	0.001	0.001	0.01
Pb99.96	99.96	0.0015	0.002	0.03	0.002	0.005	0.002	0.001	0.002	0.04
Pb99.90	99.90	0.002	0.01	0.03	0.01	0.05	0.005	0.002	0.002	0.10

铅锭对应的国外先进标准有美国标准 ASTM B 29—1992、俄罗斯标准 ГОСТ 3778—1993、英国标准 BS 334—1989、德国标准 DIN 1719—1986、日本标准 JIS H 2105—1955 和法国标准 NF A55—105—1980。

经对比分析,认为我国现行标准 GB/T 469—1995《铅锭》已达到美国 ASTM B 29—1992 和俄罗斯标准 ГОСТ 3778—1993 标准水平,属国际先进水平标准。同时,本标准也符合伦敦金属交易所高级铅 99.99 的质量要求(主含量 Pb 不低于 99.99%,杂质 Cu 不大于 0.003%,Sb 不大于 0.002%,Bi 不大于 0.005%,Fe 不大于 0.003%,Ni 不大于 0.001%,Ag 不大于 0.002%,Zn 不大于 0.002%,Sn 不大于 0.001%,Cd 不大于 0.0005%,As 不大于 0.0005%,S 不大于 0.0005%,杂质总和不大于 0.01%)。

2. 质量水平

(1) 市场对铅锭质量的认可。伦敦金属交易所是世界最知名的有色金属市场,目前已有株洲冶炼厂、中金岭南韶关冶炼厂、白银有色金属公司、水口山矿务局、河南豫光金铅集团公司等多家企业的产品在 LME 注册,并且每年也有近 40 万 t 铅锭出口,一直受到国外用户的好评。据此说明,我国铅锭的产品质量在国际市场上已有很强的竞争力,在世界上已属先进之列。

(2) 国家监督抽查结果。鉴于铅锭在国民经济中的重要地位,国家质量技术监督局一直将其列为重点跟踪监督抽查项目。2000 年第一季度,国家重有色金属质量监督检验中心抽查了全国 26 家企业,占全国铅锭产量的 95%以上。抽查结果如下:26 家企业全部有效实施 GB/T 469—1995《铅锭》标准,其中株洲冶炼厂、中金岭南韶关冶炼厂、白银有色金属公司、原沈阳冶炼厂、水口山矿务局、河南豫光金铅集团公司、华锡集团金城江冶炼厂、湖北金洋冶金股份有限公司等 25 家企业生产 Pb99.994 牌号产品(各企业抽检牌号系有代表性产品);只有宜兴市江丰冶炼厂一家企业生产 Pb99.99 牌号产品;抽检合格率 100%。抽检结果显示,我国铅锭的质量水平是高的,对比前几次抽检结果,我国铅锌产品质量稳中有升。

(3) 存在的问题。根据以上分析,我国铅锭产品质量是高的,但另一方面,我国铅锭产品还存有质量过剩问题。这主要体现在我国铅冶炼厂基本只生产 Pb99.994 牌号,致使不必使用高级铅锭的用户不得不购买 Pb99.994 作为 Pb99.96 和 Pb99.90 牌号使用,导致质量过剩。并且在 LME 注册过程中或产品出口过程中,我们也是将 Pb99.994 牌号只注册为或销售为 Pb99.99 或 Pb99.95 牌号,这是极为不合适的。造成质量过剩的原因主要有两点:一是不以满足用户要求为己任,不以市场需求为质量导向;二是片面理解高质量,只追求杂质绝对低,主含量绝对高,而忽视质量稳定性造成的。在以后的工作中,这一点各企业应特别注意。

二、锌

锌产品是重要的有色金属材料,主要用于电池、电镀、印刷、合金、压铸、涂料和陶瓷等行业。随着社会主义市场经济的建立,锌产品生产企业为在市场竞争中求得生存和发展,必须最大限度地占领市场份额,而占领市场的有效保证是锌产品质量和市场价格。目前,国内锌产品价格已基本与国际市场价格同步,那么锌产品的质量则成为占领市场的关键。而反映产品质量水平的基本依据是产品的标准水平。下面是介绍锌精矿、锌锭、热镀用锌合金锭和电池锌饼等 4 个主要产品。

(一) 锌精矿

锌精矿是最初级的原材料产品,2000 年我国的锌精矿产量约为 100 万 t(以含金属量计)。由于与国外大型采选冶联合企业不同,我国绝大部分矿山和冶炼厂独立分开,所以制定了锌精矿产品行业标准,而其他国家或相关国际组织均没有同类标准。现行行业标准 YS/T 320—1997《锌精矿》是对 YS/T 320—1994(YB 114—82)《锌精矿技术条件》的修订。本标准修订时充分考虑了我国矿山资源状况、选矿技术水平和冶炼厂的需求,参考了进出口锌精矿指标,对原标准主要指标做了修改。具体指标见表 3-47。

表 3-47 锌精矿化学成分(质量分数) (%)

品 级	Zn (不小于)	杂 质 (不大于)				
		Cu	Pb	Fe	As	SiO_2
一级品	55	0.8	1.0	6	0.2	4.0
二级品	50	1.0	1.5	8	0.4	5.0
三级品	45	1.0	2.0	12	0.5	5.5
四级品	40	1.5	2.5	14	0.5	6.0

除上表中规定的元素外,标准中还规定镉、氟的含量均应不大于 0.3%,锑的含量应不大于 0.03%,锡的含量应不大于 0.1%,镍、锗的含量要求由供需双方商定,四级品铁闪锌矿的含铁允许不大于 18%,锌精矿的水分应不大于 12%(冬季应不大于 8%)等重要质量要求。由于各矿山资源差异很大,所以精矿产品质量是否合格,不能完全由化学成分来判定,也不能简单按是否达到 YS/T 320—1997 来判定。矿山可以与冶炼厂签订定向供货(购货)

合同,冶炼厂可采取混矿等方法来保证回收率和冶炼产品质量。这一点各单位使用标准时应尤其注意。

(二) 锌锭

据统计,2000 年实际锌锭产量达 184 万 t,且大大超过国内总需求,每年净出口量约 57 万 t。从这个意义上讲,锌锭的质量显得更加重要。

1. 标准水平

现行锌锭产品的质量标准为 GB/T 470—1997《锌锭》,系等效采用国际标准 ISO 752—1981(E)《锌锭》。其化学成分规定见表 3-48。

表 3-48　锌锭的化学成分

牌　号	化学成分(质量分数)/%									
	Zn (不小于)	杂　质　(不大于)								
		Pb	Cd	Fe	Cu	Sn	Al	As	Sb	总和
Zn99.995	99.995	0.003	0.002	0.001	0.001	0.001	—	—	—	0.0050
Zn99.99	99.99	0.005	0.003	0.003	0.002	0.001	—	—	—	0.010
Zn99.95	99.95	0.020	0.02	0.010	0.002	0.001	—	—	—	0.050
Zn99.5	99.5	0.3	0.07	0.04	0.002	0.002	0.010	0.005	0.01	0.50
Zn98.7	98.7	1.0	0.20	0.05	0.005	0.002	0.010	0.01	0.01	1.30

注:Zn99.99%的锌锭用于生产压铸合金,最高铅含量应为 0.003%。

另外,标准中还规定牌号 Zn99.995 用于间接法生产氧化锌时,铜含量不大于 0.0001%;除牌号 Zn98.7 以外,其他牌号锌锭用于生产铜锌合金时,铜含量不作规定;牌号 Zn99.995、Zn99.99 和 Zn99.95 中的铝含量应不大于 0.003%,牌号 Zn99.95 用于生产含锡合金时,锡含量应不大于 0.05%。

锌锭对应的国外先进标准有国际标准 ISO 752—1981、德国标准 DIN 1706—74、英国标准 BS 3436—86、美国标准 ASTM B 6—95、日本标准 JIS H 2107—57 和俄罗斯标准 ГОСТ 3640—94。经对比分析认为,我国现行标准 GB/T 470—1997 已达到国际先进水平。同时,也符合伦敦交易所高级锌 Zn99.995 的质量要求(伦敦金属交易所要求交货锌可以是锭或板,每块不超过 55kg,主含量 Zn 不低于 99.995%,杂质 Pb 不大于 0.003%,Cd 不大于 0.003%,Fe 不大于 0.002%,Sn 不大于 0.001%,Cu 不大于 0.001%,Al 不大于 0.005%,杂质总和不大于 0.0050%)。

2. 质量水平

(1) 市场对锌锭质量的评判。用户至上,锌锭产品质量必须得到市场的认可。伦敦金属交易所是国内外最知名的有色金属交易市场,目前已有葫芦岛锌厂、株洲冶炼厂、中金岭南韶关冶炼厂和白银有色金属公司等多家企业的产品在 LME 注册,并且每年也有近 60 万 t 锌锭出口,受到国外用户的好评,这在很大程度上反映了我国锌锭的产品质量在国际市场上属先进之列。

(2) 国家监督抽查结果。鉴于锌锭在国民经济中的重要地位，国家质量技术监督局一直将其列为重点跟踪监督抽查项目。2000 年第 2 季度，国家重有色金属质量监督检验中心抽查了全国 25 家企业，约占全国锌锭产量的 95%以上。抽查结果如下：25 家企业全部有效实施 GB/T 470—1997《锌锭》标准，其中葫芦岛锌厂、株洲冶炼厂、中金岭南韶关冶炼厂、白银有色金属公司、郑州长城锌业有限公司等 8 家企业生产 Zn99.995 牌号产品(各企业抽检牌号系有代表性产品)；云南会泽铅锌矿、柳州锌品股份有限公司、四川会东铅锌矿、水口山矿务局等 14 家企业生产 Zn99.99 牌号产品；泗顶铅锌矿等 3 家企业生产 Zn99.95 牌号产品；抽检合格率达 100%。对比前几次抽检结果说明，我国锌锭的质量稳中有升。

(3) 存在的问题。一方面，我国锌锭产品质量高，但从另一方面看，我国锌锭产品还存有质量过剩问题。这主要体现在我国锌冶炼厂基本只生产 Zn99.995 牌号和 Zn99.99 两牌号，致使不必使用高级锌锭的用户不得不购买 Zn99.995 牌号和 Zn99.99 作为 Zn99.95 牌号使用，导致质量过剩。

另外还需特别强调的是，锌锭产品还存在一个质量稳定性问题。质量稳定性是指在满足化学成分要求的前提下，在一段时期内，各批间主含量和杂质含量基本保持不变而不是忽高忽低、忽有忽无。这是 GB/T 470—1997 标准难以规定的要求，并且国内多数企业在这一点认识上尚未引起足够重视，谈论锌锭质量问题时，只追求主品位绝对高，杂质含量绝对低，而忽视质量稳定性。实际上，稳定性不好的产品直接影响后序产品的使用。因为用户是根据一定杂质含量要求来确定工艺条件的，如果杂质含量批间波动太大，会影响后序产品的质量控制。据用户反映，有个别厂锌锭产品时有 Pb 超标状况，尤其目前锌精矿市场供应特别紧张，致使各冶炼企业抢购原料，在原料水平下降的情况下，保证锌锭质量稳定性更加困难，这一点各企业应特别注意。

(三) 热镀用锌合金锭

热镀用锌合金锭主要用于各种钢材的表面镀锌防护层，国内主要产量集中在有色金属行业的株洲冶炼厂、中金岭南韶关冶炼厂和葫芦岛锌厂、水口山矿务局和沈阳冶炼厂等产锌大户企业。

热镀锌合金锭现行标准为 YS/T 310—95《热镀锌合金锭》，该标准系对 ZBH 62002—85 标准的修订，主要技术指标化学成分见表 3-49。与原标准相比，新标准将 Zn-Al-Pb 合金成分改为高铝、低铅系列，铅成分降低了 70%，铝成分增加了 3 倍，杂质含量除 Fe 元素外全部降低了 2 倍，提高了镀锌层的黏附力和耐蚀性，同时增加了 Galfan 合金牌号，该合金镀层不仅具有黏附力强、加工成型性好、耐蚀性好等突出优点，尤其是用稀土元素取代了 Pb 成分，更加符合环保要求。

表 3-49　热镀锌合金锭化学成分(质量分数)　　(%)

牌　号	代　号	主要成分			
		Zn	Al	Pb	La+Ce
RZnAl0.36	R36	余　量	0.34～0.38	0.06～0.09	—
RZnAl0.42	R42	余　量	0.40～0.44		
RZnAl5RE	RE5	余　量	4.7～6.2	—	0.03～0.10

续表 3-49

牌　号	代　号	杂质（不大于）								
		Fe	Cd	Sn	Cu	Pb	Si	其他杂质元素		杂质总和
								单　个	总　和	
RZnAl0.36	R36	0.006	0.01	0.01	0.01	—	—	—	—	0.04
RZnAl0.42	R42									
RZnAl5RE	RE5	0.075	0.005	0.002	—	0.005	0.015	0.02	0.04	—

热镀用锌合金锭对应的国外先进标准有美国标准 ASTM B 750—88 和德国标准 DIN 2444—84。经对比分析认为，YS/T 310—95 标准属国际先进水平标准。

目前，各企业中热镀用锌合金锭的实物成分，主要是按用户的设计和需求生产，大约半数左右的产品成分能够符合标准规定的范围，剩余部分由于研究认识的不同、生产工艺的需求以及生产成本等方面的因素影响，还不能完全符合标准。但是，产品实物质量可以说是完全满足用户需求的。

从热镀锌合金锭产品的发展趋势看，黏附性好、加工成型性好、耐性强等符合环保要求的高铝低铅系列合金和无铅 Galfan 合金将是热镀用锌合金锭的主要发展方向。尤其是 Galfan 合金，该产品 20 世纪 80 年代后期在国外发展速度惊人，据国际铅锌组织统计，1981～1986 年共生产约 15 万 t，1987 年年产达 22 万 t，1990 年产量达 30 万 t，但由于该产品受国外专利保护，国内“七五”攻关课题虽已于 1991 年就通过部级鉴定，但产品至今尚未扩大生产和真正推广使用。

（四）电池锌饼

电池锌饼是专门用于电池行业的锌合金产品，产量主要集中在电池行业等专业生产企业。据统计，1998 年电池行业大约消耗了 20 多万吨各种规格的电池锌饼。

电池锌饼的现行产品质量标准为 GB/T 3610—1997《电池锌饼》，该标准系对 GB/T 3610—83 的修订。新标准在化学成分、产品牌号、规格及尺寸偏差、抽样检验方法等方面都有较大的修改。原标准中只有一个牌号的化学成分，新标准增加到 3 个牌号的 3 种化学成分，见表 3-50；原标准只有 7 种尺寸规格，新标准增加到 15 种尺寸规格，见表 3-51、表 3-52；在抽样检验方法上考虑到锌饼产品单批交货数量较大（最少每吨 4.8 万件，最多每吨 41.5 万件），以及缺陷种类较多（A、B 类缺陷共 16 种之多）的特点，采用了先进的统计抽样方法，保证了产品的质量，同时大大减少了供需双方的质量纠纷。

表 3-50　锌饼的牌号及化学成分

产品牌号	化学成分（质量分数）/%						
	主要成分			杂质（不大于）			
	Zn	Cd	Pb	Fe	Cu	Sn	杂质总和
XB1	余量	0.03～0.06	0.35～0.80	0.015	0.002	0.003	0.025
XB2	余量	0.05～0.10	0.10～0.20	0.006	0.002	0.001	0.01
XB3	余量	0.05～0.10	0.50～0.80	0.004	0.002	0.001	0.01

表 3-51 圆锌饼的直径、厚度及其允许偏差 (mm)

型号	直径(D)		厚度(H)		
	公称尺寸	允许偏差	公称尺寸	允许偏差	
				高精度	普通精度
R20	31.90	+0.05 −0.10	3.00~4.80	±0.10	+0.18 −0.10
	31.50	+0.05 −0.10	3.20~5.00	±0.10	+0.18 −0.10
	30.90	+0.05 −0.10	3.20~5.00	±0.10	+0.18 −0.10
R14	24.40	+0.05 −0.10	3.00~4.60	±0.10	+0.18 −0.10
	24.10	+0.05 −0.10	3.00~4.60	±0.10	+0.18 −0.10
R10	19.20	+0.05 −0.10	3.30~4.10	±0.10	+0.18 −0.10
	19.00	+0.05 −0.10	3.30~4.10	±0.10	+0.18 −0.10
R6	13.20	+0.05 −0.10	5.00~6.00	±0.10	+0.18 −0.10
	12.90	+0.05 −0.10	5.00~6.00	±0.10	+0.18 −0.10
R1	10.60	+0.05 −0.10	3.80	±0.10	+0.18 −0.10
R03	9.60	+0.05 −0.10	6.50~6.80	±0.10	+0.18 −0.10
	9.30	+0.05 −0.10	6.50~6.80	±0.10	+0.18 −0.10

表 3-52 六角锌饼的尺寸及其允许偏差 (mm)

型号	最长对角线(B)		厚度(H)	
	公称尺寸	允许偏差	公称尺寸	允许偏差
R20	31.90	+0.20 −0.30	3.90~5.60	+0.20 −0.10
	30.90	+0.20 −0.30	3.90~5.60	+0.20 −0.10
R14	24.40	+0.20 −0.30	4.50~5.00	+0.20 −0.10

GB/T 3610—1997 标准参照采用日本三菱商事株式会社和松下电池有限公司等国外先进企业的公司标准，纳入了适用于无汞和低汞高效电池生产的低铁电池锌饼，增加了在国外已经较普遍使用的六角形锌饼，能完全满足电池行业的质量需求，达到了国际先进标准的水平。

从电池锌饼的实物质量上看，由于市场上的电池产品低成本竞争以及大多数生产企业的生产设备陈旧等方面因素的制约，锌饼实物质量很难有较大的提高，尤其是六角锌饼的生产需要涉及设备改造，因此在国内还很少生产。GB/T 3610—1997 标准的实施有利于引导新产品开发和市场需求。考虑到六角锌饼成材率高(同规格的六角锌饼比圆形锌饼提高成材率30%)和环保要求,无汞、无铅、无镉的六角锌饼应是锌饼生产企业发展方向。

参考文献

1 刘志宏．国内外锌铅炼技术的现状及发展动向．世界有色金属,2000,(1)

2 高山．世界铅的消费趋势．世界有色金属,2000,(3)

3 任柏峰．我国铅市场的回顾与展望．世界有色金属,2000,(6)

4 《World Metal Statistics》September 2001, published by world Bureau of metal statistics, in U.S.A.

5 周敬元．铅锌冶炼技术现状及发展动向．有色金属工业,2001,(6)

6 中国有色金属工业年鉴编辑委员会．中国有色金属工业2000年鉴．北京:中国印刷总公司,2000

第四章　铅、锌检验方法

第一节　铅的检验方法

一、散装浮选铅精矿取样、制样方法

散装浮选铅精矿取样、制样方法按国家标准 GB/T 14262—1993 执行。该标准具体规定如下：

1　主题内容与适用范围

本标准规定了散装浮选铅精矿的取样、制样和测定水分的程序及方法。

本标准适用于散装浮选铅精矿的化学成分及水分测定用试样的采取、制备和水分测定。

2　引用标准

GB 14260 散装重有色金属浮选精矿取样、制样通则

3　术语定义

同 GB 14260 中的规定。

4　一般规定

4.1　本标准规定了不同检验批量的取样、制样及测定的总精密度(β_{SPM})和取样精密度(β_S)(见表 1)。

表 1　不同检验批铅精矿应取最少份样数及精密度

份样数 n ／ 品质波动类型 σ_W ／ 检验批量，t	小	中	大	取样精密度 β_S%	总精密度 β_{SPM}%
	$\sigma_W<1.0$	$1.0\leqslant\sigma_W<2.0$	$\sigma_W\geqslant2$		
≤60	6	16	22	1.26	1.30
>60～180	8	30	46	0.90	0.96
>180～300	16	40	80	0.70	0.71

4.2　本标准所列取样及缩分方法中的第一种方法视为无系统偏差方法。

4.3　本标准规定以铅的百分含量作为铅精矿的品质特性。

4.4　严格按本标准规定的方法进行取样和制样，并根据需要进行精密度校核试验。

4.5 如因条件限制,可酌情变更取样方法,但必须经校核试验确认其无系统误差,方可采用。

4.6 成分试样应妥善保管3个月(国际贸易保存6个月),以备核查。

4.7 如果交货矿的品质极不均匀或混入外来夹杂物,由供需双方协商或不予取样。

4.8 取样、制样所用设备、工具和盛样容器必须保持清洁、干燥、耐用。盛样容器应有较好的密封性,以防试样变质。

4.9 评定品质波动试验方法、精密度校核试验方法及取样系统误差校核试验方法分别按GB 14260中附录A、附录B、附录C进行。

4.10 整个取样、制样过程中应遵守有关的安全操作规程。

5 取样

5.1 取样工具

5.1.1 取样钎,其规格尺寸见图1。

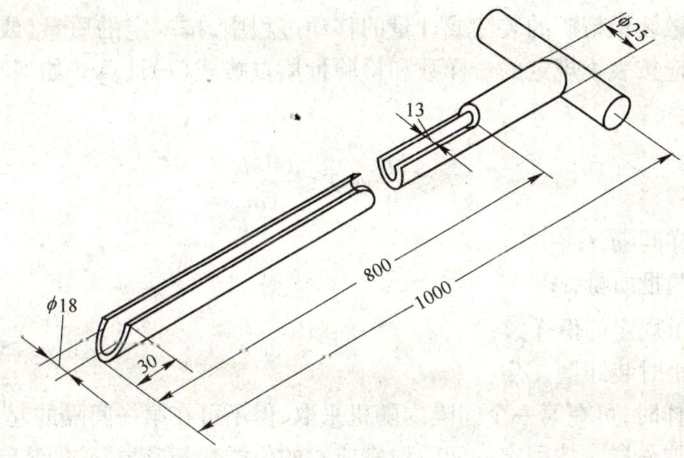

图1 取样钎

5.1.2 取样铲,其规格尺寸见图2。

5.1.3 钢锹和铁锤。

5.1.4 带盖盛样桶或内衬塑料膜的盛样袋。

5.2 取样程序

5.2.1 验明检验批或副批的质量。

5.2.2 确定取样方法、工具及份样量。

5.2.3 根据检验批量的大小、品质波动类型及取样精密度要求,确定所需最少份样数。

5.2.4 确定份样组合方式,见图4。

5.3 份样数

5.3.1 不同检验批所取最少份样数应不少于表1的规定。

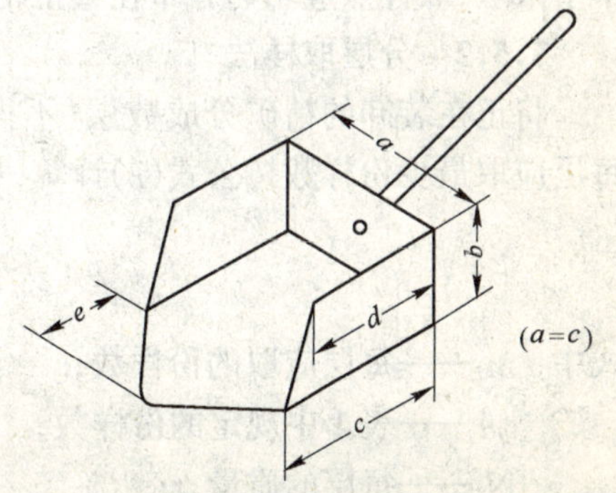

图2 取样铲示意图

5.3.2 当铅精矿的品质波动类型不明时,应按品质波动"大"的类型来选取份样数,但应尽早进行品质波动试验,以确定其类型。

5.4 份样量

5.4.1 用取样铲取样时,应按表2规定选用适合的份样铲。份样量约为400g。

表2 取样铲规格及尺寸

编 号	取样铲尺寸,mm					容量,mL	适用范围
	a	*b*	*c*	*d*	*e*		
15	70	40	70	60	30	约180	松散矿
10	60	35	60	50	25	约120	黏结矿

5.4.2 用取样钎取样时,份样量约为400g。

5.4.3 所取份样的质量应基本一致,其质量变异系数(C_V)不大于20%。

5.5 取样方法

5.5.1 系统取样法

在一检验批散装铅精矿的装卸或计量的移动过程中,按一定的质量(或时间)间隔采取份样。取样间隔应按表1规定的份样数和检验批质量按式(1)计算。如遇小数则取整数部分。

$$T \leqslant \frac{N_1}{n} \text{或} T \leqslant \frac{60 N_1}{Gn} \tag{1}$$

式中 T——取样间隔,t;

N_1——检验批质量,t;

n——表1规定的份样数;

G——每小时装卸量,t/h。

取第一个份样时,可在第一个间隔内随机采取,但不可在第一间隔的起点取份样。以后按计算的间隔采取份样。按固定的间隔取完应取的份样数、若铅精矿的装卸尚在进行,仍应按规定的间隔继续取份样,直至整批铅精矿装卸完毕。

用抓斗、铲车及其他工具装卸时,应在装卸过程新露精矿面上采取份样;也可在抓斗、铲车中采取,取样点应均匀分布在整批精矿的各个部位。

5.5.2 分层取样法

将正在装卸的精矿分成数层(不得少于3层),在各层的新露面上均匀布点采取份样。每层应取最少份样数按公式(2)计算,如遇小数则进为整数。

$$n_l \geqslant n \frac{N_l}{N_1} \tag{2}$$

式中 n_l——每层应取的份样数;

n——表1中规定的份样数;

N_l——每层的质量,t;

N_1——检验批质量,t。

5.5.3 货车取样法

当一批铅精矿用货车交货时，应在每辆货车上均匀布点，去表层(取样部位)20mm，用取样钎从上垂直插入底部，旋转后采取有代表性的份样。避免只从表层或某一局部采样。

如检验批由多辆货车交货时，每辆货车应取的最少份样数按公式(3)计算，如遇小数则进为整数。

$$n_2 \geqslant \frac{n}{M} \tag{3}$$

式中　n_2——每辆货车应取的最少份样数；

n——表1中规定的最少份样数；

M——检验批的总车数。

5.6　水分试样应在计量时采取，并置于干燥、洁净的密闭容器中，以防水分发生变化。

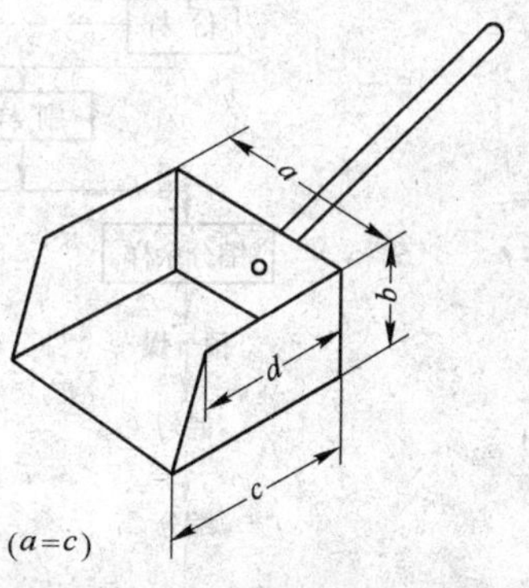

图3　份样铲

6　制样

6.1　制样设备及工具

6.1.1　制样研磨机。

6.1.2　恒温干燥箱。

6.1.3　份样铲，见图3及表3。

表3　份样铲规格及尺寸

编　号	份样铲尺寸，mm				料层厚度，mm	容量，mL
	a	*b*	*c*	*d*		
5.0P	50	30	50	40	20～30	≈70
2.8P	40	25	40	30	15～25	≈35
1.0P	30	20	30	25	10～20	≈16
0.25P	15	10	15	12	5～10	≈2

6.1.4　磨矿板及磨矿锤。

6.1.5　不锈金属缩分板、十字分样板。

6.1.6　标准筛，筛孔为0.1mm。

6.1.7　毛刷。

6.1.8　盛样容器及成分试样袋。

6.2　制样要求

6.2.1　在制样过程中，应防止试样的任何变化和污染。

6.2.2　制备水分试样时，应保证试样中的水分不发生任何变化。

6.2.3　当试样过湿发粘难于制备成分试样时，可在不高于105℃的干燥箱中或空气中进行预干燥至制样不发生困难为止。

6.2.4　制样设备和工具必须保持清洁、干净，制样后设备中不能残留试样。

6.2.5　试样应充分混匀，以减小缩分误差。

6.2.6　严格按照本标准的规定制样，并根据需要按GB 14260附录B进行精密度校核试验。

6.3 制样程序

根据需要,参照图4程序,同时或单独制备水分和成分试样。

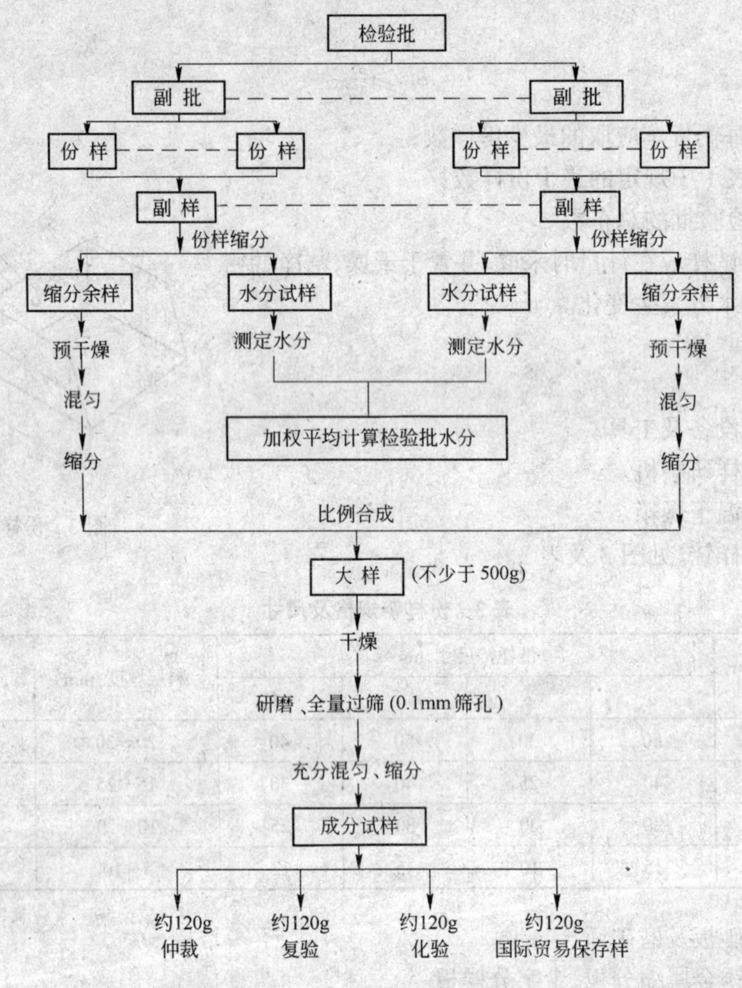

图4 份样组合及制样程序图

6.4 缩分方法

6.4.1 份样缩分法

将样品置于平整、洁净的磨矿板上,平铺成厚度均匀的长方形平堆,将平堆划分成等分的网格。缩分大样不得少于20格,缩分副样不得少于12格,见图5。根据平堆的厚度从表3中选择合适的份样铲和挡板,从每一网格的任意部位垂直插入,铲取等量的一铲集合为缩分试样。

注:如果缩分后的试样质量小于所需质量,应增加每铲的质量或网格数。

6.4.2 圆锥四分法

将试样置于平整、洁净的磨矿板上,堆成圆锥形,然后转堆。每铲沿圆锥顶尖均匀散落,注意勿使圆锥中心错位。如此反复,至少转堆三次,待试样充分混匀后,将锥顶压平,用十字分样板自上而下将试样分成四等份,任取对角两部分,其余弃之。重复上述操作数次,缩分至所需用量。

6.5　试样容器和标签

成分试样混匀缩分后装入试样袋中；水分试样装入带有密封盖的容器中，并附以标签注明：

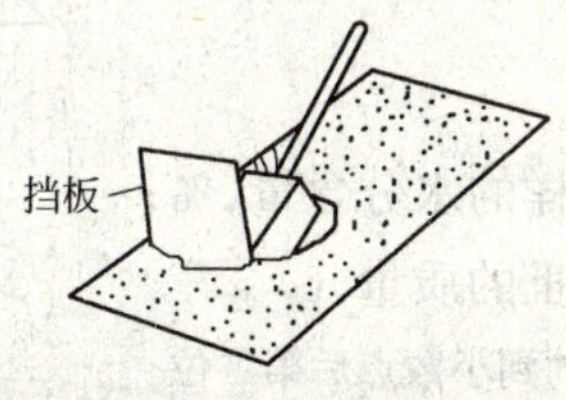

图 5

a. 编号；

b. 精矿品名、产地；

c. 车号或船号；

d. 取样、制样人员；

c. 取样日期；

f. 分析项目。

7　水分测定

7.1　设备

7.1.1　天平，精度为 0.0005g。

7.1.2　恒温干燥箱。

7.1.3　搪瓷干燥盘，要求表面光洁、耐热、耐蚀。

7.2　测定要求

7.2.1　水分试样量不少于 500g，或不少于 1000g 两档。

7.2.2　测定硫化铅精矿水分时，应严格控制干燥温度，以防其氧化分解。

7.2.3　测定硫化铅精矿水分时，避免将试样置于空气中冷却后称量，以防吸湿。

7.3　测定步骤

将水分试样平铺于已知质量（m_1）的干燥盘内，使其厚度不超过 20mm，立即称量（m_2），放入 105±5℃的恒温干燥箱内、干燥一定时间后，取出趁热立即称量或在干燥器中冷却至室温后称量。重复上述操作步骤，直至最后两次称量之差不大于试样初始质量的 0.05%。记录最后一次质量（m_3）。热称量时，应用适当的隔热材料隔离称量盘，以免对天平产生影响。

7.4　计算

7.4.1 按公式(4)计算试样的水分含量 W_i。

$$W_i(\%)=\frac{m_2-m_3}{m_2-m_1}\times 100 \tag{4}$$

式中 m_1——干燥盘质量,g;

m_2——干燥盘加湿样质量,g;

m_3——干燥盘加干样质量,g。

7.4.2 检验批的水分含量按公式(5)计算。

$$W(\%)=\frac{\sum_{i=1}^{k} m_i W_i}{\sum_{i=1}^{k} m_i}\times 100 \tag{5}$$

式中 k——副样数;

W_i——第 i 个副样的水分含量,%;

m_i——第 i 个副批的质量,t。

注:以上计算数值修约到小数点后第二位。

二、铅精矿化学分析方法

铅精矿化学分析方法按国家标准 GB/T 8152.1~8152.10—1987 执行。该标准具体规定如下。

(一) Na_2 EDTA 容量法测定铅量

本标准适用于铅精矿中铅量的测定。测定范围:35%~80%。

本标准遵守 GB 1467—78《冶金产品化学分析方法标准的总则及一般规定》。

1 方法提要

试样用氯酸钾饱和的硝酸分解,在硫酸介质中铅形成硫酸铅沉淀,过滤,与共存元素分离。硫酸铅以乙酸-乙酸钠缓冲溶液溶解。以二甲酚橙为指示剂,于 pH 5~6 用 Na_2 EDTA 标准溶液滴定。由消耗的 Na_2 EDTA 标准溶液体积计算铅量。

最终被测试液中,少量铋加巯基乙酸掩蔽;铁的干扰加抗坏血酸消除。少数铅精矿中钡量超过铅量十分之一时,按附录 A(补充件)进行。

2 试剂

2.1 抗坏血酸。

2.2 氟化铵。

2.3 硝酸(1+1)。

2.4 硫酸(ρ1.84g/mL)。

2.5 硫酸(2+98)。

2.6 缓冲溶液(pH 5.5):将 375g 无水乙酸钠溶于水中,加入 50mL 冰乙酸,用水稀释至 2500mL,混匀。

2.7 氯酸钾饱和的硝酸。

2.8 巯基乙酸(1+99)。

2.9 混合洗涤液:100mL 硫酸(2.5)中加 2mL 过氧化氢。

2.10 二甲酚橙指示剂(0.1%)。限两周内使用。

2.11 乙二胺四乙酸二钠(Na_2 EDTA)标准溶液〔c($C_{10}H_{14}N_2O_8Na_2 \cdot 2H_2O$)≈0.02000mol/L〕:称取 8g$Na_2$ EDTA 于 300mL 烧杯中,加水微热溶解,冷却至室温。移入 1000mL 容量瓶中,用水稀释至刻度,混匀。

标定:称取 3 份 0.2000g 金属铅(99.99%)分别置于 300mL 烧杯中,加入 20mL 硝酸(2.3),加热至完全溶解。取下稍冷,加入 10mL 硫酸(2.4),加热至冒烟取下,冷却。以下按分析步骤 4.2.3~4.2.6 款进行。

按下式计算 Na_2EDTA 标准溶液对铅的滴定度:

$$T=\frac{m_1}{V_1} \tag{1}$$

式中 T——Na_2 EDTA 标准溶液对铅的滴定度,g/mL;

m_1——称取铅量,g;

V_1——滴定时所消耗 Na_2 EDTA 标准溶液的体积,mL。

取 3 份标定结果的平均值。3 份标定结果的极差应不大于 0.000010g/mL。

3 试样

3.1 试样粒度小于 0.100mm。

3.2 试样在 100~105℃ 烘 1h,置于干燥器中冷至室温。

4 分析步骤

4.1 试样量

称取 0.3000g 试样。

4.2 测定

4.2.1 将试样(4.1)置于 300mL 烧杯中,用少量水润湿。加入 15mL 氯酸钾饱和的硝酸(2.7),盖上表皿,置于电热板上加热溶解〔若试样中硅量大于 20mg,加入 0.5g 氟化铵(2.2)〕,待试样完全溶解,取下稍冷。

4.2.2 加入 10mL 硫酸(2.4),继续加热至冒浓烟约 2min,取下冷却(若试样中钡量超过铅量十分之一,按附录 A 进行)。

4.2.3 用水吹洗表皿及杯壁,加水至 50mL,加热煮沸 10min,冷却至室温,放置 1h。

4.2.4 用慢速定量滤纸过滤。用硫酸(2.5)洗涤烧杯两次、沉淀 4 次,〔如含锰高,可用混合洗涤液(2.9)洗 3~4 次〕,用水洗涤烧杯 1 次、沉淀两次,弃去滤液。

4.2.5 将滤纸展开,连同沉淀一起移入原烧杯中,加入 30mL 缓冲溶液(2.6),用水吹洗杯壁,盖上表皿,加热微沸 10min,搅拌使沉淀溶解,取下稍冷,加水至 150mL。

4.2.6 加入 0.1g 抗坏血酸(2.1)和 3~4 滴二甲酚橙指示剂(2.10)〔若待测试液中含铋量大于 1mg,加入 3~4mL 巯基乙酸(2.8)后再滴定〕,用 Na_2 EDTA 标准溶液(2.11)滴定至溶液由紫红色变为亮黄色即为终点。

5 分析结果的计算

按下式计算铅的百分含量：

$$Pb(\%)=\frac{TV_2}{m_2}\times 100 \qquad (2)$$

式中 T——Na_2 EDTA 标准溶液对铅的滴定度，g/mL；

V_2——滴定消耗的 Na_2 EDTA 标准溶液的体积，mL；

m_2——试样量，g。

分析结果表示到小数点后第二位。

6 允许差

实验室之间分析结果的差值应不大于下表所列允许差。

%

铅 量	允许差	铅 量	允许差
35.00～40.00	0.40	50.00～60.00	0.60
40.00～50.00	0.50	60.00～80.00	0.65

附 录 A
钡量超过铅量十分之一时铅量的测定
（补充件）

A.1 试剂

A.1.1 氨水（ρ0.90g/mL）。

A.1.2 盐酸（1+1）。

A.1.3 酚酞指示剂（0.1%）乙醇溶液。

A.1.4 乙酸铅溶液（0.8%）：称取 8g 乙酸铅溶于 50mL 缓冲溶液（2.6）中，用水稀释至 1000mL，混匀。

乙酸铅溶液与 Na_2 EDTA 标准溶液（2.11）比值的确定：用滴定管放 30.00mL 乙酸铅溶液（A.1.4）于 300mL 烧杯中，加入 30mL 缓冲溶液（2.6）、2～4 滴二甲酚橙指示剂（2.10），用 Na_2 EDTA 标准溶液（2.11）滴定至溶液由紫红色恰变亮黄色为终点。

按下式计算乙酸铅溶液与 Na_2 EDTA 标准溶液的比值。

$$K=\frac{V_3}{V_4} \qquad (A1)$$

式中 K——乙酸铅溶液与 Na_2 EDTA 标准溶液的比值；

V_3——滴定消耗的 Na_2 EDTA 标准溶液的体积，mL；

V_4——加入乙酸铅溶液的体积，mL。

A.2 分析步骤

A.2.1 按(4.1)、(4.2.1)称取和分解试样,加入 12~15mL 硫酸(2.4),加热蒸发至冒浓烟,盖上表皿,于高温处强热溶解 10min,取下冷却。

A.2.2 用水吹洗表皿及杯壁,加水至 50mL,煮沸 10min,冷却至室温,放置 1h。

A.2.3 用慢速定量滤纸过滤,用硫酸(2.5)洗涤烧杯两次、沉淀 4 次。用水洗烧杯 1 次、沉淀两次,弃去滤液。

A.2.4 将滤纸展开,连同沉淀一起放入原烧杯中,加入 50.00mL Na_2 EDTA 标准溶液(2.11)、1 滴酚酞指示剂(A.1.3)、5mL 氨水(A.1.1),盖上表皿,加热微沸,溶液由红色褪至微红色取下。

A.2.5 用盐酸(A.1.2)中和溶液至微红色消失,加入 30mL 缓冲溶液(2.6),加热并保持微沸 10~15min。取下冷却,用水吹洗杯壁,加 30mL 水、0.1g 抗坏血酸(2.1)、3~4 滴二甲酚橙指示剂(2.10),用乙酸铅溶液(A.1.4)滴定溶液至紫红色并过量 5~10mL,再用 Na_2 EDTA 标准溶液(2.11)滴定至溶液由紫红色恰变亮黄色为终点。

A.3 分析结果的计算

按下式计算铅的百分含量:

$$Pb(\%)=\frac{T(V_5-KV_6)}{m_3}\times 100 \tag{A2}$$

式中 T——Na_2 EDTA 标准溶液对铅的滴定度,g/mL;

V_5——加入试液中的 Na_2 EDTA 标准溶液与滴定消耗的 Na_2 EDTA 标准溶液的总体积,mL;

V_6——加入乙酸铅溶液的体积,mL;

K——比值。1mL 乙酸铅溶液相当于 Na_2 EDTA 标准溶液的 mL 数;

m_3——试样量,g。

(二) Na_2 EDTA 容量法测定锌量

本标准适用于铅精矿中锌量的测定。测定范围:1%~10%。

本标准遵守 GB 1467—78《冶金产品化学分析方法标准的总则及一般规定》。

1 方法提要

试样用氯酸钾饱和的硝酸分解,硫酸冒烟沉淀分离铅,在氧化剂存在下的氨性溶液中分离铁、锰、铋等干扰元素,加掩蔽剂硫代硫酸钠、氟化铵消除铜、铝的干扰。以二甲酚橙为指示剂,于 pH 5.5~6.0 用 Na_2 EDTA 标准溶液进行滴定。由消耗的 Na_2 EDTA 标准溶液体积计算锌量。

铅精矿中含镉很低,其影响可忽略不计。

2 试剂

2.1 抗坏血酸。

2.2 氟化铵。

2.3 氯化铵。

2.4 过硫酸铵。

2.5 氯酸钾饱和的硝酸。

2.6 硫酸(1+1)。

2.7 硫酸(2+98)。

2.8 氨水(ρ0.90g/mL)。

2.9 氨水(1+1)。

2.10 洗涤液:将25g氯化铵溶于475mL水中,加入25mL氨水(2.8),混匀。

2.11 缓冲溶液(pH 5.5):将375g无水乙酸钠溶于水中,加入50mL冰乙酸,用水稀释至2500mL,混匀。

2.12 二甲酚橙指示剂(0.1%)。限两周内使用。

2.13 硫代硫酸钠溶液(20%)。

2.14 乙二胺四乙酸二钠(Na_2 EDTA)标准溶液〔$c(C_{10}H_{14}N_2O_8Na_2\cdot 2H_2O)\approx$ 0.02000mol/L〕:称取7gNa_2 EDTA于300mL烧杯中,加水微热溶解,冷至室温。移入1000mL容量瓶中,用水稀释至刻度,混匀。

标定:称取3份0.0600g金属锌(99.99%)分别置于500mL三角烧杯中,加10mL盐酸(1+1),于电热板上微热溶解,并蒸至约2mL,取下冷却。用水吹洗表皿及杯壁,加水至120mL,加3~4滴二甲酚橙指示剂(2.12),用氨水(2.9)中和至溶液呈紫红色,加入20mL缓冲溶液(2.11),用Na_2 EDTA标准溶液(2.14)滴定至溶液由紫红色转变成亮黄色为终点。

按下式计算Na_2 EDTA标准溶液对锌的滴定度:

$$T=\frac{m_1}{V_1} \tag{1}$$

式中 T——Na_2 EDTA标准溶液对锌的滴定度,g/mL;

m_1——称取锌量,g;

V_1——滴定消耗的Na_2 EDTA标准溶液的体积,mL。

取3份标定结果的平均值。3份标定结果的极差值应不大于0.000006g/mL。

3 试样

3.1 试样粒度小于0.100mm。

3.2 试样在100~105℃烘1h,置于干燥器中冷至室温。

4 分析步骤

4.1 试样量

称取0.3000g试样。

4.2 测定

4.2.1 将试样(4.1)置于300mL烧杯中,用少量水润湿,加15mL氯酸钾饱和的硝酸(2.5),盖上表皿,置于电热板上加热至试样完全溶解,取下冷却。加入7mL硫酸(2.6),加热蒸至冒浓白烟,取下冷却。用少量水吹洗表皿及杯壁,加水至40mL,加热煮沸10min使可溶性盐类溶解，取下放置 30min。

4.2.2 用中速定量滤纸过滤于 300mL 烧杯中。用硫酸(2.7)洗涤烧杯 3 次、沉淀 4 次，用水洗烧杯及沉淀各 1 次，弃去沉淀。

4.2.3 滤液中加入 3～5g 氯化铵(2.3)，用氨水(2.8)中和至氢氧化物沉淀完全并过量 5～10mL，加入 0.3～0.5g 过硫酸铵(2.4)，加热煮沸约 10min 破坏过剩的过硫酸铵，取下。

4.2.4 趁热用快速定性滤纸过滤，用热的洗涤液(2.10)洗涤烧杯 2 次、沉淀 6～8 次，弃去沉淀。

4.2.5 将滤液摇匀，加热蒸至体积约 100mL，取下冷至室温。

4.2.6 试液中加入 0.2g 氟化铵(2.2)、0.1g 抗坏血酸(2.1)，加入硫代硫酸钠溶液(2.13)至溶液蓝色消失，再过量 3mL，摇匀。加 3～4 滴二甲酚橙指示剂(2.12)，用硫酸(2.6)中和至溶液由紫红色变为黄色，再用氨水(2.9)中和至溶液由黄色变为紫红色。加入 20mL 缓冲溶液(2.11)，加水至 150mL 左右，用 Na_2 EDTA 标准溶液(2.14)滴定至溶液由紫红色转变为亮黄色即为终点。

5 分析结果的计算

按下式计算锌的百分含量：

$$Zn(\%)=\frac{TV_2}{m_2}\times 100 \qquad (2)$$

式中 T——Na_2 EDTA 标准溶液对锌的滴定度，g/mL；

V_2——滴定消耗的 Na_2 EDTA 标准溶液的体积，mL；

m_2——试样量，g。

分析结果表示到小数点后第二位。

6 允许差

实验室之间分析结果的差值应不大于下表所列允许差。

%

锌　量	允许差	锌　量	允许差
1.00～2.00	0.12	>5.00～8.00	0.25
>2.00～3.00	0.16	>8.00～10.00	0.30
>3.00～5.00	0.20		

(三) 铬天青 S 分光光度法测定三氧化二铝量

本标准适用于铅精矿中三氧化二铝量的测定。测定范围：1%～5%。

本标准遵守 GB 1467—78《冶金产品化学分析方法标准的总则及一般规定》。

1 方法提要

试样用氢氧化钠熔融，以水浸取，使铝与主体元素铅及其他元素分离，趁热加入乙醇使高价锰还原成不溶物除去。在微酸性溶液中,铝与铬天青S生成络合物,于分光光度计波长567.5nm处测量其吸光度。按标准曲线法计算三氧化二铝的量。

铜、铁干扰分别用硫脲、抗坏血酸掩蔽。

2 试剂

2.1 氢氧化钠。

2.2 氢氧化钠溶液(10%)。

2.3 盐酸(ρ1.19g/mL)。

2.4 盐酸(1+1)。

2.5 盐酸(1+3)。

2.6 乙醇(95%)。

2.7 抗坏血酸溶液(1%)。用时现配。

2.8 硫脲溶液(2%)。

2.9 酚酞指示剂(0.1%)。用乙醇配制。

2.10 铬天青S溶液(0.1%):称取0.1g铬天青S溶于10mL乙醇,用水稀释至100mL。

2.11 乙酸钠(无水)溶液(25%)。

2.12 铝标准贮存溶液:称取0.5000g金属铝(99.9%)于300mL烧杯中,加入30mL盐酸(2.4)、1mL过氧化氢(30%),盖上表皿,于电热板上加热至完全溶解,取下冷至室温。移入500mL容量瓶中,用水稀释至刻度,混匀。此溶液1mL含1mg铝。

2.13 铝标准溶液:移取10.00mL铝标准贮存溶液(2.12)于1000mL容量瓶中,用盐酸(2+98)稀释至刻度,混匀。此溶液1mL含10μg铝。

3 仪器

分光光度计。

4 试样

4.1 试样粒度小于0.100mm。

4.2 试样在100~105℃烘1h,置于干燥器中冷至室温。

5 分析步骤

5.1 试样量

按表1称取试样。

表1

三氧化二铝量,%	试样量,g	分取试液体积,mL	三氧化二铝量,%	试样量,g	分取试液体积,mL
1.00~1.50	0.1000	5.00	>2.50~5.00	0.1000	2.00
>1.50~2.50	0.1000	3.00			

5.2 空白试验

随同试样做空白试验。

5.3 测定

5.3.1 将试样(5.1)置于盛有3g氢氧化钠(2.1)的30mL银坩埚中,在上面覆盖3g氢氧化钠(2.1),于电炉上加热10min后,移入预先升温至650℃的高温箱式电炉中,熔融15min(中间摇动一次),取出稍冷。

5.3.2 在200mL聚四氟乙烯塑料烧杯中,用沸水浸取,洗净坩埚,趁热加入5mL乙醇(2.6),冷至室温。

5.3.3 移入200mL塑料容量瓶中,用水稀释至刻度,混匀。用中速滤纸干过滤于另一聚四氟乙烯烧杯中。

5.3.4 按表1分取试液于50mL容量瓶中〔如分取的试液中含氟量大于10μg,将其置于100mL烧杯中,加3mL盐酸(2.3)蒸至恰干,重复1次。加5滴盐酸(2.4)润湿,以少量水吹洗杯壁,加热溶解,移入50mL容量瓶中〕。

5.3.5 加水至15mL,加1滴酚酞指示剂(2.9),用盐酸(2.4)中和至红色近退,再用盐酸(2.5)调至无色,并过量4滴。

5.3.6 加入2mL抗坏血酸溶液(2.7)、2mL硫脲溶液(2.8),混匀。加入3mL铬天青S溶液(2.10),混匀。加入4mL乙酸钠溶液(2.11),用水稀释至刻度,混匀。

5.3.7 将部分试液移入0.5cm比色皿中,以随同试样的空白为参比,于分光光度计波长567.5nm处,测其吸光度。从工作曲线上查出相应的铝量。

5.4 工作曲线的绘制

5.4.1 移取0、0.50、1.00、2.00、3.00mL铝标准溶液(2.13)于一组50mL比色管中,用水稀释至15mL,加1滴酚酞指示剂(2.9),用氢氧化钠溶液(2.2)中和至红色,用盐酸(2.4)中和至红色近退,再用盐酸(2.5)调至无色并过量4滴。以下按5.3.6款进行。将部分溶液移入0.5cm比色皿中,以试剂空白为参比,于分光光度计波长567.5nm处测量其吸光度。以铝量为横坐标,吸光度为纵坐标,绘制工作曲线。

6 分析结果的计算

按下式计算三氧化二铝的百分含量:

$$Al_2O_3(\%)=\frac{Vm_1\times10^{-6}}{mV_1}\times1.889\times100$$

式中 m_1——自工作曲线上查得的铝量,μg;

V——试液总体积,mL;

V_1——分取试液体积,mL;

m——试样量,g;

1.889——铝换算为三氧化二铝的因数。

分析结果表示到小数点后第二位。

7 允许差

实验室之间分析结果的差值应不大于表2所列允许差。

表 2 %

三氧化二铝量	允许差	三氧化二铝量	允许差
1.00～2.00	0.20	3.00～5.00	0.50
2.00～3.00	0.30		

(四) 原子吸收分光光度法测定铜量

本标准适用于铅精矿中铜量的测定。测定范围:0.5%～3.5%。

本标准遵守 GB 1467—78《冶金产品化学分析方法标准的总则及一般规定》。

1 方法提要

试样用酸分解,在稀盐酸介质中,于原子吸收分光光度计波长 324.7nm 处,以空气-乙炔火焰测定铜的吸光度。按标准曲线法计算铜量。

2 试剂

2.1 盐酸(ρ1.19g/mL)。

2.2 盐酸(1+1)。

2.3 硝酸(ρ1.42g/mL)。

2.4 硝酸(1+1)。

2.5 铜标准贮存溶液:称取 1.0000g 金属铜(>99.95%)置于 250mL 烧杯中,加入 25mL 硝酸(2.4),盖上表皿,于电热板上低温加热至完全溶解,煮沸驱赶氮的氧化物。取下,冷至室温,移入 500mL 容量瓶中,加 20mL 硝酸(2.4),用水稀释至刻度,混匀。此溶液 1mL 含 2mg 铜。

2.6 铜标准溶液:移取 10.00mL 铜标准贮存溶液(2.5)于 100mL 容量瓶中,加入 5mL 盐酸(2.2),用水稀释至刻度,混匀。此溶液 1mL 含 200μg 铜。

3 仪器

原子吸收分光光度计,备有铜空心阴极灯。

所用原子吸收分光光度计在最佳工作条件下应达到下列指标:

最低灵敏度:工作曲线中所用最高浓度标准溶液的吸光度应不低于 0.25。

工作曲线线性:工作曲线所用五个等差浓度标准溶液中,最高与次高浓度标准溶液的吸光度之差,应不小于最低浓度标准溶液与零浓度溶液的吸光度差值的 0.8 倍。

最低稳定性:工作曲线中所用最高浓度标准溶液与零浓度溶液的吸光度相对于最高浓度标准溶液吸光度平均值的变异系数,应分别不大于 1.5%和 0.5%。其变异系数的计算见附录 A(补充件)。

注:零浓度溶液可用 0.40μg/mL 铜标准溶液代替。

原子吸收分光光度计工作条件参数见附录 B(参考件)。

4 试样

4.1 试样粒度小于 0.100mm。

4.2　试样在100～105℃烘1h，置于干燥器中冷至室温。

5　分析步骤

5.1　试样量

按表1称取试样。

表1

铜量，%	试样量，g	补加盐酸(2.2)，mL	稀释体积，mL
0.50～1.50	0.1000	10	100
>1.50～3.50	0.1000	20	200

5.2　空白试验

随同试样做空白试验。

5.3　测定

5.3.1　将试样(5.1)置于150mL烧杯中，用少量水润湿，加入15mL盐酸(2.1)，盖上表皿，于电热板上低温加热溶解5min，加入5mL硝酸(2.3)，继续加热，待试样完全溶解后，蒸至近干，取下。按表1加盐酸(2.2)，用水吹洗表皿及杯壁，加热使盐类完全溶解，取下冷至室温。按表1的稀释体积移入相应的容量瓶中，用水稀释至刻度，混匀。

5.3.2　将原子吸收分光光度计燃烧器转至适当角度，于波长324.7nm处，用空气-乙炔火焰，以水调零，测量溶液吸光度，减去试样空白溶液吸光度，从工作曲线上查出相应的铜浓度。

5.4　工作曲线的绘制

5.4.1　移取0、2.00、4.00、6.00、8.00、10.00mL铜标准溶液(2.6)，分别置于一组100mL容量瓶中，加入10mL盐酸(2.2)，用水稀释至刻度，混匀。

5.4.2　与试样测定相同条件下，同时测量标准溶液吸光度，以铜浓度为横坐标，以吸光度(减去试剂空白吸光度)为纵坐标绘制工作曲线。

6　分析结果的计算

按下式计算铜的百分含量：

$$\mathrm{Cu}(\%)=\frac{cV\times10^{-6}}{m}\times100$$

式中　c——自工作曲线上查得的铜浓度，μg/mL；

V——试液体积，mL；

m——试样量，g。

分析结果表示到小数点后第二位。

7　允许差

实验室之间分析结果的差值应不大于表2所列允许差。

表 2　　%

铜　量	允许差	铜　量	允许差
0.50~1.50	0.10	>1.50~3.50	0.15

附　录　A
最低稳定性变异系数的计算
（补充件）

最高浓度标准溶液与零浓度溶液吸光度的变异系数计算公式如下：

$$S_C = \frac{100}{\overline{C}}\sqrt{\frac{\Sigma(C-\overline{C})^2}{n-1}} \tag{A1}$$

$$S_O = \frac{100}{\overline{C}}\sqrt{\frac{\Sigma(O-\overline{O})^2}{n-1}} \tag{A2}$$

式中　S_C——最高浓度标准溶液吸光度的百分变异系数；

S_O——零浓度溶液吸光度相对于最高浓度标准溶液吸光度平均值的百分变异系数；

C——最高浓度标准溶液吸光度；

$\overline{C}$——最高浓度标准溶液吸光度的平均值；

O——零浓度溶液吸光度；

$\overline{O}$——零浓度溶液吸光度的平均值；

n——测量次数。

附　录　B
仪器工作条件
（参考件）

WFX-110 型原子吸收分光光度计测定铜工作条件参数：

波　长 nm	灯电流 mA	单色器通带 nm	燃烧器高度 mm	空气流量 L/min	乙炔流量 L/min
324.7	2	0.165	4	10	1.5

（五）原子吸收分光光度法测定氧化镁量

本标准适用于铅精矿中氧化镁量的测定。测定范围：0.5%～3.0%。

本标准遵守 GB 1467—78《冶金产品化学分析方法标准的总则及一般规定》。

1　方法提要

试样用酸分解，在稀盐酸介质中，于原子吸收分光光度计波长 285.2nm 处，以空气-乙炔火焰测量氧化镁的吸光度。按标准曲线法计算氧化镁量。

加入一定量的锶盐作释放剂消除硅、铝、铁等元素的干扰。

2　试剂

2.1　盐酸(ρ1.19g/mL)。

2.2　盐酸(1+1)。

2.3　硝酸(ρ1.42g/mL)。

2.4　氯化锶溶液(10%)。

2.5　氢氟酸(ρ1.15g/mL)。

2.6　高氯酸(ρ1.67g/mL)。

2.7　氧化镁标准贮存溶液:将氧化镁(高纯)预先在600℃灼烧1h,置于干燥器中冷至室温。称取1.000g灼烧后的氧化镁于250mL烧杯中,以少量水润湿,加60mL盐酸(2.2),盖上表皿,置于电热板上低温加热至完全溶解,煮沸驱赶氮的氧化物。取下,用水吹洗表皿及杯壁,冷至室温,移入1000mL容量瓶中,用水稀释至刻度,混匀。此溶液1mL含1mg氧化镁。

2.8　氧化镁标准溶液:移取10.00mL氧化镁贮存溶液(2.7)于100mL容量瓶中,加入5mL盐酸(2.2),用水稀释至刻度,混匀。此溶液1mL含100μg氧化镁。

3　仪器

原子吸收分光光度计,备有镁空心阴极灯。

所用原子吸收分光光度计在最佳工作条件下应达到下列指标:

最低灵敏度:工作曲线中所用最高浓度标准溶液的吸光度应不低于0.25。

工作曲线线性:工作曲线所用5个等差浓度标准溶液中,最高与次高浓度标准溶液的吸光度之差,应不小于最低浓度标准溶液与零浓度溶液的吸光度差值的0.8倍。

最低稳定性:最高浓度标准溶液与零浓度溶液的吸光度相对于最高浓度标准溶液吸光度平均值的变异系数,应分别不大于1.5%和0.5%。其百分变异系数的计算见附录A(补充件)。

注:零浓度溶液可用0.20μg/mL氧化镁标准溶液代替。

原子吸收分光光度计工作条件参数见附录B(参考件)。

4　试样

4.1　试样粒度小于0.100mm。

4.2　试样在100～105℃烘1h,置于干燥器中冷至室温。

5　分析步骤

5.1　试样量

按表1称取试样。

表 1

氧化镁量,%	试样量,g	分取试液体积,mL
0.50~1.00	0.2000	20.00
>1.00~2.00	0.2000	10.00
>2.00~3.00	0.1000	10.00

5.2 空白试验

随同试样做空白试验。

5.3 测定

5.3.1 将试样(5.1)置于 150mL 聚四氟乙烯烧杯中,用少量水润湿,加入 10mL 盐酸(2.1),盖上表皿,于电热板上缓慢加热溶解 5min,加 3mL 硝酸(2.3)、5~10mL 氢氟酸(2.5)、5mL 高氯酸(2.6),蒸发至高氯酸冒白烟,直至近干取下。加入 5mL 盐酸(2.2),用水吹洗表皿及杯壁,加热使盐类溶解,取下,冷至室温。

5.3.2 将溶液移入 50mL 容量瓶中,用水稀释至刻度,混匀。

5.3.3 按表 1 分取试液于 100mL 容量瓶中,加 5mL 盐酸(2.2)、10mL 氯化锶溶液(2.4),用水稀释至刻度,混匀。

5.3.4 将原子吸收分光光度计燃烧器转至适当角度,于波长 285.2nm 处,用空气-乙炔火焰,以水调零,测量溶液吸光度,减去试样空白溶液吸光度。从工作曲线上查出相应的氧化镁浓度。

5.4 工作曲线的绘制

5.4.1 移取 0、2.00、4.00、6.00、8.00、10.00mL 氧化镁标准溶液(2.8),分别置于一组 100mL 容量瓶中,加入 5mL 盐酸(2.2)、10mL 氯化锶溶液(2.4),用水稀释至刻度,混匀。

5.4.2 与试样测定相同条件下,测量标准溶液吸光度。以氧化镁浓度为横坐标,吸光度(减去试剂空白吸光度)为纵坐标,绘制工作曲线。

6 分析结果的计算

按下式计算氧化镁的百分含量:

$$\mathrm{MgO}(\%)=\frac{cV_1V_3\times10^{-6}}{V_2m}\times100$$

式中 c——自工作曲线上查得的氧化镁浓度,μg/mL;

V_1——试液的体积,mL;

V_2——分取试液的体积,mL;

V_3——试液分取后的稀释体积,mL;

m——试样量,g。

分析结果表示到小数点后第二位。

7 允许差

实验室之间分析结果的差值应不大于表 2 所列允许差。

表 2 %

氧化镁量	允许差	氧化镁量	允许差
0.50～1.00	0.15	2.00～3.00	0.25
1.00～2.00	0.20		

附 录 A
最低稳定性变异系数的计算
（补充件）

最高浓度标准溶液和零浓度溶液吸光度的百分变异系数计算公式如下：

$$S_C = \frac{100}{\overline{C}}\sqrt{\frac{\Sigma(C-\overline{C})^2}{n-1}} \tag{A1}$$

$$S_O = \frac{100}{\overline{C}}\sqrt{\frac{\Sigma(O-\overline{O})^2}{n-1}} \tag{A2}$$

式中 S_C——最高浓度标准溶液吸光度的百分变异系数；

S_O——零浓度溶液吸光度相对于最高浓度标准溶液吸光度平均值的百分变异系数；

C——最高浓度标准溶液的吸光度；

$\overline{C}$——最高浓度标准溶液吸光度的平均值；

O——零浓度溶液的吸光度；

$\overline{O}$——零浓度溶液吸光度的平均值；

n——测量次数。

附 录 B
仪 器 工 作 条 件
（参考件）

WFX-110 型原子吸收分光光度计测定氧化镁的工作条件参数：

波 长 nm	灯电流 mA	单色器通带 nm	燃烧器高度 mm	空气流量 L/min	乙炔流量 L/min
285.2	2	0.165	6	10	1.5

（六）极谱法测定铋量

本标准适用于铅精矿中铋量的测定，测定范围：0.5％～2.0％。

本标准遵守 GB 1467—78《冶金产品化学分析方法标准的总则及一般规定》。

1 方法提要

试样用酸溶解。在 pH 5～5.5 以铁作载体共沉淀铋，分离铜及部分铅。沉淀溶解后，加入氢溴酸，在硫酸冒烟时驱赶锑。在酸性氯化钠底液中，用示波极谱法测定铋。峰电位 -0.12V(S.C.E)。按比较法计算铋量。

2 试剂

2.1 盐酸(ρ1.19g/mL)。

2.2 硝酸(ρ1.42g/mL)。

2.3 硝酸(2+98)。

2.4 硫酸(ρ1.84g/mL)。

2.5 硫酸(1+1)。

2.6 硫酸(1+9)。

2.7 硫酸(2+98)。

2.8 氨水(ρ0.90g/mL)。

2.9 氢溴酸(ρ1.49g/mL)。

2.10 三氯化铁($FeCl_3·6H_2O$)溶液(5%)：用盐酸(1+9)配制。

2.11 混合底液：称取500g氯化钠、25g盐酸肼溶于水中，加入25mL盐酸(1+1)，用水稀释至2500mL，混匀。

2.12 铋标准溶液：称取0.5000g金属铋(99.99%)置于250mL烧杯中，加入30mL硝酸(1+1)，盖上表皿，加热至完全溶解，煮沸驱赶氮的氧化物，取下冷至室温。用硝酸(1+9)移入1000mL容量瓶中并稀释至刻度，混匀。此溶液1mL含0.5mg铋。

3 仪器

示波极谱仪。

4 试样

4.1 试样粒度小于0.100mm。

4.2 试样在100～105℃烘1h，置于干燥器中冷至室温。

5 分析步骤

5.1 试样量

按表1称取试样。

表1

铋量，%	试样量，g	铋量，%	试样量，g
0.50～1.00	0.2000	1.00～2.00	0.1000

5.2 空白试验

随同试样做空白试验。

5.3 测定

5.3.1 将试样(5.1)置于250mL烧杯中，用少量水润湿，加入15mL盐酸(2.1)，微热溶解5min，加5mL硝酸(2.2)，加热至试样完全溶解并蒸至近干。

5.3.2　加入10mL硝酸(2.2),加热煮沸,加50mL水,煮沸使盐类溶解。用中速定量滤纸过滤,用硝酸(2.3)洗烧杯及残渣4次,视试样含铁量加入1～3mL三氯化铁溶液(2.10),使溶液中保持含铁量约30mg,将滤液加热至70～80℃。

5.3.3　用氨水(2.8)中和试液至pH 5～5.5,保温使沉淀凝聚。

5.3.4　用中速定量滤纸过滤,用热水洗涤烧杯及沉淀4次。

5.3.5　用热硫酸(2.6)及(2.7)交替溶解与洗涤沉淀5～8次(每次约2mL),弃去不溶物。滤液收集于原烧杯中,加热蒸至冒烟。取下冷却,加入5mL氢溴酸(2.9),蒸至冒烟〔当试样中含锑量大于2mg时,可加3～5mL氢溴酸(2.9),再蒸至冒烟1次〕,直至溶液体积约1mL取下。

5.3.6　冷却后,用少量水吹洗杯壁,再蒸至冒烟。取下冷却,加入100.00mL混合底液(2.11),盖上表皿,煮沸3～5min,保温,使三价铁充分还原。冷至室温,移入100mL容量瓶中,用水稀释至刻度,混匀。取部分溶液于电解杯中,在示波极谱仪上,于－0.05～－0.5V间扫描,测量其峰高。铋的峰电位为－0.12V。

5.4　工作标准溶液的配制与测定

移取3份等体积铋标准溶液(2.12),分别置于250mL烧杯中(其含铋量应与试液中含铋量相近)。加入3mL三氯化铁溶液(2.10)、50mL水,加热至70～80℃,以下按5.3.3～5.3.6进行。3份工作标准溶液峰高的相对误差应不大于2%,取平均值作为工作标准溶液的峰高。

6　分析结果的计算

按下式计算铋的百分含量:

$$\mathrm{Bi}(\%)=\frac{M}{\alpha_1 h_1}\cdot\frac{\alpha_2 h_2}{m}\times 100$$

式中　M——标准铋量,g;

α_2——试样溶液的测量倍率;

h_2——试样溶液的峰高;

α_1——工作标准溶液的测量倍率;

h_1——工作标准溶液的平均峰高;

m——试样量,g。

分析结果表示到小数点后第二位。

7　允许差

实验室之间分析结果的差值应不大于表2所列允许差。

表2　%

铋　量	允许差	铋　量	允许差
0.50～1.00	0.08	>1.00～2.00	0.12

(七)砷铋钼蓝分光光度法测定砷量

本标准适用于铅精矿中砷量的测定。测定范围:0.1%~1.0%。

本标准遵守 GB 1467—78《冶金产品化学分析方法标准的总则及一般规定》。

1 方法提要

试样用氯酸钾饱和的硝酸分解,硫酸冒烟沉淀分离铅。在 1.25mol/L 硫酸介质中,砷被锌粒还原生成砷化氢气体,吸收于碘液中。加入混合显色剂和抗坏血酸使其成砷铋钼蓝络合物,于分光光度计 720nm 处测量吸光度。按标准曲线法计算砷量。

2 试剂

2.1 无砷锌粒,直径 3~4mm。

2.2 氯酸钾饱和的硝酸。

2.3 硫酸(1+1)。

2.4 酒石酸溶液(20%)。

2.5 碘化钾溶液(20%)。

2.6 氯化亚锡溶液(20%),以盐酸(1+1)配制。

2.7 碘吸收液(0.05%):称取 0.25g 碘置于 200mL 烧杯中,加入 15mL 无水乙醇,溶解后,在搅拌下缓慢移入 400mL 水中,用水稀释至 500mL,混匀。贮存于棕色瓶中。

2.8 亚硫酸钠溶液(5%)。

2.9 抗坏血酸溶液(2%)。

2.10 乙酸铅脱脂棉:将脱脂棉浸入含有 0.5%乙酸的 10%乙酸铅溶液中,浸透后取出,于空气中干燥后备用。

2.11 酚酞指示剂(0.1%)。

2.12 混合显色剂:称取 30g 钼酸铵溶于 300mL 水中;50g 酒石酸钾钠溶于 250mL 水中;4g 硝酸铋溶于 375mL 硫酸(1+2)中。将钼酸铵溶液与酒石酸钾钠溶液混合后,移入硝酸铋溶液中,用水稀释至 1000mL,混匀。

2.13 砷标准贮存溶液:称取 0.1320g 三氧化二砷基准试剂(预先在 100~105℃烘 1h,置于干燥器中冷至室温)于 200mL 烧杯中,加 20mL 氢氧化钠溶液(10%),微热溶解,加 50mL 水、2 滴酚酞指示剂(2.11)。用硫酸(2.3)中和至无色,并过量 1mL。将溶液移入 1000mL 容量瓶中,用水稀释至刻度,混匀。此溶液 1mL 含 100μg 砷。

2.14 砷标准溶液:移取 50.00mL 砷标准贮存溶液(2.13)于 250mL 容量瓶中,用水稀释至刻度,混匀。此溶液 1mL 含 20μg 砷。

3 仪器及装置

3.1 分光光度计。

3.2 砷化氢气体发生-吸收装置(如图)。

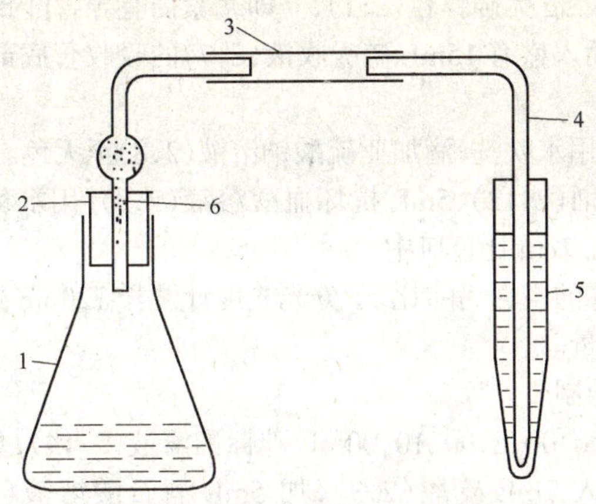

砷化氢气体发生-吸收装置

1—125mL 砷化氢发生瓶;2—瓶塞;3—胶皮管;4—导管;
5—吸收管;6—乙酸铅脱脂棉

4 试样

4.1 试样粒度小于 0.100mm。

4.2 试样在 100～105℃烘 1h,置于干燥器中冷至室温。

5 分析步骤

5.1 试样量

按表 1 称取试样。

表 1

砷量,%	试样量,g	稀释体积,mL	分取试液体积,mL
0.10～0.30	0.5000	100	10.00
>0.30～0.60	0.5000	100	5.00
>0.60～1.00	0.5000	200	5.00

5.2 空白试验

随同试样做空白试验。

5.3 测定

5.3.1 将试样(5.1)置于 250mL 烧杯中,用少量水润湿,加 20mL 氯酸钾饱和的硝酸(2.2),盖上表皿,置于电热板上低温溶解,待试样溶解完全后,取下稍冷。

5.3.2 用水吹洗表皿及杯壁,加 10mL 硫酸(2.3),加热至冒浓白烟取下,冷却。

5.3.3 用水吹洗表皿及杯壁并稀释至体积 60mL,加热溶解盐类,取下冷至室温,按表 1 的稀释体积移入相应的容量瓶中,用水稀释至刻度,混匀。静置。

5.3.4 按表 1 分取试液的上清液(5.3.3),置于 125mL 砷化氢气体发生瓶中。加入 6mL 硫酸(2.3)、5mL 酒石酸溶液(2.4)、5mL 碘化钾溶液(2.5)、5mL 氯化亚锡溶液(2.6),用水稀释至 50mL,混匀。放置 10min。

5.3.5 溶液中加入5g无砷锌粒(2.1),立即塞紧插有导管〔内装乙酸铅脱脂棉(2.10)〕的瓶塞,将导管另一端插入盛有15mL碘吸收液(2.7)的吸收管底部,于室温20～30℃吸收40min。

5.3.6 取出导管,用水吹洗,滴加亚硫酸钠溶液(2.8)至无色。将溶液移入50mL容量瓶中,加5mL混合显色剂(2.12)、5mL抗坏血酸溶液(2.9),用水稀释至刻度,混匀。放置20min。将部分试液移入1cm比色皿中。

5.3.7 以随同试样的空白为参比,于分光光度计波长720nm处,测量其吸光度。从工作曲线上查出相应的砷量。

5.4 工作曲线的绘制

移取0、2.00、4.00、6.00、8.00、10.00mL砷标准溶液(2.14),分别置于一组125mL砷化氢气体发生瓶中,加入7mL硫酸(2.3),加5mL酒石酸溶液(2.4)、5mL碘化钾溶液(2.5)、5mL氯化亚锡溶液(2.6),用水稀释至50mL,混匀。放置10min。以下按5.3.5～5.3.6进行。以试剂空白为参比,于分光光度计波长720nm处,测量其吸光度。以砷量为横坐标,吸光度为纵坐标,绘制工作曲线。

6 分析结果的计算

按下式计算砷的百分含量:

$$As(\%)=\frac{m_1V_1\times10^{-6}}{m_0V_2}\times100$$

式中 m_1——自工作曲线上查得的砷量,μg;

V_1——试液的总体积,mL;

V_2——分取试液的体积,mL;

m_0——试样量,g。

分析结果表示到小数点后第二位。

7 允许差

实验室之间分析结果的差值应不大于表2所列允许差。

表2 %

砷 量	允许差	砷 量	允许差
0.10～0.30	0.03	>0.60～0.80	0.08
>0.30～0.60	0.05	>0.80～1.00	0.10

(八) 二硫代二安替比林甲烷分光光度法测定铋量

本标准适用于铅精矿中铋量的测定。测定范围:0.03%～0.50%。

本标准遵守GB 1467—78《冶金产品化学分析方法标准的总则及一般规定》。

1 方法提要

试样用硝酸分解,在pH 0.5～1的酸性溶液中,用烷基磷酸(P204)萃取铋,以分离铅、锌、铜等元素。用稀硝酸反萃取铋。在 pH 1～3 的硝酸介质中,铋与二硫代二安替比林甲烷生成橙红色络合物,于分光光度计波长 530nm 处测量其吸光度。按标准曲线法计算铋量。

2 试剂

2.1 硝酸(ρ1.42g/mL)。

2.2 硝酸(0.2mol/L)。

2.3 硝酸(1+2)。

2.4 硝酸(1+1)。

2.5 高氯酸(ρ1.67g/mL)。

2.6 氨水(1+1)。

2.7 酒石酸溶液(10%)。

2.8 二-2-乙基己基磷酸(P204)正庚烷溶液:移取 10mL P204,用正庚烷稀释至100mL。

2.9 抗坏血酸溶液(5%)。

2.10 二硫代二安替比林甲烷(DTPM)溶液(0.2%):称取 0.2g DTPM 于 250mL 烧杯中,加 20mL 无水乙醇、20mL 冰乙酸、60mL 水,微热溶解,过滤于塑料瓶中。(用时现配)。

2.11 铋标准贮存溶液:称取 0.5000g 金属铋(99.99%)置于 300mL 烧杯中,加入20mL 硝酸(2.4),盖上表皿,于电热板上加热至完全溶解,煮沸驱赶氮的氧化物,取下冷至室温。移入 500mL 容量瓶中,用硝酸(1+9)洗烧杯并稀释至刻度,混匀。此溶液 1mL 含1mg 铋。

2.12 铋标准溶液:移取 20.00mL 铋标准贮存溶液(2.11)于 1000mL 容量瓶中,用硝酸(1+9)稀释至刻度,混匀。此溶液 1mL 含 20μg 铋。

3 仪器

分光光度计。

4 试样

4.1 试样粒度小于 0.100mm。

4.2 试样在 100～105℃烘 1h,置于干燥器中冷至室温。

5 分析步骤

5.1 试样量

按表 1 称取试样。

表 1

铋量,%	试样量,g	分取试液体积,mL
0.03～0.10	0.2000	20.00
>0.10～0.50	0.1000	10.00

5.2 空白试验

随同试样做空白试验。

5.3 测定

5.3.1 将试样(5.1)置于100mL烧杯中,用少量水润湿,加10mL硝酸(2.1),盖上表皿,低温溶解,蒸发至3～5mL取下。

5.3.2 加入5mL酒石酸溶液(2.7),冷至室温,移入50mL容量瓶中,用水稀释至刻度,混匀。干过滤于100mL烧杯中。按表1分取试液于125mL分液漏斗中。

5.3.3 加硝酸(2.2)至体积约20mL,用氨水(2.6)与硝酸(2.3)调节溶液至pH 0.5～1(用精密pH试纸检查)。加入20mL P204正庚烷溶液(2.8),振荡1min,静置分层。

5.3.4 弃去水相,有机相用10mL硝酸(2.2)轻微振荡洗涤3次,弃去水相。

5.3.5 分别用10mL、5mL硝酸(2.4)反萃取两次,每次振荡1min,反萃液合并于50mL烧杯中。

5.3.6 加入1mL高氯酸(2.5),于电热板上加热蒸发至冒浓烟,取下稍冷,用少量水吹洗杯壁,继续蒸发至干,取下冷却。

5.3.7 加入5mL硝酸(2.4),加热使盐类完全溶解,蒸发至约1mL,冷至室温,移入25mL容量瓶中。加入2mL酒石酸溶液(2.7),用水稀释至15mL,用氨水(2.6)与硝酸(2.3)调节溶液至pH 2,加入2mL抗坏血酸溶液(2.9),混匀。加入2.5mL DTPM溶液(2.10),以水稀释至刻度,混匀。将部分试液移入3cm比色皿中。

5.3.8 以随同试样的空白为参比,于分光光度计波长530nm处,测量其吸光度。从工作曲线上查出相应的铋量。

5.4 工作曲线的绘制

5.4.1 移取0、1.00、2.00、3.00、4.00、5.00mL铋标准溶液(2.12)分别置于一组125mL分液漏斗中,加入2mL酒石酸溶液(2.7),以下按5.3.3～5.3.7进行。以试剂空白为参比,于分光光度计波长530nm处,测量其吸光度。以铋量为横坐标,吸光度为纵坐标绘制工作曲线。

6 分析结果的计算

按下式计算铋的百分含量:

$$\mathrm{Bi}(\%)=\frac{Vm_1\times10^{-6}}{mV_1}\times100$$

式中 m_1——自工作曲线上查得的铋量,μg;

V_1——分取试液的体积,mL;

V——试液总体积,mL;

m——试样量,g。

分析结果表示到小数点后第二位。

7 允许差

实验室之间分析结果的差值应不大于表2所列允许差。

表 2 %

铋 量	允许差	铋 量	允许差
0.03~0.10	0.02	>0.30~0.50	0.06
>0.10~0.30	0.04		

三、粗铅化学分析方法

粗铅化学分析方法按中国有色金属行业标准 YS/T 248.1~248.9—1994 执行。该标准具体规定如下。

(一) EDTA 容量法测定铅量

本标准适用于粗铅中铅量的测定。测定范围:92%以上。

本标准遵守 GB 1467—78《冶金产品化学分析方法标准的总则及一般规定》。

1 方法提要

试样经稀硝酸分解,用六次甲基四胺调节至溶液 pH 为 5.5~6.0,以二甲酚橙为指示剂,用 EDTA 标准溶液滴定,测其铅量。

在被滴定溶液中,砷、锑、铟、锡等不干扰测定。铁的干扰加乙酰丙酮消除,铜、锌、镉、锰、钴、镍、银加邻二氮杂菲消除干扰。铋的干扰在 pH 1~2 预先滴定。其他元素含量甚微,可不考虑。

2 试剂

2.1 乙酰丙酮。

2.2 硝酸(1+4)。

2.3 邻二氮杂菲溶液(1%):称取 1g 试剂溶于 100mL 硝酸(2+98)中。

2.4 乙酸钠溶液(20%)。

2.5 六次甲基四胺溶液(20%)。

2.6 二甲酚橙溶液(0.1%)。

2.7 乙二胺四乙酸二钠(EDTA)标准溶液(约 0.025M):称取 9.246g EDTA 置于 300mL 烧杯中,加水溶解,移入 1000mL 容量瓶中,用水稀释至刻度,混匀。

2.8 稀 EDTA 溶液:将 EDTA 标准溶液(2.7)稀释 5 倍。

3 分析步骤

3.1 测定数量

称取两份试样进行测定,取其平均值(用四分法按筛上筛下比例)。同时称取一份纯铅(99.99%以上)。

3.2 试样量

称取 10.00g 试样和 10.00g 纯铅。

3.3 测定

3.3.1 将试样及纯铅(3.2)分别置于 500mL 烧杯中。

3.3.2 加入 150mL 硝酸(2.2),盖上表皿,加热至试样完全溶解。驱除氮的氧化物,取下冷却,用水冲洗杯壁及表皿,将溶液移入 1000mL 容量瓶中,以水稀释至刻度,混匀。移取 25.00mL 试样溶液,同时移取 25.00mL 纯铅溶液 3 份,分别置于 500mL 三角烧杯中。

3.3.3 用乙酸钠溶液(2.4)调节至溶液为 pH 1~2(最好 1.5~1.9),加 1 滴二甲酚橙溶液(2.6),用稀 EDTA 溶液(2.8)滴定至黄色。

3.3.4 向溶液中加入 2mL 乙酰丙酮(2.1)、8mL 邻二氮杂菲溶液(2.3),稀释体积至 100~200mL,加入 20mL 六次甲基四胺溶液(2.5),用 EDTA 标准溶液(2.7)滴定至溶液红色变浅,再用六次甲基四胺调至 pH 5.5~6.0,继续滴定至亮黄色为终点。当铁量大于 0.3mg 时,按附录 A(补充件)A.2.1 进行。

4 EDTA 标准溶液对铅的滴定度的计算

按公式(1)计算 EDTA 标准溶液对铅的滴定度:

$$T=\frac{m_1}{V_1} \tag{1}$$

式中 T——EDTA 标准溶液对铅的滴定度,g/mL;

m_1——分取纯铅量,g;

V_1——滴定时所消耗 EDTA 标准溶液的体积的平均值,mL。

5 分析结果的计算

按公式(2)计算铅的百分含量:

$$\text{Pb}(\%)=\frac{TV}{m\times\frac{25}{1000}}\times 100 \tag{2}$$

式中 T——EDTA 标准溶液对铅的滴定度,g/mL;

V——滴定时所消耗 EDTA 标准溶液的体积的平均值,mL;

m——试样量,g。

6 允许差

实验室之间分析结果的差值应不大于下表所列的允许差。

%

铅 量	允许差
>92.00	0.40

附　录　A
铁量大于 0.3mg 时分析步骤测定中最后两款应改用的操作
（补充件）

A.1　试剂

A.1.1　磺基水杨酸。

A.1.2　铋盐溶液：称取 1g 纯铋（99.99%以上）于 300mL 烧杯中，加入 20mL 硝酸（2.2），盖上表皿，加热至溶解完全，驱除氮的氧化物，取下冷却，移入 1000mL 容量瓶中，以硝酸（5+95）稀释至刻度，混匀。

A.2　分析步骤

A.2.1　将移取溶液（3.3.2）加热至 40～60℃，加入 0.1g 磺基水杨酸（A.1.1），用乙酸钠溶液（2.4）调节至溶液为 pH 1～2（最好 1.5～1.9），滴加稀 EDTA 溶液（2.8）至红色消失再过量 1mL，加 1 滴二甲酚橙溶液（2.6），用铋盐溶液（A.1.2）滴定至红色出现，再过量 3～5 滴，用稀 EDTA 溶液（2.8）滴定至黄色，向溶液中加入 8mL 邻二氮杂菲溶液（2.3），稀释体积至 100～200mL，加入 20mL 六次甲基四胺溶液（2.5），调节至 pH 5.5～6.0，继续滴定至黄色为终点。按公式（2）计算铅的百分含量。

（二）邻苯二酚紫分光光度法测定锡量

本标准适用于粗铅中锡量的测定。测定范围：0.010%～0.10%。

本标准遵守 GB 1467—78《冶金产品化学分析方法标准的总则及一般规定》。

1　方法提要

用硝酸-柠檬酸溶解试样，在 0.15N 硝酸-2.5%柠檬酸介质中，锡与邻苯二酚紫生成络合物，于分光光度计波长 670nm 处测量其吸光度。

在测定溶液中，200mg 铅、5mg 锑及粗铅中其他杂质均不干扰测定。

2　试剂

2.1　溶样酸：100mL 硝酸（1+2）中，含有 5g 柠檬酸。

2.2　氢氧化铵（1+2）。

2.3　混合酸：100mL 硝酸（1+9）中，含有 5g 柠檬酸。

2.4　柠檬酸溶液（20%）。

2.5　抗坏血酸溶液（2%）：用时现配。

2.6　邻苯二酚紫（PV）溶液（0.02%）。

2.7　溴化十六烷基三甲基铵（CTAB）溶液（0.03%）：称取 0.03g CTAB，置于 200mL 烧杯中，加 50mL 热水，溶解后，冷却，用水稀释至 100mL。温度低时有沉淀析出，加热溶解后可继续使用。

2.8　麝香草酚蓝溶液(0.1%):0.1g 麝香草酚蓝溶于乙醇(1+1)中。

2.9　锡标准贮存溶液:称取 0.2500g 纯锡(99.9%以上),置于 250mL 烧杯中,加入 5mL 盐酸(1+1)及少量过氧化氢(30%)溶解,移入 500mL 容量瓶中,加 10g 柠檬酸、50mL 硝酸(比重 1.42),用水稀释至刻度,混匀。此溶液 1mL 含 0.5mg 锡。

2.10　锡标准溶液:移取 5.00mL 锡标准贮存溶液(2.9),置于 500mL 容量瓶中,用混合酸(2.3)稀释至刻度,混匀。此溶液 1mL 含 5μg 锡。

3　分析步骤

3.1　测定数量

称取两份试样进行测定,取其平均值。

3.2　试样量

按表 1 称取试样。

表 1

锡量,%	试样量,g	锡量,%	试样量,g
0.01~0.04	1.0000	>0.04~0.10	0.4000

3.3　空白试验

随同试样做空白。

3.4　测定

3.4.1　将试样(3.2)置于 200mL 烧杯中,加入 20mL 溶样酸(2.1),盖上表皿,在低温处溶解至清亮,加热赶尽氮的氧化物。

3.4.2　用水吹洗表皿及杯壁,冷却至室温,移入 100mL 容量瓶中,以水稀释至刻度,混匀。移取 10.00mL 试液,置于 50mL 比色管中。

3.4.3　加 1 滴麝香草酚蓝溶液(2.8),用氢氧化铵(2.2)调节至溶液红色褪去,加入 5mL 混合酸(2.3)、5mL 柠檬酸溶液(2.4),混匀。

3.4.4　加入 5mL 抗坏血酸溶液(2.5)、5mL PV 溶液(2.6)、5mL CTAB 溶液(2.7),以水稀释至刻度,混匀,放置 15min。

3.4.5　将部分溶液移入 1cm 比色皿中,以随同试样的空白为参比,于分光光度计波长 670nm 处测量其吸光度。从工作曲线上查出相应的锡量。

3.5　工作曲线的绘制

移取 0.00、1.00、2.00、4.00、6.00、8.00mL 锡标准溶液(2.10),置于一组 50mL 比色管中,用水稀释至 10mL,以下按 3.4.3~3.4.4 款进行。将部分溶液移入 1cm 比色皿中,以试剂空白为参比,于分光光度计波长 670nm 处测量其吸光度。以锡量为横坐标,吸光度为纵坐标绘制工作曲线。

4　分析结果的计算

按下式计算锡的百分含量:

$$Sn(\%)=\frac{m_1V}{mV_1}\times 100$$

式中　m_1——从工作曲线上查得的锡量，g；

V——试液总体积，mL；

V_1——分取试液体积，mL；

m——试样量，g。

5　允许差

实验室之间分析结果的差值应不大于表 2 所列允许差。

表 2　%

锡　量	允许差	锡　量	允许差
0.010～0.030	0.005	>0.06～0.10	0.02
>0.03～0.06	0.01		

(三) 硫酸铈容量法测定锑量

本标准适用于粗铅中锑量的测定。测定范围：1%～4%。

本标准遵守 GB 1467—78《冶金产品化学分析方法标准的总则及一般规定》。

1　方法提要

用硫酸-硫酸钾溶解试样，在盐酸-硫酸混合介质中，以甲基橙-次甲基蓝为指示剂，于温度 50±10℃，用硫酸铈标准溶液滴定。

在被滴定溶液中，20mg 铜、5mg 铋、4mg 锡不干扰测定。其他元素甚微，可不考虑。

2　试剂

2.1　硫酸钾。

2.2　硫酸肼。

2.3　硫酸(比重 1.84)。

2.4　硫酸(7+13)。

2.5　硫酸(2+23)。

2.6　盐酸(比重 1.19)。

2.7　甲基橙溶液(0.1%)。

2.8　次甲基蓝溶液(0.2%)。

2.9　锑标准溶液：称取 2.0000g 锑(99.99%)，置于 250mL 烧杯中，加 50mL 硫酸(2.3)，加热溶解至清亮。冷却至室温，移入 1000mL 容量瓶中，用硫酸(2.4)稀释至刻度，混匀。此溶液 1mL 含 2mg 锑。

2.10　硫酸铈标准溶液(约 0.025N)。

2.10.1　配制：称取 10g 硫酸铈〔$Ce(SO_4)_2\cdot 4H_2O$〕，置于 400mL 烧杯中，加入 200mL 硫酸(2.5)，加热溶解，冷却至室温，移入 1000mL 容器中，用硫酸(2.5)稀释至 1000mL，混匀。

2.10.2 标定:移取5.00mL锑标准溶液3份,分别置于300mL锥形瓶中,加35mL水、20mL盐酸(2.6),加热至50±10℃,以下按3.4.3款进行。3份溶液所消耗硫酸铈标准溶液毫升数的极差值不得超过0.05mL,取其平均值。随同标定做空白。

按公式(1)计算硫酸铈标准溶液对锑的滴定度:

$$T=\frac{V_1c}{V_2-V_0} \tag{1}$$

式中 T——硫酸铈标准溶液对锑的滴定度,g/mL;

V_1——移取锑标准溶液的体积,mL;

V_2——标定所消耗硫酸铈标准溶液体积的平均值,mL;

V_0——空白所消耗硫酸铈标准溶液体积,mL;

c——锑标准溶液的浓度,g/mL。

3 分析步骤

3.1 测定数量

称取两份试样进行测定,取其平均值。

3.2 试样量

称取1.0000g试样。

3.3 空白试验

随同试样做空白。

3.4 测定

3.4.1 将试样(3.2)置于300mL锥形瓶中,加入4g硫酸钾(2.1)、12mL硫酸(2.3),置于电炉上,高温加热,使试样完全溶解,硫酸铅沉淀呈灰白色,取下,稍冷。加0.3g硫酸肼(2.2),在近沸温度下继续溶解约50min,取下,稍冷。

3.4.2 用少量水吹洗锥形瓶壁,加30mL水、20mL盐酸(2.6),混匀。加热至50±10℃。

3.4.3 加1滴次甲基蓝溶液(2.8)、2滴甲基橙溶液(2.7),在不断摇动下,以硫酸铈标准溶液(2.10)滴定至近终点时,补加1滴甲基橙溶液(2.7),继续滴定至红色褪去为终点。

4 分析结果的计算

按公式(2)计算锑的百分含量:

$$\mathrm{Sb}(\%)=\frac{T(V_1-V_0)}{m}\times 100 \tag{2}$$

式中 T——硫酸铈标准溶液对锑的滴定度,g/mL;

V_1——滴定试液所消耗硫酸铈标准溶液的体积,mL;

V_0——滴定随同试样空白所消耗硫酸铈标准溶液的体积,mL;

m——试样量,g。

5 允许差

实验室之间分析结果的差值应不大于下表所列允许差。

%

锑　量	允许差
1.00～4.00	0.20

(四) 5-Br-PADAP 分光光度法测定锑量

本标准适用于粗铅中锑量的规定。测定范围:0.10%～1.00%。

本标准遵守 GB 1467—78《冶金产品化学分析方法标准的总则及一般规定》。

1　方法提要

试样用硝酸-酒石酸溶解,加入硫酸使铅生成硫酸铅沉淀分离主体铅,在 0.08N 硫酸溶液中,用乳化剂 OP 作增溶剂,加碘化钾及 5-Br-PADAP 与锑生成蓝绿色三元络合物,于分光光度计波长 610nm 处测量其吸光度。

在测定溶液中含铜、铁各 0.5mg,金、银、铋、锌各 0.1mg 以及 0.15mg 砷、0.03mg 锡不干扰测定。

2　试剂

2.1　溶样酸:100mL 硝酸(1+2)中含 1g 酒石酸。

2.2　硫酸(5N)。

2.3　硫酸(0.4N)。

2.4　硫脲-碘化钾混合溶液:称取 4g 硫脲、25g 碘化钾溶于 60mL 水中,并用水稀释至 100mL,混匀。

2.5　2-(5-溴-吡啶偶氮)-5-二乙氨基苯酚(5-Br-PADAP)乙醇溶液(0.02%):称取 0.200g 5-Br-PADAP($C_{15}H_{17}N_4OBr$),置于 800mL 烧杯中,加入 500mL 无水乙醇溶解,移入 1000mL 容量瓶中,用无水乙醇稀释至刻度,混匀。

2.6　聚乙二醇辛基苯基醚(OP)溶液(4%):量取 40mL OP,用水稀释至 1000mL,混匀。

2.7　混合显色剂:将 5-Br-PADAP 乙醇溶液(2.5)与 OP 溶液(2.6)等体积混合。

2.8　铅溶液:称取 5.00g 纯铅(99.9%以上),置于 200mL 烧杯中,加入 50mL 硝酸(1+2)于低温电热板上加热至溶解完全,冷却后移入 1000mL 容量瓶中,用硝酸(1+2)稀释至刻度,混匀。此溶液 1mL 含 50mg 铅。

2.9　锑标准贮存溶液:称取 0.1000g 锑(99.9%以上),置于 250mL 烧杯中,加入 20mL 硫酸(比重 1.84),加热至溶解完全,取下冷却,加入 80mL 水,冷却至室温,移入 1000mL 容量瓶中,以硫酸(1+4)稀释至刻度,混匀。此溶液 1mL 含 100μg 锑。

2.10　锑标准溶液:移取 25.00mL 锑标准贮存溶液(2.9),置于 100mL 烧杯中,加热蒸发至冒尽硫酸烟,取下冷却,加入 10mL 溶样酸(2.1)、5mL 铅溶液(2.8),于低温电热板上蒸至 2～3mL,移至水浴上蒸干,加入 20mL 硫酸(2.2),加热煮沸 10min,取下冷却,移入 250mL 容量瓶中,用水稀释至刻度,混匀。干过滤于另一个干燥的容量瓶中。此溶液 1mL 含 10μg 锑。

3 分析步骤

3.1 测定数量

称取两份试样进行测定，取其平均值。

3.2 试样量

按表1称取试样。

表1

锑量，%	试样量，g	锑量，%	试样量，g
0.100～0.400	1.0000	>0.400～1.00	0.4000

3.3 空白试验

随同试样做空白。

3.4 测定

3.4.1 将试样(3.2)置于100mL烧杯中加入20mL溶样酸(2.1)，在低温电热板上加热，待溶解完全，蒸至2～3mL，移至水浴上蒸干。加入40mL硫酸(2.2)，煮沸10min，取下冷却，移入500mL容量瓶中，用水稀释至刻度，混匀，静置澄清。移取5.00mL上层清液，置于25mL比色管中。

3.4.2 加入5.0mL硫脲-碘化钾混合溶液(2.4)，混匀。加入10.0mL混合显色剂(2.7)，用水稀释至刻度，混匀。

3.4.3 将部分溶液移入1cm比色皿中，以随同试样的空白为参比，于分光光度计波长610nm处测量其吸光度。从工作曲线上查出相应的锑量。

3.5 工作曲线的绘制

移取0.00、1.00、2.00、3.00、4.00、5.00mL锑标准溶液(2.10)，置于一组25mL比色管中，不足5mL者用硫酸(2.3)补足。以下按3.4.2款进行。将部分溶液移入1cm比色皿中，以试剂空白为参比，于分光光度计波长610nm处测量其吸光度，以锑量为横坐标，吸光度为纵坐标绘制工作曲线。

4 分析结果的计算

按下式计算锑的百分含量：

$$\mathrm{Sb}(\%)=\frac{m_1 V}{m V_1}\times 100$$

式中 m_1——从工作曲线上查得的锑量，g；

V——试液总体积，mL；

V_1——分取试液体积，mL；

m——试样量，g。

5 允许差

实验室之间分析结果的差值应不大于表2所列允许差。

表2　%

锑　量	允许差	锑　量	允许差
0.10～0.30	0.03	>0.60～1.0	0.08
>0.30～0.60	0.06		

(五) 砷锑钼蓝光度法测定砷量

本标准适用于粗铅中砷量的测定。测定范围:0.1%～0.6%。

本标准遵守 GB 1467—78《冶金产品化学分析方法标准的总则及一般规定》。

1　方法提要

试样用硝酸溶解,加硫酸分离主体铅。在 0.4N 硫酸介质中,加高锰酸钾溶液将砷氧化成五价,加钼酸铵和抗坏血酸及酒石酸锑钾生成砷锑钼蓝三元络合物,于分光光度计波长 720nm 处测量其吸光度。

在测定试液中,铜、锑各 1mg 及粗铅中其他杂质均不干扰测定。

2　试剂

2.1　硫酸(比重 1.84)。

2.2　硫酸(1+1)。

2.3　硫酸(5N)。

2.4　硝酸(1+3)。

2.5　氢氧化钠溶液(4%)。贮存于塑料瓶中。

2.6　钼酸铵溶液(1.5%)。

2.7　酒石酸锑钾溶液(0.045%)。

2.8　高锰酸钾溶液(2%)。

2.9　抗坏血酸溶液(1.5%)。用时现配。

2.10　砷标准贮存溶液:称取 0.6622g 三氧化二砷(基准试剂),置于 250mL 烧杯中,加入 20mL 氢氧化钠溶液(2.5),溶解至清亮,用硫酸(2.2)中和至中性,移入 500mL 容量瓶中,用水稀释至刻度,混匀。此溶液 1mL 含 1mg 砷。

2.11　砷标准溶液:移取 10.00mL 砷标准贮存溶液(2.10),置于 500mL 容量瓶中,用水稀释至刻度,混匀。此溶液 1mL 含 20μg 砷。

3　分析步骤

3.1　测定数量

称取两份试样进行测定,取其平均值。

3.2　试样量

按表 1 称取试样。

表 1

砷量,%	试样量,g	砷量,%	试样量,g
0.1~0.3	2.0000	>0.3~0.6	1.0000

3.3　空白试验

随同试样做空白。

3.4　测定

3.4.1　将试样(3.2)置于 250mL 烧杯中,加入 25mL 硝酸(2.4),置于低温电炉上,加热至试样溶解完全,并蒸至 5～10mL。取下,稍冷,用水吹洗表皿及杯壁,加 30mL 硫酸(2.1),蒸至冒浓烟,取下,冷却,用水吹洗表皿及杯壁至约 50～70mL,边吹边摇,煮沸,冷却,移入 500mL 容量瓶中,以水稀释至刻度,混匀。

3.4.2　移取 5.00mL 试液,置于 25mL 比色管中,加水至 15mL。

3.4.3　加入 1~2 滴高锰酸钾溶液(2.8),混匀,使溶液呈淡红色。

3.4.4　加入 2.0mL 钼酸铵溶液(2.6)、2.0mL 抗坏血酸溶液(2.9)、2.0mL 酒石酸锑钾溶液(2.7)(每加一种试剂均需混匀)。用水稀释至刻度,混匀。在常温下放置 20min。

3.4.5　将部分溶液移入 1cm 比色皿中,以随同试样的空白为参比,于分光光度计波长 720nm 处测量其吸光度。从工作曲线上查出相应的砷量。

3.5　工作曲线的绘制。

移取 0.00、0.50、1.00、2.00、3.00、4.00、5.00mL 砷标准溶液(2.11),置于一组 25mL 比色管中,用水稀释至 15mL。加 2.00mL 硫酸(2.3),混匀。以下按 3.4.3~3.4.4 款进行。将部分溶液移入 1cm 比色皿中,以试剂空白为参比,于分光光度计波长 720nm 处测量其吸光度。以砷量为横坐标,吸光度为纵坐标绘制工作曲线。

4　分析结果的计算

按下式计算砷的百分含量:

$$\mathrm{As}(\%)=\frac{m_1 V}{m V_1}\times 100$$

式中　m_1——从工作曲线上查得的砷量,g;

V——试液总体积,mL;

V_1——分取试液体积,mL;

m——试样量,g。

5　允许差

实验室之间分析结果的差值应不大于表 2 所列允许差。

表 2　　%

砷　量	允许差	砷　量	允许差
0.10~0.20	0.02	>0.30~0.60	0.06
>0.20~0.30	0.03		

（六）示波极谱法测定铜量

本标准适用于粗铅中铜量的测定。测定范围:0.05%~2.00%。

本标准遵守 GB 1467—78《冶金产品化学分析方法标准的总则及一般规定》。

1　方法提要

试样用硝酸-柠檬酸溶解,在乙二胺-硝酸钠-柠檬酸钠-EDTA-三乙醇胺的碱性底液中,于峰电位约 -0.62V 处,用示波极谱法测量铜的峰电流。

在测定试液中含 20mg 锑、10mg 砷、4mg 铋、2mg 锡、2mg 锌、1.5mg 银、1mg 铁、1mg 镉、0.025mg 金不干扰测定。

2　试剂

2.1　硝酸(比重 1.42)。

2.2　柠檬酸溶液(25%)。

2.3　氢氧化钠溶液(50%),贮于聚乙烯瓶中。

2.4　乙二胺(1+1),贮于棕色瓶中。

2.5　三乙醇胺(1+1),贮于棕色瓶中。

2.6　乙二胺四乙酸二钠(EDTA)溶液(10%)。

2.7　酚红溶液(0.1%):称取 0.1g 酚红溶于 20mL 乙醇中,用水稀释至 100mL,混匀。

2.8　铜标准溶液

2.8.1　称取 1.0000g 纯铜(99.99%),置于 250mL 烧杯中,加入 10mL 硝酸(2.1),盖上表皿。置于电热板上加热至溶解完全,取下冷却,用水洗净表皿并移入 1000mL 容量瓶中,用水稀释至刻度,混匀。此溶液 1mL 含 1.00mg 铜。

2.8.2　移取 50mL 铜标准溶液(2.8.1),置于 500mL 容量瓶中,以水稀释至刻度,混匀。此溶液 1mL 含 0.1mg 铜。

3　仪器

示波极谱仪。电极用三电极:滴汞电极为工作电极,饱和甘汞电极为参比电极,铂电极为辅助电极。

4　分析步骤

4.1　测定数量

称取两份试样进行测定,取其平均值。

4.2　试样量

称取 10.00g 试样。

4.3　空白试验

随同试样做空白。

4.4　测定

4.4.1　将试样(4.2)置于 250mL 烧杯中,加入 40mL 柠檬酸溶液(2.2)、40mL 水、

60mL 硝酸(2.1),盖上表皿,在电热板上加热至溶解完全。取下冷却,用水洗净表皿,移入200mL 容量瓶中,用水稀释至刻度,混匀。移取 10.00mL 试液,置于 100mL 烧杯中。

4.4.2 加入 2 滴酚红溶液(2.7),用氢氧化钠溶液(2.3)中和至溶液由黄色刚变为明显红色(红紫或暗紫色)并过量 0.30mL。

4.4.3 加入 2.5mL 乙二胺(2.4)、10.0mL EDTA 溶液(2.6)、3.0mL 三乙醇胺(2.5),每加入一种试剂均需混匀。移入 50mL 容量瓶中,用水洗净烧杯并稀释至刻度,混匀。

4.4.4 将部分溶液移入小烧杯中,从 −0.35V 开始扫描,记录示波极谱峰电流。

4.4.5 用直接比较法计算结果。

4.5 标准比较溶液的配制

准确量取与试样中铜量相近但不同量的 3 份铜标准溶液(2.8),分别置于 3 个 100mL 烧杯中,加入 2.0mL 柠檬酸溶液(2.2)、5mL 水、3mL 硝酸(2.1),以下按 4.4.2～4.4.4 款进行。

5 分析结果的计算

按下式计算铜的百分含量:

$$Cu(\%)=\frac{m_1h_2}{m_2h_1}\times 100$$

式中 m_1——所取标准铜量,g;

h_2——试样的峰电流值,μA;

h_1——所取标准铜的平均峰电流值,μA;

m_2——分取试样量,g。

6 允许差

实验室之间分析结果的差值应不大于下表所列允许差。

%

铜　量	允许差	铜　量	允许差
0.050～0.100	0.015	>0.50～1.00	0.08
>0.10～0.30	0.02	>1.00～2.00	0.12
>0.30～0.50	0.04		

(七) 火试金-重量法测定金量和硫氰酸钾容量法测定银量

本标准适用于粗铅中金、银量的测定。测定范围:金 2.00～60.00g/t,银 500～5000g/t。

本标准遵守 GB 1467—78《冶金产品化学分析方法标准的总则及一般规定》。

1 方法提要

利用镁砂灰吹皿的湿着原理使金银与铅及其他贱金属分离。以重量法测定金。

用分金后的溶液控制酸度 5%～10%,以硫氰酸钾滴定至微红色测定银。

试样中含锑、铜量各 400mg 不干扰测定。

2 试剂与材料

2.1 煅烧镁砂:含氧化镁大于 83%,粒度 -80~+100 目。

2.2 硅酸盐水泥,500 标号。

2.3 镁砂灰皿的制作:煅烧镁砂(2.1)与硅酸盐水泥(2.2)分别按 85%和 15%的重量混匀,加适量的水压制成灰皿,置于干燥通风处,1 个月后使用。

2.4 铅箔:规格 0.1mm 厚,含铅大于 99.0%,含金小于 0.02g/t,含银小于 0.50g/t。

2.5 纯铅(99.9%),含银小于 0.50g/t,含金小于 0.02g/t。

2.6 纯银(99.95%)。

2.7 硝酸(比重 1.42)。

2.8 硝酸(1+1)。

2.9 硝酸(1+5)。

2.10 硫酸高铁铵(20%):称取 20g 硫酸高铁铵,加 100mL 水至完全溶解,用脱脂棉过滤。

2.11 硫氰酸钾标准液:称取 5g 硫氰酸钾于 500mL 烧杯中,加水溶解,过滤于 1000mL 容量瓶中,以水稀释至刻度,混匀,静置 1 周后标定(可根据需要配制其他浓度)。

标定:称取 200.0mg 纯银(2.6)3 份,分别置于 500mL 锥形瓶中,加 20mL 硝酸(2.8),加热溶解,驱尽氮的氧化物,冷却,以水稀释至 100mL,加入 2.5mL 硫酸高铁铵(2.10),用硫氰酸钾(2.11)滴定至微红色为终点。

按公式(1)计算硫氰酸钾标准溶液对银的滴定度,取其平均值:

$$T=\frac{m}{V} \tag{1}$$

式中 T——1mL 硫氰酸钾标准溶液相当的银量,mg;

m——称取纯银的质量,mg;

V——标定时消耗硫氰酸钾标准溶液体积,mL。

注:分金用的水和酸不能含有氯离子。

3 仪器与设备

3.1 高温电炉。

3.2 天平,感量 0.01g。

3.3 天平,感量 0.01mg。

4 分析步骤

4.1 测定数量

称取 3 份试样进行测定,取其平均值。

4.2 试样量

称取 20.00g 试样。试样中含锑大于 400mg 时先按附录 A(补充件)除锑。

4.3 银的补正样

随同试样做银的灰吹损失补正值。将相当于试样量中银量的纯银(2.6)用 3g 铅箔(2.4)包裹,加纯铅 17g(2.5),按 4.4.1 和 4.4.3～4.4.5 款进行,取两份以上的平均值,损失大于 1.5%时,补正样与试样需重做。灰吹位置必须与试样同一横排上,补正样与试样交替放置。

4.4 测定

4.4.1 灰皿(2.3)放入低于 400℃的高温电炉(3.1)中,每次灰吹时,灰皿必须放在最佳灰吹温度的同一排上,继续升温至 930℃保持 15min。

4.4.2 将试样用 5g 铅箔或滤纸包裹,使试样体积最小。

4.4.3 放入灰皿中,关闭炉门,待熔铅脱皮后稍开炉门,迅速降温至 865±10℃,继续灰吹至熔铅全部氧化并出现彩色闪光,在 10min 内将金银合粒逐步移出炉外,需防止合粒冷却太快而喷吐。灰皿必须有较多的羽毛状氧化铅。单测金可灰吹一排以上,灰吹温度 880℃±20℃。

4.4.4 用镊子取出金银合粒,用硬的短毛刷刷净灰皿渣,锤至 0.15mm 厚,放入 30mL 瓷坩埚中。

4.4.5 加入 20mL 热硝酸(2.9),沸水浴或低温电热板上在金不粉碎的情况下分金,反应停止后,倾出溶液于 50mL 瓷坩埚中,用热水洗涤 2～3 次,洗液并入 50mL 坩埚中,控制总体积不超过 25mL,冷却,加 1mL 硫酸高铁铵(2.10),用硫氰酸钾标准溶液(2.11)滴至微红色为终点,记下体积 V。

4.4.6 将原坩埚中的海绵金烘干,在 600℃灼烧 5min,冷却,放在天平(3.3)上称重,记下重量 m_1。

注:银量应大于金量的 4 倍,小于此数时,加入纯银(2.6),按(4.1)重做试样。

5 分析结果的计算

按公式(2)计算金的含量:

$$\mathrm{Au(g/t)}=\frac{m_1}{m}\times 1000 \tag{2}$$

式中 m_1——金粒的质量,mg;

m——试样量,g。

按公式(3)计算银的含量:

$$\mathrm{Ag(g/t)}=\frac{TV(1+K)}{m}\times 1000 \tag{3}$$

式中 T——1mL 硫氰酸钾标准溶液相当的银量,mg;

V——滴定试液时所消耗硫氰酸钾标准溶液的体积,mL;

m——试样量,g。

$$K=1-\frac{\text{测得补正样中银量(mg)}}{\text{加入补正样中银量(mg)}} \tag{4}$$

6 允许差

实验室之间分析结果的差值应不大于表 1 和表 2 所列允许差。

表 1　g/t

金　量	允许差	金　量	允许差
2.00～5.00	0.60	>20.00～30.00	2.00
>5.00～10.00	1.00	>30.00～45.00	2.50
>10.00～20.00	1.60	>45.00～60.00	3.00

表 2　g/t

银　量	允许差	银　量	允许差
500～1000	50	>2000～3000	100
>1000～1500	65	>3000～4000	110
>1500～2000	80	>4000～5000	120

附　录　A
试样含锑量大于 400mg 时预先除锑的方法
（补充件）

A.1　试剂

A.1.1　硼砂，工业纯。

A.1.2　碳酸钠，工业纯。

A.1.3　混合熔剂：将（A.1.1）和（A.1.2）按（1+1）的重量混匀。

A.2　分析步骤

A.2.1　在 40～50mL 瓷坩埚中用 15g 混合熔剂（A.1.3）与 20.00g 试样混匀，加 5g 混合熔剂（A.1.3）覆盖。

A.2.2　将坩埚放入 900℃ 的高温电炉中熔融 10min，取出，轻轻旋转二圈，冷却，锤净熔渣，以下按 4.4.1、4.4.3～4.4.5 进行。

（八）原子吸收分光光度法测定金量

本标准适用于粗铅中金量的测定。测定范围：0.50～5.00g/t。

本标准遵守 GB 1467—78《冶金产品化学分析方法标准的总则及一般规定》。

1　方法提要

试样用硝酸和酒石酸溶解后，以活性炭吸附金，分离杂质。在盐酸介质中，于原子吸收分光光度计波长 242.8nm 处，以空气-乙炔火焰测量金的吸光度。

2　试剂

2.1　酒石酸。

2.2　活性炭(200 目)。在氟化氢铵(2.9)溶液中浸泡 3 天,抽滤,用水洗至中性,于 105℃烘干备用。

2.3　盐酸(比重 1.19)。

2.4　盐酸(1+19)。

2.5　硝酸(比重 1.42),优级纯。

2.6　硝酸(1+3)。

2.7　硝酸(1+19)。

2.8　王水:硝酸(比重 1.42)和盐酸(比重 1.19)按(1+3)混合。用时现配。

2.9　氟化氢铵(2%)。

2.10　金标准贮存溶液:称取 0.1000g 纯金(99.99%以上),置于 100mL 烧杯中,加 10mL 王水(2.8),于水浴上加热至溶解完全,蒸至近干。加 10mL 盐酸(2.3)溶解残渣,移入 100mL 容量瓶中,用水稀释至刻度,混匀。此溶液 1mL 含 1.00mg 金。

2.11　金标准溶液:移取 10.00mL 金标准贮存溶液(2.10),置于 1000mL 容量瓶中,加入 10mL 盐酸(2.3),以水稀释至刻度,混匀。此溶液 1mL 含 10μg 金。

3　仪器

原子吸收分光光度计,配备金空心阴极灯。所用原子吸收分光光度计应达到下列指标:

a.　最低灵敏度。工作曲线中所用等差浓度标准溶液的最高浓度标准溶液的吸光度应不低于 0.25。

b.　工作曲线线性。等差浓度标准溶液中,最高与次高浓度标准溶液的吸光度之差,应不小于最低与零浓度标准溶液吸光度差值的 0.8 倍。

c.　最低稳定性。工作曲线中所用最高浓度标准溶液与零浓度溶液多次测量所得到的吸光度,相对于最高浓度标准溶液吸光度平均值的变异系数,应分别不大于 1.5%和 0.5%。最低稳定性中变异系数的计算见附录 A(补充件)。

GGX-1 型原子吸收分光光度计的工作条件参数见附录 B(参考件)。

4　分析步骤

4.1　测定数量

称取两份试样进行测定,取其平均值。

4.2　试样量

称取 10.00g 试样。

4.3　空白试验

随同试样做空白。

4.4　测定

4.4.1　将试样(4.2)置于 400mL 烧杯中。

4.4.2　加入半张滤纸、2g 酒石酸(2.1)和 80mL 硝酸(2.6),加热溶解至清亮,取下,冷却至室温。

4.4.3　加入 0.2g 活性炭(2.2),搅拌 3~5 次,放置 20min,用慢速定量滤纸过滤。

4.4.4　以温热硝酸(2.7)洗净杯壁、洗滤纸和活性炭 5 次。用温热水洗 5 次,再以 2mL

盐酸(2.3)分两次淋洗,用温热盐酸(2.4)洗 5 次,最后以水洗至中性,滤干。

4.4.5 将载金炭包好,放入预先盛有半张滤纸的 30mL 瓷坩埚中,置于高温炉中,稍开炉门,低温除炭,在空气流通的条件下灼烧至 750~800℃,保温 10min,取出,冷却。

4.4.6 加入 5mL 王水(2.8),加热溶解,在电热板上蒸至 1~2mL,移至水浴上蒸干,加入 10.00mL 热盐酸(2.4),取下,冷却。

4.4.7 在原子吸收分光光度计上,于波长 242.8nm 处,用空气-乙炔火焰,以水调零,测量其吸光度。

4.4.8 从工作曲线上查出相应的金浓度。

4.5 工作曲线的绘制

移取 0.00、1.00、2.00、3.00、4.00、5.00mL 金标准溶液(2.11),分别置于一组 30mL 瓷坩埚中,置于水浴上蒸干,各加入 10.00mL 热盐酸(2.4),取下,冷却。以下按 4.4.7 款进行。以金浓度为横坐标,吸光度为纵坐标绘制工作曲线。

5 分析结果的计算

按下式计算金的含量:

$$\mathrm{Au(g/t)} = \frac{(c_2 - c_1)V}{m}$$

式中 c_2——从工作曲线上查得的试样溶液的金浓度,μg/mL;

c_1——从工作曲线上查得的随同试样空白溶液的金浓度,μg/mL;

V——被测溶液的体积,mL;

m——试样量,g。

6 允许差

实验室之间分析结果的差值应不大于下表所列允许差。

g/t

金　量	允许差	金　量	允许差
0.50~2.00	0.30	>2.00~5.00	0.60

附　录　A
最低稳定性中变异系数的计算
（补充件）

A.1 最高浓度标准溶液与零浓度溶液吸光度的变异系数计算公式如下:

$$S_C = \frac{100}{\overline{C}}\sqrt{\frac{\Sigma(C - \overline{C})^2}{n-1}} \tag{A1}$$

$$S_O = \frac{100}{\overline{C}}\sqrt{\frac{\Sigma(O - \overline{O})^2}{n-1}} \tag{A2}$$

式中 S_C——最高浓度标准溶液吸光度的百分变异系数；

S_O——零浓度溶液吸光度的百分变异系数；

$\overline{C}$——最高浓度标准溶液吸光度的平均值；

C——最高浓度标准溶液吸光度；

$\overline{O}$——零浓度溶液吸光度的平均值；

O——零浓度溶液吸光度；

n——测量次数。

附 录 B

仪器工作条件

（参考件）

B.1 GGX-1 型原子吸收分光光度计的工作条件参数。

工作条件参数 项目 / 元素	光源	波长 nm	灯电流 mA	增益	空气		乙炔		火焰状态	燃烧器高度 mm	通带 nm
					L/min	MPa	L/min	MPa			
金	金空心阴极灯	242.8	2	4	8	0.2	1.1	0.005	贫燃焰	6	0.2

（九）原子吸收分光光度法测定银量

本标准适用于粗铅中银量的测定。测定范围：20～500g/t。

本标准遵守 GB 1467—78《冶金产品化学分析方法标准的总则及一般规定》。

1 方法提要

试样用硝酸-酒石酸溶解并除碳，在硝酸-酒石酸-硫脲介质中，用原子吸收分光光度计于波长 328.0nm 处，以空气-乙炔火焰测定银的吸光度。

2 试剂

2.1 酒石酸。

2.2 硝酸（比重 1.42），优级纯。

2.3 硝酸（1+1）。

2.4 硝酸（1+3）。

2.5 酒石酸溶液（10%）。

2.6 硫脲溶液（5%）。

2.7 银标准贮存溶液：称取 1.0000g 纯银（99.99% 以上），置于 200mL 烧杯中，用 80mL 硝酸（2.3），加热溶解，煮沸驱除氮的氧化物，取下冷却，移入 1000mL 棕色容量瓶中，用水稀释至刻度，混匀。此溶液 1mL 含 1.00mg 银。

2.8　银标准溶液：移取 25.00mL 银标准贮存溶液(2.7)，置于 500mL 棕色容量瓶中，加入 30mL 硝酸(2.3)，用水稀释至刻度，混匀。此溶液 1mL 含 50μg 银。

3　仪器

原子吸收分光光度计，配备银空心阴极灯。

所用原子吸收分光光度计应达到下列指标：

a.　最低灵敏度：工作曲线中所用等差浓度标准溶液的最高浓度标准溶液的吸光度应不低于 0.45。

b.　工作曲线线性：等差浓度标准溶液中，最高与次高浓度标准溶液的吸光度之差，应不小于最低与零浓度标准溶液吸光度差值的 0.85 倍。

c.　最低稳定性：工作曲线中所用最高浓度标准溶液与零浓度溶液多次测量所得到的吸光度，相对于最高浓度标准溶液吸光度平均值的变异系数，应分别不大于 1.30% 和 0.50%。最低稳定性中变异系数的计算见附录 A(补充件)。

WFX-1B 型原子吸收分光光度计的工作条件参数见附录 B(参考件)。

4　分析步骤

4.1　测定数量

称取两份试样进行测定，取其平均值。

4.2　试样量

称取 10.00g 试样。

4.3　空白试验

随同试样做空白。

4.4　测定

4.4.1　将试样(4.2)置于 300mL 烧杯中。加入 4g 酒石酸(2.1)、60mL 硝酸(2.4)，加热溶解，蒸发至约 10mL，稍冷。

4.4.2　加入 20mL 硝酸(2.2)，加热至无灰黑悬浮物。

4.4.3　加入 90～100mL 热水，煮沸 10min，冷却至室温。

4.4.4　将溶液移入 250mL 容量瓶中，用水稀释至刻度，混匀。

4.4.5　按表 1 移取溶液，置于 100mL 容量瓶中，加入适量的硝酸(2.4)〔使最终酸度为 3%～5%(*V*/*V*)〕。加水至 70～80mL，加入 2mL 硫脲(2.6)，用水稀释至刻度，混匀。

表 1

银量，g/t	分取体积，mL	银量，g/t	分取体积，mL
20～100	50.00	>200～500	10.00
>100～200	25.00		

4.4.6　在原子吸收分光光度计上，于波长 328.0nm 处，用空气-乙炔火焰，以随同试样的空白调零，测量其吸光度，从工作曲线上查出相应的银浓度。

4.5　工作曲线的绘制

4.5.1　移取 0.00、1.00、2.00、3.00、4.00、5.00mL 银标准溶液(2.8)，分别置于一组

100mL 容量瓶中,各加入 12mL 硝酸(2.4),用水稀释至 70～80mL,加入 5mL 酒石酸溶液(2.5)、2mL 硫脲溶液(2.6),用水稀释至刻度,混匀。

4.5.2 在原子吸收分光光度计上,于波长 328.0nm 处,用空气-乙炔火焰,以试剂空白调零,测量溶液(4.5.1)吸光度。以银浓度为横坐标,吸光度为纵坐标,绘制工作曲线。

5 分析结果的计算

按下式计算银的含量:

$$\mathrm{Ag}(\mathrm{g/t})=\frac{cV}{mV_1}$$

式中 c——从工作曲线上查得银的浓度,μg/mL;

V——试液总体积,mL;

V_1——分取试液体积,mL;

m——试样量,g。

6 允许差

实验室之间分析结果的差值应不大于表 2 所列允许差。

表 2 g/t

银 量	允许差	银 量	允许差
20～50	5	>100～200	15
>50～100	10	>200～500	30

附 录 A
最低稳定性中变异系数的计算
(补充件)

A.1 最高浓度标准溶液与零浓度溶液吸光度的变异系数计算公式如下:

$$S_C=\frac{100}{\overline{C}}\sqrt{\frac{\Sigma(C-\overline{C})^2}{n-1}} \qquad (A1)$$

$$S_O=\frac{100}{\overline{C}}\sqrt{\frac{\Sigma(O-\overline{O})^2}{n-1}} \qquad (A2)$$

式中 S_C——最高浓度标准溶液吸光度的百分变异系数;

S_O——零浓度溶液吸光度的百分变异系数;

$\overline{C}$——最高浓度标准溶液吸光度的平均值;

C——最高浓度标准溶液吸光度;

$\overline{O}$——零浓度溶液吸光度的平均值;

O——零浓度溶液吸光度;

n——测量次数。

附　录　B
仪器工作条件
（参考件）

B.1　WFX-1B型原子吸收分光光度计的工作条件参数。

工作条件参数 项目 / 元素	光源	波长 nm	灯电流 mA	增益	空气		乙炔		火焰状况	燃烧器高度 mm	通带 nm
					L/min	MPa	L/min	MPa			
银	银空心阴极灯	328.0	1	5	8	0.2	0.5	0.005	贫燃焰	6	0.21

四、铅及铅合金化学分析方法

铅及铅合金化学分析方法按国家标准GB/T 4103.1～4103.13—2000执行。该标准具体规定如下：

（一）铅及铅合金中锡量的测定

方法1　邻苯二酚紫-溴化十六烷基三甲基铵分光光度法测定锡量

1　范围

本标准规定了铅及铅合金中锡含量的测定方法。

本标准适用于铅及铅合金中锡含量的测定。测定范围：0.00050％～1.00％。

2　方法提要

试料用硝酸和柠檬酸溶解。使铅成硫酸铅沉淀分离。在硝酸-柠檬酸介质中，加入邻苯二酚紫、溴化十六烷基三甲基铵与锡生成络合物，于分光光度计波长660nm处测量其吸光度。

3　试剂

3.1　硫酸（ρ1.84g/mL）。

3.2　硝酸（ρ1.42g/mL）。

3.3　硫酸（1+4）。

3.4　硫酸（1+99）。

3.5　硝酸（1+2）。

3.6　溶样酸：称取25g柠檬酸（$C_6H_8O_7 \cdot H_2O$）溶解于100mL硝酸（3+7）中。

3.7　混合酸：称取50g柠檬酸（$C_6H_8O_7 \cdot H_2O$），用水溶解，移入1 000mL容量瓶中，加入50mL硝酸（3.2），以水稀释至刻度，混匀。

3.8 乳酸(1+4)。

3.9 柠檬酸($C_6H_8O_7 \cdot H_2O$)溶液(250g/L)。

3.10 硫脲溶液(20g/L)。

3.11 抗坏血酸溶液(40g/L)。

3.12 邻苯二酚紫溶液(0.18g/L)。

3.13 溴化十六烷基三甲基铵(CTMAB)溶液(0.3g/L):溶解在热水中,温度低时如有沉淀析出,可加热溶解后继续使用。

3.14 乙二胺四乙酸二钠($C_{10}H_{14}N_2O_8Na_2 \cdot 2H_2O$,即 Na_2 EDTA)溶液(37g/L)。

3.15 锡标准贮存溶液:称取 0.2500g 纯锡,置于 200mL 烧杯中,盖上表皿,加入 5mL 盐酸(1+1),滴加过氧化氢(ρ1.10g/mL)使锡完全溶解,煮沸使过氧化氢分解,冷却。以水洗涤表皿及杯壁,移入 500mL 容量瓶中,加 20g 柠檬酸($C_6H_8O_7 \cdot H_2O$),100mL 硝酸(3.2),混匀,使柠檬酸溶解,以水稀释至刻度,混匀。此溶液 1mL 含 500μg 锡。

3.16 锡标准溶液:移取 5.00mL 锡标准贮存溶液(3.15)于 500mL 容量瓶中,用混合酸(3.7)稀释至刻度,混匀。此溶液 1mL 含 5μg 锡。

4 仪器

分光光度计。

5 分析步骤

5.1 试料

按表 1 称取试样,精确至 0.0001g。

表 1

锡含量,%	试料量,g	溶解用酸,mL		分取比	分取后补加酸量,mL	
		溶样酸	硝酸(3.5)		溶解酸	硫酸(3.1)
0.00050~0.0025	1.0	1	15	全 量	0	0
>0.0025~0.0050	1.0	2	15	50/100	0	1
>0.0050~0.025	0.4	20	0	25/100	0	2
>0.025~0.12	0.2	10	0	10/100	2	2
>0.12 ~0.50	0.1	20	0	10/200	2	2
>0.50~1.00	0.1	20	0	5/200	2	2

独立地进行 2 次测定,取其平均值。

5.2 空白试验

称取 2 份试样,其中 1 份进行至 5.3.7 条时,向溶液中加入 0.5mL Na_2 EDTA 溶液,留此作参比溶液。

5.3 测定

5.3.1 将试料(5.1)置于 200mL 烧杯中,锡量不大于 0.0025%称取 2 份试样;锡量大于 0.0025%称取 1 份试样。按表 1 加入溶样酸及硝酸(3.5),低温加热溶解,煮沸除去氮的氧化物,冷却。用水洗涤表皿及杯壁,加水至体积约 30mL。

5.3.2　加入20mL硫酸(3.3),混匀,冷却。用慢速定量滤纸将滤液过滤于200mL烧杯中,含锡量大于0.0025%的试料,按表1过滤于相应的容量瓶中,用硫酸(3.4)洗涤烧杯及沉淀7～8次,并用硫酸(3.4)稀释至刻度,混匀。

5.3.3　按表1取全量的2份试液,直接按5.3.4条进行。锡量大于0.0025%的试料分取2份试液于200mL烧杯中,按表1补加溶样酸及硫酸(3.1)。

5.3.4　加热蒸发至溶液刚产生泡沫时,盖上表皿,移至高温处蒸发至溶液冒白烟。用吸量管沿杯壁加入0.5mL左右硝酸(3.2),混匀。待棕色烟退去,取下烧杯。稍冷,用1mL硝酸(3.2)洗涤表皿,加热、混匀。蒸发至1mL左右,再加入约0.3mL硝酸(3.2),混匀,加热至冒白烟。重复加硝酸操作,在少量硫酸存在下将柠檬酸完全炭化。蒸发至杯底及杯壁均无硫酸烟,再加热杯壁不同位置30min。

5.3.5　根据试液中含锑量加入不同量的柠檬酸溶液。

锑量不大于4.5mg时,加4mL;锑量4.5～10.8mg时加5mL;锑量大于10.8mg时加6mL。加热溶解盐类,冷却。

5.3.6　将溶液移入预先盛有6mL混合酸的50mL容量瓶中,铅银合金加2.5mL硫脲溶液。

5.3.7　向1份试液中加入0.5mL Na_2 EDTA溶液(此为补偿溶液)。另1份试液直接接5.3.8条进行。

5.3.8　向溶液中加入2.5mL抗坏血酸溶液,2.5mL乳酸,5mL邻苯二酚紫溶液,5mL CTMAB溶液,每加1种试剂均须混匀。以水稀释至刻度,混匀,放置10min。

5.3.9　将部分溶液移入2cm吸收皿中,以补偿溶液(5.3.7)为参比,于分光光度计波长660nm处测量其吸光度,从工作曲线上查出相应的锡量。

5.4　工作曲线的绘制

5.4.1　移取0,1.00,2.00,3.00,4.00,5.00mL锡标准溶液于一组50mL容量瓶中,分别加入6.0,5.0,4.0,3.0,2.0,1.0mL混合酸,加4mL柠檬酸溶液,以下按5.3.8条进行。

5.4.2　将部分溶液移入2cm吸收皿中,以试剂空白为参比,于分光光度计波长660nm处测量其吸光度。以锡量为横坐标,吸光度为纵坐标绘制工作曲线。

6　分析结果的表述

按式(1)计算锡的百分含量:

$$Sn(\%)=\frac{m_1 V_0\times 10^{-6}}{m_0 V_1}\times 100 \tag{1}$$

式中　m_1——从工作曲线上查得的锡量,μg;

V_0——试液总体积,mL;

V_1——分取试液体积,mL;

m_0——试料的质量,g。

所得结果表示至二位小数。若锡含量小于0.10%时,表示至三位小数;小于0.010%时表示至四位小数;小于0.0010%时表示至五位小数。

7　允许差

实验室间分析结果的差值应不大于表2所列允许差。

表2　　%

锡含量	允许差	锡含量	允许差
0.00050～0.0015	0.00020	＞0.025～0.080	0.008
＞0.0015～0.0030	0.0004	＞0.080～0.20	0.015
＞0.0030～0.0060	0.0006	＞0.20～0.60	0.03
＞0.0060～0.025	0.0012	＞0.60～1.00	0.08

方法2　碘酸钾滴定法测定锡量

8　范围

本标准规定了铅及铅合金中锡含量的测定方法。

本标准适用于铅及铅合金中锡含量的测定。测定范围：＞1.00％～15.50％。

9　方法提要

试料用硫酸溶解，在盐酸溶液中用铝片将四价锡还原为二价锡。以淀粉为指示剂，用碘酸钾标准滴定溶液滴定。

10　试剂

10.1　铝片。

10.2　硫酸（ρ1.84g/mL）。

10.3　盐酸（ρ1.19g/mL）。

10.4　碳酸氢钠饱和溶液。

10.5　碘酸钾标准滴定溶液[$c(1/6KIO_3)=0.033$mol/L]。

10.5.1　配制

称取3.567g碘酸钾（优级纯）于含有2g氢氧化钠及10g碘化钾约200mL水中，待溶解后，用水稀释至3000mL，混匀。

10.5.2　标定

称0.0500g纯锡（＞99.95％）于500mL锥形瓶中，以下按12.3.2～12.3.4条进行。随同标定做空白试验。

按式(2)计算碘酸钾标准滴定溶液的实际浓度：

$$c=\frac{m_1}{(V_2-V_1)\times 0.05934} \tag{2}$$

式中　c——碘酸钾标准滴定溶液的实际浓度，mol/L；

V_2——标定时试液所消耗碘酸钾标准滴定溶液的体积，mL；

V_1——标定时空白试验溶液所消耗碘酸钾标准滴定溶液的体积,mL;

m_1——锡的质量,g;

0.05934——与 1.00mL 碘酸钾标准滴定溶液[$c(1/6KIO_3)=1.00mol/L$]相当的锡的质量,g/mol。

取 3 份进行标定,其标定所消耗碘酸钾标准滴定溶液体积的极差不超过 0.10mL,取其平均值。否则重新标定。

10.6　淀粉溶液:称取 1.0g 可溶性淀粉于 200mL,烧杯中,加少许水搅匀,将其倒入 100mL 沸水中,煮沸,冷却。

11　仪器

锡还原装置,见图 1。

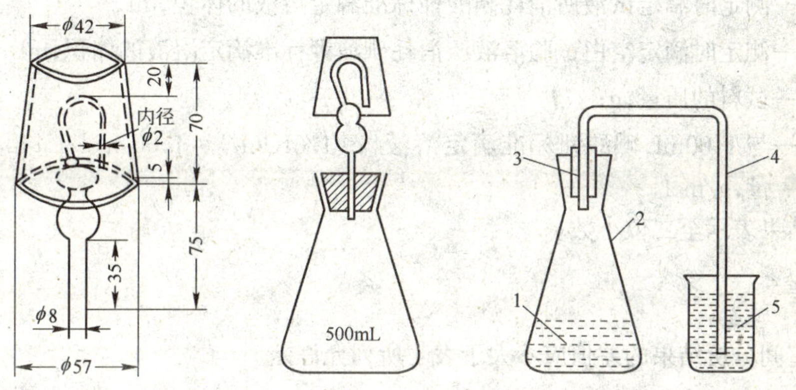

图 1　锡还原装置示意图

1—锡溶液;2—锥形瓶;3　橡皮管;4　玻璃管;5　碳酸氢钠饱和溶液

12　分析步骤

12.1　试料

按表 3 称取试样,精确至 0.0001g。

表 3

锡含量,%	试料量,g	锡含量,%	试料量,g
>1.00~4.00	1.5	>6.00~12.00	0.5
>4.00~6.00	1.0	>12.00~15.50	0.3

独立地进行 2 次测定,取其平均值。

12.2　空白试验

随同试料做空白试验。

12.3　测定

12.3.1　将试料(12.1)置于 500mL 锥形瓶中。

12.3.2　加入 20mL 硫酸,加热溶解至冒硫酸烟,取下,冷却。

12.3.3 加入 100mL 水,70mL 盐酸,20g 铝片,按示意图盖上盛有碳酸氢钠饱和溶液的盖氏漏斗塞子,加热煮沸数分钟,待溶液澄清后,急速流水冷却至室温,在冷却过程中须随时注意补充碳酸氢钠饱和溶液,以隔绝空气。

12.3.4 取下盖氏漏斗,向锥形瓶中迅速加入 5mL 淀粉溶液,用碘酸钾标准滴定溶液滴定至溶液恰呈浅蓝色为终点。

13　分析结果的表述

按式(3)计算锡的百分含量:

$$\mathrm{Sn}(\%)=\frac{c(V_3-V_0)\times 0.05934}{m_0}\times 100 \tag{3}$$

式中　c——碘酸钾标准滴定溶液的实际浓度,mol/L;

V_3——测定时滴定试液所消耗碘酸钾标准滴定溶液的体积,mL;

V_0——测定时滴定空白试验溶液所消耗碘酸钾标准滴定溶液的体积,mL;

m_0——试料的质量,g;

0.05934——与 1.00mL 碘酸钾标准滴定溶液[$c(1/6KIO_3)$ = 1.00 mol/L]相当的锡的质量,g/mol。

所得结果表示至二位小数。

14　允许差

实验室间分析结果的差值应不大于表 4 所列允许差。

表 4　　%

锡含量	允许差	锡含量	允许差
>1.00~5.00	0.10	>12.00~15.50	0.25
>5.00~12.00	0.20		

(二) 铅及铅合金中锑量的测定

方法 1　结晶紫分光光度法测定锑量

1　范围

本标准规定了铅及铅合金中锑含量的测定方法。

本标准适用于铅及铅合金中锑含量的测定。测定范围:0.00030%~0.060%。

2　方法提要

试料用硝酸或硫酸-硫酸钾溶解,加硫酸或盐酸使主量铅生成硫酸铅或氯化铅沉淀,分离除去。在盐酸介质中,用甲苯萃取锑氯络阴离子与结晶紫生成的蓝色络合物,于分光光度计波长 610nm 处测量其吸光度。试料中若含铊,则使锑与铁生成氢氧化物的共沉淀与其分离。

3　试剂

3.1　无水硫酸钠。

3.2　硫酸钾。

3.3　甲苯。

3.4　盐酸(ρ1.19g/mL)。

3.5　硫酸(ρ1.84g/mL)。

3.6　盐酸(1+1)。

3.7　硫酸(1+3)。

3.8　硫酸(1+99)。

3.9　硝酸(1+3)。

3.10　磷酸(1+4)。

3.11　硫脲溶液(500g/L)。

3.12　亚硝酸钠溶液(100g/L)。

3.13　氯化铵饱和溶液。

3.14　氯化铵溶液(10g/L)。

3.15　氨水(1+1)。

3.16　三氯化铁溶液(10g/L):称取1.0g三氯化铁($FeCl_3 \cdot 6H_2O$)于50mL盐酸(3.6)溶解后,用盐酸(3.6)稀释至100mL。

3.17　氯化亚锡溶液(100g/L):称取10.0g氯化亚锡($SnCl_2 \cdot 2H_2O$),于50mL盐酸(3.6)微热溶解后,用盐酸(3.6)稀释100mL。用时现配。

3.18　结晶紫溶液(2g/L)。

3.19　锑标准贮存溶液:称取0.1000g纯锑,置于200mL烧杯中,加入10mL硫酸(3.5),加热至完全溶解,冷却,移入1 000mL容量瓶中,加入180mL硫酸(1+1),冷却,用水稀释至刻度,混匀。此溶液1mL含100μg锑。

3.20　锑标准溶液:移取25.00mL锑标准贮存溶液于500mL容量瓶中,用盐酸(3.6)稀释至刻度,混匀。此溶液1mL含5μg锑。

4　仪器

分光光度计。

5　分析步骤

5.1　试料

按表1称取试样,精确至0.0001g。

表1

锑含量 %	试料量 g	溶料硝酸(3.9)量 mL	试液总体积 mL	容量瓶预先加入 硫酸(3.7)量,mL	分取试液体积 mL
0.00030~0.0010	5.0	40	100	20	25.00

续表 1

锑含量 %	试料量 g	溶料硝酸(3.9)量 mL	试液总体积 mL	容量瓶预先加入 硫酸(3.7)量,mL	分取试液体积 mL
>0.0010~0.0040	2.5	30	50	15	10.00
>0.0040~0.010	1.0	15	50	10	10.00
>0.010~0.030	0.5	10	50	10	5.00
>0.030~0.060	0.3	10	50	10	5.00

独立地进行 2 次测定,取其平均值。

5.2 空白试验

随同试样做空白试验。

5.3 测定

5.3.1 试料溶解

5.3.1.1 纯铅及除铅锡合金以外的铅合金

5.3.1.1.1 将试料(5.1)置于 200mL 烧杯中,按表 1 加入硝酸,低温加热溶解,煮沸除去氮的氧化物,冷却。试料中若含铊,以下按附录 A 进行处理。

5.3.1.1.2 用水冲洗表皿及杯壁,按表 1 移入预先盛有硫酸(3.7)的容量瓶中,用水稀释至刻度,混匀,静置 5min。

5.3.1.1.3 按表 1 分取上层清液于 200mL 烧杯中,加 8mL 硫酸(3.7),加热蒸发以至冒白烟并近干(保持潮湿)冷却。

5.3.1.1.4 加 10mL 盐酸(3.6),低温加热溶解盐类,冷却,移入 125mL 分液漏斗中,用 10mL 盐酸(3.6)分次洗涤烧杯,洗液合并于分液漏斗中。

5.3.1.2 铅锡合金

5.3.1.2.1 将试料(5.1)置于 200mL 烧杯中,加 1g 硫酸钾,10mL 硫酸(3.5),高温加热至试料完全溶解,移烧杯至温度稍低处蒸发至干,稍冷,加 10mL 盐酸(3.6)低温加热溶解盐类,冷却。试料中若含铊,则按附录 A 处理。

5.3.1.2.2 按表 1 将溶液移入容量瓶中,用盐酸(3.6)洗涤表皿及烧杯,洗液合并于容量瓶中,用盐酸(3.6)稀释至刻度,混匀,静置 5min。

5.3.1.2.3 按表 1 分取上层清液于 125mL 分液漏斗中,补加盐酸(3.6)至体积为 20mL。

5.3.2 萃取

加 12 滴氯化亚锡溶液,混匀,放置 5min。加 2mL 亚硝酸钠溶液,混匀,放置 2min,加 0.50mL 硫脲溶液,摇 10s,立即加 50mL 水(不摇),0.50mL 结晶紫溶液,25.00mL 甲苯,振荡 1min,静置 5min,弃去水相。

5.3.3 测量

加 1g 无水硫酸钠,摇动数次。将部分溶液移入 1cm 吸收皿中,以随同试料的空白溶液为参比,于分光光度计波长 610nm 处测量其吸光度。从工作曲线上查出相应的锑量。

5.4 工作曲线的绘制

5.4.1 移取 0,0.50,1.00,2.00,3.00,4.00,5.00mL 锑标准溶液,置于一组 125mL 分

液漏斗中，用盐酸(3.6)稀释至20mL，以下按5.3.2条进行。

5.4.2　加1g无水硫酸钠，摇动数次，将部分溶液移入1cm吸收皿中，以试剂空白为参比，于分光光度计波长610nm处测量其吸光度。以锑量为横坐标，吸光度为纵坐标绘制工作曲线。

6　分析结果的表述

按式(1)计算锑的百分含量：

$$Sb(\%)=\frac{m_1V_0\times10^{-6}}{m_0V_1}\times100 \tag{1}$$

式中　m_1——从工作曲线上查得的锑量，μg；

V_0——试液总体积，mL；

V_1——分取试液体积，mL；

m_0——试料的质量，g。

所得结果表示至三位小数。若锑含量小于0.010%时，表示至四位小数；小于0.0010%时表示至五位小数。

7　允许差

实验室间分析结果的差值应不大于表2所列允许差。

表2　%

锑含量	允许差	锑含量	允许差
0.00030～0.00060	0.00010	>0.0060～0.010	0.0010
>0.00060～0.0015	0.00020	>0.010～0.020	0.003
>0.0015～0.0030	0.0004	>0.020～0.040	0.004
>0.0030～0.0060	0.0008	>0.040～0.060	0.006

方法2　硫酸铈滴定法测定锑量

8　范围

本标准规定了铅及铅合金中锑含量的测定方法。

本标准适用于铅及铅合金中锑含量的测定。测定范围：0.25%～18.00%。

9　方法提要

试料用硫酸-硫酸钾溶解，以硫酸肼将锑还原为Sb^{3+}，在盐酸介质中以次甲基蓝、甲基橙为指示剂，用硫酸铈标准滴定溶液滴定。

10　试剂

10.1　硫酸钾。

10.2　硫酸肼。

10.3 硫酸(ρ1.84g/mL)。

10.4 盐酸(ρ1.19g/mL)。

10.5 锑标准溶液:称取2.0000g纯锑(锑含量大于99.99%),置于400mL烧杯中,加50mL硫酸(10.3)加热溶解,煮沸至溶液清亮,冷却。移入1000mL容量瓶中,用硫酸(7+13)稀释至刻度,混匀。此溶液1mL含2mg锑。

10.6 次甲基蓝溶液(1g/L)。

10.7 甲基橙溶液(1g/L)。

10.8 硫酸铈标准滴定溶液[$c(Ce(SO_4)_2 \cdot 4H_2O)=0.025mol/L$]

10.8.1 配制

称取10.0g硫酸铈[$c(Ce(SO_4)_2 \cdot 4H_2O)$]置于400mL烧杯中,加200mL硫酸(8+92)溶解。移入1000mL容量瓶中,用硫酸(8+92),稀释至刻度,混匀。

10.8.2 标定

称取1.000g纯铅(锑含量不大于0.005%)置于500mL锥形瓶中,加入10.00mL锑标准溶液(10.5),以下按11.3.2~11.3.3条进行。

按式(2)计算硫酸铈标准滴定溶液的实际浓度:

$$c=\frac{0.0200}{(V_2-V_1)\times 0.06085} \tag{2}$$

式中 c——硫酸铈标准滴定溶液的实际浓度,mol/L;

V_2——标定时试液所消耗硫酸铈标准滴定溶液的体积,mL;

V_1——标定时空白试验溶液所消耗硫酸铈标准滴定溶液的体积,mL;

0.06085——与1.00mL硫酸铈标准滴定溶液[$c(Ce(SO_4)_2 \cdot 4H_2O)=1.000mol/L$]相当的锑的质量,g/mol。

取3份进行标定,其标定所消耗硫酸铈标准滴定溶液体积的极差不超过0.10mL,取其平均值。否则重新标定。

11 分析步骤

11.1 试料

按表3称取试样,精确至0.0001g。

表3

锑含量,%	试料量	硫酸,mL	锑含量,%	试料量	硫酸,mL
0.25~3.00	2.0	30	>7.00~13.00	0.4	20
>3.00~5.00	1.0	20	>13.00~17.50	0.2	20
>5.00~7.00	0.5	20			

独立地进行2次测定,取其平均值。

11.2 空白试验

称取1.000g纯铅(锑含量不大于0.005%),随同试料做空白试验。

11.3 测定

11.3.1 将试料(11.1)置于500mL锥形瓶中。

11.3.2 加入 2g 硫酸钾，按表 3 加入硫酸，高温溶解至试料完全，继续煮沸 20min，稍冷，加 0.3g 硫酸肼，在微沸状态下还原 40min，冷却。

11.3.3 用少量水吹洗杯壁，加 50mL 水，立即加 20mL 盐酸，2 滴次甲基盐溶液，1 滴甲基橙溶液，在不断摇动下，用硫酸铈标准滴定溶液滴定至红色变浅，补加 1 滴甲基橙溶液，缓慢滴定至红色消失出现蓝色为终点。

12 分析结果的表述

按式(3)计算锑的百分含量：

$$\mathrm{Sb}(\%)=\frac{(V_3-V_0)c\times0.06085}{m_0}\times100 \tag{3}$$

式中 c——硫酸铈标准滴定溶液的实际浓度，mol/L；

V_3——测定时滴定试液所消耗硫酸铈标准滴定溶液的体积，mL；

V_0——测定时滴定空白试验溶液所消耗硫酸铈标准滴定溶液的体积，mL；

0.06085——与 1.00mL 硫酸铈标准滴定溶液[$c(\mathrm{Ce(SO_4)_2\cdot4H_2O})=1.000$ mol/L]相当的锑的质量，g/mol。

m_0——试料的质量，g。

所得结果应表示至二位小数。

13 允许差

实验室间分析结果的差值应不大于表 4 所列允许差。

表 4 %

锑含量	允许差	锑含量	允许差
0.25～1.00	0.05	>7.00～13.00	0.25
>1.00～3.00	0.10	>13.00～18.00	0.30
>3.00～7.00	0.20		

附 录 A

(标准的附录)

含铊试料的处理

A1 将 5.3.1.1 和 5.3.1.2 条中的溶液按表 1 移入预先已加入盐酸(3.4)的容量瓶中(加入盐酸的量为容量瓶容积的 1/10)，以水稀释至刻度，混匀，静置 5min。

A2 按表 1 分取上层清液于 200mL 烧杯中，加 8mL 硫酸(3.7)，加热蒸发至冒白烟并近干(保持潮湿)，冷却。

A3 加入 5.0mL 三氯化铁溶液，150mL 水，5mL 氯化铵饱和溶液，加热煮沸，用氨水调节溶液至 pH 5.5～6.5，加热微沸 1min，取下，放置 10min。

A4 用中速定量滤纸过滤，用热氯化铵溶液洗涤烧杯 2 次，沉淀 4 次，再用热水洗涤烧杯2次,沉淀4次。

A5　用10mL热硫酸(3.7)溶解沉淀于原烧杯中,用热硫酸(3.8)洗涤滤纸4次,将溶液蒸发至近干,冷却。

A6　加10mL盐酸(3.6),低温加热溶解盐类,冷却,移入125mL分液漏斗中,用10mL盐酸(3.6)分次洗涤烧杯,洗液合并于分液漏斗中。

A7　加12滴氯化亚锡溶液,混匀,放置5min。加2mL亚硝酸钠溶液,放置2min,加0.50mL硫脲溶液,摇动10s,加2mL磷酸,摇动4～6次,立即加50mL水(不摇),0.50mL结晶紫溶液,25.00mL甲苯,振荡1min,静置5min,弃去水相。以下按5.3.3条进行。

(三) 铅及铅合金中铜量的测定

1　范围

本标准规定了铅及铅合金中铜含量的测定方法。

本标准适用于铅及铅合金中铜含量的测定。测定范围:0.00050%～0.60%。

2　方法提要

试料用硝酸分解,硫酸分离铅基体,在稀酸介质中,用空气-乙炔火焰,于原子吸收光谱仪波长324.7nm处测量铜的吸光度。当试料含有大量锡、锑时,用酒石酸-硝酸混合酸溶解。

3　试剂

3.1　酒石酸。

3.2　硝酸(ρ1.42g/mL)。

3.3　盐酸(ρ1.19g/mL)。

3.4　高氯酸(ρ1.67g/mL)。

3.5　硫酸(1+1)。

3.6　硝酸(1+4)。

3.7　硫酸(2+98)。

3.8　酒石酸-硝酸混合酸:称取5g酒石酸(3.1),溶于100mL硝酸(3.6)中,混匀。

3.9　铜标准贮存溶液:称取5.0000g金属铜(>99.99%)置于250mL烧杯中,加入20mL硝酸(1+1),盖上表皿,置于电热板上低温溶解至完全,微沸以除去氮的氧化物,取下,用水冲洗表皿及杯壁,冷至室温后,移入250mL容量瓶中,用水稀释至刻度,混匀。此溶液1mL含20mg铜。

3.10　铜标准溶液:移取5.00mL铜标准贮存溶液(3.9)于1000mL容量瓶中,用水稀释至刻度,混匀。此溶液1mL含100μg铜。

3.11　铜标准溶液:移取10.00mL铜标准贮存溶液(3.9)于500mL容量瓶中,用水稀释至刻度,混匀。此溶液1mL含400μg铜。

4 仪器

原子吸收光谱仪,附铜空心阴极灯。

在仪器最佳工作条件下,凡能达到下列指标者均可使用。

灵敏度:在与测量溶液基体相一致的溶液中,铜的特征浓度应不大于0.045μg/mL。

精密度:用最高浓度的标准溶液测量10次吸光度,其标准偏差应不超过平均吸光度的0.8%;用最低浓度的标准溶液(不是"零"标准溶液)测量10次吸光度,其标准偏差应不超过最高标准溶液平均吸光度的0.4%。

工作曲线线性:将工作曲线按浓度等分成5段,最高段的吸光度差值与最低段的吸光度差值之比应不小于0.9。

仪器工作条件见附录A(提示的附录)。

5 分析步骤

5.1 试料

按表1称取试样,精确至0.0001g。

表1

铜含量,%	0.00050~0.0030	>0.0030~0.025	>0.025~0.60
试料量,g	5.0	2.0	1.0

独立地进行2次测定,取其平均值。

5.2 空白试验

随同试料做空白试验。

5.3 测定

5.3.1 试料溶解及处理

5.3.1.1 铜含量为0.00050%~0.025%的试料

5.3.1.1.1 将试料(5.1)置于300mL烧杯,按表2加入硝酸(3.6),盖上表皿,在电热板上低温分解完全,继续蒸至出现大量结晶,取下,用水冲洗表皿及杯壁,加少许水,摇动,使晶体全部溶解。

5.3.1.1.2 加入5mL硫酸(3.5),混匀,静置15min,沉淀用滤纸过滤,用硫酸(3.7)洗涤烧杯及沉淀5~6次,滤液置于300mL烧杯中。将滤液置于电热板上加热蒸至白烟冒尽,取下,冷至室温。

5.3.1.1.3 沿杯壁加入3mL硝酸(3.2),用少量水冲洗杯壁,在电热板上微热至沸,使盐类溶解,取下,冷至室温。将溶液移入表2规定的容量瓶中,以水稀释至刻度,混匀。

表2

铜含量 %	分解试料加入酸量 mL	稀释总体积 mL	分取体积 mL	测量体积 mL
0.00050~0.0030	50	—	—	50
>0.0030~0.025	25	—	—	100

续表 2

铜含量 %	分解试料加入酸量 mL	稀释总体积 mL	分取体积 mL	测量体积 mL
>0.025~0.20	15	100	20	100
>0.20~0.60	15	100	20	100

5.3.1.1.4 对含高锡、高锑等杂质,稀硝酸分解不完全的试料,按表 2 加入酒石酸-硝酸混合酸,以下按 5.3.1.1.1~5.3.1.1.2 条进行,当滤液蒸至酒石酸炭化后,取下,稍冷,沿杯壁加入 3~5mL 高氯酸,在电热板上蒸至白烟冒尽,赶尽高氯酸,取下,冷至室温。加入 3mL 盐酸,0.5~1g 酒石酸和少量水,在电热板上加热使盐类溶解,取下,冷至室温,移入表 2 规定的容量瓶中,以水稀释至刻度,混匀。

5.3.1.2 铜含量为>0.025%~0.60%的试料

5.3.1.2.1 试料(如含高锡、高锑,稀硝酸溶解不完全,需加入 15mL 酒石酸-硝酸混合酸)按 5.3.1.1.1 条处理后,冷至室温。将溶液移入 100mL 容量瓶中,以水稀释至刻度,混匀。

5.3.1.2.2 分取 20.00mL 溶液,移入 100mL 容量瓶中,补加 3mL 硝酸(3.2),以水稀释至刻度,混匀。

5.3.2 测量

取上述溶液(5.3.1.1.3 或 5.3.1.1.4;5.3.1.2.2)于原子吸收光谱仪,波长 324.7nm 处,与测量标准溶液系列的同时,使用空气-乙炔火焰,以水调零,测量试料溶液的吸光度。从工作曲线上查出相应的铜浓度。

5.4 工作曲线的绘制

5.4.1 铜含量为 0.00050%~0.20%试料的工作曲线

5.4.1.1 移取 0,0.50,1.00,2.00,3.00,4.00,5.00mL 铜标准溶液(3.10),分别置于 100mL 容量瓶中。加入 3mL 硝酸(3.2)(如试液是盐酸介质,加入 3mL 盐酸),以水稀释至刻度,混匀。

5.4.1.2 在与试料溶液测定相同的条件下,测量标准溶液的吸光度,减去“零”标准溶液的吸光度,以铜浓度为横坐标,吸光度为纵坐标绘制工作曲线。

5.4.2 铜含量为>0.20%~0.60%试料的工作曲线

仅移取铜标准溶液为 3.11 条试剂外,全按 5.4.1.1~5.4.1.2 条进行。

6 分析结果的表述

按式(1)计算铜的百分含量:

$$\mathrm{Cu}(\%)=\frac{(c_1-c_0)V_0V_2\times10^{-6}}{m_0V_1}\times100 \tag{1}$$

式中 c_1——从工作曲线上查得的铜浓度,$\mu g/mL$;

c_0——随同试料的空白溶液的铜浓度,$\mu g/mL$;

V_0——试液的总体积,mL;

V_1——分取试液的体积,mL;

V_2——分取试液稀释后的体积，mL；

m_0——试料的质量，g。

所得结果表示至二位小数。若铜含量小于0.10%时，表示至三位小数；小于0.010%时，表示至四位小数；小于0.0010%时，表示至五位小数。

7　允许差

实验室间分析结果的差值应不大于表3所列允许差。

表3　%

铜含量	允许差	铜含量	允许差
0.00050～0.0020	0.00030	>0.050～0.10	0.010
>0.0020～0.010	0.0008	>0.10～0.30	0.02
>0.010～0.050	0.003	>0.30～0.60	0.03

附　录　A

（提示的附录）

仪器工作条件

使用WFX-1C型原子吸收光谱仪测量铜的工作条件见表A1。

表A1

波长 nm	灯电流 mA	光谱通带 nm	燃烧器高度 mm	空气流量 L/min	乙炔流量 L/min
324.7	4.0	0.2	5.0	5.0	1.0

（四）铅及铅合金中铁量的测定

1　范围

本标准规定了铅及铅合金中铁含量的测定方法。

本标准适用于铅及铅合金中铁含量的测定。测定范围：0.00030%～0.012%。

2　方法提要

试料用混合酸溶解，加入Na_2 EDTA络合铅及消除其他元素的干扰，用硫代硫酸钠掩蔽银，硒、碲的干扰用氯化亚锡将其还原成单体过滤除去。在乙酸钠缓冲溶液中，用盐酸羟胺将3价铁还原为2价铁，使其与1,10-二氮杂菲生成红色络合物，于分光光度计波长510nm处测量其吸光度。

3　试剂

3.1　盐酸（ρ1.19g/mL），优级纯。

3.2 盐酸(1+2),优级纯。

3.3 盐酸(1+9),优级纯。

3.4 氨水(1+1),优级纯。

3.5 混合酸:称取30g酒石酸溶于80mL硝酸(1+4)中,用硝酸(1+4)稀释至100mL,混匀。

3.6 无水乙酸钠溶液(250g/L)。

3.7 硫代硫酸钠溶液(200g/L)。

3.8 盐酸羟胺溶液(100g/L)。

3.9 氯化亚锡溶液(200g/L):称取20g氯化亚锡($SnCl_2 \cdot 2H_2O$),溶于80mL盐酸(3.2)中,用盐酸(3.2)稀释至100mL,混匀。

3.10 乙二胺四乙酸二钠(Na_2 EDTA,优级纯)溶液(230g/L):称取230g Na_2 EDTA($C_{10}H_{14}N_2O_8Na \cdot 2H_2O$)溶于600mL氢氧化铵(1+5)中,用水稀释至1 000mL,混匀。

3.11 1,10-二氮杂菲($C_{12}H_8N_2 \cdot H_2O$)乙醇溶液(12.5m/L)。

3.12 硝酸碲溶液(2g/L):称取0.500g纯碲置于250mL烧杯中,加入20mL硝酸(1+1),加热至完全溶解,煮沸除去氮的氧化物,冷却。移入250mL容量瓶中,用水稀释至刻度,混匀。

3.13 铁标准贮存溶液:称取0.1000g纯铁置于250mL烧杯中,加入20mL硝酸(1+1),加热至完全溶解,煮沸除去氮的氧化物,冷却。移入1000mL容量瓶中,用水稀释至刻度,混匀。此溶液1mL含铁100μg铁。

3.14 铁标准溶液:移取10.00mL铁标准贮存溶液(3.13)置于100mL容量瓶中,加入2mL硝酸(1+1),用水稀释至刻度,混匀。此溶液1mL含10μg铁。

4 仪器

分光光度计。

5 分析步骤

5.1 试料

5.1.1 纯铅及不含硒碲的铅合金

按表1称取试样,精确至0.0001g。

表1

铁含量 %	试料量 g	加入 Na_2 EDTA 溶液 mL	铁含量 %	试料量 g	加入 Na_2 EDTA 溶液 mL
0.000 30～0.003 0	1.0	15	>0.003 0～0.012	0.5	10

5.1.2 含硒、碲铅合金

称取2.000g试样,精确至0.0001g。

独立地进行2次测定,取其平均值。

5.2 空白试验

随同试料做空白试验。

5.3 测定

5.3.1 试料的溶解及分离

5.3.1.1 纯铅及不含硒、碲的铅合金

将试料(5.1.1)置于250mL烧杯中,加入10mL混合酸,盖上表皿,低温加热溶解完全,煮沸除去氮的氧化物,以少量水洗涤表皿及烧杯,冷却。移入50mL容量瓶中,按表1加入Na_2 EDTA溶液,混匀。

5.3.1.2 含硒、碲铅合金

将试料(5.1.2)置于250mL烧杯中,加入20mL混合酸,盖上表皿,低温加热溶解完全,煮沸除去氮的氧化物,如有黑色残渣,将溶液蒸至盐类析出。加入20mL水、15mL盐酸(3.1),继续加热,微沸至沉淀凝聚,取下冷至室温,静置。

将上层清液移入250mL烧杯中,用盐酸(3.3)以倾泻法洗涤烧杯和沉淀4~5次,弃去沉淀。合并各次的上层清液,缓慢加热蒸至粘稠状,加入5mL盐酸(3.1),蒸至粘稠状,加入10mL硝酸碲溶液、5mL盐酸(3.1),再次蒸至粘稠状。

加入20mL盐酸(3.2),加热至盐类溶解,加入5mL氯化亚锡溶液,煮沸至沉淀凝聚,取下冷至室温,用中速定量滤纸过滤,用盐酸(3.3)洗涤烧杯和沉淀5~6次,弃去沉淀,滤洗液收集于50mL容量瓶中,用盐酸(3.3)稀释至刻度,混匀。

移取10.00mL溶液于50mL容量瓶中,加入5mL Na_2 EDTA溶液,混匀。

5.3.2 显色

5.3.2.1 用盐酸(3.2)和氨水将溶液的pH值调至6左右,加入5mL乙酸钠溶液,混匀。

试液中若含有银,加入2.5mL硫代硫酸钠溶液,混匀。

5.3.2.2 加入2mL盐酸羟胺溶液,3mL 1,10-二氮杂菲溶液,混匀。将溶液置于40℃±5℃水浴中加热3min,取下冷却至室温,以水稀释至刻度,混匀。

5.3.3 测量

将部分溶液移入2cm或5cm吸收皿中,以随同试料的空白溶液为参比,于分光光度计波长510nm处测量其吸光度,从工作曲线上查出相应的铁量。

5.4 工作曲线的绘制

5.4.1 铁量0.00030%~0.0030%的工作曲线

5.4.1.1 移取0,0.25,0.50,1.00,1.50,2.00,2.50,3.00mL铁标准溶液,分别置于一组50mL容量瓶中,加入5mL Na_2 EDTA溶液,混匀。以下按5.3.2条进行。

5.4.1.2 将部分溶液移入5cm吸收皿中,以试剂空白为参比,于分光光度计波长510nm处测量其吸光度,以铁量为横坐标,吸光度为纵坐标绘制工作曲线。

5.4.2 铁量>0.0030%~0.012%的工作曲线

5.4.2.1 移取0,1.00,2.00,3.00,4.00,5.00,6.00mL铁标准溶液,分别置于一组50mL容量瓶中,各加入5mLNa_2 EDTA溶液,混匀。以下按5.3.2条进行。

5.4.2.2 将部分溶液移入2cm吸收皿中,以试剂空白为参比,于分光光度计波长510nm处测量其吸光度,以铁量为横坐标,吸光度为纵坐标绘制工作曲线。

6 分析结果的表述

按式(1)计算铁的百分含量:

$$\text{Fe}(\%)=\frac{m_1V_0\times10^{-6}}{m_0V_1}\times100 \quad (1)$$

式中　m_1——从工作曲线上查得的铁量，μg；

V_0——试液总体积，mL；

V_1——分取试液的体积，mL；

m_0——试料的质量，g。

所得结果表示至三位小数。若铁含量小于0.010%时，表示至四位小数；小于0.0010%时，表示至五位小数。

7　允许差

实验室间分析结果的差值应不大于表2所列允许差。

表2　　%

铁含量	允许差	铁含量	允许差
0.000 30～0.000 60	0.000 20	>0.003 0～0.006 0	0.000 5
>0.000 60～0.001 5	0.000 30	>0.006 0～0.012	0.001 0
>0.001 5～0.003 0	0.000 4		

（五）铅及铅合金中铋量的测定

1　范围

本标准规定了铅及铅合金中铋含量的测定方法。

本标准适用于铅及铅合金中铋含量的测定。测定范围：0.0020%～0.10%。

2　方法提要

试料用硝酸或硝酸-酒石酸溶解，根据铋的含量用二氧化锰共沉淀富集铋并分离铅，或在试料溶解后加盐酸使铅生成氯化铅沉淀而除去大部分铅。硒、碲干扰测定，在盐酸介质中用氯化亚锡将其还原成单体过滤除去。用六偏磷酸钠、硫脲、氟化钾分别掩蔽残存铅、铜及银，以及锡和锑。在盐酸介质中，以碘化钾为显色剂，于分光光度计波长450nm处测量其吸光度。

3　试剂

3.1　酒石酸。

3.2　过氧化氢（ρ1.10g/mL）。

3.3　盐酸（ρ1.19g/mL）。

3.4　盐酸（1+1）。

3.5　盐酸（1+5）。

3.6　盐酸（1+9）。

3.7　硝酸（1+4）。

3.8 硝酸锰溶液：1 体积硝酸锰溶液(500g/L)与 4 体积水混匀。

3.9 高锰酸钾溶液(10g/L)。

3.10 氯化亚锡溶液(100g/L)：称取 10.0g 氯化亚锡($SnCl_2 \cdot 2H_2O$)，用 50mL 盐酸(3.4)微热溶解，冷却，用盐酸(3.4)稀释至 100mL。用时现配。

3.11 六偏磷酸钠溶液(200g/L)。

3.12 碘化钾溶液(250g/L)。

3.13 硫脲溶液(100g/L)。

3.14 氟化钾($KF \cdot 2H_2O$)溶液(200g/L)。

3.15 碲溶液(5mg/mL)：称取 0.500g 纯碲，置于 200mL 烧杯中，加入 20mL 硝酸(1+1)，加热溶解，煮沸除去氮的氧化物，冷却。移入 100mL 容量瓶中，以水稀释至刻度，混匀。

3.16 铋标准贮存溶液：称取 0.100 0g 纯铋，置于 200mL 烧杯中，加入 20mL 硝酸(1+1)，盖上表皿，加热溶解，煮沸除去氮的氧化物，冷却。移入 1000mL 容量瓶中，加入 90mL 硝酸(ρ1.42g/mL)，用水稀释至刻度，混匀。此溶液 1mL 含 100μg 铋。

3.17 铋标准溶液：移取 50.00mL 铋标准贮存溶液(3.16)于 250mL 容量瓶中，加入 30mL 硝酸(1+1)，用水稀释至刻度，混匀。此溶液 1mL 含 20μg 铋。

4 仪器

分光光度计。

5 分析步骤

5.1 试料

称取 1.000g 试样，精确至 0.0001g。

独立地进行 2 次测定，取其平均值。

5.2 空白试验

随同试料做空白试验。

5.3 测定

5.3.1 试料的溶解与富集

5.3.1.1 含铋 0.0020%～0.030%的试料

5.3.1.1.1 将试料(5.1)置于 250mL 烧杯中，加入 30mL 硝酸，盖上表皿，低温加热溶解，煮沸除去氮的氧化物，用水洗涤表皿及杯壁，加入 5mL 硝酸锰溶液。

5.3.1.1.2 加水至体积约为 100mL，加热至 60～80℃，在不断搅拌下滴加 5mL 高锰酸钾溶液，继续搅拌 1min，加热微沸 3～5min，用水洗涤表皿及杯壁，静置 1min。

用快速定量滤纸过滤，用热水洗涤烧杯及沉淀 6～8 次。弃去滤液。

5.3.1.1.3 根据铋的含量分别按如下操作：

含铋 0.002 0%～0.010%的试料：将沉淀用含有 6～8 滴过氧化氢的 30mL 温硝酸，分次溶解于原烧杯中，用热水洗涤滤纸 3～4 次，将溶液煮沸，使过氧化氢分解，按 5.3.1.1.2 条再沉淀一次后，以下接 5.3.1.1.4 条进行。

含铋>0.010%～0.030%的试料：将沉淀(5.3.1.1.2)直接接 5.3.1.1.4 条进行。

5.3.1.1.4 用含有 6～8 滴过氧化氢的 20mL 温盐酸(3.5)分次将沉淀溶解于原烧杯

中，以热水洗涤滤纸3～4次，将溶液煮沸使过氧化氢分解，低温蒸发至体积为5～8mL，以少量水洗涤表皿及杯壁，冷却。

5.3.1.1.5 将溶液(5.3.1.1.4)用中速定量滤纸过滤于50mL容量瓶中，用水洗涤烧杯及滤纸3～4次，使溶液体积不超过25mL。

含铋0.0020%～0.010%的试液，直接接5.3.2条进行。

含铋>0.010%～0.030%的试液，向容量瓶中补加7mL盐酸(3.3)，以水稀释至刻度，混匀。移取15.00mL于另一个50mL容量瓶中。以下接5.3.2条进行。

5.3.1.2 含铋>0.030%～0.10%的试料

5.3.1.2.1 将试料(5.1)置于250mL烧杯中，加9g酒石酸，30mL硝酸，盖上表皿，低温加热溶解，煮沸除去氮的氧化物，冷却。

5.3.1.2.2 将溶液移入100mL容量瓶中，加15mL盐酸(3.3)，流水冷却5min，以水稀释至刻度，混匀，静置2min。用中速定量滤纸干过滤，弃去最初滤液。

5.3.1.2.3 根据试料成分分别按如下操作：

不含硒、碲试料：移取10.00mL滤液于50mL容量瓶中，加10mL盐酸(3.5)。以下直接接5.3.2条进行。

含硒、碲试料：移取50.00mL滤液于250mL烧杯中，若试料中只含硒则需补加2.0mL碲溶液，加热蒸发至体积约为2mL，加入5mL盐酸(3.3)，再蒸发至体积约为2mL，再重复此操作2～3次(共4～5次)。加入20mL盐酸(3.4)，煮沸，加入5mL氯化亚锡溶液，继续煮沸至沉淀凝聚，冷却。用中速定量滤纸过滤，用盐酸(3.6)洗涤沉淀及烧杯4～5次，弃去沉淀。滤、洗液收集于50mL容量瓶中，用盐酸(3.6)稀释至刻度，混匀。移取10.00mL溶液于50mL容量瓶中。以下接5.3.2条进行。

5.3.2 显色

于50mL容量瓶中加入10mL六偏磷酸钠溶液，5mL碘化钾溶液，2.5mL硫脲溶液，2.5mL氟化钾溶液，每加一种试剂后均需混匀。用水稀释至刻度，混匀。放置3min。

5.3.3 测量

将部分溶液移入5cm吸收皿中，以随同试料的空白溶液为参比，于分光光度计波长450nm处测量其吸光度，从工作曲线上查出相应的铋量。

5.4 工作曲线的绘制

5.4.1 移取0，1.00，2.00，3.00，4.00，5.00mL铋标准溶液，置于一组50mL容量瓶中，加入3mL盐酸(3.3)，10mL水，混匀。以下按5.3.2条进行。

5.4.2 将部分溶液移入5cm吸收皿中，以试剂空白为参比，于分光光度计波长450nm处测量其吸光度。以铋量为横坐标，吸光度为纵坐标绘制工作曲线。

6 分析结果的表述

按式(1)计算铋的百分含量：

$$Bi(\%)=\frac{m_1 V_0 V_2 \times 10^{-6}}{m_0 V_1 V_3}\times 100 \tag{1}$$

式中 m_1——从工作曲线上查得的铋量，μg；

V_0——第1次稀释溶液的体积，mL；

V_2——第 2 次稀释溶液的体积,mL;

V_1——第 1 次分取溶液的体积,mL;

V_3——第 2 次分取溶液的体积,mL;

m_0——试料的质量,g。

所得结果表示至二位小数。若铋含量小于 0.10%时,表示至三位小数;小于 0.010%时表示至四位小数。

7　允许差

实验室间分析结果的差值应不大于表 1 所列允许差。

表 1　　%

铋含量	允许差	铋含量	允许差
0.0020~0.0040	0.0006	>0.015~0.050	0.004
>0.0040~0.0080	0.0008	>0.050~0.10	0.008
>0.0080~0.015	0.0015		

(六) 铅及铅合金中砷量的测定

1　范围

本标准规定了铅及铅合金中砷含量的测定方法。

本标准适用于铅及铅合金中砷含量的测定。测定范围:0.00030%~0.30%。

2　方法提要

试料用硫酸溶解,以硫酸铅沉淀的形式将基体铅分离,铅锭直接显色进行分光光度法测定。铅合金在盐酸[$c(HCl)=9mol/L$]介质中,以苯萃取铅及含量较高的锑、锡,加入混合显示剂和抗坏血酸,使其生成砷铋钼蓝络合物。于分光光度计波长 730nm 处测其吸光度。

3　试剂

3.1　硫酸钾。

3.2　苯。

3.3　盐酸(ρ1.19)。

3.4　硫酸(ρ1.84)。

3.5　硝酸(ρ1.42)。

3.6　硫酸(1+1)。

3.7　氨水(1+1)。

3.8　硫酸(1+9)。

3.9　盐酸(3+1)。

3.10　酚酞溶液(2g/L)。

3.11　高锰酸钾溶液(20g/L)。

3.12　抗坏血酸溶液(20g/L)。

3.13　还原剂:4g/L 亚硫酸氢钠溶液,与 0.4g/L 硫代硫酸钠等体积混合。

3.14　硫酸钾溶液:称取 2g 硫酸钾加水溶解,加入 20mL 硫酸(3.4),以水稀释至 100mL。

3.15　混合显色剂:称取 30g 钼酸铵溶于 300mL 水中,50g 酒石酸钾钠溶于 300mL 水中,溶解后两相合并。再称 4g 硝酸铋溶于 250mL 硫酸(3.6)中,上述溶液合并后,以水稀释至 1000mL。

3.16　砷标准贮存溶液,称取 0.1321g 三氧化二砷(基准试剂)置于 300mL 烧杯中,加入 10mL 氢氧化钠(50g/L)使之溶解,滴加 2 滴酚酞溶液(3.10),以硫酸(3.6)中和至无色并过量 2mL,移入 1 000mL 容量瓶中,以水稀释至刻度,混匀。此溶液 1mL 含 100μg 砷。

3.17　砷标准溶液:移取 25.00mL 砷标准贮存溶液(3.16),置于 500mL 容量瓶中,用水稀释至刻度,混匀,此溶液 1mL 含 5μg 砷。

4　仪器

分光光度计。

5　分析步骤

5.1　试料

按表 1 称取试样,精确至 0.0001g。

表 1

砷含量,%	试料量,g	溶液总体积,mL	移取溶液体积,mL
0.00030~0.0015	5.0	50.00	20.00
>0.0015~0.0040	2.0	50.00	20.00
>0.0040~0.015	1.0	50.00	20.00
>0.015~0.070	1.0	50.00	5.00
>0.070~0.30	0.5	100.00	5.00

独立地进行 2 次测定,取其平均值。

5.2　空白试验

随同试料做空白试验。

5.3　测定

5.3.1　将试料(5.1)置于 250mL 烧杯中,加入 1g 硫酸钾,10mL 硫酸(3.4),加热溶解,取下冷却。

5.3.2　将试液(5.3.1)移入表 1 所示容量瓶中,并稀释至刻度,混匀。

5.3.3　按表 1 移取试液后,对铅锭试液按 5.3.3.1 条进行;铅合金试液按 5.3.3.2~5.3.3.6 条进行。

5.3.3.1　将铅锭试液置于 250mL 烧杯中,蒸至浓烟冒尽,取下,洗表皿及杯壁,加热溶解盐类,取下放冷。加 3 滴酚酞溶液,用氨水调至红色出现,再用硫酸(3.8)调至红色消失。

5.3.3.2　按表1移取试液后，铅合金试液在体积10mL以下者补至10mL左右；若10mL以上，需蒸至10mL左右，取下放冷。用30mL盐酸（3.3）分次淋洗烧杯于125mL分液漏斗中，加入2mL还原剂，混匀，放置10min。

5.3.3.3　加入20mL苯，振荡1.5min，静置分层，将水相放入另一分液漏斗中，再加入20mL苯，振荡1min，静置分层，弃去水相。

5.3.3.4　将有机相合并，每次用3～5mL盐酸（3.9），分次淋洗分液漏斗内壁2～3次，至有机相无黄色，弃去淋洗液。

5.3.3.5　向有机相中加入20mL水，振荡1min，将水相放入250mL烧杯中，再加入20mL水，重复1次，水相合并。

5.3.3.6　加入5mL硫酸钾溶液，5滴硝酸，加热蒸至冒大烟取下，用水洗表皿及杯壁，加1滴酚酞溶液，用氨水调至红色出现，再用硫酸（3.8）调至红色消失。

5.3.4　将溶液（5.3.3.1或5.3.3.6）移入50mL容量瓶中，滴加2滴高锰酸钾溶液，加入5.0mL混合显色剂，5.0mL抗坏血酸溶液，以水稀释至刻度，混匀，放置20min。

5.3.5　将部分溶液（5.3.4）移入3cm吸收皿中，以随同试料的空白试验溶液为参比，于分光光度计波长730nm处测其吸光度。从工作曲线上查出相应的砷量。

5.4　工作曲线的绘制

5.4.1　铅锭中砷工作曲线

5.4.1.1　移取0，1.00，2.00，4.00，6.00，8.00mL砷标准溶液，分别置于一组50mL容量瓶中，将体积控制在10mL左右，滴加2滴高锰酸钾溶液，加入5mL混合显色剂，5mL抗坏血酸溶液，以水稀释至刻度，混匀，放置20min。

5.4.1.2　将部分溶液（5.4.1.1）移入3cm吸收皿中，以试剂空白为参比，于分光光度计波长730nm处测量其吸光度。以砷量为横坐标，吸光度为纵坐标，绘制工作曲线。

5.4.2　铅合金中砷工作曲线

5.4.2.1　移取0，2.00，4.00，8.00，12.00，16.00mL砷标准溶液分别置于一组125mL分液漏斗中，将体积控制在10mL，加入30mL盐酸（3.3），加入2mL还原剂，混匀，放置10min，以下按5.3.3.3～5.3.3.6条进行。

5.4.2.2　将部分溶液（5.4.2.1）移入3cm吸收皿中，以试剂空白为参比，于分光光度计波长730nm处测量其吸光度。以砷量为横坐标，吸光度为纵坐标，绘制工作曲线。

6　分析结果的表述

按式（1）计算砷的百分含量：

$$\mathrm{As}(\%)=\frac{Km_1V_0\times10^{-6}}{m_0V_1}\times100 \qquad (1)$$

式中　K——50mL容量瓶中硫酸铅沉淀对溶液体积的校正系数［试料量5.000 0g时为0.976；2.000 g时为0.991；1.0000g时为0.995（$\rho PbSO_4=6.2g/mL$）］；

m_1——从工作曲线上查得的砷量，μg；

V_0——试液总体积，mL；

V_1——分取试液体积，mL；

m_0——试料的质量,g;

所得结果表示至二位小数;若砷含量小于0.10%时,表示至三位小数;小于0.010%时,表示至四位小数;小于0.0010%时,表示至五位小数。

7 允许差

实验室间分析结果的差值应不大于表2所列允许差。

表2 %

砷含量	允许差	砷含量	允许差
0.00030~0.00060	0.00015	>0.010~0.050	0.003
>0.00060~0.0020	0.00030	>0.050~0.10	0.008
>0.0020~0.0050	0.0006	>0.10~0.30	0.02
>0.0050~0.010	0.0012		

(七) 铅及铅合金中硒量的测定

1 范围

本标准规定了铅及铅合金中硒含量的测定方法。

本标准适用于铅及铅合金中硒含量的测定。测定范围:0.0050%~0.10%。

2 方法提要

在盐酸[$c(HCl)=6mol/L$]介质中,以砷作载体共沉淀硒,与铅基体分离,在亚硫酸钠-高碘酸钾-混合底液中,测定硒的一阶导数催化波。

3 试剂

3.1 脱脂棉(医用)。

3.2 酒石酸。

3.3 次亚磷酸钠。

3.4 高碘酸钾。

3.5 甲醛。

3.6 盐酸(ρ1.19g/mL)。

3.7 硝酸(ρ1.42g/mL)。

3.8 高氯酸(ρ1.67g/mL)。

3.9 氨水(ρ0.90g/mL)。

3.10 盐酸(1+1)。

3.11 硝酸(1+1)。

3.12 硝酸银溶液(10g/L)。

3.13 亚硫酸钠溶液(200g/L)。

3.14 氢氧化钠溶液(100g/L)。

3.15 酚酞指示剂(1g/L 乙醇溶液)。

3.16 砷溶液:称取1.3000g三氧化二砷于100mL烧杯中,加入15mL氢氧化钠溶液(3.14),微热溶解后,移入500mL容量瓶中,用水稀释至200mL,以酚酞(3.15)为指示剂,用盐酸(3.10)中和至红色退去,以水稀释至刻度。此溶液1mL含2mg砷。

3.17 混合底液。

3.17.1 称取0.5g动物胶于200mL烧杯中,加入50mL沸水,加热溶解。

3.17.2 称取50g氯化铵,5g乙二胺四乙酸二钠于500mL量瓶中,加入200mL氨水,15mL动物胶溶液(3.17.1),用水稀释至500mL。

3.18 次亚磷酸钠-盐酸洗涤液:将1g次亚磷酸钠溶于100mL盐酸(5+95)中混合。

3.19 高碘酸钾溶液:将1g高碘酸钾溶于90mL水中,加入1mL氨水(3.9),用水稀释至100mL。

3.20 硒标准贮存溶液:称取0.1000g高纯硒于200mL烧杯中,加入10mL硝酸(3.11),于沸水浴中溶解完全后,用水移入1000mL容量瓶中,稀释至刻度,混匀。此溶液1mL含100μg硒。

3.21 硒标准溶液:移取10.00mL硒标准贮存溶液(3.20)于1000mL容量瓶中,以水稀释至刻度,混匀。此溶液1mL含1μg硒。

4 仪器

示波极谱仪。

5 分析步骤

5.1 试料

按表1称取试样,精确至0.0001g。

表1

硒含量,%	试料量,g	试液体积,mL	分取体积,mL	测定体积,mL
0.0050~0.010	1.0	100.00	5.00~10.00	25.00
>0.010~0.030	0.5	100.00	5.00	25.00
>0.030~0.060	0.5	250.00	5.00	25.00
>0.060~0.10	0.5	250.00	2.00	25.00

独立地进行2次测定,取其平均值。

5.2 空白试验

随同试料做空白试验。

5.3 测定

5.3.1 将试料(5.1)置于200mL烧杯中,加入1g酒石酸10mL水,4mL硝酸(3.7),盖上表皿,加热至完全溶解。

5.3.2 取下,加入50mL盐酸(3.6),微热,取下放置至溶液呈红棕色,每次加入1~

2mL 甲醛，边加边摇动烧杯直至红棕色消失，然后加入 40mL 60～80℃热水，加入 2.5mL 砷溶液，4g 次亚磷酸钠，搅拌使其溶解。置于低温电热板上微沸 10min，然后于 80～90℃水浴中保温 60～120min。

5.3.3 将保温后的溶液，趁热用脱脂棉过滤（必要时保温过滤），并将沉淀全部移入漏斗中，用洗涤液洗表皿、烧杯 3 次，沉淀 5 次，再用水洗涤烧杯、表皿及沉淀，直至滤液用硝酸银溶液检查无氯化银白色沉淀生成。弃去滤液及洗液，将脱脂棉移入原烧杯中，用 10～15mL 硝酸（3.7）和 4mL 高氯酸淋洗漏斗，在低温电热板上消化脱脂棉，并溶解砷及硒后，取下，冷却，移入容量瓶中。

5.3.4 分取一定量试液于 50mL 烧杯中，加入 1mL 硝酸（3.7）、0.5mL 高氯酸，低温蒸至冒白烟，取下冷却。然后用少量水冲洗表皿及杯壁，再蒸至冒白烟。在蒸发过程中，不时摇动烧杯，自出现冒白烟起 1min 左右。

5.3.5 用少量水冲洗表皿及杯壁，加入 3.0mL 亚硫酸钠溶液，放置 15～20min，再加入 3mL 高碘酸钾溶液、5.0mL 混合底液，移至 25mL 容量瓶中，混匀。

5.3.6 取部分溶液（5.3.5）于电解池中央示波极谱仪上，测定硒的一阶导数波高（-0.6V 为起始电位），并扣除随同试料的空白值。

5.4 直接比较法测量时所用标准对照溶液

选取与测定试料含硒量相当的硒标准溶液 3 份，分别置于 3 个 50mL 烧杯中，各加入 1mL 硝酸（3.7），以下按 5.3.4～5.3.6 条进行，取其平均值，用直接比较法计算结果。

6 分析结果的表述

按式（1）计算硒的百分含量（%）：

$$Se(\%)=\frac{cV_0H_1\times10^{-6}}{m_0H_0}\times100 \tag{1}$$

式中 c——硒标准溶液的浓度，μg/mL；

V_0——测定时所取硒标准溶液的体积，mL；

H_1——试液的波高，mm；

H_0——标准溶液的波高，mm；

m_0——试料的质量，g。

所得结果表示至二位小数。若硒含量小于 0.10% 时，表示至三位小数；小于 0.010% 时表示至四位小数。

7 允许差

实验室间分析结果的差值应不大于表 2 所列允许差。

表 2 %

硒含量	允许差	硒含量	允许差
0.0050～0.010	0.0015	>0.030～0.070	0.006
>0.010～0.030	0.003	>0.070～0.10	0.008

(八) 铅及铅合金中碲量的测定

1 范围

本标准规定了铅及铅合金中碲含量的测定方法。

本标准适用于铅及铅合金中碲含量的测定。测定范围:0.0050%～1.00%。

2 方法提要

试料用硝酸、酒石酸分解,在盐酸介质中,用甲醛除去硝酸,加入砷作载体,用次亚磷酸钠还原碲和砷为单体,过滤,用硝酸、高氯酸溶解,高氯酸冒烟,于硫酸铵支持的碱性电解质中,以阿拉伯胶抑制极大(波高),Na_2 EDTA络合微量杂质元素,通氢(或氮)除氧,于－0.3～－0.80V电位下,测定碲的二阶导数波高。

3 试剂

3.1 次亚磷酸钠。

3.2 酒石酸。

3.3 甲醛。

3.4 硝酸(ρ1.42g/mL)。

3.5 盐酸(ρ1.19g/mL)。

3.6 高氯酸(ρ1.67g/mL)。

3.7 氢氧化铵(1+5)。

3.8 洗涤液:将1g次亚磷酸钠于100mL盐酸(5+95)中,混匀。

3.9 硝酸银溶液(10g/L)。

3.10 砷溶液:称取1.300 0g三氧化二砷于100mL烧杯中,加入15mL氢氧化钠溶液(100g/mL),微热溶解后,移入500mL容量瓶中,用水稀释至200mL,加1滴酚酞乙醇溶液(2g/L),用盐酸(1+1)中和至红色消失,以水稀释至刻度。此溶液1mL含2mg砷。

3.11 硫酸铵溶液(33g/L)。

3.12 阿拉伯胶溶液(1.4g/L)。

3.13 乙二胺四乙酸二钠(Na_2 EDTA)溶液(50g/L)。

3.14 酚红溶液(1g/L):称取0.1g酚红,溶于20mL乙醇中,用水稀释至100mL,混匀。

3.15 碲标准贮存溶液:称取0.1000g碲(＞99.95%)于200mL烧杯中,加入20mL硝酸(1+1),加热溶解后移入1000mL容量瓶中,以水稀释至刻度,混匀。此溶液1mL含100μg碲。

3.16 碲标准溶液:移取25.00mL碲标准贮存溶液(3.15)于500mL容量瓶中,以水稀释至刻度,混匀。此溶液1mL含5μg碲。

4 仪器

示波极谱仪。

5 分析步骤

5.1 试料

按表1称取试样,精确至0.000 1g。

表1

碲含量,%	试料量,g	试液总体积,mL	分取体积,mL	测定体积,mL
0.0050~0.050	1.0	100.00	5.00	25.00
0.050~0.10	0.5	100.00	5.00	25.00
>0.10~0.50	0.5	250.00	2.00~5.00	25.00
>0.50~1.00	0.5	250.00	2.00~5.00	25.00

独立地进行2次测定,取其平均值。

5.2 空白试验

随同试料做空白试验。

5.3 测定

5.3.1 将试料(5.1)置于200mL烧杯中,加入1g酒石酸、10mL水、4mL硝酸,盖上表皿,加热至完全溶解。

5.3.2 取下,加入50mL盐酸,放置至溶液呈红棕色,每次加入1~2mL甲醛,不时摇动直至红棕色消失,加入40mL水,然后依次加入2.5mL砷溶液、4g次亚磷酸钠,搅拌使之溶解。置于低温电热板上,加热并微沸10min,于80~90℃水浴中保温60~120min。

5.3.3 趁热用脱脂棉过滤,并将沉淀全部移入漏斗中,用洗涤液洗表皿及杯壁3次,沉淀5次,再用水洗涤沉淀,直至滤液用硝酸银溶液检查无氯化银白色沉淀生成。弃去滤液及洗液,将脱脂棉移入原烧杯中,用10~15mL硝酸、4mL高氯酸淋洗漏斗于原烧杯中,在低温电热板上消化脱脂棉,并溶解砷及碲,溶解后取下,按表1移入容量瓶中。

5.3.4 按表1分取一定量试液于50mL烧杯中,加入1mL硝酸、0.5mL高氯酸,混匀,置于低温电热板上蒸至冒白烟(在蒸发过程中,不时摇动烧杯,自出现白烟1min左右)。取下冷却,用少量水冲洗表皿及杯壁,再蒸发至刚冒白烟,取下冷却。

5.3.5 用少量水吹洗表皿及杯壁,加入1.0mL Na_2 EDTA溶液,3.0mL硫酸铵溶液,3.0mL阿拉伯胶溶液,滴加2滴酚红溶液,用氢氧化铵调至溶液刚变紫红色,并过量1滴。将溶液移入25mL容量瓶中,以水稀释至刻度,混匀。

5.3.6 取部分溶液(5.3.5)于电解池中,通氢(或氮)5min,以除去溶解氧,在示波极谱仪上于-0.30~-0.80V电位下,测定碲的二阶导数波高。并扣除随同试料的空白值。

5.4 直接比较法测量时所用标准对照溶液

取与测定试料中含碲量相当的碲标准溶液3份,分别置于3个50mL烧杯中,各加入1mL硝酸,以下按5.3.4~5.3.6条进行,取其平均值,以直接比较法计算结果。

6 分析结果的表述

按式(1)计算碲的百分含量:

$$\mathrm{Te}(\%)=\frac{cV_0H_1\times10^{-6}}{m_0H_0}\times100 \tag{1}$$

式中　c——碲标准溶液的浓度,μg/mL;

V_0——测定时所取碲标准溶液的体积,mL;

H_1——试液的波高,mm;

H_0——标准溶液的波高,mm;

m_0——试料的质量,g。

所得结果表示至二位小数。若碲含量小于0.10%时,表示至三位小数;小于0.010%时表示至四位小数。

7　允许差

实验室间分析结果的差值应不大于表2所列允许差。

表2　%

碲含量	允许差	碲含量	允许差
0.0050～0.010	0.0015	>0.10～0.50	0.02
>0.010～0.050	0.003	>0.50～1.00	0.06
>0.050～0.10	0.008		

(九) 铅及铅合金中钙量的测定

1　范围

本标准规定了铅合金中钙的测定方法。

本标准适用于铅合金中钙的测定。测定范围:0.010%～0.15%。

2　方法提要

试料用硝酸、酒石酸溶解。在稀硝酸介质中,以镧盐作释放剂,使用空气-乙炔火焰,于原子吸收光谱仪波长422.7nm处,测量钙的吸光度。

3　试剂

本方法所用水均为二次蒸馏水或去离子水。

3.1　溶样酸:称取30g酒石酸,溶于500mL硝酸(1+2)中,混匀。

3.2　镧溶液(50g/L):称取5.87g三氧化二镧,置于250mL烧杯中,加入10mL硝酸(ρ1.42g/mL,优级纯),加热溶解并稀释至100mL,混匀。

3.3　铅溶液:称取纯铅(99.99%)10.0g,置于250mL烧杯中,加入30mL硝酸(1+2),低温溶解完全。取下,冷却,移入100mL容量瓶中,用水稀释至刻度,混匀。此溶液1mL含0.1g铅。

3.4　铝溶液:称取0.100g铝片(铝>99.9%,钙<0.01%)于250mL烧杯中,缓缓加入

20mL 盐酸(1+1),低温加热至完全溶解,冷却后移入1000mL容量瓶中,用水稀释至刻度,混匀。此溶液1mL含100μg铝。

3.5 钙标准贮存溶液:准确称取2.4972g优级纯碳酸钙(预先在105~110℃烘1h置于干燥器中,冷却至室温)于250mL烧杯中,加入60mL硝酸(1+2),低温加热溶解,煮沸,取下,冷却,移入1000mL容量瓶中,用水稀释至刻度,混匀。此溶液1mL含1mg钙。

3.6 钙标准溶液:移取10.00mL钙标准贮存溶液于100mL容量瓶中,以硝酸(1+99)稀释至刻度,混匀。此溶液1mL含100μg钙。

4 仪器

原子吸收光谱仪,附钙空心阴极灯。

在仪器最佳工作条件下,凡能达到下列指标者均可使用。

灵敏度:在与测量溶液基体相一致的溶液中,钙的特征浓度应不大于0.12μg/mL。

精密度:用最高浓度的标准溶液测量10次吸光度,其标准偏差应不超过平均吸光度的1.0%;用最低浓度的标准溶液(不是"零"标准溶液)测量10次吸光度,其标准偏差应不超过最高标准溶液平均吸光度的0.5%。

工作曲线线性:将工作曲线按浓度等分成5段,最高段的吸光度差值与最低段的吸光度差值之比应不小于0.85。

仪器工作条件见附录A(提示的附录)。

5 分析步骤

5.1 试料

按表1称取试样,精确至0.0001g。

表1

钙含量,%	试料量,g	钙含量,%	试料量,g
0.010~0.040	1.0	>0.040~0.15	0.5

独立地进行2次测定,取其平均值。

5.2 空白试验

称取与试料中相当量的纯铅(99.99%),并加入相当量的铝溶液(3.4),随同试料做空白试验。

5.3 测定

5.3.1 将试料(5.1)置于100mL烧杯中,加入10mL溶样酸,低温加热溶解完全,取下冷却。

5.3.2 将试液(5.3.1)移入100mL容量瓶中,加入10.0mL镧溶液,用水稀释至刻度,混匀。

5.3.3 用空气-乙炔火焰于原子吸收光谱仪波长422.7nm处,以水调零,测量试液的吸光度,减去随同试料的空白溶液的吸光度,从工作曲线上查出相应的钙浓度。

5.4 工作曲线的绘制

5.4.1 钙含量0.010%~0.040%的工作曲线

5.4.1.1 移取0,1.00,2.00,3.00,4.00,5.00mL钙标准溶液,分别置于一组100mL容量瓶中,加入10.0mL铅溶液、10mL溶样酸、10.0mL镧溶液。加入与试料中相当量的铝溶液,以水稀释至刻度,混匀。

5.4.1.2 与试料测定相同条件下,测量标准溶液的吸光度,减去“零”标准溶液的吸光度,以钙浓度为横坐标,吸光度为纵坐标绘制工作曲线。

5.4.2 钙含量>0.040%~0.15%的工作曲线

移取0,1.50,3.00,4.50,6.00,7.50mL钙标准溶液,分别置于一组100mL容量瓶中,加入5.0mL铅溶液、10mL溶样酸、10.0mL镧溶液,加入与试料中相当量的铝溶液,以水稀释至刻度,混匀。以下按5.4.1.2条进行。

6 分析结果的表述

按式(1)计算钙的百分含量:

$$Ca(\%)=\frac{cV_0\times 10^{-6}}{m_0}\times 100 \tag{1}$$

式中 c——自工作曲线上查得的钙的浓度,μg/mL;

V_0——试液的总体积,mL;

m_0——试料的质量,g。

所得结果表示二位小数。若钙含量小于0.10%时,表示至三位小数。

7 允许差

实验室间分析结果的差值应不大于表2所列允许差。

表2　%

钙含量	允许差	钙含量	允许差
0.010~0.040	0.003	>0.080~0.15	0.012
>0.040~0.080	0.005		

附　录　A
（提示的附录）
仪器工作条件

使用WFX-1C型原子吸收光谱仪测量钙的工作条件见表A1。

表A1

波　长 nm	灯电流 mA	光谱通带 nm	燃烧器高度 nm	空气流量 L/min	乙炔流量 L/min
422.7	2	0.2	6	7.5	1.4

(十) 铅及铅合金中银量的测定

1 范围

本标准规定了铅及铅合金中银含量的测定方法。

本标准适用于铅及铅合金中银含量的测定。测定范围:0.00030%~1.50%。

2 方法提要

试料用硝酸或混合酸溶解。铅合金中银不经分离直接用火焰原子吸收光谱法测其吸光度;铅锭中银在乙酸[$c(CH_3COOH)=2mol/L$]介质中,以巯基棉纤维吸附与主体铅分离,然后用硫氰酸铵溶液洗脱银,最后用空气-乙炔火焰,于原子吸收光谱仪波长 328.1nm 处测其吸光度。

3 试剂

3.1 硝酸(ρ1.42g/mL),优级纯。

3.2 硝酸(1+3),优级纯。

3.3 盐酸(1+1),优级纯。

3.4 乙酸[$c(CH_3COOH)=2mol/L$]。

3.5 混合酸:取 30g 酒石酸溶于 200mL 水中,再加 100mL 硝酸(3.1)。

3.6 硫氰酸铵溶液[$c(NH_4SCN)=0.5mol/L$]。

3.7 硫脲溶液(50g/L)。

3.8 酒石酸溶液(200g/L)。

3.9 银标准贮存溶液:称取 0.5000g 金属银(>99.95%),置于 200mL 烧杯中,加入 50mL 硝酸(1+2),加热至完全溶解,冷却至室温,移入 500mL 棕色容量瓶中,用水稀释至刻度,混匀。此溶液 1mL 含 1mg 银。

3.10 银标准溶液:移取 50.00mL 银标准贮存溶液(3.9)于 500mL 容量瓶中,用水稀释至刻度,混匀。此溶液 1mL 含 100μg 银。

3.11 银标准溶液:移取 50.00mL 银标准溶液(3.10)于 500mL 容量瓶中,用水稀释至刻度,混匀。此溶液 1mL 含 10μg 银。

4 仪器和装置

4.1 原子吸收光谱仪,附银空心阴极灯。

在仪器最佳工作条件下,凡能达到下列指标者均可使用。

灵敏度:在与测量溶液基体相一致的溶液中,银的特征浓度应不大于 0.040μg/mL。

精密度:用最高浓度的标准溶液测量 10 次吸光度,其标准偏差应不超过平均吸光度的 1.50%;用最低浓度的标准溶液(不是"零"标准溶液)测量 10 次吸光度,其标准偏差应不超过最高标准溶液平均吸光度的 0.50%。

工作曲线线性:将工作曲线按浓度等分成 5 段,最高段的吸光度差值与最低段的吸光度差值之比应不小于 0.85。

仪器工作条件见附录A(提示的附录)。

4.2 巯基棉纤维富集装置,如图1所示。内装0.1g巯基棉纤维,加入水调节巯基棉的疏密程度,使流速在6~8mL/min。

巯基棉纤维的制备及其巯基含量的测定见附录B(提示的附录)。

5 分析步骤

5.1 试料

按表1称取试样,精确至0.000 1g。

表1

银含量,%		试料量,g	稀释体积,mL	分取试液体积,mL
铅锭	0.00030~0.0010	10.0	—	全量
	>0.0010~0.0020	5.0	—	全量
	>0.0020~0.0050	2.0	—	全量
	>0.0050~0.0080	1.0	—	全量
铅合金	0.0010~0.0070	3.0	100.00	全量
	>0.0070~0.020	1.0	100.00	全量
	>0.020~0.10	0.5	50.00	20.00
	>0.10~0.50	0.2	50.00	10.00
	>0.50~1.00	0.2	100.00	10.00
	>1.00~1.50	0.2	200.00	10.00

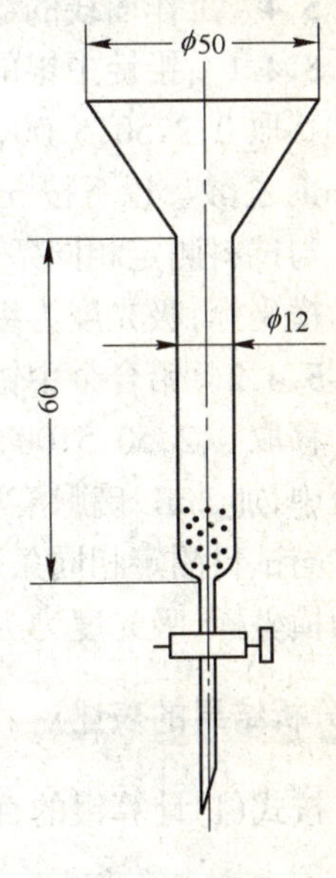

图1 巯基棉纤维富集装置图

独立地进行2次测定,取其平均值。

5.2 空白试验

随同试料做空白试验

5.3 测定

5.3.1 铅锭试料的溶解与处理

5.3.1.1 将试料(5.1)置于250mL烧杯中,加10~40mL硝酸(3.2)盖上表皿,低温加热至完全溶解,并蒸至近干。加100mL乙酸,加热煮沸至盐类完全溶解,冷却至室温。

5.3.1.2 用水洗涤巯基棉富集装置中的巯基棉纤维1~2次,将试液沿漏斗壁倾入,通过巯基棉纤维柱,用乙酸洗涤烧杯及表皿3~4次,洗涤巯基棉纤维4~6次,用吸液球吸尽漏斗管中的残留液后,接入50mL容量瓶中。

5.3.1.3 取10mL硫氰酸铵溶液,分2次沿漏斗壁缓慢倾入,用水洗涤漏斗壁和巯基棉纤维4~5次。向容量瓶中加入2mL硫脲溶液,混匀,再加30mL盐酸,用水稀释至刻度,混匀。以下按5.3.3条进行。

5.3.2 铅合金试料的溶解与处理

5.3.2.1 将试料(5.1)置于250mL烧杯中,加20mL混合酸,盖上表皿,低温加热溶解,煮沸除去氮的氧化物,冷却至室温。

5.3.2.2 将试液移入容量瓶中,按表1稀释至刻度,分取试液于100mL容量瓶中,加2mL硫脲溶液,10mL酒石酸溶液,5mL硝酸(3.1),以水稀释至刻度,混匀。

5.3.3　测量

将上述溶液(5.3.1.3或5.3.2.2)，于原子吸收光谱仪波长328.1nm处，使用空气-乙炔火焰，以水调零，测其吸光度。所得吸光度减去随同试料的空白溶液的吸光度，分别从工作曲线(5.4.1或5.4.2)上查出相应的银浓度。

5.4　工作曲线的绘制

5.4.1　铅锭中银的工作曲线的绘制

移取0,2.50,5.00,7.50,10.00,12.50mL银标准溶液(3.11)于一组250mL烧杯中，加100mL乙酸。以下按5.3.1.2~5.3.1.3条进行。

与试料测定相同条件下，测量标准溶液的吸光度，减去"零"标准溶液的吸光度，以银浓度为横坐标，吸光度为纵坐标绘制工作曲线。

5.4.2　铅合金中银工作曲线的绘制

移取0,2.50,5.00,10.00,15.00,20.00,25.00mL银标准溶液(3.11)于一组100mL容量瓶中，加2mL硫脲溶液、10mL酒石酸溶液、5mL硝酸(3.1)，用水稀释至刻度，混匀。

与试料测定相同条件下，测量标准溶液的吸光度，减去"零"标准溶液的吸光度，以银浓度为横坐标，吸光度为纵坐标绘制工作曲线。

6　分析结果的表述

按式(1)计算银的百分含量：

$$Ag(\%)=\frac{cV_0V_2\times10^{-6}}{m_0V_1}\times100 \tag{1}$$

式中　c——自工作曲线上查得的银浓度，μg/mL；

V_0——试液总体积，mL；

V_1——分取试液体积，mL；

V_2——分取试液稀释后的体积，mL；

m_0——试料的质量，g。

所得结果表示至二位小数。若银含量小于0.10%时，表示至三位小数；小于0.010%时，表示至四位小数；小于0.0010%时，表示至五位小数。

7　允许差

实验室间分析结果的差值应不大于表2所列允许差。

表2　　%

银含量	允许差	银含量	允许差
0.00030~0.00060	0.00015	>0.010~0.050	0.003
>0.00060~0.0015	0.00030	>0.050~0.10	0.008
>0.0015~0.0030	0.0005	>0.10~0.50	0.02
>0.0030~0.0050	0.0006	>0.50~1.00	0.05
>0.0050~0.010	0.0010	>1.00~1.50	0.06

附　录　A
(提示的附录)
仪器工作条件

使用WYX-402A型原子吸收光谱仪测定银量的工作条件见表A1。

表 A1

波　长 nm	灯电流 mA	光谱通带 nm	燃烧器高度 mm	空气流量 L/min	乙炔流量 L/min
328.1	1	0.2	5	24	3

附　录　B
(提示的附录)
巯基棉纤维的制备及其巯基含量的测定

B1　巯基棉纤维的制备:取20mL硫代乙醇酸(ρ1.32g/mL)和14mL乙酸酐(ρ1.08g/mL),置于250mL玻璃磨口瓶中,混匀。加2滴硫酸(ρ1.84g/mL),混匀,冷却。加入4g脱脂棉使其全部浸湿,盖上瓶盖,于25℃左右放置24h,取出挤干(戴乳胶手套),用水洗至中性,挤干,置烘箱内于37~38℃烘干(约5h)。冷却后置于棕色磨口瓶中,置入干燥器中避光保存。

B2　巯基棉纤维巯基含量的测定:取0.1g自制巯基棉纤维置于富集装置中,将200mL镉标准溶液(5μg/mL,pH6.0~6.5)通过巯基棉纤维柱。用水洗涤3~4次,用吸液球吸尽管内残留液,下接25mL容量瓶。用10mL盐酸[c(HCl)=1mol/L]溶液分10次洗脱,用水洗涤4~5次并稀释至刻度,混匀。用火焰原子吸收光谱法测定镉量。

按式(B1)计算巯基棉纤维的巯基[SH]的百分含量:

$$[\mathrm{SH}]\% = \frac{m_1 \times 66.14 \times 10^{-3}}{m_0 \times 112.4 \times 10} \times 100 \quad \text{(B1)}$$

式中　m_1——测得的巯基棉纤维吸附的镉量,mg;

m_0——巯基棉纤维的质量,g;

66.14——2倍巯基棉纤维的巯基的相对分子质量;

112.4——镉的相对原子质量。

巯基棉纤维的巯基含量不小于0.40%,方可使用。

(十一) 铅及铅合金中锌量的测定

1　范围

本标准规定了铅及铅合金中锌含量的测定方法。

本标准适用于铅及铅合金中锌含量的测定。测定范围:0.00030%~0.050%。

2 方法提要

试料用硝酸分解(当Zn≤0.0010%时,使铅成硫酸铅沉淀分离)。在硝酸介质中,使用空气-乙炔火焰,于原子吸收光谱仪波长213.8nm处,测量锌的吸光度。

3 试剂

3.1 酒石酸。

3.2 柠檬酸。

3.3 硫酸(1+1),优级纯。

3.4 硝酸(1+2),优级纯。

3.5 硝酸(1+3),优级纯。

3.6 锌标准贮存溶液:称取0.1000g金属锌(99.99%),置于250mL烧杯中,加入20mL硝酸(3.5),低温加热溶解,驱除氮的氧化物,取下,用水冲洗表面皿及杯壁,冷至室温,移入1000mL容量瓶中,用水稀释至刻度,混匀。此溶液1mL含100μg锌。

3.7 锌标准溶液:移取50.00mL锌标准贮存溶液,置于1000mL容量瓶中,加入10mL硝酸(3.5),用水稀释至刻度,混匀。此溶液1mL含5μg锌。

4 仪器

原子吸收光谱仪,附锌空心阴极灯。

在仪器最佳工作条件下,凡能达到下列指标者均可使用。

灵敏度:在与测量溶液基体相一致的溶液中,锌的特征浓度应不大于0.30μg/mL。

精密度:用最高浓度的标准溶液测量10次吸光度,其标准偏差应不超过平均吸光度的1.50%;用最低浓度的标准溶液(不是"零"标准溶液)测量10次吸光度,其标准偏差应不超过最高标准溶液平均吸光度的0.70%。

工作曲线线性:将工作曲线按浓度等分成5段,最高段的吸光度差值与最低段的吸光度差值之比应不小于0.80。

仪器工作条件见附录A(提示的附录)。

5 分析步骤

5.1 试料

按表1称取试样,精确至0.0001g。

表1

锌含量,%	试料量,g	试液总体积,mL	锌含量,%	试料量,g	试液总体积,mL
0.00030~0.0010	10.0	100.00	>0.0050~0.010	0.5	100.00
>0.0010~0.0020	1.0	100.00	>0.010~0.020	0.5	200.00
>0.0020~0.0050	1.0	100.00	>0.020~0.050	0.5	500.00

独立地进行2次测定,取其平均值。

5.2 空白试验

随同试样做空白试验。

5.3　测定

5.3.1　Zn≤0.0010%的试料

5.3.1.1　将试料(5.1)置于300mL烧杯中,加入60mL硝酸(3.5),低温加热溶解,并浓缩体积为30mL左右。

5.3.1.2　边搅拌边加入15mL硫酸,冷却,将沉淀和溶液移入100mL容量瓶中,用水稀释至刻度,混匀。

5.3.1.3　移取25mL上清液(5.3.1.2)置于100mL烧杯中,加热蒸干,取下冷却,加入10mL硝酸(3.5),加热至沸,冷却,移入50mL容量瓶中,稀释至刻度,混匀。以下按5.3.3条进行。

5.3.2　Zn>0.0010%的试料

5.3.2.1　将试料(5.1)置于200mL烧杯中,加入15mL硝酸(3.4),4g酒石酸(铅锡合金加4g柠檬酸),低温加热溶解完全,冷却。

5.3.2.2　将溶液(5.3.2.1)按表1移入容量瓶中,用水稀释至刻度,混匀。

5.3.3　测量

将上述溶液(5.3.1.3或5.3.2.2)于原子吸收光谱仪波长213.8nm处,使用空气乙炔火焰,以水调零,测其吸光度。所测吸光度减去随同试料的空白溶液吸光度,从工作曲线上查出相应的锌浓度。

5.4　工作曲线的绘制。

5.4.1　移取0,2.00,4.00,6.00,8.00,10.00mL锌标准溶液于一组50mL容量瓶中,加入10mL硝酸(3.5)用水稀释至刻度,混匀。

5.4.2　在与试料测定相同条件下测量标准溶液的吸光度。以锌浓度为横坐标,吸光度(减去"零"标准溶液的吸光度)为纵坐标绘制工作曲线。

6　分析结果的表述

当Zn≤0.0010%或Zn>0.001 0%时,分别按式(1)、式(2)计算锌的百分含量。

$$Zn(\%)=\frac{KcV_0V_2\times10^{-6}}{m_0V_1}\times100 \tag{1}$$

$$Zn(\%)=\frac{cV_0\times10^{-6}}{m_0}\times100 \tag{2}$$

式中　K——100mL容量瓶中硫酸铅沉淀对溶液体积的校正系数(试料量10.0000g时为0.976,$\rho PbSO_4=6.2g/mL$);

c——从工作曲线上查得的锌浓度,μg/mL;

V_0——试液的总体积,mL;

V_1——分取试液的体积,mL;

V_2——试液分取后的稀释体积,mL;

m_0——试料的质量,g。

所得结果表示至三位小数。若锌含量小于0.010%时,表示至四位小数;小于0.001 0%

时，表示至五位小数。

7 允许差

实验室间分析结果的差值应不大于表2所列允许差。

表2 %

锌含量	允许差	锌含量	允许差
0.00030～0.00060	0.00015	>0.0050～0.010	0.0010
>0.00060～0.0015	0.00025	>0.010～0.030	0.002
>0.0015～0.0030	0.0003	>0.030～0.050	0.003
>0.0030～0.0050	0.0004		

附 录 A
（提示的附录）
仪器工作条件

使用WYX-402型原子吸收光谱仪测定锌量的工作条件见表A1。

表A1

波长 nm	灯电流 mA	光谱通带 nm	燃烧器高度 mm	空气流量 L/min	乙炔流量 L/min
213.8	3	0.2	6	5	1

（十二）铅及铅合金中铊量的测定

1 范围

本标准规定了纯铅中铊含量的测定方法。

本标准适用纯铅中铊的测定。测定范围0.000 30%～0.010%。

2 方法提要

试料用硝酸和盐酸溶解，使铅成氯化铅沉淀分离。结晶紫与铊（Ⅲ）反应生成有色络合物，于盐酸（$c(HCl)=0.12mol/L$）介质中，用乙酸异戊酯萃取，有机相于分光光度计波长595nm处测量其吸光度。

3 试剂

3.1 乙酸异戊酯。

3.2 盐酸（$\rho 1.19g/mL$）。

3.3 过氧化氢（30%）。

3.4　盐酸(0.12mol/L)。

3.5　硝酸(1+2)。

3.6　氯化钠饱和溶液,优级纯。

3.7　高锰酸钾溶液(10g/L)。

3.8　结晶紫溶液(0.5g/L)。

3.9　铊标准贮存溶液:称取0.1117g预先在100~105℃烘1h并于干燥器中冷至室温的三氧化二铊基准试剂,置于200mL烧杯中,加入20mL盐酸(1+1)溶解,用盐酸(1+4)移入1000mL容量瓶中稀释至刻度,混匀。此溶液1mL含100μg铊。

3.10　铊标准溶液:移取20.00mL铊标准贮存溶液(3.9),置于1000mL容量瓶中,用盐酸(2+100)稀释至刻度,混匀。此溶液1 mL含2μg铊。

4　仪器

分光光度计。

5　分析步骤

5.1　试料

称取1.000 0g试样。

独立地进行2次测定,取其平均值。

5.2　空白试验

随同试料做空白试验。

5.3　测定

5.3.1　将试料(5.1)置于50mL烧杯中,加入15mL硝酸,5滴盐酸(3.2),低温加热分解,在沸水浴上蒸干。

5.3.2　加入20mL盐酸(3.4)低温加热溶解盐类,加入5mL氯化钠饱和溶液,用少量盐酸(3.4)洗涤表皿和杯壁,流水冷却。用中速定量滤纸过滤,用盐酸(3.4)洗涤烧杯及沉淀7~8次。将滤液移入125mL分液漏斗中;或将滤液移入100mL容量瓶中,用盐酸(3.4)稀释至刻度,混匀。按表1分取试液于125mL分液漏斗中。补加盐酸(3.4)使分液漏斗中溶液体积为60mL。

表1

铊含量,%	分取试液量,mL	铊含量,%	分取试液量,mL
0.00030~0.0010	全　量	>0.0020~0.0050	20.00
>0.0010~0.0020	50.00	>0.0050~0.010	10.00

5.3.3　加入4滴高锰酸钾溶液,混匀。放置2~3min,加入2滴过氧化氢,高锰酸钾颜色褪去后,加入10.00mL乙酸异戊酯,1mL结晶紫溶液,振荡1min,静置分层,弃去水相。将有机相离心1min或加入1g无水硫酸钠以除去水分。

5.3.4　移取部分有机相于1cm吸收皿中,以随同试料的空白溶液为参比,于分光光度计波长595nm处测量其吸光度。从工作曲线上查得相应的铊量。

5.4　工作曲线绘制

5.4.1 移取0,1.00,2.00,3.00,4.00,5.00mL铊标准溶液(3.10)分别置于一组分液漏斗中,用盐酸(3.4)稀释至60mL。以下按5.3.3条进行。

5.4.2 移取部分溶液(5.4.1)于1cm吸收皿中,以试剂空白为参比,于分光光度计波长595nm处测量其吸光度。以铊的浓度为横坐标,吸光度为纵坐标,绘制工作曲线。

6 分析结果的表述

按式(1)计算铊的百分含量:

$$\mathrm{Tl}(\%)=\frac{m_1 V_0 \times 10^{-6}}{m_0 V_1} \times 100 \tag{1}$$

式中 m_1——从工作曲线上查得的铊量,μg;

V_0——试液总体积,mL;

V_1——分取试液体积,mL;

m_0——试料的质量,g。

所得结果表示至三位小数。若铊含量小于0.010%时,表示至四位小数;小于0.001 0%时,表示至五位小数。

7 允许差

实验室间分析结果的差值不大于表2所列允许差。

表2 %

铊含量	允许差	铊含量	允许差
0.00030~0.0010	0.00020	>0.0020~0.0050	0.0007
>0.0010~0.0020	0.0004	>0.0050~0.010	0.0014

(十三) 铅及铅合金中铝量的测定

1 范围

本标准规定了铅及铅合金中铝含量的测定方法。

本标准适用于铅、铅钙合金、铅锡及铅钙轴承合金中铝含量的测定。测定范围:0.0050%~0.10%。

2 方法提要

试料用硝酸溶解,以硫酸铅沉淀的形式将基体铅分离,在盐酸[$c(\mathrm{HCl})=0.6\mathrm{mol/L}$]介质中,铝与铬天青S生成红色络合物,于分光光度计波长545nm处测其吸光度。

3 试剂

3.1 盐酸(ρ1.19)。

3.2 盐酸(1+19)。

3.3 硝酸(1+2)。

3.4 硫酸(1+1)。

3.5 对硝基酚溶液(1g/L)。

3.6 氢氧化铵(1+5)。

3.7 抗坏血酸溶液(10g/L)。

3.8 硫脲溶液(100g/L)。

3.9 铬天青S溶液(1g/L):称取0.100g铬天青S溶于100mL乙醇(1+1)溶液中。

3.10 六次甲基四胺溶液(400g/L),用pH计调至pH 6.0。

3.11 铝标准贮存溶液:称取0.1000g纯铝(>99.9%),加入10mL盐酸(3.1),加热使其溶解。冷却后移入1 000mL容量瓶中,用水稀释至刻度,混匀。此溶液1mL含100μg铝。

3.12 铝标准溶液:移取10mL铝标准贮存溶液(3.11),置于500mL容量瓶中,加5mL盐酸(1+1),用水稀释至刻度,混匀。此溶液1mL含2μg铝。

4 仪器

721型分光光度计。

5 分析步骤

5.1 试料

按表1称取试样,精确至0.0001g。

表1

铝含量,%	试料量,g	溶液总体积,mL	移取溶液体积,mL
0.0050~0.030	1.0	100.00	10.00
>0.030~0.050	0.5	200.00	5.00
>0.050~0.10	0.5	200.00	5.00

独立地进行2次测定,取其平均值。

5.2 空白试验

随同试料做空白试验。

5.3 测定

5.3.1 将试料(5.1)置于250mL烧杯中,加入10mL硝酸,加热溶解,取下冷却。用水洗表皿及杯壁,加入8mL硫酸,出现沉淀后冷却。

5.3.2 将试液移入表1所示容量瓶中,并稀释至刻度,混匀。

5.3.3 将试液干过滤后,按表1移取试液于100mL烧杯中,加热彻底蒸干,取下,加5mL盐酸(3.1)。低温加热至约2mL取下。用水洗表皿及杯壁,加热煮沸取下。

5.3.4 将溶液移入50mL容量瓶中,控制体积约15mL,滴加2滴对硝基酚溶液,用氢氧化铵调至溶液呈黄色,再用盐酸(3.2)中和至黄色消失并过量0.5mL。加1.0mL抗坏血酸溶液,2.5mL硫脲溶液,2.5mL铬天青S溶液,5.0mL六次甲基四胺溶液,每加一种试剂均需混匀。用水稀释至刻度,混匀,放置10min。

5.3.5　将部分溶液(5.3.4)移入 1cm 吸收皿中,以随同试料的空白试验溶液为参比,于分光光度计波长 545nm 处测量其吸光度。从工作曲线上查出相应的铝量。

5.4　工作曲线的绘制

5.4.1　移取 0,1.00,2.00,4.00,6.00,8.00mL 铝标准溶液,分别置于一组 50mL 容量瓶中,控制体积约 15mL,以下按 5.3.4 条进行。

5.4.2　将部分溶液(5.4.1)移入 1cm 吸收皿中,以试剂空白为参比,于分光光度计波长 545nm 处测量其吸光度,以铝量为横坐标,吸光度为纵坐标,绘制工作曲线。

6　分析结果的表述

按式(1)计算铝的百分含量:

$$\mathrm{Al}(\%)=\frac{m_1 V_0\times10^{-6}}{m_0 V_1}\times100 \tag{1}$$

式中　m_1——从工作曲线上查得的铝量,μg;

V_0——试液总体积,mL;

V_1——分取试液体积,mL;

m_0——试料的质量,g。

所得结果表示至二位小数。若铝含量小于 0.10% 时,表示至三位小数;小于 0.010% 时,表示至四位小数。

7　允许差

实验室间分析结果的差值应不大于表 2 所列允许差。

表 2　　%

铝 含 量	允 许 差	铝 含 量	允 许 差
0.0050～0.010	0.0015	>0.030～0.060	0.006
>0.010～0.030	0.003	>0.060～0.10	0.010

五、高纯铅化学分析方法

高纯铅化学分析方法按中国有色金属行业标准 YS/T 229—1994 执行。该标准具体规定如下:

(一) 高纯铅中银、铜、铋、铝、镍、锡、镁、铁的测定(化学光谱法)

总则及一般规定除按 GB 1467—78 执行外,本分析方法中所用酸均为特纯试剂;水均为二次离子交换水。

1. 方法提要

试样用硝酸溶解后,加入一定量硫酸在 80～90℃下,使铅生成硫酸铅沉淀与杂质分离,滤液蒸干后,长波以铟、短波以铂做内标,钠做载体,用交流断续电弧激发进行光谱测定。

本方法可同时测定银、铜、铋、铝、镍、锡、镁、铁八个元素。

测定范围:0.2～1.5ppm。

2. 试剂及仪器

硝酸(1+3)。

硫酸(1+1)、(1+9)。

盐酸(2+3)、(1+9)。

贮备标准溶液:

银标准溶液:称取1.0000g金属银(99.999%),置于100mL烧杯中,加10mL硝酸(1+1),低温溶解后,继续蒸至小体积,取下,冷至室温,转移到1000mL容量瓶中,加800mL盐酸(比重1.19),用水稀释至刻度,摇匀。此溶液1mL含1.00mg银。

铜标准溶液:称取1.0000g金属铜(99.999%),置于100mL烧杯中,加10mL硝酸(1+1),低温溶解后,继续蒸至小体积,取下,冷至室温,转移到1000mL容量瓶中,加200mL盐酸(比重1.19),用水稀释至刻度,摇匀。此溶液1mL含1.00mg铜。

铋标准溶液:称取1.0000g金属铋(99.999%),置于100mL烧杯中,加10mL硝酸(1+1),低温溶解后,继续蒸至小体积,取下,冷至室温,转移到1000mL容量瓶中,加200mL盐酸(比重1.19),用水稀释至刻度,摇匀。此溶液1mL含1.00mg铋。

铝标准溶液:称取1.0000g金属铝(99.999%),置于100mL烧杯中,加20mL盐酸(比重1.19),滴加1～2mL硝酸,低温溶解后,转移到1000mL容量瓶中,加180mL盐酸(比重1.19),用水稀释至刻度,摇匀。此溶液1mL含1.00mg铝。

锡标准溶液:称取1.0000g金属锡(99.999%),置于100mL烧杯中,加10mL王水,低温溶解后,转移到1000mL容量瓶中,加200mL盐酸(比重1.19),用水稀释至刻度,摇匀。此溶液1mL含1.00mg锡。

镍标准溶液:称取1.0000g金属镍(99.999%),置于100mL烧杯中,加入10mL硝酸(1+1),低温溶解后,继续蒸至小体积,取下,冷至室温,转移到1000mL容量瓶中,加200mL盐酸(比重1.19),用水稀释至刻度,摇匀。此溶液1mL含1.00mg镍。

镁标准溶液:称取1.6582g氧化镁(MgO光谱纯),置于100mL烧杯中,用水湿润,加20mL盐酸(比重1.19),低温溶解后,转移到1000mL容量瓶中,加180mL盐酸(比重1.19),用水稀释至刻度,摇匀。此溶液1mL含1.00mg镁。

铁标准溶液:称取1.4297g三氧化二铁(Fe_2O_3光谱纯),置于100mL烧杯中,用水湿润,加20mL盐酸(比重1.19),低温溶解后,转移到1000mL容量瓶中,加180mL盐酸(比重1.19),用水稀释至刻度,摇匀。此溶液1mL含1.00mg铁。

铟标准溶液:称取1.0000g金属铟(99.999%),置于100mL烧杯中,加20mL盐酸(比重1.19),低温溶解后,转移到1000mL容量瓶中,加180mL盐酸(比重1.19),用水稀释至刻度,摇匀。此溶液1mL含1.00mg铟。

铂标准溶液:称取1.0000g金属铂(99.999%),置于100mL烧杯中,加10mL王水,低温溶解后,继续加热蒸至小体积,取下,冷至室温,转移到1000mL容量瓶中,加200mL盐酸(比重1.19),用水稀释至刻度,摇匀。此溶液1mL含1.00mg铂。

钠标准溶液:称取12.7105g氯化钠,置于1000mL容量瓶中,用水溶解,并稀释至刻度,摇匀。此溶液1mL含5.00mg钠。

标准级差溶液的配制：吸取一定量的各杂质元素的标准溶液采用逐步稀释法，配成7个级差溶液，每0.1mL溶液含铂0.8μg、铟0.3μg、钠20μg及铅200μg；含银、铜、铝分别各为0.025、0.05、0.1、0.2、0.4、0.8、1.6μg；含铋、镍、锡、镁、铁分别各为0.05、0.1、0.2、0.4、0.8、1.6、3.2μg的盐酸(2+3)溶液。

试样内标溶液：分别取一定量贮备标准溶液，配成每0.1mL含铂0.8μg、钠20μg及铟0.3μg的盐酸(2+3)溶液。

空白内标溶液：分别取一定量贮备标准溶液，配成每0.1mL含铂0.8μg、钠20μg、铟0.3μg及铅200μg的盐酸(2+3)溶液。

聚苯乙烯-苯溶液(1.5%)。

电极：直径6mm的光谱纯石墨电极。

摄谱仪。

交流断续电弧发生器。

感光板：紫外Ⅱ型感光板。

测微光度计。

3．分析步骤

称取3份试样，每份5.00g(随同试样做试剂空白)分别置于100mL烧杯中，加20mL硝酸(1+3)，盖上表面皿，低温加热溶解，待试样完全溶解后，取下，用水稀释至40mL，放在水浴上，待水浴温度升至80～90℃时，在搅拌下滴加6mL硫酸(1+1)，沉淀完全后，继续在80～90℃水浴上放置15～20min，取下冷却，静止1.5h，用双层定量滤纸进行过滤〔滤纸先用盐酸(1+9)溶液洗3～5次，用水洗至中性，再用硫酸(1+9)溶液洗1次〕滤液用50mL容量瓶收集，用硫酸(1+9)溶液洗沉淀，并稀释至刻度，摇匀。分别取10mL滤液置于3个15mL石英坩埚中，在防尘罩中加热蒸发(温度为180℃左右)至硫酸烟冒尽。取下放冷，用1mL水洗涤坩埚壁，蒸干。取下放冷，加2滴盐酸(2+3)，微热溶解盐类，分别加入0.1mL内标溶液(试剂空白要加空白内标溶液)，滴在预先用聚苯乙烯-苯溶液封闭好的三对平头电极上，在红外灯下烤干，再用2滴盐酸(2+3)洗坩埚，滴在电极上烤干，以备摄谱。

标准级差：分别吸取标准级差溶液0.3mL，平均滴在预先用聚苯乙烯-苯溶液封闭好的三对平头电极上，在红外灯下烤干，与试样摄于同一块感光板上，以备测光。

光谱条件：

摄谱仪　中型石英摄谱仪，三透镜照明系统，狭缝10μm，中间光栏高5mm，光圈1∶15，波长在2000～4000Å，倒线色散率为3.9～31.5Å/mm。

光源　交流电弧发生器，交流断续电弧，燃弧脉冲频率240次/min，每次燃弧时间1/10s，电流为7A。无预燃曝光41s，极距3mm。

电极　上下电极均为平头电极。

感光板处理　显影液、定影液按感光板说明书配制。在20℃显影4min，定影至通透，再放置10～20min，取出，用水冲洗10min，晾干。

光度测量与计算：用测微光度计P标尺测量分析线对的黑度值。采用三标准试样法，以$\Delta P—\lg C$绘制工作曲线，由工作曲线查出测得元素量。

分析线对：

分析线,Å	内标线,Å	分析线,Å	内标线,Å
Ag　3280.68	In　3039.36	Ni　3050.81	In　3039.36
Cu　3273.96	In　3039.36	Sn　2839.98	Pt　2659.45
Al　3082.16	In　3039.36	Mg　2779.43	Pt　2659.45
Bi　3067.71	In　3039.36	Fe　2599.39	Pt　2659.45

试样中各杂质元素含量按下式计算：

$$\mathrm{Me(ppm)} = \frac{\gamma - \gamma_0}{W}$$

式中　γ——从工作曲线上查得的试样中杂质量,μg；

γ_0——从工作曲线上查得的空白中杂质量,μg；

W——称样量,g。

4. 允许差

测定元素	测定范围,ppm	允许差,ppm
Ag Cu Bi Al Ni Sn Mg Fe	<0.5	0.3
	0.5～1.5	0.4

(二) 高纯铅中砷量的测定(砷钼蓝吸光光度法)

总则及一般规定按 GB 1467—78 执行外,本分析方法中所用酸均为特纯试剂;水均为二次离子交换水。

1. 方法提要

在 1.8N 硝酸介质中,砷(V)与钼酸铵生成砷钼杂多酸,用正丁醇-乙酸乙酯混合萃取剂萃取,以硫酸联氨与氯化亚锡还原为砷钼蓝,于波长 700nm 处,以 1.8N 硝酸饱和过的砷萃取剂为参比,测其吸光度。

测定范围:0.3～1.5ppm。

2. 试剂

硝酸(1+3)、(1.8N)。

硫酸(比重 1.84)。

盐酸(比重 1.19)。

次溴酸钠溶液:取 45mL 饱和溴水,置于塑料瓶中,加 30mL 2% 氢氧化钠溶液,加 168mL 水,摇匀。

钼酸铵溶液(5%):保存于塑料瓶内〔钼酸铵精制方法:将 70g 钼酸铵加热溶于 400mL 水中,用同一张滤纸过滤两次,滤液收集于 1000mL 烧杯中,冷却后,加入 250mL 乙醇,搅拌混匀。放置 1h 待结晶完全后吸滤结晶,将所得钼酸铵溶于 400mL 热水中,再结晶 1 次。第二次吸滤结晶后,再用乙醇洗液(1+2)洗 5～6 次,放在表面皿上自然干燥〕。

硫酸联氨溶液(0.2%):称取 0.2g 硫酸联氨溶于 100mL 0.5N 硫酸中。

氯化亚锡溶液(6%):4N 盐酸溶液。

磷萃取剂:氯仿 + 正丁醇 = 3 + 1。

砷萃取剂：乙醇乙酯＋正丁醇＝1＋1。

洗涤液：1.8N硝酸溶液。

砷标准溶液：

（甲）称取0.1320g三氧化二砷（光谱纯），于50mL烧杯中，加入10mL2%氢氧化钠溶液溶解，用盐酸酸化，移入1000mL容量瓶中，用水稀释至刻度，摇匀。此溶液1mL含0.1mg砷。

（乙）移取2.00mL溶液（甲），置于100mL容量瓶中，用水稀释至刻度，摇匀。此溶液1mL含2μg砷。

3．分析步骤

平行吸取3份光谱测定剩下的试样[1]滤液和空白滤液各20.00mL（相当于2g试样），分别置于50mL烧杯中，加热冒硫酸烟至近干，取下，冷却后，加入2.6mL硝酸、5mL水溶解盐类，用水洗入60mL分液漏斗中，洗至体积为17mL，加入1mL次溴酸钠，摇匀。放置5～10min，加入3mL钼酸铵溶液，放置15min，加10mL磷萃取剂，萃取2次，弃去有机相，往水相中加入1.2mL硝酸，使酸度达1.8N，加入20mL砷萃取剂，振荡1min，静置分层后，弃去水相。在有机相中分别加入10mL 1.8N硝酸溶液及5mL 1.8N硝酸溶液各萃取1次，每次振荡半分钟，弃去水相。有机相中加入5mL硫酸联氨，再加1mL二氯化锡溶液，振荡半分钟，静置分层后，弃去水相。有机相放入4cm比色槽中，以1.8N硝酸饱和过的砷萃取剂为参比，于波长700nm处，测其吸光度。减去空白的吸光度，从工作曲线上查得相应的砷量。

工作曲线的绘制：

移取0.00、0.25、0.50、1.00、1.50mL砷标准溶液（乙），分别置于60mL分液漏斗中，加入2.6mL硝酸，用水稀释至17mL，加入1mL次溴酸钠溶液，以下操作同分析步骤，测其吸光度，减去试剂空白的吸光度，绘制工作曲线。

砷的含量按下式计算：

$$\mathrm{As(ppm)} = \frac{\gamma}{W}$$

式中　γ——从工作曲线上查得的砷量，μg；

W——称样量，g。

4．允许差

含砷量，ppm	允许差，ppm	含砷量，ppm	允许差，ppm
<0.5	0.3	0.51～1.5	0.4

（三）高纯铅中锑量的测定（孔雀绿吸光光度法）

总则及一般规定除按GB 1467—78执行外，本分析方法中所用酸均为特纯试剂；水均为二次离子交换水。

[1] 如试样中含磷，可取平行3份光谱测定剩下的试样滤液和空白滤液各20.00mL（相当于2g试样），分别置于50mL烧杯中，加热冒硫酸烟至近干，取下，冷却后，加入1.4mL硝酸、5mL水溶解盐类，用水洗入分液漏斗中，洗至体积为17mL，加入1mL次溴酸钠，摇匀。放置5～10min，加10mL磷萃取剂，振荡2次，弃去有机相，往水相中加入1.2mL硝酸，使酸度达到1.8N，加入20mL砷萃取剂，振荡1min，以下操作同分析步骤，工作曲线的绘制同试样分析加除磷步骤。

1. 方法提要

在5.5N盐酸介质中,锑的络阴离子$[SbCl_6]^-$与孔雀绿生成难溶有色络合物,被苯定量萃取,而金、铊不被萃取,消除其干扰。以苯为参比,于波长640nm处,测其吸光度。

测定范围:0.3~1.5(ppm)。

2. 试剂

硝酸(1+3)。

硫酸(1+1)、(1+49)。

盐酸(8.5N)、(1+19)。

亚硝酸钠溶液(10%)。

尿素:饱和水溶液。

二氯化锡(10%):6N盐酸溶液。

孔雀绿溶液(0.1%)。

苯。

锑标准溶液:

(甲)称取0.1000g金属锑(99.999%),置于50mL烧杯中,加入15mL硫酸(比重1.84)加热溶解后,转移到1000mL容量瓶中,用硫酸(1+9)稀释至刻度,摇匀。此溶液1mL含0.1mg锑。

(乙)移取1.00mL溶液(甲),置于100mL容量瓶中。用8.5N盐酸稀释至刻度,摇匀。此溶液1mL含1.00μg锑。

3. 分析步骤

称取1.00g试样(随同试样做试剂空白)3份,分别置于3个50mL烧杯中,加入15mL硝酸(1+3),盖上表面皿,低温溶解后,放在水浴上,于80~90℃左右在搅拌下加入1mL硫酸(1+1),待硫酸铅沉淀完全后,在80~90℃水浴上放置15~20min,取下,冷至室温,用中速定量滤纸过滤。滤纸先用盐酸(1+19)洗3~5次,再用水洗全中性,用硫酸(1+49)洗1次。沉淀用硫酸(1+49)洗3~5次,滤液置于50mL烧杯中,放在电炉上蒸至冒硫酸烟至近干,取下,冷却后,加入1.5mL 8.5N盐酸稍热溶解盐类,移入25mL比色管内,再用5mL 8.5N盐酸洗杯壁,洗液合并于比色管内,摇匀。加入0.5mL二氯化锡溶液,摇匀。加入1mL亚硝酸钠溶液,摇匀。放置5min,在摇动下加入2mL尿素,直至气泡散失停止后,加入0.5mL孔雀绿、2.5mL苯,振荡1min,静置分层后,将有机相移入干燥的0.5cm的比色槽内,以苯作参比,于波长640nm处,测其吸光度。减去空白吸光度,从工作曲线上查出相应的锑量。

工作曲线的绘制:

移取0.00、0.20、0.50、1.00、1.50mL标准溶液(乙),分别置于25mL比色管内,加8.5N盐酸稀释至6.5mL,加入0.5mL二氯化锡溶液,摇匀。以下操作同分析步骤,测其吸光度,减去试剂空白的吸光度,绘制工作曲线。

锑的含量按下式计算:

$$\mathrm{Sb(ppm)}=\frac{\gamma}{W}$$

式中 γ——从工作曲线上查得的锑量,μg;

W——称样量,g。

4. 允许差

含锑量,ppm	允许差,ppm	含锑量,ppm	允许差,ppm
<0.5	0.3	0.51~1.5	0.4

第二节　锌的检验方法

一、散装浮选锌精矿取样、制样方法

散装浮选锌精矿取制样方法按国家标准 GB/T 14261—1993 执行。该标准具体规定如下:

1　主题内容与适用范围

本标准规定了散装浮选锌精矿的取样、制样和测定水分的程序及方法。

本标准适用于散装浮选锌精矿的化学成分、水分及其他物理项目检测用试样的采取、制备和水分的测定。

2　引用标准

GB 14260 散装重有色金属浮选精矿取样、制样通则

3　术语定义

同 GB 14260 的规定。

4　一般规定

4.1　本标准规定取样、制样及测定总精密度 β_{SPM}(见表 1)。

表 1　不同检验批量锌精矿应取最少份样数及精密度

品质波动类型 / 份样数 n / 检验批量,t	小 $\sigma_W \leqslant 1.0$	中 $1.0 \leqslant \sigma_W \leqslant 2.0$	大 $\sigma_W > 2.0$	总精密度 β_{SPM},%
$N \leqslant 60$	6	18	28	1.00
$60 < N \leqslant 180$	9	32	48	
$180 < N \leqslant 300$	12	40	62	

4.2　本标准所列取样及缩分方法中的第一种方法为无系统误差法。

4.3　本标准规定以锌的百分含量作为锌精矿的品质特性。

4.4　严格按本标准规定的方法进行取样和制样,并根据需要进行精密度校核试验。

4.5　成分试样应妥善保管 3 个月,以备核查。

4.6 取样、制样所用设备、工具和盛样容器必须保持清洁、干燥、耐用。盛样容器应有较好的密封性，以防止试样变质。

4.7 评定品质波动试验方法、精密度校核试验方法及取样系统误差校核试验方法分别按 GB 14260 中附录 A、附录 B、附录 C 进行。

4.8 整个取样、制样过程应遵守有关的安全操作规程。

5 取样

5.1 取样工具

5.1.1 取样钎，其规格尺寸见图 1。

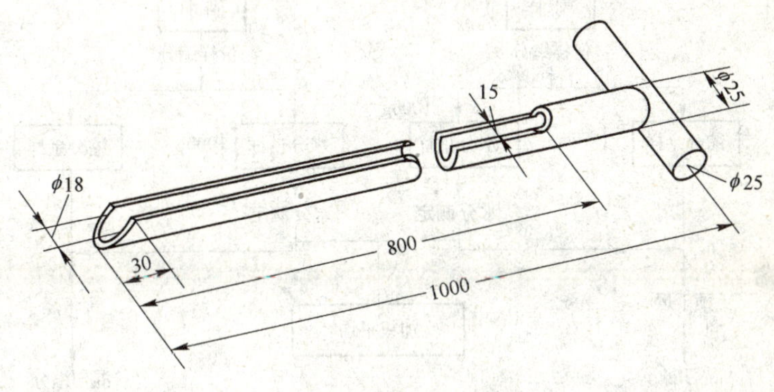

图 1 取样钎

5.1.2 取样铲，其规格尺寸见图 2 及表 2。

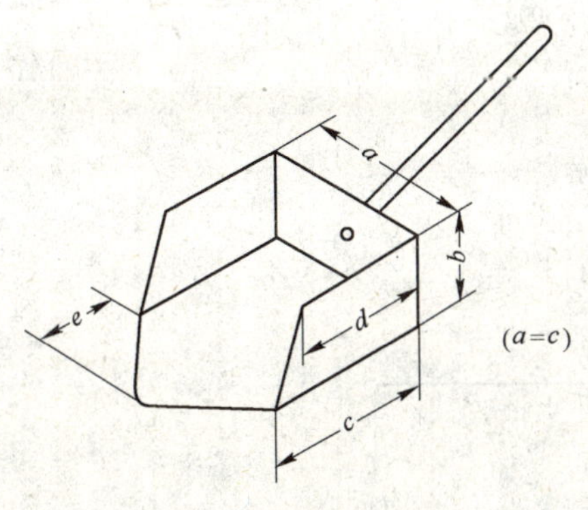

图 2 取样铲示意图

表 2 取样铲规格及尺寸

编号	取样铲尺寸,mm					容量,mL
	a	*b*	*c*	*d*	*e*	
20	80	45	80	70	35	约 270
15	70	40	70	60	30	约 180
10	60	35	60	50	25	约 120
5	50	30	50	40	20	约 70

5.1.3 钢锹和铁锤。

5.1.4 带盖的盛样桶或塑料盛样袋。

5.2 取样程序

5.2.1 验明检验批或副批的质量。

5.2.2 确定取样方法、工具。

5.2.3 根据检验批量大小、品质波动类型及取样精密度的要求确定应取的最少份样数和取样间隔。

5.2.4 确定份样组合方式，见图3。

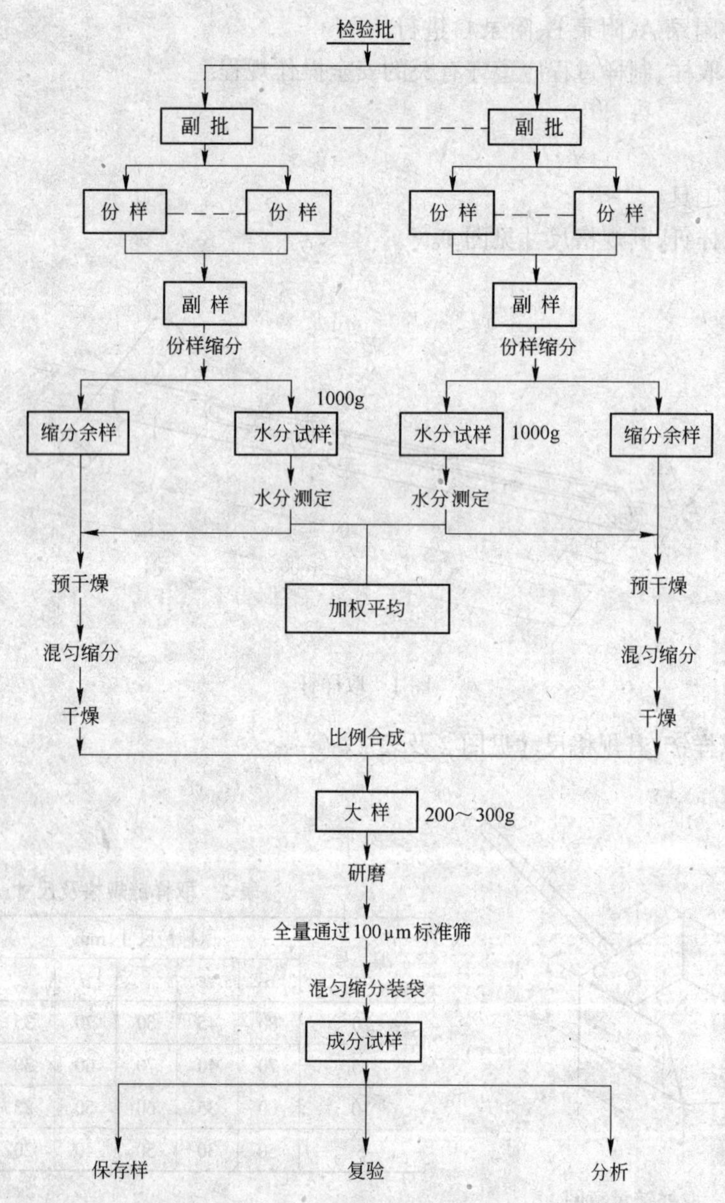

图3 试样组合方式及制样流程图

5.3 份样数

5.3.1 不同检验批量所取最少份样数应不少于表1的规定。

5.3.2 当锌精矿的品质波动类型不明时，应按品质波动“大”的类型来选取份样数。但应尽早进行品质波动试验以确定其类型。

5.4 份样量

5.4.1 用取样铲取样时，应按表2规定选取合适的取样铲，以确保份样量。

5.4.2　用取样钎取样时,份样量约为 300g。

5.4.3　所取份样量应基本一致,其质量变异系数(C_V)不大于 20%。

5.5　取样方法

5.5.1　系统取样法

在一批精矿装卸、计量或传送的移动过程中,按一定的质量(或时间)间隔随机采取份样。取样间隔可根据表 1 规定的份样数和检验批量按公式(1)进行计算,如遇小数则取整数部分。

$$T \leqslant \frac{N_1}{n} \text{或} T \leqslant \frac{60N_1}{Gn} \tag{1}$$

式中　T——取样质量间隔,t;

N_1——检验批质量,t;

n——表 1 规定的份样数;

G——每小时装卸量,t/h。

5.5.2　分层取样法

将正在装卸的精矿分成数层(不得少于三层),在各层的新露面上均匀布点采取份样。每层应取最少份样数按公式(2)计算,如遇小数则进为整数。

$$n_l \geqslant n\frac{N_l}{N_1} \tag{2}$$

式中　n_l——每层应取的份样数;

n——表 1 中规定的份样数;

N_l——每层的质量,t;

N_1——检验批质量,t。

5.5.3　货车取样法

当一批锌精矿用货车交货时,应在每辆货车上均匀布点,用取样钎从上垂直插入底部,旋转后采取有代表性的份样。避免从表层或某一局部采样。

如检验批由多辆货车交货时,每辆货车应取的最少份样数按公式(3)计算,如遇小数则进为整数。

$$n_2 \geqslant \frac{n}{M} \tag{3}$$

式中　n_2——每辆货车应取的最少份样数;

n——表 1 中规定的最少份样数;

M——检验批的总车数。

注:当货车装载质量不同时,份样数的分配与装载质量成正比。

5.6　水分试样应在计量时采取,并置于干燥、洁净的密闭容器中,以防止水分发生变化。

6　制样

6.1　制样设备及工具

6.1.1　制样粉碎机。

6.1.2　恒温干燥箱。

6.1.3　份样铲，其规格尺寸见图4和表3。

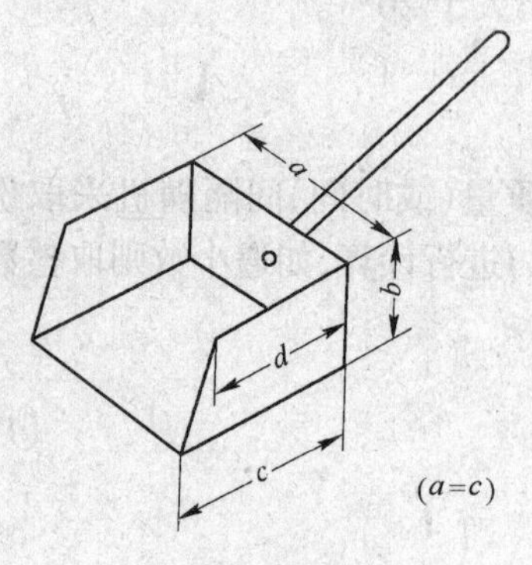

图4　份样铲

表3　份样铲规格及尺寸

编　号	份样铲尺寸，mm				料层厚度，mm	容量，mL
	a	*b*	*c*	*d*		
5.0D	50	30	50	40	20～30	约70
2.8D	40	25	40	30	15～25	约35
1.0D	30	20	30	25	10～20	约16
0.25D	15	10	15	12	5～10	约2

6.1.4　缩分板。

6.1.5　十字分样板。

6.1.6　标准筛。

6.1.7　毛刷、样刀。

6.1.8　盛样容器及干燥器。

6.2　制样要求

6.2.1　制样过程中，应防止试样的任何变化和污染。

6.2.2　制备水分试样时，应保证试样中的水分不发生任何变化。

6.2.3　当试样过湿发粘难于制备成分试样时，可在不高于105℃的干燥箱中或空气中进行预干燥至制样不发生困难为止。

6.2.4　制样设备和工具必须保持清洁、干净，制样后，设备中不能残留试样。

6.2.5　试样应允许混匀，以减小缩分误差。

6.2.6　严格按照本标准的规定制样，并根据需要按GB 14260附录B进行精密度校核试验。

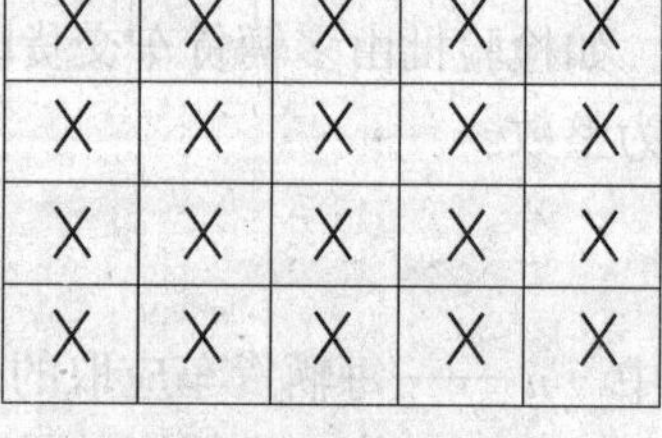

6.3　制样程序

6.3.1　一个检验批由多个副批组成时，所取份样的组合方式和制样程序如图3所示。

6.3.2　当一检验批精矿由单一副批组成时，其制样流程按图3副批以下的流程制样。

6.4　缩分方法

6.4.1　份样缩分法

将试样置于平整、洁净的缩分板上，平铺成厚度均匀的长方形平堆。将平堆划分成20个等份的网格（见图5），根据平堆的厚度从表3中选择合适的份样铲和挡板，从每一网格的任意部位垂直插入，铲取等量的一铲集合为缩分试样。

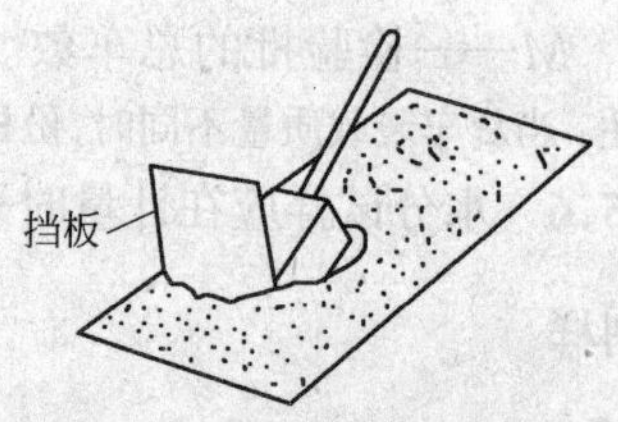

图5　份样缩分法示意图

注：如果缩分后的试样质量小于所需质量，应增加每铲的质量或网格数。

6.4.2　圆锥四分法

将试样置于平整、洁净的缩分板上，堆成圆锥形，然后转堆，每铲沿圆锥顶尖均匀散落，注意勿使圆锥中心错位。如此反复、至少转堆3次，待试样充分混匀后，将锥顶压平，用十字分样板自上而下将试样分成四等份，任取对角两部分，其余弃之，重复上述操作数次，缩分至所需用量。

6.5　试样容器和标签

成分试样混匀缩分后装入试样袋中；水分试样装入带密封盖的容器中，并附以标签注明：

a.　编号；

b.　精矿品名、产地；

c.　车号或船号；

d.　取样、制样人员；

e.　取样日期；

f.　分析项目。

7　水分测定

7.1　设备

7.1.1　天平，精度为0.0005g。

7.1.2　恒温干燥箱。

7.1.3　搪瓷干燥盘，要求表面光洁、耐热、耐蚀。

7.2　测定要求

7.2.1　水分试样应是刚采取的份样经合并缩分后的全量。

7.2.2　水分试样量不少于1000g。

7.3　测定步骤

将水分试样平铺于已知质量(m_1)的干燥盘内，使其厚度不超过30mm，立即称量(m_2)，放入105±5℃的恒温干燥箱内。干燥一定时间后取出，趁热立即称量或在干燥器中冷却至室温后称量。重复上述操作步骤，直至最后两次称量之差不大于试样初始质量的0.05%。记录最后一次质量(m_3)。热称量时，应用适当的隔热材料隔离称量盘，以免对天平产生影响。

7.4　计算

7.4.1　按公式(4)计算试样的水分含量。

$$W_i(\%)=\frac{m_2-m_3}{m_2-m_1}\times 100 \tag{4}$$

式中　m_1——干燥盘的质量，g；

m_2——干燥盘加湿样质量，g；

m_3——干燥盘加干样质量，g。

7.4.2　检验批的水分含量按公式(5)计算。

$$W(\%)=\frac{\sum_{i=1}^{K}m_iW_i}{\sum_{i=1}^{K}m_i}\times 100 \tag{5}$$

式中　K——副样数；

W_i——第 i 个副样的水分含量，%；

m_i——第 i 个副批的质量，t。

注：以上计算数值修约到小数点后第二位。

二、锌精矿化学分析方法

锌精矿化学分析方法按国家标准 GB/T 8151.1～8151.14—2000 执行。该标准具体规定如下：

（一）锌精矿中锌量的测定

方法 1　沉淀分离 Na_2 EDTA 滴定法测定锌量

1　范围

本标准规定了锌精矿中锌含量的测定方法。

本标准适用于锌精矿中锌含量的测定。测定范围：30.00%～60.00%。

2　方法提要

试料用盐酸、硝酸和硫酸溶解，沉淀分离铁、锰、铅等共存元素。滤液中加入掩蔽剂掩蔽少量干扰元素。在 pH 5～6 的乙酸-乙酸钠缓冲溶液中，以二甲酚橙为指示剂，用 Na_2 EDTA 标准滴定溶液滴定。测得结果为锌、镉合量，扣除镉量，即为锌量。

3　试剂

3.1　氯化铵。

3.2　抗坏血酸。

3.3　乙酸钠(无水)。

3.4　盐酸(ρ1.19g/mL)。

3.5　硝酸(ρ1.42g/mL)。

3.6　高氯酸(ρ1.67g/mL)。

3.7　氨水(ρ0.90g/mL)。

3.8　乙酸(ρ1.049g/mL)。

3.9　盐酸(1+1)。

3.10　硫酸(1+1)。

3.11　硫酸(1+9)。

3.12　氨水(1+1)。

3.13　洗涤液:2g 氯化铵(3.1)溶于 100mL 水中,加 3～4 滴氨水(3.7),混匀。

3.14　过硫酸铵溶液(200g/L),当日配制。

3.15　氟化钾溶液(200g/L),贮于塑料瓶中。

3.16　硫代硫酸钠溶液(100g/L)。

3.17　乙酸-乙酸钠缓冲溶液(pH 5.5):150g 乙酸钠(3.3)溶于水中,加入 18mL 乙酸(3.8),用水稀释至 1000mL,混匀。

3.18　铁贮存液(100g/L):称取 100g 硫酸铁溶解于 1000mL 硫酸(3.11)中。

3.19　甲基橙指示剂(0.5g/L)。

3.20　二甲酚橙指示剂(5g/L),限两周内使用。

3.21　乙二胺四乙酸二钠(Na_2 EDTA)标准滴定溶液[$c(C_{10}H_{14}N_2O_8Na_2 \cdot 2H_2O)$ = 0.05mol/L]。

3.21.1　配制:称取 18.6g 乙二胺四乙酸二钠,加水微热溶解,冷至室温,移入 1 000mL 容量瓶中,用水稀释至刻度,混匀。放置 3 天后标定。

3.21.2　标定:称取 3 份 0.100 0g 金属锌(≥99.99%)置于 400mL 烧杯中,加入 10mL 盐酸(3.9),盖上表皿,低温溶解,取下放冷,加入 20mL 水、1mL 铁贮存液(3.18),以下按 5.3.2～5.3.5 条进行。

随同标定作空白试验。

按式(1)计算 Na_2 EDTA 标准滴定溶液对锌的滴定系数:

$$F=\frac{m_1}{V_1-V_0} \tag{1}$$

式中　F——Na_2 EDTA 标准滴定溶液对锌的滴定系数,g/mL;

m_1——称取金属锌量,g;

V_1——标定时消耗 Na_2 EDTA 标准滴定溶液的体积,mL;

V_0——标定时滴定空白试验溶液所消耗 Na_2 EDTA 标准滴定溶液的体积,mL。

取 3 次标定结果的平均值为滴定系数,3 次标定结果的极差值应不大于 0.000005g/mL。否则,重新标定。

4　试样

4.1　样品应通过 0.100mm 孔筛。

4.2　样品预先在 105℃ ±5℃ 烘 1h,置于干燥器中冷至室温。

5　分析步骤

5.1　试料

称取 0.2g±0.000 1g 试料。

独立地进行二次测定,取其平均值。

5.2　空白试验

随同试料做空白试验。

5.3　测定

5.3.1 将试料(5.1)置于400mL烧杯中,加少量水湿润,加入10mL盐酸(3.4),加盖表皿低温溶解驱赶硫化氢5~10min,加入5mL硝酸至试料分解完全,去表皿。加入5mL硫酸(3.10),继续加热至呈湿盐状〔如试料含碳较高,可在蒸至冒白烟时取下,放冷,加入1~2mL高氯酸,继续加热至湿盐状〕取下放冷。加入20mL硫酸(3.11),盖上表皿,加热溶解盐类,稍冷,用水吹洗表皿及杯壁,并稀释体积至60mL左右(如溶液中含铁较低,适当补加铁贮存液使溶液中含铁约20mg)。

5.3.2 加入3~5g氯化铵、5mL过硫酸铵溶液,用氨水(3.7)中和至沉淀完全再过量10mL,加热微沸1~2min,趁热用快速定性滤纸过滤,用热的洗涤液洗涤烧杯和沉淀各2~3次,滤液保留。

5.3.3 将沉淀用热的洗涤液洗到原沉淀的烧杯中,加入盐酸(3.9)溶解沉淀,加入5mL过硫酸铵溶液,用氨水(3.7)中和至沉淀完全,再过量10mL,加热微沸1~2min,取下,经原滤纸过滤于保留液的烧杯中,用热的洗涤液洗涤烧杯和沉淀各3~4次。

5.3.4 将滤液(5.3.3)煮沸并浓缩至体积约100mL,彻底破坏过剩的过硫酸铵,取下放冷。

5.3.5 加入0.1g抗坏血酸、1滴甲基橙指示剂,用氨水(3.12)和盐酸(3.9)调至溶液恰变红色,加入20mL乙酸-乙酸钠缓冲溶液、5mL氟化钾溶液、10mL硫代硫酸钠溶液,混匀。滴加2滴二甲酚橙指示剂,用Na_2 EDTA标准滴定溶液滴定至溶液由紫红色变为亮黄色为终点。

6 分析结果的表述

按式(2)计算锌的百分含量:

$$Zn(\%)=\frac{F(V_3-V_2)}{m_0}\times 100-Cd\%\times 0.5816 \tag{2}$$

式中 F——Na_2 EDTA标准滴定溶液对锌的滴定系数,g/mL;

V_3——试液消耗Na_2 EDTA标准滴定溶液的体积,mL;

V_2——空白试验消耗Na_2 EDTA标准滴定溶液的体积,mL;

m_0——试料的质量,g;

0.5816——镉量换算为锌量的系数;

Cd%——由GB/T 8151.8测得的镉的百分数。

所得结果表示至二位小数。

7 允许差

实验室间分析结果的差值应不大于表1所列允许差。

表1 %

锌含量	允许差	锌含量	允许差
30.00~40.00	0.45	>50.00~60.00	0.60
>40.00~50.00	0.50		

方法 2 萃取分离 Na_2 EDTA 滴定法测定锌量

8 范围

本标准规定了硫化锌精矿中锌含量的测定方法。

本标准适用于锌精矿中锌含量的测定。测定范围 11.00%～62.00%。

9 方法提要

试料用液溴和硝酸溶解，部分不溶的残渣用氢氟酸和高氯酸溶解，用硫脲和柠檬酸盐掩蔽杂质元素，复杂的锌化合物用甲基异戊酮萃取与杂质分离，滴定前用碘离子掩蔽镉，当钴含量大于 0.05%时，需萃取分离，在溶液 pH 5.5 时用 Na_2 EDTA 滴定法测定锌。

10 试剂

10.1 液溴。

10.2 甲基异戊酮。

10.3 无水乙醇。

10.4 盐酸（ρ1.19g/mL）。

10.5 硝酸（ρ1.42g/mL）。

10.6 氢氟酸（ρ1.13g/mL）。

10.7 高氯酸（ρ1.54g/mL）。

10.8 氨水（ρ0.90g/mL）。

10.9 盐酸（1+4）。

10.10 氟化钠溶液（20g/L）。

10.11 硫脲溶液（100g/L）。

10.12 碘化钾溶液（1000g/L）。

10.13 掩蔽剂：将 60g 硫脲、100g 柠檬酸氢二铵、200g 硫氰酸铵溶解在水中并稀释到 1000mL，必要时需过滤。

10.14 缓冲溶液：将 250g 环六次亚甲基四胺（乌洛托品）溶解在水中，加入 60mL 乙酸（ρ1.049g/mL），然后稀释至 1000mL。

10.15 铁贮存溶液（45g/L）：将 45g 硝酸铁[$Fe(NO_3)_3 \cdot 9H_2O$]溶解在水中并稀释至 1000mL。

10.16 二甲酚橙（10g/L）：将 1.0g 二甲酚橙与 99.0g 硝酸钾晶体混合均匀，用杵在陶瓷器皿中研磨，当颜色一致时认为混合均匀。

10.17 乙二胺四乙酸二钠（Na_2 EDTA）标准滴定溶液[$c(C_{10}H_{14}N_2O_8Na_2 \cdot 2H_2O)=0.05mol/L$]

10.17.1 配制：称取 18.6g 乙二胺四乙酸二钠，加水微热溶解，冷至室温，移入1000mL 容量瓶中，用水稀释至刻度，混匀。放置 3 天后标定。

10.17.2 标定：在 0.25～1.625g 范围内称取 3 份金属锌（≥99.99%）（质量大小应与试料中锌的含量相近，误差为±0.0001g），放在 3 个不同的 300mL 锥形瓶中，记下质量 m_1、

m_2、m_3，加入 15mL 水、15mL 硝酸(3.3)、5mL 铁贮存溶液(3.15)，锌溶解后煮沸，放出二氧化氮气体，冷却后以水稀释至 500mL，以下按 12.3.2～12.3.3 条进行，记下消耗 Na_2 EDTA 标准滴定溶液的体积为 V_1、V_2、V_3，计算 Na_2 EDTA 标准滴定溶液对锌的滴定系数。对于每个烧杯适用于式(3)：

$$F_n = m_n 1 V_n, n = 1 \sim 3 \tag{3}$$

式中 F_n——Na_2 EDTA 标准滴定溶液对锌的滴定系数，g/mL；

V_n——标定时消耗 Na_2 EDTA 标准滴定溶液的体积，mL；

m_n——金属锌的质量，g。

平行标定 3 份，若 F_1、F_2、F_3 的变化范围超过 0.000 01g/mL，则需重复标定，否则按式(4)计算平均滴定系数：

$$F = (F_1 + F_2 + F_3)/3 \tag{4}$$

11 试样

11.1 样品应通过 0.100mm 孔筛。

11.2 样品预先在 105℃ ± 5℃ 烘 1h，置于干燥器中冷至室温。

12 分析步骤

12.1 试料

称取 2.5g ± 0.000 1g 试料。

独立地进行二次测定，取其平均值。

12.2 空白试验

随同试料做空白试验。

12.3 测定

12.3.1 将试料(12.1)置于 300mL 细颈锥形瓶中，用 20mL 水湿润，加 2～3mL 液溴，在室温下反应 15min，并不时地摇动，加入 15mL 硝酸，再放置 15min，将锥形瓶放入电炉盘上加热，煮沸赶走溴蒸气，冷却后加 100mL 水，加热煮沸，冷却。若试料溶解完全，将试液移入到 500mL 容量瓶中，彻底清洗锥形瓶，用水稀释至刻度；否则用中速滤纸将溶液过滤到 500mL 容量瓶中，用水洗涤滤纸上的不溶物，将过滤后的不溶物置于 25mL 铂坩埚中，然后放进 800℃ 马弗炉中进行灰化，再加 2mL 氢氟酸、5mL 高氯酸，加热直至放出高氯酸浓烟，冷却，加 25mL 水稀释，若出现硫酸铅沉淀物，需过滤，将滤液转移到上述容量瓶中，清洗滤纸，滤液进容量瓶，然后用水稀释至刻度。

12.3.2 移取 50.00mL 溶液(12.3.1)至 250mL 分液漏斗中，滴加氨水直至有少量浑浊产生，加入 5mL 稀盐酸(10.9)、50mL 掩蔽剂，充分混匀，再加入 80mL 甲基异戊酮，然后振荡 1min，待物相分离，缓慢地将下层液放入另一分液漏斗中，加入 20mL 甲基异戊酮，进行第二次萃取，待物相分离，弃去水相，合并两次有机相，放入 500mL 烧杯中，分别向两个分液漏斗中加入 1mL 稀盐酸(10.9)和 70mL 乙醇，彻底振荡后将两个漏斗中的液体放入上述烧杯中。

12.3.3 依次加入 10mL 氟化钠溶液、10mL 硫脲溶液、20mL 缓冲溶液、5mL 碘化钾溶液、0.1g 二甲酚橙，用 Na_2 EDTA 标准滴定溶液，滴定溶液颜色由红色变为黄色为终点，记下消耗的体积数 V_4。

13　分析结果的表述

按式(5)计算锌的百分含量：

$$Zn(\%)=\frac{F(V_4-V_0)}{m_0}\times 100 \tag{5}$$

式中　F——Na_2 EDTA 标准滴定溶液对锌的滴定系数，g/mL；

V_4——滴定试液时消耗 Na_2 EDTA 标准滴定溶液的体积，mL；

V_0——滴定空白试料时消耗 Na_2 EDTA 标准滴定溶液的体积，mL；

m_0——试料的质量，g。

所得结果表示至二位小数。

14　允许差

实验室间分析结果的差值应不大于式(6)所规定允许差 P：

$$P=2.8\times(S_L+S_r/2) \tag{6}$$

式中　$S_L=0.001\,6u_{1.2}+0.053\,9$（$S_L$ 即不同实验室标准偏差）；

$S_r=0.000\,8u_{1.2}+0.038\,2$（$S_r$ 即同一实验室标准偏差）；

$u_{1.2}=(u_1+u_2)/2$（$u_{1.2}$即最终结果平均值）。

（二）锌精矿中硫量的测定

1　范围

本标准规定了锌精矿中硫含量的测定。

本标准适用于锌精矿中硫含量的测定。测定范围：20.00%～40.00%。

2　方法提要

试料在高温氧气流中燃烧，使其中硫化物氧化、硫酸盐分解成二氧化硫，以过氧化氢溶液吸收并氧化成硫酸。以甲基红与次甲基蓝为混合指示剂，用氢氧化钠标准滴定溶液滴定至溶液由紫色变为绿色为终点。

技术条件规定量的共存元素不干扰硫的测定。

3　试剂

3.1　氢氧化钠。

3.2　变色硅胶。

3.3　氧化铜，粉状。

3.4　铅粉（≥99.99%）。

3.5　硫酸（ρ1.84g/mL）。

3.6 硫酸(1+1),优级纯。

3.7 硝酸(1+3),优级纯。

3.8 高锰酸钾-氢氧化钠溶液:称取 3.0g 高锰酸钾溶于 100mL 水中,加入 10g 氢氧化钠(3.1),溶解,装入洗气瓶中。

3.9 混合指示剂:次甲基蓝溶液(1.6g/L)和甲基红乙醇溶液(1.2g/L),使用前按等体积混合。

3.10 过氧化氢吸收液:1 000mL 溶液中含 50mL 过氧化氢[30%(*m*/*m*)],加 1mL 混合指示剂(3.9),用氢氧化钠标准滴定溶液(3.12)和硫酸(1+19)调至溶液刚呈绿色(限 1 周内使用)。

3.11 硫酸铅基准试剂的制备

称取 20g 铅粉(≥99.99%)于 500mL 的烧杯中,加入 30mL 硝酸(3.7)溶解,待反应完全后过滤除去悬浮物,加入 20mL 硫酸(3.6),沉降 2h 后用中速定量滤纸过滤,用蒸馏水洗至中性,在烘箱内烘干,放到瓷坩埚中,于马弗炉 780℃灼烧 1h,取出稍冷放入干燥器中。待室温后取出放入研钵中研磨,再放入马弗炉 780℃灼烧 1h 后取出,放入干燥器中作为基准物。

3.12 氢氧化钠标准滴定溶液(约 0.1mol/L)。

3.12.1 配制:取 7mL 氢氧化钠溶液(400g/L)放入 1L 的塑料筒中,用煮沸并冷却的蒸馏水稀释至 1L。混匀。

3.12.2 标定:准确称取 0.400 0g 硫酸铅基准试剂(3.11)于瓷舟中,覆盖 0.5g 氧化铜(CuO),按分析方法同时进行标定,记录消耗氢氧化钠的体积。

按式(1)计算氢氧化钠标准滴定溶液对硫的滴定系数:

$$F=\frac{m\times 0.105\ 7}{V_1-V_0} \tag{1}$$

式中 F——氢氧化钠标准滴定溶液对硫的滴定系数,g/mL;

m——称取硫酸铅的质量,g;

V_1——标定时所消耗氢氧化钠标准滴定溶液的体积,mL;

V_0——标定时滴定空白试验溶液所消耗氢氧化钠标准滴定溶液的体积,mL;

0.1057——硫酸铅转化为硫的系数。

取 3 份标定结果的平均值为滴定系数,3 次标定结果的极差值应不大于 0.000 01g/mL。否则,重新标定。

4 仪器

4.1 高温管式电炉:最高温度 1 350℃,常用温度 1 250℃。

4.2 定硫装置见图 1。

5 试样

5.1 样品应通过 0.100mm 孔筛。

5.2 样品预先在 105℃ ± 5℃ 烘 1h,置于干燥器中冷至室温。

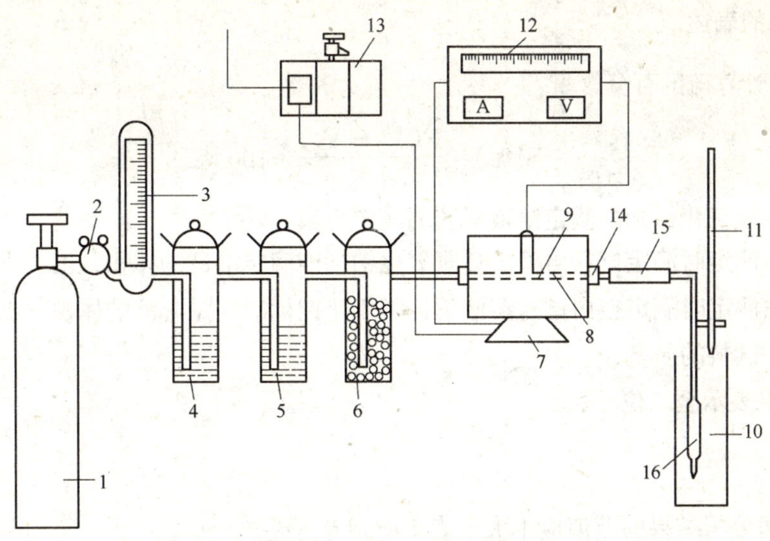

图 1　燃烧中和滴定法定硫装置图

1—氧气瓶；2—减压阀；3—转子流量计（0～1 L/min）；4—洗气瓶［内装高锰酸钾-氢氧化钠溶液（3.8），液面高约 1/3 瓶高］；5—洗气瓶［内装硫酸（3.5），液面高约 1/3 瓶高］；6—干燥塔（装变色硅胶）；7—高温管式电炉；8—锥形瓷管（内径 18mm，外径 22mm，总长 600mm）；9—瓷舟（88mm，预先在 1 000℃ 灼烧 2h）；10—150mL 吸收管；11—滴定管；12—温度控制器；13—可控硅电源；14—橡胶塞；15—乳胶管；16—一孔气体扩散管（用 10mL 移液管按图制好，底部烧成一小细孔）

6　分析步骤

6.1　试料

称取 0.1500g 试料，精确至 0.0001g。

独立并进行二次测定，取其平均值。

6.2　空白试验

随同试料做空白试验。

6.3　测定

6.3.1　准备工作

6.3.1.1　接通电源，分 2～3 次逐渐加大电压升温至 1 250℃ 并恒温。

6.3.1.2　将瓷管锥形头移至炉膛中间灼烧各部分至无气体逸出，按规定位置固定。

6.3.1.3　在 150mL 的吸收管内加入 80mL 的过氧化氢吸收液，按图 1 接好全部装置后在通气的条件下，检查装置的气密性，当关闭进气端时吸收瓶内应无气泡产生。如发现漏气，必须调至不漏气为止。

6.3.2　将试料（6.1）均匀铺于瓷舟中，覆盖 0.5g 的氧化铜（3.3），用镍铬丝钩将盛有试料的燃烧瓷舟迅速推入锥形瓷管的温度最高处，立即塞紧胶塞通入氧气助燃，调整好氧气的流量在 0.15～0.20L/min 之间，吸收 5min 后，调整好氧气的流量在 0.40～0.50L/min 之间开始滴定，吸收液以氢氧化钠标准滴定溶液（3.12）滴定至刚呈绿色为终点。

7 分析结果的表述

按式(2)计算硫的百分含量：

$$S(\%)=\frac{F(V_2-V_0)}{m_0}\times 100 \tag{2}$$

式中 F——氢氧化钠标准滴定溶液对硫的滴定系数，g/mL；

V_2——测定时滴定试料溶液消耗氢氧化钠标准滴定溶液的体积，mL；

V_0——测定时滴定空白试验溶液消耗氢氧化钠标准滴定溶液的体积，mL；

m_0——试料的质量，g。

所得结果表示至二位小数。

8 允许差

实验室间分析结果的差值应不大于表1所列允许差。

表1 %

硫含量	允许差	硫含量	允许差
20.00～30.00	0.40	>30.00～40.00	0.50

(三) 锌精矿中铁量的测定

1 范围

本标准规定了锌精矿中铁含量的测定方法。

本标准适用于锌精矿中铁含量的测定。测定范围：2%～20%。

2 方法提要

试料用盐酸、硝酸低温溶解，蒸至近干。加少量盐酸溶解盐类，加水保持一定体积用氨水沉淀。用盐酸溶解沉淀，控制体积120mL左右，保持温度于50～90℃，以磺基水杨酸为指示剂，以Na_2 EDTA标准滴定溶液滴定至溶液由红色变为黄色为终点。

3 试剂

3.1 氯化铵。

3.2 盐酸(ρ1.19g/mL)。

3.3 硝酸(ρ1.42g/mL)。

3.4 氨水(ρ0.90g/mL)。

3.5 盐酸(1+1)。

3.6 盐酸(1+11)。

3.7 氨水(1+1)。

3.8 洗液：25g氯化铵(3.1)以500mL水溶解，加20mL氨水(3.4)，混匀。

3.9 磺基水杨酸溶液(100g/L)。

3.10 乙二胺四乙酸二钠(Na_2 EDTA)标准滴定溶液。

3.10.1 配制:称取 20g Na_2 EDTA($C_{10}H_{14}N_2O_8Na_2\cdot 2H_2O$)于烧杯中,加 400mL 左右热水溶解,冷至室温。移入 1 000mL 容量瓶中,以水稀释至刻度,混匀,放置 3 天后标定。

3.10.2 标定

3.10.2.1 金属铁丝的预处理:将金属铁丝(≥99.9%)截成小段(每段小于 80mg),放入稀硝酸(1+3)中浸泡 1~2min,取出放在乙醇(无水)中浸泡 1~2min,取出,用滤纸反复吸干后立即称取。

3.10.2.2 标定:称取 3 份经预处理的金属铁丝约 0.06g(精确至 0.0001g)分别置于 300mL 烧杯中,加 20mL 硝酸(1+1),加热溶解后蒸发至近干,加入 10mL 盐酸(3.2),以水洗表皿及杯壁,再于低温处蒸至近干,用 10 滴左右盐酸(3.2)溶解盐类,加水至约 120mL,用氨水(3.7)中和至氢氧化铁出现,再加 10mL 盐酸(3.6),加热至近沸,取下,加入约 1mL 磺基水杨酸溶液,用 Na_2 EDTA 标准滴定溶液确定至溶液由红色变为黄色为终点。

随同标定做空白试验。

按式(1)计算 Na_2 EDTA 标准滴定溶液对铁的滴定系数:

$$F=\frac{m_1}{V_2-V_1} \tag{1}$$

式中 F——Na_2 EDTA 标准滴定溶液对铁的滴定系数,g/mL;

m_1——铁丝称取量,g;

V_2——标定时消耗 Na_2 EDTA 标准滴定溶液的体积,mL;

V_1——标定时空白试验溶液消耗 Na_2 EDTA 标准滴定溶液的体积,mL。

取 3 次标定结果的平均值为滴定系数。3 次标定结果的极差值应不大于 0.00001g/mL。否则,重新标定。

4 试样

4.1 样品应通过 0.100mm 孔筛。

4.2 样品预先在 105℃±5℃烘 1h,置于干燥器中冷至室温。

5 分析步骤

5.1 试料

按表 1 称取试料,精确至 0.0001g。

表 1

铁含量,%	试料量,g	铁含量,%	试料量,g
<5.00	0.50	5.00~20.00	0.20

独立地进行二次测定,取其平均值。

5.2 空白试验

随同试料做空白试验。

5.3 测定

5.3.1 将试料(5.1)置于300mL烧杯中,以少量水润湿,加入10mL盐酸(3.2)低温溶解5min,加10mL硝酸继续加热溶解,低温蒸至近干。加2～3mL盐酸(3.2),用水洗表皿及杯壁,加热溶解盐类,加4～5g氯化铵,加水至体积70～80mL,以氨水(3.4)中和至氢氧化铁沉淀完全再过量3mL,加热微沸3～5min,取下,加3mL氨水(3.4),用快速滤纸过滤,用热洗液洗烧杯与滤纸各4次,再用水各洗一次。

5.3.2 用热盐酸(3.5)溶解沉淀(5.2.1)于原烧杯中,然后用水及盐酸(3.5)交替洗至滤纸无色。将溶液放在低温处蒸至1～2mL,取下,加水至120mL左右,用氨水(3.7)中和至有氢氧化铁沉淀出现,加10mL盐酸(3.6),加热至近沸,取下,加入约1mL磺基水杨酸溶液,用Na_2 EDTA标准滴定溶液滴定至溶液由红色变为黄色为终点。

6 分析结果的表述

按式(2)计算铁的百分含量:

$$Fe(\%)=\frac{F(V_3-V_0)}{m_0}\times 100 \tag{2}$$

式中 F——Na_2 EDTA标准滴定溶液对铁的滴定系数,g/mL;

V_3——测定时滴定试料溶液消耗Na_2 EDTA标准滴定溶液的体积,mL;

V_0——测定时滴定空白试验溶液消耗Na_2 EDTA标准滴定溶液的体积,mL;

m_0——试料的质量,g。

所得结果表示至二位小数。

7 允许差

实验室间分析结果的差值应不大于表2所列允许差。

表2 %

铁含量	允许差	铁含量	允许差
2.00～6.00	0.20	>10.00～15.00	0.30
>6.00～10.00	0.25	>15.00～20.00	0.35

(四)锌精矿中二氧化硅量的测定

1 范围

本标准规定了锌精矿中二氧化硅含量的测定方法。

本标准适用于锌精矿中二氧化硅含量的测定。测定范围:1.00%～10.00%。

2 方法提要

试料用氢氧化钠熔融分解,在硫酸介质中,硅与钼酸铵生成硅钼杂多酸,以抗坏血酸还原硅钼杂多酸为钼蓝。于分光光度计波长650mm处测量其吸光度。

3 试剂

制备溶液和分析用水均为二次蒸馏水。

3.1 氢氧化钠,优级纯。

3.2 硫酸(1+1)。

3.3 硫酸(1+9)。

3.4 氨水(1+1)。

3.5 钼酸铵溶液(80g/L),过滤后使用。

3.6 抗坏血酸溶液(20g/L),当天配制。

3.7 对硝基苯酚溶液(1g/L)。

3.8 还原液:抗坏血酸(3.6)与硫酸(3.2)按1:2比例混匀,用时现配。

3.9 二氧化硅标准贮存溶液:称取0.5000g优级纯二氧化硅(预先于950℃灼烧30min,置于干燥器中冷至室温)于盛有5g混合熔剂(二份无水碳酸钠与一份无水碳酸钾混匀)的铂坩埚中,混匀后,再覆盖2g混合熔剂,置于900~950℃高温炉中熔融1h,稍冷,将坩埚外部用水吹洗干净后置于300mL聚四氟乙烯烧杯中,加150mL热水浸出,洗净坩埚,冷却,以水稀释至500mL,贮存于塑料瓶中。此溶液1mL含1mg二氧化硅。

3.10 二氧化硅标准溶液:移取50.00mL二氧化硅标准贮存溶液(3.9),以水稀释至500mL,贮存于塑料瓶中。此溶液1mL含100μg二氧化硅。

4 仪器

分光光度计。

5 试样

5.1 样品应通过0.100mm孔筛。

5.2 样品预先在105℃±5℃烘1h,置于干燥器中冷至室温。

6 分析步骤

6.1 试料

称取0.2500g试料。

独立地进行二次测定,取其平均值。

6.2 空白试验

随同试料做空白试验。

6.3 测定

6.3.1 将试料(6.1)置于预先盛有2g氢氧化钠的30mL银坩埚中,再覆盖3g氢氧化钠,置于马弗炉中,由低温逐渐升温至680℃,熔融30min。取出,冷却。

6.3.2 将坩埚外部用水吹洗干净后放入300mL聚四氟乙烯烧杯中,加入150mL热水、20mL硫酸(3.2)浸取完全后洗出坩埚,冷至室温。将溶液移入250mL容量瓶中,用水稀释至刻度,混匀,静置澄清。

6.3.3 吸取上清液5.00mL于100mL容量瓶中。

6.3.4 加1滴对硝基苯酚，用氨水和硫酸(3.3)调至溶液黄色恰好退去，加2mL硫酸(3.3)、30mL水、5mL钼酸铵溶液，每加一种试剂均需混匀。放置10～20min，加15mL还原液，用水稀释至刻度，混匀。放置30min。

6.3.5 移取部分溶液于1cm吸收皿中，以随同试料的空白溶液为参比，于分光光度计波长650nm处测量其吸光度。从工作曲线上查得相应的二氧化硅量。

6.4 工作曲线绘制

6.4.1 移取0、0.50、1.00、2.00、3.00、4.00、5.00mL二氧化硅标准溶液分别于一组100mL容量瓶中，以下按6.3.4条进行。

6.4.2 移取部分溶液于1cm吸收皿中，以试剂空白为参比，于分光光度计波长650nm处测量其吸光度，以二氧化硅量为横坐标，吸光度为纵坐标，绘制工作曲线。

7 分析结果的表述

按式(1)计算二氧化硅的百分含量：

$$SiO_2(\%)=\frac{m_1V_0\times10^{-6}}{m_0V_1}\times100 \tag{1}$$

式中 m_1——自工作曲线上查得的二氧化硅量，μg；

V_0——试液总体积，mL；

V_1——分取试液体积，mL；

m_0——试料的质量，g。

所得结果表示至二位小数。

8 允许差

实验室间分析结果的差值应不大于表1所列允许差。

表1 %

二氧化硅含量	允许差	二氧化硅含量	允许差
1.00～3.00	0.20	>4.50～7.00	0.40
>3.00～4.50	0.30	>7.00～10.00	0.50

(五) 锌精矿中铅量的测定

1 范围

本标准规定了锌精矿中铅含量的测定方法。

本标准适用于锌精矿中铅含量的测定。测定范围：0.50%～4.00%。

2 方法提要

试料用盐酸、硝酸溶解。在稀盐酸介质中，于原子吸收光谱仪波长283.3nm处，以空气-乙炔火焰，测量铅的吸光度。

3　试剂

3.1　盐酸（ρ1.19g/mL）。

3.2　硝酸（ρ1.42g/mL）。

3.3　盐酸（1+1）。

3.4　铅标准溶液：称取0.500 0g金属铅（≥99.99%）于250mL烧杯中，加20mL硝酸，盖上表皿，加热至完全溶解，煮沸除去氮的氧化物，冷至室温。移入1 000mL容量瓶中，用水稀释至刻度，混匀。此溶液1mL含500μg铅。

4　仪器

原子吸收光谱仪，附铅空心阴极灯。

在仪器工作条件下，凡能达到下列指标的原子吸收光谱仪均可使用。

灵敏度：在与试料溶液基体相一致的溶液中，铅的特征浓度应不大于0.77μg/mL。

精密度：用最高浓度的标准溶液测量11次吸光度，其标准偏差应不超过其平均吸光度的1.50%；用最低浓度的标准溶液（不是“零”标准溶液）测量11次吸光度，其标准偏差应不超过最高浓度标准溶液平均吸光度的0.50%。

工作曲线线性：将工作曲线按浓度等分成五段，最高段的吸光度差值与最低段的吸光度差值之比，应不小于0.90。

仪器工作条件见附录A（提示的附录）。

5　试样

5.1　样品应通过0.100mm孔筛。

5.2　样品预先在105℃±5℃烘1h，置于干燥器中冷至室温。

6　分析步骤

6.1　试料

按表1称取试料，精确至0.0001g。

表1

铅含量 %	试料量 g	加入盐酸体积 mL	试液总体积 mL
0.50～0.80	0.50	10	100
>0.80～2.00	0.20	10	100
>2.00～4.00	0.20	20	200

独立地进行二次测定，取其平均值。

6.2　空白试验

随同试料做空白试验。

6.3　测定

6.3.1　将试料（6.1）置于200mL烧杯中，加15mL盐酸（3.1），低温煮沸10min，加

5mL 硝酸，蒸至近干，取下放冷，按表 1 加入盐酸(3.3)，煮沸溶解盐类，取下冷至室温。按表 1 要求将溶液移入容量瓶中，以水稀释至刻度，混匀。干过滤部分溶液。

6.3.2 于原子吸收光谱仪波长 283.3nm 处，调整燃烧器至适当角度，用空气-乙炔火焰，以水调零，测量溶液吸光度。所测吸光度减去随同试料的空白溶液吸光度，从工作曲线上查出相应的铅浓度。

6.4 工作曲线的绘制

6.4.1 移取 0、2.00、4.00、6.00、8.00、10.00mL 铅标准溶液分别于一组 100mL 容量瓶中，加入 10mL 盐酸(3.3)，用水稀释至刻度，混匀。

6.4.2 在与试料测定相同条件下测量标准溶液吸光度。以铅浓度为横坐标，吸光度(减去“零”浓度溶液的吸光度)为纵坐标，绘制工作曲线。

7 分析结果的表述

按式(1)计算铅的百分含量：

$$\mathrm{Pb}(\%)=\frac{cV_0\times 10^{-6}}{m_0}\times 100 \tag{1}$$

式中 c——自工作曲线上查得的铅浓度，μg/mL；

V_0——试液的总体积，mL；

m_0——试料的质量，g。

所得结果表示至二位小数。

8 允许差

实验室间分析结果的差值应不大于表 2 所列允许差。

表 2 %

铅含量	允许差	铅含量	允许差
0.50~1.00	0.09	>2.00~3.00	0.15
>1.00~2.00	0.12	>3.00~4.00	0.18

附录 A
(提示的附录)
仪器工作条件

使用 WFX-1C 型原子吸收光谱仪测量铅的参考工作条件：

波长 nm	灯电流 mA	单色器通带 nm	燃烧器高度 mm	空气流量 L/min	乙炔流量 L/min
283.3	2	0.2	6	5.5	1.2

(六) 锌精矿中铜量的测定

1　范围

本标准规定了锌精矿中铜含量的测定方法。

本标准适用于锌精矿中铜含量的测定。测定范围:0.50%～3.00%。

2　方法提要

试料用盐酸、硝酸和氟化铵溶解。在稀盐酸介质中,于原子吸收光谱仪波长 324.7nm 处,以空气-乙炔火焰,测量铜的吸光度。

3　试剂

3.1　盐酸(ρ1.19g/mL)。

3.2　硝酸(ρ1.42g/mL)。

3.3　盐酸(1+1)。

3.4　氟化铵饱和溶液,贮存于塑料瓶中。

3.5　铜标准贮存溶液:称取 1.0000g 金属铜(≥99.99%)于 250mL 烧杯中,加 20mL 硝酸(3.2),盖上表皿,加热至完全溶解,煮沸除去氮的氧化物,冷却至室温。移入 1 000mL 容量瓶中,用水稀释至刻度,混匀。此溶液 1mL 含 1mg 铜。

3.6　铜标准溶液:移取 25.00mL 铜标准贮存溶液(3.5)于 100mL 容量瓶中,加入 10mL 盐酸(3.3),用水稀释至刻度,混匀。此溶液 1mL 含 250μg 铜。

4　仪器

原子吸收光谱仪,附铜空心阴极灯。

在仪器工作条件下,凡能达到下列指标的原子吸收光谱仪均可使用。

灵敏度:在与试料溶液基体相一致的溶液中,铜的特征浓度应不大于 0.29μg/mL。

精密度:用最高浓度的标准溶液测量 11 次吸光度,其标准偏差应不超过其平均吸光度的 1.50%;用最低浓度的标准溶液(不是“零”标准溶液)测量 11 次吸光度,其标准偏差应不超过最高浓度标准溶液平均吸光度的 0.50%。

工作曲线线性:将工作曲线按浓度等分成五段,最高段的吸光度差值与最低段的吸光度差值之比,应不低于 0.90。

仪器工作条件见附录 A(提示的附录)。

5　试样

5.1　样品应通过 0.100mm 孔筛。

5.2　样品预先在 105℃ ± 5℃ 烘 1h,置于干燥器中冷至室温。

6　分析步骤

6.1　试料

按表1称取试料，精确至0.0001g。

表1

铜 量 %	试料量 g	加入盐酸体积 mL	试液总体积 mL
0.50～1.00	0.20	10	100
>1.00～2.00	0.20	20	200
>2.00～3.00	0.10	20	200

独立地进行二次测定，取其平均值。

6.2 空白试验

随同试料做空白试验。

6.3 测定

6.3.1 将试料(6.1)置于200mL烧杯中，加5～10滴氟化铵溶液，混匀，加15mL盐酸(3.1)，低温煮沸10min，加5mL硝酸，蒸至近干，取下放冷，按表1要求加入盐酸(3.3)，煮沸溶解盐类，取下冷至室温。按表1要求将溶液移入容量瓶中，以水稀释至刻度，混匀。干过滤部分溶液。

6.3.2 于原子吸收光谱仪波长324.7nm处，调整燃烧器至适当角度，用空气-乙炔火焰，以水调零，测量溶液吸光度。所测吸光度减去随同试料的空白溶液吸光度，从工作曲线上查出相应的铜浓度。

6.4 工作曲线的绘制

6.4.1 移取0、2.00、4.00、6.00、8.00、10.00mL铜标准溶液分别于一组100mL容量瓶中，加入10mL盐酸(3.3)，用水稀释至刻度，混匀。

6.4.2 在与试料测定相同条件下测量标准溶液吸光度。以铜浓度为横坐标，吸光度(减去"零"浓度溶液吸光度)为纵坐标，绘制工作曲线。

7 分析结果的表述

按式(1)计算铜的百分含量：

$$Cu(\%)=\frac{cV_0\times10^{-6}}{m_0}\times100 \quad (1)$$

式中 c——自工作曲线上查得的铜浓度，μg/mL；

V_0——试液的总体积，mL；

m_0——试料的质量，g。

所得结果表示至二位小数。

8 允许差

实验室间分析结果的差值应不大于表2所列允许差。

表 2　%

铜含量	允许差	铜含量	允许差
0.50～1.00	0.08	>2.00～3.00	0.15
>1.00～2.00	0.12		

附　录　A
(提示的附录)
仪器工作条件

使用 WFX-1C 型原子吸收光谱仪测定铜量的工作条件见表 A1。

表 A1

波　长 nm	灯电流 mA	单色器通带 nm	燃烧器高度 mm	空气流量 L/min	乙炔流量 L/min
324.7	2	0.2	7	5.5	1.2

(七) 锌精矿中砷量的测定

方法 1　氢化物发生-原子荧光光谱法测定砷量

1　范围

本标准规定了锌精矿中砷含量的测定方法。

本标准适用于锌精矿中砷含量的测定。测定范围:0.0050%～0.80%。

2　方法提要

试料以硝酸、硫酸溶解。用硫脲-抗坏血酸将砷预还原,同时也掩蔽铜、铁、银等杂质元素,在氢化物发生器中,砷被硼氢化钾还原为氢化物,用氩气导入石英炉原子化器中,于原子荧光光谱仪上测量其荧光强度。

3　试剂

3.1　氯酸钾。

3.2　盐酸(ρ1.19g/mL)。

3.3　硝酸(ρ1.42g/mL)。

3.4　硫酸(1+4)。

3.5　硫酸(1+1)。

3.6　盐酸(1+9)。

3.7　氢氧化钾(100g/L)。

3.8　硫脲-抗坏血酸溶液(50～50g/L),当天配制。

3.9 硼氢化钾溶液(20g/L):称10.0g硼氢化钾溶解于500mL氢氧化钾溶液(5g/L)中,当天配制。

3.10 砷标准贮存溶液:称取0.1320g三氧化二砷(已预先在105℃±5℃烘1h,置于干燥器中冷至室温)于300mL烧杯中,加20mL氢氧化钾(3.7),加热溶解,加5mL硫酸(3.4),以硫酸(3.5)稀释至1 000mL。此溶液1mL含100μg砷。

3.11 砷标准溶液:移取5.00mL砷标准贮存溶液(3.10)于500mL容量瓶中,加入75mL盐酸(3.2),用水稀释至刻度,混匀。此溶液1mL含1μg砷。

4 仪器

原子荧光光谱仪,附砷特制高强度空心阴极灯。

在仪器最佳工作条件下,凡能达到下列指标的原子荧光光谱仪均可使用:

检出限:不大于1ng/mL。

精密度:最高浓度标准溶液荧光强度及"零"浓度溶液荧光强度相对于最高浓度标准溶液荧光强度平均值的变异系数应分别不大于5.0%和1.0%。

工作曲线线性:将工作曲线按浓度等分成五段,最高段的荧光强度差值与最低段的荧光强度差值之比,应不小于0.90。

仪器工作条件见附录A(提示的附录)。

5 试样

5.1 样品应通过0.100mm孔筛。

5.2 样品预先在105℃±5℃烘1h,置于干燥器中冷至室温。

6 分析步骤

6.1 试料

按表1称取试料,精确至0.0001g。

表1

砷含量 %	试料量 g	试液总体积 mL	分取试液体积 mL	测定溶液体积 mL	补加盐酸 mL	补加硫脲-抗坏血酸溶液,mL
0.005~0.050	0.200	100	10.00	100	10	10
>0.050~0.20	0.200	200	10.00	200	20	20
>0.20~0.50	0.100	200	10.00	250	25	25
>0.50~0.80	0.100	200	5.00	250	25	25

独立地进行二次测定,取其平均值。

6.2 空白试验

随同试料做空白试验。

6.3 测定

6.3.1 将试料(6.1)置于 300mL 的烧杯中,加少量水润湿,加入 10mL 硝酸,低温加热溶解,稍冷后,加入 5mL 硫酸(3.4),少量氯酸钾,加热至冒硫酸浓白烟,取下,冷却后,加 20mL 硫酸(3.5),加热溶解盐类,冷却后,按表 1 移入容量瓶中,用水稀释至刻度,混匀。

6.3.2 按表 1 分取试液,并按测定溶液体积补加盐酸(3.2)、硫脲-抗坏血酸溶液,用水稀释至刻度,混匀,放置 30min。

6.3.3 在原子荧光光谱仪上,以盐酸(3.6)为载流,硼氢化钾溶液为还原剂,随同试料的空白溶液为参比,测量其荧光强度。从工作曲线上查得相应的砷浓度。

6.4 工作曲线的绘制

6.4.1 移取 0、1.00、2.00、4.00、6.00、8.00、10.00mL 砷标准溶液分别于一组 100mL 的容量瓶中,加入 10mL 盐酸(3.2)、10mL 硫脲-抗坏血酸溶液,用水稀释至刻度,混匀。

6.4.2 在与测定试料溶液相同的条件下,以盐酸(3.6)为载流,硼氢化钾溶液为还原剂,试剂空白为参比,测量标准溶液的荧光强度。以砷浓度为横坐标,荧光强度为纵坐标,绘制工作曲线。

7 分析结果的表述

按式(1)计算砷的百分含量:

$$\mathrm{As}(\%) = \frac{cV_0 V_2 \times 10^{-9}}{m_0 V_1} \times 100 \tag{1}$$

式中 c——从工作曲线上查得的砷浓度,ng/mL;

V_0——试液总体积,mL;

V_1——分取试液体积,mL;

V_2——测定溶液休积,mL;

m_0——试料的质量,g。

所得结果表示至二位小数;若砷含量小于 0.10%时,表示至三位小数;小于 0.010%时,表示至四位小数。

8 允许差

实验室间分析结果的差值应不大于表 2 所列允许差。

表 2 %

砷含量	允许差	砷含量	允许差
0.0050~0.020	0.004	>0.30~0.60	0.06
>0.020~0.10	0.015	>0.60~0.80	0.07
>0.10~0.30	0.05		

方法 2 溴酸钾滴定法测定砷量

9 范围

本标准规定了锌精矿中砷含量的测定。

本标准适用于锌精矿中砷含量的测定。测定范围:0.10%~2.00%。

10 方法提要

试料用硝酸、氯酸钾溶解。在盐酸(1+1)溶液中,以溴化钾为催化剂,用硫酸肼将五价砷还原为三价砷。利用三氯化砷易挥发的特性,借蒸馏与其他元素分离。三氯化砷用水吸收,以甲基橙作指示剂,用溴酸钾标准滴定溶液滴定,测定砷量。

11 试剂

11.1 溴化钾。

11.2 硫酸肼。

11.3 氯酸钾。

11.4 盐酸(ρ1.19g/mL)。

11.5 硝酸(ρ1.42g/mL)。

11.6 硫酸(1+1)。

11.7 甲基橙指示剂(1g/L)。

11.8 砷标准溶液:称取 0.2641g 三氧化二砷(已预先在 105℃±5℃烘 1h,置于干燥器中冷至室温)于 200mL 烧杯中,加入 20mL 氢氧化钠溶液(5g/L),低温加热至完全溶解,加 20mL 水、2 滴酚酞指示剂(1g/L,乙醇溶液),用盐酸(1+1)中和至红色刚退并过量 2 滴,移入 1 000mL 容量瓶中,用水稀释至刻度,混匀。此溶液 1mL 含 200μg 砷。

11.9 溴酸钾标准滴定溶液

11.9.1 配制:称取溴酸钾 0.2784g 于 200mL 烧杯中,加入少量水,加热溶解,冷至室温,移入 2 000mL 容量瓶中,用水稀释至刻度,混匀。

11.9.2 标定:移取 3 份 10.00mL 砷标准溶液(11.8),分别置于 250mL 三角烧瓶中,用水稀释至 100mL,加入 15mL 盐酸,加热至 40~50℃,加入 1 滴甲基橙指示剂,用溴酸钾标准滴定溶液滴定至红色刚消失为终点。

随同标定做空白试验。

按式(1)计算溴酸钾标准滴定溶液对砷的滴定系数:

$$F = \frac{m_1}{V_1 - V_0} \tag{1}$$

式中 F——溴酸钾标准滴定溶液对砷的滴定系数,g/mL;

m_1——所取砷标准滴定溶液含砷量,g;

V_1——标定时消耗溴酸钾标准滴定溶液体积,mL;

V_0——空白试验所消耗溴酸钾标准滴定溶液体积,mL。

取3次标定结果的平均值为滴定系数,3次标定结果的极差应不大于0.000 001g/mL。否则,重新标定。

12 仪器

砷蒸馏装置见图1。

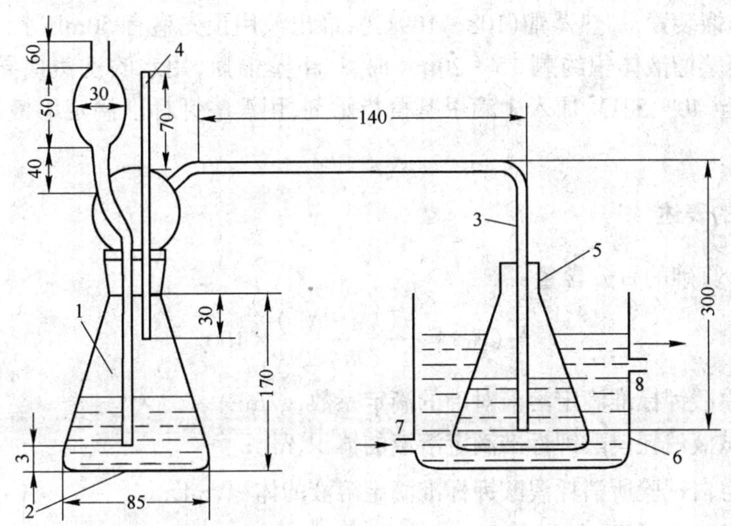

图1

1—安全管(内径3mm);2—30mL标准磨口三角烧瓶(瓶口内径29mm);
3—蒸馏导管(内径6mm);4—温度计套管(内径8mm);5—250mL吸收瓶;
6—冷却水槽;7—冷却水槽进水管;8—冷却水槽出水管

13 试样

13.1 样品应通过0.100mm孔筛。

13.2 样品预先在105℃±5℃烘1h,置于干燥器中冷至室温。

14 分析步骤

14.1 试料

按表3称取试料,精确至0.0001g。

表3

砷含量,%	试料量,g	砷含量,%	试料量,g
0.10~1.00	0.500	>1.00~2.00	0.200

独立地进行二次测定,取其平均值。

14.2 空白试验

随同试料做空白试验。

14.3　测定

14.3.1　将试料(14.1)置于150mL烧杯中,加入10～15mL硝酸,低温加热5～6min,稍冷,加入0.5～2g氯酸钾,加热至试料完全溶解。取下,稍冷后用水洗表皿及杯壁,加入5mL硫酸,加热至冒浓烟,取下,稍冷。

14.3.2　用少量水吹洗杯壁,加热溶解盐类,将溶液移入预先盛有0.3g溴化钾及0.3g硫酸肼的300mL三角烧瓶中,加入40mL盐酸,用水吹洗烧杯,使三角烧瓶中溶液总体积为80mL。连接蒸馏装置,加热蒸馏(108～109℃),馏出液用预先盛有50mL水的250mL吸收瓶吸收,待蒸至蒸馏液体积约剩15～20mL时,取下蒸馏瓶,用水吹洗蒸馏导管的内外壁。将吸收液加热至40～50℃,加入1滴甲基橙指示剂,用溴酸钾标准滴定溶液滴定至红色消失为终点。

15　分析结果的表述

按式(2)计算砷的百分含量:

$$As(\%)=\frac{F(V_3-V_2)}{m_0}\times 100 \tag{2}$$

式中　F——溴酸钾标准滴定溶液对砷的滴定系数,g/mL;

V_3——试液消耗溴酸钾标准滴定溶液的体积,mL;

V_2——空白试验所消耗溴酸钾标准滴定溶液的体积,mL;

m_0——试料的质量,g。

所得结果表示至二位小数。

16　允许差

实验室间分析结果的差值应不大于表4所列允许差。

表4　　%

砷含量	允许差	砷含量	允许差
0.10～0.50	0.04	>1.00～2.00	0.10
>0.50～1.00	0.06		

附　录　A
(提示的附录)
仪器工作条件

使用AFS-2201型原子荧光光谱仪测定砷量工作条件见表A1和表A2。

表A1　仪器工作条件

灯电流 mA	负电压 V	载气流量 mL/min	屏蔽气流量 mL/min	原子化温度 ℃	原子化器高度 mm	延迟时间 s	采样时间 s
40	300	400	800	750	8	0	10

表 A2　蠕动泵工作参数

步　骤	速度 n/min	时间 s	重复次数	读　数	停　止
0	60	8	1	NO	NO
1	0	4	1	NO	NO
2	80	14	1	YES	NO
3	0	4	0	NO	YES

(八) 锌精矿中镉量的测定

1　范围

本标准规定了锌精矿中镉含量的测定方法。

本标准适用于锌精矿中镉含量的测定。测定范围:0.10%～2.00%。

2　方法提要

试料用盐酸、硝酸溶解。在稀盐酸介质中,于原子吸收光谱仪波长 228.8nm 处,以空气-乙炔火焰,测量镉的吸光度。

3　试剂

3.1　盐酸(ρ1.19g/mL)。

3.2　硝酸(ρ1.42g/mL)。

3.3　盐酸(1+1)。

3.4　镉标准贮存溶液:称取 1.000 0g 金属镉(≥99.9%)于 250mL 烧杯中,加入 20mL 硝酸(1+1),盖上表皿,加热至完全溶解,煮沸除去氮的氧化物,冷至室温。移入 1 000mL 容量瓶中,用水稀释至刻度,混匀。此溶液 1mL 含 1mg 镉。

3.5　镉标准溶液:移取 20.00mL 镉标准贮存溶液(3.4)于 100mL 容量瓶中,加入 10mL 盐酸(3.3),用水稀释至刻度,混匀。此溶液 1mL 含 200μg 镉。

4　仪器

原子吸收光谱仪,附镉空心阴极灯。

在仪器工作条件下,凡能达到下列指标的原子吸收光谱仪均可使用。

灵敏度:在与试料溶液基体相一致的溶液中,铜的特征浓度应不大于 0.13μg/mL。

精密度:用最高浓度的标准溶液测量 11 次吸光度,其标准偏差应不超过其平均吸光度的 1.50%;用最低浓度的标准溶液(不是“零”标准溶液)测量 11 次吸光度,其标准偏差应不超过最高浓度标准溶液平均吸光度的 0.50%。

工作曲线线性:将工作曲线按浓度等分成五段,最高段的吸光度差值与最低段的吸光度差值之比,应不小于 0.90。

仪器工作条件见附录 A(提示的附录)。

5　试样

5.1　样品应通过0.100mm孔筛。

5.2　样品预先在105℃±5℃烘1h,置于干燥器中冷至室温。

6　分析步骤

6.1　试料

按表1称取试料,精确至0.0001g。

表1

镉含量 %	试料量 g	加入盐酸体积 mL	试液总体积 mL
0.10～0.50	0.20	10	100
>0.50～2.00	0.10	20	200

独立地进行二次测定,取其平均值。

6.2　空白试验

随同试料做空白试验。

6.3　测定

6.3.1　将试料(6.1)置于200mL烧杯中,加15mL盐酸(3.1),低温煮沸10min,加5mL硝酸,蒸至近干,取下放冷,按表1要求加入盐酸(3.3),煮沸溶解盐类,取下冷至室温。将溶液按表1要求移入容量瓶中,以水稀释至刻度,混匀。干过滤部分溶液。

6.3.2　于原子吸收光谱仪波长228.8nm处,调整燃烧器至适当角度,用空气-乙炔火焰,以水调零,测量溶液吸光度。所测吸光度减去随同试料的空白溶液吸光度,从工作曲线上查出相应的镉浓度。

6.4　工作曲线的绘制

6.4.1　移取0、1.00、2.00、3.00、4.00、5.00mL镉标准溶液分别于一组100mL容量瓶中,加入10mL盐酸(3.3),用水稀释至刻度,混匀。

6.4.2　与试料测定相同条件下测量标准溶液吸光度。以镉浓度为横坐标,以吸光度(减去"零"浓度溶液吸光度)为纵坐标,绘制工作曲线。

7　分析结果的表述

按式(1)计算镉的百分含量:

$$\mathrm{Cd}(\%)=\frac{cV_0\times10^{-6}}{m_0}\times100 \tag{1}$$

式中　c——自工作曲线上查得的镉浓度,μg/mL;

V_0——试液的总体积,mL;

m_0——试料的质量,g。

所得结果表示至二位小数。

8 允许差

实验室间分析结果的差值应不大于表2所列允许差。

表 2　%

镉含量	允许差	镉含量	允许差
0.10～0.30	0.02	>0.80～1.00	0.08
>0.30～0.60	0.04	>1.00～2.00	0.10
>0.60～0.80	0.06		

附录 A
（提示的附录）
仪器工作条件

使用WFX-1C型原子吸收光谱仪测定镉量的工作条件见表A1。

表 A1

波长 nm	灯电流 mA	单色器通带 nm	燃烧器高度 mm	空气流量 L/min	乙炔流量 L/min
228.8	2	0.2	6	5.0	1.0

（九）锌精矿中氟量的测定

1 范围

本标准规定了锌精矿中氟含量的测定方法。

本标准适用于锌精矿中氟含量的测定。测定范围：0.050%～0.50%。

2 方法提要

试料以氢氧化钾熔融分解，用水浸出熔融物后过滤，使氟与铁、铅等元素分离，然后用硝酸调节溶液的酸度，用柠檬酸铵调节离子强度，采用电极电位仪，以饱和甘汞电极为参比电极，氟离子选择性电极为指示电极测定氟。

3 试剂

3.1 氢氧化钾，优级纯。

3.2 硝酸(1+1)。

3.3 柠檬酸铵溶液：称取243g柠檬酸铵，溶于约700mL水中，用硝酸(3.2)调至pH 6.0～6.5，用水稀释至1000mL，混匀。

3.4 溴甲酚绿指示剂：称取0.1g溴甲酚绿，溶于20mL乙醇（无水）中，用水稀释至100mL，混匀。

3.5 氟标准贮存溶液：称取2.2110g预先在120℃干燥2h的氟化钠（优级纯），溶于水并稀释至 1 000mL,混匀,移入干燥塑料瓶中保存。此溶液 1mL 含 1mg 氟。

3.6 氟标准溶液:移取 50.00mL 氟标准贮存溶液(3.5)于 500mL 容量瓶中,用水稀释至刻度,混匀,移入干燥的塑料瓶中。此溶液 1mL 含 0.1mg 氟。

3.7 氟标准溶液:移取 50.00mL 氟标准溶液(3.6)于 500mL 容量瓶中,用水稀释至刻度,混匀。移入干燥的塑料瓶中。此溶液 1mL 含 0.01mg 氟。

4 仪器

4.1 氟离子选择电极:要求氟含量在 10^{-1}~10^{-5}mol/L 内,电极电位与浓度的负对数呈良好线性关系。电极在使用前,应在 10^{-3}mol/L 的氟化钠溶液中浸泡 1h 进行活化,然后以水洗至含氟不大于 10^{-5}mol/L 后方能进行测定。

4.2 饱和甘汞电极。

4.3 电位测量仪:精度 0.1mV。

4.4 电磁搅拌器。

5 试样

5.1 样品应通过 0.100 mm 孔筛。

5.2 样品预先在 105℃ ± 5℃ 烘 1h,置于干燥器中冷至室温。

6 分析步骤

6.1 试料

称取 0.5000g ± 0.0001g 试料。

独立地进行二次测定,取其平均值。

6.2 试料空白溶液

在不含试料的 30mL 镍坩埚中,按 6.3.1~6.3.3 条进行。

6.3 测定

6.3.1 将试料(6.1)置于 30mL 镍坩埚中,加入 6g 氢氧化钾,加盖,在围有石棉圈的小电炉上加热熔化、混匀。置于已升温至 600~650℃ 的高温炉中熔融 10min,取出稍冷。

6.3.2 将坩埚与熔融物置于预先盛有 50mL 热水的 250mL 烧杯中,盖上表皿,加热浸取熔融物,用水洗净表皿、坩埚及坩埚盖后冷至室温。

6.3.3 将溶液连同沉淀一起移入 100mL 容量瓶中,用水稀释至刻度,混匀,干过滤。

6.3.4 移取 10.00mL 滤液,置于 50mL 容量瓶中,加 1 滴溴甲酚绿指示剂,用硝酸中和至溶液呈稳定黄色,加 20mL 柠檬酸铵溶液,用水稀释至刻度,混匀。

6.3.5 将溶液全部移入干燥的 100mL 烧杯中,放进搅拌棒,插入氟离子选择电极和饱和甘汞电极,在电磁搅拌下,于电位测量仪上测量平衡电位值(平衡电位是指电极电位每分钟的变化不大于 0.2mV)。

6.4 工作曲线的绘制

移取 1.00、2.50、5.00mL 氟标准溶液(3.7)和 1.00、2.50mL 氟标准溶液(3.6),分别于一组 50mL 容量瓶中,加 10mL 试料空白溶液(6.2),加 1 滴溴甲酚绿指示剂,用硝酸中和至溶液呈稳定黄色,加 20mL 柠檬酸铵溶液,用水稀释至刻度,混匀。以下按 6.3.5 条进行。

按氟浓度由低到高的次序与试料同时进行测定，在半对数坐标纸上，以氟离子浓度值为横坐标，电位值为纵坐标绘制工作曲线。

7　分析结果的表述

按式(1)计算氟的百分含量：

$$F(\%)=\frac{cV_0V_2\times10^{-3}}{m_0V_1}\times100 \tag{1}$$

式中　c——自工作曲线上查得的氟浓度，mg/mL；

V_0——试液的总体积，mL；

V_1——分取试液的体积，mL；

V_2——测定溶液的体积，mL；

m_0——试料的质量，g。

所得结果表示至二位小数；若氟含量小于0.10%时，表示至三位小数。

8　允许差

实验室间分析结果的差值应不大于表1所列允许差。

表1　%

氟含量	允许差	氟含量	允许差
0.050～0.10	0.020	>0.30～0.50	0.05
>0.10～0.30	0.03		

(十) 锌精矿中锡量的测定

方法1　氢化物发生-原子荧光光谱法测定锡量

1　范围

本标准规定了锌精矿中锡含量的测定方法。

本标准适用于锌精矿中锡含量的测定。测定范围：0.003 0%～0.50%。

2　方法提要

试料用碳酸钠、过氧化钠熔融分解。用盐酸浸出，在氢化物发生器中，锡被硼氢化钾还原为氢化物，用氩气导入石英炉原子化器中，于原子荧光光谱仪上测量其荧光强度。

3　试剂

3.1　无水碳酸钠。

3.2　过氧化钠。

3.3　盐酸(1+1)。

3.4 盐酸(1+49)。

3.5 硫酸(1+9)。

3.6 硼氢化钾溶液(20g/L):10.0g 硼氢化钾溶解于 500mL 氢氧化钾溶液(5g/L)中,当日配制。

3.7 锡标准贮存溶液:称取 0.100 0g 纯锡粉(≥99.9%)于 250mL 烧杯中,加 5mL 硫酸(ρ1.84g/mL)。加热溶解并蒸至冒三氧化硫白烟,冷却后,加 5mL 硫酸(1+9),加热使盐类溶解,冷却后,移入 1000mL 容量瓶中,用硫酸(1+9)稀释至刻度,混匀,此溶液 1mL 含 100μg 锡。

3.8 锡标准溶液:移取 5.00mL 锡标准贮存溶液(3.7)于 500mL 容量瓶中,加入 75mL 盐酸(ρ1.19g/mL),用水稀释至刻度,混匀。此溶液 1mL 含 1μg 锡。

4 仪器

原子荧光光谱仪,附锡特制高强度空心阴极灯。

在仪器最佳工作条件下,凡能达到下列指标的原子荧光光谱仪均可使用;

检出限:不大于 1ng/mL。

精密度:最高浓度标准溶液荧光强度及“零”浓度溶液荧光强度相对于最高浓度标准溶液荧光强度平均值的变异系数应分别不大于 5.0%和 1.0%。

工作曲线线性:将工作曲线按浓度等分成五段,最高段的荧光强度差值与最低段的荧光强度差值之比,应不小于 0.90。

仪器工作条件见附录 A(提示的附录)。

5 试样

5.1 样品应通过 0.100mm 孔筛。

5.2 样品预先在 105℃ ±5℃ 烘 1h,置于干燥器中冷至室温。

6 分析步骤

6.1 试料

按表 1 称取试料,精确至 0.0001g。

表 1

锡含量 %	试料量 g	试液总体积 mL	补加盐酸 mL	分取试液体积 mL	测定溶液体积 mL	补加盐酸 mL
0.003~0.010	0.200	100	10.0	20.00	100	2.0
>0.010~0.050	0.200	100	10.0	10.00	100	3.0
>0.050~0.100	0.200	100	10.0	5.00	100	3.5
>0.100~0.500	0.100	200	20.0	10.00	250	9.0

独立地进行二次测定,取其平均值。

6.2 空白试验

随同试料做空白试验。

6.3 测定

6.3.1 于30mL高铝坩埚底部铺上1g无水碳酸钠，3g过氧化钠，加入试料(6.1)，再加1g过氧化钠覆盖在上面，置于马弗炉中，缓慢升温至650℃熔融10min，取出冷却，移入预先盛有30～40mL水的300mL烧杯中，加热浸出，稍冷，用盐酸中和至溶液刚透明，然后按表1试液总体积补加盐酸并移入容量瓶中，用水稀释至刻度，混匀。

6.3.2 按表1分取试液，并按测定溶液体积补加盐酸(3.4)，用水稀释至刻度，混匀。

6.3.3 在原子荧光光谱仪上，以盐酸(3.4)为载流，硼氢化钾溶液为还原剂，随同试料的空白溶液为参比，测量其荧光强度。从工作曲线上查得相应的锡浓度。

6.4 工作曲线的绘制

6.4.1 移取0、1.00、2.00、4.00、6.00、8.00、10.00mL锡标准溶液分别于一组100mL的容量瓶中，分别补加100、90、85、70、50、40、25mL盐酸(3.4)，用水稀释至刻度，混匀。

6.4.2 在与测定溶液相同的条件下，以盐酸(3.4)为载流，硼氢化钾溶液为还原剂，试剂空白为参比，测量标准溶液的荧光强度。以锡浓度为横坐标，荧光强度为纵坐标，绘制工作曲线。

7 分析结果的表述

按式(1)计算锡的百分含量：

$$\mathrm{Sn}(\%)=\frac{cV_0V_2\times10^{-9}}{m_0V_1}\times100 \tag{1}$$

式中 c——自工作曲线上查得的锡浓度，ng/mL；

V_0——试液的总体积，mL；

V_1——分取试液的体积，mL；

V_2——测定溶液的体积，mL；

m_0——试料的质量，g。

所得结果表示至二位小数；若锡含量小于0.10%时，表示至三位小数；小于0.010%时，表示至四位小数。

8 允许差

实验室间分析结果的差值应不大于表2所列允许差。

表2 %

锡含量	允许差	锡含量	允许差
0.003 0～0.010	0.002	>0.050～0.15	0.020
>0.010～0.050	0.006	>0.15～0.50	0.05

方法2 苯芴酮分光光度法测定锡量

9 范围

本标准规定了锌精矿中锡含量的测定方法。

本标准适用于锌精矿中锡含量的测定。测定范围:0.050%～0.30%。

10　方法提要

试料用过氧化钠熔融分解,硫酸浸出,于硫酸介质中用甲苯萃取分离锡,用稀硫酸反萃取锡于水相中,苯芴酮显色,于分光光度计波长510nm处测量吸光度。

11　试剂

11.1　无水碳酸钠。

11.2　过氧化钠。

11.3　甲苯。

11.4　无水乙醇。

11.5　氢氧化钠溶液(300g/L)。

11.6　硫酸(1+1)。

11.7　硫酸(1+2)。

11.8　硫酸(1+35)。

11.9　抗坏血酸溶液(50g/L),当天配制。

11.10　酒石酸溶液(200g/L)。

11.11　草酸溶液:称取0.68g草酸($H_2C_2O_4 \cdot 2H_2O$)溶解于100mL水中。

11.12　溴代十六烷基三甲铵溶液(6g/L):称取0.6g溴代十六烷基三甲铵溶于100mL乙醇(1+4)中,混匀。

11.13　碘化钾溶液(600g/L)。

11.14　洗涤液:取4mL硫酸(11.7)与1mL碘化钾溶液(11.13),混匀。现用现配。

11.15　对硝基酚指示剂(1g/L)。

11.16　苯芴酮溶液(0.3g/L):称取0.300g苯芴酮于200mL烧杯中,加5mL硫酸(11.6),100mL乙醇(11.4)搅拌溶解。将溶液滤入1000mL容量瓶中,以乙醇(11.4)稀释至刻度,混匀。

11.17　锡标准贮存溶液:称取0.1000g金属锡(≥99.99%)于150mL烧杯中,加10mL硫酸(ρ1.84g/mL),加热至溶解完全,放冷。加50mL硫酸(11.6)、10mL酒石酸溶液(11.10)移入1 000mL容量瓶中,以水稀释至刻度,混匀。此溶液1mL含0.1mg锡。

11.18　锡标准溶液:移取10.00mL锡标准贮存溶液(11.17)于200mL容量瓶中,加2mL酒石酸溶液(11.10)、13mL硫酸(11.6),以水稀释至刻度,混匀。此溶液1mL含5μg锡。

12　仪器

分光光度计。

13　试样

13.1　样品应通过0.100mm孔筛。

13.2　样品预先在105℃±5℃烘1h,置于干燥器中冷至室温。

14　分析步骤

14.1　试料

按表3称取试料,精确至0.0001g。

表3

锡量,%	试料量,g	锡量,%	试料量,g
0.050～0.150	0.200	>0.150～0.300	0.100

独立地进行二次测定,取其平均值。

14.2　空白试验

随同试料做空白试验。

14.3　测定

14.3.1　于30mL高铝坩埚底部铺上1g无水碳酸钠、2g过氧化钠,加入试料(14.1),再覆盖1g过氧化钠,放入高温炉中,缓慢升温至650℃熔融10min,取出冷却,移入盛有5mL酒石酸溶液的200mL烧杯中,慢慢加入20～30mL水,盖上表皿,置于电炉上加热浸出,取出坩埚,稍冷,一次加入30mL硫酸(11.6),加热煮沸10min,用水冷却至室温,移入100mL容量瓶中,用水稀释至刻度,混匀。移取5.00mL上清液于60mL分液漏斗中。

14.3.2　加入3mL抗坏血酸溶液、16mL硫酸(11.7)、5mL碘化钾溶液、10mL甲苯,振荡1min,静置分层,弃去水相,加入5mL洗涤液,振荡15s,静置分层,弃净水相,加入10mL硫酸(11.8),振荡1min,静置分层,将水相放入50mL容量瓶中。

14.3.3　加1滴对硝基酚指示剂,以氢氧化钠溶液和硫酸(11.6)调至溶液黄色消失(pH 2～3),加入2.0mL硫酸(11.6)、5.0mL抗坏血酸溶液、3.0mL酒石酸溶液、2.0mL草酸溶液、5.0mL溴代十六烷基三甲铵溶液,每加一种试剂均需混匀,加入3.0mL苯芴酮溶液,以水稀释至刻度,混匀。放置30min。

14.3.4　移取部分溶液于1cm吸收皿中,以随同试料的空白溶液为参比,于分光光度计波长510nm处测量其吸光度。从工作曲线上查得相应的锡量。

14.4　工作曲线的绘制

移取0、1.00、2.00、3.00、4.00mL锡标准溶液分别于一组60mL分液漏斗中。以下按14.3.2～14.3.3条进行。移取部分溶液于1cm吸收皿中,以试剂空白为参比测量其吸光度。以锡量为横坐标,吸光度为纵坐标绘制工作曲线。

15　分析结果的表述

按式(2)计算锡的百分含量:

$$Sn(\%)=\frac{m_1 V_0\times 10^{-6}}{m_0 V_1}\times 100 \tag{2}$$

式中　m_1——自工作曲线上查得的锡量,μg;

V_0——试液的总体积,mL;

V_1——分取试液的体积,mL;

m_0——试料的质量,g。

所得结果表示至二位小数。

16 允许差

实验室间分析结果的差值应不大于表 4 所列允许差。

表 4 %

锡含量	允许差	锡含量	允许差
0.05～0.15	0.02	>0.15～0.30	0.03

附 录 A
(提示的附录)
仪器工作条件

使用 AFS-2201 型原子荧光光谱仪测定锡量的工作条件见表 A1 和表 A2。

表 A1 仪器工作条件

灯电流 mA	负高压 V	载气流量 mL/min	屏蔽气流量 mL/min	原子化温度 ℃	原子化器高度 mm	延迟时间 s	采样时间 s
80	300	400	800	750	7	0	10

表 A2 蠕动泵工作参数

步骤	速度 n/min	时间 s	重复次数	读数	停止
0	60	8	1	NO	NO
1	0	4	1	NO	NO
2	80	14	1	YES	NO
3	0	4	0	NO	YES

(十一) 锌精矿中锑量的测定

方法 1 氢化物发生-原子荧光光谱法测定锑量

1 范围

本标准规定了锌精矿中锑含量的测定方法。

本标准适用于锌精矿中锑含量的测定。测定范围:0.0050%～0.20%。

2 方法提要

试料用硝酸、酒石酸溶解。在 10%盐酸介质中,用硫脲-抗坏血酸溶液将锑预还原为三价,在氢化物发生器中,锑被硼氢化钾还原生成氢化物,用氩气导入石英炉原子化器中,于原子荧光光谱仪上测量其荧光强度。

3 试剂

3.1 酒石酸。

3.2 硝酸(ρ1.42g/mL)。

3.3 盐酸(ρ1.19g/mL)。

3.4 盐酸(1+1)。

3.5 盐酸(1+9)。

3.6 硫脲-抗坏血酸溶液(50g/L-50g/L),当天配制。

3.7 硼氢化钾溶液(20g/L):称取10.0g硼氢化钾溶解于500mL氢氧化钾溶液(5g/L)中,当天配制。

3.8 锑标准贮存溶液:称取0.1000g金属锑(≥99.9%)于300mL烧杯中,加入30mL硝酸(3.2),4g酒石酸(3.1),低温加热溶解,并蒸至近干,取下,稍冷,加入50mL盐酸(3.4),加热溶解,煮沸除去氮的氧化物,取下,冷却后,用盐酸稀释至1 000mL。此溶液1mL含100μg锑。

3.9 锑标准溶液:称取10.00mL锑标准贮存溶液(3.8)于500mL容量瓶中,用盐酸(3.4)稀释至刻度,混匀。此溶液1mL含2μg锑。

4 仪器

原子荧光光谱仪,附锑特制高强度空心阴极灯。

在仪器工作条件下,凡能达到下列指标的原子荧光光谱仪均可使用。

检出限:不大于1ng/mL。

精密度:工作曲线中最高浓度标准溶液荧光强度与"零"浓度溶液荧光强度相对于最高浓度标准溶液荧光强度平均值的变异系数,应分别不大于5.0%和1.0%。

注:本实验"零"浓度溶液为盐酸溶液(3.5)。

工作曲线线性:将工作曲线按浓度等分成五段,最高段的荧光强度差值与最低段的荧光强度度差值之比,应不小于0.90。

仪器工作条件见附录A(提示的附录)。

5 试样

5.1 样品应通过0.100mm孔筛。

5.2 样品预先在105℃±5℃烘1h,置于干燥器中冷至室温。

6 分析步骤

6.1 试料

按表1称取试料,精确至0.0001g。

表1

锑含量 %	称样量 g	试液总体积 mL	分取试液体积 mL	测定溶液体积 mL	补加盐酸 mL	补加硫脲-抗坏血酸溶液,mL
0.005~0.05	0.200	100	10.00	50	4	4

续表 1

锑含量 %	称样量 g	试液总体积 mL	分取试液体积 mL	测定溶液体积 mL	补加盐酸 mL	补加硫脲-抗坏血酸溶液,mL
>0.05~0.10	0.100	100	10.00	50	4	4
>0.10~0.20	0.100	100	10.00	100	9	9

独立地进行二次测定,取其平均值。

6.2 空白试验

随同试料做空白试验。

6.3 测定

6.3.1 将试料(6.1)置于 200mL 烧杯中,加入 0.5g 酒石酸、15mL 硝酸,低温溶解,蒸至体积约 2mL,取下放冷,加入 20mL 盐酸(3.4)、10mL 硫脲-抗坏血酸溶液,用水吹洗杯壁,低温煮沸 5min,取下冷至室温。将溶液移入 100mL 容量瓶中,以水稀释至刻度,混匀。

6.3.2 按表 1 将试液(6.3.1)进行分取,并按测定溶液体积补加盐酸及硫脲-抗坏血酸溶液,用水稀释至刻度,混匀,干过滤部分溶液至 50mL 烧杯中。

6.3.3 在原子荧光光谱仪上,以盐酸(3.5)为载流,硼氢化钾溶液为还原剂,以随同试料的空白溶液为参比,测量其荧光强度,从工作曲线上查得相应的锑浓度。

6.4 工作曲线的绘制

6.4.1 移取 0、1.00、2.00、4.00、6.00、8.00、10.00mL 锑标准溶液分别于一组 200mL 烧杯中,加入 20mL 盐酸(3.4)、10mL 硫脲-抗坏血酸溶液,低温加热,煮沸 5min,取下,冷至室温,移入一组 100mL 容量瓶中,以水稀释至刻度,混匀。

6.4.2 在与测定试料溶液液相同的条件下,以盐酸(3.5)为载流,硼氢化钾溶液为还原剂,以试剂空白为参比,测定标准溶液的荧光强度。以锑浓度为横坐标,荧光强度为纵坐标,绘制工作曲线。

7 分析结果的表述

按式(1)计算锑的百分含量:

$$\mathrm{Sb}(\%)=\frac{cV_0V_2\times10^{-9}}{m_0V_1}\times100 \qquad (1)$$

式中 c——自工作曲线上查得的锑浓度,ng/mL;

V_0——试液的总体积,mL;

V_1——试液的分取体积,mL;

V_2——测定溶液体积,mL;

m_0——试料的质量,g。

所得结果表示至二位小数;若锑含量小于 0.10%时,表示至三位小数;小于 0.010%时表示至四位小数。

8 允许差

实验室间分析结果的差值应不大于表 2 所列允许差。

表 2　%

锑含量	允许差	锑含量	允许差
0.0050～0.010	0.004	>0.050～0.10	0.020
>0.010～0.020	0.006	>0.10～0.20	0.04
>0.020～0.050	0.010		

方法 2　孔雀绿分光光度法测定锑量

9　范围

本标准规定了锌精矿中锑含量的测定方法。

本标准适用于锌精矿中锑含量的测定，测定范围：0.010%～0.10%。

10　方法提要

试料用硝酸、硫酸溶解，于盐酸（7mol/L）介质中，用氯化亚锡作还原剂，亚硝酸钠作氧化剂，用尿素除去过量的亚硝酸钠。于稀盐酸溶液中加入孔雀绿显色硝酸钠。于稀盐酸溶液中加入孔雀绿显色，用甲苯萃取有色络合物，于分光光度计波长 640nm 处测量其吸光度。

11　试剂

11.1　无水硫酸钠。

11.2　甲苯。

11.3　硝酸（1+1）。

11.4　硫酸（1+1）。

11.5　盐酸（7+5）。

11.6　氯化亚锡溶液（100g/L），以盐酸（3.5）配制。限两周内使用。

11.7　亚硝酸钠溶液（100g/L），贮于棕色瓶中。

11.8　尿素溶液（200g/L）。

11.9　孔雀绿溶液（2g/L），贮于棕色瓶中。

11.10　孔雀绿溶液：取 10.0mL 孔雀绿溶液（11.9）用水稀释至 300mL，混匀。当天配制。

11.11　锑标准贮存溶液：称取 0.1000g 金属锑（≥99.95%）于 200mL 烧杯中，加入 20mL 硫酸（ρ1.84g/mL），加热溶解后取下放冷，用盐酸（11.5）溶解盐类，移入 1000mL 容量瓶中，用盐酸（11.5）稀释至刻度，混匀。此溶液 1mL 含 0.1mg 锑。

11.12　锑标准溶液：移取 10.00mL 锑标准贮存溶液（11.11）于 200mL 容量瓶中，用盐酸（11.5）稀释至刻度，混匀。此溶液 1mL 含 5μg 锑。

12　仪器

分光光度计。

13　试样

13.1　样品应通过 0.100mm 孔筛。

13.2 样品预先在105℃±5℃烘1h，置于干燥器中冷至室温。

14 分析步骤

14.1 试料

按表3称取试料，精确至0.000 1g。

表3

锑含量，%	试料量，g	稀释体积，mL	锑含量，%	试料量，g	稀释体积，mL
0.010～0.030	0.300	50	>0.050～0.100	0.200	100
>0.030～0.050	0.200	50			

独立地进行二次测定，取其平均值。

14.2 空白试验

随同试料做空白试验。

14.3 测定

14.3.1 将试料(14.1)置于100mL烧杯中，加入10mL硝酸，加热溶解，低温蒸至小体积，加入5mL硫酸，低温蒸发硫酸冒烟至近干，取下放冷。加入10mL盐酸温热溶解盐类，冷至室温，按表1要求用盐酸洗入容量瓶，并用盐酸稀释至刻度，混匀。

14.3.2 移取10.00mL溶液(14.3.1)于100mL烧杯中，在摇动下滴加氯化亚锡溶液至黄色消失并过量5滴。

14.3.3 加入2mL亚硝酸钠溶液，混匀。放置1～2min。将溶液移入125mL分液漏斗中，用10mL尿素溶液洗涤烧杯，洗液并入分液漏斗中，振荡20s至大气泡冒完，加入20mL甲苯、30mL孔雀绿溶液，立即振荡1min。静置分层3～5min，分层后弃去水相。将有机相放入干燥的25mL容量瓶中，用甲苯稀释至刻度，混匀。加入约1g硫酸钠，翻转2～3次。将部分有机相移入1cm干燥的吸收皿中。

14.3.4 以随同试料的空白溶液为参比，于分光光度计波长640nm处测量吸光度。从工作曲线上查得相应的锑量。

14.4 工作曲线的绘制

移取0、1.00、2.00、3.00、4.00、5.00mL锑标准溶液分别于一组100mL烧杯中，以盐酸稀释体积至10mL，滴加5滴氯化亚锡溶液，以下按14.3.3条进行。以试剂空白为参比，测量其吸光度。以锑量为横坐标，吸光度为纵坐标，绘制工作曲线。

15 分析结果的表述

按式(1)计算锑的百分含量：

$$\mathrm{Sb}(\%)=\frac{m_1 V_0\times 10^{-6}}{m_0 V_1}\times 100 \tag{1}$$

式中 m_1——自工作曲线上查得的锑量，μg；

V_0——试液总体积，mL；

V_1——分取试液体积，mL；

m_0——试料的质量,g。

所得结果表示至二位小数;若锑含量小于0.10%时,表示至三位小数。

16 允许差

实验室间分析结果的差值应不大于表4所列允许差。

表4 %

锑含量	允许差	锑含量	允许差
0.010~0.020	0.003	>0.050~0.10	0.007
>0.020~0.050	0.005		

附 录 A
(提示的附录)
仪器工作条件

使用AFS-2201型原子荧光光谱仪测定锑量的工作条件见表A1和表A2。

表A1 仪器工作条件

条件	灯电流 mA	负高压 V	燃烧器高度 mm	载气流量 mL/min	屏蔽气流量 mL/min	延迟时间 s	读数时间 s
工作参数	60	300	8	400	800	1	12

表A2 蠕动泵工作参数

步骤	速度,n/min	时间,s	重复次数	读数	停止
0	60	8	1	NO	NO
1	0	4	1	NO	NO
2	80	14	1	YES	NO
3	0	4	0	NO	YES

(十二)锌精矿中银量的测定

1 范围

本标准规定了锌精矿中银含量的测定方法。

本标准适用于锌精矿中银含量的测定。测定范围:20~1000g/t。

2 方法提要

试料以盐酸、硝酸溶解。在稀盐酸介质中,于原子吸收光谱仪波长328.1nm处,用空气-乙炔火焰,测量银的吸光度。

3 试剂

3.1 盐酸(ρ1.19g/mL),优级纯。

3.2 硝酸(ρ1.42g/mL),优级纯。

3.3 盐酸(1+1)。

3.4 硝酸(1+1)。

3.5 银标准贮存溶液:称取0.5000g金属银(≥99.99%)于100mL烧杯中,加入20mL硝酸(3.4),微热溶解完全,煮沸驱除氮的氧化物。取下冷至室温,移入1 000mL容量瓶中,加入20mL硝酸(3.4),用不含氯离子的水稀释至刻度,混匀。此溶液1mL含0.5mg银。

3.6 银标准溶液:移取10.00mL银标准贮存溶液(3.5)于100mL容量瓶中,加入4mL硝酸(3.4),用不含氯离子的水稀释至刻度,混匀。此溶液1mL含50μg银。

4 仪器

原子吸收分光谱仪,附银空心阴极灯。

在仪器最佳工作条件下,凡能达到下列指标的原子吸收光谱仪均可使用。

灵敏度:在与试料溶液基体相一致的溶液中,银的特征浓度应不大于0.06μg/mL。

精密度:用最高浓度的标准溶液测量11次吸光度,其标准偏差应不超过其平均吸光度的1.50%;用最低浓度的标准溶液(不是"零"标准溶液)测量11次吸光度,其标准偏差应不超过最高浓度标准溶液平均吸光度的0.50%。

工作曲线线性:将工作曲线按浓度等分成五段,最高段的吸光度差值与最低段的吸光度差值之比,应不小于0.7。

仪器工作条件见附录A(提示的附录)。

5 试样

5.1 样品应通过0.100mm孔筛。

5.2 样品预先在105℃±5℃烘1h,置于干燥器中冷至室温。

6 分析步骤

6.1 试料

按表1称取试料,精确至0.0001g。

表1

银含量,g/t	试料量,g	加入盐酸体积,mL	试液总体积,mL
20~50	1.000	10	50
>50~200	1.000	20	100
>200~400	0.500	20	100
>400~1000	0.500	40	200

独立地进行二次测定,取其平均值。

6.2 空白试验

随同试料做空白试验。

6.3 测定

6.3.1　将试料(6.1)置于250mL烧杯中,以少许水润湿摇散,加15～20mL盐酸(3.1),加热溶解,低温蒸发溶液体积至3～5mL,加入5～10mL硝酸(3.2),继续加热蒸至近干,取下,稍冷,按表1加入盐酸(3.3),用水吹洗表皿及杯壁,加热煮沸溶解盐类,取下,冷至室温,按表1移入容量瓶中,用水稀释至刻度,混匀。干过滤部分溶液。

6.3.2　使用空气-乙炔火焰,于原子吸收光谱仪波长328.1nm处(银小于50g/t时采用氘灯扣除背景),以水调零测量试液的吸光度,减去随同试料的空白溶液的吸光度,从工作曲线上查得相应的银浓度。

6.4　工作曲线的绘制

6.4.1　移取0、0.50、1.00、2.00、3.00、4.00、5.00mL银标准溶液分别于至一组100mL容量瓶中。加20mL盐酸(3.3),用水稀释至刻度,混匀。

6.4.2　在与试液测定相同条件下,测量标准溶液的吸光度。以银浓度为横坐标,吸光度(减去"零"浓度溶液的吸光度)为纵坐标,绘制工作曲线。

7　分析结果的表述

按式(1)计算银含量:

$$\mathrm{Ag(g/t)} = \frac{cV_0 \times 10^{-6}}{m_0 \times 10^{-6}} = \frac{cV_0}{m_0} \tag{1}$$

式中　c——自工作曲线上查得的银浓度,μg/mL;

V_0——试液总体积,mL;

m_0——试料的质量,g。

所得结果表示至整数位。

8　允许差

实验室间分析结果的差值应不大于表2所列允许差。

表2　g/t

银含量	允许差	银含量	允许差
20～50	9	>300～500	40
>50～150	15	>500～700	50
>150～300	25	>700～1000	60

附　录　A
(提示的附录)

仪器工作条件

使用WFXN-Ⅱ型双光束原子吸收光谱仪测定银量的工作条件见表A1。

表 A1

波长 nm	灯电流 mA	单色器通带 nm	燃烧器高度 mm	空气流量 L/min	乙炔流量 L/min
328.1	3	0.4	5	10	1.7

（十三）锌精矿中锗量的测定

方法 1 氢化物发生-原子荧光光谱法测定锗量

1 范围

本标准规定了锌精矿中锗含量的测定方法。

本标准适用于锌精矿中锗含量的测定，测定范围：0.000 50%～0.10%。

2 方法提要

试料用氢氟酸、硝酸溶解。于20%磷酸-5%硫酸介质中，在氢化物发生器中，锗被硼氢化钾还原生成氢化物，用氩气导入石英炉原子化器中，于原子荧光光谱仪上测量其荧光强度。

3 试剂

3.1 硝酸（ρ1.42g/mL）。

3.2 硫酸（ρ1.84g/mL）。

3.3 磷酸（ρ1.69g/mL）。

3.4 氢氟酸（ρ1.13g/mL）。

3.5 硫酸（1+1）。

3.6 磷酸（1+1）。

3.7 混合酸溶液：在 300mL 烧杯中加入 100mL 水，然后加入 50 硫酸（3.5），再加入 200mL 磷酸（3.6），冷却后用水稀释至 500mL。

3.8 硼氢化钾溶液（40g/L）：称取 20.0g 硼氢化钾溶解于 500mL 氢氧化钾溶液（5g/L）中，当天配制。

3.9 锗标准贮存溶液：准确称取 0.100 0 克金属锗（≥99.9%）于 150mL 烧杯中，加入 15mL 过氧化氢，2mL 氨水及少量水，沸水浴加热溶解，取下冷至室温后，用水洗入 1 000mL 容量瓶中，稀释至刻度，混匀。此溶液 1mL 含 100μg 锗。

3.10 锗标准溶液：移取 5.00mL 锗标准贮存液（3.9）于 500mL 容量瓶中，加入 25mL 磷酸（3.6），用水稀释至刻度，混匀。此溶液 1mL 含 1μg 锗。

4 仪器

原子荧光光谱仪，附锗特制高强度空心阴极灯。

在仪器工作条件下，凡能达到下列指标的原子荧光光谱仪均可使用：

检出限：不大于 2ng/mL。

精密度：工作曲线中最高浓度标准溶液荧光强度与"零"浓度溶液荧光强度相对于最高浓度标准溶液荧光强度平均值的变异系数，应分别不大于 5.0%和 1.0%。

注：本实验"零"浓度溶液为混合酸溶液(3.7)。

工作曲线线性：将工作曲线按浓度等分成五段，最高段的荧光强度差值与最低段的荧光强度差值之比，应不小于 0.90。

仪器工作条件附录 A(提示的附录)。

5　试样

5.1　样品应通过 0.100mm 孔筛。

5.2　样品预先在 105℃±5℃烘 1h，置于干燥器中冷至室温。

6　分析步骤

6.1　试料

按表 1 称取试料，精确至 0.0001g。

表 1

锗含量 %	称样量 g	试液总体积 mL	分取试液体积 mL	测定溶液体积 mL	补加磷酸 mL	补加硫酸 mL
0.0005～0.0025	0.200	50	全量	50	0	0
>0.0025～0.005	0.200	100	全量	100	0	0
>0.005～0.010	0.100	100	全量	100	0	0
>0.010～0.050	0.100	100	20	100	16	4.0
>0.050～0.100	0.100	100	10	100	18	4.5

独立地进行二次测定，取其平均值。

6.2　空白试验

随同试料做空白试验。

6.3　测定

6.3.1　将试料(6.1)置于 100mL 聚四氟乙烯烧杯中，加入 5mL 氢氟酸，10mL 硝酸，低温溶解，蒸至体积约 1mL 时取下，稍冷后用水冲洗杯壁，加入 5mL 硫酸(3.5)(稀释至 100mL 容量瓶时加 10mL)、20mL 磷酸(3.6)(稀释至 100mL 容量瓶时加 40mL)，低温加热溶解盐类，取下冷却，以水稀释至 50mL，干过滤部分溶液至 50mL 烧杯中。

注：若样品含锗较高时，按表 1 分取试液至容量瓶中，按测定溶液体积补加相应的硫酸、磷酸，混匀，干过滤部分溶液于 50mL 烧杯中。

6.3.2　在原子荧光光谱仪上，以混合酸为载流，硼氢化钾溶液为还原剂，以随同试料的空白溶液为参比，测量其荧光强度。从工作曲线上查得相应的锗浓度。

6.4　工作曲线的绘制

6.4.1　移取 0、2.00、4.00、6.00、8.00、10.00mL 锗标准溶液分别于一组 100mL 的容量瓶中，加入 10mL 硫酸(3.5)、40mL 磷酸(3.6)，用水稀释至刻度，混匀。

6.4.2 在与测定试样溶液相同的条件下，以混合酸为载流，硼氢化钾溶液为还原剂，以试剂空白为参比，测量锗标准溶液的荧光强度，以锗浓度为横坐标，荧光强度为纵坐标，绘制工作曲线。

7 分析结果的表述

按式(1)计算锗的百分含量：

$$Ge(\%)=\frac{cV_0V_2\times10^{-9}}{m_0V_1}\times100 \tag{1}$$

式中 c——自工作曲线上查得的锗浓度，ng/mL；

V_0——试液总体积，mL；

V_1——分取试液体积，mL；

m_0——试料的质量，g。

所得结果表示至二位小数；若锗含量小于 0.10%时，表示至三位小数；小于 0.010%时，表示至四位小数；小于 0.001 0%时，表示至五位小数。

8 允许差

实验室间分析结果差值应不大于表 2 所列允许差。

表 2 %

锗含量	允许差	锗含量	允许差
0.00050～0.0015	0.0003	>0.020～0.050	0.007
>0.0015～0.0050	0.0008	>0.050～0.10	0.015
>0.0050～0.020	0.0030		

方法 2 萃取分离苯芴酮分光光度法测定锗量

9 范围

本标准规定了锌精矿中锗含量的测定。

本标准适用于锌精矿中锗含量的测定。测定范围：0.00050%～0.10%。

10 方法提要

试料用硝酸和磷酸溶解，在盐酸介质中，用四氯化碳萃取锗与杂质元素分离，在有机相中锗与苯芴酮形成橙黄色络合物，于分光光度计波长 516nm 处测量其吸光度。

11 试剂

11.1 氢氧化钠。

11.2 四氯化碳。

11.3 无水乙醇。

11.4　盐酸(ρ1.19g/mL)。

11.5　硝酸(ρ1.42g/mL)。

11.6　磷酸(ρ1.69g/mL)。

11.7　硫酸(1+6)。

11.8　亚硫酸钠水溶液(100g/L):3日内使用。

11.9　苯芴酮乙醇溶液(0.3g/L):称取0.150g苯芴酮于500mL烧杯中,加入200mL无水乙醇(11.3)、15mL硫酸(11.7),溶解后过滤,以无水乙醇稀释至500mL。避光贮存。

11.10　锗标准贮存溶液:称取0.1441g二氧化锗(≥99.99%),加0.5g氢氧化钠(11.1),加水溶解后,加5mL硫酸(11.7),移入1 000mL容量瓶中,用水稀释至刻度,混匀。此溶液1mL含100μg锗。

11.11　锗标准溶液:移取10.00mL锗标准贮存液(11.10)于500mL容量瓶中,用水稀释至刻度,混匀。此溶液1mL含2μg锗。

12　仪器

分光光度计。

13　试样

13.1　样品应通过0.100mm孔筛。

13.2　样品预先在105℃±5℃烘1h,置于干燥器中冷至室温。

14　分析步骤

14.1　试料

按表3称取试料,精确至0.0001g。

表3

锗含量 %	试料量 g	试液总体积 mL	分取试液体积 mL
0.0005~0.0040	0.20	—	—
>0.0040~0.020	0.20	50	10.00
>0.020~0.10	0.20	50	5.00

独立地进行二次测定,取其平均值。

14.2　空白试验

随同试料做空白试验。

14.3　测定

14.3.1　将试料(14.1)置于100mL烧杯中,加15mL硝酸,5mL磷酸,低温溶解试料至体积近10mL,用少量水吹洗烧杯壁,蒸至糊状,取下稍冷,再次用少量水吹洗烧杯壁,继续蒸至糊状,取下稍冷,加少量水溶解盐类,冷至室温。加10滴亚硫酸钠溶液(锰高时,加至紫红色褪去并过量10滴)。

14.3.2 按表3用少量水将试料(14.1)洗入或以水稀释后分取至125mL分液漏斗中，用水补至体积10mL。

14.3.3 加30mL盐酸于上述分液漏斗中，立即加入20.0mL四氯化碳，振荡1～2min，静置10min后，弃去数毫升有机相，分液漏斗颈内溶液用滤纸吸干，放出10.0mL有机相于10mL干燥的比色管内，加入2.0mL无水乙醇和1.0mL苯芴酮，混匀，放置15min。

14.3.4 移取部分溶液于1cm干燥的吸收皿中，以随同试料的空白溶液为参比，于分光光度计波长516nm处测量其吸光度。从工作曲线上查得相应的锗量。

14.4 工作曲线的绘制

14.4.1 移取0、1.00、2.00、3.00、4.00、5.00mL锗标准溶液分别于一组125mL分液漏斗中，加3mL磷酸，以水稀至体积10mL，以下按14.3.3条进行。

14.4.2 移取部分溶液于1cm干燥的吸收皿中，以试剂空白为参比，于分光光度计波长516nm处测量其吸光度，以锗量为横坐标，吸光度为纵坐标，绘制工作曲线。

15 分析结果表述

按式(2)计算锗的百分含量：

$$\mathrm{Ge}(\%)=\frac{m_1 V_0\times 10^{-6}}{m_0 V_1}\times 100 \tag{2}$$

式中 m_1——自工作曲线上查得的锗量，μg；

V_0——试液总体积，mL；

V_1——分取试液体积，mL；

m_0——试料的质量，g。

所得结果表示至二位小数；若锗含量小于0.10%时，表示至三位小数；小于0.010%时，表示至四位小数；小于0.0010%时，表示至五位小数。

16 允许差

实验室间分析结果差值应不大于表4所列允许差。

表4 %

锗含量	允许差	锗含量	允许差
0.00050～0.0015	0.0004	>0.020～0.050	0.005
>0.0015～0.0050	0.0008	>0.050～0.10	0.012
>0.0050～0.020	0.0025		

附 录 A

(提示的附录)

仪器工作条件

使用AFS-2201型原子荧光光谱仪测定锗量的工作条件见表A1和表A2。

表 A1 仪器工作条件

条 件	灯电流 mA	负高压 V	原子化器高度 mm	载气流量 mL/min	屏蔽气流量 mL/min	延迟时间 s	读数时间 s
工作参数	90	300	8	400	800	0	10

表 A2 蠕动泵工作参数

步 骤	速度,n/min	时间,s	重复次数	读 数	停 止
0	60	8	1	NO	NO
1	0	4	1	NO	NO
2	80	14	1	YES	NO
3	0	4	0	NO	YES

(十四)锌精矿中镍量的测定

1 范围

本标准规定了锌精矿中镍含量的测定方法。

本标准适用于锌精矿中镍含量的测定。测定范围:0.0030%~0.050%。

2 方法提要

试料用盐酸、硝酸、硫酸溶解,在 pH 9 的柠檬酸铵溶液中,用三氯甲烷萃取镍与丁二酮肟生成的络合物而与锌、铁等元素分离。在盐酸介质中,于原子吸收光谱仪波长 232.0nm 处,用空气-乙炔火焰,测量镍的吸光度。

3 试剂

3.1 三氯甲烷。

3.2 盐酸(ρ1.19g/mL)。

3.3 硝酸(ρ1.42g/mL)。

3.4 硫酸(ρ1.84g/mL)。

3.5 氨水(ρ0.90g/mL)。

3.6 盐酸(1+1)。

3.7 盐酸(1+20)。

3.8 硝酸(1+1)。

3.9 氨水(1+1)。

3.10 柠檬酸铵溶液(250g/L)。

3.11 酚酞乙醇溶液(5g/L)。

3.12 丁二酮肟乙醇溶液(10g/L)。

3.13 镍标准贮存溶液:称取 0.5000g 金属镍(≥99.9%),置于 250mL 烧杯中,加入 10mL 硝酸(3.8),加热溶解完全,冷却,移入 1000mL 容量瓶中,用水稀释至刻度,混匀。此溶液 1mL 含 500μg 镍。

3.14 镍标准溶液:移取 10.00mL 镍标准贮存溶液(3.13)于 100mL 容量瓶中,加入 5mL 盐酸(3.6),用水稀释到刻度,混匀。此溶液 1mL 含 50μg 镍。

4 仪器

原子吸收光谱仪,附镍空心阴极灯。

在仪器最佳工作条件下,凡能达到下列指标的原子吸收光谱仪均可使用:

灵敏度:在与试料溶液基体相一致的溶液中,镍的特征浓度应不大于 0.05μg/mL。

精密度:用最高浓度的标准溶液测量 11 次吸光度,其标准偏差不超过平均吸光度的 1.50%;用最低浓度的标准溶液(不是“零”标准溶液)测量 11 次吸光度,其标准偏差应不超过最高浓度标准溶液平均吸光度的 0.50%。

工作曲线线性:将工作曲线按浓度等分为五段,最高段的吸光度差值与最低段的吸光度差值之比,应不小于 0.7。

仪器工作条件见附录 A(提示的附录)。

5 试样

5.1 样品应通过 0.100mm 孔筛。

5.2 样品预先在 105℃ ±5℃ 烘 1h,置于干燥器中冷至室温。

6 分析步骤

6.1 试料

按表 1 称取试料,精确至 0.000 1g。

表 1

镍含量,%	试料量,g	试液总体积,mL
0.003~0.010	0.50	25
>0.010~0.050	0.50	50

独立地进行二次测定,取其平均值。

6.2 空白试验

随同试料做空白试验。

6.3 测定

6.3.1 将试料(6.1)置于 150mL 烧杯中,以少许水润湿摇散,加入 10mL 盐酸(3.2),盖上表皿,低温溶解 5min,加入 5mL 硝酸,加热溶解并蒸至 2~3mL,加入 5mL 硫酸,加热冒烟至近干,加入 2mL 盐酸(3.6),吹少许水洗表皿及杯壁,加热溶解盐类,取下,冷却。将溶液移入 250mL 分液漏斗中,加水至 30mL 左右。

6.3.2 加入 10mL 柠檬酸铵溶液、2 滴酚酞乙醇溶液,用氨水中和至出现微红色并过量 4 滴(pH 9 左右),加入 5mL 丁二酮肟乙醇溶液,混匀,放置 5min。

6.3.3 加入 10mL 三氯甲烷,振荡 2min,静置分层,将有机相移入另一个 60mL 分液漏斗中,水相再加入 10mL 三氯甲烷,振荡 2min,静置分层,合并有机相,弃去水相。

6.3.4 向有机相中加入 15mL 盐酸(3.7)反萃取,振荡 1min,静置分层,弃去有机相,水相按表1移入相应容量瓶中，以水稀释至刻度，混匀，干过滤。

6.3.5 使用空气-乙炔火焰，于原子吸收光谱仪波长232.0nm处，以水调零，测量干过滤试液的吸光度，减去随同试料的空白溶液的吸光度，从工作曲线上查得相应的镍浓度。

6.4 工作曲线绘制

6.4.1 移取0、0.50、1.00、2.00、3.00、4.00、5.00mL镍标准溶液分别于至一组250mL分液漏斗中，加水至30mL左右。以下按6.3.2～6.3.4条进行。

6.4.2 在与试料溶液测定相同的条件下，测量标准溶液的吸光度，减去“零”浓度溶液的吸光度，以镍浓度为横坐标，吸光度为纵坐标，绘制工作曲线。

7 分析结果的表述

按式(1)计算镍的百分含量：

$$\text{Ni}(\%)=\frac{cV_0\times10^{-6}}{m_0}\times100 \qquad (1)$$

式中 c——自工作曲线上查得的镍浓度，μg/mL；

V_0——试液总体积，mL；

m_0——试料的质量，g。

所得结果表示至三位小数；若镍含量小于0.010%时，表示至四位小数。

8 允许差

实验室间的分析结果的差值应不大于表2所列允许差。

表2 %

镍含量	允许差	镍含量	允许差
0.0030～0.0050	0.0010	>0.010～0.020	0.003
>0.0050～0.010	0.0020	>0.020～0.050	0.005

附 录 A

(提示的附录)

仪器工作条件

使用WFX-1C型原子吸收光谱仪测定镍量的工作条件见表A1。

表A1

波 长 nm	灯电流 mA	单色器通带 nm	燃烧器高度 mm	空气流量 L/min	乙炔流量 L/min
232.0	2.5	0.2	3	8	1.0

三、锌及锌合金化学分析方法

锌及锌合金化学分析方法，按国家标准GB/T12689.1～12689.14—1990执行。该标准

具体规定如下:

(一) EDTA 滴定法测定铝量

1 主题内容与适用范围

本标准规定了锌及锌合金中铝含量的测定方法。

本标准适用于锌及锌合金中铝含量的测定。测定范围:0.5%~13.0%。

2 引用标准

GB 1.4 标准化工作导则 化学分析方法标准编写规定

GB 1467 冶金产品化学分析方法标准的总则及一般规定

3 方法原理

试料以盐酸分解,在乙酸钠缓冲溶液中加入 EDTA 溶液,以锌标准溶液滴定过量的 EDTA,用氟化钠分解铝 EDTA 络合物,再以锌标准溶液滴定释放的 EDTA。

4 试剂

4.1 氢氧化钠(0.4g/L)。

4.2 氨水(ρ0.89g/mL)。

4.3 盐酸(ρ1.19g/mL)。

4.4 盐酸(1+1)。

4.5 过氧化氢(30%)。

4.6 金属锌(>99.99%)。

4.7 溴甲酚绿溶液(0.4g/L):称取 0.4g 溴甲酚绿,以 100mL 水及 6mL 氢氧化钠溶液(4.1)溶解,移入 1 000mL 容量瓶中,以水稀释至刻度,混匀。

4.8 甲基红溶液(2g/L):称取 0.2g 甲基红,溶于少量无水乙醇中,以水稀释至 100mL,混匀。

4.9 二甲酚橙溶液(10g/L):称取 0.5g 二甲酚橙,溶于 50mL 水中,混匀。贮存期 1 个月。

4.10 EDTA 溶液(90g/L):称取 90g 乙二胺四乙酸二钠($Na_2C_{10}H_{16}O_8N_2 \cdot 2H_2O$),溶于 800mL 温水中,冷却至室温,以水稀释至 1 000mL,混匀。

4.11 乙酸钠缓冲溶液(320g/L):称取 320g 乙酸钠($CH_3COONa \cdot 3H_2O$)溶于 800mL 温水中,过滤。用氢氧化钠溶液和乙酸调溶液的 pH 值为 5.5±0.1(用 pH 计测定),以水稀释至 1 000mL,混匀。

4.12 饱和氟化钠溶液:称取 60g 氟化钠,溶于 1 000mL 沸水中,冷却至室温,用快速滤纸过滤,滤液贮存于聚乙烯塑料瓶中。

4.13 锌标准滴定溶液:称取 2.4230g 金属锌(4.6),溶于 20mL 盐酸(4.3)和数滴过氧化氢(4.5)中,煮沸,冷却。以水稀释至 100mL,加 3 滴甲基红溶液(4.8),用氨水(4.2)中和至溶液颜色变黄,滴加盐酸(4.4)至溶液颜色变红,移入 1 000mL 容量瓶中,以水稀释至刻度，混匀。此溶液 1mL 相当于 0.00100g 铝。

5　分析步骤

5.1　试料

按表 1 称取试料，精确至 0.0001g。

表 1

铝含量，%	试料，g	加入 EDTA 体积，mL
0.50～1.50	10.0000	168
>1.50～2.50	6.0000	106
>2.50～4.50	5.0000	88
>4.50～7.00	4.0000	69
>7.00～10.00	3.0000	59
>10.00～13.00	2.0000	44

5.2　测定

5.2.1　将试料(5.1)置于 400mL 烧杯中，加入 100mL 盐酸(4.4)及 1mL 过氧化氢(4.5)，加热至溶解完全，煮沸 5min，破坏过量的过氧化氢及游离氯气。

5.2.2　将溶液移入 200mL 容量瓶中，以水稀释至刻度，混匀。

5.2.3　移取 50.00mL 试液(5.2.2)置于 500mL 锥形瓶中，按表 1 加入 EDTA 溶液(4.10)，以水稀释至 200mL，混匀。

5.2.4　加入 5～6 滴甲基红溶液(4.8)，加入氨水(4.2)至溶液颜色变为橙黄色(铜含量高时，试液颜色为黄绿色)。

5.2.5　加入 25mL 乙酸钠缓冲溶液(4.11)，煮沸 5min，用水冷却至室温。

5.2.6　加入 4 滴二甲酚橙溶液(4.9)和 5 滴溴甲酚绿溶液(4.7)，以锌标准滴定溶液(4.13)滴定过量的 EDTA 至试液颜色由绿变红。

5.2.7　加入 25mL 氟化钠溶液(4.12)，煮沸 5min，用水冷却至室温。用锌标准滴定溶液(4.13)滴定至试液颜色由绿变红即为终点。

6　分析结果的计算与表述

按下式计算铝的百分含量：

$$\mathrm{Al}(\%)=\frac{cV_1V_0}{mV_2}\times 100$$

式中　c——每毫升锌标准滴定溶液相当于铝的浓度，g/mL；

V_0——试液的总体积，mL；

V_1——滴定试液消耗锌标准滴定溶液的体积，mL；

V_2——分取试液的体积，mL；

m——试料的质量，g。

7　允许差

实验室之间分析结果的差值应不大于表 2 所列允许差。

表 2 %

铝含量	允许差	铝含量	允许差
0.50～1.50	0.02	>4.50～7.00	0.08
>1.50～2.50	0.03	>7.00～10.00	0.15
>2.50～4.50	0.05	>10.00～13.00	0.20

(二) 二乙基二硫代氨基甲酸铅分光光度法测定铜量

1 主题内容与适用范围

本标准规定了锌及锌合金中铜含量的测定方法。

本标准适用于锌及锌合金中铜含量的测定。测定范围:0.0001%～0.01%。

2 引用标准

GB 1.4 标准化工作导则 化学分析方法标准编写规定

GB 1467 冶金产品化学分析方法标准的总则及一般规定

GB 7729 冶金产品化学分析 分光光度法通则

3 方法原理

试料用硝酸溶解。在稀硝酸溶液中,用二乙基二硫代氨基甲酸铅三氯甲烷溶液萃取铜,于分光光度计波长 440nm 处测量二乙基二硫代氨基甲酸铜黄色络合物的吸光度。

4 试剂

4.1 蒸馏水:取 1L 蒸馏水,煮沸 10min,冷却至室温。

4.2 硝酸(1+1),优级纯。

4.3 硝酸(1+10),优级纯。

4.4 氨水(1+2),优级纯。

4.5 三氯甲烷。

4.6 乙酸铅溶液:称取 0.1g 乙酸铅溶于 100mL 水(4.1)中。

4.7 硝酸钾溶液:称取 10g 硝酸钾溶于 100mL 水(4.1)中。

4.8 二乙基二硫代氨基甲酸钠溶液:称取 0.1g 二乙基二硫代氨基甲基钠溶于 20mL 水(4.1)中。

4.9 二乙基二硫代氨基甲酸铅三氯甲烷溶液:取 100mL 乙酸铅溶液(4.6)、5mL 硝酸钾溶液(4.7)、20mL 二乙基二硫代氨基甲酸钠溶液(4.8)于 1 000mL 分液漏斗中,混匀,静置片刻,加入 250mL 三氯甲烷(4.5),振荡至白色沉淀溶解。静置分层后,将有机相用干滤纸过滤于 500mL 干燥的容量瓶中,用三氯甲烷(4.5)稀释至刻度,混匀。放阴凉处保存。

4.10 铜标准贮存溶液:称取 0.100 0g 金属铜(99.95%)置于 200mL 烧杯中,加入 10mL 硝酸(4.2)加热溶解,煮沸驱除氮的氧化物,取下冷却,移入 1 000mL 容量瓶中,以水稀释至刻度,混匀。此溶液 1mL 含 100μg 铜。

4.11 铜标准溶液:移取 25.00mL 铜标准贮存溶液(4.10)置于 500mL 容量瓶中,以水稀释至刻度,混匀。此溶液 1mL 含 5μg 铜。

5 仪器

分光光度计。

6 分析步骤

6.1 试料

按表 1 称取试料,精确至 0.0001g。

表 1

铜含量,%	试料,g	铜含量,%	试料,g
0.0001~0.0005	5.0000	>0.002~0.005	0.5000
>0.0005~0.002	1.0000	>0.005~0.010	1.0000

6.2 空白试验

随同试料做空白试验。

6.3 测定

6.3.1 将试料(6.1)置于 200mL 烧杯中,缓慢加入 10~40mL 硝酸(4.2)加热溶解,煮沸驱除氮的氧化物,浓缩至小体积,取下冷却。

6.3.2 将溶液(6.3.1)移入 125mL 分液漏斗中,用水洗涤烧杯,洗液并入分液漏斗中(铜量>0.005%时,将溶液移入 50mL 容量瓶中,以水稀释至刻度,混匀,分取 10mL 溶液于 125mL 分液漏斗中)。

6.3.3 将溶液(6.3.2)以水稀释并保持体积 40mL,用氨水(4.4)和硝酸(4.3)调节 pH 为 1~2,加入 25.0mL 二乙基二硫代氨基甲酸铅三氯甲烷溶液(4.9),萃取 2min,静置分层。

6.3.4 擦净漏斗颈中水,经脱脂棉将部分有机相移入 3cm 干燥的比色皿中,以三氯甲烷为参比,于分光光度计波长 440nm 处测量吸光度。

6.3.5 减去试料空白溶液的吸光度,从工作曲线上查出相应的铜量。

6.4 工作曲线的绘制

6.4.1 移取 0、0.50、1.00、2.00、3.00、4.00、5.00、6.00mL 铜标准溶液(4.11)于 125mL 分液漏斗中,以水稀释至 30mL,用氨水(4.4)和硝酸(4.3)调节 pH 值为 1~2,加入 25.0mL 二乙基二硫代氨基甲酸铅三氯甲烷溶液(4.9),萃取 2min,静置分层。以下按 6.3.4 条进行。

6.4.2 减去试剂空白溶液的吸光度,以铜量为横坐标,吸光度为纵坐标绘制工作曲线。

7 分析结果的计算与表述

按下式计算铜的百分含量:

$$\mathrm{Cu}(\%)=\frac{m_1 V_0 \times 10^{-6}}{m_0 V_1}\times 100$$

式中　m_1——自工作曲线上查得的铜量，μg；

V_0——试液总体积，mL；

V_1——分取试液体积，mL；

m_0——试料的质量，g。

8　允许差

实验室之间分析结果的差值应不大于表2所列允许差。

表2　　%

铜含量	允许差	铜含量	允许差
0.00010～0.00020	0.00005	>0.0015～0.0030	0.0003
>0.0002～0.0005	0.0001	>0.0030～0.0060	0.0006
>0.0005～0.0015	0.0002	>0.006～0.010	0.001

（三）磺基水杨酸分光光度法测定铁量

1　主题内容与适用范围

本标准规定了锌及锌合金中铁含量的测定方法。

本标准适用于锌及锌合金中铁含量的测定。测定范围：0.001%～0.01%。

2　引用标准

GB 1.4　标准化工作导则　化学分析方法标准编写规定

GB 1467　冶金产品化学分析方法标准的总则及一般规定

GB 7729　冶金产品化学分析　分光光度法通则

3　方法原理

试料用硝酸溶解。铁与磺基水杨酸在氨性溶液中形成黄色络合物，于分光光度计波长430nm处测量其吸光度。

4　试剂

4.1　硝酸(1+1)，优级纯。

4.2　氨水(ρ0.89g/mL)，优级纯。

4.3　磺基水杨酸溶液(200g/L)。

4.4　铁标准贮存溶液：称取0.1000g金属铁(99.99%)置于250mL烧杯中，加入20mL硝酸(4.1)，加热溶解，煮沸驱除氮的氧化物，取下冷却，移入1 000mL容量瓶中，以水稀释至刻度，混匀。此溶液1mL含100μg铁。

4.5　铁标准溶液：移取25.00mL铁标准贮存溶液(4.4)置于250mL容量瓶中，加入5mL硝酸(4.1)，以水稀释至刻度，混匀。此溶液1mL含10μg铁。

5 仪器

分光光度计。

6 分析步骤

6.1 试料

按表1称取试料,精确至0.0001g。

表1

铁含量,%	试料,g	铁含量,%	试料,g
0.001~0.003	3.0000	>0.005~0.010	1.0000
>0.003~0.005	2.0000		

6.2 空白试验

随同试料做空白试验。

6.3 测定

6.3.1 将试料(6.1)置于300mL烧杯中,盖上表皿,缓慢加入20~30mL硝酸(4.1),待激烈反应停止后,半开表皿,加热溶解,煮沸驱除氮的氧化物,并浓缩至5mL左右,取下冷却,以水移入50mL容量瓶中。

6.3.2 加入5mL磺基水杨酸溶液(4.3),加入氨水(4.2)至氢氧化锌全部溶解并过量3mL,冷至室温,以水稀释至刻度,混匀。

6.3.3 将部分溶液移入3cm比色皿中,以水为参比,于分光光度计波长430nm处测量吸光度。

6.3.4 减去试料空白溶液的吸光度,从工作曲线上查出相应的铁量。

6.4 工作曲线的绘制

6.4.1 移取0、1.00、2.00、4.00、6.00、8.00、10.00、12.00mL铁标准溶液(4.5)于一系列50mL容量瓶中,以水稀释至20mL。以下按6.3.2~6.3.3条进行。

6.4.2 减去试剂空白溶液的吸光度,以铁量为横坐标,吸光度为纵坐标绘制工作曲线。

7 分析结果的计算与表述

按下式计算铁的百分含量:

$$\mathrm{Fe}(\%)=\frac{m_1\times10^{-6}}{m_0}\times100$$

式中 m_1——自工作曲线上查得的铁量,μg;

m_0——试料的质量,g。

8 允许差

实验室之间分析结果的差值应不大于表2所列允许差。

表 2 %

铁含量	允许差	铁含量	允许差
0.0010~0.0020	0.0003	>0.005~0.010	0.001
>0.0020~0.0050	0.0005		

(四)钼蓝分光光度法测定砷量

1 主题内容与适用范围

本标准规定了锌及锌合金中砷含量的测定方法。

本标准适用于锌及锌合金中砷含量的测定。测定范围:0.002%~0.02%。

2 引用标准

GB 1.4 标准化工作导则 化学分析方法标准编写规定

GB 1467 冶金产品化学分析方法标准的总则及一般规定

GB 7729 冶金产品化学分析 分光光度法通则

3 方法原理

试料用硝酸溶解。在稀硝酸介质中,砷(Ⅴ)与钼酸铵生成砷钼杂多酸。用正丁醇-乙酸乙酯萃取。用硫酸联胺和二氯化锡还原砷钼杂多酸为砷钼蓝。于分光光度计波长 640nm 处测量吸光度。

4 试剂

分析用水均为二次蒸馏水。

4.1 硝酸(1+1),优级纯。

4.2 硝酸(1.8mol/L),优级纯。

4.3 次溴酸钠溶液:取 45mL 饱和溴水于塑料瓶中,加入 30mL 氢氧化钠溶液(20g/L)、165mL 水,混匀。

4.4 钼酸铵溶液(50g/L):称取 5g 钼酸铵[$(NH_4)_6Mo_7O_{24}\cdot 4H_2O$]溶于 80mL 热水中,冷却,用水稀释至 100mL,混匀,过滤后使用,贮于塑料瓶中。

4.5 混合萃取剂:乙酸乙酯和正丁醇等体积混合。

4.6 硝酸洗液:于 100mL 硝酸(4.2)中加入 20mL 混合萃取剂(4.5)饱和。使用时配制。

4.7 硫酸联胺溶液(2g/L):称取 0.2g 硫酸联胺溶于 100mL 硫酸(0.25mol/L)中。

4.8 氯化亚锡溶液(100g/L):称取 10g 氯化亚锡($SnCl_2\cdot 2H_2O$)用 40mL 盐酸(1+1)加热溶解,取下冷却,用盐酸(1+1)稀释至 100mL,混匀。一周内使用。

4.9 砷标准贮存溶液:称取 0.1320g 三氧化二砷,加入 10mL 氢氧化钠溶液(1mol/L)溶解,以硝酸(4.1)酸化,用硝酸(4.2)移入 1 000mL 容量瓶中并稀释至刻度,混匀。此溶液 1mL 含 0.1mg 砷。

4.10 砷标准溶液:移取 10.00mL 砷标准贮存溶液(4.9),置于 200mL 容量瓶中,用硝酸(4.2)稀释至刻度,混匀。此溶液 1mL 含 5μg 砷。

5 仪器

分光光度计。

6 分析步骤

6.1 试料

按表 1 称取试料,精确至 0.0001g。

表 1

砷含量,%	试料,g	砷含量,%	试料,g
0.002~0.005	2.0000	>0.01~0.02	0.5000
>0.005~0.01	1.0000		

6.2 空白试验

随同试料做空白试验。

6.3 测定

6.3.1 将试料(6.1)置于 200mL 烧杯中,加入 20mL 硝酸(4.1),加热至溶解完全,蒸发至近干,冷却。加入 10mL 硝酸(4.2),加热使盐类溶解,冷却。用硝酸(4.2)将试液移入 100mL 容量瓶中并稀释至刻度,混匀。移取 25.00mL 试液于 125mL 分液漏斗中。

6.3.2 加入 2mL 次溴酸钠溶液(4.3),混匀,静置 5min。加入 5mL 钼酸铵溶液(4.4),混匀,静置 10min,加入 25mL 混合萃取剂(4.5),振荡 1min,静置分层,弃去水相。加入 15mL 硝酸洗液(4.6),轻轻振荡 10s,静置分层,弃去水相。加入 5mL 硫酸联胺溶液(4.7)、5 滴氯化亚锡溶液(4.8),振荡 20s,静置分层,弃去水相,有机相移入干燥的 25mL 比色管中,用混合萃取剂(4.5)稀释至刻度,混匀。

6.3.3 将部分溶液移入干燥的 2cm 比色皿中,以混合萃取剂(4.5)为参比,于分光光度计波长 640nm 处测量吸光度。

6.3.4 减去试料空白溶液的吸光度,从工作曲线上查出相应的砷量。

6.4 工作曲线的绘制

6.4.1 移取 0、1.00、2.00、3.00、4.00、5.00、6.00mL 砷标准溶液(4.10)分别置于一系列 125mL 分液漏斗中,用硝酸(4.2)稀释至 25mL,以下按 6.3.2~6.3.3 条进行。

6.4.2 减去试剂空白溶液的吸光度,以砷量为横坐标,吸光度为纵坐标绘制工作曲线。

7 分析结果的计算与表述

按下式计算砷的百分含量:

$$\mathrm{As}(\%) = \frac{m_1 V_0 \times 10^{-6}}{m_0 V_1} \times 100$$

式中 m_1——自工作曲线上查得的砷量,μg;

V_0——试液总体积,mL;

V_1——分取试液体积,mL;

m_0——试料的质量,g。

8 允许差

实验室之间分析结果的差值应不大于表 2 所列允许差。

表 2 %

砷含量	允许差	砷含量	允许差
0.0020~0.0040	0.0005	>0.008~0.015	0.002
>0.004~0.008	0.001	>0.015~0.020	0.003

(五) 钼蓝分光光度法测定硅量

1 主题内容与适用范围

本标准规定了锌及锌合金中硅含量的测定方法。

本标准适用于锌及锌合金中硅含量的测定。测定范围:0.01%~0.05%。

2 引用标准

GB 1.4 标准化工作导则 化学分析方法标准编写规定

GB 1467 冶金产品化学分析方法标准的总则及一般规定

GB 7729 冶金产品化学分析 分光光度法通则

3 方法原理

试料用硝酸和氢氟酸溶解,在稀硫酸溶液中硅与钼酸铵形成硅钼杂多酸,用抗坏血酸还原为硅钼蓝。于分光光度计波长 680nm 处测量吸光度。

4 试剂

分析用水均为二次蒸馏水。试剂均贮存于塑料瓶中。

4.1 硫酸(4mol/L),优级纯。

4.2 硝酸(1+2),优级纯。

4.3 氢氟酸(40%)。

4.4 钼酸铵溶液(50g/L)。

4.5 硼酸饱和溶液。

4.6 抗坏血酸溶液(50g/L),用时现配。

4.7 铝溶液(10g/L):称取 1.000g 金属铝(>99.99%)于氟塑料杯中,加入 2~3mL 氢氧化钠溶液(400g/L),低温加热至完全溶解,取下冷却,用硝酸(4.2)中和至微酸性(pH 2~3),移入 100mL 容量瓶中,用水稀释至刻度,混匀。

4.8 金属锌(>99.99%)。

4.9 金属铜(>99.99%,硅<0.001%)。

4.10　硅标准贮存溶液：称取 0.1070g 二氧化硅（99.99%）与 3g 碳酸钠在铂坩埚中熔融，用水浸出熔融物，冷却，移入 1 000mL 容量瓶中，用水稀释至刻度，混匀。此溶液 1mL 含 0.05mg 硅。

4.11　硅标准溶液：移取 10.00mL 硅标准贮存溶液（4.10），置于 100mL 容量瓶中，用水稀释至刻度，混匀。此溶液 1mL 含 5μg 硅。

5　仪器

分光光度计。

6　分析步骤

6.1　试料

称取 1.0000g 试料，精确至 0.0001g。

6.2　空白试验

随同试料做空白试验。

6.3　测定

6.3.1　将试料（6.1）放入铂坩埚中或氟塑料杯内，加入 12mL 硝酸（4.2），盖上表皿，低温加热溶解。取下，滴加 10 滴氢氟酸（4.3），加入 10mL 硼酸饱和溶液（4.5）、50mL 水，移溶液于 100mL 容量瓶中，用水稀释至刻度，混匀。取两份 10.00mL 溶液分别放入 50mL 容量瓶中，用水稀释一个容量瓶至刻度，混匀（比较液）。向另一个容量瓶中加水至约 40mL。

6.3.2　用硫酸（4.1）调节 pH 1～2（用 pH 计或 pH 试纸测定），加入 1mL 钼酸铵溶液（4.4），混匀，放置 10min（温度保持 25～35℃）。加入 2mL 硫酸（4.1），混匀。加入 1mL 抗坏血酸溶液（4.6），用水稀释至刻度，混匀，放置 20min。

6.3.3　将部分溶液移入 2cm 比色皿中，以比较液为参比，于分光光度计波长 680nm 处测量吸光度。

6.3.4　减去试料空白溶液的吸光度，从工作曲线上查出相应的硅量。

6.4　工作曲线的绘制

6.4.1　称取 0.900g 金属锌（4.8）和 0.015 g 金属铜（4.9）（当合金含铜量为 1.0%～2.0%时）或 0.050 g 金属铜（4.9）（当合金含铜量为 4.0%～5.5%时），于铂坩埚或氟塑料杯中，加入 12mL 硝酸（4.2），加热至完全溶解。滴加 10 滴氢氟酸（4.3），加入 10mL 铝溶液（4.7）、10mL 硼酸饱和溶液（4.5）和 40mL 水，移溶液于 100mL 容量瓶中，用水稀释至刻度，混匀。

6.4.2　分别移取 10.00mL 溶液（6.4.1）于 5 个 50mL 容量瓶中，依次加入 0、1.00、3.00、5.00、10.00mL 硅标准溶液（4.11），加水至约 40mL。以下按 6.3.2 条进行。

6.4.3　将部分溶液移入 2cm 比色皿中，以零溶液为参比，于分光光度计波长 680nm 处测量吸光度。以硅量为横坐标，吸光度为纵坐标绘制工作曲线。

7　分析结果的计算与表述

按下式计算硅的百分含量：

$$\mathrm{Si}(\%)=\frac{m_1 V_0 \times 10^{-6}}{m_0 V_1}\times 100$$

式中 m_1——自工作曲线上查得的硅量,μg;

V_0——试液的总体积,mL;

V_1——分取试液体积,mL;

m_0——试料的质量,g。

8 允许差

实验室之间分析结果的差值应不大于下表所列允许差。

%

硅含量	允许差
0.010~0.050	0.003

(六) 苯芴酮-溴化十六烷基三甲胺分光光度法测定锡量

1 主题内容与适用范围

本标准规定了锌及锌合金中锡含量的测定方法。

本标准适用于锌及锌合金中锡含量的测定。测定范围:0.0005%~0.1%。

2 引用标准

GB 1.4 标准化工作导则 化学分析方法标准编写规定

GB 1467 冶金产品化学分析方法标准的总则及一般规定

GB 7729 冶金产品化学分析 分光光度法通则

3 方法原理

试料用硫酸过氧化氢分解,并冒烟除去过氧化氢,在0.6mol/L硫酸溶液中,锡(Ⅳ)与苯芴酮-溴化十六烷基三甲胺生成有色络合物,于波长510nm处测量吸光度。

锑(Ⅲ)、铁(Ⅲ)的干扰,加入酒石酸、高锰酸钾和抗坏血酸消除;锗(Ⅳ)小于0.5μg时不干扰测定(锌及锌合金中一般不含锗)。

4 试剂

4.1 过氧化氢(30%)。

4.2 硫酸(5mol/L),优级纯。

4.3 酒石酸溶液(50g/L)。

4.4 对硝基酚溶液(1g/L)。

4.5 氢氧化钠溶液(100g/L),优级纯。

4.6 高锰酸钾溶液(10g/L)。

4.7 抗坏血酸溶液(20g/L):每100mL抗坏血酸溶液中加入5滴硫酸(1+3),混匀。

用时现配。

4.8 苯芴酮溶液(0.3g/L):称取 0.06g 苯芴酮溶于 195mL 乙醇和 5mL 硫酸(4.2)中,混匀,贮存于棕色瓶中。

4.9 溴化十六烷基三甲胺溶液(10g/L):称取 1g 溴化十六烷基三甲胺,溶于 100mL 乙醇中。

4.10 锡标准贮存溶液:称取 0.1000g 金属锡(99.99%),置于 300mL 烧杯中,加入 10mL 硫酸(ρ1.84g/mL),盖上表皿高温溶解,取下冷却,用硫酸(4.2)移入 1 000mL 容量瓶中,并稀释至刻度,混匀。此溶液 1mL 含 100μg 锡。

4.11 锡标准溶液:移取 25.00mL 锡标准贮存溶液(4.10)于 500mL 容量瓶中,用硫酸(1+19)稀释至刻度,混匀。此溶液 1mL 含 5μg 锡。

5 仪器

分光光度计。

6 分析步骤

6.1 试料

按表 1 称取试料,精确至 0.0001g。

表 1

锡含量,%	试料,g	试液总体积,mL	分取试液体积,mL
0.000 5~0.001	1.0000	—	全量
>0.001~0.003	0.5000	—	全量
>0.003~0.006	1.0000	50	10
>0.006~0.015	1.0000	50	5
>0.015~0.040	0.5000	100	5
>0.040~0.100	0.5000	100	2

6.2 空白试验

随同试料做空白试验。

6.3 测定

6.3.1 将试料(6.1)置于 50mL 烧杯中,加入 10~15mL 硫酸(4.2),分次加入 2~3mL 过氧化氢(4.1),低温加热至溶解完全,冒烟至近干,取下冷却。

6.3.1.1 锡≤0.003%时,加 2mL 酒石酸溶液(4.3),用水稀释至 20mL 左右,加热使盐类溶解,取下冷却。

6.3.1.2 锡>0.003%时,加 20mL 酒石酸溶液(4.3),加热使盐类溶解,取下冷却,按表 1 移入容量瓶中,用水稀释至刻度,混匀并按表 1 分取试液于 50mL 烧杯中,补加 2mL 酒石酸溶液(4.3),加水至 20mL 左右。

6.3.2 加 1 滴对硝基酚溶液(4.4),用氢氧化钠溶液(4.5)中和至黄色出现,再滴加硫酸(4.2)至无色,补加 6mL 硫酸(4.2),洗入 50mL 比色管中。

6.3.3 滴加高锰酸钾溶液(4.6)至红色不退,放置 2min,加入 2mL 抗坏血酸溶液

(4.7),混匀,加 2mL 溴化十六烷基三甲胺溶液(4.9)、3mL 苯芴酮溶液(4.8),以水稀释至刻度,混匀,放置 30min。

6.3.4 将部分溶液移入 1cm 比色皿中,以试料空白溶液为参比,于分光光度计波长 510nm 处,测量其吸光度,从工作曲线上查出相应的锡量。

6.4 工作曲线的绘制

6.4.1 移取 0、0.50、1.00、1.50、2.00、3.00mL 锡标准溶液(4.11)于 50mL 比色管中,加 2mL 酒石酸溶液(4.3),用水稀释至 20mL 左右,加 1 滴对硝基酚溶液(4.4),用氢氧化钠溶液(4.5)中和至黄色出现,再滴加硫酸(4.2)至无色,补加 6mL 硫酸(4.2),以下按 6.3.3 条进行。

6.4.2 以试剂空白为参比,于分光光度计波长 510nm 处测量其吸光度。以锡量为横坐标,吸光度为纵坐标绘制工作曲线。

7 分析结果的计算与表述

按下式计算锡的百分含量:

$$\mathrm{Sn}(\%)=\frac{m_1 V_0\times10^{-6}}{m_0 V_1}\times100$$

式中 m_1——自工作曲线上查得的锡量,μg;

V_0——试液总体积,mL;

V_1——分取试液体积,mL;

m_0——试料的质量,g。

8 允许差

实验室之间分析结果的差值应不大于表 2 所列允许差。

表 2 %

锡含量	允许差	锡含量	允许差
0.0005~0.0010	0.0003	>0.006~0.015	0.002
>0.0010~0.0030	0.0005	>0.015~0.040	0.005
>0.003~0.006	0.001	>0.04~0.10	0.01

(七) 火焰原子吸收光谱法测定镁量

本标准等效采用国际标准 ISO 3750—1976《锌合金中镁含量的测定 原子吸收法》。

1 主题内容与适用范围

本标准规定了锌及锌合金中镁含量的测定方法。

本标准适用于锌及锌合金中镁含量的测定。测定范围[1]:0.01%~0.2%。

采用说明:

1] ISO 3750—1976 适用于 ISO/R 301 中所规定的锌合金中镁含量在 0.01%~0.08%范围的测定。

2 引用标准

GB 1.4 标准化工作导则 化学分析方法标准编写规定

GB 1467 冶金产品化学分析方法标准的总则及一般规定

GB 7728 冶金产品化学分析 火焰原子吸收光谱法通则

3 方法原理

试料以盐酸、硝酸分解。在稀盐酸介质中以镧盐抑制铝的干扰,于原子吸收分光光度计波长 285.2nm 处,用空气-乙炔火焰测量镁的吸光度。

4 试剂

分析用水均为二次蒸馏水。

4.1 盐酸(ρ1.19g/mL),优级纯。

4.2 硝酸(ρ1.42g/mL),优级纯。

4.3 盐酸-硝酸混合酸:将 180mL 盐酸(4.1)和 4mL 硝酸(4.2)混合。

4.4 镧溶液(50g/L):称取 29.5g 氧化镧置于 400mL 烧杯中,加 25mL 盐酸(4.1),加热溶解,冷却至室温,移入 500mL 容量瓶中,以水稀释至刻度,混匀。

4.5 锌溶液(10mg/mL):称取 10g 金属锌(>99.99%)置于 400mL 烧杯中,加入 100mL 水、60mL 盐酸-硝酸混合酸(4.3),加热溶解,冷却至室温,移入 1 000mL 容量瓶中,以水稀释至刻度,混匀。

4.6 铝溶液(1mg/mL):称取 1.00g 金属铝(>99.99%),置于 400mL 烧杯中,加少量盐酸(4.1)加热溶解,冷却至室温,移入 1 000mL 容量瓶中,以水稀释至刻度,混匀。

4.7 镁标准贮存溶液:称取 1.000 0g 金属镁(>99.95%),置于 400mL 烧杯中,加 20mL 水、5mL 盐酸(4.1),加热溶解,冷却至室温,移入 1 000mL 容量瓶中,以水稀释至刻度,混匀。此溶液 1mL 含 1mg 镁。

4.8 镁标准溶液:移取 10.00mL 镁标准贮存溶液(4.7)于 1 000mL 容量瓶中,加 5mL 盐酸(4.1),以水稀释至刻度,混匀。此溶液 1mL 含 10μg 镁。

5 仪器

原子吸收分光光度计,附镁空心阴极灯。

在仪器最佳工作条件下,凡能达到下列指标者均可使用:

灵敏度:在与测量试料溶液的基体相一致的溶液中,镁的特征浓度应不大于 0.005μg/mL。

精密度:用最高浓度的标准溶液测量 10 次吸光度,其标准偏差应不超过平均吸光度的 1.0%;用最低浓度的标准溶液(不是零标准溶液)测量 10 次吸光度,其标准偏差应不超过最高浓度标准溶液平均吸光度的 0.5%。

工作曲线线性:将工作曲线按浓度等分成五段,最高段的吸光度差值与最低段的吸光度差值之比,应不小于 0.7。

仪器工作条件见附录 A(参考件)。

6 分析步骤

6.1 试料

按表 1 称取试料,精确至 0.000 1g。

表 1

镁含量,%	试料,g	镁含量,%	试料,g
0.010~0.025	5.0000	>0.05~0.10	1.0000
>0.025~0.050	2.5000	>0.1~0.2	0.5000

6.2 空白试验

随同试料做空白试验。

6.3 测定

6.3.1 将试料(6.1)置于 400mL 烧杯中,加入 20mL 水、40mL 混合酸(4.3),加热溶解至完全,冷却至室温,移入 250mL 容量瓶中,以水稀释至刻度,混匀。

6.3.2 分取 10.00mL 试液(6.3.1)于 100mL 容量瓶中,补加 4mL 盐酸(4.1)和 5mL 镧溶液(4.4),以水稀释至刻度,混匀。

6.3.3 使用空气-乙炔火焰,于原子吸收分光光度计波长 285.2nm 处,与标准溶液系列同时,以水调零测量试液的吸光度,减去试料空白溶液的吸光度,从工作曲线上查出相应的镁浓度。

6.4 工作曲线的绘制

6.4.1 移取 0、1.00、2.00、3.00、4.00、5.00mL 镁标准溶液(4.8)于一组 100mL 容量瓶中,分别加入与试料相应的锌溶液(4.5)与铝溶液(4.6),并分别加入 4mL 盐酸(4.1)和 5mL 镧溶液(4.4),以水稀释至刻度,混匀。

6.4.2 在与试料溶液测定相同条件下测量标准溶液的吸光度,减去标准系列中零浓度溶液的吸光度,以镁浓度为横坐标,吸光度为纵坐标绘制工作曲线。

7 分析结果的计算与表述

按下式计算镁的百分含量:

$$Mg(\%)=\frac{cV_2V_0\times10^{-6}}{mV_1}\times100$$

式中 c——自工作曲线上查得的镁浓度,μg/mL;

V_0——试液总体积,mL;

V_1——分取试液体积,mL;

V_2——被测试液体积,mL;

m——试料的质量,g。

8 允许差

实验室之间分析结果的差值应不大于表 2 所列允许差。

表 2　%

镁含量	允许差	镁含量	允许差
0.0100～0.0250	0.0025	>0.05～0.10	0.01
>0.025～0.050	0.005	>0.100～0.200	0.015

附 录 A
仪器工作条件
（参考件）

使用 WFX-1B 型原子吸收分光光度计测量镁的工作条件见表 A1。

表 A1

波　长 nm	灯　电　流 mA	光谱通带宽度 nm	燃烧器高度 mm	乙炔流量:空气流量
285.2	3	0.4	7	1.2:8

（八）火焰原子吸收光谱法测定铁量

1　主题内容与适用范围

本标准规定了锌及锌合金中铁含量的测定方法。

本标准适用于锌及锌合金中铁含量的测定。测定范围：>0.01%～0.3%。

2　引用标准

GB 1.4　标准化工作导则　化学分析方法标准编写规定

GB 1467　冶金产品化学分析方法标准的总则及一般规定

GB 7728　冶金产品化学分析　火焰原子吸收光谱法通则

3　方法原理

试料以盐酸、过氧化氢分解。在稀盐酸介质中，于原子吸收分光光度计波长 248.3nm 处，用空气-乙炔火焰测量铁的吸光度。

4　试剂

4.1　盐酸（ρ1.19g/mL），优级纯。

4.2　盐酸（1+1）。

4.3　盐酸（1+5）。

4.4　过氧化氢（30%）。

4.5　铁标准溶液：称取 0.100 0g 金属铁（99.99%）或 0.142 9g 氧化铁（99.9%，预先于 500℃灼烧 30min，并于干燥器中冷却），加入 50mL 盐酸（4.2），低温加热溶解。冷却，移入

1000mL 容量瓶中,加入 30mL 盐酸(4.1),用水稀释至刻度,混匀。此溶液 1mL 含 100μg 铁。

5 仪器

原子吸收分光光度计,附铁空心阴极灯。

在仪器最佳工作条件下,凡能达到下列指标者均可使用:

灵敏度:在与测量试料溶液的基体相一致的溶液中,铁的特征浓度应不大于 0.1 μg/mL。

精密度:用最高浓度的标准溶液测量 10 次吸光度,其标准偏差应不超过平均吸光度的 1.0%;用最低浓度的标准溶液(不是零标准溶液)测量 10 次吸光度,其标准偏差应不超过最高浓度标准溶液平均吸光度的 0.5%。

工作曲线线性:将工作曲线按浓度等分成五段,最高段的吸光度差值与最低段的吸光度差值之比,应不小于 0.7。

仪器工作条件见附录 A(参考件)。

6 分析步骤

6.1 试料

按表 1 称取试料,精确至 0.0001g。

表 1

铁 含 量 %	试 料 g	试液总体积 mL	稀释前补加盐酸(4.3)体积 mL
>0.010~0.040	1.0000	100	—
>0.040~0.180	0.5000	200	10
>0.180~0.300	0.2500	200	10

6.2 空白试验

随同试料做空白试验。

6.3 测定

6.3.1 按表 1 称取试料(预先用磁铁吸除机械混入的铁屑)置于 100mL 烧杯中,加 10mL 盐酸(4.2),滴加 1~2mL 过氧化氢(4.4),低温加热至溶解完全,煮沸片刻,冷却,按表 1 移入容量瓶中,并以水稀释至刻度,混匀。

6.3.2 使用空气-乙炔火焰,于原子吸收分光光度计波长 248.3nm 处,与标准溶液系列同时,以水调零测量试液的吸光度,减去试料空白溶液的吸光度,从工作曲线上查出相应铁浓度。

6.4 工作曲线的绘制

6.4.1 移取 0、1.00、2.00、3.00、4.00、5.00mL 铁标准溶液(4.5)于一组 100mL 容量瓶中,加 10mL 盐酸(4.3),以水稀释至刻度,混匀。

6.4.2 在与试料溶液测定相同条件下测量标准溶液的吸光度,减去标准系列中零浓度溶液的吸光度,以铁浓度为横坐标,吸光度为纵坐标绘制工作曲线。

7 分析结果的计算与表述

按下式计算铁的百分含量：

$$Fe(\%)=\frac{cV\times10^{-6}}{m}\times100$$

式中 c——自工作曲线上查得的铁浓度，μg/mL；

V——试液的体积，mL；

m——试料的质量，g。

8 允许差

实验室之间分析结果的差值应不大于表2所列允许差。

表2 %

铁含量	允许差	铁含量	允许差
>0.0100~0.0350	0.0025	>0.100~0.300	0.015
>0.035~0.100	0.006		

附录A

仪器工作条件

（参考件）

使用PE-5100型双光束原子吸收分光光度计测量铁的工作条件见表A1。

表A1

波长 nm	灯电流 mA	单色器通带宽度 nm	燃烧器高度 mm	空气流量 L/min	乙炔流量 L/min
248.3	30	0.2	9	5.6	1.6

（九）火焰原子吸收光谱法测定铜量

1 主题内容与适用范围

本标准规定了锌及锌合金中铜含量的测定方法。

本标准适用于锌及锌合金中铜含量的测定。测定范围：>0.01%~6.0%。

2 引用标准

GB 1.4 标准化工作导则 化学分析方法标准编写规定

GB 1467 冶金产品化学分析方法标准的总则及一般规定

GB 7728 冶金产品化学分析 火焰原子吸收光谱法通则

3 方法原理

试料以盐酸和过氧化氢溶解，在稀盐酸介质中，于原子吸收分光光度计波长 324.7nm 处，用空气-乙炔火焰测量铜的吸光度。

4 试剂

4.1 盐酸（ρ1.19g/mL），优级纯。

4.2 盐酸（1+1）。

4.3 过氧化氢（30%）。

4.4 锌溶液（200mg/mL）：称取 50g 金属锌（>99.99%）溶于最少量硝酸（1+1）中，移入 250mL 容量瓶中，以水稀释至刻度，混匀。

4.5 铜标准溶液：称取 0.250 0g 金属铜（99.99%）于 250mL 烧杯中，加入 15mL 硝酸（1+1）和 5mL 盐酸（4.1），加热溶解，煮沸驱除氮的氧化物，移入 1 000mL 容量瓶中，加入 50mL 盐酸（4.1），以水稀释至刻度，混匀。此溶液 1mL 含 250μg 铜。

5 仪器

原子吸收分光光度计，附铜空心阴极灯。

在仪器最佳工作条件下，凡能达到下列指标者均可使用：

灵敏度：在与测量试料溶液的基体相一致的溶液中，铜的特征浓度应不大于 0.09 μg/mL。

精密度：用最高浓度的标准溶液测量 10 次吸光度，其标准偏差应不超过平均吸光度的 1.0%；用最低浓度的标准溶液（不是零标准溶液）测量 10 次吸光度，其标准偏差应不超过最高浓度标准溶液平均吸光度的 0.5%。

工作曲线线性：将工作曲线按浓度等分成五段，最高段的吸光度差值与最低段的吸光度差值之比，应不小于 0.7。

仪器工作条件见附录 A（参考件）。

6 分析步骤

6.1 试料

按表 1 称取试料，精确至 0.0001g。

表 1

铜含量，%	试料，g	试液总体积，mL
>0.01～0.05	2.5000	100
>0.05～0.50	0.5000	100
>0.50～1.25	0.5000	250
>1.25～6.00	0.5000	250

6.2 空白试验

随同试料做空白试验。

6.3　测定

6.3.1　将试料(6.1)置于 300mL 烧杯中,盖上表皿,分次加入 10～25mL 盐酸(4.1)和数滴过氧化氢(4.3),加热至溶解完全,煮沸片刻,冷却,按表 1 移入容量瓶中,以水稀释至刻度,混匀(铜含量大于 1.25%时,分取 20.00mL 试液于 100mL 容量瓶中,以水稀释至刻度,混匀)。

6.3.2　使用空气-乙炔火焰于原子吸收分光光度计波长 324.7nm 处,与标准系列同时,以水调零测量试液吸光度,减去试料空白溶液的吸光度,从工作曲线上查出相应的铜浓度。

6.4　工作曲线的绘制

6.4.1　移取 0、1.00、2.00、4.00、6.00、8.00、10.00mL 铜标准溶液(4.5)于一组 100mL 容量瓶中,加入与试料相应的锌溶液(4.4)和 5mL 盐酸(4.2),以水稀释至刻度,混匀。

6.4.2　在与试料溶液测定相同条件下,测量标准溶液的吸光度,减去标准系列中零浓度溶液的吸光度,以铜浓度为横坐标,吸光度为纵坐标,绘制工作曲线。

7　分析结果的计算与表述

按下式计算铜的百分含量:

$$\mathrm{Cu}(\%)=\frac{cV_2V_0\times10^{-6}}{mV_1}\times100$$

式中　c——自工作曲线上查得的铜浓度,μg/mL;

V_0——试液总体积,mL;

V_1——分取试液体积,mL;

V_2——被测试液体积,mL;

m——试料的质量,g。

8　允许差

实验室之间分析结果的差值应不大于表 2 所列允许差。

表 2　　%

铜含量	允许差	铜含量	允许差
>0.010～0.030	0.003	>1.00～2.00	0.10
>0.03～0.10	0.01	>2.00～4.00	0.15
>0.10～0.30	0.03	>4.00～6.00	0.20
>0.30～1.00	0.05		

附　录　A
仪器工作条件
(参考件)

使用日立 180-80 偏光塞曼原子吸收分光光度计测量铜的工作条件见表 A1。

表 A1

波　长 nm	灯电流 mA	单色器通带宽度 nm	燃烧器高度 mm	空气流量 L/min	乙炔流量 L/min
324.7	7.5	1.3	7.5	9.4	2.3

（十）火焰原子吸收光谱法测定铅量

1　主题内容与适用范围

本标准规定了锌及锌合金中铅含量的测定方法。

本标准适用于锌及锌合金中铅含量的测定。测定范围：0.002%～2.00%。

2　引用标准

GB 1.4　标准化工作导则　化学分析方法标准编写规定

GB 1467　冶金产品化学分析方法标准的总则及一般规定

GB 7728　冶金产品化学分析　火焰原子吸收光谱法通则

3　方法原理

试料用硝酸分解，在稀硝酸介质中，于原子吸收分光光度计波长 283.3nm 处，用空气-乙炔火焰测量铅的吸光度。

4　试剂

4.1　硝酸(1+1)，优级纯。

4.2　硝酸(1+3)，优级纯。

4.3　硝酸(1+19)，优级纯。

4.4　硝酸(1+49)，优级纯。

4.5　锌溶液(200mg/mL)：称取 20g 金属锌(＞99.99%，铅＜0.000 2%)，置于 400mL 烧杯中，加入 80mL 硝酸(4.1)，低温加热至溶解完全，煮沸驱除氮的氧化物，取下冷却，移入 100mL 容量瓶中，用硝酸(4.4)稀释至刻度，混匀。

4.6　铅标准溶液：称取 0.500 0g 金属铅(99.99%)，置于 150mL 烧杯中，加入 20mL 硝酸(4.2)，盖上表皿，加热至完全溶解，加 20mL 水，煮沸驱除氮的氧化物，取下冷却，移入 1 000mL 容量瓶中，用硝酸(4.4)稀释至刻度，混匀。此溶液 1mL 含 500μg 铅。

4.7　铅标准溶液：移取 20.00mL 铅标准溶液(4.6)于 100mL 容量瓶中，用硝酸(4.4)稀释至刻度，混匀，此溶液 1mL 含 100μg 铅。

5　仪器

原子吸收分光光度计，附铅空心阴极灯。

在仪器最佳工作条件下，凡能达到下列指标者均可使用：

灵敏度：在与测量试料溶液的基体相一致的溶液中，铅的特征浓度应不大于

0.2μg/mL。

精密度:用最高浓度的标准溶液测量10次吸光度,其标准偏差应不超过平均吸光度的1.0%;用最低浓度的标准溶液(不是零标准溶液)测量10次吸光度,其标准偏差应不超过最高浓度标准溶液平均吸光度0.5%。

工作曲线线性:将工作曲线按浓度等分成五段,最高段的吸光度差值与最低段的吸光度差值之比,应不小于0.7。

仪器工作条件见附录A(参考件)。

6 分析步骤

6.1 试料

按表1称取试料,精确至0.0001g。

表1

铅含量,%	试 料,g	试液体积,mL	铅含量,%	试 料,g	试液体积,mL
0.002~0.01	4.0000	50	>0.10~0.50	0.5000	100
>0.01~0.04	2.0000	100	>0.50~2.00	0.2500	250
>0.04~0.10	2.0000	100			

6.2 空白试验

随同试料做空白试验。

6.3 测定

6.3.1 将试料(6.1)置于100mL烧杯中,加8~20mL硝酸(4.1),盖上表皿,低温加热至溶解完全,加20mL水,煮沸5min,取下冷却,按表1移入容量瓶中,用硝酸(4.4)稀释至刻度,混匀。

6.3.2 使用空气-乙炔火焰,于原子吸收分光光度计波长283.3nm处,与标准溶液系列同时,以水调零测量试液的吸光度,减去试料空白溶液的吸光度,从工作曲线上查出相应的铅浓度。

6.4 工作曲线的绘制

6.4.1 含量0.002%~0.04%的工作曲线

6.4.1.1 移取0、1.00、2.00、4.00、6.00、8.00、10.00mL铅标准溶液(4.7)于一组100mL容量瓶中,加入锌溶液(4.5)使之与试液锌浓度相等,用硝酸(4.4)稀释至刻度,混匀。

6.4.1.2 在与试料溶液测定相同条件下测量标准溶液的吸光度,减去标准系列中零浓度溶液的吸光度,以铅浓度为横坐标,吸光度为纵坐标,绘制工作曲线。

6.4.2 含量0.04%~2.00%的工作曲线

6.4.2.1 移取0、1.00、2.00、3.00、4.00、5.00mL铅标准溶液(4.6)于一组100mL容量瓶中,用硝酸(4.4)稀释至刻度,混匀。

6.4.2.2 按6.4.1.2条进行。

7 分析结果的计算与表述

按下式计算铅的百分含量：

$$Pb(\%)=\frac{cV\times10^{-6}}{m}\times100$$

式中 c——自工作曲线上查得的铅浓度，μg/mL；

V——试液体积，mL；

m——试料的质量，g。

8 允许差

实验室之间分析结果的差值应不大于表2所列允许差。

表2 %

铅含量	允许差	铅含量	允许差
0.0020～0.0060	0.0006	＞0.030～0.100	0.010
＞0.006～0.010	0.001	＞0.10～0.50	0.04
＞0.010～0.030	0.003	＞0.50～2.00	0.08

附 录 A

仪器工作条件

（参考件）

使用PE-603型原子吸收分光光度计测量铅的工作条件见表A1。

表A1

波 长 nm	灯电流 mA	单色器通带宽度 nm	燃烧器高度 mm	空气流量 L/min	乙炔流量 L/min
283.3	10	0.7	14	16.5	2.7

（十一）火焰原子吸收光谱法测定锑量

1 主题内容与适用范围

本标准规定了锌及锌合金中锑含量的测定方法。

本标准适用于锌及锌合金中锑含量的测定。测定范围：0.005%～0.05%。

2 引用标准

GB 1.4 标准化工作导则 化学分析方法标准编写规定

GB 1467 冶金产品化学分析方法标准的总则及一般规定

GB 7728 冶金产品化学分析 火焰原子吸收光谱法通则

3 方法原理

试料以稀硝酸分解，在稀硝酸酒石酸介质中，于原子吸收分光光度计波长 217.6nm 处，用空气-乙炔火焰测量锑的吸光度。

4 试剂

4.1 硝酸(ρ1.42g/mL)，优级纯。

4.2 硝酸(1+3)。

4.3 酒石酸(400g/L)。

4.4 锌溶液(100mg/mL)：称取 50g 金属锌(>99.99%)溶于最少量硝酸(4.2)中，移入 500mL 容量瓶中，以水稀释至刻度，混匀。

4.5 锑标准溶液：称取 0.2500g 金属锑粉(于玛瑙钵中研碎)和 15g 酒石酸，加热溶解于 15mL 硝酸(4.1)中，移入 1000mL 容量瓶中，以水稀释至刻度，混匀。此溶液 1mL 含 250μg 锑。

5 仪器

原子吸收分光光度计，附锑无极放电灯或空心阴极灯。

在仪器最佳工作条件下，凡能达到下列指标者均可使用：

灵敏度：在与测量试料溶液的基体相一致的溶液中，锑的特征浓度应不大于 0.35μg/mL。

精密度：用最高浓度的标准溶液测量 10 次吸光度，其标准偏差应不超过平均吸光度的 1.0%；用最低浓度的标准溶液(不是零标准溶液)测量 10 次吸光度，其标准偏差应不超过最高浓度标准溶液平均吸光度的 0.5%。

工作曲线线性：将工作曲线按浓度等分成五段，最高段的吸光度差值与最低段的吸光度差值之比，应不小于 0.7。

仪器工作条件见附录 A(参考件)。

6 分析步骤

6.1 试料

称取 2.500 g 试料，精确至 0.001g。

6.2 空白试验

随同试料做空白试验。

6.3 测定

6.3.1 将试料(6.1)置于 250mL 烧杯中，加入 2.5mL 酒石酸(4.3)和 30mL 硝酸(4.2)，低温加热至溶解完全，冷却，移入 50mL 容量瓶中，以水稀释至刻度，混匀。

6.3.2 使用空气-乙炔火焰，于原子吸收分光光度计波长 217.6nm 处，与标准溶液系列同时，以水调零测量试液的吸光度，减去试料空白溶液的吸光度，从工作曲线上查出相应的锑浓度。

6.4 工作曲线的绘制

6.4.1 移取 0、1.00、2.00、4.00、6.00、8.00、10.00mL 锑标准溶液(4.5)于一组 100mL

容量瓶中，分别加入 50mL 锌溶液(4.4)和 10mL 硝酸(4.2)，以水稀释至刻度，混匀。

6.4.2 在与试料测定相同条件下测量标准溶液的吸光度，减去标准系列中零浓度溶液的吸光度。以锑浓度为横坐标，吸光度为纵坐标绘制工作曲线。

7 分析结果的计算与表述

按下式计算锑的百分含量：

$$\text{Sb}(\%)=\frac{cV\times10^{-6}}{m}\times100$$

式中 c——自工作曲线上查得的锑浓度，μg/mL；

V——试液体积，mL；

m——试料的质量，g。

8 允许差

实验室之间分析结果的差值应不大于下表所列允许差。

%

锑含量	允许差	锑含量	允许差
0.0050～0.0150	0.0015	>0.030～0.050	0.004
>0.0150～0.0300	0.0025		

附录 A
仪器工作条件
(参考件)

使用 PE-5100 型双光束原子吸收分光光度计测量锑的工作条件见表 A1。

表 A1

波长 nm	无极放电灯功率 W	单色器通带宽度 nm	燃烧器高度 mm	空气流量 L/min	乙炔流量 L/min
217.6	6	0.2	9	9	2

(十二) 火焰原子吸收光谱法测定镉量

1 主题内容与适用范围

本标准规定了锌及锌合金中镉含量的测定方法。

本标准适用于锌及锌合金中镉含量的测定。测定范围：0.001%～0.5%。

2 引用标准

GB 1.4 标准化工作导则 化学分析方法标准编写规定

GB 1467　冶金产品化学分析方法标准的总则及一般规定

GB 7728　冶金产品化学分析　火焰原子吸收光谱法通则

3　方法原理

试料以盐酸和过氧化氢分解，在稀盐酸介质中，于原子吸收分光光度计波长228.8nm处，用空气-乙炔火焰测量镉的吸光度。

4　试剂

4.1　盐酸（ρ1.19g/mL），优级纯。

4.2　盐酸（1+1）。

4.3　过氧化氢（30%）。

4.4　锌溶液（200mg/mL）：称取50g金属锌（>99.99%，镉<0.000 2%）溶于最少量硝酸（1+1）中，移入250mL容量瓶，以水稀释至刻度，混匀。

4.5　镉标准贮存溶液：称取0.2500g金属镉（99.99%）于250mL烧杯中，盖上表皿，加入15mL硝酸（1+1）和5mL盐酸（4.1），加热至完全溶解，煮沸除去氮的氧化物，冷却，移入1000mL容量瓶中，加入50mL盐酸（4.1），以水稀释至刻度，混匀。此溶液1mL含250μg镉。

4.6　镉标准溶液：移取10.00mL镉标准贮存溶液（4.5）于100mL容量瓶中，加入5mL盐酸（4.2），以水稀释至刻度，混匀。此溶液1mL含25μg镉。

5　仪器

原子吸收分光光度计，附镉空心阴极灯。

在仪器最佳工作条件下，凡能达到下列指标者均可使用：

灵敏度：在与测量试料溶液的基体相一致的溶液中，镉的特征浓度应不大于0.043μg/mL。

精密度：用最高浓度的标准溶液测量10次吸光度，其标准偏差应不超过平均吸光度的1.0%；用最低浓度的标准溶液（不是零标准溶液）测量10次吸光度，其标准偏差应不超过最高浓度标准溶液平均吸光度的0.5%。

工作曲线线性：将工作曲线按浓度等分成五段，最高段的吸光度差值与最低段的吸光度差值之比，应不小于0.7。

仪器工作条件见附录A（参考件）。

6　分析步骤

6.1　试料

按表1称取试料，精确至0.0001g。

表1

镉含量，%	试料，g	试样总体积，mL
0.001～0.0025	5.0000	100

续表 1

镉含量,%	试料,g	试样总体积,mL
>0.0025~0.025	1.0000	100
>0.025~0.125	0.5000	250
>0.125~0.500	0.5000	250

6.2　空白试验

随同试料做空白试验。

6.3　测定

6.3.1　将试料(6.1)置于 300mL 烧杯中,盖上表皿,分次加入 15~30mL 盐酸(4.1)和数滴过氧化氢(4.3),低温加热至溶解完全,煮沸片刻,冷却。按表 1 移入容量瓶中,以水稀释至刻度,混匀(镉含量大于 0.125%时,分取 20.00mL 试液于 100mL 容量瓶中,以水稀释至刻度,混匀)。

6.3.2　使用空气-乙炔火焰于原子吸收分光光度计波长 228.8nm 处,与标准系列同时,以水调零测量试液吸光度,减去试料空白溶液的吸光度,从工作曲线上查出相应的镉浓度。

6.4　工作曲线的绘制

6.4.1　移取 0、1.00、2.00、4.00、6.00、8.00、10.00mL 镉标准溶液(4.6)于一组 100mL 容量瓶中,分别加入与试料相应的锌溶液(4.4)和 5mL 盐酸(4.2),以水稀释至刻度,混匀。

6.4.2　在与试料测定相同条件下测量标准溶液的吸光度,减去标准系列中零浓度溶液的吸光度,以镉浓度为横坐标,吸光度为纵坐标,绘制工作曲线。

7　分析结果的计算与表述

按下式计算镉的百分含量:

$$\mathrm{Cd}(\%)=\frac{cV_2V_0\times10^{-6}}{mV_1}\times100$$

式中　c——自工作曲线上查得的镉浓度,μg/mL;

V_0——试液总体积,mL;

V_1——分取试液体积,mL;

V_2——被测试液体积,mL;

m——试料的质量,g。

8　允许差

实验室之间分析结果的差值应不大于表 2 所列允许差。

表 2　　%

镉含量	允许差	镉含量	允许差
0.0010~0.0040	0.0005	>0.010~0.030	0.003
>0.004~0.010	0.001	>0.030~0.060	0.006

续表 2

镉含量	允许差	镉含量	允许差
>0.060~0.100	0.008	>0.200~0.500	0.025
>0.100~0.200	0.010		

附　录　A
仪器工作条件
（参考件）

使用日立 180-80 偏光塞曼原子吸收分光光度计测量镉的工作条件见表 A1。

表 A1

波　长 nm	灯电流 mA	单色器通带宽度 nm	燃烧器高度 mm	空气流量 L/min	乙炔流量 L/min
228.8	7.5	1.3	7.5	9.4	2.3

（十三）电热原子吸收光谱法测定铝量

1　主题内容与适用范围

本标准规定了锌及锌合金中铝含量的测定方法。

本标准适用于锌及锌合金中铝含量的测定。测定范围：0.0005%～0.5%。

2　引用标准

GB 1.4　标准化工作导则　化学分析方法标准编写规定

GB 1467　冶金产品化学分析方法标准的总则及一般规定

3　方法原理

试料以盐酸、过氧化氢分解。将一定体积的溶液引入电热原子化器中，于原子吸收分光光度计波长 309.3nm 处测量铝的吸光度。

4　试剂

分析用水均为二次蒸馏水。实验所用器皿均用盐酸（1+19）充分浸泡后，用水清洗干净。

4.1　盐酸（ρ1.19g/mL），高纯。

4.2　盐酸（1+1）。

4.3　盐酸（1+99）。

4.4　过氧化氢（30%），优级纯。

4.5　锌溶液（100mg/mL）：称取 10.00g 金属锌（>99.99%，铝<0.0002%）于 500mL

烧杯中，加入 100mL 盐酸(4.2)，分次滴加 1～2mL 过氧化氢(4.4)，低温加热至溶解完全，蒸至体积约为 20mL，冷却至室温，移入 100mL 容量瓶中，以水稀释至刻度，混匀。

4.6 铝标准贮存溶液：称取 0.1000g 金属铝(99.99%)，置于 200mL 烧杯中，加入 10mL 盐酸(4.1)及 1mL 过氧化氢(4.4)，低温加热至溶解完全，煮沸，冷却至室温，移入盛有 50mL 盐酸(4.2)的 1 000mL 容量瓶中，以水稀释至刻度，混匀。此溶液 1mL 含 100μg 铝。

4.7 铝标准溶液：移取 10.00mL 铝标准贮存溶液(4.6)置于盛有 4mL 盐酸(4.2)的 200mL 容量瓶中，以水稀释至刻度，混匀。此溶液 1mL 含 5μg 铝。

5 仪器

原子吸收分光光度计，配有电热原子化器、自动进样器，附铝空心阴极灯及普通非热解石墨管。

仪器工作条件见附录 A(参考件)。

6 分析步骤

6.1 试料

按表 1 称取试料，精确至 0.0001g。

表 1

铝含量，%	试料，g	试液体积，mL	分取试液体积：稀释后体积
0.0005～0.001	1.0000	50	—
>0.001～0.005	0.5000	50	—
>0.005～0.020	0.5000	200	—
>0.020～0.100	0.5000	100	10:100
>0.100～0.500	0.2000	200	10:100

6.2 空白试验

用同批盐酸溶解金属锌和试料，以标准系列溶液的零浓度溶液作为试料空白。

6.3 试料的溶解

将试料(6.1)置于 100mL 烧杯中，加入 10～20mL 盐酸(4.2)，滴加数滴过氧化氢(4.4)，盖上表皿，低温加热至溶解完全后，半开表皿，蒸发至近干，取下冷却，加入 10mL 盐酸(4.3)，加热使盐类溶解，冷却至室温，按表 1 用盐酸(4.3)移入容量瓶并稀释至刻度，混匀〔铝量>0.05%时，按表 1 分取试液并用盐酸(4.3)稀释〕。

6.4 最佳参数的选择

根据仪器说明书推荐的条件及本实验室的实践经验，对所用的原子化器和取样量(10～40μL)选择铝原子化的最佳参数。

6.5 测定

6.5.1 调整需要的仪器参数至最佳状态，并按所选条件(6.4)调整电热原子化器。

6.5.2 用选定的加热程序空烧石墨管两次。

6.5.3 将预定体积的试液(6.3)注入原子化器中,按原子化程序原子化,于波长309.3nm处测量铝的吸光度,每份试液测定两次,取其平均吸光度减去空白的平均吸光度,自工作曲线上查出相应的铝浓度。

6.6 工作曲线的绘制

6.6.1 移取0、1.00、2.00、3.00、4.00、5.00mL铝标准溶液(4.7)于一组50mL容量瓶中,加入锌溶液(4.5)使之与试液的锌浓度相等,用盐酸(4.3)稀释至刻度,混匀(试液中锌浓度≤1mg/mL时,标准溶液中可不加锌溶液)。

6.6.2 与试液同时测定标准溶液的吸光度,计算每个标准溶液的吸光度平均值,减去零浓度溶液的吸光度平均值,以铝浓度为横坐标,吸光度平均值为纵坐标绘制工作曲线。

7 分析结果的计算与表述

按下式计算铝的百分含量:

$$\mathrm{Al}(\%)=\frac{cV_0V_2\times10^{-6}}{mV_1}\times100$$

式中 c——自工作曲线上查得的铝浓度,μg/mL;

V_0——试液总体积,mL;

V_1——分取试液体积,mL;

V_2——被测试液体积,mL;

m——试料的质量,g。

8 允许差

实验室之间分析结果的差值应不大于表2所列允许差。

表2 %

铝含量	允许差	铝含量	允许差
0.0005~0.0010	0.0002	>0.015~0.040	0.005
>0.0010~0.0030	0.0004	>0.040~0.150	0.015
>0.003~0.006	0.001	>0.15~0.50	0.04
>0.006~0.015	0.002		

附 录 A
仪器工作条件
(参考件)

P-E 3030B型原子吸收分光光度计、HGA-600型电热原子化器测定铝的工作条件见表A1。

表 A1

<table>
<tr><td colspan="3">波 长,nm</td><td colspan="4">309.3</td></tr>
<tr><td colspan="3">单色器通带宽度,nm</td><td colspan="4">0.7</td></tr>
<tr><td colspan="3">灯 电 流,mA</td><td colspan="4">20</td></tr>
<tr><td rowspan="8">原子化程序</td><td rowspan="2">阶 段</td><td rowspan="2">步 骤</td><td rowspan="2">温度,℃</td><td colspan="2">时 间,s</td><td rowspan="2">氩气流量,mL/min</td></tr>
<tr><td>斜坡升温</td><td>保 持</td></tr>
<tr><td>干 燥</td><td>1</td><td>110</td><td>10</td><td>25</td><td>300</td></tr>
<tr><td rowspan="2">灰 化</td><td>2</td><td>800</td><td>20</td><td>10</td><td>300</td></tr>
<tr><td>3</td><td>1700</td><td>15</td><td>20</td><td>300</td></tr>
<tr><td>原子化</td><td>4</td><td>2400～2600</td><td>1</td><td>4</td><td>0～300</td></tr>
<tr><td>净 化</td><td>5</td><td>2700</td><td>1</td><td>3</td><td>300</td></tr>
<tr><td>降 温</td><td>6</td><td>30</td><td>2</td><td>10</td><td>300</td></tr>
</table>

(十四) 铬天青S分光光度法测定铝量

1 主题内容与适用范围

本标准规定了锌及锌合金中铝含量的测定方法。

本标准适用于锌及锌合金中铝含量的测定。测定范围:0.001%～0.50%。

对分析结果有争议时,以 GB/T 12689.13《锌及锌合金化学分析方法 电热原子吸收光谱法测定铝量》为仲裁方法。

2 引用标准

GB 1.4 标准化工作导则 化学分析方法标准编写规定

GB 1467 冶金产品化学分析方法标准的总则及一般规定

GB 7729 冶金产品化学分析 分光光度法通则

3 方法原理

试料加入汞后加稀硫酸,加热至沸,以生成汞齐并使铝溶解。加氢溴酸挥发砷、锑、锡。以稀硝酸溶解盐类,在选定条件下铝与铬天青S生成红色络合物,于分光光度计波长540nm处测量吸光度。

4 试剂

4.1 硫酸(5+95),优级纯。

4.2 硝酸(1+2),优级纯。

4.3 氢溴酸(ρ1.49g/mL),优级纯。

4.4 氨水(1+1),优级纯。

4.5 抗坏血酸溶液(50g/L),用时现配。

4.6 缓冲溶液:称取 80g 六次甲基四胺溶于 400mL 水中,加 6.0mL 稀硝酸(4.2),调

pH 值为 6.00±0.05(用 pH 计测定)。

4.7 铬天青 S 溶液(0.5g/L):称取 0.2500g 铬天青 S($C_{23}H_{13}O_9SCl_2Na_3$)溶于 250mL 无水乙醇和 250mL 水中。

4.8 汞(99.999%)。

4.9 溴甲酚绿乙醇溶液(0.5g/L)。

4.10 铝标准贮存溶液:称取 0.0500g 金属铝(99.99%)于 100mL 烧杯中,加 50mL 氢氧化钠溶液(100g/L),加热溶解,取下冷却,以硝酸(4.2)中和至微酸性并过量 50 mL,移入 500mL 容量瓶中,以水稀释至刻度,混匀。此溶液 1mL 含 100μg 铝。

4.11 铝标准溶液:移取 10.00mL 铝标准贮存溶液(4.10)于 250mL 容量瓶中,加 10 mL 硝酸(4.2),以水稀释至刻度,混匀。此溶液 1mL 含 4μg 铝。

5 仪器

分光光度计。

6 分析步骤

6.1 试料

按表 1 称取试料,精确至 0.0001g。

表 1

铝 含 量,%	试 料,g	试液总体积,mL
0.001~0.01	2.0000	100
>0.01~0.08	0.5000	250
>0.08~0.5	0.5000	1000

6.2 空白试验

随同试料做空白试验。

6.3 测定

6.3.1 将试料(6.1)置于 50mL 烧杯中,加 1~2mL 汞(4.8),加 25mL 硫酸(4.1),加热至沸并保持 30min,冷却至室温,按表 1 移入容量瓶中,以水稀释至刻度,混匀。

6.3.2 分取 10.00mL 试液(6.3.1)置于 50mL 烧杯中,加热蒸至无硫酸烟,冷却。

6.3.3 加 5 滴氢溴酸(4.3),转动烧杯后以水洗杯壁,加热蒸干,冷却,加 6 滴硝酸(4.2),转动烧杯后以水洗杯壁,微热 1~2min,冷却至室温,移入 50mL 比色管中。

6.3.4 加 1mL 抗坏血酸溶液(4.5),加 1 滴溴甲酚绿乙醇溶液(4.9),以氨水(4.4)中和至蓝色,再滴加硝酸(4.2)至蓝色褪尽,加 5mL 铬天青 S 溶液(4.7),7mL 缓冲溶液(4.6),以水稀释至刻度,混匀。放置 20min。

6.3.5 将部分溶液移入 1cm 比色皿中,以试料空白溶液为参比,于分光光度计波长 540nm 处测量吸光度。从工作曲线上查出相应的铝量。

6.4 工作曲线的绘制

6.4.1 移取 0、1.00、2.00、3.00、5.00、7.00mL 铝标准溶液(4.11),分别置于一组 50mL 比色管中,以下按 6.3.4 条进行。

6.4.2 将部分溶液移入 1cm 比色皿中，以试剂空白溶液为参比，于分光光度计波长 540 nm 处测量吸光度。以铝量为横坐标，吸光度为纵坐标绘制工作曲线。

7 分析结果的计算与表述

按下式计算铝的百分含量：

$$\text{Al}(\%)=\frac{m_1 V_0 \times 10^{-6}}{m_0 V_1}\times 100$$

式中 m_1——自工作曲线上查得的铝量，μg；

V_0——试液总体积，mL；

V_1——分取试液体积，mL；

m_0——试料的质量，g。

8 允许差

实验室之间分析结果的差值应不大于表 2 所列允许差。

表 2 %

铝含量	允许差	铝含量	允许差
0.0010～0.0030	0.0004	>0.015～0.040	0.005
>0.003～0.006	0.001	>0.040～0.150	0.015
>0.006～0.015	0.002	>0.150～0.500	0.040

四、直接法氧化锌化学分析方法

直接法氧化锌化学分析方法按国家标准 GB/T 4372.1～4372.6—2001 执行。该标准具体规定如下：

(一) Na_2 EDTA 滴定法测定氧化锌量

1 范围

本标准规定了直接法氧化锌中氧化锌含量的测定方法。

本标准适用于直接法氧化锌中氧化锌含量的测定。测定范围：≥98.0%。

2 方法提要

试料用稀硫酸溶解，在 pH 5～6 的六次甲基四胺-硫酸缓冲溶液中，加入碘化钾掩蔽镉，加入亚硫酸钠掩蔽铅，以二甲酚橙为指示剂，用 Na_2 EDTA 标准溶液滴定至亮黄色为终点。

3 试剂

3.1 抗坏血酸。

3.2 基准氧化锌。

3.3 硫酸(1+3)。

3.4 氨水(1+1)。

3.5 六次甲基四胺-硫酸缓冲溶液(pH 5～6):称取 300g 六次甲基四胺于 2000mL 烧杯中,加 950mL 水溶解(若溶液有红色,用棉花过滤),再加 50mL 硫酸(1+1),混匀。

3.6 亚硫酸钠溶液:称取 30g 无水亚硫酸钠溶于 200mL 水中,加入 50mL 亚硫酸,控制 pH 6 左右(当天有效)。

3.7 碘化钾溶液(200g/L):称取 20g 碘化钾溶于 100mL 水中,加少许抗坏血酸至黄色褪尽。

3.8 甲基红溶液(1.0g/L)。

3.9 二甲酚橙溶液(2g/L)。

3.10 乙二胺四乙酸二钠标准溶液(0.06mol/L)。

3.10.1 配制:称取 228.7g 乙二胺四乙酸二钠,加水微热溶解,冷至室温,移入 10000mL 容量瓶中,加水稀释至刻度,充分混匀。放置 3 天后标定。

3.10.2 标定:称取 0.50000g(准至 0.02mg)的基准氧化锌(3.2)3 份(用前于瓷皿中在 800℃灼烧 2～3h)于 300mL 烧杯中,按分析步骤 6.3 进行标定。取平均值,差值不符合要求应重新标定。

同时作空白试验。

按式(1)计算乙二胺四乙酸二钠标准溶液(4.10)的实际浓度:

$$c=\frac{m}{(V-V_0)\times 0.08137} \tag{1}$$

式中 c——乙二胺四乙酸二钠标准溶液(4.10)的实际浓度,mol/L;

m——基准氧化锌的质量,g;

V——标定时消耗 Na_2 EDTA(4.10)标准溶液的体积,mL;

V_0——标定时滴定空白试验溶液消耗 Na_2 EDTA(4.10)标准溶液的体积,mL;

0.08137——与 1.00mL 乙二胺四乙酸二钠标准溶液[$c(C_{10}H_{14}N_2O_8Na_2\cdot 2H_2O)=1.000$ mol/L]相当的氧化锌的摩尔质量,g/mol。

取 3 次标定结果的平均值为乙二胺四乙酸二钠标准溶液(4.10)的实际浓度,平行标定所消耗的乙二胺四乙酸二钠标准溶液体积的极差值应不超过 0.10mL,否则重新标定。

4 仪器

4.1 微量分析天平 感量为 0.01mg。

4.2 胖肚滴定管 100.00mL,97.00～100.00mL(刻度值为 0.02mL)。

4.3 电磁搅拌器(附转子)。

5 试样

试样预先在 105～110℃烘干 2h,置于干燥器中冷至室温。

6 分析步骤

6.1 试料

称取 0.50000g 试样,精确至 0.00001g。

6.2 空白试验

随同试料做空白试验。

6.3 测定

6.3.1 将试料(6.1)置于 300mL 烧杯中,以水润湿,加 10mL 硫酸(3.3),盖皿,微热至完全溶解。取下稍冷,以水洗表皿及杯壁。

6.3.2 加入 1 滴甲基红(3.8),以氨水(3.4)中和至黄色,再用硫酸(3.3)中和至红色,以水洗杯壁。

6.3.3 加入 20mL 六次甲基四胺-硫酸缓冲溶液(3.5),加入 12.5mL 亚硫酸钠溶液(3.6),加入 20mL 碘化钾溶液(3.7),加入 0.1g 抗坏血酸(3.1),加 2~3 滴二甲酚橙指示剂(3.9),加一枚搅拌子,在电磁搅拌器上不断搅拌,用乙二胺四乙酸二钠标准溶液进行滴定,当标准溶液滴至微量刻度部分时缓慢加入,至亮黄色为终点。

7 分析结果的表述

按式(2)计算氧化锌的百分含量:

$$ZnO(\%)=\frac{c(V_1-V_0)\times 0.08137}{m}\times 100 \qquad (2)$$

式中 c——Na_2 EDTA 标准溶液(4.10)的实际浓度,g/L;

V_1——滴定试液时消耗 Na_2 EDTA(4.10)标准溶液的体积,mL;

V_0——空白试验消耗 Na_2 EDTA(4.10)标准溶液的体积,mL;

m——试料的质量,g;

0.08137——与 1.00mL 乙二胺四乙酸二钠标准溶液[$c(C_{10}H_{14}N_2O_8Na_2\cdot 2H_2O)=1.000$ mol/L]相当的氧化锌的摩尔质量,g/mol。

8 允许差

实验室之间分析结果的差值应不大于下表所列允许差。

%

氧化锌含量	允许差
≥98.0	0.20

(二) 原子吸收光谱法测定氧化铅量

1 范围

本标准规定了直接法氧化锌中氧化铅含量的测定方法。

本标准适用于直接法氧化锌中氧化铅含量的测定。测定范围:0.01%~1.0%。

2 方法提要

试料用硝酸溶解,在稀硝酸(5+95)介质中,使用空气-乙炔火焰,于原子吸收光谱仪波长 283.3nm 处测量铅的吸光度，以标准曲线法计算氧化铅的含量。

3　试剂

3.1　硝酸(1+1)。

3.2　铅标准溶液：称取 0.1000g 高纯铅于 300mL 的烧杯中，加入 10mL 硝酸(3.1)，微热溶解，取下冷却，移入 1000mL 容量瓶中，以水洗烧杯合并于容量瓶中，用水稀释至刻度，混匀。此溶液 1mL 含 100μg 铅。

4　仪器

原子吸收光谱仪　附铅空心阴极灯。

在仪器最佳工作条件下，凡能达到下列指标者均可使用。

灵敏度：在与测量样品溶液基体相一致的溶液中，铅的特征浓度应不大于 0.3μg/mL。

精密度：用最高浓度的标准溶液测量 10 次吸光度，其标准偏差应不超过平均吸光度的 1.0%；用最低浓度的标准溶液(不是零标准溶液)测量 10 次吸光度，其标准偏差应不超过最高浓度标准溶液平均吸光度的 0.5%。

工作曲线线性：将工作曲线按浓度等分成五段，最高段的吸光度差值与最低段的吸光度差值之比，应不小于 0.7。

仪器工作条件见附录 A(提示的附录)。

5　分析步骤

5.1　试料

按表 1 称取试样，精确至 0.0001g。

表 1

氧化铅含量，%	试料量，g	分取试液体积，mL
0.01～0.05	0.5000	全量
>0.05～0.10	0.2000	全量
>0.10～0.50	0.2000	10.0
>0.50～1.00	0.2000	5.0

5.2　空白试验

随同试料做空白试验。

5.3　测定

5.3.1　将试料(5.1)置于 150mL 烧杯中，加入 5mL 硝酸(3.1)，盖上表皿，置于电热板上微热溶解，溶解完全后，取下冷却，用水吹洗表皿及杯壁，移入 50mL 容量瓶中，用水稀释至刻度，混匀。

5.3.2　按表 1 分取试液移入 50mL 容量瓶中，加 5mL 硝酸(3.1)，用水稀释至刻度，混匀。

5.3.3　用空气-乙炔火焰于原子吸收光谱仪波长 283.3nm 处，以水调零，测量溶液吸光度。所测吸光度减去空白试验溶液的吸光度，从工作曲线上查出相应的铅浓度。

5.4 工作曲线的绘制

5.4.1 移取 0,1.00,2.00,3.00,4.00,5.00mL 铅标准溶液(3.2),分别置于一组 100mL 容量瓶中,加入 10mL 硝酸(3.1),用水稀释至刻度,混匀。

5.4.2 与测定试料溶液相同条件下,测量系列标准溶液的吸光度。以铅浓度为横坐标,吸光度(减去零浓度溶液的吸光度)为纵坐标绘制工作曲线。

6 分析结果的表述

按下式计算氧化铅的百分含量:

$$PbO(\%) = \frac{cV_2V_0 \times 10^{-6} \times 1.0772}{mV_1} \times 100$$

式中 c——自工作曲线上查得的铅浓度,μg/mL;

V_0——试料溶液的总体积,mL;

V_1——分取试液的体积,mL;

V_2——分取试液稀释后的体积,mL;

m——试料的质量,g;

1.0772——铅换算成氧化铅的系数。

7 允许差

实验室之间分析结果的差值应不大于表 2 所列允许差。

表 2 %

氧化铅含量	允许差	氧化铅含量	允许差
0.010~0.050	0.008	>0.100~0.500	0.015
>0.050~0.100	0.012	>0.500~1.000	0.050

附 录 A

(提示的附录)

仪器工作条件

使用 GGX-5 型原子吸收光谱仪的参考工作条件见表 A1。

表 A1

波 长,nm	灯电流,mA	单色器通带,nm	空气流量,L/min	乙炔流量,L/min
283.3	3	0.2	5.0	1.3

(三) 原子吸收光谱法测定氧化铜量

1 范围

本标准规定了直接法氧化锌中氧化铜含量的测定方法。

本标准适用于直接法氧化锌中氧化铜含量的测定。测定范围:0.0005%～0.010%。

2　方法提要

试料用硝酸溶解,在稀硝酸(5+95)介质中,使用空气-乙炔火焰,于原子吸收光谱仪波长324.8nm处测量铜的吸光度,以标准曲线法计算氧化铜的含量。

3　试剂

3.1　硝酸(1+1)。

3.2　铜标准贮存溶液:称取0.1000g纯铜(99.99%)于300mL烧杯中,加入10mL硝酸(3.1),低温加热溶解,煮沸驱除氮的氧化物,冷却,移入1000mL容量瓶中,用水稀释至刻度,混匀。此溶液1mL含0.1mg铜。

3.3　铜标准溶液:移取10.00mL铜标准贮存溶液(3.2)于100mL容量瓶中,加5mL硝酸(3.1),用水稀释至刻度,混匀。此溶液1mL含10μg铜。

4　仪器

原子吸收光谱仪　附铜空心阴极灯。

在仪器最佳工作条件下,凡能达到下列指标者均可使用。

灵敏度:在与测量样品溶液基体相一致的溶液中,铜的特征浓度应不大于0.035μg/mL。

精密度:用最高浓度的标准溶液测量10次吸光度,其标准偏差应不超过平均吸光度的1.0%;用最低浓度的标准溶液(不是零标准溶液)测量10次吸光度,其标准偏差不超过最高浓度标准溶液平均吸光度的0.5%。

工作曲线线性:将工作曲线按浓度等分成五段,最高段的吸光度差值与最低段的吸光度差值之比,应不小于0.7。

仪器工作条件见附录A(提示的附录)。

5　分析步骤

5.1　试料

按表1称取试样,精确至0.0001g。

表1

氧化铜含量,%	试料量,g	测定体积,mL
0.0005～0.001	2.0000	50
>0.001～0.005	1.0000	50
>0.005～0.010	0.5000	50

5.2　空白试验

随同试料做空白试验。

5.3　测定

5.3.1　将试料(5.1)置于150mL烧杯中,加入5mL硝酸(3.1),盖上表皿,置于电热板上微热溶解，溶解完全后，取下冷却，用水吹洗表皿及杯壁，移入 50mL 容量瓶中，用水稀释至刻度，混匀。

5.3.2 使用空气-乙炔火焰于原子吸收光谱仪波长 324.8nm 处，以水调零，测量试液的吸光度。所测吸光度减去空白试验溶液的吸光度，从工作曲线上查出相应的铜浓度。

5.4 工作曲线的绘制

5.4.1 移取 0，2.00，4.00，6.00，8.00，10.00mL 铜标准溶液(3.3)，分别置于一组 100mL 容量瓶中，加入 10mL 硝酸(3.1)，用水稀释至刻度，混匀。

5.4.2 与测定试料溶液相同条件下，测量系列标准溶液吸光度。以铜浓度为横坐标，吸光度(减去零浓度溶液的吸光度)为纵坐标绘制工作曲线。

6 分析结果的表述

按下式计算氧化铜的百分含量：

$$\mathrm{CuO}(\%)=\frac{cV\times10^{-6}\times1.2518}{m}\times100$$

式中 c——自工作曲线上查得的铜浓度，μg/mL；

V——测定溶液的体积，mL；

m——试料的质量，g；

1.2518——铜换算成氧化铜的系数。

7 允许差

实验室之间分析结果的差值应不大于表 2 所列允许差。

表 2 %

氧化铜含量	允许差	氧化铜含量	允许差
0.0005～0.0010	0.0002	>0.0060～0.0100	0.0010
>0.0010～0.0030	0.0004	>0.0100～0.0300	0.0015
>0.0030～0.0060	0.0007	>0.0300～0.0500	0.0020

附 录 A
(提示的附录)

仪 器 工 作 条 件

使用 GGX-5 型原子吸收光谱仪的参考工作条件见表 A1。

表 A1

波长 nm	灯电流 mA	单色器通带 nm	空气流量 L/min	乙炔流量 L/min
324.8	2	0.2	5.0	1.3

(四) 原子吸收光谱法测定氧化镉量

1　范围

本标准规定了直接法氧化锌中氧化镉含量的测定方法。

本标准适用于直接法氧化锌中氧化镉含量的测定。测定范围:0.0020%~0.30%。

2　方法提要

试料用硝酸溶解,在稀硝酸(5+95)介质中,使用空气-乙炔火焰,于原子吸收光谱仪波长228.8nm处测量镉的吸光度,以标准曲线法计算氧化镉的含量。

3　试剂

3.1　硝酸(1+1)。

3.2　镉标准贮存溶液:称取0.1000g纯镉(99.99%)置于250mL烧杯中,加入10mL硝酸(3.1),微热溶解,取下冷却,移入1000mL容量瓶中,用水稀释至刻度,混匀,此溶液1mL含0.10mg镉。

3.3　镉标准溶液:移称取10.00mL镉标准贮存溶液(3.2)于100mL容量瓶中,加5mL硝酸(3.1),用水稀释至刻度,混匀,此溶液1mL含10μg镉。

4　仪器

原子吸收光谱仪　附镉空心阴极灯。

在仪器最佳工作条件下,凡能达到下列指标者均可使用。

灵敏度:在与测量样品溶液基体相一致的溶液中,镉的特征浓度应不大于0.03μg/mL。

精密度:用最高浓度的标准溶液测量10次吸光度,其标准偏差应不超过平均吸光度的1.0%;用最低浓度的标准溶液(不是零标准溶液)测量10次吸光度,其标准偏差都不超过最高浓度标准溶液平均吸光度的0.5%。

工作曲线线性:将工作曲线按浓度等分成五段,最高段的吸光度差值与最低段的吸光度差值之比,应不小于0.7。

仪器工作条件见附录A(提示的附录)。

5　分析步骤

5.1　试料

按表1称取试样,精确至0.0001g。

表1

氧化镉含量,%	试料量,g	分取试液体积,mL
0.0020~0.010	0.5000	全　量
>0.010~0.025	0.2000	全　量
>0.025~0.100	0.2000	10.0
>0.100~0.300	0.2000	5.0

5.2 空白试验

随同试料做空白试验。

5.3 测定

5.3.1 将试料(5.1)置于150mL烧杯中,加入5mL硝酸(3.1),盖上表皿,置于电热板上微热溶解,溶解完全后,取下冷却,用水吹洗表皿及杯壁,移入50mL容量瓶中,用水稀释至刻度,混匀。

5.3.2 按表1分取试液移入50mL容量瓶中,加5mL硝酸(3.1),用水稀释至刻度,混匀。

5.3.3 使用空气-乙炔火焰于原子吸收光谱仪波长228.8nm处,以水调零,测量试液吸光度。所测吸光度减去空白试验溶液的吸光度,从工作曲线上查出相应的镉浓度。

5.4 工作曲线的绘制

5.4.1 移取0,2.00,4.00,6.00,8.00,10.00mL镉标准溶液(3.3),分别置于一组100mL容量瓶中,加入10mL硝酸(3.1),用水稀释至刻度,混匀。

5.4.2 与测定试料溶液相同条件下,测量系列标准溶液吸光度。以镉浓度为横坐标,吸光度(减去零浓度溶液的吸光度)为纵坐标绘制工作曲线。

6 分析结果的表述

按下式计算氧化镉的百分含量:

$$\mathrm{CdO}(\%)=\frac{cV_2V_0\times10^{-6}\times1.1423}{mV_1}\times100$$

式中 c——自工作曲线上查得的镉浓度,μg/mL;

V_0——试料溶液的总体积,mL;

V_1——分取试液的体积,mL;

V_2——分取试液稀释后的体积,mL;

m——试料的质量,g;

1.1423——镉换算成氧化镉的系数。

7 允许差

实验室之间分析结果的差值应不大于表2所列允许差。

表2 %

氧化镉含量	允许差	氧化镉含量	允许差
0.0020~0.0080	0.0006	>0.060~0.100	0.006
>0.0080~0.025	0.0016	>0.100~0.300	0.010
>0.025~0.060	0.003		

附 录 A
(提示的附录)

仪器工作条件

使用GGX-5型原子吸收光谱仪的参考工作条件见表A1。

表 A1

波　　长,nm	灯电流,mA	单色器通带,nm	空气流量,L/min	乙炔流量,L/min
228.8	3	0.4	5.0	1.3

(五) 原子吸收光谱法测定锰量

1　范围

本标准规定了直接法氧化锌中锰含量的测定方法。

本标准适用于直接法氧化锌中锰含量的测定。测定范围:0.00005%~0.0010%。

2　方法提要

试料用硝酸溶解,以氢氧化铁作载体共沉淀分离锌并富集微量锰(锰含量大于0.0003%的试样可直接测定)。在稀硝酸介质中,于原子吸收光谱仪波长279.5nm处测量锰的吸光度。

3　试剂

3.1　过硫酸铵。

3.2　硝酸(1+1)。

3.3　硝酸(1+9)。

3.4　过氧化氢-硝酸混合液:100mL硝酸(3.3)中加入5mL过氧化氢。

3.5　氯化铁溶液:称取1.43g三氧化二铁(高纯)于300mL烧杯中,以水润湿,加入30mL盐酸,溶解完全后移入500mL的容量瓶中,以水洗烧杯数次,并入容量瓶中,以水稀释至刻度,混匀。此溶液1mL含铁2.0mg。

3.6　锰标准贮存溶液:称取0.1000g高纯金属锰于300mL的烧杯中,以水润湿,加入20mL硝酸(3.2),加热溶解,冷却后移入1000mL容量瓶中,以水稀释至刻度,混匀。此溶液1mL含锰100μg。

3.7　锰标准溶液:移取2.50mL锰标准贮存溶液(3.6)于100mL容量瓶中,以水稀释至刻度,混匀。此溶液1mL含锰2.5μg。

4　仪器

原子吸收光谱仪　附锰空心阴极灯。

在仪器最佳工作条件下,凡能达到下列指标者均可使用。

灵敏度:在与测量样品溶液基体相一致的溶液中,锰的特征浓度应不大于0.3μg/mL。

精密度:用最高浓度的标准溶液测量10次吸光度,其标准偏差应不超过平均吸光度的1.0%;用最低浓度的标准溶液(不是零标准溶液)测量10次吸光度,其标准偏差应不超过最高浓度标准溶液平均吸光度的0.5%。

工作曲线线性:将工作曲线按浓度等分成五段,最高段的吸光度差值与最低段的吸光度差值之比,应不小于0.85。

仪器工作条件见附录A(提示的附录)。

5 分析步骤

5.1 试料

按表1称取试样,精确至0.0001g。

表1

锰含量,%	试料量,g	锰含量,%	试料量,g
0.00005~0.0003	5.0000	>0.0003~0.0010	1.0000

5.2 空白试验

随同试料做空白试验。

5.3 测定

5.3.1 将试料(5.1)置于300mL烧杯中,加水润湿,加5mL氯化铁溶液(3.5),徐徐加入20mL硝酸(3.2),摇匀后在电炉上加热溶解,煮沸1min,冷却。

5.3.2 小心用氨水中和至生成的氢氧化锌沉淀全部溶解,并有棕褐色氢氧化铁沉淀生成。煮沸后加0.2g左右的过硫酸铵(3.1),再煮沸5~10min,移下补加1~2mL氨水,趁热用快速滤纸过滤,并用2%的热氨水洗液洗烧杯及沉淀各4次。

5.3.3 用热的过氧化氢-硝酸混合液(3.4)溶解沉淀于25mL的容量瓶中,冷却,用水稀释至刻度,混匀。

5.3.4 将试液于原子吸收光谱仪波长279.5nm处,与系列标准溶液同时,以水调零,测量其吸光度,减去空白试验溶液的吸光度,从工作曲线上查出相应的锰浓度。

注:对于锰量大于0.0003%的试料,将试料置于100mL的烧杯中,加水润湿,加5mL硝酸(3.2)加热溶解,冷却后移入25mL的容量瓶中,以水稀释至刻度,混匀。以下按步骤5.3.4进行。

5.4 工作曲线的绘制

5.4.1 移取0,1.00,2.00,3.00,4.00,5.00mL锰标准溶液(3.7)于25mL的容量瓶中,加入12.5mL硝酸溶液(3.3),用水稀释至刻度,混匀。

5.4.2 在与试料溶液测定相同条件下,测量系列标准溶液的吸光度,减去系列标准溶液中零浓度溶液的吸光度,以锰浓度为横坐标,吸光度为纵坐标绘制工作曲线。

6 分析结果的表述

按下式计算锰的百分含量:

$$\mathrm{Mn}(\%)=\frac{cV\times10^{-6}}{m}\times100$$

式中 c——自工作曲线上查得的锰浓度,μg/mL;

V——测定溶液的体积,mL;

m——试料的质量,g。

7 允许差

实验室之间分析结果的差值应不大于表2所列允许差。

表 2　%

锰含量	允许差	锰含量	允许差
0.00005～0.00030	0.00003	>0.00030～0.00100	0.00006

附　录　A
（提示的附录）
仪器工作条件

使用 GGX-5 型原子吸收分光光度计测量锰的工作条件见表 A1。

表 A1

波　长,nm	灯电流,mA	单色器通带,nm	空气流量,L/min	乙炔流量,L/min
324.8	2	0.2	5.0	1.3

（六）金属锌的检验

1　范围

本标准规定了直接法氧化锌中金属锌的检验方法。

本标准适用于直接法氧化锌中金属锌的检验。

2　方法提要

试料与蒽醌混匀后用氢氧化钠溶液调成糊状，经加热如试样中含有金属锌则呈现酒红色斑点，借以检验金属锌的存在。金属铝也有相同反应，故本法也包括金属铝的检验。

亚硫酸盐、硫化物、硫代硫酸盐、金属铁等不影响检验。

3　试剂

3.1　蒽醌（使用前在研钵中磨成粉末）。

3.2　氢氧化钠溶液（200g/L）。

4　仪器

玻璃皿 30mL，底部直径约为 50mm。

5　检验步骤

5.1　称取 10.0g 试样。

5.2　将试样（5.1）置于干燥的玻璃皿中，加 0.1g 蒽醌（3.1），用玻璃棒搅和均匀，加入 12mL 氢氧化钠溶液（3.2）。立即用玻璃棒调成糊状，如仍调不成糊状，可适当多加 1～3mL 氢氧化钠溶液，调成糊状后置于水浴上加热 2min。

5.3　评定

5.3.1　如没有可辨认的红色斑点存在应判为无金属锌存在。

5.3.2　如有可辨认的红色斑点时，立即数清表层的斑点数，其总数超过 50 个斑点时应判为有金属锌，少于 50 个斑点仍判为无金属锌。

五、直接法氧化锌白度(颜色)检验方法

直接法氧化锌白度(颜色)检验方法按国家标准 GB/T 4104—1983 执行。该标准具体规定如下：

本标准适用于直接法生产的一、二、三级氧化锌白度的检验，系用白度计测定白度值。

1　原理

本方法是指以同类标准样品白度为 100 时，与产品的比较值。以百分数表示。

2　试样

2.1　取样量

称取 10～13g 样品，以装满压紧试样盒(ϕ40mm，H10mm)为准，每次检测时试样的重量应相同。

2.2　试样应在 105±2℃烘干 2h。

2.3　检验时应取 3 份试样进行，取其平均值报出。

3　仪器

3.1　白度计：

测量范围：白度由“0”到“110”度；

稳定性：白度 0.5 度(0.5 级)；

读数精度：0.2 度；

有效波长：445nm。

4　步骤

4.1　将白度计“灵敏度”旋钮顺时针转至刻度最大处，测量键扳至正中位置，读数旋钮指向零位，接通白度计和检流计电源，并预热 5min。调节检流计前面的零点调整旋钮，使光标对准标尺的中央“0”刻度线上。套上黑筒(白度为零)。扳下测量键，用“零调”将光标移至检流计“0”处，再将测量键扳回正中位置。

4.2　将标准试样置于试样盒中，用玻璃板仔细压紧，使表面平整光滑。取下黑筒，换以盛有标准试样的试样盒，仔细调节两读数旋钮至“100”处。扳下测量键，用“粗调”、“细调”两旋钮将光标调至“0”处，再将测量键扳回正中位置。

重复 4.1 与 4.2 操作使光点稳定。

4.3　将欲测试样置于试样盒中，用玻璃板仔细压紧，使表面平整光滑。将盛有标准试样的试样盒取下，换以盛有试样的试样盒，扳下测量键，仔细调节两读数旋钮，使光标指在“0”处，再将测量键扳回正中位置。

5 结果

5.1 读取两读数旋钮指向的刻度值即为白度值，报出3次试验结果的平均值。

5.2 试验结果用百分数表示。

5.3 平行测定的相对误差不得大于2%。

5.4 白度值≥100%为合格。

6 试验报告

按照要求报告试验结果，应包括以下内容：

a. 本标准号；

b. 试样编号；

c. 试样所代表的产品等级、批号、吨位；

d. 生产厂家及生产日期；

e. 试验结果；

f. 获得试验结果时所用标准试样等级，用量及试样用量。

第五章　铅、锌中伴生金银检验方法

第一节　金、银分析取制样方法

一、铅电解阳极泥中金银分析取制样方法

铅电解阳极泥中金银分析取、制样方法按中国有色金属行业标准 YS/T 87—1995 执行。该标准具体规定如下：

1　适用范围

本标准适用于袋装转运交货的铜电解、铅电解阳极泥中金、银分析的取、制样。

散装（矿车、箱或槽装）、转运交货的铜电解、铅电解阳极泥中金、银分析的取、制样可参照执行。

2　引用标准

GB 14260 散装重有色金属浮选精矿取样、制样通则

3　术语

3.1　交货批

一次交货的同一规格的一定数量的物料。交货批可由一个或多个检验批组成。

3.2　检验批

为测定品位而划定的取样单元。

3.3　份样

从检验批中以一次性动作取得的一定质量的样品，每一检验批包括若干个份样。

3.4　大样

把从一个检验批中取出的全部份样合并所组成的一定质量的样品。

3.5　水分试样

用于测定水分的试样。

3.6　成分试样

用于测定化学成分的试样。

4　一般规定

4.1　散装物料的检验批为一矿车（箱或槽）；袋装物料的检验批不大于 5t。供需双方

交货必须采用内衬塑料袋的同一规格的袋装，散装只用于内部交货使用。

4.2　袋装交货阳极泥一般每袋为50kg，水分不得超过20%。

4.3　取样用取样探针内径不小于18mm。

4.4　取样、制样所用设备、工具和盛样容器必须保持清洁、干燥、耐用。盛样容器应有较好的密封性，以防试样变质。

4.5　在制样过程中应防止样品的水分和成分有任何变化和污染。

4.6　成分仲裁保留样应妥善保管30天，以备检查。

5　取样

5.1　散装铜或铅电解阳极泥以装运单元为取样单元，每个取样单元分别用探针（4.3）在均匀分布的点上垂直插入底部钎取份样，份样汇总方式见图1。

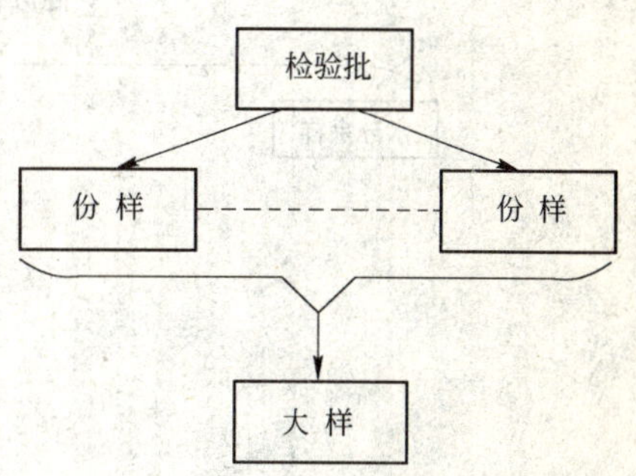

图1　散装物料取样汇总方式图

5.2　袋装的铜电解或铅电解阳极泥对检验批中的料袋全数取样。每袋用取样探针从袋口沿任一对角线方向插入袋底钎取份样，份样汇总方式见图2。

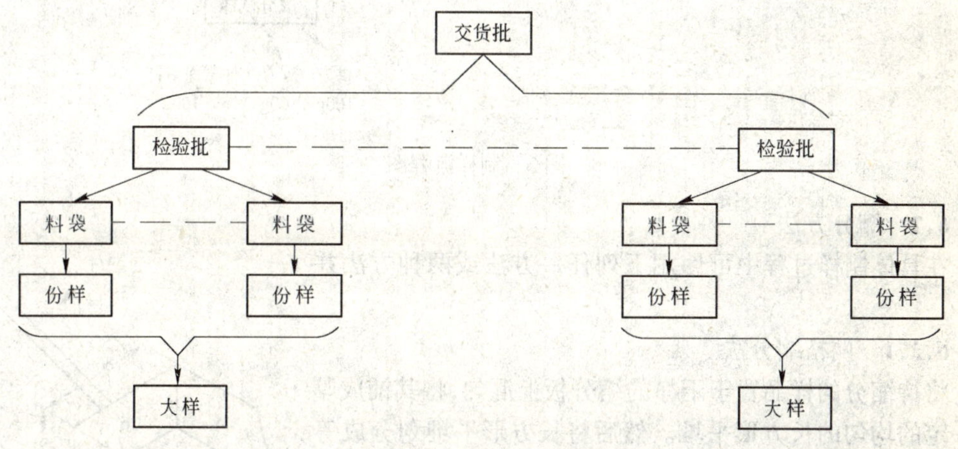

图2　袋装物料取样汇总方式图

5.3　取样量

5.3.1　由份样汇总的大样量不少于2kg。

5.3.2　各次所取份样与物料的质量比应基本一致，其质量比的变异系数（CV）不大于20%。

6　制样

6.1　制样方法

将取得的大样捣碎至粒度不大于1mm，充分混匀、缩分，取两份水分试样，每份不少于

500g。测定水分后，干样经合并后混匀、缩分、取成分试样，试样量不少于 300g，经研磨，全量过 0.125mm 筛，分成三份，一份供方，一份需方，一份做仲裁保留样，每份约 100g。制样流程见图 3。

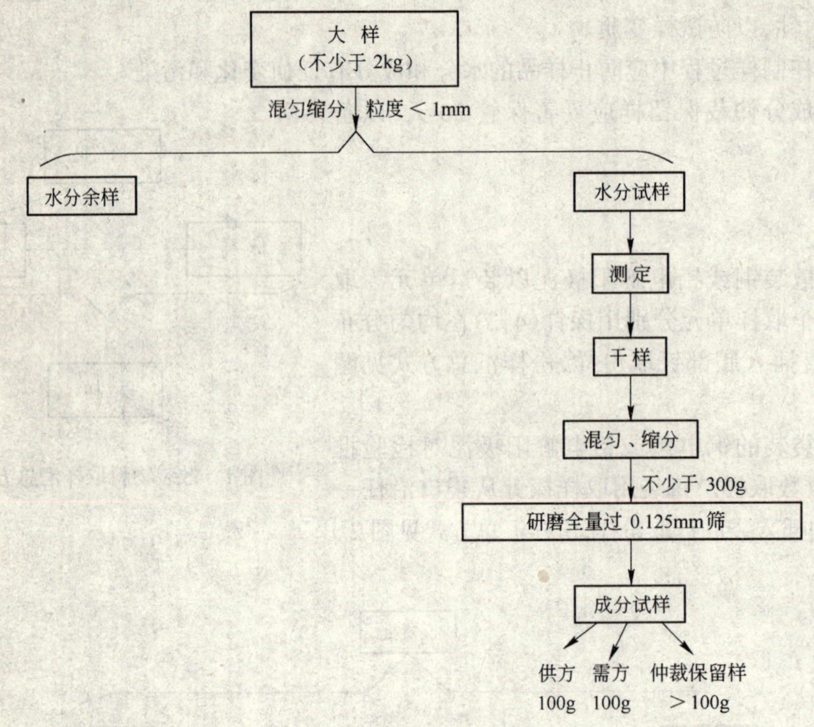

图 3　制样流程图

6.2　缩分方法

在具体制样过程中可使用下列任一方法或两种方法并用。

6.2.1　网格缩分法

将待缩分的样品置于干净的缩分板上混匀，将其铺成厚度一定的均匀的长方形平堆。然后将长方形平堆划分成等分的网格，缩分大样时不得少于 20 格。

选择适当的份样铲（见图 4 及表 1）和挡板，从每一格中的任一部位，从上到下垂直插入采取一满铲样品，然后把这些等量的样品合并。

如果经缩分后所得的样品质量小于试验所需质量时，应增加每一铲的质量或网格数。

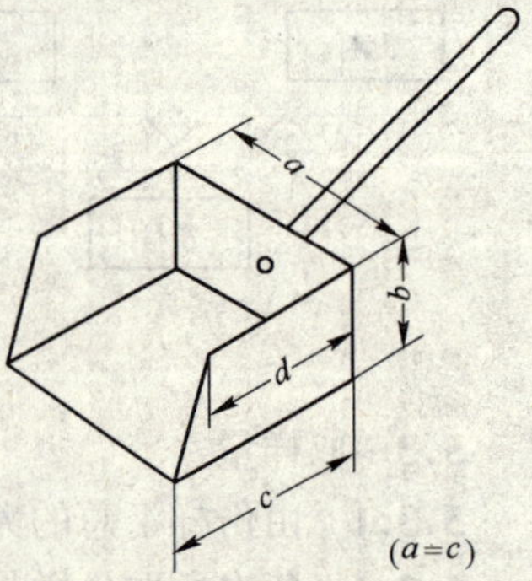

图 4　份样铲示意图

6.2.2　圆锥四分法

将样品置于清洁的缩分板上，堆成圆锥形，每铲样品放在前一铲样品的堆尖，使之沿坡均匀散落，形成锥形。注意，勿使圆锥的中心错位。铲样时应始终沿着前一锥堆的四周铲样。以同样的方式至少转堆三次，使之充分混匀。

表1 份样铲规格和尺寸

编 号	份样铲尺寸,mm				料层厚度,mm	容量,mL
	a	*b*	*c*	*d*		
5.0D	50	30	50	40	25~35	65
2.8D	40	25	40	30	20~30	35
1.0D	30	15	30	25	10~20	10
0.5D	20	10	20	20	5~10	4

将铲子垂直插入锥堆,从中心部位开始,沿着锥形径向铺开,使之形成一个厚度大至相等的圆饼。圆饼的中心应和原锥堆的中心重合。用十字分样板自上压下分成四等分,随机取出对角的两部分,其余弃之。重复操作数次,缩分至需要量为止。

6.3 水分试样

将大样混匀、按6.2.1或6.2.2条缩分,取出两份不少于0.5kg的试样用于水分测定。

7 试样的保存和标签

成分试样应装入试样袋中(仲裁保留样应装入有密封盖的容器中),其上注明:

a. 编号

b. 阳极泥品名、产地

c. 批号

d. 取样、制样人员

e. 取样、制样日期

f. 分析元素

8 水分测定方法

8.1 方法提要

称取一定量的水分试样,在规定的温度下干燥至恒量,求算热干燥减量,计算水分的百分含量。

8.2 装置

8.2.1 干燥容器 必须耐蚀耐热,干燥容器底面积不小于200cm^2。

8.2.2 烘箱 额定温度不低于110℃,精度±5℃。

8.2.3 天平 感量不大于0.1g。

8.3 测定步骤

8.3.1 试料

称取0.5kg试样(6.3),精确至0.1g。

8.3.2 测定

8.3.2.1 称量干燥容器(8.2.1)的质量 m_1。

8.3.2.2 将水分试样(8.3.1)平铺于干燥的容器内,立即称其质量 m_2。

8.3.2.3 将装有水分试样的干燥容器,置于105±5℃的烘箱内干燥。烘干一定时间后,取出立即称其质量,其后,每干燥30min重复称量一次,直至最后两次称量之差不大于水分试样初始质量的0.05%,记录最后一次质量 m_3。

8.4 测定结果的计算与表述

按下式计算试料的水分含量 W:

$$W(\%)=\frac{m_2-m_3}{m_2-m_1}\times 100$$

式中 m_1——干燥容器的质量,g;

m_2——干燥容器和试料的质量,g;

m_3——恒重后干燥容器和试料的质量,g。

实验室内平行测定结果的差值不大于0.2%,取其平均值。

二、散装浮选铅精矿中金银分析取制样方法

散装浮选铅精矿中金银分析取制样方法按中国有色金属行业标准 YS/T 96—1996 执行。该标准具体规定如下:

1 范围

本标准规定了散装浮选铜精矿、铅精矿中伴生金、银分析的取样、制样方法。

本标准适用于散装浮选铜精矿、铅精矿中伴生金、银分析的取制样。其他重有色金属浮选精矿中金、银分析取制样也可参照执行。

2 引用标准

GB 14260—93 散装重有色金属浮选精矿取样、制样通则

GB 14262—93 散装浮选铅精矿取样、制样方法

GB 14263—93 散装浮选铜精矿取样、制样方法

3 一般规定

3.1 铜、铅精矿中伴生金、银品质波动分类及总精密度见表1。

表1

品位 / 品质波动类型	Au,g/t	Ag,g/t	
	1~15	≤500	>500~2000
大	$\sigma_W>2.5$	$\sigma_W>30$	$\sigma_W>50$
中	$1.0<\sigma_W\leqslant 2.5$	$15<\sigma_W\leqslant 30$	$30<\sigma_W\leqslant 50$
小	$\sigma_W\leqslant 1.0$	$\sigma_W\leqslant 15$	$\sigma_W\leqslant 30$
总精密度 β_{SPM}	1.0	20	20~80

3.2 铜精矿或铅精矿检验批(约60t)的最少份样数见表2。

3.3 取样及缩分方法按 GB 14262—93 或 GB 14263—93 中4.2进行。

3.4 本标准规定以金、银的含量(g/t)作为铅精矿和铜精矿的品质特性。

3.5 严格按本标准规定的方法进行取样和制样。

3.6 成分试样应妥善保存3个月,以备核查。

表 2

品质波动类型 \ 最少份样数 \ 平均品位	Au,g/t	Ag,g/t	
	1～15	≤500	>500～2000
大	36	16	12
中	25	9	9
小	8	4	6

3.7 取样、制样所用设备、工具和盛样容器必须保持清洁、干燥、耐用。盛样容器应有较好的密封性,以防试样变质。

3.8 评定品质波动的试验方法、精密度校核试验方法及取样系统误差校核试验方法分别按 GB 14260 中附录 A、附录 B、附录 C 进行。

4 取样

4.1 取样工具

同 GB 14262—93 中 5.1 或 GB 14263—93 中 5.1。

4.2 取样程序

4.2.1 验明检验批或副批的质量。

4.2.2 根据检验批量大小、品质波动类型确定应取的最少份样数。

4.2.3 份样汇总方式见图 1,图 2。

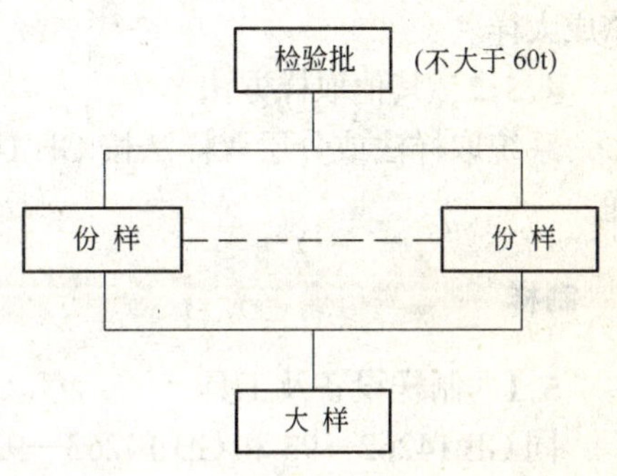

图 1　检验批的份数汇总方式

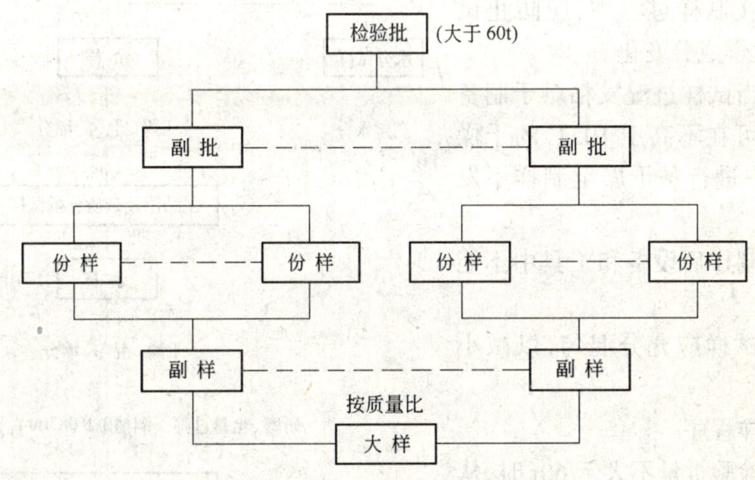

图 2　检验批(含副批)的份样汇总方式

4.3 份样数

检验批内所取最少份样数应不少于表 2 中规定。如所取最少份样数与 GB 14262—93 或 GB 14263—93 不一致时,应以多的份样数为准。

当铜精矿或铅精矿中金、银品质波动类型不明时,应按品质波动“大”的类型选取最少份样数。

4.4 份样量

4.4.1 用取样钎取样，份样量大致为400g。

4.4.2 所取份样量应基本一致，其质量变异系数应不大于20%。

4.5 取样方法

4.5.1 货车中取样方法

当一批铜精矿或铅精矿用货车交货时，货车装矿料面应基本水平，应在每辆货车上均匀布点，用取样钎从上垂直插入底部，旋转后采取有代表性份样。避免只从表层或某一局部采样。

如检验批由多辆货车交货时，每辆货车作为一个检验副批，分别按表2取份样，并按副批汇总成副样，分析测定水分后，其缩分余样先测定主品位及杂质，其余样按副批质量比汇总成大样。

4.5.2 其他取样方法

系统取样法或分层取样法按GB 14260进行。也可选取其他取样方法采取有代表性份样。

5 制样

5.1 制样设备及工具

同GB 14262—93和GB 14263—93中6.1。

5.2 制样要求

5.2.1 在制样过程中，应防止试样的污染和化学成分变化。

5.2.2 当试样过湿发粘难于制备成分试样时，可在不高于105℃的干燥箱中或空气中进行预干燥至制样不发生困难为止。

5.2.3 制样后设备和工具中不能残留试样。

5.2.4 试样应充分混匀，以减小缩分误差。

5.3 制样程序

5.3.1 检验批量不大于60t时，从主品位及杂质分析余样中取至少1kg试样于不高于105℃的干燥箱中干燥，然后混匀，缩分至不少于500g，研磨至铅精矿全量过0.1mm筛、铜精矿全量过0.083mm筛，再经充分混匀，取金、银成分试样。制样流程见图3。

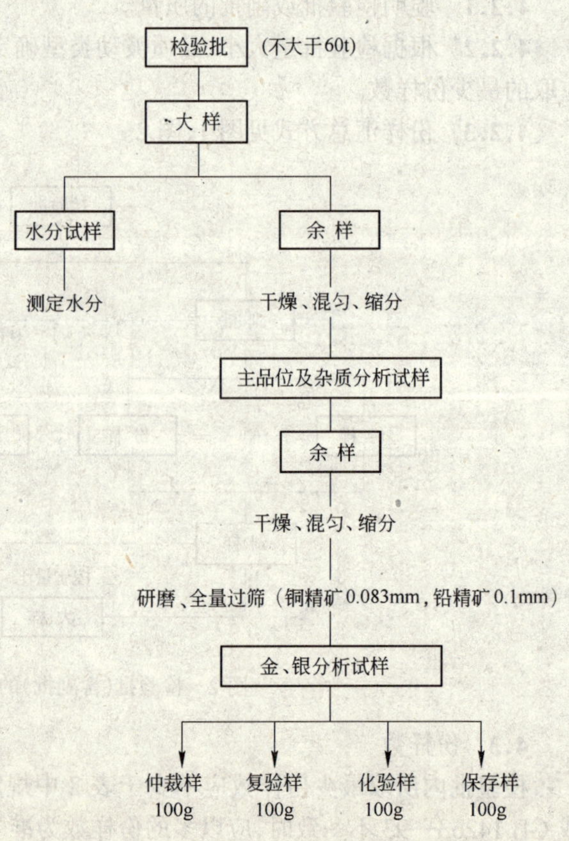

图3 检验批(小于60t)制样流程图

5.3.2 检验批量大于60t时，按各副批质量比从主品位及杂质分析余样中选取试样，并保证合成不少于1kg的大样。于不高于105℃的干燥箱中干燥，然后混匀，缩分至不少于500g，研磨至铅精矿全量过0.1mm筛、铜精矿全量过0.083mm筛，再经充分混匀，取金、银成分试样。制样流程见图4。

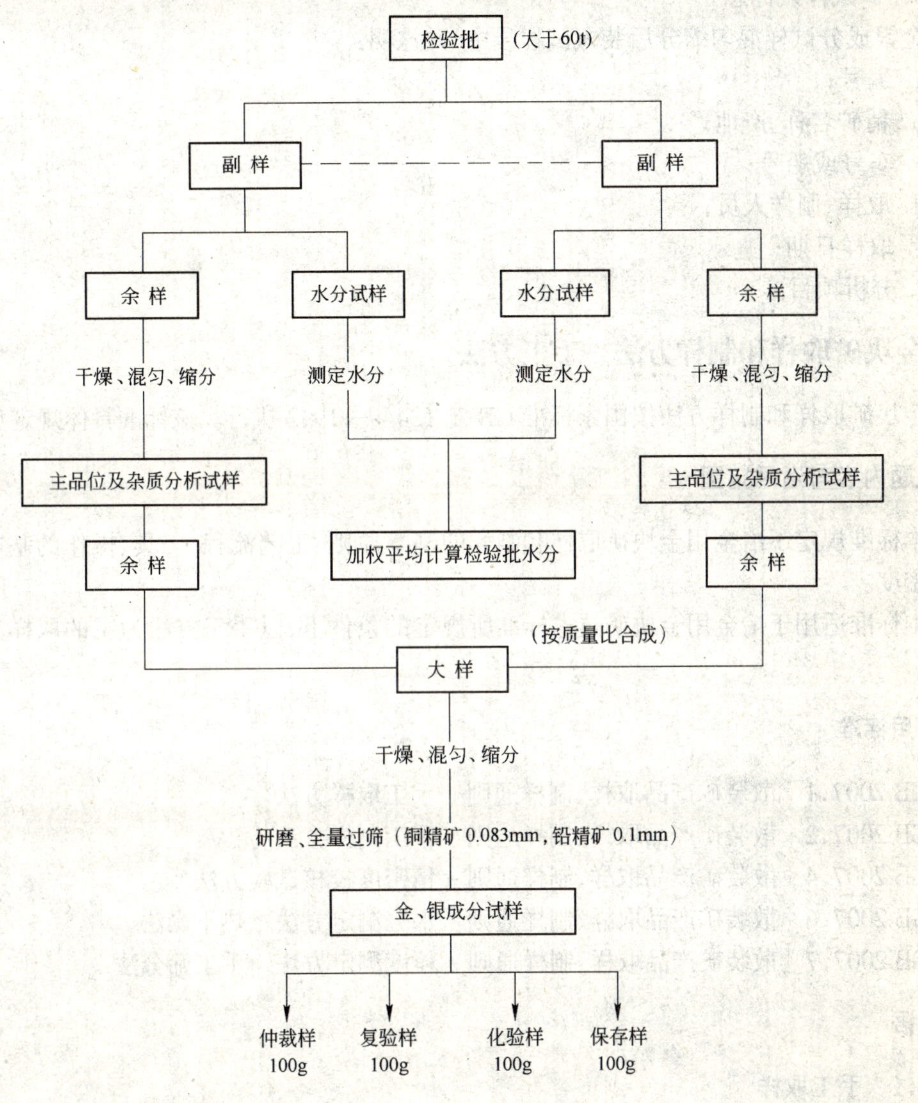

图4 检验批(大于60t)制样流程图

5.4 缩分方法

5.4.1 份样缩分法

将样品置于平整、洁净的磨矿板上，平铺成厚度均匀的长方形平堆，将平堆划分成等分的网格。缩分大样不得少于20格，缩分副样不得少于12格。根据平堆的厚度选择合适的份样铲和挡板，从每一网格的任意部位垂直插入，铲取等量的一铲集合为缩分试样。

注：如果缩分后的试样质量小于所需质量，应增加每铲的质量或网格数。

5.4.2 圆锥四分法

将试样置平整、洁净的缩分板上，堆成圆锥形，然后转堆。每铲沿圆堆顶尖均匀散落，注意勿使圆锥中心错位。如此反复，至少转锥3次，待试样充分混匀后，将锥顶压平，用十字分样板自上而下将试样分成4等份，任取对角两部分，其余弃之。重复上述操作数次，缩分至所需用量。

5.5　试样袋标志

金银成分试样混匀缩分后装入试样袋中，并注明：

a. 编号；

b. 精矿名称、产地；

c. 车号或船号；

d. 取样、制样人员；

e. 取样日期；

f. 分析项目。

三、金块矿取样和制样方法　手工方法

金块矿取样和制样方法按国家标准GB/T 13449—1992执行。该标准具体规定如下：

1　主题内容与适用范围

本标准规定了冶金用金块矿取样和制样的基本原则、工艺流程、工具、操作的基本要求和精密度。

本标准适用于冶金用金块矿技术标准所规定的条件下，以手工方法为主的取样和制样方法。

2　引用标准

GB 2007.1　散装矿产品取样、制样通则　手工取样方法

GB 2007.2　散装矿产品取样、制样通则　手工制样方法

GB 2007.4　散装矿产品取样、制样通则　精密度校核试验方法

GB 2007.6　散装矿产品取样、制样通则　水分测定方法　热干燥法

GB 2007.7　散装矿产品取样、制样通则　粒度测定方法　手工筛分法

3　术语

3.1　手工取样

用人力操作取样工具（包括使用机械辅助工具）来采集份样以组成副样和大样的方法。

3.2　批

在假定相同条件下，加工或生产的一定质量的矿石。

3.3　交货批

以一次交货的同一规格的散装矿石为一交货批，交货批可由一批或多批组成。

3.4　批量和交货批量

构成一批或一交货批的矿石的质量。

3.5　基本批量

取样标准中所规定的一批货的最小质量。冶金用金块矿是以货车单车矿石为一基本批量。

3.6 份样

由一交货批矿石中的一个点或一个部位按规定质量取出的样品。

3.7 副样

由一交货批矿石中两个或两个以上的份样或逐个经过破碎和缩分后组成的样品。

3.8 大样

由一交货批的全部份样或全部副样或将其逐个进行了破碎和缩分后组成的样品。

3.9 试样

按规定制样方法从每个份样、副样或大样所制备的供测定水分含量、粒度、化学成分或物理性能的样品。

3.10 最大粒度

筛余量约5%时的筛孔尺寸。

注:交货批的最大粒度可根据以往经验或通过试验来确定,亦可用目测估计。

3.11 分层取样

将交货批分成数层,从不同层中按质量比例取样。

3.12 系统取样

从一交货批中以一定的时间或质量间隔取份样,最初的份样从第一间隔内随机取样。

其他有关取样和制样术语按 GB 2007.1 规定。

4 一般规定

4.1 按本标准所取样品供测定水分、化学成分所需样品。

4.2 取样和制样所用设备、工具、盛样容器必须保持清洁,坚固耐用。水分样品的容器必须是密封、用非吸潮性材料制成。

4.3 取样和制样必须严格按本标准规定进行。

4.4 化学成分分析用试样保存100天,以备核查。保存试样必须保证不变质。

4.5 当冶金用金块矿质量不符合标准要求的情况下,必须经加工处理符合标准后再进行取样。

4.6 采取份样时,应根据交货批的最大粒度,每个份样量应大体一致,即份样量的误差其变异系数小于20%。

4.7 试样的质量在规定质量以下时,份样量应增大或增加份样数。

4.8 取样完后,填好标签(注明发货单位、品名、车号、取样时间和取样人姓名)连同试样一起用专门工具送往试样加工室。化学成分分析试样加工完后,填好标签(注明发货单位、品名、统一编号、制样时间和制样人姓名),由专人送往化验室。

4.9 未尽事宜由供需双方议定。

5 取样

5.1 确定冶金用金块矿总精密度为±2%。

5.2 确定冶金用金块矿取样精密度为1.62%。

5.3 取样工具

a. 尖头钢锹;

b. 带盖盛样桶(箱)或内衬塑料薄膜的盛样袋。

5.4 批量规定为50t左右。

5.5 份样数和大样量的确定:

5.5.1 冶金用金块矿规定份样数为72~90个。

5.5.2 冶金用金块矿规定大样量为80~120kg。

5.6 大样的组成。将交货批所采取的份样集合在一起,组成大样。

5.7 取样方法

5.7.1 分层取样

将冶金用金块矿按车厢上、中、下分为等高的3层,在每层上按棋盘式布点法采取所规定份样总数的1/3,在取上层份样前需用取样工具剥去表层矿石100mm后,再采取份样。每份样量应大致相同。份样采完后,卸去上层矿石再继续采取中层份样,卸去中层矿石再采取下层份样。将3次采取份样合成大样。

5.7.2 系统取样

5.7.2.1 人工装卸车分3次进行。第一次是在矿石落地量占总矿量的三分之一时,将落地矿石摊平同车厢底板面积大小的平面,在其上面按棋盘式布点采取份样。第二次、第三次同第一次方法。每次所取份样量大致相同,最后将所采取份样合成大样。

5.7.2.2 抓斗装卸车时,根据抓斗的容量和矿石总量,计算出每抓斗矿石应采取的部分份样,然后在抓斗内随机采取份样,最后将所采取份样合成大样。

例如,金块矿总矿量为60t,抓斗容量为5t,总份样数为72个,计算出每抓斗应采取的份样数为72×5/60=6(个)。

5.7.2.3 皮带运输机装卸时,根据本标准规定的大样量和份样数计算出采取份样的时间间隔,采取份样,最后将所采份样合成大样。

6 制样方法

6.1 制样设备及工具

a. 颚式破碎机;

b. 双辊破碎机;

c. 圆盘粉碎机;

d. 密封式振动研磨机或三头研磨机;

e. 二分器;

f. 样铲和挡板;

g. 分样筛;

h. 盛样容器;

i. 棒磨机;

j. 毛刷;

k. 磁铁;

l. 干燥箱。

6.2 制样要求

6.2.1　制样前应认真核实矿石种类，发现矿石中有外来杂物要认真清理。

6.2.2　制样过程中应防止样品污染。

6.2.3　制样前必须将设备清扫干净。

6.2.4　样品过湿过粘时，必须经预先干燥后再进行加工。

6.2.5　制备水分样品时，应尽快进行。如不能立即制备水分样品，必须将水分样品装在密闭容器内以防发生变化。

6.2.6　整个制样过程，必须严格按照本标准规定的制样程序进行。

6.3　制样程序

6.3.1　将大样按图1程序进行破碎、混合、缩分同时，或单独制备水分及成分样品。

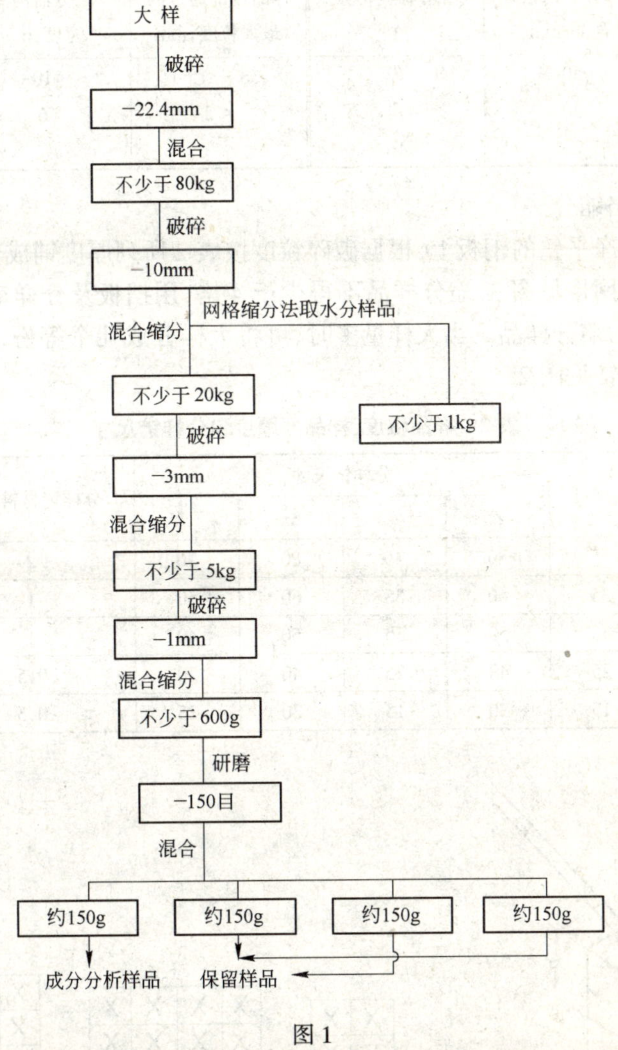

图1

6.3.2　将大样全部破碎至22.4mm以后，充分混合均匀，继续破碎至10mm以下，用二分器混合缩分，留量不少于20kg。同时采用网格缩分法取水分样品1kg进行水分测定。将−10mm的样品破碎至−3mm，再混合缩分，留量不少于5kg。然后继续破碎至−1mm，充分混合，缩分留量不少于600g。将全部样品研磨至－150目，混合缩分各150g4份样品，并将4份样品分别装有标签的袋中，即为成分分析用样、保留样、仲裁样和返回矿山样。

6.3.3　缩分法

6.3.3.1　二分器缩分法

按表1选用合适的二分器。所选用的二分器，其沟槽宽度约为样品全量通过的最大粒度的2～3倍。先将样品全部通过二分器，进行三次混匀后，再继续缩分。缩分时务必使样品均匀地落入每个沟槽中。将盛样容器对准出沟槽，以防样品散落在外。再将分成二份的样品，随意选一份作为缩分样品。重复操作至不少于该粒度的最少留量。

表1　样品最大粒度及适用的二分器

样品全部通过的最大粒度，mm	二分器沟槽宽度，mm	二分器沟槽数 个	样品全部通过的最大粒度，mm	二分器沟槽宽度，mm	二分器沟槽数 个
15～<20	50	12	3～<5	10	18
10～<15	30	14	<3	6	20
5～<10	20	16			

6.3.3.2　网格缩分法

将样品置于洁净平整的钢板上，根据破碎粒度按表2所列厚度铺成长方形平堆，然后将样品平堆成等分的网格见图3，缩分样品不得少于4格，用挡板及分样铲插至底部，每格取等量的一铲，集合为缩分样品。当大样量多时，可将大样分成几个等份，分次按上述方法操作进行缩分。分样铲见图2。

表2　样品粒度、样品层厚度和分样铲尺寸　　mm

样品粒度	样品层厚度	分样铲尺寸				分样铲材料厚度	分样铲容积，mL
		a	*b*	*c*	*d*		
10～<20	35～45	80	45	80	70	2	约300
5～<10	25～35	60	35	60	50	1	约125
3～<5	20～30	50	30	50	40	1	约75
1～<3	15～25	40	25	40	30	0.5	约40
<1	10～15	30	15	30	25	0.5	约15

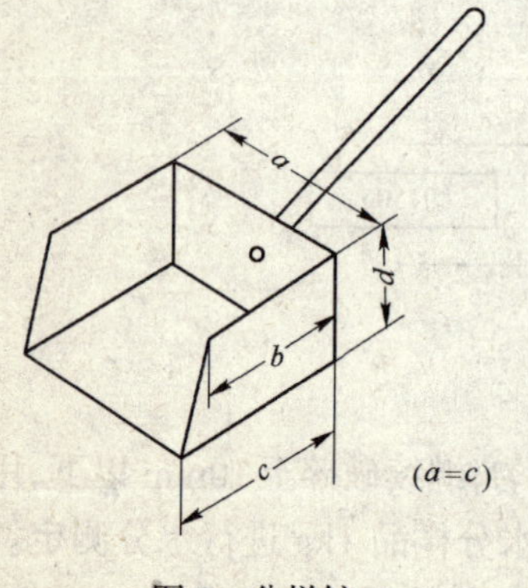

图2　分样铲

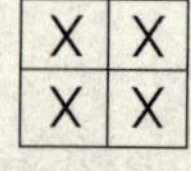

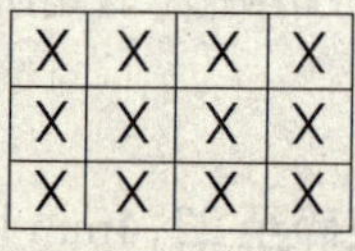

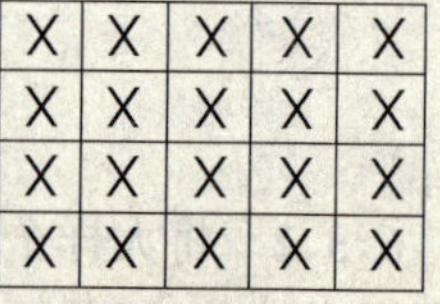

图3

6.3.3.3　圆锥四分法

将样品置于洁净、平整的钢板上，堆成圆锥形，每铲自圆锥顶落下，使均匀地沿锥尖散落，注意勿使圆锥中心错位，如此反复至少转堆3次，使充分混匀，然后将圆锥顶尖压平，用十字板自上压下，分成四等份，任取两个对角的等份，重复操作至不少于该粒度规定的最小留量。

7　水分测定

冶金用金块矿水分测定方法按GB 2007.6进行。

8　粒度测定

冶金用金块矿粒度的测定方法按GB 2007.7进行。

9　精密度校核试验方法

冶金用金块矿精密度校核试验方法按GB 2007.4进行。

10　样品容器和标签

10.1　成分分析试样应装入样袋中，并附标签。

10.2　水分分析试样应装入下吸水的密封容器内，并附标签。

10.3　标签上应标明：

a. 编号；

b. 品名、产地；

c. 车号；

d. 取样和制样人员姓名；

e. 取、制样日期。

11　其他

11.1　本标准未尽事宜，由供需双方议定。

11.2　经供需双方协商，也可采用其他取样和制样方法，但所采用方法符合本标准规定的精密度。

11.3　采用汽车交货的冶金用金块矿取样方法，原则上亦可参照本标准执行。

第二节　金银的检测方法

一、铅、锌原矿和尾矿中金银的测定方法

铅、锌原矿和尾矿中金银的测定方法按中国有色金属行业标准YS/T 53.1～53.3—1992执行。该标准具体规定如下：

(一) 火试金富集-火焰原子吸收光谱法及硫代米蚩酮分光光度法测定金量

1 主题内容与适用范围

本标准规定了铜、铅、锌原矿和尾矿中金含量的测定方法。

本标准适用于铜、铅、锌原矿和尾矿中金含量的测定。测定范围:分光光度法为0.01~1.0g/t,原子吸收光谱法为0.10~1.0g/t。

2 引用标准

GB 1.4 标准化工作导则 化学分析方法标准编写规定

GB 1467 冶金产品化学分析方法标准的总则及一般规定

GB 7728 冶金产品化学分析 火焰原子吸收光谱法通则

GB 7729 冶金产品化学分析 分光光度法通则

3 方法原理

试样经配料熔炼得到含有贵金属的铅扣,再灰吹得到金银合粒。合粒用适量王水溶解,用原子吸收光谱法或分光光度法测定金含量。

4 试剂

4.1 碳酸钠(粉状),工业纯。

4.2 氧化铅(粉状),含金量不大于0.004g/t。

4.3 二氧化硅(粉状),工业纯。

4.4 硼砂(粉状),工业纯。

4.5 硝酸钾(粉状),工业纯。

4.6 淀粉,化学纯。

4.7 氯化钠(粉状),工业纯。

4.8 硝酸银溶液:称取1.0000g银(≥99.99%),置于300mL烧杯中,加20mL硝酸,低温加热溶解至完全,冷却至室温,移入1000mL容量瓶中,用20mL硝酸洗涤烧杯5次,洗液合并入容量瓶中,以水稀释至刻度,混匀。此溶液1mL含1mg银。

4.9 王水,现用现配。

4.10 氯化钠溶液(100g/L)。

4.11 三氯化铁溶液:称取2.5g三氯化铁($FeCl_3 \cdot 6H_2O$),置于300mL烧杯中,加10mL盐酸,100mL水,搅拌溶解至完全,移入500mL容量瓶中,以水洗涤烧杯5次,洗液并入容量瓶中,以水稀释至刻度,混匀。此溶液1mL含1mg铁。

4.12 磷酸二氢钠溶液(200g/L)。

4.13 曲通X-100(Tritonx-100)溶液(1+99),有效期1周。

4.14 硫代米蚩酮乙醇溶液(0.15g/L):称取0.030g硫代米蚩酮于200mL乙醇中,在80℃水浴中加热溶解后,避光保存,有效期1周。

4.15 金标准贮存溶液:称取0.0500g金(≥99.99%),置于50mL烧杯中,加20mL王

水(4.9)低温加热溶解,冷却至室温。移入500mL容量瓶中,以20mL王水(4.9)洗涤烧杯,再以水洗几次,合并于容量瓶中,以水稀释至刻度,混匀。此溶液1mL含100μg金。

4.16 金标准溶液:移取25.00mL金标准贮存溶液(4.15),置于100mL容量瓶中,加10mL王水(4.9),以水稀释至刻度,混匀。此溶液1mL含25μg金。

4.17 金标准溶液:移取4.00mL金标准溶液(4.16),置于250mL容量瓶中,加25mL王水(4.9),以水稀释至刻度,混匀。此溶液1mL含400ng金。

5 仪器与设备

5.1 试金坩埚 材质为耐火粘土,高140mm,顶部外径90mm,底部外径50mm。

5.2 骨灰皿(高35mm,顶部内径35mm,底部外径40mm,孔深约17mm):按水泥(425号)、骨灰与水的质量比45:45:10,搅拌均匀,在灰皿机上压制成型。阴干3个月后备用(同规格的镁砂皿也可使用)。

5.3 瓷坩埚 容积30mL。

5.4 箱式高温电炉 最高温度1350℃。

5.5 箱式马弗炉 最高温度1100℃。

5.6 铁质铸型模。

5.7 离心器。

5.8 分光光度计。

5.9 原子吸收光谱仪 附金空心阴极灯。

在原子吸收光谱仪最佳工作条件下,凡能达到下列指标者均可使用。

灵敏度:在与测量试料溶液的基体相一致的溶液中,金的特征浓度应不大于0.23μg/mL。

精密度:用最高浓度的标准溶液测量10次,其标准偏差应不超过平均吸光度的1.5%;用最低浓度的标准溶液(不是"零"标准溶液)测量10次,其标准偏差应不超过最高浓度标准溶液的平均吸光度的0.5%。

工作曲线的线性:将工作曲线按浓度等分成五段,最高段的吸光度差值与最低段的吸光度差值之比,应不小于0.7。

仪器工作条件见附录A(参考件)。

6 分析步骤

6.1 试料

6.1.1 试样粒度不大于0.074mm,于100~105℃烘1h,置于干燥器中冷至室温。

6.1.2 称取50.00g试样(6.1.1),精确至0.01g。

6.2 空白试验

随同试料做空白试验。

6.3 火试金富集

6.3.1 配料

6.3.1.1 含硫量大于10%的试料(6.1),置于焙烧皿中,铺平,于650℃焙烧2h(中途取出翻动3次),取出,冷却至室温,按附录B配料。

6.3.1.2 含硫量小于10%的试料(6.1),配料试剂加入量:

碳酸钠(4.1)用量为试料质量的1.0~1.5倍。

氧化铅(4.2)用量为试料质量的2~3倍。

二氧化硅(4.3)用量为试料质量的0.2~0.3倍。

硼砂(4.4):5~20g。

硝酸钾(4.5):按公式(1)计算。

$$m_1=\frac{S\%\times 50\times 20-30}{4} \tag{1}$$

式中 m_1——硝酸钾加入量,g;

S%——试料含硫百分数;

50——试料的质量,g;

20——1g硫能还原出铅扣的概量,g;

30——所需铅扣量,g;

4——1g硝酸钾能氧化铅扣的概量,g。

淀粉(4.6):按公式(2)计算。

$$m_2=\frac{30-S\%\times 50\times 20}{12} \tag{2}$$

式中 m_2——淀粉加入量,g;

S%——试料含硫百分数;

50——试料的质量,g;

20——1g硫能还原出铅扣的概量,g;

12——1g淀粉能还原出铅扣的概量,g;

30——所需铅扣质量,g。

将试料(6.1)和以上各熔剂分别置入试金坩埚(5.1)中,搅拌均匀,加入0.5~1.0mL硝酸银溶液(4.8),覆盖一层约10mm厚的氯化钠(4.7)。

6.3.2 熔炼

将盛有配料的试金坩埚置于预先加热至950℃的箱式高温电炉(5.4)内,关闭炉门,继续加热,在45~60min内升温至1100℃,再保温15min,取出。将坩埚平稳旋动,并在铁板上轻敲2~3下,使附着在坩埚壁上的铅珠下沉,然后将熔融物小心地全部倒入预热过的铁质铸模(5.6)中。冷却后,将铅扣锤成立方体,称量铅扣量(扣量在25~35g为宜)。

6.3.3 灰吹:将铅扣置于已在950℃预热30min的灰皿(5.2)内,关闭炉门2min左右,待熔铅脱膜后,稍开炉门,控温在850℃灰吹至铅扣约2g左右时,升温至880℃继续灰吹至尽,将灰皿移至炉口放置1min,取出冷却。

用镊子将金银合粒从灰皿中取出,刷去粘附杂质,放在钢砧上用小锤打扁。

6.4 测定

6.4.1 原子吸收光谱法测定

6.4.1.1 将打扁的金银合粒(6.3.3)置入30mL瓷坩埚中,加1mL硝酸(ρ1.42g/L)低温加热溶解,待近干时,加2mL王水(4.9),低温缓慢溶解至完全,取下冷至室温。按表1移入容量瓶中,以水稀释至刻度,混匀。移入干燥的离心管中,于离心器(5.7)离心5min。

表 1

金含量，g/t	容量瓶体积，mL	金含量，g/t	容量瓶体积，mL
0.10～0.40	10.00	0.40～1.00	25.00

6.4.1.2　将试液(6.4.1.1)于原子吸收光谱仪波长 242.8nm 处，使用空气-乙炔火焰，以水调零测其吸光度，自工作曲线上查出相应的金浓度。

6.4.1.3　工作曲线的绘制：移取 0，1.00，2.00，3.00，4.00，5.00mL 金标准溶液(4.16)，分别置于一组 50mL 容量瓶中，加 2.5mL 王水(4.9)，以水稀释至刻度，混匀。与试液相同条件下测标准溶液的吸光度，减去“零”浓度的吸光度，以金浓度为横坐标，吸光度为纵坐标，绘制工作曲线。

6.4.2　分光光度法测定

6.4.2.1　将打扁的金银合粒(6.3.3)置于 30mL 瓷坩埚中，加 1mL 水，1mL 硝酸(ρ1.42g/L)低温加热数分钟，加 2mL 王水(4.9)，溶解金至完全，加 1mL 氯化钠溶液(4.10)，取下，冷至室温。移入 10mL 容量瓶中，以水稀释至刻度，混匀。移入干燥的离心管中，于离心器(5.7)离心 10min。

6.4.2.2　按表 2 移取试液(6.4.2.1)于 30mL 瓷坩埚中，加 2 滴三氯化铁溶液(4.11)，低温加热至近干，取下，加 3 滴王水(4.9)，在沸水浴上蒸干，加 2 滴盐酸(ρ1.19g/L)再于沸水浴上蒸至湿盐状。

表 2

金含量，g/t	分取溶液体积，mL	金含量，g/t	分取溶液体积，mL
0.01～0.05	5.00	0.05～1.00	2.00

6.4.2.3　向瓷坩埚中加 3.0mL 磷酸二氢钠溶液(4.12)，加 0.5mL 曲通 X 100 溶液(4.13)，加 0.25mL 硫代米蚩酮溶液(4.14)，搅匀，移入 10mL 比色管中，以水稀释至刻度，混匀。

6.4.2.4　将显色液(6.4.2.3)放置 10min 后，移取部分试液于 3cm 吸收皿中，于分光光度计波长 540nm 处，以试剂空白溶液为参比，测其吸光度。从工作曲线上查出相应的金含量。

6.4.2.5　工作曲线的绘制：移取 0，0.50，1.00，2.00，3.00，4.00mL 金标准溶液(4.17)，分别置于一组 30mL 瓷坩埚中，加 3 滴氯化钠溶液(4.10)，加 2 滴三氯化铁溶液(4.11)，低温加热蒸至近干，取下，加 3 滴王水(4.9)，在沸水浴上蒸干，加 2 滴盐酸(ρ1.19g/L)再于沸水浴上蒸至湿盐状。以下按 6.4.2.3 条进行。

6.4.2.6　将显色液(6.4.2.5)放置 10min 后，分别移取部分溶液于 3cm 吸收皿中，于分光光度计波长 540nm 处，以试剂空白溶液为参比，在与测量试液相同的条件下，测量标准系列溶液的吸光度，以金量为横坐标，吸光度为纵坐标绘制工作曲线。

7　分析结果的计算与表述

7.1　原子吸收光谱法按公式(3)计算金含量：

$$Au(g/t)=\frac{(c_1-c_0)V\times10^{-6}}{m_0\times10^{-6}} \tag{3}$$

式中 c_1——自工作曲线上查得试液的金浓度,μg/mL;

c_0——自工作曲线上查得空白试验溶液的金浓度,μg/mL;

V——试液的体积,mL;

m_0——试料的质量,g。

7.2 分光光度法按公式(4)计算金含量:

$$Au(g/t)=\frac{(m_1-m_2)\frac{V_2}{V_1}\times10^{-6}}{m_0\times10^{-6}} \tag{4}$$

式中 m_1——自工作曲线上查得试液的金量,μg;

m_2——自工作曲线上查得空白试验溶液的金量,μg;

V_1——分取试液的体积,mL;

V_2——试液的总体积,mL;

m_0——试料的质量,g。

8 允许差

实验室之间分析结果的差值应不大于表3中所列允许差:

表3 g/t

金含量	允许差	金含量	允许差
0.010~0.020	0.010	>0.100~0.150	0.060
>0.020~0.030	0.020	>0.15~0.30	0.10
>0.030~0.050	0.030	>0.30~0.50	0.20
>0.050~0.100	0.040	>0.50~1.00	0.30

附 录 A
仪器工作条件
(参考件)

使用日立Z-8000偏光塞曼原子吸收光谱仪测量金的工作条件见下表。

波长 nm	灯电流 mA	通带宽度 nm	燃烧器高度 mm	空气流量 L/min	乙炔流量 L/min
242.8	7.5	1.3	7.5	6.0	0.95

附录 B
火试金富集配料方案
（参考件）

焙烧试料配料方案见下表。

方案号	试样量 g	碳酸钠 g	氧化铅 g	二氧化硅 g	硼 砂 g	淀 粉 g	硝酸银溶液 mL
1	50	70	150	15	15	4±2	0.5～1.0
2	50	50	100	15	20	4±2	0.5～1.0
3	50	40	100	10	20	4±2	0.5～1.0

（二）流动注射-8531纤维微型柱分离富集-火焰原子吸收光谱法测定金量

1 主题内容与适用范围

本标准规定了铜、铅、锌原矿和尾矿中金含量的测定方法。

本标准适用于铜、铅、锌原矿和尾矿中金含量的测定，测定范围：0.01～1.0g/t。

2 引用标准

GB 1.4 标准化工作导则 化学分析方法标准编写规定

GB 1467 冶金产品化学分析方法标准的总则及一般规定

GB 7728 冶金产品化学分析 火焰原子吸收光谱法通则

3 方法原理

试料经650℃灼烧2h，用王水分解，在稀王水介质中，采用流动注射-8531纤维微型柱分离富集金，用空气-乙炔火焰，在原子吸收光谱仪波长242.8nm处测量金的吸光度，用工作曲线法计算金的含量。

方法中所用的流动注射分析技术是一种溶液处理和信息采集技术。在流动注射分析中，注入的一个确定的流体带在连续流动的载流中分散，形成浓度梯度，由此浓度梯度中获取信息。

4 试剂

4.1 王水，50%（*V*/*V*）（用时现配）。

4.2 王水，10%（*V*/*V*）。

4.3 王水，2%（*V*/*V*）。

4.4 硫脲溶液（5g/L）：称取10g硫脲于500mL烧杯中，加300mL水、200mL王水（4.2）溶解，移入2500mL试剂瓶，补加1500mL水，混匀。

4.5 聚环氧乙烷溶液（1g/L）。

4.6 金标准贮存溶液:称取 0.1000g 金(>99.99%)于 100mL 烧杯中,加 40mL 王水(4.1)、2 滴饱和氯化钾溶液,混匀,在电热板上低温加热至完全溶解,冷却至室温。将溶液移入 100mL 容量瓶,以水稀释至刻度,混匀。此溶液 1mL 含 1mg 金。

4.7 金标准溶液:移取 10.00mL 金标准贮存溶液(4.6)于 1000mL 容量瓶中,加 400mL 王水(4.1),以水稀释至刻度,混匀。此溶液 1mL 含 10μg 金。

4.8 金标准溶液:移取 10.00mL 金标准溶液(4.7)于 100mL 容量瓶中,加 40mL 王水(4.1),以水稀释至刻度,混匀。此溶液 1mL 含 1μg 金。

5 仪器与装置

5.1 聚碳酸酯密封溶杯,容积 100mL。

5.2 恒温水浴。

5.3 流动注射微量金分离富集系统包括以下器件:

a. 四道蠕动泵;

b. 六通旋转阀;

c. 十六通旋转阀;

d. 泵管。泵管工作参数见附录 A(参考件)聚四氟乙烯连接管,内径 0.5mm;

e. 8531 纤维微型柱(45mm × 2mm i.d.,内装 60mg 三烷基氧化膦纤维)。

5.4 原子吸收光谱仪。附高性能金空心阴极灯,高性能空心阴极灯电源,燃烧头(缝长 50mm),缝式石英管原子捕获器(石英管长 140mm,内径 8mm,缝长 50mm,缝宽 0.7mm)和缝管架(见图 1)。

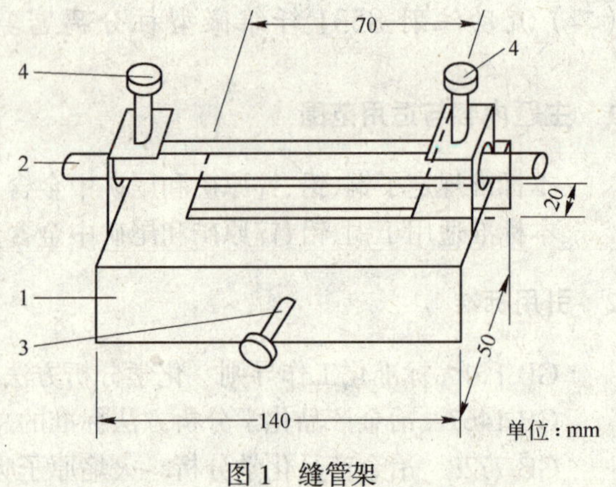

图 1 缝管架

1—缝管支架;2—石英缝管;3—支架固定螺钉;4—缝管固定螺钉

在仪器最佳工作条件下,凡能达到下列指标者均可使用。

灵敏度:在与测量试液基体一致的溶液中,金的特征浓度应不大于 4ng/mL(富集时间 20s),2ng/mL(富集时间 40s)。

精密度:用最高浓度的标准溶液测量 10 次吸光度,其标准偏差应不超过平均吸光度的 3%;用最低浓度的标准溶液(不是"零"标准溶液)测量 10 次吸光度,其标准偏差应不超过最高浓度标准溶液的平均吸光度的 0.5%。

工作曲线的线性:将工作曲线按浓度等分成五段,最高段的吸光度差值与最低段吸光度差值之比,应不小于 0.8。

仪器工作条件见附录 B(参考件)。

5.5 仪器的安装、连接与调试。

5.5.1 将高性能空心阴极灯电源按其说明书所述与原子吸收光谱仪主机相连,将高性能空心阴极灯安装到主机的灯架上,接通主机电源,点亮阴极灯,设定并调节高性能空心阴极灯主阴极电流。接通高性能空心阴极灯电源,调节其上的辅助阴极电流旋钮至主机上灯能量指示不再增加。

5.5.2　将缝式石英管原子捕获器安装到如图 1 所示的缝管架上，石英缝管的缝口朝下。将缝管架安装到燃烧头上，调节缝管架两侧的螺钉使缝管的缝口对准燃烧头的缝口。调节燃烧头的水平与垂直位置，准直光路使缝管挡光最小。取下缝管架，通气点火，调小火焰，再放上缝管架；进一步准直光路(注意：不取下缝管直接点火，则易发生爆鸣)。

5.5.3　按图 2、图 3 连接好流动注射微量金分离富集系统的流路，并与原子吸收光谱仪上的雾化器相连接。按图 2 设定仪器工作参数表。

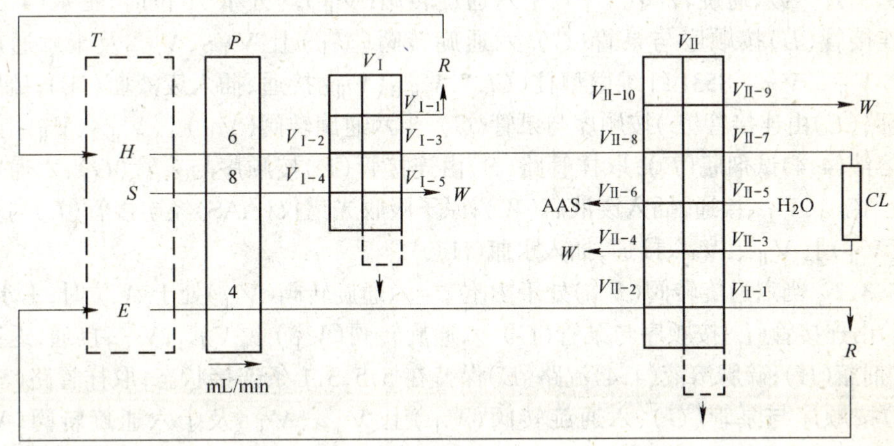

图 2　流动注射分离富集系统流路方框图

P—蠕动泵；V_{I}—六通旋转阀；V_{II}—十六通旋转阀(图中所示阀位为 A 状态，箭头指向阀位为 B 状态)；T—恒温水浴；AAS—原子吸收光谱仪插口；CL—8531 纤维微型柱；E—硫脲溶液流路；H—王水流路；S—取样管路；W—废液排出口；R—返回液流路；H_2O—水

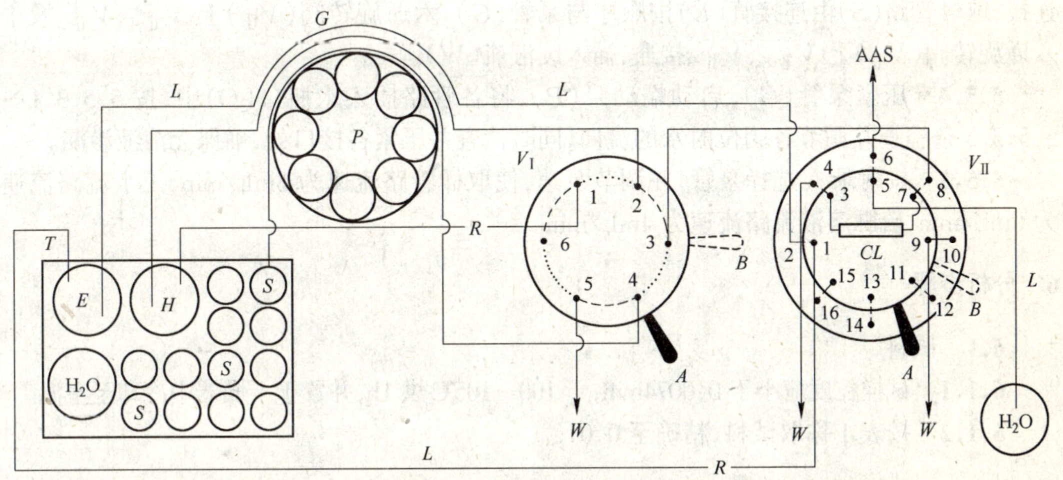

图 3　流动注射分离富集系统流路平面图

P—蠕动泵；V_{I}—六通旋转阀；V_{II}—十六通旋转阀(A、B 为阀位)；T—恒温水浴；AAS—原子吸收光谱仪插口；CL—8531 纤维微型柱；E—硫脲溶液试剂瓶；H—王水试剂瓶；S—试液瓶；W—废液瓶；R—返回液流路；H_2O—水瓶；$V_{\mathrm{I}\text{-}1}\sim V_{\mathrm{I}\text{-}5}$，$V_{\mathrm{II}\text{-}1}\sim V_{\mathrm{II}\text{-}10}$—旋转阀接口；$L$—连接管；$G$—泵管

旋转阀阀位图及设定参数见下表。

CL 状态	平　衡	分离富集	洗　涤	洗　脱
V_{I}位置	*A*	*B*	*A*	*B*
V_{II}位置	*A*	*A*	*A*	*B*
时间,s	6～10	20～40	14～20	25～30

5.5.3.1 当六通旋转阀(V_{I})、十六通旋转阀(V_{II})均处于 *A* 位时,王水(4.3)流路(*H*)由连接管(*L*)按顺序与泵管(*G*)、六通旋转阀(V_{I})上 $V_{\mathrm{I}\text{-}2}$、$V_{\mathrm{I}\text{-}3}$及十六通旋转阀(V_{II})上 $V_{\mathrm{II}\text{-}8}$、$V_{\mathrm{II}\text{-}7}$、8531 纤维微型柱(*CL*)、$V_{\mathrm{II}\text{-}3}$、$V_{\mathrm{II}\text{-}4}$接通、插入废液瓶(*W*);硫脲溶液(4.4)流路(*E*)由连接管(*L*)按顺序与泵管(*G*)、十六通旋转阀(V_{II})上 $V_{\mathrm{II}\text{-}2}$、$V_{\mathrm{II}\text{-}1}$接通,返回硫脲溶液(4.4)试剂瓶(*E*);取样管路(*S*)由连接管(*L*)按顺序与泵管(*G*)、六通旋转阀(V_{I})上 $V_{\mathrm{I}\text{-}4}$、$V_{\mathrm{I}\text{-}5}$接通,插入废液瓶(*W*);原子吸收光谱仪(AAS)经连接管(*L*)与十六通旋转阀(V_{II})上 $V_{\mathrm{II}\text{-}6}$、$V_{\mathrm{II}\text{-}5}$接通,插入水瓶(H_2O)。

5.5.3.2 当六通旋转阀(V_{I})处于 *B* 位;十六通旋转阀(V_{II})处于 *A* 位时;王水(4.3)流路(*H*)由连接管(*L*)按顺序与泵管(*G*)、六通旋转阀(V_{I})上 $V_{\mathrm{I}\text{-}2}$、$V_{\mathrm{I}\text{-}1}$接通,返回王水(4.3)试剂瓶(*H*);硫脲溶液(4.4)流路(*E*)保持在 5.5.3.1 条连接状态;取样管路(*S*)由连接管(*L*)按顺序与泵管(*G*)、六通旋转阀(V_{I})上 $V_{\mathrm{I}\text{-}4}$、$V_{\mathrm{I}\text{-}3}$及十六通旋转阀(V_{II})上 $V_{\mathrm{II}\text{-}8}$、$V_{\mathrm{II}\text{-}7}$,8531 纤维微型柱(*CL*)、$V_{\mathrm{II}\text{-}3}$、$V_{\mathrm{II}\text{-}4}$接通,插入废液瓶(*W*);原子吸收光谱仪(AAS)保持在 5.5.3.1 条连接状态。

5.5.3.3 当六通旋转阀(V_{I})、十六通旋转阀(V_{II})均处于 *B* 位时,王水(4.3)流路(*H*)保持在 5.5.3.2 条连接状态;硫脲溶液(4.4)流路(*E*)由连接管(*L*)按顺序与泵管(*G*)、十六通旋转阀(V_{II})上 $V_{\mathrm{II}\text{-}2}$、$V_{\mathrm{II}\text{-}3}$、8531 纤维微型柱(*CL*)、$V_{\mathrm{II}\text{-}7}$、$V_{\mathrm{II}\text{-}6}$和原子吸收光谱仪连接;取样管路(*S*)由连接管(*L*)按顺序与泵管(*G*)、六通旋转阀(V_{I})上 $V_{\mathrm{II}\text{-}4}$、$V_{\mathrm{II}\text{-}3}$及十六通旋转阀(V_{II})上 $V_{\mathrm{II}\text{-}8}$、$V_{\mathrm{II}\text{-}9}$接通,插入废液瓶(*W*)。

5.5.4 压紧泵管(*G*),启动蠕动泵(*P*),将各管路插入水瓶(H_2O)中,按 5.5.3.1～5.5.3.3 条检查并调节各阀位时水的流向,同时检查并压紧各接口处,确保无溶液渗漏。

5.5.5 按附录 A 选择泵管,并调节泵速,使取样管路流速为 8mL/min,王水流路流速为 6mL/min,硫脲溶液流路流速为 4mL/min。

6 分析步骤

6.1 试料

6.1.1 试样粒度应小于 0.0074mm,于 100～105℃烘 1h,并置于干燥器中冷却至室温。

6.1.2 按表 1 称取试料,精确至 0.01g。

表 1

金含量,g/t	试料,g	富集时间,s
0.01～0.2	10.00	40
0.2～1.0	10.00	20

6.2 空白试验

随同试料作空白试验。

6.3　试液制备

6.3.1　将试料(6.1.2)置于100mL瓷蒸发皿中,置于箱式电炉中,经逐渐升温至650℃,保持2h,取出,冷却至室温。移入聚碳酸酯密封溶杯(5.1)中,加入30mL王水(4.1),旋紧溶杯盖,于沸水浴中加热1h。每隔15min摇动溶杯一次。取下,冷却至室温。轻轻拧开溶杯盖,加2mL聚环氧乙烷溶液(4.5),混匀。移入100mL容量瓶中,以水稀释至刻度,混匀。

6.3.2　用以水润湿的中速定量滤纸过滤,用25mL比色管收集滤液,弃去最初的20～25mL,并继续收集25mL滤液。

6.3.3　将收集试液的比色管(6.3.2)和分别盛有约400mL王水(4.3)、硫脲溶液(4.4)及水的3个500mL试剂瓶置于恒温水浴(5.2)中,控制水浴温度为50℃,恒温20min。

6.4　分离富集及测定

6.4.1　按5.5条将仪器安装、连接并调试好,原子吸收光谱仪(5.4)使用空气-乙炔火焰,于波长242.8nm处,以水调零。

6.4.2　压紧泵管,启动蠕动泵(5.3.1),将恒温的王水(4.3)、硫脲溶液(4.4)分别泵入各自的管路。

6.4.3　六通旋转阀(5.3.2)、十六通旋转阀(5.3.3)均置于初始位置A位,平衡8531微型纤维柱(5.3.6)。泵入试液(6.3),待其充满管路,开始计时,控制时间6～10s。

6.4.4　六通旋转阀(5.3.2)旋转至B位,按表1中金含量范围准确控制分离富集时间。

6.4.5　六通旋转阀(5.3.2)旋转至A位,用王水(4.3)洗涤微型纤维柱,同时将取样管从比色管(6.3)中取出,置于水瓶中清洗取样管路,控制时间14～20s。

6.4.6　六通旋转阀(5.3.2)和十六通旋转阀(5.3.3)同时旋转至B位,用硫脲溶液(4.4)洗脱富集在微型纤维柱上的金,同时在原子吸收光谱仪上,采用峰值保持功能或记录仪读取吸光度值(1mV－0.001A),控制时间25～30s。

6.4.7　双阀同时复原至初始位置A位。重复6.4.3～6.4.6条,继续进行下一个试液的平衡—分离富集—洗涤—洗脱—测定操作。

6.4.8　测定完毕后,用水清洗各个管路3～5min,放松泵管。

6.4.9　减去试料空白的吸光度,从工作曲线上查得相应的金浓度。

6.5　工作曲线的绘制

6.5.1　金含量在0.01～0.2g/t的工作曲线。

6.5.1.1　分别移取0,0.10,0.50,1.00,1.50,2.00,2.50mL金标准溶液(4.8)于一组100mL容量瓶中,用王水(4.2)稀释至刻度,混匀。

6.5.1.2　在与测定试液相同条件下测量标准溶液的吸光度,减去标准系列中零浓度溶液的吸光度,以金浓度为横坐标,吸光度为纵坐标绘制工作曲线。

6.5.2　金含量在0.2～1.0g/t的工作曲线

6.5.2.1　分别移取0,0.20,0.40,0.60,0.80,1.00,1.20mL金标准溶液(4.7)于一组100mL容量瓶中,用王水(4.2)稀释至刻度,混匀。

6.5.2.2　按6.5.1.2条进行。

7 分析结果的计算

按下式计算金的含量:

$$Au(g/t)=\frac{cV\times10^{-9}}{m\times10^{-6}}$$

式中 c——自工作曲线上查得的试液的金浓度,ng/mL;

V——试液总体积,mL;

m——试料的质量,g。

8 允许差

实验室之间分析结果的差值应不大于表2所列的允许差。

表2 g/t

金含量	允许差	金含量	允许差
0.01~0.02	0.01	>0.10~0.15	0.06
>0.02~0.03	0.02	>0.15~0.30	0.10
>0.03~0.05	0.03	>0.30~0.50	0.20
>0.05~0.10	0.04	>0.50~1.00	0.30

附录A
泵管工作条件
(参考件)

使用不同规格泵管的参考工作条件见下表。

仪器型号	泵转速 r/min	泵管内径 mm	流速 mL/min
YL-250	40	2.5	8.5
YL-250	40	1.6	6.0
YL-250	40	1.2	4.0

附录B
仪器工作条件
(参考件)

使用WFX-1B型原子吸收光谱仪测量金的参考工件条件见下表。

波长 mm	灯电流 mA	辅助电流 mA	光谱通带 mm	乙炔流量 L/min	空气流量 L/min
242.8	3	5	0.4	1.0	7.0

(三) 火焰原子吸收光谱法测定银量

1　主题内容与适用范围

本标准规定了铜、铅、锌原矿和尾矿中银含量的测定方法。

本标准适用于铜、铅、锌原矿和尾矿中银含量的测定。测定范围:0.50~200g/t。

2　引用标准

GB 1.4　标准化工作导则　化学分析方法标准编写规定

GB 1467　冶金产品化学分析方法标准的总则及一般规定

GB 7728　冶金产品化学分析　火焰原子吸收光谱法通则

3　方法原理

试料用盐酸、硝酸、氢氟酸和高氯酸溶解。在稀盐酸介质中,用空气-乙炔火焰,于原子吸收光谱仪波长 328.1nm 处,测量银的吸光度。用工作曲线法计算银的含量。

4　试剂

4.1　盐酸(ρ1.19g/L)。

4.2　硝酸(ρ1.42g/L)。

4.3　高氯酸(含量 70%~72%)。

4.4　氢氟酸(含量不小于 40%)。

4.5　乙酸丁酯。

4.6　二苯硫脲-乙酸丁酯溶液(2g/L):1g 二苯硫脲溶于 500mL 乙酸丁酯中(4.5)。

4.7　银标准贮存溶液:称取 0.5000g 金属银(≥99.99%),置于 200mL 烧杯中,小心加入 25mL 硝酸,盖上表面皿,微沸直至完全溶解并驱除氮的氧化物,取下,用水洗涤表皿及杯壁,冷至室温。移入 500mL 棕色容量瓶中,用水稀释至刻度,混匀。此溶液 1mL 含 1mg 银。

4.8　银标准溶液:移取 10.00mL 银标准贮存溶液(4.7)置于 1000mL 棕色容量瓶中,加 50mL 盐酸,用水稀释至刻度,混匀。此溶液 1mL 含 10μg 银。

4.9　银标准溶液:移取 25.00mL 银标准溶液(4.8)置于预先存有 25mL 盐酸的 250mL 棕色容量瓶中,用水稀释至刻度,混匀。此溶液 1mL 含 1μg 银。

5　仪器

原子吸收光谱仪(具有扣除背景功能),附银空心阴极灯。

在仪器最佳工作条件下,凡能达到下列指标者均可使用。

灵敏度:在与测量标准溶液相一致的介质中,银的特征浓度应不大于 0.030μg/mL。

精密度:用最高浓度的标准溶液测量 10 次吸光度,其标准偏差不超过平均吸光度的 1.5%。用最低浓度的标准溶液(不是零标准溶液)测量 10 次吸光度,其标准偏差不超过最高浓度标准溶液平均吸光度的 0.5%。

工作曲线线性:将工作曲线按浓度等分成五段,最高段的吸光度差值与最低段的吸光度差值之比,应不小于0.7。

仪器工作条件见附录A(参考件)。

6 分析步骤

6.1 试料

6.1.1 试样粒度应小于0.074mm,于105℃烘1h,并于干燥器中冷却至室温。

6.1.2 按表1称取试样,精确到0.0001g。

表1

银含量,g/t	试料,g	银含量,g/t	试料,g
0.50~5.0	1.0000	5.0~200	0.5000

6.2 空白试验

随同试料做空白试验。

6.3 测定

6.3.1 将试料(6.1.2)置于200~250mL聚四氟乙烯烧杯中

6.3.2 加水润湿试料,加25mL盐酸(4.1),于电热板上加热微沸2~3min,加8mL硝酸(4.2),加热溶解,加5mL高氯酸(4.3),继续加热2~3min,分三次加入约20mL氢氟酸(4.4),反复分解,加热冒浓烟[如有黑色残渣,可加1mL硝酸(4.2),继续加热至冒浓烟,反复处理3~5次],取下,稍冷,按表2加盐酸,以少许水吹洗杯壁,加热溶解盐类,冷却至室温。

表2

银含量,g/t	盐酸(4.1)用量,mL	银含量,g/t	盐酸(4.1)用量,mL
0.50~10.0	3	10.0~200	5

6.3.3 试料含银10~200g/t时,将试液(6.3.2)移入50mL容量瓶中,用水稀释到刻度,混匀。使用空气-乙炔火焰,于原子吸收光谱仪波长328.1nm处,以水调零,测量试液的吸光度,从工作曲线上查出其相应的银浓度。

6.3.4 试料含银0.50~10.0g/t时,将试液(6.3.2)移入25mL比色管中,用水稀释至约20mL,混匀,准确加5.00mL二苯硫脲-乙酸丁酯溶液(4.6),振荡萃取1min,静置分层(约30min),使用空气-乙炔火焰,于原子吸收光谱仪波长328.1nm处,以乙酸丁酯(4.5)调零,测量有机相的吸光度,从工作曲线上查出其相应的银浓度。

6.4 工作曲线的绘制

6.4.1 含银10~200g/t的工作曲线

6.4.1.1 分别移取0、2.50、5.00、10.00、15.00、20.00mL银标准溶液(4.8)于各含10mL盐酸的100mL容量瓶中,摇匀,用水稀释到刻度,混匀。

6.4.1.2 在与试液测定相同条件下测量标准溶液的吸光度。减去“零”浓度标准溶液吸光度,以银浓度为横坐标,吸光度为纵坐标绘制工作曲线。

6.4.2 含银0.50~10g/t的工作曲线

6.4.2.1 分别移取0、0.50、1.00、2.00、3.00、4.00、5.00mL银标准溶液(4.9)于各含

3mL 盐酸的 25mL 比色管中，用水稀释约 20mL，准确加 5.00mL 二苯硫脲-乙酸丁酯溶液(4.6)，振荡萃取 1min，放置分层(约 30min)。

6.4.2.2　在与相应试液有机相测定相同条件下，测量标准溶液有机相的吸光度，减去"零"浓度标准溶液有机相的吸光度，以银浓度为横坐标，吸光度为纵坐标绘制工作曲线。

7　分析结果的计算与表述

按下式计算银的含量：

$$Ag(g/t)=\frac{(c-c_0)V\times10^{-6}}{m\times10^{-6}}$$

式中　c——自工作曲线上查得试液的银浓度，μg/mL；

c_0——自工作曲线上查得的空白溶液的银浓度，μg/mL；

V——试液的总体积，mL；

m——试料的质量，g。

8　允许差

实验室之间分析结果的差值应不大于表 3 所列允许差。

表 3　　g/t

银含量	允许差	银含量	允许差
0.50～2.00	0.50	>20.0～60.0	8.0
>2.0～4.0	1.0	>60.0～100.0	10.0
>4.0～10.0	2.0	>100.0～200.0	20.0
>10.0～20.0	4.0		

附　录　A
仪器工作条件
(参考件)

使用 PE-1100B 型原子吸收光谱仪测定银的参考工作条件见下表。

银含量 g/t	波长 nm	灯电流 mA	单色器通带 nm	燃烧器高度 mm	空气流量 L/min	乙炔流量 L/min
10～200	328.1	3	0.7	7.8	7.5	1.6
0.5～10	328.1	3	0.7	7.8	7.0	1.2

二、铅电解阳极泥中金银的测定方法

铅电解阳极泥中金银的测定方法按中国有色金属行业标准 YS/T 88—1995 执行。该标准具体规定如下：

1　主题内容与适用范围

本标准规定了铜、铅电解阳极泥中金、银含量的测定方法。

本标准适用于铜、铅电解阳极泥中金、银含量的测定。测定范围:金 0.1kg/t～20kg/t;银:20kg/t～300kg/t。

2　引用标准

GB 1.4　标准化工作导则　化学分析方法标准编写规定

GB 1467　冶金产品化学分析方法标准的总则及一般规定

3　方法原理

试料与适量的熔剂熔融的同时,以铅捕集金、银形成铅扣。其他杂质与熔剂生成易熔性熔渣,利用铅扣与熔渣的密度不同,铅扣与熔渣分离,得到金、银合粒,用称量法测定金、银合量。利用金不溶于硝酸的性质,使金、银分离,用称量法测定金量银量。

4　试剂

4.1　无水碳酸钠,粉状,工业纯。

4.2　氧化铅,粉状。

4.3　二氧化硅,粉状,工业纯。

4.4　硼砂,粉状,工业纯。

4.5　氯化钠,粉状,工业纯。

4.6　淀粉,粉状。

4.7　硝酸(1+1),不含氯离子。

4.8　硝酸(1+7),不含氯离子。

4.9　冰乙酸(1+3)。

5　仪器和设备

5.1　天平:超微量天平,感量 0.001mg。

5.2　试金电炉:最高加热温度 1350℃。

5.3　试金坩埚:材质为耐火粘土,容积为 300mL 左右。

5.4　灰皿:顶部内径约 35mm,底部外径约 40mm,高约 30mm,深约 17mm。

制法:等质量的水泥与等质量的骨灰(或镁粉)混匀,加入适量的水搅匀,在灰皿机(5.5)上压制成型,阴干两个月后备用。

5.5　灰皿机。

5.6　瓷坩埚:容积为 30mL。

5.7　铸铁模。

6　试样

6.1　试样粒度应不大于 0.105mm。

6.2　试样应在100～105℃烘干1h后置于干燥器中冷到室温。

7　分析步骤

7.1　测定数量

称取3份试样平行测定，分析结果极差小于相应含量允许差时，取其算术平均值。否则，应重新称样测定。

7.2　试料

按表1称取0.5～2g试样(6)，精确至0.0001g。

表1

金含量，kg/t	银含量，kg/t	试料，g	金含量，kg/t	银含量，kg/t	试料，g
≤1.00	≤10	2.0000	>10.00～20.00	>100～300	0.5000
>1.00～10.00	>10～100	1.0000			

注：以银含量为主。

7.3　空白试验

每批氧化铅都需要做空白试验。

7.3.1　测定数量

对于同一批氧化铅，经混匀后，平行测定3份，取其算术平均值。

7.3.2　空白测定方法

称取200g氧化铅(4.2)、40g无水碳酸钠(4.1)、20g二氧化硅、10g硼砂(4.4)于试金坩埚中，以下按7.4.2条～7.5.2条进行，测定金、银量。

7.4　测定

7.4.1　配料

各项熔剂按表2用量配料。

表2　g

试　料	碳酸钠	氧化铅	二氧化硅	硼　砂	淀　粉
0.5000～2.0000	20	80	7.5	10	3

将试料(7.2)及上述配料(7.4)置于试金坩埚(5.3)中，搅拌均匀，覆盖约10mm厚的氯化钠(4.5)。

7.4.2　熔融

将坩埚置于900℃的试金电炉(5.2)中，关闭炉门。在60min内升温至1100℃，保温5min后出炉。将坩埚平稳地旋动数次，并在铁板上轻轻敲击二、三下，小心将熔融物倒入已预热过且涂有深层机油的铁模中。冷却后将铅扣与熔渣分离，将铅扣捶成立方体，称重(保持铅扣25～40g)。收集熔渣保留铅扣。

7.4.3　灰吹

将铅扣放入已在900℃试金炉中预热20min的灰皿中，关闭炉门1～2min，待熔铅脱膜后，半开炉门，同时控制炉温在880℃进行灰吹，当合粒出现光辉点，灰吹即告结束，把灰皿移至炉门口，放置1min。取出冷却后，用镊子取出合粒置于瓷坩埚(5.6)中。

7.4.4　二次试金

将熔渣及灰皿粉碎后(粒度≤0.104mm),以下按面粉法配料,进行二次试金。

方法:将熔渣和灰皿(全部)、30g 无水碳酸钠(4.1)、20g 氧化铅(4.2)、30g 二氧化硅(4.3)、20g 硼砂(4.4)、3g 淀粉(4.6)置于本试金坩埚中,搅拌均匀后,覆盖约 10mm 厚氯化钠(4.5),以下按 7.4.2 条~7.4.3 条进行。

7.5　分金

7.5.1　加 10mL 冰乙酸(4.9)于瓷坩埚(5.6)中(含两颗合粒),加热微沸 10min,倾出溶液并洗净,烤干。用小锤将合粒锤平成 0.2~0.3mm 薄片,然后在试金天平(5.1.1)上称量,得金银合粒质量。

7.5.2　将锤成薄片的金银合粒置于瓷坩埚中,加入 15~20mL 热硝酸于电热板上加热,保持近沸,使银溶解,待反应停止后继续加热 5~10min,取下,小心倾出溶液,用二次蒸馏水洗涤 2 次。再加入 15mL 热硝酸(4.7)于低温电热板上加热近沸,并保持 15~20min,使银完全溶解。倾出酸液,用热水洗涤瓷坩埚及金片(粒)3 次,烤干,在 550℃马弗炉中进行退火约 5min,取出冷却后,将金粒放在试金天平(5.1.1)上称重,得金粒质量。将试金所得金银合粒质量,减去金粒质量即当为银的质量。

8　分析结果的计算与表述

按下式计算金、银的含量:

$$\mathrm{Ag(kg/t)}=\frac{(m_1-m_2-m_3)\times10^{-6}}{m_0\times10^{-6}}$$

$$\mathrm{Au(kg/t)}=\frac{m_2\times10^{-6}}{m_0\times10^{-6}}$$

式中　m_0——试料的质量,g;

m_1——金银合粒质量,mg;

m_2——金粒质量,mg;

m_3——分析所用氧化铅总量中含银的质量,mg。

9　允许差

实验室之间分析结果的差值应不大于表 3 所列允许差。

表 3　　kg/t

金含量	允许差	银含量	允许差
0.100~0.200	0.012	10.00~30.00	1.20
>0.200~0.500	0.200	>30.00~50.00	1.80
>0.500~1.000	0.040	>50.00~100.00	2.50
>1.000~3.000	0.075	>100.00~200.00	3.50
>3.000~5.000	0.120	>200.00~300.00	4.00
>5.000~20.000	0.150		

三、金精矿化学分析方法

金精矿化学分析方法按国家标准 GB/T 7739.1~7739.4—1987 执行。该标准具体规定如下：

(一) 火试金法测定金量和银量

本标准适用于金精矿中金量和银量的测定。测定范围：金量 40.0～450.0g/t；银量 200～500g/t。

本标准遵守 GB 1467—78《冶金产品化学分析方法标准的总则及一般规定》。

1　方法提要

试样经配料、熔融。获得适当质量的含有贵金属的铅扣与易碎性的熔渣。为了回收渣中残留金、银，对熔渣进行再次试金。通过灰吹使金、银与铅扣分离，得到金、银合粒，合粒经硝酸分金后，用称量法测定金、银量。

2　试剂

2.1　碳酸钠(工业纯)粉状。

2.2　氧化铅(工业纯)粉状。金量小于 $2\times10^{-6}\%$，银量小于 $2\times10^{-5}\%$。

2.3　硼砂(工业纯)粉状。

2.4　玻璃粉(180～150μm)。

2.5　硝酸钾(工业纯)粉状。

2.6　纯银(99.99%)。

2.7　氯化钠(工业纯)粉状。

2.8　硝酸[优级纯(1+7)不含氯离子]。

2.9　硝酸[优级纯(1+2)不含氯离子]。

2.10　面粉。

2.11　木炭。

3　仪器、设备

3.1　试金坩埚：材质为耐火粘土。高 130mm，顶部外径 90mm，底部外径 50mm，容积约为 300mL。

3.2　镁砂灰皿：顶部内径约 35mm，底部外径约 40mm，高 30mm，深约 17mm。

制法：水泥(标号 425)、镁砂(180μm)与水按质量比(15∶85∶10)搅和均匀，在灰皿机上压制成型，阴干 3 个月后备用。

3.3　分金试管：25mL 比色管。

3.4　天平：感量 0.1g 和 0.01g。

3.5　试金天平：感量 0.01mg。

3.6　熔融电炉：使用温度在 1200℃。

3.7　灰吹电炉：使用温度在 950℃。

3.8　粉碎机：密封式制样粉碎机。

4 试样

4.1 试样应通过0.075mm的筛孔。

4.2 试样应在100～105℃烘干1h后，置于干燥器中，冷至室温。

5 分析步骤

5.1 测定数量

对于同一试样需平行测定3份，分析结果的极差小于允许差时，取其算术平均值。否则，应重新测定。

5.2 试样量

根据各种类型金精矿的组成和还原力，计算样品称取量和试剂的加入量。控制硝酸钾(2.5)加入量小于30g。称样量一般为10～25g。

5.3 试样还原力的测定

方法：称取5g试样，10g碳酸钠(2.1)、60g氧化铅(2.2)、10g玻璃粉(2.4)，以下按5.4.2操作。称量所得铅扣，按下式计算试样的还原力。

$$F=\frac{m_1}{m_2} \tag{1}$$

式中 F——试样的还原力；

m_1——铅扣量，g；

m_2——5.2条中试样量，g。

5.4 试金中金、银空白值的测定

每批氧化铅都要测定其中金、银量。每次称取3份氧化铅进行平行测定，取其平均值。

方法：称取200g氧化铅(2.2)、40g碳酸钠(2.1)、35g玻璃粉(2.4)、3g面粉(2.10)，以下按5.4.2,5.4.4,5.4.5进行，测定金、银量。

5.5 测定

5.5.1 配料：根据试样的化学组成，按下列方法计算试剂加入量。

碳酸钠(2.1)加入量：为试样量(5.1)的1.5～2.0倍。

氧化铅(2.2)加入量按下式计算：

$$m_3=m_0F\times1.1+30 \tag{2}$$

式中 m_3——氧化铅加入量，g；

m_0——5.2条试样量，g；

F——试样的还原力。

当还原力低时，氧化铅的加入量应不少于80g。如试样中含铜较高时，氧化铅加入量除需要造30g铅扣的氧化铅外，需补加30～50倍铜量的氧化铅。

玻璃粉(2.4)加入量：为在熔融过程中生成的金属氧化物，以及加入的碱性熔剂，在0.5～1硅酸度时，所需的二氧化硅总量中，减去称取试样中含有的二氧化硅量。此二氧化硅量的三分之一用硼砂代替，三分之二按0.4g二氧化硅相当于1g玻璃粉计算出玻璃粉(2.4)加入量。

硼砂(2.3)加入量:按所需补加二氧化硅量的三分之一,除以0.39计算。但至少不能少于5g。

硝酸钾的加入量:按下式计算

$$m_4=\frac{(m_0F-30)}{4} \tag{3}$$

式中　m_4——硝酸钾加入量,g;

m_0——5.2条中试样量,g;

F——试样的还原力。

将试样(5.2)及上述配料置于粘土坩埚中,搅拌均匀后,覆盖约10mm厚的氯化钠(2.7)。

5.5.2　熔融:将坩埚置于炉温为800℃的熔融电炉内,关闭炉门,升温至900℃,保温15min,再升温至1100～1200℃,保温10min后出炉。将坩埚平稳地旋动数次,并在铁板上轻轻敲击2～3下,使附着在坩埚壁上的铅珠下沉,然后将熔融物小心地全部倒入预热的铸铁模中。冷却后,把铅扣与熔渣分离,将铅扣锤成立方体并称量(应为25～40g)。收集熔渣保留铅扣。

5.5.3　二次试金:将熔渣粉碎后(180μm),按面粉法配料,进行二次试金。

方法:将熔渣(全量)、20g碳酸钠(2.1)、10g玻璃粉(2.4)、30g氧化铅(2.2)、5g硼砂(2.3)、3g面粉(2.10)置于原坩埚中,搅拌均匀后,覆盖约10mm厚的氯化钠(2.7),以下按5.5.2进行,弃去熔渣,保留铅扣。

5.5.4　灰吹:将二次试金铅扣放入已在950℃炉中预热20min后的镁砂灰皿中,关闭炉门1～2min,待熔铅脱膜后,半开炉门,并控制炉温在850℃灰吹至铅扣剩2g左右,取出灰皿冷却后,将剩余铅扣与一次试金铅扣同时放入已预热过的新灰皿中。按上述操作再次进行灰吹。至接近灰吹终点时,升温至880℃,使铅全部吹尽,将灰皿移至炉门口放置1min,取出冷却。

用小镊子将合粒从灰皿中取出,刷去粘附杂质,在小钢砧上锤成0.2～0.3mm薄片,然后在试金天平上称量。如果合粒中金与银比值小于或等于五分之一时,可直接分金。大于五分之一须补银。再锤成0.2～0.3mm薄片。

补银方法:

木炭法:把合粒和需补的纯银(2.6),放在木炭(2.11)上,用吹管在酒精灯上加热熔化,使其均匀,冷却、取出。

灰吹法:把合粒和需补的银(2.6)用3～5g铅皮包好,按5.5.4进行。

5.5.5　分金:将合金薄片放入分金试管中,并加入10mL微沸的硝酸(2.8),把分金试管置入沸水中加热。待合粒与酸反应停止后,取出分金试管,倾出酸液。再加入10mL微沸的硝酸(2.9),再于沸水中加热20min。取出分金试管,倾出酸液,用蒸馏水洗净金粒后,移入坩埚中,在600℃高温炉中灼烧2～3min,冷却后,将金粒放在试金天平上称量。

6　分析结果的计算

按下式计算金、银含量:

$$\text{Au(g/t)}=\frac{[m_5-(m_7+m_8)]}{m_0}\times 1000 \tag{4}$$

$$\text{Ag(g/t)}=\frac{[(m_6-m_5-m_9+m_8)\times 1.01]}{m_0}\times 1000 \tag{5}$$

式中 m_0——5.2条中试样量,g;

m_6——金银合粒的质量,mg;

m_5——金粒质量,mg;

m_7——分析时所用氧化铅总量中含金的质量,mg;

m_8——金粒中残银量(按 $m_5\times 0.4\%$ 计算),mg;

m_9——分析时所用氧化铅总量中含银的质量,mg;

1.01——银灰吹损失补正系数。

分析结果金表示至小数点后第一位。

7 允许差

实验室之间分析结果的差值应不大于下表所列允许差。

g/t

金 量	允许差	银 量	允许差	金 量	允许差	银 量	允许差
40.0～60.0	2.7	>200～500	20	>150.0～250.0	5.0		
>60.0～80.0	3.0			>250.0～350.0	6.0		
>80.0～100.0	3.5			>350.0～450.0	7.0		
>100.0～150.0	4.0						

(二) 原子吸收分光光度法测定银量

本标准适用于金精矿中银量的测定。测定范围:10.0～20.0g/t。

本标准遵守GB 1467—78《冶金产品化学分析方法标准的总则及一般规定》。

1 方法提要

根据不同类型的金精矿,试样用酸分解或经焙烧后用酸分解,在高氯酸-硫脲介质中,于原子吸收分光光度计波长328.07nm处,以空气-乙炔火焰测量银的吸光度,按标准曲线法计算银量。

扣除背景吸收,矿石中共存元素不干扰测定。

2 试剂

2.1 盐酸(ρ1.19g/mL)。

2.2 硝酸(ρ1.42g/mL)。优级纯。

2.3 氢氟酸(ρ1.13g/mL)。

2.4 高氯酸(ρ1.67g/mL)。

2.5 硫脲溶液(5%)。

2.6 酒石酸溶液(50%)。

2.7 银标准贮存溶液:称取 0.5000g 纯银(99.99%),置于 100mL 烧杯中,加入 20mL 硝酸(2.2),加热至完全溶解,煮沸驱除氮的氧化物,取下冷却,用不含氯离子水移入 1000mL 棕色容量瓶中,加入 30mL 硝酸(2.2),用不含氯离子水稀释至刻度,混匀。此溶液 1mL 含 0.500mg 银。

2.8 银标准溶液:移取 50.00mL 银标准贮存溶液(2.7),于 500mL 棕色容量瓶中,加入 10mL 硝酸(2.2),用不含氯离子水稀释至刻度,混匀。此溶液 1mL 含 50μg 银。

3 仪器

原子吸收分光光度计,备有银空心阴极灯及扣背景装置。

所用原子吸收分光光度计在最佳工作条件下应达到下列指标:

最低灵敏度:工作曲线中所用最高浓度标准溶液的吸光度应不低于 0.300。

工作曲线线性:工作曲线所用五个等差浓度标准溶液中,最高与次高浓度标准溶液的吸光度之差,应不小于最低浓度标准溶液与零浓度标准吸光度差值的 0.80 倍。

最低稳定性:最高浓度标准溶液和零浓度标准溶液的吸光度相对于最高浓度标准溶液吸光度平均值的变异系数。应分别不大于 1.50%和 0.50%。其变异系数的计算见附录 A(补充件)。

注:零浓度标准溶液吸光度很小时,可用 0.05μg/mL 银标准溶液代替零浓度溶液测量吸光度。

原子吸收分光光度计的工作条件参数见附录 B(参考件)。

4 试样

4.1 试样应通过 0.075mm 的筛孔。

4.2 试样应在 100~105℃烘 1h 后置于干燥器中,冷至室温。

5 分析步骤

5.1 试样量

称取 0.5000~1.0000g 试样。

5.2 空白试验

随同试样做空白试验。

5.3 测定

5.3.1 将铜金精矿、铅金精矿试样(5.1)置于 250mL 烧杯中,加少量水润湿,加入 5mL 硝酸(2.2),加热 3~5min,加入 10mL 高氯酸(2.4),继续加热至高氯酸冒浓白烟,蒸至湿盐状,取下冷却。加入 2mL 高氯酸(2.4)及少量水,加热使盐类溶解。

将锑金精矿试样(5.1)置于 250mL 聚四氟乙烯塑料烧杯中,加少量水润湿,加入 10mL 盐酸(2.1),盖上表皿,于低温处加热 10min,加入 20mL 氢氟酸(2.3)、10mL 高氯酸(2.4),继续加热至高氯酸冒白烟,稍冷后,加入 10mL 盐酸(2.1),蒸至冒白烟,再加 10mL 盐酸(2.1),蒸至湿盐状,取下冷却,加入 2mL 高氯酸(2.4)及少量水,加热使盐类溶解。加入 3mL 酒石酸溶液(2.6)。

将硫金精矿试样(5.1)置于 35mL 焙烧皿中,放入高温炉中,从低温升至 600℃焙烧 1h,

取下冷却，移入250mL聚四氟乙烯烧杯中，加入10mL盐酸(2.1)，加热10min，加入20mL氢氟酸(2.3)、10mL高氯酸(2.4)，继续加热至高氯酸冒浓白烟，蒸至湿盐状，取下冷却。加入2mL高氯酸(2.4)及少量水，加热使盐类溶解。

5.3.2 加入2mL硫脲溶液(2.5)，移入50mL容量瓶中，用水稀释至刻度，混匀。静置澄清。

5.3.3 在原子吸收分光光度计波长328.07nm处，使用空气-乙炔火焰，以随同试样的空白调零，测量吸光度，扣除背景吸收，自工作曲线上查出相应的银浓度。

5.4 工作曲线的绘制

移取0、0.50、2.00、3.50、5.00、6.50mL银标准溶液(2.8)，分别置于一组100mL容量瓶中，加入2mL高氯酸(2.4)、4mL硫脲溶液(2.5)，锑金精矿则需另加3mL酒石酸溶液(2.6)，用水稀释至刻度，混匀。以试剂空白调零[锑金精矿的试剂空白亦需加3mL酒石酸溶液(2.6)]，测量吸光度。以银浓度为横坐标，吸光度为纵坐标，绘制工作曲线。

6 分析结果的计算

按下式计算银的含量：

$$\mathrm{Ag(g/t)} = \frac{cV}{m}$$

式中 c——以试样溶液的吸光度自工作曲线查得的银浓度，μg/mL；

V——试样溶液的体积，mL；

m——试样量，g。

分析结果表示至小数点后第一位。

7 允许差

实验室之间分析结果的差值应不大于下表所列允许差。

g/t

银 量	允许差	银 量	允许差
10.0～20.0	2.5	>60.0～80.0	8.0
>20.0～40.0	4.0	>80.0～100.0	10.0
>40.0～60.0	6.0	>100.0～200.0	15.0

附 录 A
最小稳定性变异系数的计算
（补充件）

最高浓度标准溶液和零浓度标准溶液的吸光度相对于最高浓度标准溶液吸光度平均值的变异系数计算公式如下：

$$S_C = \frac{100}{\overline{C}}\sqrt{\frac{\Sigma(C-\overline{C})^2}{n-1}}$$

$$S_0=\frac{100}{\overline{C}}\sqrt{\frac{\Sigma(0-\overline{0})^2}{n-1}}$$

式中 S_C——最高浓度标准溶液吸光度相对于最高浓度标准溶液吸光度平均值的百分变异系数;

S_0——零浓度标准溶液吸光度相对于最高浓度标准溶液吸光度平均值的百分变异系数;

C——最高浓度标准溶液的吸光度;

$\overline{C}$——最高浓度标准溶液吸光度的平均值;

0——零浓度标准溶液的吸光度;

$\overline{0}$——零浓度标准溶液吸光度的平均值;

n——测定次数。

附 录 B

仪器工作条件

(参考件)

WFX-Ⅱ型原子吸收分光光度计工作条件参数见下表。

波长,nm	328.07nm(用氘灯扣背景)	波长,nm	328.07nm(用氘灯扣背景)
灯电流,mA×3	2	空气流量,L/min	6.0
燃烧器高度,mm	-4	乙炔流量,L/min	1.0
狭缝,mm	0.2		

注:燃烧器高度系指光源光轴与燃器顶面的距离,该仪器标尺以格表示。

(三)二乙基二硫代氨基甲酸银分光光度法测定砷量

本标准适用于金精矿中砷量的测定。测定范围:0.050%~0.350%。

本标准遵守 GB 1467—78《冶金产品化学分析方法标准的总则及一般规定》。

1 方法提要

试样经酸分解,于1~1.5mol/L硫酸介质中砷被锌粒还原,生成砷化氢气体,用二乙基二硫代氨基甲酸银(以下简称铜试剂银盐)三氯甲烷溶液吸收。铜试剂银盐中的银离子被砷化氢还原成单质胶态银而呈红色。于分光光度计波长530nm处测量其吸光度,按标准曲线法计算砷量。

2 试剂

2.1 硝酸(ρ1.40g/mL)。

2.2 硫酸(1+1)。

2.3 酒石酸溶液(40%)。

2.4 碘化钾溶液(30%)。

2.5　二氯化锡溶液(40%),以盐酸(1+1)配制。

2.6　三乙醇胺(或三乙胺)三氯甲烷溶液(3% V/V)。

2.7　三氯甲烷。

2.8　硫酸铜溶液:称取3.93g硫酸铜($CuSO_4 \cdot 5H_2O$),溶于200mL水中,混匀。此溶液1mL约含铜5mg。

2.9　无砷锌粒(粒度3～5mm)。

2.10　铜试剂银盐三氯甲烷溶液(0.2%):称取1g铜试剂银盐于1000mL试剂瓶中,加入500mL三乙醇胺三氯甲烷溶液(2.6),搅拌使其溶解,静止过夜,过滤后使用。贮存于棕色试剂瓶中。

2.11　砷标准贮存溶液:称取0.1320g三氧化二砷(预先在100～105℃烘1h,置于干燥器中,冷至室温)于100mL烧杯中,加入10mL氢氧化钠溶液(10%),加热溶解后,取下,冷至室温。加入20mL盐酸,移入1000mL容量瓶中,以水稀释至刻度,混匀。此溶液1mL含0.100mg砷。

2.12　砷标准溶液:移取10.00mL砷标准贮存溶液(2.11)于200mL容量瓶中,用水稀释至刻度,混匀。此溶液1mL含5μg砷。

2.13　乙酸铅脱脂棉:将脱脂棉浸于100mL乙酸铅溶液中(10%)(内含1mL冰醋酸),取出,干燥后使用。

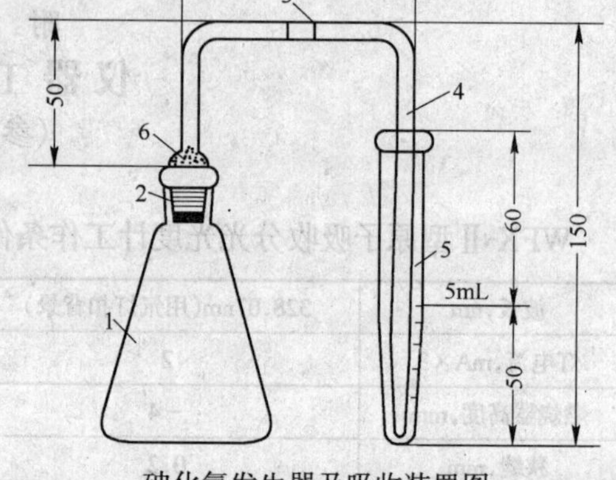

砷化氢发生器及吸收装置图

1—砷化氢发生器(100mL14号标准口锥形瓶);2—半球形空心14号标准口瓶塞;3—医用胶皮管;4—导管(内径0.5～1mm,外径6～7mm);5—砷化氢吸收管(外径16mm);6—乙酸铅脱脂棉

3　仪器

3.1　分光光度计

3.2　砷化氢气体发生器及吸收装置(如图)。

4　试样

4.1　试样应通过0.1mm的筛孔。

4.2　试样应在100～105℃烘1h后置于干燥器中,冷至室温。

5　分析步骤

5.1　试样量

称取0.2500g试样。

5.2　空白试验

随同试样做空白试验。

5.3　测定

5.3.1　将试样(5.1)置于100mL烧杯中,加入少量水润湿后,加入10mL硝酸(2.1)、5mL硫酸(2.2),加热溶解,蒸至冒浓白烟,取下放冷。

5.3.2　用约 10mL 水冲洗杯壁，加入 10mL 酒石酸溶液(2.3)，加热煮沸，使可溶性盐溶解，取下，冷至室温，移入 100mL 容量瓶中，用水稀释至刻度，混匀。按表 1 分取溶液于 125mL 砷化氢气体发生器中。

表 1

砷量，/%	分取试样溶液及随同试样空白溶液体积，mL
0.050～0.100	10.00
>0.100～0.200	5.00
>0.200～0.350	2.00

5.3.3　加入 7mL 硫酸(2.2)、5mL 酒石酸(2.3)，加水使体积约为 40mL，加入 5mL 碘化钾溶液(2.4)、2.5mL 二氯化锡溶液(2.5)(锑金精矿需加入 3.5mL)，1mL 硫酸铜溶液(2.8)，每加一种试剂混匀后再加另一种试剂，以水稀释至体积为 60mL。

5.3.4　移取 10.00mL 铜试剂银盐三氯甲烷溶液(2.10)于有刻度的吸收管中，连接导管。向砷化氢气体发生器中加入 5g 无砷锌粒(2.9)，立即塞紧橡皮塞，40min 后，取下吸收管。

5.3.5　向吸收管中加入少量三氯甲烷(2.7)补充挥发的三氯甲烷，使体积为 10.00mL，混匀。

5.3.6　将部分溶液(5.3.5)移入 1cm 比色皿中，以铜试剂银盐三氯甲烷溶液(2.10)为参比液，于分光光度计波长 530nm 处测量其吸光度，从工作曲线上查出相应的砷量。

5.4　工作曲线的绘制

移取 0、1.00、2.00、3.00、4.00、5.00、6.00mL 砷标准溶液(2.12)分别置于砷化氢气体发生器中，以下按 5.3.3～5.3.6 款进行。以砷量为横坐标，吸光度为纵坐标绘制工作曲线。

6　分析结果的计算

按下式计算砷的百分含量：

$$\mathrm{As}(\%)=\frac{(m_1-m_2)}{Vm_0}\times10^{-2}$$

式中　m_1——自工作曲线上查得的砷量，μg；

m_2——自工作曲线查得的随同试样空白的砷量，μg；

m_0——试样量，g；

V——测定时分取溶液的体积，mL。

7　允许差

实验室之间分析结果的差值应不大于表 2 所列允许差。

表 2　%

砷　量	允 许 差	砷　量	允 许 差
0.050～0.150	0.025	>0.250～0.350	0.045
>0.150～0.250	0.035		

(四) 碘量法测定砷量

本标准适用于金精矿中砷量的测定。测定范围:0.35%~2.00%。

本标准遵守 GB 1467—78《冶金产品化学分析方法标准的总则及一般规定》。

1 方法提要

试样以硝酸分解,以氟化物挥发除硅,经冒硫酸烟,于 10mol/L 盐酸溶液中,用氯化亚铜还原砷为三价,溴化钾为催化剂,用苯萃取砷与共存元素分离。再用水反萃取砷,于 pH 7~9的碳酸氢钠溶液中,以淀粉溶液作指示剂,用碘标准溶液滴定,测定砷量。

试液中存在 200mg 铁、200mg 锑、30mg 铜、5mg 锡、10mg 锰、1mg 铊、100mg 铅及其他共存元素铋、金、银、铝、锌等元素不干扰测定。

2 试剂

2.1 氯化亚铜。

2.2 溴化钾。

2.3 苯。

2.4 氟化钠。

2.5 硝酸(ρ1.42g/mL)。

2.6 硫酸(1+1)。

2.7 盐酸(ρ1.19g/mL)。

2.8 盐酸(10mol/L)。

2.9 碳酸氢钠饱和溶液。

2.10 淀粉溶液(0.5%):称取 0.5g 可溶性淀粉,置于 200mL 烧杯中,加入少量水调成糊状,加入 100mL 沸水,充分搅拌,煮沸至透明。

2.11 砷标准溶液:称取 0.6602g 三氧化二砷(预先在 100~105℃烘 1h,置于干燥器中冷至室温),置于 250mL 烧杯中,加入 30mL10%氢氧化钠,微热溶解至清亮,加入 100mL 水,加入 30mL 硫酸(2.6),冷却,移入 1000mL 容量瓶中,用水稀释至刻度,混匀。此溶液 1mL 含 0.5mg 砷。

2.12 碘标准溶液:$c(I_2)=0.005$mol/L;

2.12.1 配制:称取 10g 碘化钾,2.544g 碘置于 250mL 烧杯中,加入少量水使碘完全溶解,移入棕色瓶中,加入约 2000mL 水,混匀,置于暗处,3 天后标定。

2.12.2 标定(每次分析试样时都标定,并随同做空白):移取 10.00mL 砷标准溶液(2.11)3 份,分别置于 250mL 烧杯中,加入 5mL 硝酸(2.5),盖上表皿,加热 5min,加入 5mL 硫酸(2.6),用少量水冲洗表皿及杯壁,取下表皿,蒸至冒浓烟,使残留液约 1mL,以下按 4.3.2~4.3.7 进行。

按下式计算碘标准溶液对砷的滴定度:

$$T=\frac{cV_2}{V_1-V_0}\times 10^{-3} \tag{1}$$

式中 T——碘标准溶液对砷的滴定度,g/mL;

c——砷标准溶液的浓度,mg/mL;

V_2——所取砷标准溶液的体积,mL;

V_1——标定所消耗碘标准溶液的体积,mL;

V_0——随同标定所做空白消耗碘标准溶液的体积,mL。

3份标定结果的极差值如不大于 3×10^{-6}g/mL 时,取其平均值。超差时,需重新标定。

3　试样

3.1　试样应通过0.1mm的筛孔。

3.2　试样应在100～105℃烘1h后置于干燥器中,冷却至室温。

4　分析步骤

4.1　试样量

称取0.2000～0.3000g试样。

4.2　空白试验

随同试样做空白试验。

4.3　测定

4.3.1　将试样(4.1)置于250mL烧杯中,用少量水润湿,加入0.2～0.5g氟化钠(2.4),加入15mL硝酸(2.5),盖上表皿,加热溶解5min,加入5mL硫酸(2.6),用少量水冲洗表皿及杯壁,取下表皿,蒸至冒浓烟,使残留液约为1mL(防止局部蒸干),取下冷却。

4.3.2　加入5mL水、5mL盐酸,微热使盐类溶解,取下,冷至室温。将溶液移入125mL分液漏斗中,用20mL盐酸(2.7)分次洗净烧杯[若烧杯未洗净,可用少量盐酸(10mol/L)洗烧杯至无黄色]。

4.3.3　向分液漏斗中加入约1.5g氯化亚铜(2.1)、0.5g溴化钾(2.2),混匀。加入25mL苯(2.3),振荡萃取2min,静置分层。

4.3.4　将水相移入另一个125mL分液漏斗中,加入20mL苯(2.3),振荡萃取2min,静止分层,弃去水相。

4.3.5　将苯层合并于第一个分液漏斗中,用5mL盐酸(2.8)淋洗第一个分液漏斗的颈口,磨口塞和分液漏斗内壁,不要摇动静置分层,弃去水相。同样操作洗涤数次,洗至水相无黄色。

4.3.6　加入20mL水于分液漏斗中反萃取,振荡1min,静置分层,将水相移入250mL烧杯中。有机相中再加入20mL水,振荡1min,静止分层,将水相合并于烧杯中。

4.3.7　加入15mL碳酸氢钠饱和溶液(2.9)、5mL淀粉溶液(2.10),用碘标准溶液(2.12)滴定至溶液恰呈蓝色为终点。

5　分析结果的计算

按下式计算砷的百分含量:

$$\mathrm{As}(\%)=\frac{(V_3-V_4)T}{m_0}\times100 \qquad (2)$$

式中 V_3——滴定时消耗碘标准溶液的体积,mL;

V_4——随同试样所做空白消耗碘标准溶液的体积,mL;

T——碘标准溶液对砷的滴定度,g/mL;

m_0——试样量,g。

分析结果表示到小数点后第二位。

6 允许差

实验室之间分析结果的差值应不大于下表所列允许差。

%

砷 量	允 许 差	砷 量	允 许 差
>0.35~0.50	0.05	>1.00~2.00	0.15
>0.50~1.00	0.08		

四、银精矿化学分析方法

银精矿化学分析方法按中国有色金属行业标准 YS/T 445.1~445.9—2001 执行。该标准具体规定如下:

(一) 银精矿中金和银量的测定

1 范围

本标准规定了银精矿中金和银含量的测定方法。

本标准适用于银精矿中金和银含量的测定。测定范围:金:0.50g/t~40.00g/t;银:3000.0g/t~15000.0g/t。

2 方法提要

试料经配料,高温熔融,融态的金属铅捕集试料中的金银形成铅扣,试料中的其他物质与熔剂生成易熔性熔渣。将铅扣灰吹,得金银合粒,用乙酸煮沸处理合粒表面粘附的杂质,用重量法测定金和银的含量。

3 试剂

3.1 碳酸钠:工业纯,粉状。

3.2 氧化铅:工业纯,粉状,(含金<0.02g/t,银<2g/t)。

3.3 二氧化硅:工业纯,粉状。

3.4 硼砂:粉状。

3.5 淀粉:粉状。

3.6 硝酸钾:粉状。

3.7 氯化钠:工业纯,粉状。

3.8 硝酸(ρ1.42g/mL),优级纯。

3.9 硝酸(1+1),不含氯根。

3.10 硝酸(1+7),不含氯根。

3.11 冰乙酸(ρ1.05g/mL)。

3.12 乙酸(1+3)。

4 仪器、设备

4.1 天平

4.1.1 上皿天平,感量1g。

4.1.2 分析天平,感量0.001g。

4.1.3 微量天平:感量0.01mg。

4.1.4 超微量天平:感量0.001mg。

4.2 试金电炉:最高加热温度1350℃。

4.3 粘土坩埚:材质为耐火粘土,外形高度130mm,顶部外径90mm,底部外径50mm,容积为300mL左右。

4.4 烘箱。

4.5 灰皿机。

4.6 试样粉碎机。

4.7 灰皿:顶部内径35mm,底部外径40mm,高30mm,深约17mm。

制法:1份质量的骨灰粉与3份质量的水泥(标号425)混匀,加入适量水搅拌,在灰皿机上压制成型,阴干3个月后使用。

4.8 瓷坩埚(低型):容积为30mL。

4.9 铸铁模。

4.10 医用止血钳。

5 试样

5.1 试样粒度不大于0.082mm。

5.2 试样在100~105℃的烘箱中烘干1h后,置于干燥器中冷至室温。

6 分析步骤

6.1 试料

称取5~10g试样(根据试料中银含量的情况),精确至0.001g。

独立地进行两次测定,取其平均值。

6.2 空白试验

6.2.1 随同试料做空白试验。平行测定3份,取其平均值。

6.2.2 试验方法

称取40g碳酸钠、150g氧化铅、24g二氧化硅、7g硼砂、4g淀粉,在粘土坩埚中搅匀,覆盖约5mm厚的氯化钠。以下按6.3.2~6.3.4进行操作。

6.3 测定

6.3.1 配料

根据试料的化学组成及试料量,按下列方法于粘土坩埚中进行配料并搅匀,覆盖约

5mm 厚氯化钠。

碳酸钠:40g;

氧化铅:150g;

二氧化硅:按等于 1.0 硅酸度的渣型计算加入量;

硝酸钾、淀粉:根据试料中硫及碳量,按铅扣 40g 计算加入量(硝酸钾的氧化力为 4.0,淀粉的还原力为 12)。

6.3.2　熔融

将配好料的粘土坩埚置于 900℃ 的试金电炉中,升温 40min 至 1100℃,保温 15min 出炉,将熔融物倒入已预热过的铸铁模中,保留坩埚。冷却后,铅扣与熔渣分离,把溶渣去掉覆盖剂后收回原坩埚中,用于补正。将铅扣捶成立方体。适宜的铅扣应表面光亮、重 35～45g。否则应重新调整配料。

6.3.3　灰吹

将铅扣放入已在 900℃ 预热 30min 的灰皿中,关闭炉门 1～2min,待铅液表面黑色膜脱去,稍开炉门,使炉温尽快降至 840℃ 进行灰吹,当合粒出现闪光后,灰吹结束。将灰皿移至炉门口,稍冷后,移入灰皿盘中。

6.3.4　分金

用医用止血钳挟住合粒,置入 30mL 瓷坩埚中,保留灰皿,用于补正。加入 30mL 乙酸(3.12),置于低温电热板上,保持近沸,并蒸至约 10mL,取下冷却,倾出液体,用热水洗涤 3 次,放在电炉上烤干,取下冷却,称重,即为合粒质量。用医用止血钳挟住合粒,用锤子捶扁。将捶扁的合粒放入 30mL 瓷坩埚中,加入 15mL 硝酸(3.10)放在低温电热板上,保持近沸,并蒸至约 5mL,取下冷却,倾出硝酸银溶液,再加入 10mL 硝酸(3.9),置于电热板上并蒸至约 5mL,取下冷却。用热水洗涤坩埚 3 次。将盛有金粒的瓷坩埚置于高温电炉上烘烤 5min,取下冷却后称量,此为金的质量。将合粒质量减去金粒质量即为银的质量。

6.3.5　补正

将熔渣和灰皿放入粉碎机中粉碎后加入 40g 碳酸钠、20g 二氧化硅、15g 硼砂、4g 淀粉搅匀,覆盖约 5mm 厚氯化钠。以下操作按 6.3.2～6.3.4 进行。

7　分析结果的表述

按公式(1)、(2)计算金、银含量:

$$\mathrm{Ag}(\mathrm{g/t})=\frac{(m_1-m_4)+(m_2-m_5)-(m_3-m_6)}{m_0}\times 10^3 \tag{1}$$

$$\mathrm{Au}(\mathrm{g/t})=\frac{m_4+m_5-m_6}{m_0}\times 10^3 \tag{2}$$

式中　m_1——第一次试金金、银合粒的质量,mg;

m_2——补正金、银合粒的质量,mg;

m_3——试金空白金、银合粒的质量,mg;

m_4——第一次试金获得金的质量,mg;

m_5——补正合粒中金的质量,mg;

m_6——空白中金的质量,mg;

m_0——试料的质量,g。

所得结果,金量保留二位小数;银量保留一位小数。

8　允许差

实验室之间分析结果的差值应不大于表1所列允许差。

表1　g/t

金含量	允许差	银含量	允许差
0.50～1.20	0.30	3000.0～4000.0	90.0
>1.20～2.00	0.50	>4000.0～5000.0	110.0
>2.00～3.00	0.70	>5000.0～6000.0	130.0
>3.00～4.00	0.80	>6000.0～7500.0	155.0
>4.00～5.00	1.00	>7500.0～9000.0	180.0
>5.00～7.00	1.20	>9000.0～11000.0	210.0
>7.00～10.00	1.50	>11000.0～13000.0	230.0
>10.00～15.00	1.80	>13000.0～15000.0	250.0
>15.00～20.00	2.00	>15000.0	280.0
>20.00～30.00	2.50		
>30.00～40.00	3.00		
>40.00	4.00		

(二) 银精矿中铜量的测定

方法1　火焰原子吸收光谱法测定铜量

1　范围

本标准规定了银精矿中铜含量的测定方法。

本标准适用于银精矿中铜含量的测定。测定范围:0.050%～2.00%。

2　方法提要

试料经盐酸、硝酸溶解。在稀硝酸介质中,于原子吸收光谱仪波长324.7nm处,以空气-乙炔火焰测量铜的吸光度。按标准曲线法计算铜的含量。

3　试剂

3.1　盐酸(ρ1.19g/mL)。

3.2　硝酸(ρ1.42g/mL)。

3.3　硝酸(1+1)。

3.4　铜标准贮存溶液：称取 1.0000g 金属铜（≥99.99%）置于 250mL 烧杯中，加入 25mL 硝酸（3.3），盖上表面皿，于电热板上低温加热至完全溶解，煮沸驱赶氮的氧化物。取下冷至室温，移入 1000mL 容量瓶中，加入 40mL 硝酸（3.3），用水稀释至刻度，混匀。此溶液 1mL 含 1mg 铜。

3.5　铜标准溶液：移取 10.00mL 铜标准贮存溶液于 100mL 容量瓶中，加入 5mL 硝酸（3.3），用水稀释至刻度，混匀。此溶液 1mL 含 100μg 铜。

4　仪器

原子吸收光谱仪，附铜空心阴极灯。

在仪器最佳条件下，凡能达到下列指标者均可使用。

灵敏度：在与测量溶液的基体相一致的溶液中，铜的特征浓度应不大于 0.034μg/mL。

精密度：用最高浓度的标准溶液测量 10 次吸光度，其标准偏差应不超过平均吸光度的 1.0%；用最低浓度的标准溶液（不是“零”标准溶液）测量 10 次吸光度，其标准偏差应不超过最高浓度标准溶液平均吸光度的 0.5%。

工作曲线线性：将工作曲线按浓度等分成 5 段，最高段的吸光度差值与最低段的吸光度差值之比应不小于 0.8。

仪器工作条件见附录 A（提示的附录）。

5　试样

5.1　试样粒度不大于 0.082mm。

5.2　试样在 100～105℃烘箱中烘 1h 后，置于干燥器中冷至室温。

6　分析步骤

6.1　试料

称取 0.20g 试样，精确至 0.0001g。

独立地进行两次测定，取其平均值。

6.2　空白试验

随同试料做空白试验。

6.3　测定

6.3.1　将试料（6.1）置于 150mL 烧杯中，用少量水润湿，加入 15mL 盐酸，盖上表皿，于电热板上低温加热溶解 5min，加 5mL 硝酸（3.2），继续加热，待试料完全溶解后，蒸至近干，取下。加入 10mL 硝酸（3.3），用水吹洗表皿及杯壁，加热使盐类完全溶解，取下冷至室温。

6.3.2　将试液按表 1 移入相应的容量瓶中，用水稀释至刻度，混匀。

表 1

铜含量，%	试液体积，mL	分取体积，mL	稀释体积，mL	补加硝酸（3.3），mL
0.10～0.50	100	25.00	50	2.50
>0.50～2.00	100	10.00	100	9.00

6.3.3　于原子吸收光谱仪波长 324.7nm 处，使用空气-乙炔火焰，以水调零，测量试液

的吸光度，减去随同试料的空白试验溶液的吸光度，从工作曲线上查出相应的铜浓度。

6.4 工作曲线的绘制

准确移取0，1.00，2.00，3.00，4.00，5.00mL铜标准溶液(3.5)，分别置于一组100mL容量瓶中，加入10mL硝酸(3.3)，用水稀释至刻度，混匀。在与测量试液相同条件下，测量系列标准溶液的吸光度，减去零浓度溶液的吸光度，以铜的浓度为横坐标，吸光度为纵坐标绘制工作曲线。

7 分析结果的表述

按公式(1)计算铜的百分含量：

$$\mathrm{Cu}(\%)=\frac{cV_0V_2\times10^{-6}}{V_1m}\times100 \tag{1}$$

式中 c——自工作曲线上查得的铜浓度，μg/mL；

V_0——试液的总体积，mL；

V_1——分取试液的体积，mL；

V_2——分取试液稀释后的体积，mL；

m——试料的质量，g。

所得结果表示至二位小数，若含量小于0.10%时，表示至三位小数。

8 允许差

实验室之间分析结果的差值应不大于表2所列允许差。

表2 %

铜含量	允许差	铜含量	允许差
0.050～0.20	0.030	>0.50～1.00	0.08
>0.20～0.50	0.05	>1.00～2.00	0.12

方法2 硫代硫酸钠碘量法测定铜量

9 范围

本标准规定了银精矿中铜含量的测定方法。

本标准适用于银精矿中铜含量的测定。测定范围：>2.00%～13.00%。

10 方法提要

试料经盐酸、硝酸溶解，控制溶液的pH值为3.0～4.0，用氟化氢铵掩蔽铁，加入碘化钾与二价铜离子作用，析出的碘以淀粉为指示剂，用硫代硫酸钠标准滴定溶液进行滴定。根据消耗硫代硫酸钠标准滴定溶液的体积计算铜的含量。

11 试剂

11.1 碘化钾。

11.2 金属铜(≥99.99%)。

将金属铜放入乙酸(11.11)中,微沸 1min,取出后依次用水和无水乙醇分别冲洗两次以上,在 100℃烘箱中烘 4min,冷却,置于磨口试剂瓶中备用。

11.3 氟化氢铵。

11.4 盐酸(ρ1.19g/mL)。

11.5 硝酸(ρ1.42g/mL)。

11.6 高氯酸(ρ1.67g/mL)。

11.7 硝酸(1+1)。

11.8 硫酸(ρ1.84g/mL)。

11.9 硝硫混酸:将 700mL 硝酸(11.5)与 300mL 硫酸(11.8)混合。

11.10 冰乙酸(ρ1.05g/mL)。

11.11 乙酸(1+3)。

11.12 溴。

11.13 无水乙醇。

11.14 氟化氢铵饱和溶液:贮存于聚乙烯瓶中。

11.15 乙酸胺溶液(300g/L):称取 90g 乙酸胺,置于 400mL 烧杯中,加 150mL 水和 100mL 冰乙酸,溶解后,用水稀释至 300mL,混匀,此溶液 pH 值约为 5。

11.16 三氯化铁溶液(100g/L)。

11.17 硫氰酸钾溶液(100g/L):称取 10 硫氰酸钾于 500mL 烧杯中,加入约 60~70mL 水溶解后,移入 100mL 容量瓶中,加入 2g 碘化钾,待溶解后,加入 2mL 淀粉溶液,滴加碘溶液(0.04mol/L)至刚呈蓝色,再用硫代硫酸钠标准滴定溶液滴定至蓝色刚消失为止。以水稀释至刻度,混匀。

11.18 淀粉溶液(5g/L)。

11.19 铜标准溶液:称取金属铜 0.50g(精确至 0.0001g)置于 500mL 锥形烧杯中,缓慢加入 20mL 硝酸(11.7),盖上表面皿,置于电热板上低温处,加热使其完全溶解,取下,用水吹洗表面皿及杯壁,冷至室温。将溶液移入 500mL 容量瓶中,以水稀释至刻度,混匀。此溶液 1mL 含 0.001g 铜。

11.20 硫代硫酸钠标准滴定溶液[$c(Na_2S_2O_3 \cdot 5H_2O)=0.02mol/L$]

11.20.1 配制

称取 50g 硫代硫酸钠($Na_2S_2O_3 \cdot 5H_2O$)置于 500mL 烧杯中,加入 2g 无水碳酸钠溶于约 300mL 的水中,移入 10L 棕色试剂瓶中。用煮沸并冷却的蒸馏水稀释至约 10L,加入 1mL 三氯甲烷,静置两周,使用时过滤,补加 1mL 三氯甲烷,混匀,静置 2h。

11.20.2 标定

移取 50.00mL 铜标准溶液于锥形烧杯中,加入 5mL 硝酸(11.5),加入 1mL 三氯化铁溶液;置于电热板低温处蒸至溶液体积约为 1mL。取下冷却,用约 30mL 水吹洗杯壁,煮沸,取下冷至室温。按照试料分析步骤(13.3.2)进行标定。记下硫代硫酸钠标准滴定溶液在滴定中消耗的体积 V_2。随同标定做空白试验。

按公式(2)计算硫代硫酸钠标准滴定溶液的实际浓度:

$$c=\frac{c_0\cdot V_1}{(V_2-V_0)\times 0.06355} \tag{2}$$

式中 c——硫代硫酸钠标准滴定溶液的实际浓度，mol/L；

c_0——铜标准溶液的质量浓度，g/mL；

V_1——移取铜标准溶液的体积，mL；

V_2——滴定铜标准溶液所消耗硫代硫酸钠标准滴定溶液的体积，mL；

V_0——标定时空白溶液所消耗的硫代硫酸钠标准滴定溶液的体积，mL；

0.06355——与1.00mL硫代硫酸钠标准滴定溶液[$c(Na_2S_2O_3\cdot 5H_2O)=1.000mol/L$]相当的铜的摩尔质量，g/mol。

平行标定3份，测定值保留4位有效数字，其极差值不大于8×10^{-5}mol/L时，取其平均值，否则重新标定。

此溶液每隔1周后必须重新标定一次。

12 试样

12.1 试样粒度不大于0.082mm。

12.2 试样在100～105℃烘箱中烘1h后，置于干燥器中冷至室温。

13 分析步骤

13.1 试料

按表3称取试样，精确至0.0001g。

表3

铜含量，%	试料量，g	铜含量，%	试料量，g
>2.00～7.00	0.5	>7.00～13.00	0.3

独立地进行两次测定，取其平均值。

13.2 空白试验

随同试料做空白试验。

13.3 测定

13.3.1 将试料(13.1)置于500mL锥形烧杯中，用少量水润湿，加入10mL盐酸(11.4)，置于电热板上低温加热3～5min，取下稍冷，加入5mL硝酸(11.5)和0.5mL溴，盖上表面皿，混匀，低温加热，待试料完全溶解后，取下稍冷，用少量水洗涤表面皿，继续加热蒸至约剩1mL取下冷却。

注1：若试料中硅含量较高时，需加入0.5g氟化氢铵(11.3)。

注2：若试料中碳含量较高时，需加入2～5mL硝硫混酸，加热溶解至无黑色残渣，并蒸干。

注3：若试料中含硅、碳均高时，加0.5g氟化氢铵(11.3)和5～10mL高氯酸(11.6)。

13.3.2 用30mL水洗涤表面皿及杯壁，盖上表面皿，置于电热板上煮沸，使盐类完全溶解，取下冷至室温。滴加乙酸胺溶液至红色不再加深并过量4mL，然后加入4mL氟化氢铵饱和溶液(11.14)，混匀。加入3g碘化钾摇动溶解，立即用硫代硫酸钠标准滴定溶液滴定至浅黄色，加入2mL淀粉溶液，继续滴定至浅蓝色，加入5mL硫氰酸钾溶液，激烈摇振至蓝色加深，再滴定至蓝色刚好消失为终点，记录消耗硫代硫酸钠标准滴定溶液的体积 V_3。

注 4：若试料铁含量极少时，滴加乙酸胺溶液前补加 1mL 三氯化铁溶液。

注 5：若试料铅、铋含量高时，需提前加 2mL 淀粉溶液。

14 分析结果的表述

按公式(3)计算铜的百分含量：

$$\mathrm{Cu}(\%)=\frac{c(V_3-V_4)\times 0.06355}{m_0}\times 100 \qquad (3)$$

式中 c——硫代硫酸钠标准滴定溶液的实际浓度，mol/L；

V_3——试料溶液消耗硫代硫酸钠标准滴定溶液的体积，mL；

V_4——空白溶液消耗硫代硫酸钠标准滴定溶液的体积，mL；

m_0——试料的质量，g；

0.06355——与 1.00mL 硫代硫酸钠标准滴定溶液[$c(Na_2S_2O_3\cdot 5H_2O)=1.000$mol/L]相当的铜的摩尔质量，g/mol。

所得结果表示至二位小数。

15 允许差

实验室之间分析结果的差值应不大于表 4 所列允许差。

表 4 %

铜含量	允许差	铜含量	允许差
>2.00～6.00	0.10	>10.00～13.00	0.14
>6.00～10.00	0.12		

附录 A

（提示的附录）

仪器工作条件

使用 310 型原子吸收光谱仪测量铜的参考工作条件见表 A1。

表 A1

波长，nm	灯电流，mA	单色器通带，nm	观测高度，mm	空气流量，L/min	乙炔流量，L/min
324.7	2	0.2	6	5	1

（三）银精矿中砷量和铋量的测定

方法 1 氢化物发生-原子荧光光谱法测定砷量和铋量

1 范围

本标准规定了银精矿中砷和铋含量的测定方法。

本标准适用于银精矿中砷和铋含量的测定。测定范围：砷 0.010%～0.40%；铋 0.010%～0.50%。

2　方法提要

试料经硝酸、硫酸溶解，用抗坏血酸进行预还原，以硫脲掩蔽铜，在氢化物发生器中，砷和铋被硼氢化钾还原为氢化物，用氩气导入石英炉原子化器中，于原子荧光光谱仪上测量其荧光强度。按标准曲线法计算砷和铋量。

3　试剂

3.1　氯酸钾。

3.2　硝酸（ρ1.42g/mL）。

3.3　盐酸（ρ1.19g/mL）。

3.4　王水：3 单位体积盐酸和 1 单位体积硝酸混合，现用现配。

3.5　硫酸（ρ1.84g/mL）。

3.6　硫脲-抗坏血酸混合溶液：称取硫脲、抗坏血酸各 5g，用水溶解，稀释至 100mL，混匀，现用现配。

3.7　硼氢化钾（20g/L）：称取 2g 硼氢化钾溶于 100mL 氢氧化钠溶液（2g/L）中，现用现配。

3.8　砷标准贮存溶液：称取 0.1320g 三氧化二砷（预先在 100～105℃ 烘 1h，置于干燥器中冷却至室温）于 100mL 烧杯中，加 5mL 氢氧化钠溶液（200g/L），低温加热使其溶解，加水 50mL，2 滴酚酞乙醇溶液（1g/L），用硫酸（1＋1）中和至红色刚消失，再过量 2mL，移入 1000mL 容量瓶中，用水稀释至刻度。此溶液 1mL 含 100μg 砷。

3.9　砷标准溶液：移取 20.00mL 砷标准贮存溶液于 500mL 容量瓶中，用水稀释至刻度，混匀。此溶液 1mL 含 4μg 砷。

3.10　铋标准贮存溶液：称取 0.1000g 铋（≥99.99%）于 250mL 烧杯中，加入 50mL 硝酸（1＋1），盖上表皿，加热至完全溶解，微沸驱除氮的氧化物，冷却，移入 1000mL 容量瓶中，用水稀释至刻度，混匀。此溶液 1mL 含 100μg 铋。

3.11　铋标准溶液：移取 20.00mL 铋标准贮存溶液于 500mL 容量瓶中，加入 100mL 盐酸，用水稀释至刻度，混匀。此溶液 1mL 含 4μg 铋。

4　仪器

原子荧光光谱仪，附屏蔽式石英炉原子化器，砷、铋特制空心阴极灯或高强度空心阴极灯，断续流动反应装置。

氩气：用作屏蔽气、载气。

在仪器最佳工作条件下，凡能达到下列指标者均可使用。

检出限：不大于 9×10^{-10}g/mL。

精密度：用 0.1μg/mL 的砷、铋标准溶液测量荧光强度 10 次，其标准偏差不超过平均荧光强度的 5.0%。

仪器工作条件见附录 A（提示的附录）。

5 试样

5.1 试样粒度不小于0.082mm。

5.2 试样在100～105℃烘1h后，置于干燥器中冷至室温。

6 分析步骤

6.1 试料

称取0.20g试样，精确至0.0001g。

独立地进行两次测定，取其平均值。

6.2 空白试验

随同试料做空白试验。

6.3 测定

6.3.1 将试料(6.1)置于300mL烧杯中，用少量水润湿，加入约0.1g氯酸钾与试料混匀，加10mL硝酸，盖上表皿，置于低温电热板上加热溶解，反复加少量氯酸钾至无单体硫析出为止，继续加热蒸至小体积，稍冷，加5mL硫酸混匀，加热至冒烟，取下冷却，加30mL盐酸，用水吹洗表皿及杯壁至70mL左右，低温加热至可溶性盐类溶解，取下冷却，移入100mL容量瓶中，用水稀释至刻度。

6.3.2 按表1分取上述溶液(6.3.1)于已盛有60mL水、10mL王水的100mL容量瓶中，加10mL硫脲-抗坏血酸混合溶液，用水稀释至刻度，混匀。按仪器操作程序测其荧光强度，减去随同试料的空白试验溶液的荧光强度。从工作曲线上查出相应的砷浓度和铋浓度。

表1

砷、铋的含量，%	分取试液体积，mL	砷、铋的含量，%	分取试液体积，mL
0.01～0.10	10.00	>0.15～0.50	2.00
>0.10～0.15	5.00		

6.3.3 工作曲线的绘制

分别取0，0.50，2.00，3.50，5.00，6.50mL砷标准溶液和铋标准溶液于一组已盛有60mL水、10mL王水的100mL容量瓶中，加10mL硫脲-抗坏血酸混合溶液，用水稀释至刻度，按仪器操作程序测其荧光强度，减去试剂空白的荧光强度。以砷或铋的浓度为横坐标，荧光强度为纵坐标绘制工作曲线。

7 分析结果的表述

按公式(1)计算砷或铋的百分含量：

$$\text{As或Bi}(\%)=\frac{cV_0V_2\times10^{-6}}{m_0V_1}\times100 \qquad (1)$$

式中 c——从工作曲线上查得的砷或铋的浓度，μg/mL；

V_0——试液总体积，mL；

V_1——分取试液的体积，mL；

V_2——分取试液稀释后的体积,mL;

m_0——试料的质量,g。

所得结果表示至二位小数,若含量小于0.10%时,表示至三位小数。

8 允许差

实验室之间分析结果的差值不大于表2所列允许差。

表2 %

砷、铋含量	允许差	砷、铋含量	允许差
0.010~0.030	0.003	>0.10~0.20	0.02
>0.030~0.060	0.006	>0.20~0.50	0.03
>0.060~0.10	0.010		

方法2 溴酸钾滴定法测定砷量

9 范围

本标准规定了银精矿中砷含量的测定方法。

本标准适用于银精矿中砷含量的测定。测定范围:>0.40%~2.00%。

10 方法提要

试料经酸分解,在盐酸介质中,以溴化钾为催化剂,用硫酸联胺将五价砷还原为三价砷,用蒸馏法将三氯化砷与其中元素分离。三氯化砷经冷凝并用水吸收后,以甲基橙作指示剂,用溴酸钾标准滴定溶液滴定至溶液红色消失为终点。

11 试剂

11.1 溴化钾。

11.2 硫酸联胺。

11.3 氯酸钾。

11.4 盐酸(ρ1.19g/mL)。

11.5 硝酸(ρ1.42g/mL)。

11.6 硫酸(ρ1.84g/mL)。

11.7 甲基橙指示剂(1g/L)。

11.8 砷标准溶液:称取0.2641g三氧化二砷(预先在100~105℃烘1h,置于干燥器中冷却至室温),于250mL烧杯中,加10mL氢氧化钠溶液(200g/L),低温加热使其溶解,加水50mL,2滴酚酞乙醇溶液(1g/L),用盐酸(1+1)中和至红色刚消失并过量2滴,移入1000mL容量瓶中,用水稀释至刻度,混匀。此溶液1mL含0.2μg砷。

11.9 溴酸钾标准滴定溶液[$c(1/6KBrO_3)=0.005$mol/L]

11.9.1 配制:称取0.74g溴酸钾,3.70g溴化钾于250mL烧杯中,加入少量水,加热溶解,稍冷,移入试剂瓶中,用水稀释至5L,混匀。

11.9.2　标定：移取3份20.00mL砷标准溶液，分别置于250mL烧杯中，用水稀释至100mL，加入20mL盐酸，加热至40～60℃，加入2滴甲基橙指示剂，用溴酸钾标准滴定溶液滴定至红色消失为终点，随同标定做空白试验。

按公式(2)计算溴酸钾标准滴定溶液实际浓度：

$$c=\frac{c_1 V_2}{(V_1-V_0)\times 0.03746} \tag{2}$$

式中　c——溴酸钾标准滴定溶液实际浓度，mol/L；

c_1——砷标准溶液的质量浓度，g/mL；

V_0——标定时，空白试验消耗溴酸钾标准滴定溶液的体积，mL；

V_1——标定时滴定砷标准溶液消耗溴酸钾标准滴定溶液的体积，mL；

V_2——加入砷标准溶液的体积，mL；

0.03746——与1.00mL溴酸钾标准滴定溶液[$c(1/6KBrO_3)=1.00$mol/L]相当的砷的摩尔质量，g/mol。

平行测定3份，其极差值不大于1×10^{-5}mol/L时，取平均值。否则重新标定。

12　装置

蒸馏装置示意图见图1。

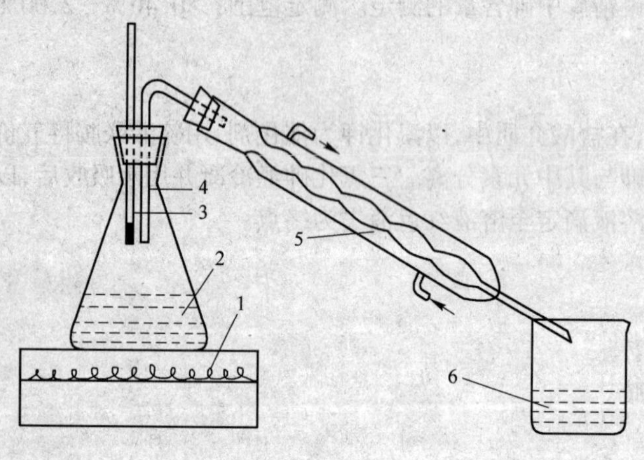

图1

(1) 电炉(带调压)；

(2) 蒸馏器(300mL)；

(3) 水银温度计；

(4) 玻璃导管；

(5) 冷凝管(球形)；

(6) 吸收杯(500mL)。

13　试样

13.1　试样粒度不大于0.082mm。

13.2　试样应在 100～105℃烘 1h 后置于干燥器中冷至室温。

14　分析步骤

14.1　试料

称取 0.30g 试样，精确至 0.0001g。

独立进行两次测定，取其平均值。

14.2　空白试验

随同试料做空白试验

14.3　测定

14.3.1　将试料(14.1)置于 250mL 烧杯中，用少量水润湿，加入约 0.1g 氯酸钾与试料混匀，加 15mL 硝酸，盖上表皿，置于电热板上，低温加热溶解，反复加入少量氯酸钾至无单体硫析出，继续蒸至小体积，取下稍冷，加入 5mL 硫酸，混匀，加热至冒浓烟，取下冷却，用水吹洗表皿及杯壁，加热溶解可溶性盐类，取下冷至室温。

14.3.2　将试液移入预先盛有 0.5g 硫酸联胺、0.5g 溴化钾的 300mL 锥形蒸馏瓶中，加入 40mL 盐酸，保持试液的总体积约 80mL，连接好蒸馏装置，在 100～105℃下进行蒸馏，馏出物用预先盛有 20mL 水的 250mL 烧杯承接。待蒸馏残余体积约 20mL 时，停止蒸馏。取下蒸馏瓶，用水洗净冷凝管内壁，洗液并于吸收杯中，体积约 120mL。

14.3.3　将溶液加热到 40～60℃，加入 2 滴甲基橙指示剂，用溴酸钾标准滴定溶液滴定至红色消失为终点。

15　分析结果的表述

按公式(3)计算砷的百分含量：

$$\mathrm{As}(\%)=\frac{c(V_3-V_4)\times 0.03746}{m_0}\times 100 \tag{3}$$

式中　c——溴酸钾标准滴定溶液的实际浓度，mol/L；

V_3——测定时滴定试料溶液消耗溴酸钾标准滴定溶液的体积，mL；

V_4——测定时空白试液消耗溴酸钾标准滴定溶液的体积，mL；

m_0——试料的质量，g；

0.03746——与 1.00mL 溴酸钾标准滴定溶液[$c(1/6KBrO_3)=1.00$mol/L]相当的砷的摩尔质量，g/mol。

16　允许差

实验室之间分析结果的差值应不大于表 3 所列允许差。

表 3　%

砷含量	允许差	砷含量	允许差
>0.40～0.60	0.05	>1.00～2.00	0.15
>0.60～1.00	0.08		

附 录 A
（提示的附录）
仪器工作条件

使用 AFS-2201 型双道原子荧光光谱仪的工作条件见表 A1。

表 A1

测定元素	灯电流 mA	负高压 V	载气流量 L/min	屏蔽气流量 L/min	加液时间 s	延迟时间 s	采样时间 s
As	40	300	400	700	9	0	14
Bi	90	300	400	700	9	0	14

（四）银精矿中三氧化二铝量的测定

方法 1 铬天青 S 胶束增溶光度法测定三氧化二铝量

1 范围

本标准规定了银精矿中三氧化二铝含量的测定方法。

本标准适用于银精矿中三氧化二铝含量的测定。测定范围：0.20%～1.00%。

2 方法提要

试料经盐酸、硝酸、氢氟酸、高氯酸溶解，采用 NaOH-NaCl 小体积沉淀分离除去钛、铁、银、锰和大量的铜等，分别用硫脲、抗坏血酸掩蔽残存的铜、铁，用盐酸羟胺消除钒的干扰，在 pH5.6～6.2 的乙酸-乙酸胺缓冲溶液中，铝与铬天青 S-非离子型表面活性剂聚乙二醇辛基苯基醚（乳化剂 OP）形成三元络合物，于分光光度计波长 625nm 处测定其吸光度，用标准曲线法计算三氧化二铝的含量。

3 试剂

3.1 氯化钠。

3.2 盐酸（ρ1.19g/mL）。

3.3 硝酸（ρ1.42g/mL）。

3.4 高氯酸（ρ1.67g/mL）。

3.5 氢氟酸（ρ1.15g/mL）。

3.6 盐酸（2mol/L）。

3.7 盐酸（0.6mol/L）。

3.8 盐酸（0.1mol/L）。

3.9 氢氧化钠溶液（500g/L）。

3.10　洗涤液：1升氢氧化钠溶液(20g/L)中含10g氯化钠。

3.11　氨水(2mol/L)。

3.12　氨水(0.1mol/L)。

3.13　硫脲(30g/L)。

3.14　抗坏血酸溶液(20g/L)。现用现配。

3.15　盐酸羟胺溶液(100g/L)。现用现配。

3.16　铬天青S溶液：称取0.2g铬天青溶于100mL无水乙醇中，用水稀释至200mL。

3.17　聚乙二醇辛基苯基醚(乳化剂OP)溶液(2+998)。

3.18　乙酸-乙酸胺缓冲溶液：将485mL4mol/LCH_3COONH_4与15mL4mol/LCH_3COOH混合(在配制4mol/L乙酸胺溶液时应调节pH值为7)。

3.19　麝香草酚蓝溶液(1g/L)：称取0.1g麝香草酚蓝溶于50mL无水乙醇中，用水稀释至100mL。

3.20　铝标准贮存溶液：称取0.1000g金属铝(≥99.99%)于200mL烧杯中，加入50mL盐酸(1+1)，低温溶解完全，冷却，移入1000mL容量瓶中，用水稀释至刻度，混匀。此溶液1mL含100μg铝。

3.21　铝标准溶液：移取10.00mL铝标准贮存溶液于500mL容量瓶中，加入10mL盐酸(1+1)，用水稀释至刻度，混匀。此溶液1mL含2μg铝。

4　仪器

分光光度计。

5　试样

5.1　试样粒度不大于0.082mm。

5.2　试样在100～105℃烘1h后，置于干燥器中冷至室温。

6　分析步骤

6.1　试料

称取0.10g试样，精确至0.0001g。

独立地进行两次测定，取其平均值。

6.2　空白试验

随同试料做空白试验。

6.3　测定

6.3.1　将试料(6.1)置于200mL聚四氟乙烯烧杯中，用少许水润湿，加10mL盐酸(3.2)，低温加热10min，加5mL硝酸，溶解至体积约5mL，加5mL氢氟酸溶解至体积约5mL，加10mL高氯酸冒烟赶氟，蒸至近干，再加5mL高氯酸继续加热蒸至冒尽白烟后，取下冷却，加5mL盐酸(3.6)及少量水，加热溶解盐类，并蒸至体积约2mL，取下冷却。

6.3.2　加5g氯化钠，用玻璃棒搅拌成砂状，边搅拌边加20mL氢氧化钠溶液，加入50mL近沸水并搅拌，立即用热的洗涤液洗出玻璃棒，加热至近沸，取下冷却，移入250mL容量瓶中，用热的洗涤液洗涤杯壁4～5次，冷却后用水稀释至刻度。混匀后倾入烘干并冷却的原烧杯中，放置30min。用慢速定量滤纸干过滤于150mL聚四氟乙烯烧杯中，按表1分取试液于50mL容量瓶中，加水至体积约15mL。

表1

三氧化二铝量，%	分取试液体积，mL	三氧化二铝量，%	分取试液体积，mL
0.20～0.75	5.00	>0.75～1.00	2.00

6.3.3　向容量瓶中加2滴麝香草酚蓝溶液，用盐酸（3.6和3.8）、氨水（3.11和3.12）调至溶液呈橙色（pH为2），加0.5mL盐酸（3.7）、3mL硫脲溶液、2mL抗坏血酸溶液、2mL盐酸羟胺溶液、3mL铬天青S溶液，沿杯壁加入5mL乳化剂OP溶液、7mL乙酸-乙酸胺缓冲溶液（每加一种试剂均需轻轻摇匀），用水稀释至刻度，放置10min，将部分溶液移入1cm比色皿中，于分光光度计波长625nm处，以试料空白溶液为参比，测量吸光度，从工作曲线上查出相应的铝量。

6.3.4　工作曲线的绘制

移取0，1.00，2.00，3.00，4.00，5.00mL铝标准溶液，分别置于一组50mL容量瓶中，加水至体积约15mL，以下按6.3.3条进行，以试剂空白溶液为参比，于分光光度计波长625nm处测量吸光度，以铝量为横坐标，吸光度为纵坐标绘制工作曲线。

注：以上操作均应在室温15～30℃范围内进行。

7　分析结果的表述

按公式（1）计算三氧化二铝的百分含量：

$$Al_2O_3(\%) = \frac{m_1 V_0 \times 1.8895 \times 10^{-6}}{m_0 V_1} \times 100 \qquad (1)$$

式中　V_0——试液总体积，mL；

V_1——分取试液体积，mL；

m_1——自工作曲线上查得铝量，μg；

m_0——试料的质量，g；

1.8895——铝换算成三氧化二铝的换算因数。

所得结果表示至二位小数。

8　允许差

实验室之间的分析结果的差值应不大于表2所列允许差。

表2　　%

三氧化二铝含量	允许差	三氧化二铝含量	允许差
0.20～0.50	0.06	>0.75～1.00	0.10
>0.50～0.75	0.08		

方法 2 沉淀分离-氟盐置换 Na_2EDTA 滴定法测定三氧化二铝

9 范围

本标准规定了银精矿中三氧化二铝含量的测定方法。

本标准适用于银精矿中三氧化二铝含量的测定。测定范围：>1.00％～5.00％。

10 方法提要

试料经盐酸、氢溴酸、硝酸、氢氟酸、高氯酸溶解，调节溶液 pH 值为 7～8，用氨水-氯化铵沉淀铝，分离铜、银、钴、钙、镁、锌等元素，然后将沉淀以盐酸溶解，用氢氧化钠沉淀分离铁、钛、锰等元素，加入过量 Na_2EDTA，调节 pH 值为 3.5，加热煮沸并冷却，在 pH 值为 5.5～6.0 乙酸-乙酸钠缓冲溶液中，以二甲酚橙作指示剂，用氯化锌标准溶液滴定过量的 Na_2EDTA，加入氟化钠，加热煮沸并冷却，用氯化锌标准溶液滴定释放出的 Na_2EDTA，根据消耗的氯化锌标准溶液的体积计算三氧化二铝的含量。

11 试剂

11.1 氯化铵。

11.2 氟化钠。

11.3 盐酸（ρ1.19g/mL）。

11.4 硝酸（ρ1.42g/mL）。

11.5 氢溴酸（ρ1.38g/mL）。

11.6 氢氟酸（ρ1.15g/mL）。

11.7 高氯酸（ρ1.68g/mL）。

11.8 氨水（ρ0.90g/mL）。

11.9 盐酸（1+1）。

11.10 盐酸（1+24）。

11.11 氨水（1+1）。

11.12 氢氧化钠溶液（200g/L）。

11.13 二甲酚橙溶液（5g/L）。

11.14 氯化铵洗涤溶液：称 15g 氯化铵溶于 500mL 水中，并用氨水调 pH 值为 7～8。

11.15 氢氧化钠洗涤溶液（20g/L）。

11.16 乙二胺四乙酸二钠（Na_2EDTA）溶液（0.1mol/L）：称取 37.23gNa_2EDTA（$C_{10}H_{14}N_2O_8Na_2 \cdot 2H_2O$）溶解于水中，移入 1L 容量瓶中，用水稀释至刻度，混匀。

11.17 乙酸-乙酸钠缓冲溶液（pH 约 5.5～6.0）：溶解 200g 结晶乙酸钠（$CH_3COONa \cdot 3H_2O$）于 500mL 水中，加 10mL 冰乙酸，用水稀释至 1L，混匀。

11.18 氯化锌标准溶液（0.01000mol/L）：称取 0.6539g 金属锌（≥99.99％）于 150mL 烧杯中，加入 15mL 盐酸（11.9），加热溶解蒸至 2～3mL，移入 1L 容量瓶中，加 1 滴甲基橙指示剂，用氨水（11.11）中和至黄色，再以盐酸（11.9）滴至红色，并过量 5 滴，用水稀释至刻度，混匀。

12 试样

12.1 试样粒度不大于0.082mm。

12.2 试样在100~105℃烘1h后，置于干燥器中冷却至室温。

13 分析步骤

13.1 试料

称取0.50g试样，精确至0.0001g。

独立地进行两次测定，取其平均值。

13.2 空白试验

随同试料做空白试验。

13.3 测定

13.3.1 将试料(13.1)置于150mL聚四氟乙烯烧杯中，加少量水润湿，加10mL盐酸(11.3)，低温溶解3~5min，加入10mL氢溴酸低温溶解蒸至近干，加入10mL硝酸继续加热溶解，加入5mL氢氟酸，加热溶解至溶液约5mL左右，加入10mL高氯酸，加热至冒尽白烟，取下冷却。

13.3.2 加10mL盐酸(11.9)，吹洗杯壁，加入2g氯化铵，加热溶解盐类，取下，在不断搅拌下加氨水(11.8)至溶液pH值为7~8(用广泛试纸检查)，加热煮沸1min，用慢速定量滤纸过滤，用热的氯化铵洗涤液洗涤杯壁和沉淀各3次，弃去滤液，用5mL盐酸(11.3)将沉淀转入原烧杯中，再用盐酸(11.10)洗涤滤纸至无黄色，加热使沉淀完全溶解，滴加氢氧化钠溶液至沉淀出现，并过量20mL，加热煮沸，用慢速定量滤纸过滤，滤液用500mL三角烧杯承接，并用热的氢氧化钠洗涤液洗涤沉淀及烧杯各3次，用5mL盐酸(11.3)将沉淀移入原烧杯中，再用盐酸(11.10)洗涤滤纸至无黄色，加热使沉淀完全溶解，滴加氢氧化钠溶液至沉淀出现，并过量20mL，加热煮沸，用慢速定量滤纸过滤，用热的氢氧化钠洗涤液洗涤沉淀及烧杯各3次，滤液、洗涤液与第一次氢氧化钠沉淀分离滤液合并，用盐酸酸化滤液至沉淀出现，再过量5mL(如果体积超过200mL，可加热浓缩)，移入200mL容量瓶中，用水稀释至刻度，混匀。

13.3.3 移取100.00mL试液于500mL三角烧杯中，加5mLNa_2EDTA溶液，以盐酸(11.9)、氨水(11.11)调节溶液的pH值为3.5(用pH值0.5~5.5的精密试纸检查)，加热煮沸3min，取下以水冷却，加入10mL乙酸-乙酸钠缓冲溶液，加4滴二甲酚橙指示剂，以氯化锌标准溶液滴定至溶液由黄色恰好变为红色(不记数)。加入0.5g氟化钠，加热煮沸3min，取下冷却，补加1~2滴二甲酚橙指示剂，用氯化锌标准溶液滴定至由黄色转变为红色即为终点。记下滴定时消耗氯化锌标准溶液的体积。

14 分析结果的表述

按公式(2)计算三氧化二铝的百分含量：

$$Al_2O_3(\%)=\frac{c(V_1-V_0)V_3\times0.05098}{m_0V_2}\times100 \tag{2}$$

式中 c——氯化锌标准溶液的浓度，mol/L；

V_0——空白溶液消耗氯化锌标准溶液的体积,mL;

V_1——试液消耗氯化锌标准溶液的体积,mL;

V_2——试液的分取体积,mL;

V_3——试液的总体积,mL;

m_0——试料的质量,g;

0.05098——与1.00mL氯化锌标准溶液[$c(ZnCl_2)=1.000mol/L$]相当的三氧化二铝的摩尔质量,g/mol。所得结果表示至二位小数。

15 允许差

实验室之间分析结果的差值应不大于表3所列允许差。

表3 %

三氧化二铝含量	允许差	三氧化二铝含量	允许差
>1.00~2.00	0.08	>3.00~4.00	0.12
>2.00~3.00	0.10	>4.00~5.00	0.15

(五)银精矿中硫量的测定

方法1 硫酸钡重量法测定硫

1 范围

本标准规定了银精矿中硫含量的测定方法。

本标准适用于银精矿中硫含量的测定。测定范围:5.00%~50.00%。

2 方法提要

试料在800℃经碳酸钠、氧化锌、高锰酸钾混合熔剂半熔后,用水溶解可溶物,并用氯化钡沉淀溶液中的硫酸根,沉淀经过滤、灼烧后称重,按硫酸钡的质量计算试样中硫的含量。

在被测试样中,小于10mg的氟不干扰测定。

3 试剂

3.1 混合熔剂:将无水碳酸钠、氧化锌、高锰酸钾按质量比为1:1:0.1相混合,研细,混匀。

3.2 过氧化氢(30%)。

3.3 盐酸(ρ1.19g/mL)。

3.4 无水碳酸钠溶液(20g/L)。

3.5 氯化钡溶液(100g/L):过滤后使用。

3.6 硝酸银溶液(10g/L):每100mL硝酸银溶液中加入3~4滴硝酸(ρ1.42g/mL)。

3.7 甲基橙指示剂(1g/L)。

4 试样

4.1 试样粒度不大于0.082mm。

4.2 试样在100～105℃烘1h后,置于干燥器中冷至室温。

5 分析步骤

5.1 试料

按表1称取试样,精确至0.0001g。

表1

硫含量,%	试料量,g	硫含量,%	试料量,g
5.00～10.00	0.50	>10.00～50.00	0.20

独立地进行两次测定,取其平均值。

5.2 空白试验

随同试料做空白试验。

5.3 测定

5.3.1 在25mL瓷坩埚中铺1～2g混合熔剂,于另一瓷坩埚中,加入4～6g混合熔剂,加入试料(5.1),搅拌均匀,移入铺有混合熔剂的瓷坩埚中,上面再盖一层1～2g混合熔剂。

5.3.2 将瓷坩埚放入马弗炉中,稍开炉门,从室温逐渐升温至800℃,保温20min,取出冷却。

5.3.3 将瓷坩埚中半熔物移入盛有100mL热水的250mL烧杯中,以热水洗净瓷坩埚,并稀释至150mL,加入2mL过氧化氢煮沸数分钟,以倾泻法用慢速定量滤纸过滤于500mL烧杯中,以无水碳酸钠溶液洗烧杯4次,洗沉淀8～10次。

5.3.4 向滤液中加入1～2滴甲基橙指示剂,用盐酸中和至溶液变红,再过量3mL。

5.3.5 将滤液用水稀释至体积为300mL,煮沸,趁热在不断搅拌下缓慢加入20mL氯化钡溶液,煮沸,于室温下静置3h或过夜。

5.3.6 用慢速定量滤纸过滤,用热水洗沉淀至无氯离子(用硝酸银溶液检验)。

5.3.7 将沉淀连同滤纸放入25mL,瓷坩埚中,置于低温电炉上,烘干灰化,于780±10℃马弗炉中灼烧0.5h,取出瓷坩埚置于干燥器中,冷至室温后称重,并重复灼烧至恒量。

6 分析结果的表述

按公式(1)计算硫的百分含量:

$$S(\%)=\frac{(m_1-m_2)-(m_3-m_4)\times 0.1374}{m_0}\times 100 \tag{1}$$

式中 m_1——试料沉淀与瓷坩埚的质量,g;

m_2——瓷坩埚的质量,g;

m_3——空白沉淀与瓷坩埚的质量,g;

m_4——空白瓷坩埚的质量,g;

0.1374——硫酸钡换算为硫的换算因数。

所得结果表示至二位小数。

7　允许差

实验室之间分析结果的差值应不大于表2所列允许差

表2　%

硫　含　量	允　许　差	硫　含　量	允　许　差
5.00～10.00	0.20	>30.00～40.00	0.50
>10.00～20.00	0.30	>40.00～50.00	0.60
>20.00～30.00	0.40		

方法2　燃烧—酸碱滴定法测定硫

8　范围

本标准规定了银精矿中硫含量的测定方法。

本标准适用于银精矿中硫含量的测定。测定范围:10.00%～50.00%。本方法适用于含氟不大于0.2%的试样的测定。

9　方法提要

试料在1150℃～1250℃空气气流中燃烧,生成的二氧化硫用过氧化氢吸收并氧化成硫酸。加入甲基红-次甲基蓝混合指示剂,用氢氧化钠标准滴定溶液滴定至指示剂从红紫色转变为亮绿色即为终点。根据消耗氢氧化钠标准滴定溶液的体积计算硫的含量。

10　试剂

10.1　氢氧化钠。

10.2　变色硅胶。

10.3　硫酸(ρ1.84g/mL)。

10.4　高锰酸钾—氢氧化钠溶液:称取3.0g高锰酸钾溶于100mL水中,加入10g氢氧化钠,溶解后装入洗气瓶中。

10.5　甲基红-次甲基蓝混合试剂:称取0.12g甲基红和0.08g甲基蓝(两者均需研细),溶于100mL无水乙醇中。

10.6　过氧化氢吸收液:移取100mL过氧化氢(30%),加水稀释至2000mL,加1mL混合指示剂。限1周内使用。

10.7　氢氧化钠标准滴定溶液[c(NaOH)=0.10mol/L]。

10.7.1　配制:将氢氧化钠配制成饱和溶液,并在塑料瓶内放置至溶液澄清。吸取50mL上清液,用不含二氧化碳的水稀释至10L,混匀。

10.7.2　标定:称取0.80g(精确至0.0001g)预先在100～105℃烘至恒重的基准邻苯二甲酸氢钾,置于300mL锥形瓶中,加60mL不含二氧化碳的热水溶解,加2滴酚酞乙醇溶液(10g/L),用氢氧化钠标准滴定溶液滴定至微红色为终点。随同标定做空白试验。

按公式(2)计算氢氧化钠标准滴定溶液的实际浓度：

$$c=\frac{m}{(V_1-V_0)\times 0.2042} \tag{2}$$

式中　c——氢氧化钠标准滴定溶液的实际浓度，mol/L；

V_0——标定中空白溶液所消耗氢氧化钠标准滴定溶液的体积，mL；

V_1——滴定邻苯二甲酸氢钾溶液所消耗氢氧化钠标准滴定溶液的体积，mL；

m——邻苯二甲酸氢钾的质量，g；

0.2042——与1.00mL氢氧化钠标准滴定溶液[c(NaOH)=1.000mol/L]相当的邻苯二甲酸氢钾的摩尔质量，g/mol。

平行标定3份，测定值保留四位有效数字，其极差值不大于4×10^{-4}mol/L时，取其平均值，否则重新标定。

11　装置

11.1　高温管式电炉：最高温度1350℃，常用温度1300℃。

11.2　可控硅温度自动控制器(0～1600℃)。

11.3　旋片式真空泵(30L/min)。

11.4　转子流量计(0～2L/min)。

11.5　锥形燃烧管：内径ϕ21mm，外径ϕ25mm，总长600mm。

11.6　燃烧瓷舟：长88mm，使用前应在1200℃预先灼烧1h。

11.7　硫的测定装置如图1所示。

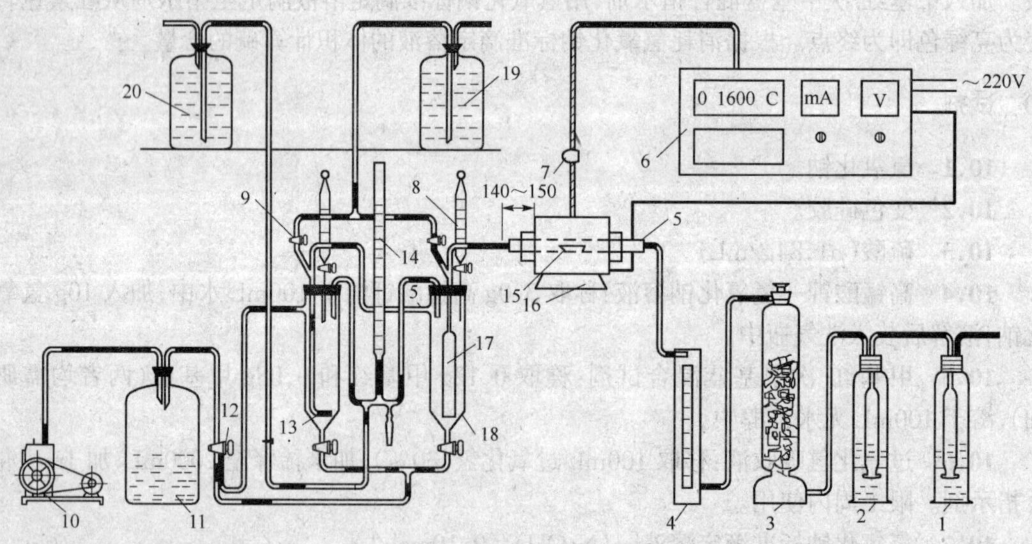

图1　燃烧-酸碱滴定法定硫装置图

1—洗气瓶[内装高锰酸钾-氢氧化钠溶液，液面高约1/3瓶高]；2—洗气瓶[内装硫酸，液面高约1/3瓶高]；3—干燥塔[内装变色硅胶]；4—转子流量计；5—燃烧管；6—可控硅温度自动控制仪；7—铂铑热电偶；8—60mL直筒形分液漏斗；9—弹簧夹；10—真空泵；11—废液瓶；12—三通玻璃活塞；13—3号弯形气体扩散管；14—50mL碱式滴定管；15—瓷舟；16—管式燃烧炉；17—六孔气体扩散管；18—气体吸收管；19—蒸馏水瓶；20—盛氢氧化钠标准滴定溶液瓶

12 试样

12.1 试样粒度不大于 0.082mm。

12.2 试样在 100～105℃烘 1h 后，置于干燥器中冷至室温。

13 分析步骤

13.1 试料

按表 3 称取试样，精确至 0.0001g。

表 3

硫含量，%	试料量，g	硫含量，%	试料量，g
10.00～20.00	0.20	>20.00～50.00	0.10

独立地进行两次测定，取其平均值。

13.2 测定

13.2.1 将试料(13.1)均匀地置于燃烧瓷舟中，放于干燥器中。

13.2.2 接通电源，将可控硅温度自动控制器按钮置于“手动”位置，分 2～3 次逐渐加大电压，使炉温升至 1200℃，将按钮置于“自动”位置。

13.2.3 分别向两只吸收瓶中加入过氧化氢吸收液，使吸收液的液面距离气体扩散管下端 50mm。

13.2.4 按图 1 连接好装置。开启真空泵，检查装置的气密性。调节空气流量为0.7～0.9L/min，滴加氢氧化钠标准滴定溶液至吸收液为亮绿色，不记读数。

13.2.5 用镍铬丝将盛有试料的燃烧瓷舟迅速推入燃烧管温度最高处，立即塞紧橡胶塞，当燃烧 4min 后，即用氢氧化钠标准滴定溶液分别对两只气体吸收瓶中的吸收液进行滴定，直至溶液由红紫色转变成亮绿色保持 1min 不变，拔下与燃烧管连接的玻璃三叉管，用水充分洗涤三叉管。接着打开两只吸收瓶上的弹簧夹，用水充分洗涤气体扩散管和砂芯，同时也洗涤第二吸收瓶和进气胶管。随即关闭弹簧夹，继续用氢氧化钠标准滴定溶液滴定至溶液由红紫色变为亮绿色为终点。

注：不论新旧燃烧管，开始测定前，均应在 1200～1250℃充分燃烧，并预烧 1～2 个实验样品后，方可进行正式试样的测定。

14 分析结果的表述

按公式(3)计算硫的百分含量：

$$S = \frac{cV_2 \times 0.01603}{m_0} \times 100 \tag{3}$$

式中 c——氢氧化钠标准滴定溶液的实际浓度，mol/L；

V_2——消耗氢氧化钠标准滴定溶液的体积，mL；

m_0——试料的质量，g；

0.01603——与 1.00mL 氢氧化钠标准滴定溶液[c(NaOH) = 1.000mol/L]相当的硫的摩尔质量，g/mol。所得结果表示至二位小数。

15 允许差

实验室之间分析结果的差值应不大于表4所列允许差。

表4 %

硫含量	允许差	硫含量	允许差
10.00～20.00	0.30	>30.00～40.00	0.50
>20.00～30.00	0.40	>40.00～50.00	0.60

(六) 银精矿中氧化镁量的测定

1 范围

本标准规定了银精矿中氧化镁含量的测定方法。

本标准适用于银精矿中氧化镁含量的测定。测定范围:0.50%～5.00%。

2 方法提要

试料用盐酸、硝酸、氢氟酸、高氯酸溶解,在稀盐酸介质中,加入一定量的氯化锶抑制干扰元素,使用空气—乙炔火焰,于原子吸收光谱仪波长285.2nm处,测量氧化镁的吸光度,以标准曲线法计算氧化镁的含量。

3 试剂

3.1 盐酸(ρ1.19g/mL)。

3.2 硝酸(ρ1.42g/mL)。

3.3 氢氟酸(ρ1.15g/mL)。

3.4 高氯酸(ρ1.67g/mL)。

3.5 盐酸(1+1)。

3.6 锶溶液:称取30.43g分析纯的氯化锶($SrCl_2 \cdot 6H_2O$)于250mL烧杯中,用水溶解后,移入500mL容量瓶中,此溶液1mL含20mg锶。

3.7 氧化镁标准贮存溶液:将氧化镁(≥99.99%)预先在600℃灼烧1h,置于干燥器中冷至室温。称取0.5000g氧化镁于250mL烧杯中,加少量水润湿,加20mL盐酸(3.5)溶解完全后,移入500mL容量瓶中,用水稀释至刻度,混匀。此溶液1mL含1mg氧化镁。

3.8 氧化镁标准溶液:移取20.00mL氧化镁标准贮存溶液于100mL容量瓶中,用水稀释至刻度,混匀。此溶液1mL含200μg氧化镁。

4 仪器

原子吸收光谱仪,附镁空心阴极灯。

在仪器最佳条件下,凡能达到下列指标者均可使用。

灵敏度:在与测量溶液基体相一致的溶液中(燃烧转角90°),氧化镁的特征浓度应不大于0.411μg/mL。

精密度：用最高浓度的标准溶液测量10次吸光度，其标准偏差应不超过平均吸光度的1.0%；用最低浓度溶液(不是“零”标准溶液)测量10次吸光度，其标准偏差应不超过最高标准溶液平均吸光度的0.5%。

工作曲线线性：将工作曲线按浓度等分成五段，最高段的吸光度差值与最低段的吸光度差值之比不小于0.9。

原子吸收光谱仪的工作条件见附录A(提示的附录)。

5 试样

5.1 试样的粒度不大于0.082mm。

5.2 试样在100～105℃烘1h后，置于干燥器中冷至室温。

6 分析步骤

6.1 试料

称取0.20g试样，精确至0.0001g。

独立地进行两次测定，取其平均值。

6.2 空白试验

随同试料做空白试验。

6.3 测定

6.3.1 将试料(6.1)置于150mL聚四乙烯烧杯中，加入少量水润湿，加入10mL盐酸(3.1)，置于电热板上低温处加热5min，加入5mL硝酸、5～10mL氢氟酸和5mL高氯酸加热溶解，蒸至高氯酸冒尽白烟(如含碳高，补加5mL高氯酸)，蒸至近干，取下冷却。

6.3.2 加入6mL盐酸(3.5)，加少量水，加热使盐类完全溶解，取下冷却至室温。将溶液移入100mL容量瓶，用水稀释至刻度，混匀。

6.3.3 试液澄清后，按表1分取试液并补加盐酸于100mL容量瓶中，加入5mL锶溶液，用水稀释至刻度，混匀。

表1

氧化镁含量 %	分取试液体积 mL	盐酸(3.5)补加量 mL	氧化镁含量 %	分取试液体积 mL	盐酸(3.5)补加量 mL
0.50～1.00	50.00	3.0	>3.00～5.00	10.00	5.4
>1.00～3.00	20.00	4.8			

6.3.4 使用空气-乙炔火焰于原子吸收光谱仪波长285.2nm处，燃烧器转角90°，以水调零，测量试液的吸光度，减去随同试料的空白试验溶液的吸光度，从工作曲线上查出相应的氧化镁浓度。

6.4 工作曲线的绘制

移取0，1.00，2.00，3.00，4.00，5.00，6.00mL氧化镁标准溶液分别置于一组100mL容量瓶中，加入6mL盐酸(3.5)、5mL锶溶液，用水稀至刻度，混匀。在与测量试液相同条件下，测量标准溶液的吸光度，减去零浓度溶液的吸光度，以氧化镁浓度为横坐标，吸光度为纵坐标绘制工作曲线。

7 分析结果表述

按公式(1)计算氧化镁的百分含量：

$$MgO(\%)=\frac{cV_0V_2\times10^{-6}}{m_0V_1}\times100 \tag{1}$$

式中 c——自工作曲线上查得的试液的氧化镁浓度，μg/mL；

V_0——试液的总体积，mL；

V_1——分取试液的体积，mL；

V_2——分取试液稀释后的体积，mL；

m_0——试料的质量，g。

所得结果表示至二位小数。

8 允许差

实验室之间分析结果的差值应不大于表2所列允许差。

表2 %

氧化镁含量	允许差	氧化镁含量	允许差
0.50～1.00	0.15	＞2.00～3.50	0.25
＞1.00～2.00	0.20	＞3.50～5.00	0.30

附录A
（提示的附录）
仪器工作条件

日本岛津AA-640-13型原子吸收光谱仪工作条件参数见表A1。

表A1

波长，nm	灯电流，mA	观测高度，mm	光谱通带，nm	空气流量，L/min	乙炔流量，L/min
285.2	4.0	0.38	4	8.0	2.0

（七）银精矿中铅量的测定

方法1 Na_2EDTA直接滴定法测定铅量

1 范围

本标准规定了银精矿中铅含量的测定方法。

本标准适用于银精矿中铅含量的测定。测定范围：＞5.00%～35.00%。当含钡大于1%时，铅量的测定按方法2进行。

2　方法提要

试料用硝酸-氯酸钾溶液溶解，在硫酸介质中铅形成硫酸铅沉淀，过滤，与共存元素分离。硫酸铅以乙酸-乙酸钠缓冲溶液溶解，在 pH 值为 5.0～6.0 时，以二甲酚橙溶液为指示剂，用 Na_2EDTA 标准滴定溶液滴定至溶液由紫红色变为黄色为终点。根据消耗 Na_2EDTA 标准滴定溶液的体积计算铅的含量。

3　试剂

3.1　抗坏血酸。

3.2　氟化铵。

3.3　盐酸（ρ1.19g/mL）。

3.4　硝酸（ρ1.42g/mL）。

3.5　硫酸（ρ1.84g/mL）。

3.6　高氯酸（ρ1.68g/mL）。

3.7　硝酸（1+1）。

3.8　氨水（1+1）。

3.9　缓冲溶液：375g 无水乙酸钠溶于水中，加 50mL 冰乙酸，用水稀释至 2500mL，混匀。

3.10　硝酸-氯酸钾溶液：氯酸钾溶于硝酸至饱和状态。

3.11　混合洗液：100mL 硫酸（2+98）中含 2mL 过氧化氢。

3.12　巯基乙酸溶液（1%）。

3.13　二甲酚橙溶液（1g/L）。

3.14　硫氰酸钾溶液（50g/L）。

3.15　乙二胺四乙酸二钠（Na_2EDTA）标准滴定溶液（0.012mol/L）。

3.15.1　配制：称取 4.5g 乙二胺四乙酸二钠（$C_{10}H_{14}N_2O_8Na_2\cdot 2H_2O$）置于 400mL 烧杯中，加 0.5g 氢氧化钠，加水微热溶解，冷至室温，移入 1000mL 容量瓶中，用水稀释至刻度，混匀。放置 3 天后标定。

3.15.2　标定：称取 0.10g（精确至 0.0001g）金属铅（≥99.99%），加入 15mL 硝酸（3.7）低温溶解，并蒸至约 5mL，取下冷却，加 50mL 水、2 滴二甲酚橙溶液，用氨水中和至微红色，加 30mL 缓冲溶液，用 Na_2EDTA 标准滴定溶液滴定至紫红色变为亮黄色即为终点。随同标定做空白试验。

按公式（1）计算 Na_2EDTA 标准滴定溶液的实际浓度：

$$c=\frac{m}{(V_1-V_0)\times 0.2072} \tag{1}$$

式中　c——Na_2EDTA 标准滴定溶液的实际浓度，mol/L；

V_0——空白溶液消耗的 Na_2EDTA 标准滴定溶液的体积，mL；

V_1——滴定时消耗 Na_2EDTA 标准滴定溶液的体积，mL；

m——金属铅的质量，g；

0.2072——与 1.00mLNa_2EDTA 标准滴定溶液［$c(Na_2EDTA)=1.000$mol/L］相当的铅的摩尔质量，g/mol。

平行标定3份,测定值保留4位有效数字,其极差值不大于4×10^{-5}mol/L时,取其平均值。否则重新标定。

4　试样

4.1　试样的粒度不大于0.082mm。

4.2　试样在100～105℃烘1h后,置于干燥器中冷至室温。

5　分析步骤

5.1　试料

称取0.30g试样,精确至0.0001g。

独立地进行两次测定,取其平均值。

5.2　空白试验

随同试料做空白试验。

5.3　测定

5.3.1　将试料(5.1)置于300mL烧杯中,用少量水润湿,加0.5g氟化铵,加入15～20mL硝酸-氯酸钾溶液,盖上表皿,加热溶解,待试料溶解完全后,取下冷却。

5.3.2　加10mL硫酸继续加热至冒浓烟约2min,取下冷却(若试料中含碳高,加5mL高氯酸继续加热冒烟至尽)。

5.3.3　用水吹洗表皿及杯壁,加水至50mL,煮沸保温10min,取下,冷却至室温,放置1h。

5.3.4　用慢速定量滤纸过滤,用混合洗液洗涤烧杯2次、沉淀数次,直接用硫氰酸钾溶液检查滤液无红色出现为止,最后用水洗涤烧杯1次、沉淀2次,弃去滤液。

5.3.5　将滤纸展开,连同沉淀一起移入原烧杯中,加入30mL缓冲溶液、30mL水,盖上表皿,加热微沸10min,搅拌使沉淀溶解,取下冷却,加水至100mL。

5.3.6　加入0.1g抗坏血酸、3～4滴二甲酚橙溶液,加入3～4mL巯基乙酸,用Na_2EDTA标准滴定溶液滴定至溶液由紫红色变成亮黄色为终点。

6　分析结果的表述

按公式(2)计算铅的百分含量:

$$Pb(\%)=\frac{c(V_2-V_3)\times0.2072}{m_0}\times100 \tag{2}$$

式中　c——Na_2EDTA标准滴定溶液的实际浓度,mol/L;

V_2——消耗Na_2EDTA标准滴定溶液的体积,mL;

V_3——空白溶液消耗的Na_2EDTA标准滴定溶液的体积,mL;

m_0——试料的质量,g;

0.2072——与1.00mLNa_2EDTA标准滴定溶液[$c(Na_2EDTA)=1.000$mol/L]相当的铅的摩尔质量,g/mol。

所得结果表示至二位小数。

7 允许差

实验室之间分析结果的差值应不大于表1所列允许差。

表1 %

铅含量	允许差	铅含量	允许差
>5.00～10.00	0.20	>20.00～35.00	0.40
>10.00～20.00	0.30		

方法2 返滴定法测定铅量

8 范围

本标准规定了银精矿中铅含量的测定方法。

本标准适用于银精矿中铅含量的测定。测定范围：>5.00%～35.00%。

9 方法提要

试料用硝酸-氯酸钾溶液溶解，在硫酸介质中铅形成硫酸铅沉淀，过滤与共存元素分离，沉淀在氨性溶液中溶于过量的 Na_2EDTA，在 pH5.0～6.0 时，以二甲酚橙溶液为指示剂，用乙酸铅标准滴定溶液滴定至红色并过量，再用 Na_2EDTA 标准滴定溶液滴定至黄色为终点。根据消耗 Na_2EDTA 和乙酸铅标准滴定溶液的体积计算铅的含量。

10 试剂

10.1 氟化铵。

10.2 盐酸（ρ1.19g/mL）。

10.3 硝酸（ρ1.42g/mL）。

10.4 硫酸（ρ1.84g/mL）。

10.5 高氯酸（ρ1.68g/mL）。

10.6 盐酸（1+1）。

10.7 硝酸（1+1）。

10.8 氨水（ρ0.90g/mL）。

10.9 缓冲溶液：375g 无水乙酸钠溶于水中，加 50mL 冰乙酸，用水稀释至 2500mL，混匀。

10.10 硝酸-氯酸钾溶液：氯酸钾溶于硝酸至饱和状态。

10.11 混合洗液：100mL 硫酸（2+98）中含 2mL 过氧化氢。

10.12 硫氰酸钾溶液（50g/L）。

10.13 二甲酚橙溶液（1g/L）。

10.14 酚酞乙醇溶液（1g/L）。

10.15 乙二胺四乙酸二钠（Na_2EDTA）标准滴定溶液（0.012mol/L）。

10.15.1 配制：称取 4.5g 乙二胺四乙酸二钠（$C_{10}H_{14}N_2O_8Na_2\cdot 2H_2O$）置于 400mL 中，加 0.5g 氢氧化钠，加水微热溶解，冷至室温，移入 1000mL 容量瓶中，用水稀释至刻度，混匀。放置3天后标定。

10.15.2　标定：称取0.10g(精确至0.0001g)金属铅(≥99.99%)，加入15mL硝酸(10.7)低温溶解，并蒸至约5mL，取下冷却，加50mL水、2滴二甲酚橙溶液，用氨水中和至微红色，加30mL缓冲溶液，用Na_2EDTA标准滴定溶液滴定至紫红色变为亮黄色即为终点。随同标定做空白试验。

$$c=\frac{m}{(V_1-V_0)\times 0.2072} \tag{3}$$

式中　c——Na_2EDTA标准滴定溶液的实际浓度，mol/L；

V_0——空白溶液消耗的Na_2EDTA标准滴定溶液的体积，mL；

V_1——滴定时消耗的Na_2EDTA标准滴定溶液的体积，mL；

m——金属铅的质量，g；

0.2072——与1.00mLNa_2EDTA标准滴定溶液[$c(Na_2EDTA)=1.000$mol/L]相当的铅的摩尔质量，g/mol。

平行标定3份，测定值保留4位有效数字，其极差值不大于4×10^{-5}mol/L时，取其平均值。否则重新标定。

10.16　乙酸铅标准滴定溶液(0.012mol/L)。

K值的确定：用滴定管移取30.00mL乙酸铅标准滴定溶液于300mL烧杯中，加入30mL缓冲溶液、2～4滴二甲酚橙溶液，用Na_2EDTA标准滴定溶液滴定至溶液由紫红色变为亮黄色为终点。

按公式(4)计算1.00mL乙酸铅标准滴定溶液相当于Na_2EDTA标准滴定溶液的毫升数。

$$K=\frac{V_2}{V_3} \tag{4}$$

式中　K——1.00mL乙酸铅标准滴定溶液相当于Na_2EDTA标准滴定溶液的毫升数；

V_2——滴定消耗Na_2EDTA标准滴定溶液的体积，mL；

V_3——移取乙酸铅标准滴定溶液的体积，mL。

11　试样

11.1　试样的粒度不大于0.082mm。

11.2　试样在100～105℃烘1h后，置于干燥器中冷至室温。

12　分析步骤

12.1　试料

称取0.30g试样，精确至0.0001g。

独立地进行两次测定，取其平均值。

12.2　空白试验

随同试料做空白试验。

12.3　测定

12.3.1　将试料(12.1)置于300mL烧杯中，用少量水润湿，加0.5g氟化铵，加入15～20mL硝酸-氯酸钾溶液，盖上表皿，加热溶解，待试料溶解完全后，取下冷却。

12.3.2　加 10mL 硫酸继续加热至冒浓烟约 2min，取下冷却（若试料中含碳高，加 5mL 高氯酸继续加热冒烟至尽）。

12.3.3　用水吹洗表皿及杯壁，加水至 50mL，煮沸保温 10min，取下，冷却至室温，放置 1h。

12.3.4　用慢速定量滤纸过滤，用混合洗液洗涤烧杯 2 次、沉淀数次，直至用硫氰酸钾溶液检查滤液无红色出现为止，最后用水洗涤烧杯 1 次、沉淀 2 次，弃去滤液。

12.3.5　将滤纸展开，连同沉淀一起移入原烧杯中，加入 50.00mLNa_2EDTA 标准滴定溶液、2 滴酚酞乙醇溶液、5mL 氨水，盖上表皿，加热微沸至微红色，取下。

12.3.6　用盐酸（10.6）中和至无色并过量 2 滴，加入 30mL 缓冲溶液，加热并保持微沸 10min，取下冷却，加入 2 滴二甲酚橙溶液，用乙酸铅标准滴定溶液滴定至红色出现并过量 5～10mL，再用 Na_2EDTA 标准滴定溶液滴定至黄色为终点。

13　分析结果的表述

按公式(5)计算铅的百分含量：

$$\mathrm{Pb}(\%)=\frac{c(V_5-K\times V_6-V_4)\times 0.2072}{m_0}\times 100 \tag{5}$$

式中　c——Na_2EDTA 标准滴定溶液的实际浓度，mol/L；

V_4——空白溶液消耗 Na_2EDTA 标准滴定溶液的体积，mL；

V_5——加入试液中 Na_2EDTA 标准滴定溶液与滴定消耗 Na_2EDTA 标准滴定溶液的总体积，mL；

V_6——加入乙酸铅标准滴定溶液的体积，mL；

K——1.00mL 乙酸铅标准滴定溶液相当于 Na_2EDTA 标准滴定溶液的毫升数；

m_0——试料的质量，g；

0.2072——与 1.00mLNa_2EDTA 标准滴定溶液[c(Na_2EDTA)＝1.000mol/L]相当的铅的摩尔质量，g/mol。

所得结果表示至二位小数。

14　允许差

实验室之间分析结果的差值应不大于表 2 所列允许差。

表 2　%

铅含量	允许差	铅含量	允许差
>5.00～10.00	0.20	>20.00～35.00	0.40
>10.00～20.00	0.30		

（八）银精矿中锌量的测定

1　范围

本标准规定了银精矿中锌含量的测定方法。

本标准适用于银精矿中锌含量的测定。测定范围:＞1.00％～12.00％。

2 方法提要

试料用硝酸—氯酸钾溶解,硫酸冒烟沉淀后分离铅,在氧化剂存在下,用氨水沉淀分离铁、锰等元素,滤液加氟化铵、抗坏血酸、硫脲掩蔽铝、铁、铜等元素,以二甲酚橙为指示剂,Na_2EDTA 标准滴定溶液滴定锌、镉合量。扣除镉量即得锌量。

3 试剂

3.1 氟化铵。

3.2 氯化铵。

3.3 过硫酸铵。

3.4 抗坏血酸。

3.5 硫酸(ρ1.84g/mL)。

3.6 高氯酸(ρ1.68g/mL)。

3.7 氨水(ρ0.90g/mL)。

3.8 硫酸(2+98)。

3.9 盐酸(1+1)。

3.10 硝酸(1+1)。

3.11 乙酸钠饱和溶液。

3.12 硝酸-氯酸钾溶液:氯酸钾溶于硝酸至饱和状态。

3.13 氨性洗涤液:称取 25g 氯化铵溶于水中,加 25mL 氨水,用水稀释至 500mL,混匀。

3.14 硫脲饱和溶液。

3.15 六次甲基四胺溶液(200g/L)。

3.16 二甲酚橙溶液(1g/L)。

3.17 锌标准溶液:称取 2.0000g 金属锌(≥99.99％)置于 300mL 烧杯中,加入 30mL 盐酸(3.9),置于电热板上微热溶解,取下冷却,移入 1000mL 容量瓶中,用水稀释至刻度,混匀。此溶液 1mL 含 0.002g 锌。

3.18 乙二胺四乙酸二钠(Na_2EDTA)标准滴定溶液(0.02mol/L)。

3.18.1 配制:称取 7.5g 乙二胺四乙酸二钠($C_{10}H_{14}N_2O_8Na_2 \cdot 2H_2O$),加 1g 氢氧化钠,加水微热溶解,冷至室温,移入 1000mL 容量瓶中,用水稀释至刻度,混匀。放置 3 天后标定。

3.18.2 标定:移取 20.00mL 锌标准溶液,置于 500mL 三角烧杯中,用水稀释至 50mL,加入 2～3 滴二甲酚橙,用氨水中和至微红色,用六次甲基四胺溶液调至溶液的 pH 值 5.5～6.0,再过量 30mL,用 Na_2EDTA 标准滴定溶液滴定至溶液由紫红色变为亮黄色为终点。随同标定做空白试验。

按公式(1)计算 Na_2EDTA 标准滴定溶液的实际浓度:

$$c=\frac{c_0 V_1}{(V_2-V_0)\times 0.06539} \tag{1}$$

式中　c——Na_2EDTA 标准滴定溶液的实际浓度，mol/L；

c_0——锌标准溶液的质量浓度，g/mL；

V_0——空白溶液消耗 Na_2EDTA 标准滴定溶液的体积，mL；

V_1——移取锌标准溶液的体积，mL；

V_2——滴定锌标准溶液消耗 Na_2EDTA 标准滴定溶液的体积，mL；

0.06539——与 1.00mLNa_2EDTA 标准滴定溶液[$c(Na_2EDTA)=1.000$mol/L]相当的锌的摩尔质量，g/mol。

平行标定 3 份，测定值保留 4 位有效数字，其极差值不大于 3×10^{-5}mol/L 时，取其平均值。否则重新标定。

4　试样

4.1　试样粒度不大于 0.082mm。

4.2　试样在 100～105℃烘 1h 后，置于干燥器中冷至室温。

5　分析步骤

5.1　试料

称取 0.30g 试样，精确至 0.0001g。

独立地进行两次测定，取其平均值。

5.2　空白试验

随同试料做空白试验。

5.3　锌、镉合量的测定

5.3.1　将试料(5.1)置于 300mL 烧杯中，用少量水润湿，加 0.5g 氟化铵，加入 15mL 硝酸-氯酸钾溶液，盖上表皿，加热溶解，待试料溶解完全，取下冷却。

5.3.2　加 10mL 硫酸(3.5)，继续加热至冒浓烟约 2min，取下冷却(若试料中含碳高，加 5mL 高氯酸加热至冒烟近尽，取下冷却)。

5.3.3　用水吹洗表皿及杯壁，加水至约 30mL，煮沸保温 10min，取下，冷至室温，放置 1h。

5.3.4　用慢速定量滤纸过滤，用硫酸(3.8)洗涤烧杯 2 次、沉淀 4 次、用水洗涤烧杯 1 次、沉淀 2 次。

5.3.5　向滤液中加入 5g 氯化铵(如试料中含铁低时，应补加硫酸铁至含铁在 20mg 以上)，以氨水中和至氢氧化物沉淀完全后再过量 10mL，加 0.5g 过硫酸铵，煮沸破坏过硫酸铵，趁热用快速滤纸过滤于 500mL 锥形瓶中，用热的氨性洗涤液洗烧杯 2 次，洗沉淀 6～8 次。

5.3.6　将滤液加热浓缩至约 100mL，取下冷却，加 5mL 盐酸酸化，加 0.3g 氟化铵、0.1g 抗坏血酸、20mL 硫脲饱和溶液，摇匀，加 3～4 滴二甲酚橙溶液，用六甲基四胺溶液调至溶液 pH 值为 5.5～6.0，再过量 30mL，用 Na_2EDTA 标准滴定溶液滴定至溶液由紫红色变成亮黄色为终点。

5.4　镉量的测定

按附录A进行。

6　分析结果的表述

按公式(2)计算锌的百分含量：

$$\mathrm{Zn}(\%)=\frac{c(V_3-V_4)\times 0.06539}{m_0}\times 100-\mathrm{Cd}\%\times 0.5817 \quad (2)$$

式中　c——Na_2EDTA标准滴定溶液的实际浓度，mol/L；

V_3——滴定消耗Na_2EDTA标准滴定溶液的体积，mL；

V_4——空白溶液消耗Na_2EDTA标准滴定溶液的体积，mL；

m_0——试料的质量，g；

0.5817——镉量换算成锌量的换算因数；

0.06539——与1.00mLNa_2EDTA标准滴定溶液[$c(Na_2EDTA)=1.000$mol/L]相当的锌的摩尔质量，g/mol。

所得结果表示至二位小数。

7　允许差

实验室之间分析结果的差值应不大于表1所列允许差。

表1　　%

锌含量	允许差	锌含量	允许差
>1.00～2.00	0.12	>5.00～8.00	0.25
>2.00～3.00	0.16	>8.00～12.00	0.30
>3.00～5.00	0.20		

附　录　A

（标准的附录）

原子吸收光谱法测定镉量

A1　范围

本标准规定了银精矿中镉含量的测定方法。

本标准适用于银精矿中镉含量的测定。测定范围：0.010%～0.50%。

A2　方法提要

试料用酸溶解。在稀硝酸介质中，于原子吸收光谱仪波长228.8nm处，以空气-乙炔火焰测量镉的吸光度，扣除背景吸收，按标准曲线法计算镉的含量。

A3 试剂

A3.1 盐酸(ρ1.19g/mL)。

A3.2 硝酸(ρ1.42g/mL)。

A3.3 高氯酸(ρ1.67g/mL)。

A3.4 溴。

A3.5 硝酸(1+1)。

A3.6 镉标准贮存溶液：称取0.5000g金属镉(99.99%)于200mL烧杯中，加入10mL硝酸(A3.5)，盖上表面皿，置于电热板上低温加热至完全溶解，煮沸驱除氮的氧化物，冷至室温。移入1000mL容量瓶中，以水稀至刻度，混匀。此溶液1mL含0.5mg镉。

A3.7 镉标准溶液：移取10.00mL镉标准贮存溶液于500mL容量瓶中，加入10mL硝酸(A3.5)，用水稀释至刻度，混匀。此溶液1mL含10μg镉。

A4 仪器

原子吸收光谱仪，附镉元素空心阴极灯。

在仪器最佳工作条件下，凡能达到下列指标者均可使用。

灵敏度：在与测量溶液的基体相一致的溶液中，镉的特征浓度应不大于0.0038μg/mL。

精密度：用最高浓度的标准溶液测量10次吸光度，其标准偏差应不超过平均吸光度的1.0%；用最低浓度的标准溶液(不是“零”标准溶液)测量10次吸光度，其标准偏差应不超过最高浓度标准溶液平均吸光度的0.5%。

工作曲线的线性：将工作曲线按浓度等分5段，最高段的吸光度差值与最低段的吸光度差值之比应不小于0.85。

仪器工作条件见附录B(提示的附录)。

A5 试样

A5.1 试样粒度不大于0.082mm。

A5.2 试样在100～105℃烘1h后，置于干燥器中，冷至室温。

A6 分析步骤

A6.1 试料

称取0.20g试样，精确至0.0001g。

独立地进行两次测定，取其平均值。

A6.2 空白试验

随同试料做空白试验。

A6.3 测定

A6.3.1 将试料(A6.1)置于250mL烧杯中，用少量水润湿，加入10mL盐酸，盖上表面皿，置于电热板上加热数分钟，取下稍冷。加入10mL硝酸(A3.2)[如析出单体硫，加入0.5mL溴；如试料含碳量较高，加入2～3mL高氯酸]，置于电热板上加热使试料完全溶解，继续加热蒸至近干，取下冷却，加入5mL硝酸(A3.5)，加热至微沸，用少量水吹洗表面皿及杯壁,冷至室温。

A6.3.2　将试液(A6.3.1)移入 100mL 容量瓶中,用水稀释至刻度,混匀,静置或干过滤。

A6.3.3　按表 A1 分取试液(A6.3.2)并补加硝酸(A3.5)与 100mL 容量瓶中(如镉小于 0.02%时,直接按 A6.3.4 条操作)。

表 A1

镉的含量 %	试液和空白分取量 mL	硝酸(A3.5)补加量 mL	镉的含量 %	试液和空白分取量 mL	硝酸(A3.5)补加量 mL
0.020～0.10	50.00	5.0	>0.15～0.50	10.00	9.0
>0.10～0.15	25.00	7.5			

A6.3.4　在原子吸收光谱仪波长 228.8nm 处,使用空气-乙炔火焰,以水调零,测量试液吸光度,减去试料空白试验溶液的吸光度,从工作曲线上查得镉的浓度。

A6.3.5　工作曲线的绘制

移取 0,2.00,4.00,6.00,8.00,10.00mL 镉标准溶液,置于一组 100mL 的容量瓶中,加 10mL 硝酸(A3.5),用水稀释至刻度,混匀。在与测量试液相同条件下,测量标准溶液的吸光度,减去零浓度溶液的吸光度,以镉的浓度为横坐标,吸光度为纵坐标,绘制工作曲线。

A7　分析结果的表述

按公式(A1)计算镉的百分含量:

$$\mathrm{Cd}(\%)=\frac{cV_0V_2\times10^{-6}}{m_0V_1}\times100 \tag{A1}$$

式中　c——自工作曲线上查得的镉的浓度,μg/mL;

V_0——试液的总体积,mL;

V_1——试液的分取体积,mL;

V_2——试液分取后的稀释体积,mL;

m_0——试料的质量,g。

所得结果表示至二位小数,若含量小于 0.10%时,表示至三位小数。

A8　允许差

实验室之间的分析结果的差值应不大于表 A2 所列允许差。

表 A2　　%

镉 含 量	允 许 差	镉 含 量	允 许 差
0.010～0.050	0.003	>0.10～0.30	0.02
>0.050～0.10	0.010	>0.30～0.50	0.03

附 录 B

（提示的附录）

仪器工作条件

使用日立 Z-8200 型原子吸收光谱仪测量镉的参考工作条件见表 B1。

表 B1

波长,nm	灯电流,mA	PMT 电压,V	观测高度,mm	狭缝宽度,nm	空气流量,L/min	乙炔流量,L/min
228.8	7.5	440	7.5	1.30	15.0	1.5

（九）银精矿中铅、锌量的测定

1 范围

本标准规定了银精矿中铅、锌含量的测定方法。

本标准适用于银精矿中铅、锌含量的测定。测定范围：铅为 0.50%～5.00%；锌为 0.20%～1.00%。

2 方法提要

试料用酸溶解。在稀硝酸介质中，于原子吸收光谱仪波长 283.3nm、213.9nm 处，使用空气-乙炔火焰，分别测量铅、锌的吸光度。按标准曲线法计算铅、锌的含量。

3 试剂

3.1 盐酸（ρ1.19g/mL）。

3.2 硝酸（ρ1.42g/mL）。

3.3 高氯酸（1.68g/mL）。

3.4 硝酸（1+1）。

3.5 氟化铵饱和溶液。

3.6 铅标准贮存溶液：称取 1.0000g 金属铅（≥99.99%）于 200mL 烧杯中，加 10mL 硝酸（3.4），盖上表皿，置于电热板低温处加热至完全溶解，煮沸驱除氮的氧化物。取下，用少量水吹洗杯壁及表皿，冷至室温。移入 1000mL 容量瓶中，加 20mL 硝酸（3.4），用水稀释至刻度，混匀。此溶液 1mL 含 1mg 铅。

3.7 锌标准贮存溶液：称取 1.0000g 金属锌（≥99.99%）于 200mL 烧杯中，加 10mL 硝酸（3.4），盖上表皿，置于电热板低温处加热至完全溶解，煮沸驱除氮的氧化物。取下，用少量水吹洗，杯壁及表皿，冷至室温。移入 1000mL 容量瓶中，加 20mL 硝酸（3.4），用水稀释至刻度，混匀。此溶液 1mL 含 1mg 锌。

3.8 铅、锌混合标准溶液：移取 50.00mL 铅标准贮存溶液、10.00mL 锌标准贮存溶液于 100mL 容量瓶中，加入 5mL 硝酸（3.4），用水稀释至刻度，混匀。此溶液 1mL 含 0.5mg 铅、0.1mg 锌。

4 仪器

原子吸收光谱仪、附铅、锌空心阴极灯。

在仪器最佳工作条件下,凡能达到下列指标的原子吸收光谱仪均可使用。

灵敏度:在与测量溶液基体相一致的溶液中,铅、锌的特征浓度应分别不大于 0.19, 0.046μg/mL。

精密度:用最高浓度的标准溶液测量 10 次吸光度,其标准偏差应不超过平均吸光度的 1.0%。用最低浓度的标准溶液(不是"零"标准溶液)测量 10 次吸光度,其标准偏差应不超过最高浓度标准溶液平均吸光度的 0.5%。

工作曲线的线性:将工作曲线按浓度等分成 5 段,最高段的吸光度差值与最低段的吸光度差值之比应不小于 0.9。

仪器工作条件见附录 A(提示的附录)。

5 试样

5.1 试样的粒度不大于 0.082mm。

5.2 试样在 100~105℃ 烘 1h 后,置于干燥器中冷至室温。

6 分析步骤

6.1 试料

称取 0.10g 试样,精确至 0.0001g。

独立地进行两次测定,取其平均值。

6.2 空白试验

随同试料做空白试验。

6.3 测定

6.3.1 将试料(6.1)置于 200mL 烧杯中,用少量水润湿,加 15mL 盐酸(3.1),置于电热板上加热数分钟,驱除硫化物,加入 2mL 氟化铵饱和溶液(如含碳量高时,加 2mL 高氯酸,冒烟至尽),加 5mL 硝酸(3.2),加热至近干,取下稍冷。

6.3.2 往烧杯中加入 10mL 硝酸(3.4)微热溶解盐类,取下冷至室温。将溶液移入 200mL 容量瓶中,用水稀释至刻度,混匀。

6.3.3 使用空气-乙炔火焰,于原子吸收光谱仪波长 283.3nm、213.9nm 处,以水调零,分别测量铅、锌的吸光度,减去随同试料空白试验溶液的吸光度,从工作曲线上查出相应的铅、锌浓度。

6.3.4 工作曲线的绘制

准确移取 0,2.00,4.00,6.00,8.00,10.00mL 铅、锌混合标准溶液于一组 200mL 容量瓶中,加 10mL 硝酸(3.4),用水稀释刻度,混匀。在与测量试液相同条件下测量标准溶液的吸光度,减去零浓度溶液的吸光度,以铅、锌浓度为横坐标,相应的吸光度为纵坐标,绘制工作曲线。

7　分析结果的计算

按公式(1)计算铅、锌的百分含量：

$$X(\%)=\frac{cV\times 10^{-3}}{m_0}\times 100 \tag{1}$$

式中　c——自工作曲线上查得的待测元素的浓度，mg/mL；

V——试液的总体积，mL；

m_0——试料的质量，g。

所得结果表示至二位小数。

8　允许差

实验室之间分析结果的差值应不大于表1所列允许差。

表1　%

铅含量	允许差	锌含量	允许差
0.50～1.00	0.10	0.20～0.50	0.06
>1.00～2.00	0.12	>0.50～1.00	0.08
>2.00～3.00	0.15		
>3.00～5.00	0.17		

附　录　A

（提示的附录）

仪器工作条件

使用WFX-IC型原子吸收光谱仪测量铅、锌的参考工作条件见表A1。

表A1

元素	波长 nm	灯电流 mA	单色器通带 nm	观测高度 mm	空气流量 L/min	乙炔流量 L/min
Pb	283.3	2	0.4	5	7.5	2.6
Zn	213.9	4	0.4	5	7.5	2.1

五、金化学分析方法

金化学分析方法按国家标准GB/T 11066.1～11066.5—1989执行。该标准具体规定如下：

（一）火试金法测定金量

1　主题内容与适用范围

本标准规定了金中金含量的测定方法。

本标准适用于金中金含量的测定。测定范围：99.50%～99.95%。

2 引用标准

GB 1.4 标准化工作导则 化学分析方法标准编写规定

GB 1467 冶金产品化学分析方法标准的总则及一般规定

3 方法原理

试样加入适量的银,包于铅箔中,于920℃进行灰吹,使铅及杂质氧化与金银分离,金银珠留在灰皿中,金银珠用硝酸分金后称重,计算金量,随同试验带接近试样含金量的金标样以校正金的含量。

4 试剂与材料

4.1 铅箔:纯铅(99.99%)碾成约0.1mm薄片,剪成正方形(每张约3g)。

4.2 纯银,99.99%。

4.3 硝酸(1+1)。

4.4 硝酸(2+1)。

4.5 金标样:与试样含量接近。

5 仪器与器皿

5.1 试金电炉(高温炉)。

5.2 精密天平:感量十万分之一克。

5.3 碾片机:可碾厚度0.1mm。

5.4 分金篮:用0.5mm~1.0mm不锈钢片(或用铂金网)制成。

5.5 灰皿:纯骨灰制成,尺寸 $\phi \times h$(mm):30×20,凹面深度10mm。

5.6 长柄灰皿钳子。

6 分析步骤

6.1 试料

称取1.00000g试料,精确至0.00001g,每件试样取3份试料,每份试料及标样与2.5g纯银(4.2)用两张铅箔(4.1)包成球型。

6.2 灰吹

灰皿(5.5)在950℃左右预热20min,将已包好的试料(6.1)按顺序放入排列好的灰皿中,待熔铅脱膜后稍开炉门通风,在920±20℃进行灰吹,视出现光辉点之后关闭炉门切断电源,炉温降至750℃以下时取出灰皿冷却。

6.3 退火与碾片

6.3.1 用镊子将金银珠从灰皿中取出。用锤子敲打金银珠两侧,刷去附着的氧化物及骨灰后,在650~700℃退火10min。取出冷却碾成约0.2mm的薄片,在650~700℃退火3min。

6.3.2 退火后的金银片由两端向片中线卷成两个相同的圆筒,放入分金篮内。

6.4 分金

6.4.1 第一次分金:将分金篮放入预热至90~95℃的硝酸(4.3)中,加热30min,取出分金篮,用热水洗涤3次。

6.4.2　第二次分金:将水洗后的分金篮放入预热至110℃硝酸(4.4)中,加热40min,用热水洗涤3次。

6.4.3　第三次分金:操作同第二次分金,分金30min,洗涤5~7次。

6.4.4　灼烧:金卷干燥后于650~700℃灼烧3min,冷却,称重。

7　分析结果的计算与表述

金的百分含量(%)按下式计算:

$$Au=\frac{m_1-(m_3-m_4D)}{m_2}\times 100$$

式中　m_1——测得试料金卷质量,g;

m_2——试料的质量,g;

m_3——测得标样金卷质量,g;

m_4——称取标样质量,g;

D——标样金的百分含量,%。

8　允许差

实验室之间的分析结果的差值应不大于下表所列允许差。

含量,%	允　许　差,%
99.90~99.95	0.02

(二) 火焰原子吸收光谱法测定银量

1　主题内容与适用范围

本标准规定了金中银含量的测定方法。

本标准适用于金中银含量的测定。测定范围:0.0005%~0.0400%。

2　引用标准

GB 1.4　标准化工作导则　化学分析方法标准编写规定

GB 1467　冶金产品化学分析方法标准的总则及一般规定

GB 7728　冶金产品化学分析　火焰原子吸收光谱法通则

3　方法原理

试样用王水分解,在3mol/L盐酸介质中,用乙酸乙酯萃取分离金,水相浓缩后制成盐酸(1+9)待测试液,使用空气-乙炔火焰,于原子吸收光谱仪波长328.1nm处测量其吸光度。

4　试剂

4.1　盐酸[c(HCl)=3mol/L],优级纯。

4.2　盐酸(1+9),优级纯。

4.3　稀王水(硝酸:盐酸:水=1:3:3),优级纯。

4.4　乙酸乙酯。

4.5　银标准贮存溶液:称取0.1000g纯金属银(99.95%),低温加热溶于10mL硝酸(1+1,优级纯)中,加入30~40mL盐酸(ρ1.19g/mL,优级纯),加热煮沸至沉淀完全溶解,冷至室温。移入1000mL容量瓶中,用盐酸(1+1)稀释至刻度,混匀。此溶液1mL含100μg银。

4.6　银标准溶液:移取25.00mL银标准贮存溶液(4.5)于200mL容量瓶中,用盐酸(4.2)稀释至刻度,混匀。此溶液1mL含12.5μg银。

5　仪器

原子吸收光谱仪,附银空心阴极灯。

在仪器最佳工作条件下,凡能达到下列指标者均可使用。

灵敏度:在与测量试液的基体相一致的溶液中,银的特征浓度应不大于0.033μg/mL。

精密度:用最高浓度的标准溶液测量10次吸光度,其标准偏差应不超过平均吸光度的1%;用最低浓度的标准溶液(不是"零"标准溶液)测量10次吸光度,其标准偏差应不超过最高浓度标准溶液平均吸光度的0.5%。

工作曲线线性:将工作曲线按浓度等分成五段,最高段吸光度差值与最低段的吸光度差值之比,应不小于0.7。

仪器工作条件见附录A(参考件)。

6　分析步骤

6.1　试料

按表1称取试料,精确到0.001g。

表1

银含量,%	试料,g	试液总体积,mL	银含量,%	试料,g	试液总体积,mL
0.0005~0.0025	1.000	10	>0.0125~0.0400	0.500	100
>0.0025~0.0125	1.000	50			

6.2　空白试验

随同试料做空白试验。

6.3　测定

6.3.1　将试料(6.1)置于100mL烧杯中。

6.3.2　加入6mL稀王水(4.3),盖上表皿,低温加热使试料完全分解,低温蒸发至试液颜色呈棕褐色(约2mL)取下,打开表皿挥发氮的氧化物,冷却至室温。

6.3.3　用盐酸(4.1)洗涤表皿并将试液移入125mL分液漏斗中,稀释至30mL。

6.3.4　加入20mL乙酸乙酯(4.4),振荡20s,静置分层,水相放入另一分液漏斗中。有机相加入2mL盐酸(4.1),轻轻振荡数次,静置分层,水相合并(保存有机相以回收金)。

6.3.5　合并后的水相,按6.3.4重复操作一次,静置分层后的水相均放入原烧杯中。

6.3.6　低温将溶液蒸发至约3mL,冷却至室温,用盐酸(4.2)按表1移入容量瓶中并稀释至刻度，混匀。

6.3.7　使用空气-乙炔火焰，在原子吸收光谱仪波长 328.1nm 处，以水调零，与标准溶液系列平行测量试液的吸光度，减去随同试料空白溶液的吸光度，从工作曲线上查出相应的银浓度。

6.4　工作曲线的绘制

6.4.1　移取 0，2.00，4.00，6.00，8.00，10.00mL 银标准溶液（4.6），分别置于一组 50mL 容量瓶中，用盐酸（4.2）稀释至刻度，混匀。

6.4.2　在与试料测定相同条件下，以水调零，测量标准溶液的吸光度，减去"零"浓度溶液的吸光度。以银浓度为横坐标，吸光度为纵坐标绘制工作曲线。

7　分析结果的计算与表述

银的百分含量（%）按下式计算：

$$Ag=\frac{cV\times 10^{-6}}{m}\times 100$$

式中　c——自工作曲线上查得的银浓度，μg/mL；

V——试液总体积，mL；

m——试料的质量，g。

8　允许差

实验室之间分析结果的差值应不大于表 2 所列允许差。

表 2　　%

含量	允许差	含量	允许差
0.0005～0.0015	0.0003	>0.0070～0.0150	0.0015
>0.0015～0.0030	0.0006	>0.0150～0.0300	0.0030
>0.0030～0.0070	0.0010	>0.0300～0.0400	0.0040

附录 A
仪器工作条件
（参考件）

使用 P-E1100 型原子吸收光谱仪测量银的参考工作条件见表 A1。

表 A1

波长，nm	灯电流，mA	单色器通带，nm	观测高度，mm	乙炔流量，L/min	空气流量，L/min
328.1	3	0.7	8.0	0.9	5.5

（三）火焰原子吸收光谱法测定铁量

1　主题内容与适用范围

本标准规定了金中铁含量的测定方法。

本标准适用于金中铁含量的测定。测定范围:0.0005%～0.0080%。

2　引用标准

GB 1.4　标准化工作导则　化学分析方法标准编写规定

GB 1467　冶金产品化学分析方法标准的总则及一般规定

GB 7728　冶金产品化学分析　火焰原子吸收光谱法通则

3　方法原理

试样用王水分解,在1mol/L盐酸介质中,用乙酸乙酯萃取分离金,水相浓缩后制成盐酸(1+19)待测试液,使用空气-乙炔火焰,于原子吸收光谱仪上,波长248.3nm处测量吸光度。

4　试剂

4.1　盐酸(1+11),优级纯。

4.2　盐酸(1+19),优级纯。

4.3　稀王水(硝酸:盐酸:水=1:3:3),优级纯。

4.4　乙酸乙酯。

4.5　铁标准贮存溶液:称取0.7149g三氧化二铁(优级纯),低温加热溶于100mL盐酸(ρ1.19g/mL,优级纯)中,冷却至室温,用水移入1000mL容量瓶中并稀释至刻度,混匀。此溶液1mL含500μg铁。

4.6　铁标准溶液:移取25.00mL铁标准贮存溶液(4.5)于1000mL容量瓶中,用盐酸(4.2)稀释至刻度,混匀。此溶液1mL含12.5μg铁。

5　仪器

原子吸收光谱仪,附铁空心阴极灯。

在仪器最佳工作条件下,凡能达到下列指标者均可使用。

灵敏度:在与测量试液的基体相一致的溶液中,铁的特征浓度应不大于0.079μg/mL。

精密度:用最高浓度的标准溶液测量10次吸光度,其标准偏差应不超过平均吸光度的1%;用最低浓度的标准溶液(不是"零"标准溶液)测量10次吸光度,其标准偏差应不超过最高浓度标准溶液平均吸光度的0.5%。

工作曲线线性:将工作曲线按浓度等分成五段,最高段吸光度差值与最低段的吸光度差值之比,应不小于0.7。

仪器工作条件见附录A(参考件)。

6　分析步骤

6.1　试料

称取1.000g试料,精确到0.001g。

6.2　空白试验

随同试料做空白试验。

6.3　测定

6.3.1　将试料(6.1)置于 100mL 烧杯中。

6.3.2　加入 6mL 稀王水(4.3),盖上表皿,低温加热使试料完全分解,低温蒸发至试液颜色呈棕褐色(约 2mL)取下,打开表皿挥发氮的氧化物,加入 4mL 水,微沸,冷却至室温。

6.3.3　用盐酸(4.1)洗涤表皿并将试液移入 125mL 分液漏斗中,稀释至 30mL。

6.3.4　加入 20mL 乙酸乙酯(4.4),振荡 20s,静置分层,水相放入另一分液漏斗中。有机相加入 2mL 盐酸(4.1),轻轻振荡数次,静置分层,水相合并(保存有机相以回收金)。

6.3.5　合并后的水相,按 6.3.4 重复操作一次,静置分层后的水相均放入原烧杯中。

6.3.6　低温将试液蒸发至约 2mL,冷却至室温,用盐酸(4.2)按表 1 移入容量瓶中并稀释至刻度,混匀。

表 1

铁含量,%	试液总体积,mL	铁含量,%	试液总体积,mL
≤0.0025	10	>0.0025~0.0080	50

6.3.7　使用空气-乙炔火焰,在原子吸收光谱仪波长 248.3nm 处,以水调零,与标准溶液系列平行测量试液的吸光度,减去随同试料空白溶液的吸光度,从工作曲线上查出相应的铁浓度。

6.4　工作曲线的绘制

6.4.1　移取 0,2.00,4.00,6.00,8.00,10.00mL 铁标准溶液(4.6),分别置于一组 50mL 容量瓶中,用盐酸(4.2)稀释至刻度,混匀。

6.4.2　在与试料测定相同条件下,以水调零,测量标准溶液的吸光度,减去“零”浓度溶液的吸光度。以铁浓度为横坐标,吸光度为纵坐标绘制工作曲线。

7　分析结果的计算与表述

铁的百分含量(%)按下式计算:

$$\mathrm{Fe}=\frac{cV\times 10^{-6}}{m}\times 100$$

式中　c——自工作曲线上查得的铁浓度,μg/mL;

V——试液总体积,mL;

m——试料的质量,g。

8　允许差

实验室之间分析结果的差值应不大于表 2 所列允许差。

表 2　%

含　量	允 许 差	含　量	允 许 差
0.0005~0.0015	0.0003	>0.0035~0.0050	0.0008
>0.0015~0.0035	0.0005	>0.0050~0.0080	0.0010

附 录 A
仪器工作条件
（参考件）

使用P-E1100型原子吸收光谱仪测定铁的参考工作条件见表A1。

表A1

波 长 nm	灯电流 mA	单色器通带 nm	观测高度 mm	乙炔流量 L/min	空气流量 L/min
248.3	10	0.2	8.0	0.9	5.5

（四）火焰原子吸收光谱法测定铜、铅、铋和锑量

1 主题内容与适用范围

本标准规定了金中铜、铅、铋和锑含量的测定方法。

本标准适用于金中铜、铅、铋和锑含量的测定。测定范围见表1。

表1

元 素	Cu	Pb	Bi	Sb
测定范围，%	0.0005～0.0250	0.0005～0.0060	0.0005～0.0030	0.0005～0.0080

2 引用标准

GB 1.4 标准化工作导则 化学分析方法标准编写规定

GB 1467 冶金产品化学分析方法标准的总则及一般规定

GB 7728 冶金产品化学分析 火焰原子吸收光谱法通则

3 方法原理

试样用王水分解，在2mol/L盐酸介质中，用乙酸乙酯萃取分离金，水相浓缩后制成盐酸(1+9)待测试液，使用空气-乙炔火焰，于原子吸收光谱仪按表2所列波长处，测量各元素的吸光度。

表2

元 素	Cu	Pb	Bi	Sb
波长，nm	324.7	217.0	223.1	217.6

4 试剂

4.1 盐酸[c(HCl)=2mol/L]，优级纯。

4.2 盐酸(1+9),优级纯。

4.3 稀王水(硝酸:盐酸:水=1:3:3),优级纯。

4.4 酒石酸(50%),优级纯。

4.5 洗涤液:移取9mL酒石酸(4.4)于300mL盐酸(4.1)中,混匀。

4.6 乙酸乙酯。

4.7 铜标准贮存溶液:称取0.5000g纯金属铜(99.95%),低温加热溶于20mL硝酸(1+1)中,加入20mL水,煮沸驱除氮的氧化物,冷却至室温,用水移入1000mL容量瓶中并稀释至刻度,混匀。此溶液1mL含500μg铜。

4.8 铅标准贮存溶液:称取1.0000g纯金属铅(99.95%),低温加热溶于20mL硝酸(1+1)中,煮沸驱除氮的氧化物,冷却至室温,用水移入1000mL容量瓶中并稀释至刻度,混匀。此溶液1mL含1mg铅。

4.9 铋标准贮存溶液:称取1.0000g纯金属铋(99.95%),低温加热溶于100mL硝酸(1+1)中,煮沸驱除氮的氧化物,冷却至室温,用水移入1000mL容量瓶中并稀释至刻度,混匀。此溶液1mL含1mg铋。

4.10 锑标准贮存溶液:称取1.0000g纯金属锑(99.95%),低温加热溶于50mL混酸(硝酸:盐酸=1:4)中,加热煮沸驱除氮的氧化物,冷却至室温,用盐酸(1+10)移入1000mL容量瓶中并稀释至刻度,混匀。此溶液1mL含1mg锑。

4.11 铜、铅、铋和锑混合标准溶液:分别移取25.00mL铜和铅标准贮存溶液(4.7,4.8)及50.00mL铋和锑标准贮存溶液(4.9,4.10)于1000mL容量瓶中,用盐酸(4.2)稀释至刻度,混匀。此溶液1mL含12.5μg铜、25.0μg铅、50.0μg铋和50.0μg锑。

5 仪器

原子吸收光谱仪,附铜、铅、铋和锑空心阴极灯。

在仪器最佳工作条件下,凡能达到下列指标者均可使用。

灵敏度:在与测量试液的基体相一致的溶液中,铜、铅、铋和锑的特征浓度应分别不大于0.048,0.158,0.246和0.492μg/mL。

精密度:用最高浓度的标准溶液测量10次吸光度,其标准偏差应不超过平均吸光度的1.0%;用最低浓度的标准溶液(不是“零”标准溶液)测量10次吸光度,其标准偏差应不超过最高浓度标准溶液平均吸光度的0.5%。

工作曲线线性:将工作曲线按浓度等分成五段,最高段的吸光度差值与最低段的吸光度差值之比,应不小于0.7。

仪器工作条件见附录A(参考件)。

6 分析步骤

6.1 试料

按表3称取试料,精确到0.001g。

6.2 空白试验

随同试料做空白试验。

6.3 测定

表 3

元素含量 %	试料,g	烧杯体积 mL	稀王水量		萃取水相体积,mL	乙酸乙酯量		试液总体积,mL			
			加入次数	mL		加入次数	mL	Cu	Pb	Bi	Sb
Cu、Pb、Bi、Sb 各≤0.0025	10.000	250	1	35	40	1	25	100	50	25	25
			2	20		2	20				
			3	10		3	20				
Cu>0.0025～0.0100 Pb>0.0025～0.0060 Bi>0.0025～0.0030 Sb>0.0025～0.0080	2.000	100	1	12	30	1	20	100	25	25	25
						2	20				
						3	20				
Cu>0.0100～0.0250	2.000	100	1	12	30	1	20	200	—	—	—
						2	20				
						3	20				

6.3.1　将试料(6.1)按表3置于烧杯中,按表3加入稀王水(4.3),盖上表皿,低温加热使试料完全分解,低温蒸发至试液颜色呈棕褐色(冷却后不应析出单体金)取下,打开表皿挥发氮的氧化物,冷却至室温。

6.3.2　边摇动边加入10mL水,0.9mL酒石酸溶液(4.4),加热至微沸,取下冷却。

6.3.3　用盐酸(4.1)洗涤表皿并将试液移入125mL分液漏斗中,按表3稀释体积,加入乙酸乙酯(4.6),振荡20s,静置分层(保存有机相以回收金)。

注:金量大于2g有机相在下层。

6.3.4　水相中再按表3加入乙酸乙酯(4.6),振荡20s,静置分层,水相放入另一分液漏斗中。有机相加入2mL洗涤液(4.5)轻轻振荡数次,静置分层,水相合并(保存有机相以回收金)。

6.3.5　合并后的水相,按6.3.4重复操作一次,静置分层后的水相均放入原烧杯中。

6.3.6　低温将试液蒸发至约3mL,冷却至室温,用盐酸(4.2)按表3移入容量瓶中并稀释至刻度,混匀。

6.3.7　使用空气-乙炔火焰,在原子吸收光谱仪按表2所列波长处,以水调零,与标准溶液系列平行测量试液的吸光度,减去随同试料空白溶液的吸光度,从工作曲线上查出相应的被测元素浓度。

6.4　工作曲线的绘制

6.4.1　移取0,2.00,4.00,6.00,8.00,10.00mL铜、铅、铋和锑混合标准溶液(4.11),分别置于一组50mL容量瓶中,用盐酸(4.2)稀释至刻度,混匀。

6.4.2　在与试料测定相同条件下,以水调零,测量标准溶液的吸光度,减去“零”浓度溶液的吸光度。以被测元素浓度为横坐标,吸光度为纵坐标绘制工作曲线。

7 分析结果的计算与表述

被测元素的百分含量(%)按下式计算:

$$X=\frac{cV\times10^{-6}}{m}\times100$$

式中 X——被测元素(Cu、Pb、Bi、Sb)的百分含量,%;

c——自工作曲线上查得的被测元素浓度,μg/mL;

V——试液总体积,mL;

m——试料的质量,g。

8 允许差

实验室之间分析结果的差值应不大于表4所列允许差。

表4 %

元素	含量	允许差
Cu	0.00050~0.00100	0.00025
	>0.0010~0.0030	0.0005
	>0.0030~0.0060	0.0008
	>0.0060~0.0100	0.0012
	>0.0100~0.0250	0.0025
Pb	0.0005~0.0015	0.0003
	>0.0015~0.0025	0.0004
	>0.0025~0.0035	0.0005
	>0.0035~0.0060	0.0008
Bi	0.00050~0.00100	0.00025
	>0.0010~0.0030	0.0005
Sb	0.00050~0.00100	0.00025
	>0.0010~0.0030	0.0005
	>0.0030~0.0060	0.0008
	>0.0060~0.0080	0.0010

附 录 A
仪器工作条件
(参考件)

使用P-E1100型原子吸收光谱仪测量铜、铅、铋和锑的参考工作条件见表A1。

表 A1

元　素	Cu	Pb	Bi	Sb
波长,nm	324.7	217.0	223.1	217.6
灯电流,mA	4	4	5	10
单色器通带,nm	0.7	0.7	0.2	0.2
观测高度,mm	8.0	8.0	8.0	8.0
乙炔流量,L/min	0.9	0.9	0.9	0.9
空气流量,L/min	5.0	5.0	5.5	5.5

(五) 发射光谱法测定银、铜、铁、铅、锑和铋含量

1 主题内容与适用范围

本标准规定了金中银、铜、铁、铅、锑和铋的测定方法。以杂质减量法确定金含量。

本标准适用于纯金(99.95%～99.99%)中银、铜、铁、铅、锑和铋的同时测定。测定范围见表 1。

表 1

元　素	测定范围,%	元　素	测定范围,%
Ag	0.0005～0.0200	Pb	0.0005～0.0100
Cu	0.0005～0.0200	Sb	0.0010～0.0100
Fe	0.0010～0.0100	Bi	0.0005～0.0100

2 引用标准

GB 1.4　标准化工作导则　化学分析方法标准编写规定

GB 1467　冶金产品化学分析方法标准的总则及一般规定

3 方法原理

采用“三标准试样法”,使用纯金金属棒状电极,交流电弧激发,对金中的银、铜、铁、铅、锑和铋元素进行光谱测定,采用杂质减量法确定金含量。

4 试剂和材料

4.1 无水乙醇。

4.2 显影液 A:2g 米吐尔,52g 无水亚硫酸钠,10g 对苯二酚,依次溶于 700mL 水(35～45℃)中,冷却后稀释至 1000mL。

4.3 显影液 B:40g 无水碳酸钠,12g 溴化钾,依次溶于 700mL 水(35～45℃)中,冷却

后稀释至1000mL。

4.4 定影液:240g硫代硫酸钠,15g无水亚硫酸钠,15mL冰乙酸(98%),7.5g硼酸,15g明矾,依次溶于700mL水(35~45℃)中,冷却后稀释至1000mL。

4.5 脱脂棉。

4.6 感光板:天津紫外Ⅱ型。

4.7 纯金金棒电极:两端加工成半球形。

5 仪器、设备

5.1 摄谱仪:中型光栅(或棱镜)摄谱仪。线色散倒数不小于0.8nm/mm。

5.2 光源:交流电弧发生器。

5.3 测微光度计。

5.4 电极加工车床。

5.5 锉刀:镀铬平面细纹锉。

6 试样

6.1 将试样浇铸成ϕ6mm,长约50~60mm的金属棒,并将试样截成与标样同等长度,用脱脂棉和酒精擦洗两遍。

6.2 在车床上用锉刀(5.5)将试样两端加工成半球形的放电面,放电面不应有肉眼可见的裂缝或气孔。

7 分析步骤

7.1 标样

标样为国家级(或相当于国家级)。

7.2 测定条件

7.2.1 激发条件

交流电弧激发,电流3A,电极距离2.5mm。

7.2.2 曝光条件

光谱级次为Ⅰ级,中心波长300.00nm,中间光栏5mm,狭缝宽度10μm,预燃时间30s,曝光时间40s,滤光器透射率为4.5%和100%两阶。

注:如果无法使用4.5%和100%两阶滤光器,可采用分段曝光方式,预燃20s,曝光10s,测定银、铜,板移一次继续曝光40s,测定铁、铅、锑、铋。

7.2.3 暗室处理

显影:显影液A(4.2)和显影液B(4.3)按(1+1)比例配制,显影液温度为20℃,显影4min。

定影:将显影后的感光板立即水洗后放入定影液(4.4)中定影至通透,流水冲洗10min,用蒸馏水冲洗,干燥。

7.2.4 测量

在测微光度计(5.3)上,用S标尺按表2所列分析线对进行黑度测定。

7.2.5 工作曲线的绘制

根据标准试样的黑度测量数据，分别以 lg*R*-lg*C* 绘制工作曲线。

表 2

分析元素	分析线，nm	内标元素	内标线，nm
Ag	328.068	Au	330.831
Cu	324.754	Au	330.831
Fe	259.940	Au	269.437
Pb	368.347	Au	330.831
Bi	306.771	Au	330.831
Sb	259.806	Au	269.437

8　分析结果的计算

8.1　分析元素含量确定

根据试样的黑度测量数据，分别在工作曲线上求出各元素的含量。

8.2　金含量的确定

以 100%减去各种杂质元素的百分含量以确定金的含量。金含量按四位有效数字报出。

9　允许差

实验室之间分析结果的差值应不大于表 3 所列允许差。

表 3　　%

元素含量	允许差	元素含量	允许差
≤0.0008	0.0003	>0.0040～0.0070	0.0014
>0.0008～0.0015	0.0005	>0.0070～0.0120	0.0025
>0.0015～0.0025	0.0006	>0.0120～0.0200	0.0035
>0.0025～0.0040	0.0008		

六、银化学分析方法

银化学分析方法按国家标准 GB/T 11067.1～11067.7—1989 执行。该标准具体规定如下：

（一）氯化银沉淀-火焰原子吸收光谱法测定银量

1　主题内容与适用范围

本标准规定了银中银含量的测定方法。

本标准适用于银中银含量的测定。测定范围：99.850%～99.980%。

2　引用标准

GB 1.4　标准化工作导则　化学分析方法标准编写规定

GB 1467　冶金产品化学分析方法标准的总则及一般规定

GB 7728　冶金产品化学分析　火焰原子吸收光谱法通则

3　方法原理

试样用硝酸分解。在硝酸介质中,定量加入氯化钠标准溶液,使大部分银生成氯化银沉淀,经振荡澄清后,剩余的银离子,使用空气-乙炔火焰,于原子吸收光谱仪波长 328.1nm 处测量银的吸光度。

4　试剂

4.1　硝酸(1+1)。

4.2　银标准溶液:称取 1.0000g 纯银,置于 100mL 烧杯中,加入 10mL 硝酸(4.1),盖上表皿,加热溶解,煮沸驱除氮的氧化物,冷后,移入 1000mL 容量瓶中,以水稀释至刻度,混匀。此溶液 1mL 含 1mg 银。

4.3　氯化钠标准溶液:移取 100mL 氯化钠标准溶液(4.4.1),置于 1000mL 容量瓶中,以水稀释至刻度,混匀。

4.4　氯化钠标准溶液:

4.4.1　配制

称取 5.420g 氯化钠,置于 300mL 烧杯中,以水溶解后移入 1000mL 容量瓶中并稀释至刻度,混匀。静置 4h。

4.4.2　校正

4.4.2.1　称取 1.0000g 纯银,置于试银瓶(5.2)中,加入 10mL 硝酸(4.1),加热溶解,冷后,用加液量管(5.3)加入 100mL 氯化钠标准溶液(4.4.1)盖上瓶塞,振荡 2min,静置澄清后,取下瓶塞,加入 0.5mL 氯化钠标准溶液(4.3),如试液浑浊,需继续振荡,静置澄清后,再加入 0.5mL 氯化钠标准溶液(4.3),直至试液中不再出现浑浊为终点。如加入氯化钠标准溶液(4.3)总体积在 1.5～2.0mL 之间,可不调整氯化钠标准溶液(4.4.1)加入量,若加入氯化钠标准溶液(4.3)超过 2mL 时,应补加氯化钠量。

补加氯化钠量按式(1)计算:

$$m=\frac{(V-2)\times 5.42V_0}{10^6} \tag{1}$$

式中　m——应补加氯化钠量,g;

V——滴定,消耗氯化钠标准溶液(4.3)的体积,mL;

V_0——剩余氯化钠标准溶液(4.4)的总体积,mL。

注:若$(V-2)<0$时,应将 V 按负数代入公式(2) V_2 中计算加水体积。

4.4.2.2　经振荡试液澄清后,加入 0.5mL 氯化钠标准溶液(4.3)后不出现氯化银浑浊时,加入 0.5mL 银标准溶液(4.2),振荡,试液澄清后,再加入 0.5mL 银标准溶液(4.2),如出现浑浊继续振荡,澄清,再用银标准溶液(4.2)滴定。直至试液中不再出现浑浊为终点。记录滴定毫升数时要减去最初加入的 0.5mL 氯化钠标准溶液,消耗的 0.5mL 银标准溶液。

补加水体积按式(2)计算:

$$V_1=\frac{(V_2+2)V_0}{1000} \tag{2}$$

式中 V_1——应补加水的体积,mL;

V_2——滴定消耗银标准溶液的体积,mL;

V_0——剩余氯化钠标准溶液(4.4)的总体积,mL。

5 仪器

5.1 振荡机,250r/min。

5.2 试银瓶,200mL。

5.3 加液量管,100mL。

5.4 原子吸收光谱仪,附银空心阴极灯。

在仪器最佳工作条件下,凡达到下列指标者均可使用。

灵敏度:在与测量试液基本一致的溶液中,银的特征浓度应不大于0.22μg/mL。

精密度:用最高浓度的标准溶液测量10次吸光度,其标准偏差应不超过平均吸光度的1.0%;用最低浓度的标准溶液(不是"零"标准溶液)测量10次吸光度,其标准偏差应不超过最高浓度标准溶液平均吸光度的0.5%。

工作曲线线性:将工作曲线按浓度等分成五段,最高段的吸光度差值与最低段的吸光度差值之比应不小于0.7。

仪器工作条件见附录A(参考件)。

6 分析步骤

6.1 试料

称取1g精确到0.00001g的试料3份。称取1g精确到0.00001g的银标样4份。

6.2 测定

6.2.1 将试料与银标样(6.1),分别置于试银瓶(5.2)中,加入10mL硝酸(4.1),低温加热分解后取下,放冷。

6.2.2 用加液量管(5.3)加入100.0mL氯化钠标准溶液(4.4),盖上瓶塞,放到振荡机(5.1)上,振荡4min,取下,轻轻摇动试银瓶,使瓶壁上的氯化银降落于试银瓶底部,静置10min。

6.2.3 使用空气-乙炔火焰,于原子吸收光谱仪波长328.1nm处,以水调零,与标准溶液系列平行测量吸光度。

注:所测试液吸光度低于工作曲线中第一点的吸光度时,需调整剩余银离子浓度重新测定。

6.2.4 从工作曲线上查出相应的银浓度。

6.3 工作曲线的绘制

移取0,0.50,1.00,1.50,2.00,2.50mL银标准溶液(4.2),分别置于一组100mL容量瓶中,各加入10mL硝酸(4.1),以水稀释至刻度,混匀。以下按6.2.3进行。减去零浓度溶液的吸光度。以银浓度为横坐标,吸光度为纵坐标,绘制工作曲线。

7 分析结果的计算与表述

银的百分含量(%)按式(3)计算:

$$Ag=\frac{m_1-Vc_1+Vc_2}{m_0}\times 100 \tag{3}$$

式中 m_1——称取的四份银标样的均值含银质量，g；

V——被测试液的体积，mL；

c_1——从工作曲线上查得银标样的平均银浓度，g/mL；

c_2——从工作曲线上查得试液的银浓度，g/mL；

m_0——试料的质量，g。

8 允许差

实验室之间分析结果的差值应不大于下表所列允许差。

%

含 量	允许差
99.850~99.980	0.015

附 录 A
仪器工作条件
（参考件）

使用 WFO-Yz 型原子吸收光谱仪测量银的参考工作条件见表 A1。

表 A1

波长，nm	灯电流，mA	单色器通带，nm	观测高度，mm	空气流量，L/min	乙炔流量，L/min	备 注
328.1	4	0.2	9	7	1.5	燃烧器转一定角度

（二）火焰原子吸收光谱法测定铜和金量

1 主题内容与适用范围

本标准规定了银中铜和金含量的测定方法。

本标准适用于银中铜和金含量的顺续测定，也适用于其中一个元素的单独测定。测定范围见表 1。

表 1 %

元 素	测定范围	元 素	测定范围
Cu	0.0005~0.040	Au	0.00050~0.0120

2 引用标准

GB 1.4 标准化工作导则 化学分析方法标准编写规定

GB 1467 冶金产品化学分析方法标准的总则及一般规定

GB 7728 冶金产品化学分析 火焰原子吸收光谱法通则

3 方法原理

试样用硝酸分解，过滤分离金，用王水溶解，制成盐酸介质待测溶液。溶液加盐酸使氯化银沉淀，过滤分离后，加硫酸蒸干，转化成盐酸介质待测溶液。使用空气-乙炔火焰，于原子吸收光谱仪上，按表 2 所列波长测量铜和金的吸光度。

表 2

元　素	波长，nm	元　素	波长，nm
Cu	324.8	Au	242.8

4 试剂

4.1 硝酸（ρ1.42g/mL）。

4.2 硝酸（1+1）。

4.3 硝酸（2+98）。

4.4 盐酸（ρ1.19g/mL）。

4.5 盐酸（1+1）。

4.6 盐酸（1+2）。

4.7 盐酸（2+98）。

4.8 硫酸（1+1）。

4.9 王水（盐酸:硝酸=3:1）。

4.10 铜标准贮存溶液：称取 1.0000g 纯金属铜，置于 100mL 烧杯中，加入 20mL 硝酸（4.2），盖上表皿，加热至完全溶解，煮沸驱除氮的氧化物，取下，用水洗表皿及杯壁，冷至室温，移入 1000mL 容量瓶中，用水稀释至刻度，混匀。此溶液 1mL 含 1mg 铜。

4.11 铜标准溶液：移取 25.00mL 铜标准贮存溶液（4.10），置于 1000mL 容量瓶中，加入 20mL 硝酸（4.2），用水稀释至刻度，混匀。此溶液 1mL 含 25μg 铜。

4.12 金标准溶液：称取纯金 0.1000g，置于 100mL 烧杯中，加入 20mL 王水（4.9），盖上表皿，加热溶解，取下用水洗表皿及杯壁，冷却。移入 1000mL 容量瓶中，用水稀释至刻度，混匀。此溶液 1mL 含 100μg 金。

5 仪器

原子吸收光谱仪，附铜、金空心阴极灯。

在仪器最佳工作条件下，凡能达到下列指标者均可使用。

灵敏度：在与测量试液基本相一致的溶液中，铜、金的特征浓度分别不大于 0.023μg/mL 和 0.082μg/mL。

精密度：最高浓度的标准溶液测量 10 次吸光度，其标准偏差应不超过平均吸光度的 1.0%；用最低浓度的标准溶液（不是“零”标准溶液）测量 10 次吸光度，其标准偏差应不超过最高浓度标准溶液的平均吸光度的 0.5%。

工作曲线线性：将工作曲线按浓度等分成五段，最高段的吸光度差值与最低段的吸光度差值之比应不小于0.7。

仪器工作条件见附录A(参考件)。

6　分析步骤

6.1　试料

按表3称取试料，精确到0.001g。

表3

元　素	含量，%	试料，g	硝酸(4.2)，mL	盐酸(4.5)，mL	容量瓶体积，mL
Cu Au	0.0005～0.002 0.0005～0.002	5.000 5.000	20 20	10 10	50 25
Cu Au	>0.002～0.003	3.000 3.000	20 20	5 5	100 25
Cu Au	>0.008～0.012	1.000	10	3	100 25
Cu	>0.02～0.04	1.000	10	3	200

6.2　空白试验

随同试料做空白试验。

6.3　测定

6.3.1　将试料(6.1)置于250mL烧杯中，按表3加硝酸(4.2)，盖上表皿，加热溶解，取下，用水洗表皿及杯壁加热煮沸。

6.3.2　以定量滤纸及0.04～0.06g纸浆过滤，用热硝酸(4.3)洗涤烧杯及沉淀6～7次(滤液连同洗液保存用于测定铜)。

6.3.3　将沉淀放入30mL坩埚中，在电热板上烘干，放于高温炉中，在600℃灼烧15min，取下放冷。

6.3.4　加入2mL硝酸(4.1)，在热水浴上加热2min，加入6mL盐酸(4.4)，置水浴上溶解金。至体积约为0.5mL时(高含量剩1.5mL)，取下放冷。

6.3.5　按表3移入相应的容量瓶中，并用水稀释至刻度，混匀。

6.3.6　使用空气-乙炔火焰，于原子吸收光谱仪波长242.8nm处，以水调零与金标准溶液系列平行测量试液的吸光度，减去随同试料空白溶液的吸光度，从工作曲线上查出相应的金浓度。

6.3.7　将6.3.2所得滤液(体积约70mL)置于电热板上加热，在不断搅拌下，按表3加入盐酸(4.5)，煮沸至透明，静置30min。

6.3.8　用定量滤纸过滤，用热盐酸(4.7)洗涤杯壁及沉淀6～7次，滤液连同洗液加入2mL硫酸(4.8)，加热蒸干，取下。加入5mL盐酸(4.6)，蒸至近干。再加入5mL盐酸(4.6)

加热至微沸。取下放冷。

6.3.9　按表3用水移入相应的容量瓶中，每100mL体积补加5mL盐酸(4.5)，混匀。

6.3.10　使用空气-乙炔火焰，于原子吸收光谱仪波长324.8nm处，以水调零，与铜标准溶液系列平行测量试液的吸光度，减去随同试料空白溶液的吸光度，从工作曲线上查出相应的铜浓度。

6.4　工作曲线的绘制

6.4.1　金工作曲线的绘制

6.4.1.1　移取0,1.00,2.00,4.00,6.00,8.00,10.00mL金标准溶液(4.12)，分别置于100mL容量瓶中，加入5mL王水(4.9)，用水稀释至刻度，混匀。

6.4.1.2　在与测定试料相同的条件下，以水调零，测量标准溶液系列的吸光度，减去零浓度的吸光度。

6.4.1.3　以金元素浓度为横坐标，吸光度为纵坐标绘制工作曲线。

6.4.2　铜工作曲线的绘制

6.4.2.1　移取0,1.00,2.00,4.00,6.00,8.00,10.00mL铜标准溶液(4.11)，分别置于100mL容量瓶中，加入5mL盐酸(4.4)，用水稀释至刻度，混匀。

6.4.2.2　按6.4.1.2进行

6.4.2.3　以铜元素浓度为横坐标，吸光度为纵坐标绘制工作曲线。

7　分析结果的计算与表述

被测元素的百分含量(%)按下式计算：

$$X = \frac{cV \times 10^{-6}}{m} \times 100$$

式中　X——被测元素(Cu、Au)百分含量，%；

c——自工作曲线上查得的被测元素的浓度，μg/mL；

V——试液的总体积，mL；

m——试料的质量，g。

8　允许差

实验室之间的分析结果差值应不大于表4所列允许差。

表4　　%

元　素	含　量	允许差	元　素	含　量	允许差
Cu	0.0005～0.0020	0.0004	Au	0.00050～0.00100	0.00025
	>0.0020～0.0040	0.0006		>0.0010～0.0020	0.0004
	>0.0040～0.0060	0.0009		>0.0020～0.0030	0.0006
	>0.0060～0.0100	0.0013		>0.0030～0.0050	0.0009
	>0.0100～0.0200	0.0022		>0.0050～0.0120	0.0015
	>0.020～0.040	0.004			

附　录　A
仪器工作条件
（参考件）

WYX-402 型原子吸收光谱仪参考工作条件见表 A1。

表 A1

元　　素	波　　长 nm	灯 电 流 mA	观测高度 mm	单色器通带 nm	空气流量 L/min	乙炔流量 L/min
Cu	324.8	1	5	0.2	5	1.0
Au	242.8	2	5	0.2	5	1.2

（三）火焰原子吸收光谱法测定铁、铅和铋量

1　主题内容与适用范围

本标准规定了银中铁、铅和铋含量的测定方法。

本标准适用于银中铁、铅和铋含量的顺序测定。测定范围见表 1。

表 1　　%

元　　素	Fe、Bi	Pb
含　　量	0.0005～0.008	0.0005～0.006

2　引用标准

GB 1.4　标准化工作导则　化学分析方法标准编写规定

GB 1467　冶金产品化学分析方法标准的总则及一般规定

GB 7728　冶金产品化学分析　火焰原子吸收光谱法通则

3　方法原理

试样用硝酸分解，在氨性溶液中，以氢氧化镧富集铁、铅和铋的氢氧化物与银分离。在硝酸介质中，使用空气-乙炔火焰，于原子吸收光谱仪按表 2 所列波长处，分别测量铁、铅和铋的吸光度。

表 2　　nm

元　　素	Fe	Pb	Bi
波　　长	271.9	283.3	223.1

4　试剂

4.1　氨水（ρ0.90g/mL）。

4.2　氨水（2+98）。

4.3 硝酸(1+1)。

4.4 硝酸(1+4)。

4.5 硝酸镧溶液(2.5%)。

4.6 混合标准溶液：分别称取0.2000g纯金属铅、0.2000g纯金属铋和0.1500g纯金属铁。置于250mL烧杯中，加入20mL硝酸(4.3)，盖上表皿，加热溶解后取下，冷后移入500mL容量瓶中，以水稀释至刻度，混匀。此溶液1mL含400μg铅、400μg铋和300μg铁。

5 仪器

原子吸收光谱仪，附铁、铅和铋空心阴极灯。

在仪器最佳工作条件下，凡能达到下列指标者均可使用。

灵敏度：在与测量试液基本相一致的溶液中，铁、铅和铋的特征浓度分别不大于0.165μg/mL、0.217μg/mL和0.191μg/mL。

精密度：用最高浓度的标准溶液测量10次吸光度，其标准偏差应不超过平均吸光度的1.0%；用最低浓度的标准溶液(不是“零”标准溶液)测量10次吸光度，其标准偏差应不超过最高浓度标准溶液平均吸光度的0.50%。

工作曲线线性：将工作曲线按浓度等分成五段，最高段的吸光度差值与最低段的吸光度差值之比应不小于0.7。

仪器工作条件见附录A(参考件)。

6 分析步骤

6.1 试料

按表3称取试料，精确到0.001g。

表3

含量,%	试料,g	硝酸量,mL
0.0005~0.0015	20.000	40
>0.0015~0.0035	10.000	20
>0.0035~0.008	4.000	10

6.2 空白试验

随同试料做空白试验。

6.3 测定

6.3.1 将试料(6.1)置于250mL烧杯中，按表3加入硝酸(4.3)，盖上表皿，低温加热使其溶解并蒸发至试液表面出现结晶时取下。

6.3.2 洗涤表皿及杯壁，调整试液体积为约50mL，加入5mL硝酸镧溶液(4.5)，用氨水(4.1)中和至试液出现白色沉淀时再过量5mL，混匀。静置5min。

6.3.3 用规格为ϕ9cm的中速定量滤纸过滤，用氨水(4.2)将沉淀移入漏斗中，并分别洗涤烧杯及滤纸各3次。

6.3.4 用5mL热硝酸(4.4)，分两次将沉淀溶解于原烧杯中，用热水洗涤3~4次。将试液移入25mL容量瓶中，以水稀释至刻度，混匀。

6.3.5 使用空气-乙炔火焰，于原子吸收光谱仪按表 2 波长处，以水调零与标准溶液系列平行，分别测量铁、铅和铋的吸光度。

6.3.6 减去随同试料空白溶液的吸光度。从工作曲线上分别查出相应的铁、铅和铋浓度。

6.4 工作曲线的绘制

移取 0，1.00，2.00，3.00，4.00，5.00mL 混合标准溶液（4.6），分别置于 100mL 容量瓶中，各加 8mL 硝酸（4.3），以水稀释至刻度，混匀。以下按 6.3.5 测量吸光度。减去零浓度溶液的吸光度。分别以铁、铅和铋浓度为横坐标，吸光度为纵坐标，绘制工作曲线。

7 分析结果的计算与表述

铁、铅和铋的百分含量（%）按下式计算：

$$X=\frac{cV\times10^{-6}}{m_0}\times100$$

式中 X——被测元素（Fe、Pb、Bi）百分含量，%；

c——自工作曲线上查得的被测元素浓度，μg/mL；

V——试液总体积，mL；

m_0——试料的质量，g。

8 允许差

实验室之间分析结果的差值应不大于表 4 所列允许差。

表 4 %

含 量	允 许 差	含 量	允 许 差
0.0005～0.0015	0.0003	>0.0035～0.0060	0.0008
>0.0015～0.0025	0.0004	>0.006～0.008	0.001
>0.0025～0.0035	0.0005		

附 录 A
仪 器 工 作 条 件
（参考件）

使用 WFD-Yz 型原子吸收光谱仪测量铁、铅和铋的参考工作条件见表 A1。

表 A1

元 素	波长，nm	灯电流，mA	单色器通带，nm	观测高度，mm	空气流量，L/min	乙炔流量，L/min
Fe	271.9	7	0.2	9	7	1.5
Pb	283.3	7	0.2	9	7	1.5
Bi	223.1	10	0.2	9	7	1.5

（四）2-(5-溴-2-吡啶偶氮)-5-二乙氨基苯酚分光光度法测定锑量

1 主题内容与适用范围

本标准规定了银中锑含量的测定方法。

本标准适用于银中锑含量的测定。测定范围:0.0005%~0.0050%。

2 引用标准

GB 1.4 标准化工作导则 化学分析方法标准编写规定

GB 1467 冶金产品化学分析方法标准的总则及一般规定

GB 7729 冶金产品化学分析 分光光度法通则

3 方法原理

试样用硫酸分解,氯化银沉淀分离银,在含聚乙二醇辛基苯基醚(OP)水相中,2-(5-溴-2-吡啶偶氮)-5-二乙氨基苯酚与锑和碘离子形成三元络合物,于分光光度计波长618nm处测量其吸光度。

4 试剂

4.1 硫酸(ρ1.84g/mL)。

4.2 硫酸[$c(H_2SO_4)=0.5mol/L$]。

4.3 硫酸(1+9)。

4.4 硝酸(ρ1.42g/mL)。

4.5 盐酸(1+4)。

4.6 盐酸(2+98)。

4.7 2-(5-溴-2-吡啶偶氮)-5-二乙氨基苯酚溶液(0.02%):用乙醇配制。

4.8 OP溶液(5% V/V)。

4.9 碘化钾溶液(25%)。

4.10 酒石酸溶液(0.2%)。

4.11 硫脲溶液(10%)。

4.12 锑标准贮存溶液:称取0.1000g纯金属锑(99.95%),置于100mL烧杯中,加入5mL硫酸(4.1),加热溶解,取下冷却。移入1000mL容量瓶中,用硫酸(4.3)稀释至刻度,混匀。此溶液1mL含100μg锑。

4.13 锑标准溶液:移取8.00mL锑标准贮存溶液(4.12)于200mL容量瓶中,用硫酸(4.3)稀释至刻度,混匀。此溶液1mL含4μg锑。

5 仪器

分光光度计。

6 分析步骤

6.1 试料

按表1称取试料,精确至0.001g。

表1

锑含量,%	试料,g	试液总体积,mL	分取试液体积,mL
0.0003～0.0010	2.000	—	全量
>0.0010～0.0020	1.000	—	全量
>0.0020～0.0030	0.500	—	全量
>0.0030～0.0050	0.500	100	40

6.2　空白试验

随同试料做空白试验。

6.3　测定

6.3.1　将试料(6.1)置于100mL烧杯中,加入3mL硫酸(4.1)盖上表皿,加热溶解完全,取下冷却。

6.3.2　用水洗表皿及杯壁使体积约为20mL,加入10mL盐酸(4.5),搅拌,加热煮沸使沉淀凝聚,取下静置20min。

6.3.3　用慢速定量滤纸过滤于150mL烧杯中。

注:含量大于0.003%时过滤于100mL容量瓶中,分取40mL于100mL烧杯中,加入2mL硫酸(4.1)。

6.3.4　用盐酸(4.6)洗杯壁及沉淀6～7次,滤液加入2mL硝酸(4.4),加热蒸发至干,取下冷却。

6.3.5　加入2mL硫酸(4.2)、0.5mL酒石酸溶液(4.10),用水洗杯壁,加热蒸发至2mL,取下冷却。

6.3.6　移入25mL容量瓶中,加入2mL硫脲溶液(4.11)、5mL碘化钾溶液(4.9)、5mL2-(5-溴-2-吡啶偶氮)-5-二氨基苯酚溶液(4.7)、4mLOP溶液(4.8),每加一种试剂均需混匀。用水稀释至刻度,混匀。放置15min。

6.3.7　将部分溶液移入2cm比色皿中,以水为参比,于分光光度计波长618nm处测量吸光度。

6.3.8　减去随同试料的空白溶液吸光度,从工作曲线上查出相应的锑量。

6.4　工作曲线的绘制

6.4.1　移取0,1.00,2.00,3.00,4.00,5.00mL锑标准溶液(4.13),分别置于100mL烧杯中,加入1mL硫酸(4.1),2mL硝酸(4.4),5mL盐酸(4.5),加热蒸发至干,取下放冷。以下按6.3.5～6.3.7进行。

6.4.2　减去试剂空白的吸光度,以锑量为横坐标,吸光度为纵坐标,绘制工作曲线。

7　分析结果的计算与表述

锑的百分含量(%)按下式计算:

$$Sb=\frac{m_1V_0\times10^{-6}}{m_0V_1}\times100$$

式中　m_1——自工作曲线上查得的锑量,μg;

V_0——试液的总体积,mL;

V_1——分取试液的体积,mL;

m_0——试料的质量,g。

8　允许差

实验室之间分析结果的差值应不大于表2所列允许差。

表2　　%

锑含量	允许差	锑含量	允许差
0.0005~0.0015	0.0003	>0.0025~0.0035	0.0006
>0.0015~0.0025	0.0005	>0.0035~0.0050	0.0008

(五)燃烧-电导法测定碳量

1　主题内容与适用范围

本标准规定了银中碳含量的测定方法。

本标准适用于银中碳含量的测定。测定范围:0.0005%~0.0020%。

2　引用标准

GB 1.4　标准化工作导则　化学分析方法标准编写规定

GB 1467　冶金产品化学分析方法标准的总则及一般规定

3　方法原理

试样在1250~1300℃氧气流中燃烧,碳被氧化为二氧化碳,除硫后,过量的氧气与二氧化碳同时被导入测量电导池,二氧化碳被氢氧化钠吸收液所吸收,导致溶液电导的变化,由标准中含碳量与电桥读数间关系的换算系数推算出试样的含碳量。

4　试剂

4.1　乙醇。

4.2　碳标准溶液:称取2.1273g于110℃烘干并在干燥器中冷却至室温的邻苯二甲酸氢钾,溶于蒸馏水中,移入1000mL容量瓶中,用水稀释至刻度,混匀。此溶液1μL含1μg碳。

4.3　氢氧化钠吸收液(0.0015mol/L或0.005mol/L):称取0.3g或1g氢氧化钠,溶于蒸馏水中,稀释至5L,混匀。贮存于瓶口插有烧碱石棉试管的试剂瓶中。

5　仪器与装置

5.1　定碳装置,见下图。

5.2　管式电炉:最高温度1350℃。

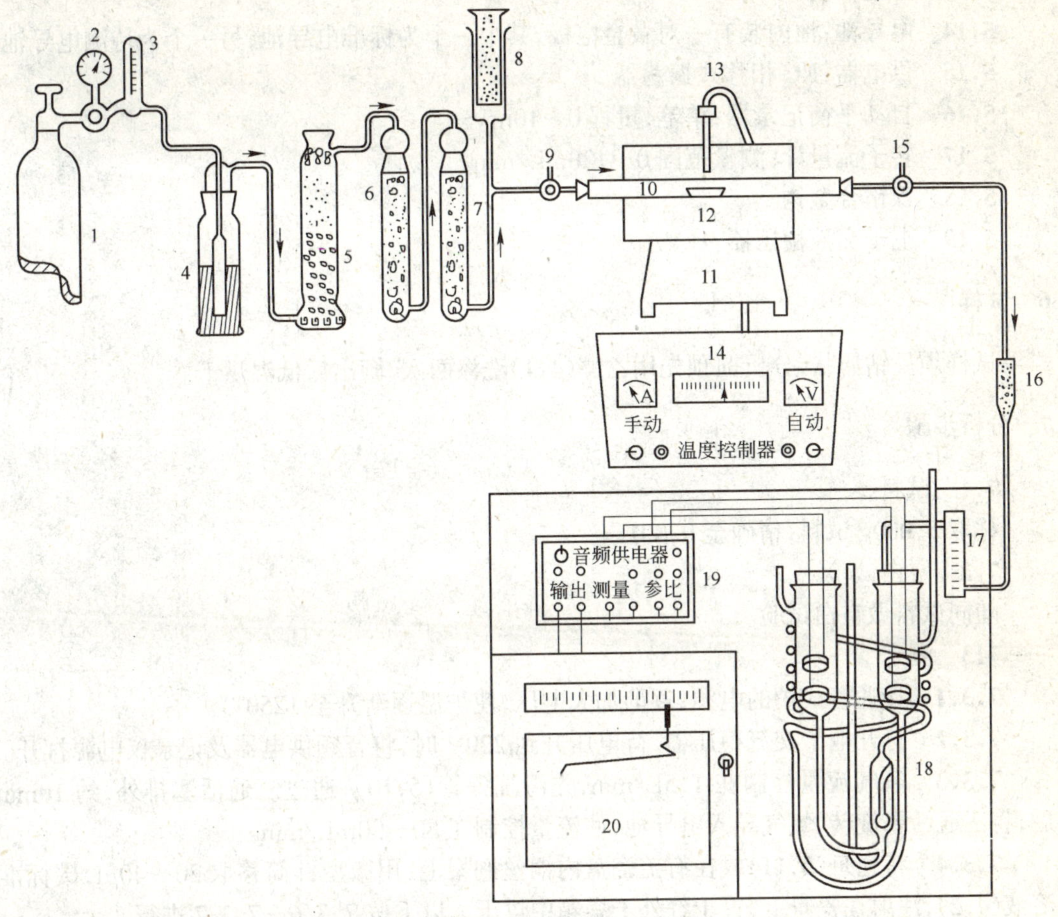

定碳装置示意图

1—氧气瓶；2—气压表；3—流量计；4—洗气瓶；5—干燥塔；6，7—干燥管；8—气流稳压器；9，15—三通管；10—瓷管；11—管式电炉；12—瓷舟；13—热电偶；14—可控硅温度控制器；16—除硫器；17—气路流量计；18—电导池；19—音频供电器；20—记录仪

5.3　可控硅温度控制器：0～1600℃。

5.4　氧气瓶：备有氧气流量表。

5.5　洗气瓶：内盛100～150mL硫酸（ρ1.84g/mL）。

5.6　干燥塔：底部放玻璃丝，中间放变色硅胶，上部放分子筛。

5.7　干燥管：内装无水高氯酸镁。

5.8　干燥管：内装烧碱石棉。

5.9　气流稳压器：管内装满金属锡粒的50mL注射器制成，并磨有出气槽。

5.10　瓷管（无釉，外径25mm、内径20mm、长600mm）：使用前需在1250～1300℃的氧气流中灼烧10min。

5.11　瓷舟（无釉，长97mm或88mm）：需在1250～1300℃氧气流中灼烧3～5min，贮存于干燥器中。

5.12　除硫管：装有粒状活性二氧化锰。

5.13 三通活塞。

5.14 电导池:池内装有一对黄金电极,其中一个为标准电导池,另一个为待测电导池。

5.15 供电器:RC 相移式振荡器。

5.16 自动平衡记录器:单笔,量程 0~10mV。

5.17 转子流量计:测量范围 0~120mL/min。

5.18 镍铬合金钩。

5.19 电子交液稳压器:1kVA。

6 试样

试样须呈钻屑状,分析前预先用乙醇(4.1)洗涤两次,倾出后低温烘干。

7 分析步骤

7.1 试料

称取 5.000g 试料,精确至 0.001g。

7.2 空白试验

随同试料做空白试验。

7.3 测定

7.3.1 接通管式炉的电源,逐渐加大电压,使炉温逐渐升至 1250℃。

7.3.2 打开电子交流稳压器,待电压升到 220V 时,将音频供电器及记录仪电源打开。

7.3.3 氧气流量控制在 1.5L/min,先清洗瓷管(5.10),通过三通活塞排外,约 10min 后,将三通活塞旋转,氧气导入电导池,使流量控制在 80~90mL/min。

7.3.4 将瓷舟(5.11)放在有盖瓷盘内铜丝搁架上,用微型针筒移取 20~40μL 碳标准溶液(4.2),注射在瓷舟上,置于红外干燥箱中烘干。以下按 7.3.6~7.3.7 进行。

7.3.5 将试料(7.1)平铺于瓷舟(5.11)内,置带盖瓷盘中。

7.3.6 调整记录仪起始点:抽去测量电导池原来溶液,此时记录仪指针移到极右位置,待注入新溶液后,指针立即倒向移动,停止时用参比电位器调节到零点所需位置,即作为始点。

7.3.7 将瓷管(5.10)末端三通活塞处于 45°即关闭状态,然后把试料瓷舟推入瓷管(5.10)高温区,塞紧橡皮塞,把瓷管前端三通活塞通路排外,预热 1min。然后打开通路,使氧气导入管内,生成的二氧化碳被带入电导池吸收,约 20s,开始记录,停止位置即为终点。

8 分析结果的计算与表述

8.1 换算因数 F 的计算:

$$F=\frac{C}{X-X_0} \tag{1}$$

式中 F——每单位刻度(格数)相当的碳量,μg;

C——移取含碳标准溶液量,μg;

X——移取含碳标准溶液响应的值,格数;

X_0——瓷舟空白值,格数。

8.2　试料中碳的百分含量(%):

$$C=\frac{F(X_g-X_0)}{G}\times 100 \tag{2}$$

式中　X_g——试料响应值,格数;

G——试料的质量,g。

9　允许差

实验室之间分析结果的差值应不大于下表所列允许差。

%

碳含量	允许差	碳含量	允许差
≤0.0010	0.0003	>0.0010~0.0020	0.0005

(六) 燃烧-碘酸钾滴定法测定硫量

1　主题内容与适用范围

本标准规定了银中硫含量的测定方法。

本标准适用于银中硫含量的测定。测定范围:0.0005%~0.0020%。

2　引用标准

GB 1.4　标准化工作导则　化学分析方法标准编写规定

GB 1467　冶金产品化学分析方法标准的总则及一般规定

3　方法原理

试样在1250~1300℃氧气流中燃烧将硫转化成二氧化硫被微酸性水溶液吸收,以淀粉为指示剂,生成的亚硫酸以碘酸钾标准滴定溶液滴定至浅蓝色并保持不褪色为终点。以消耗碘酸钾标准滴定溶液的体积计算硫含量。

4　试剂

4.1　淀粉溶液(1%):称取10g淀粉,以少量水调成糊状,加入500mL沸水并搅拌均匀,煮沸2min,冷后用水稀释至1000mL,加入5~6滴盐酸(ρ1.19g/mL),混匀,放置至溶液澄清。

4.2　淀粉吸收液(0.025%):移取25mL淀粉溶液(4.1)于烧杯中,加入15mL盐酸(ρ1.19g/mL),用水稀释至1000mL,混匀。

4.3　硫标准溶液:称取1.0869g预先于105~110℃烘干并在干燥器中冷却至室温的硫酸钾,置于100mL烧杯中,用水溶解,移入200mL容量瓶中,以水稀释至刻度,混匀。此溶液1μL含1μg硫。

4.4　碘酸钾标准贮存溶液[$c(KIO_3)=0.0008$mol/L]:称取0.178g碘酸钾溶于水,移入1000mL容量瓶中,以水稀释至刻度,混匀。

4.5 碘酸钾标准滴定溶液[$c(KIO_3)=0.00008mol/L$]:

4.5.1 配制:移取 50mL 碘酸钾标准贮存溶液(4.4),置于 500mL 容量瓶中,加入 25g 碘化钾,以水稀释至刻度,混匀。

4.5.2 标定:用微型注射器移取适量硫标准溶液(4.3)3 份,分别注入瓷舟(5.11)中,各加入 1g 钨粒作助熔剂,低温加热烘干,以下按 7.2.3~7.2.6 方法进行。

4.5.3 碘酸钾标准滴定溶液对硫的滴定度按下式计算:

$$T=\frac{m}{V}$$

式中 T——碘酸钾标准滴定溶液对硫的滴定度,g/mL;

m——移取硫标准溶液中含硫量,g;

V——滴定硫标准溶液消耗碘酸钾标准滴定溶液的体积,mL。

取 3 次标定结果的平均值,3 次滴定度极差值不大于 0.0000005g/mL。

5 仪器

5.1 定硫装置,见图 1。

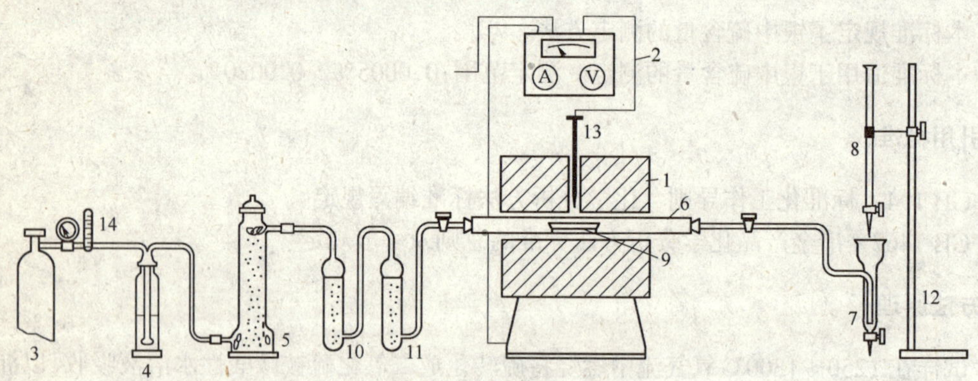

图 1 测定硫装置示意图

1—管式电炉;2—可控硅温度控制器;3—氧气瓶;4—洗气瓶;5—干燥塔;6—瓷管;7—二氧化硫吸收瓶;8—滴定管;9—瓷舟;10,11—干燥管;12—滴定架;13—铂铑热电偶;14—氧气流量表

5.2 管式电炉:最高温度 1350℃。

5.3 可控硅温度控制器:0~1600℃。

5.4 氧气瓶:备有氧气流量表。

5.5 洗气瓶:内盛 100~150mL 硫酸(ρ1.84g/mL)。

5.6 干燥塔:底部放玻璃丝,中间放变色硅胶,上部放分子筛。

5.7 干燥管:内装无水高氯酸镁。

5.8 干燥管:内装烧碱石棉。

5.9 瓷管(无釉,外径 25mm、内径 20mm、长 600mm):使用前需在 1250~1300℃ 的氧气流中灼烧 10min。

5.10 二氧化硫吸收器,见图 2。

5.11　瓷舟(无釉,长 97 或 88mm):使用前需在 1250～1300℃的氧气流中灼烧 3～5min,贮存于干燥器中。

5.12　镍铬合金钩。

6　试样

试样须呈钻屑状。分析前预先用乙醇或丙酮洗涤两次,倾出后低温烘干。

7　分析步骤

7.1　试料

称取 3.000～5.000g 试料,精确至 0.001g。

7.2　测定

7.2.1　接通管式炉的电源,逐渐加大电压,使炉温逐渐升至 1250℃。

7.2.2　于测定硫装置内通入氧气,关闭出气口活塞,调整装置至不漏气为止。

7.2.3　于二氧化硫吸收器内加入 10～15mL 淀粉吸收液(4.2),以 1L/min 流量通入氧气,并加入碘酸钾标准滴定溶液(4.5),至溶液呈浅蓝色不褪色为止。关闭出气口活塞。

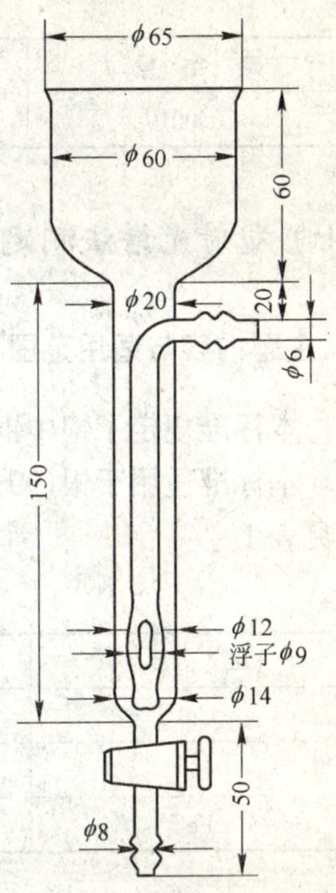

图 2　二氧化硫吸收器

7.2.4　将试料(7.1)平铺于瓷舟(5.11)中,并加入 1～1.5g 钨粒覆盖,置带盖瓷盘中。

7.2.5　用镍铬合金钩将盛有试料的瓷舟迅速推入管式电炉中瓷管(5.9)的高温区,立即用橡皮塞塞紧瓷管口,关闭进气口,使氧气排外。预热 1min。

7.2.6　将瓷管两端活塞转向,使氧气导入瓷管,生成的二氧化硫被带入吸收器吸收,在吸收液蓝色还未消褪时,立即滴加碘酸钾标准滴定溶液(4.5),直至溶液呈浅蓝色不褪即为终点。

8　分析结果的计算与表述

硫的百分含量(%)按下式计算:

$$S=\frac{TV}{m_0}\times 100$$

式中　T——碘酸钾标准滴定溶液对硫的滴定度,g/mL;

V——滴定试料消耗碘酸钾标准滴定溶液的体积,mL;

m_0——试料的质量,g。

9　允许差

实验室之间分析结果的差值应不大于下表所列允许差。

%

硫含量	允许差	硫含量	允许差
≤0.0010	0.0003	>0.0010~0.0020	0.0005

(七)发射光谱法测定铜、铋、铁、铅、金和锑量

1 主题内容与适用范围

本标准规定了银中铜、铋、铁、铅、金和锑含量的测定方法。

本标准适用于银(99.95%~99.99%)中铜、铋、铁、铅、金和锑含量的同时测定。测定范围见表1。

表1

元素	测定范围,%	元素	测定范围,%
Cu	0.0003~0.0100	Pb	0.0003~0.0060
Bi	0.0003~0.0090	Au	0.0007~0.0120
Fe	0.0003~0.0050	Sb	0.0005~0.0080

2 引用标准

GB 1.4 标准化工作导则 化学分析方法标准编写规定

GB 1467 冶金产品化学分析方法标准的总则及一般规定

3 方法原理

试样用交流电弧激发,经摄谱仪分光后在感光板上记录光谱。测量分析线和内标线的黑度(或强度),从绘制的标准试样工作曲线上查出相对应的分析元素的百分含量。

4 试剂和材料

4.1 乙醇。

4.2 显影液和定影液:按感光板说明书配制。

4.3 感光板:紫外Ⅱ型。

4.4 锉刀:粗纹铁平锉,细纹镀铬平锉。

4.5 脱脂棉。

5 仪器、设备

5.1 摄谱仪:石英棱镜摄谱仪(或光栅摄谱仪)。线色散倒数不小于0.8nm/mm。

5.2 光源:交流电弧发生器。

5.3 测微光度计。

5.4 光谱标样:国家级或相当于国家级银棒光谱标样(全套标样杂质元素含量范围须与本标准测定范围一致)。

6　试样

将浇铸成直径 6mm，长 50～60mm 的试样锉成半球型放电面，用棉球蘸乙醇擦洗除污。

7　分析步骤

7.1　测定条件

7.1.1　摄谱仪：中型色散摄谱仪，三透镜照明系统，狭缝宽 8nm，光栏高 1mm，中间光栏高 5mm。

7.1.2　光源：交流电弧激发，电压 220V，电流 6A，调整放电盘每半周放电一次。

7.1.3　预烧和曝光时间：预烧 5s，曝光 15s 测定铜。移板继续曝光 40s 测定铋、铁、铅、金和锑。

7.2　分析线对及线性范围见表 2。

表 2

分析线，nm	内标线，nm	线性范围，%
Cu　324.75	Ag　313.00	0.0003～0.010
Bi　306.77	Ag　313.00	0.0003～0.009
Fe　302.06	Ag　313.00	0.0003～0.005
Pb　283.30	长波背景	0.0003～0.006
Au　267.59	长波背景	0.0007～0.012
Sb　259.80	短波背景	0.0005～0.008

7.3　摄谱

采用三标准试样法。按先摄标样后摄试样的次序进行摄谱。标样摄谱两次，试样摄谱四次，分别取其平均值。

7.4　暗室处理

显影液、定影液按感光板说明书配制。在 20℃ 显影 4min，定影至透明，水洗 10min，干燥。

7.5　黑度测量

S 标尺，狭缝宽 200μm。

8　分析结果的计算与表述

按 $\lg R$-$\lg C$ 绘制工作曲线以计算分析结果。

9　允许差

实验室之间的分析结果的差值应不大于表 3 所列允许差。

表 3　%

含　量	允许差	含　量	允许差
≤0.0008	0.0003	>0.0025～0.0040	0.0008
>0.0008～0.0015	0.0005	>0.0040～0.0070	0.0014
>0.0015～0.0025	0.0006	>0.0070～0.0120	0.0025

第六章 铅、锌质量技术要求

第一节 铅质量技术要求

一、铅精矿

铅精矿质量技术要求按中国有色金属行业标准 YS/T 319—1997 执行。该标准具体规定如下：

1 范围

本标准规定了铅精矿的要求、技术条件、试验方法、检验规则及包装和运输。

本标准适用于硫化矿类型矿石经浮选所得的铅精矿，也可用于其他类型的铅精矿，供炼铅用。

2 引用标准

下列标准所包含的条文，通过在本标准中引用而构成为本标准的条文。本标准出版时，所示版本均为有效。所有标准都会被修订，使用本标准的各方应探讨使用下列标准最新版本的可能性。

GB 1250—89 极限数值的表示方法和判定方法

GB 8152—87 铅精矿化学分析方法

GB 8170—87 数值修约规则

GB 14262—93 散装浮选铅精矿取样、制样方法

YS/T 996—96 散装浮选铜精矿、铅精矿中金银分析取制样方法

3 订货单(或合同)内容

本标准所列铅精矿的订货单(或合同)应包括下列内容：

3.1 产品名称。

3.2 品级。

3.3 杂质含量的特殊要求。

3.4 数量。

3.5 本标准编号。

3.6 其他。

4　要求

4.1　产品分类

铅精矿按化学成分分为一级品、二级品、三级品和四级品。

4.2　化学成分

铅精矿化学成分应符合表1的规定。

表1　铅精矿化学成分　%

品　级	Pb不小于	杂质含量,不大于				
		Cu	Zn	As	MgO	Al_2O_3
一级品	70	1.2	4	0.2	1.0	2.0
二级品	65	1.5	5	0.3	1.5	2.5
三级品	55	2.0	6	0.4	1.5	3.0
四级品	45	2.5	7	0.6	2.0	4.0

4.3　铅精矿中的金、银为有价元素,应报出分析结果。

4.4　其他类型的铅精矿的杂质要求,由供需双方商定。

4.5　铅精矿中的水分应不大于12%,冬季应不大于8%。

4.6　铅精矿的粒度应小于150μm。

4.7　铅精矿中不应混入外来夹杂物,同批铅精矿应混匀,主品位差应不大于5%。

5　试验方法

5.1　铅精矿水分含量的测定按GB 14262的规定进行。

5.2　铅精矿化学成分的测定按GB 8152的规定进行。

5.3　铅精矿的粒度测定用孔径为150μm的标准筛进行筛分。

6　检验规则

6.1　检验和验收

铅精矿运到需方就近的车站或码头后,由需方技术监督部门验收。供方应确保产品质量符合本标准(或订货合同)的规定。

6.2　组批

铅精矿应成批提交检验,每批由同一品级组成,检验批应不大于65t。

6.3　取样和制样

6.3.1　不含金银的散装铅精矿取样方法按GB 14262的规定执行;伴生金银的散装铅精矿取样方法按GB 14262和YS/T 96的规定执行;袋装铅精矿按10%(m/m)随机抽取样袋,采用样钎钎取份样时,应将样钎插入袋底,每袋取一钎,并将从样袋中所取份样混合均匀。

6.3.2　样品的制备按GB 14262或YS/T 96规定的程序和方法进行。

6.3.3　将所制样品分成3份:一份为验收分析试样,一份交供方,一份由需方保存3个月，做为仲裁样品。供方如对验收分析结果有异议，可在仲裁样品保存期内提出。

6.4　检验结果的判定

6.4.1　检验结果的判定按 GB 1250 中修约值比较法的规定进行。

6.4.2　检验结果保留 2 位小数，数字修约按 GB 8170—87 第 3 章的规定进行。

6.4.3　当供需双方对检验结果有争议时由供需双方协商解决，如需仲裁以仲裁结果作为最终判定依据。

7　包装和运输

7.1　铅精矿为散装，也可袋装，每袋重量应基本一致。

7.2　铅精矿用火车、船或汽车运输时，在装车后应将精矿表面扒平。

7.3　每批铅精矿发运时应附质量预报单，注明：

a. 供方名称；

b. 精矿名称；

c. 品级；

d. 重量；

e. 车号；

f. 发货日期；

g. 本标准编号。

二、粗铅

粗铅的质量技术要求按中国有色金属行业标准 YS/T 71—1993 执行。该标准具体规定如下：

1　主题内容与适应范围

本标准规定了粗铅的分类、技术要求、试验方法、检验规则及标志、包装、运输和贮存。

本标准适用于鼓风炉或其他冶金炉熔炼所生产的粗铅，供进一步精炼用。

2　引用标准

GB 5119　粗铅化学分析方法

3　产品分类

粗铅产品按化学成分分为 3 个牌号：Pb98.0C、Pb96.0C、Pb94.0C。

4　技术要求

4.1　粗铅化学成分应符合表 1 的规定。

表 1 %

品 级	牌 号	铅含量,不小于	杂质含量,不大于	
			锑	砷
一 号	Pb98.0C	98.0	0.8	0.6
二 号	Pb96.0C	96.0	0.9	0.7
三 号	Pb94.0C	94.0	1.0	0.9

4.2 粗铅中的金、银为有价伴生金属,应按批测定,报出分析结果。

4.3 粗铅锭为长、方梯形锭,分小锭和大锭两种规格,小锭两端应有突出的耳部,锭重:30～50kg;大锭应附有完整可靠的吊环,锭重不超过2.0t。

4.4 经供需双方协商,可供应其他形状、重量和化学成分的粗铅锭。

4.5 粗铅锭的表面应平整,不得有炉渣、冰铜和飞边、毛刺。锭内不得有夹层、包心和其他杂物。

5 试验方法

5.1 粗铅的化学成分仲裁分析按GB 5119的规定进行。

5.2 粗铅锭的表面或断面凭肉眼或适当的工具进行检验。

6 检验规则

6.1 检查和验收

6.1.1 粗铅锭应由供方技术监督部门进行检验。保证产品质量符合本标准的规定。并填写产品质量证明书。

6.1.2 需方应对收到的产品按本标准进行检验,若有异议,应在收到产品之日起一个月内向供方提出。如需仲裁,交由双方共同认定的单位进行。

6.2 组批

粗铅锭应成批提交检验。每批应由同类炉料生产的,形状大致相同的粗铅锭组成。每批重量不超过60t。

6.3 检验项目

每批粗铅锭应进行化学成分及表面质量的检验。

6.4 取样和制样

6.4.1 仲裁取样

6.4.1.1 小锭粗铅仲裁取样

从该批粗铅锭中每80锭取一锭为样锭,每5个样锭为一组(小批量取样不少于5个样锭)先正向竖直排列,在其表面划一对角线,从左到右,均在短边上取点,第一锭在四分之三处,第二锭在三分之二处,第三锭在二分之一处,第四锭在三分之一处,第五锭在四分之一处,各作长边的平行线与对角线的交点,即为钻孔点。然后,5个样锭反向放置,用同样方法定点钻孔。在样锭表面及底面钻孔时,要清除沾污物。钻孔深度两面均为二分之一样锭厚度。钻头直径为8～10mm。钻取时,不用任何润滑剂,只能用酒精洗冷钻头,钻速以铅屑不氧化为宜。

小锭粗铅仲裁取样示意图见图1。

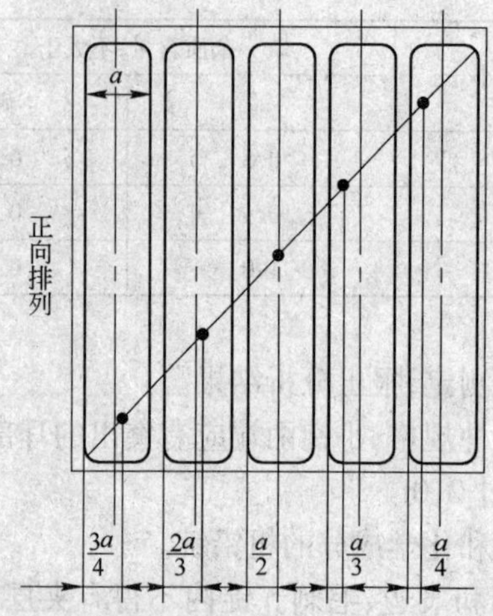

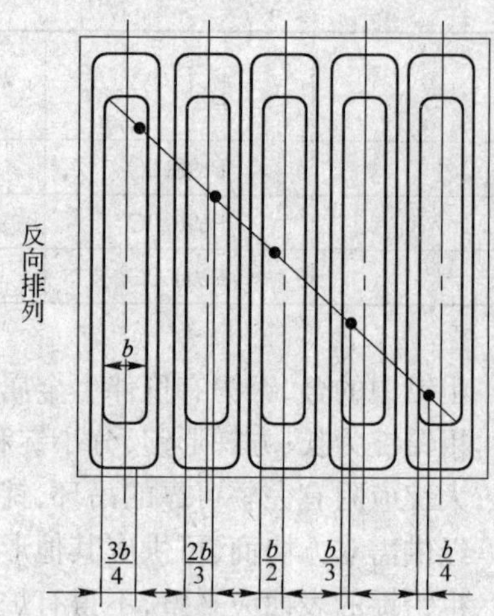

图1　取样示意图

6.4.1.2　大锭粗铅仲裁取样

每批粗铅随机抽取5块产品锭为样锭,每块样锭两对角(圆体样锭两垂直直径)上的四等分点为钻孔点,每锭共五个钻孔点,正反面各钻锭厚的二分之一深度,钻样时不去表皮,只需清除样锭表面的沾污物,不用任何润滑剂,只能用酒精洗冷钻头,钻速以铅屑不氧化为宜,并防止样屑散失。

6.4.2　试样制备

将钻取的样屑剪碎至4mm以下,用磁铁除去加工时带入的铁屑,然后过0.44mm(40目)筛,筛上筛下物分别称重后均为三等份,取筛上筛下物各一份组成一个试样,一个用于仲裁分析,其余供需双方各存一个。

6.5　检验结果判定

6.5.1　化学成分仲裁分析结果若与4.1条不符时,按批重定牌号或退货。

6.5.2　表面质量不合格,按块处理。

7　标志、包装、运输和贮存

7.1　标志

7.1.1　商品粗铅锭应有生产厂的产品标志。

7.1.2　每块粗铅锭上应用不易脱落的红色油漆在粗铅锭的表面上做出标记。其标记方法为,大锭:品号-批号-重量;小锭:品号-批号。

7.2　包装、运输和贮存

7.2.1　粗铅锭可不包装。如需包装,由供需双方商定。

7.2.2　粗铅锭在运输、贮存过程中引起的损坏、少件等应由责任单位负责。

7.3　质量证明书

每批粗铅锭应附有质量证明书,注明:

a. 供方名称;

b. 产品名称和牌号;

c. 批号；

d. 净重和件数；

e. 分析检验结果和技术监督部门印记；

f. 本标准编号；

g. 出厂日期；

h. 需方名称。

三、铅锭

铅锭的质量技术要求按国家标准 GB/T 469—1995 执行。该标准具体规定如下：

1 主题内容与适用范围

本标准规定了铅锭的产品分类、技术要求、试验方法、检验规则及标志、包装、运输和贮存。

本标准适用于电解法或火法精炼所生产的铅锭。

2 引用标准

GB 472 铅锭化学分析方法

GB 1250 极限数值的表示方法和判定方法

GB 8170 数值修约规则

3 产品分类

铅锭按化学成分分为 4 个牌号 Pb99.994、Pb99.99、Pb99.96、Pb99.90。

4 技术要求

4.1 铅锭的化学成分应符合表 1 的规定。

表 1

牌 号	化学成分，%									
	Pb	杂质，(不大于)								
	(不小于)	Ag	Cu	Bi	As	Sb	Sn	Zn	Fe	总 和
Pb99.994	99.994	0.0005	0.001	0.003	0.0005	0.001	0.001	0.0005	0.0005	0.006
Pb99.99	99.99	0.001	0.0015	0.005	0.001	0.001	0.001	0.001	0.001	0.01
Pb99.96	99.96	0.0015	0.002	0.03	0.002	0.005	0.002	0.001	0.002	0.04
Pb99.90	99.90	0.002	0.01	0.03	0.01	0.05	0.005	0.002	0.002	0.10

4.2 铅含量以 100% 减去表中所测得的 8 个杂质含量之和而得。

4.3 铅锭为长方梯形、平底或底部有槽沟，两端有突出耳部。

4.4 铅锭表面不得有熔渣、粒状氧化物和夹杂物及外来污染。

4.5 铅锭不得有冷隔，不得有大于 10mm 的飞边及毛刺(允许修整)。

4.6 铅锭单重 24±2kg、42±2kg、48±2kg，如有特殊要求，由供需双方商定。

5 试验方法

5.1 铅锭的化学成分仲裁分析方法按 GB 472 的规定进行。

5.2 铅锭的外观用肉眼检验。

6 检验规则

6.1 检查和验收

6.1.1 铅锭应由供方技术监督部门检验,保证产品质量符合本标准的规定,并填写质量证明书。

6.1.2 需方可对收到的产品按本标准的规定进行检验,如检验结果与本标准的规定不符时,应在收到产品之日起 2 个月内向供方提出,由供需双方议定。如需仲裁,仲裁取样在需方共同进行。

6.2 组批

每熔炼一锅精铅所浇铸成的铅锭为一批,批重不作规定。

6.3 检验项目

应对每批铅锭的化学成分、外观质量进行检验。

6.4 取样和制样

6.4.1 生产厂取样

每熔炼一锅精铅可在浇铸时,随机取前、中、后 3 个液体试样,也可以用其他方法取具有代表性的试样。

6.4.2 仲裁取样

钻孔或锯切时,不得使用任何润滑剂,其速度不得使试料氧化。取样时应除去表皮,钻锯深度不小于锭厚的三分之二。

6.4.2.1 仲裁取样数量:随机抽取铅锭数量的 2%,但不得少于 6 个锭。

6.4.2.2 仲裁取样方法:将抽取的铅锭分成每 6 个锭为一组,用钻孔或锯切法采取试样。

a. 钻孔法:用直径 10～15mm 的钻头取样,将浇铸面 A 与底面 B 依次排列成方形,在方形上画 2 条对角线与每锭纵向中心线相交两点为取样点,如下图所示。

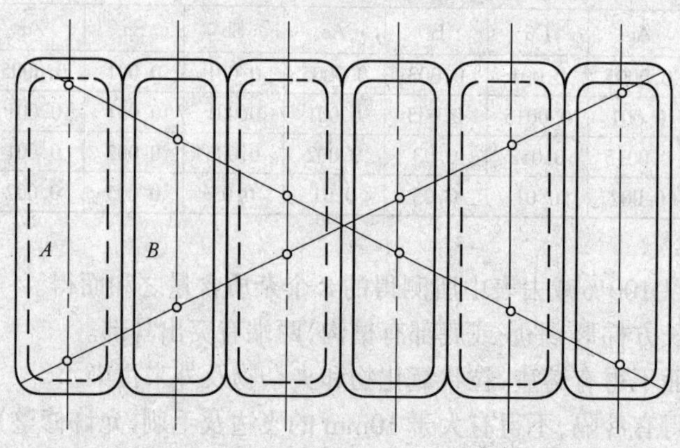

b. 锯切法：锯条与铅锭垂直，通过钻孔法取样点横向锯切。

6.4.2.3 制备试样：将取得的试样制成不大于4mm屑状，用磁铁除净加工时带入的铁屑，仔细混匀后以四分法缩至不少于360g。

6.5 检验结果判定

6.5.1 检验结果数值修约按GB 8170中第3章规定进行；经修约后的数值与标准规定极限数值进行比较，以判定实际指标是否符合标准要求，按GB 1250中5.2.2条规定进行。

6.5.2 每批铅锭检验时，凡不符合本标准4.1条规定者，应按检验结果重新判定该批产品的牌号或办理退货；不符合本标准4.3、4.4、4.5条规定者，按锭作废处理。

6.5.3 仲裁检验结果为该批产品最终判定。

7 标志、包装、运输、贮存

7.1 每块铅锭应有供方标志或商标及年号、批号等。

7.2 铅锭牌号用不易脱落的油漆在铅锭侧面划出标志，见表2。

表2

牌 号	标 志	牌 号	标 志
Pb99.994	不加颜色标志	Pb99.96	竖划3条黄色线
Pb99.99	竖划2条黄色线	Pb99.90	竖划4条黄色线

7.3 铅锭是否包装按供需双方签订的合同执行。如需包装时，用不生锈的钢带捆扎。

7.4 铅锭在贮存时不得被雨淋。铅锭在贮存、运输过程中，表面生成的灰白色薄膜，不作报废依据。如有损失、污染等应由责任单位负责。

7.5 每批铅锭应附产品质量证明书，其上注明：

a. 供方名称；

b. 产品名称和商标；

c. 牌号和批号；

d. 净重和件数；

e. 分析检验结果和技术监督部门印记；

f. 本标准编号；

g. 出厂日期。

四、高纯铅

高纯铅的质量技术要求按中国有色金属行业标准YS/T 265—1994执行。该标准具体规定如下：

本标准适用于以一号铅锭为原料，经高氯酸铅溶液（或硅氟酸铅溶液）电解精炼而制得的99.999%高纯铅；以99.999%的高纯铅为原料经电解精炼而制得99.9999%的高纯铅。这些产品供作化合物半导体、致冷元件、红外光电转换器件、高效温差元件以及焊料等用。

1 技术要求

1.1 高纯铅划分两个牌号，其化学成分按下表规定：

牌 号	化 学 成 分												
	Pb含量,% 不小于	杂质含量(不大于),ppm											
		As	Fe	Cu	Bi	Sn	Sb	Ag	Mg	Al	Cd	Zn	Ni
Pb-05	99.999	0.5	0.5	0.8	1.0	0.5	0.5	0.5	0.5	0.5	0.5	1.0	0.5
Pb-06	99.9999	0.2	0.05	0.05	0.1	0.05	—	0.05	0.1	0.1	—	—	—

1.2 用于制造合金的高纯铅,杂质元素作为合金组分者,经供需双方协商,其杂质含量提供实测数据。

1.3 高纯铅呈银灰色。

产品表面应平整,无毛刺、污物、缩孔、夹层和裂纹。

1.4 产品以长方形锭状供货,锭重为1±0.1kg。

1.5 需方如有特殊要求时,供需双方协商解决。

2 试验方法和检验规则

2.1 产品应成批提交验收。每批由同一熔次和同一规格的产品组成。

2.2 产品应由供方技术监督部门进行检验,保证产品质量符合本标准要求,并填写产品质量证明书。

2.3 需方可对收到的产品进行质量检验,如检验结果与本标准规定不符时,在收到产品之日起3个月内向供方提出,由供需双方协商解决。如需仲裁,仲裁取样在需方共同进行。

2.4 取样方法按如下规定:

2.4.1 供方可从铸锭时的液态金属中采取试样进行化学成分分析。

用钛等不沾污试样的材料制成的勺子在浇铸开始、中间和将结束时采取试样。

2.4.2 仲裁取样从同批产品中任取1~2个锭,用钛等不沾污试样的材料制成的小刀从锭的四条长棱上和锭的底部刮下刨屑的方法采取试样。

采取刨屑的部分要仔细清理,用刀刮去表层。

把所有锭上采取的刨屑试样切成不大于2mm的小块,混合均匀,用四分法缩分至重量不小于50g。

2.5 Pb-05产品化学成分的分析方法按国标GB 2593.1~2593.3—81《高纯铅分析方法》进行,其中的锌和镉按附录A《高纯铅中锌和镉的分析方法》进行。

Pb-06产品化学成分的分析按供方现行方法进行。仲裁分析按供需双方认可的方法进行。

2.6 分析检验结果不合格时,则加倍取样对不合格项目进行复验。如仍有一个结果不合格时,则该批产品为不合格。

3 标志、包装、运输、贮存

3.1 Pb-05产品用透明聚酯薄膜包裹后,用塑料袋封装;Pb-06产品用玻璃管等进行真空封装。将塑料袋或玻璃管置于木箱内,用碎纸或泡沫塑料等软物塞紧。

3.2 每箱内应附有标签,注明:供方名称、产品名称、牌号、净重及包装日期。

箱上应注明:供方名称、产品名称、批号、净重和出厂日期,并有“防潮”、“轻放”字样或标志。

3.3 产品应存放于清洁、干燥和无酸、碱气氛之处。

3.4 产品在运输过程中应防潮,不得剧烈碰撞。

3.5 启封及使用产品时应注意环境卫生,不允许用手直接拿取。切割或熔化高纯铅时所使用的工具、容器等应充分洗净,避免引进杂质。

3.6 每批产品应附有质量证明书,注明:

a. 供方名称;

b. 产品名称;

c. 牌号、批号、净重和箱数;

d. 各项分析检验结果及检验部门印记;

e. 本标准编号;

f. 出厂日期。

附 录 A

高纯铅中锌和镉的分析方法

(补充件)

本标准适用于 GB 8004—87《高纯铅》中锌和镉的测定。测定范围:$2\times10^{-5}\%\sim1.5\times10^{-4}\%$。

本标准遵守 GB 1467—78《冶金产品化学分析方法标准的总则和一般规定》。

本标准中所用试剂均为特纯试剂:水均为二次离子交换水。

A1 方法提要

试样用硝酸溶解后,加入一定量硫酸,在 80~90℃下,使铅生成硫酸铅沉淀与杂质元素分离,滤液蒸干后,长波以铟、短波以铂作内标,钠作载体,用交流断续电弧激发进行光谱测定。

A2 试剂

A2.1 硝酸(1+3)。

A2.2 硫酸(1+1)。

A2.3 硫酸(1+9)。

A2.4 盐酸(2+3)。

A2.5 盐酸(1+9)。

A2.6 锌标准溶液:称取 1.0000g 金属锌(纯度为 99.999%)置于 100mL 烧杯中,加入 10mL 王水,低温溶解后,取下冷却,移入 1000mL 容量瓶中,加入 200mL 盐酸(ρ1.19 g/mL),用水稀释至刻度,混匀。此溶液 1mL 含 1.00mg 锌。

A2.7 镉标准溶液:称取 1.0000g 金属镉(纯度为 99.999%)置于 100mL 烧杯中,加入 10mL 王水,低温溶解后,取下冷却,移入 1000mL 容量瓶中,加入 200mL 盐酸(ρ1.19 g/mL),用水稀释至刻度,混匀。此溶液 1mL 含 1.00mg 镉。

A2.8 铟标准溶液：称取1.0000g金属铟(纯度为99.999%)置于100mL烧杯中，加入20mL盐酸(ρ1.19g/mL)，低温溶解后，取下冷却，移入1000mL容量瓶中，加入180mL盐酸(ρ1.19g/mL)，用水稀释至刻度，混匀，此溶液1mL含1.00mg铟。

A2.9 铂标准溶液：称取1.0000g金属铂(纯度为99.999%)置于100mL烧杯中，加入10mL王水，低温溶解后，继续加热蒸发至小体积，取下冷却至室温，移入1000mL容量瓶中，加入200mL盐酸(ρ1.19g/mL)，用水稀释至刻度，混匀。此溶液1mL含1.00mg铂。

A2.10 钠标准溶液：称取12.7105g氯化钠置于1000mL容量瓶中，用水溶解，并稀释至刻度，混匀。此溶液1mL含5.00mg钠。

A2.11 标准级差溶液的配制：吸取一定量的各杂质元素的标准溶液，采用逐步稀释法，配成7个级差溶液，每0.1mL溶液含0.8μg铂、0.3μg铟、20μg钠及200μg铅；含锌、镉分别各为0.05、0.1、0.2、0.4、0.8、1.6、3.2μg的盐酸(A2.4)溶液。

A2.12 试样内标溶液：分别取一定量A2.9、A2.10、A2.8的标准溶液，配成每0.1mL含0.8μg铂、20μg钠及0.3μg铟的盐酸(A2.4)溶液。

A2.13 空白内标溶液：分别取一定量上述标准溶液，配成每0.1mL含0.8μg铂、0.2μg钠、0.3μg铟及200mg铅的盐酸(A2.4)溶液。

A2.14 聚苯乙烯-苯溶液(1.5%)。

A3 仪器与材料

A3.1 中型摄谱仪：波长范围200～400nm，倒数线色散率为0.39～3.15nm/mm。

A3.2 交流断续电弧发生器。

A3.3 测微光度计。

A3.4 电极：石墨电极(光谱纯)：直径6mm，长25mm，平头电极，使用前用一滴聚苯乙烯-苯溶液(A2.14)封闭。

A3.5 感光板：紫外Ⅱ型感光板。

A4 分析步骤

A4.1 测定数量

称取3份试样进行测定，取其平均值。

A4.2 试样量

每份称取5.00g试样。

A4.3 空白试验

随同试样做3份空白试验。

A4.4 测定

A4.4.1 将试样(A4.2)置于100mL烧杯中，加入20mL硝酸(A2.1)，盖上表面皿，低温加热溶解，待试样完全溶解后，取下，用水稀释至40mL；放在水浴上，待水浴温度升至80～90℃时，在搅拌下滴加6mL硫酸(A2.2)至沉淀完全后，继续在80～90℃水浴上放置15～20min，取下冷却，静置1.5h，用双层定量滤纸进行过滤[滤纸先用盐酸(A2.3)溶液洗涤3～5次，用水洗至中性，再用硫酸(A2.3)溶液洗涤1次]，滤液用50mL容量瓶收集，用硫酸(A2.3)溶液洗涤沉淀，并稀释至刻度，混匀。移取10mL滤液置于一个15mL石英坩埚中，在防尘罩中加热蒸发(温度为180℃左右)至硫酸烟冒尽。取下冷却,用1mL水洗涤坩埚壁,蒸干。取下冷却,加入2滴盐酸(A2.4),微热溶解盐类,加入0.1mL内标溶液(A2.12)[试剂空白要加空白内标溶液(A2.13)]。在预先用聚苯乙烯-苯溶液(A2.14)封闭好的一对平头电极上,在红外灯下烤干,再用2滴盐酸(A2.4)洗涤坩埚,将此洗涤溶液滴在电极上烤干,备用。

标准级差:分别吸取0.1mL标准级差溶液滴在预先用聚苯乙烯-苯溶液(A2.14)封闭好的一对平头电极上,在红外灯下烤干,与试样摄于同一块感光板上,以备测光。

A4.4.2　光谱测定条件

摄谱仪:中型石英摄谱仪,三透镜照明系统,狭缝10μm,中间光栏高5mm,光圈1:15,波长为200～400nm,倒线色散率为0.39～3.15nm/mm。

光源:交流电弧发生器,交流断续电弧,燃弧脉冲频率240次/min,每次燃弧时间1/10s,电流为7A。无预燃,爆光41s,极距3mm。

电极:上下电极均为平头电极。

感光板处理:显影液,定影液按感光板说明书配制。在20℃显影4min,定影至通透,再放置10～20min,取出,用水冲洗10min,晾干。

光度测量与计算:用测微光度计P标尺测量分析线对的黑度值。采用三标准试样法,以$\Delta P-\lg C$绘制工作曲线,由工作曲线查出被测元素含量。

分析线对见表A1。

表A1

分析线,nm	内标线,nm	分析线,nm	内标线,nm
Zn334.502	In303.936	Cd228.801	Pt265.945

A5　分析结果的计算

按下式计算试样中各种杂质元素的百分比含量:

$$\mathrm{Me}(\%)=\frac{(m_2-m_1)\times 10^{-4}}{m_0}\times 100$$

式中　m_2——自工作曲线上查得的试样中杂质元素量,μg;

m_1——自工作曲线上查得的空白中杂质元素量,μg;

m_0——称样量,g。

A6　允许差

试验室之间分析结果的差值应不大于表A2所列的允许差。

表A2

测定元素	测定范围	允许差
Cd、Zn	$5\times10^{-5}\%\sim1.5\times10^{-4}\%$	$4\times10^{-5}\%$

五、铅及铅合金废料、废件分类和技术条件

铅及铅合金废料、废件分类和技术条件按国家标准 GB/T 13588—1992 执行。该标准具体规定如下：

1　主题内容与适用范围

本标准规定了铅及铅合金废料、废件的分类、技术要求、试验方法、检验规则、标志、包装、运输和贮存。

本标准适用于作为再生有色金属冶炼厂的原料、加工制造厂使用的回炉料和流通领域的各种铅及铅合金废料、废件。

2　引用标准

GB 472　铅锭化学分析方法
GB 1174　铸造轴承合金
GB 1470　铅及铅锑合金板
GB 1471　铅阳极板
GB 1472　铅及铅锑合金管
GB 1473　铅及铅锑合金棒
GB 1474　铅及铅锑合金线
GB 3132　保险铅丝
GB 4103　铅基合金化学分析方法
GB 5191　锡、铅及其合金箔和锌箔
GB 8740　铸造轴承合金锭

3　分类

铅及铅合金废料、废件按物理形态分为 3 类，每类按化学成分分为不同组(金属名称、牌号)，各组按质量分为不同级别(见下表)。

类　别	组　别	原金属标准号	原金属名称	原金属代表牌号	级　别	典型举例
1　铅及铅合金块状废料、废件	1　金属铅废料、废件	GB 1470 GB 1472 GB 1473 GB 1474	纯　铅	Pb1 Pb2 Pb3	1 级：同一牌号的金属铅，无夹杂 2 级：同一牌号的金属铅，夹杂率≤1% 3 级：同一金属名称的金属铅，无夹杂 4 级：同一金属名称的金属铅，夹杂率≤1%	1　废旧电缆包皮、耐酸设备衬板、上下水道接头、退火槽内衬、子弹芯及其他报废的设备和零部件 2　各种铅材在加工过程中产生的边角料和废品

续表

类 别	组 别	原金属标准号	原金属名称	原金属代表牌号	级 别	典型举例
1 铅及铅合金块状废料、废件	2 加工铅合金废料、废件	GB 1470 GB 1472 GB 1473 GB 1474 GB 5191	含锑硬铅	PbSb0.5 PbSb2 PbSb4 PbSb6 PbSb8	1级:同一牌号的加工铅合金,无夹杂 2级:同一牌号的加工铅合金,夹杂率≤2% 3级:同一金属名称的加工铅合金,无夹杂 4级:同一金属名称的加工铅合金,夹杂率≤2% 5级:同一组的加工铅合金,无夹杂 6级:同一组的加工铅合金,夹杂率≤2%	1 废旧印刷铅板、铅字合金、耐酸耐蚀的零部件、铅丝、电器熔断器的保险铅丝及其他报废的设备和零部件 2 各种铅合金材在加工过程中产生的边角料和废料
		GB 3132	保险铅丝			
	3 铸造铅基轴承合金废料、废件	GB 8740	铸造铅基轴承合金	ZChPbSbD10-6 ZChPbSbD16-1-1 ZChPbSbD16-16-2 ZChPbSbD15-11-2 ZChPbSbD15-5-3 ZChPbSbD15-10 ZChPbSbD15-5 ZChPbSbD14-5 ZChPbSbD13-7-1	1级:同一牌号铸造铅基轴承合金,无夹杂 2级:同一牌号铸造铅基轴承合金,夹杂率≤2% 3级:同一品种铸造铅基轴承合金,无夹杂 4级:同一品种铸造铅基轴承合金,夹杂率≤2% 5级:同一组铸造铅基轴承合金,无夹杂 6级:同一组铸造铅基轴承合金,夹杂率≤2%	1 各种机械、船舶、机车的废旧轴承、轴套及其他报废的零部件 2 各种铸造轴承合金加工过程中产生的废料和废品
		GB 1174		ZChPb1 ZChPb2 ZChPb3 ZChPb4 ZChPb5		
	4 蓄电池铅方料	—	—	—	1级:铅锑含量≥95%的铅合金,无夹杂	废极板、废接线柱、可直接重熔利用的块料
					2级:铅锑含量≥85%的铅合金	解体后不带灰的蓄电池极板铅
					3级:铅锑含量≥75%,含水≤2%的铅合金	解体后带灰的蓄电池极板铅
					4级:铅锑含量≥50%的铅合金	排液后未解体的废旧铅蓄电池
	5 混合铅及铅合金废料、废件	—	—	—	1级:铅含量≥98%的金属铅 2级:铅含量≥92%的铅及铅合金 3级:铅含量≥75%的铅及铅合金 4级:铅含量≥60%的铅及铅合金	各种铅及铅合金材在加工过程中产生的边角料和废品,废旧零部件、民用器具等

续表

类 别	组 别	原金属标准号	原金属名称	原金属代表牌号	级 别	典型举例
2 铅及铅合金屑料	6 混合铅及铅合金屑料	—	—	—	1级:铅含量≥98%的铅屑料 2级:铅含量≥92%的铅及铅合金屑 3级:铅含量≥75%的铅及铅合金屑 4级:铅含量≥60%的铅及铅合金屑	各种铅及铅合金屑
3 铅及铅合金渣、灰	7 铅及铅合金渣、灰	—	—	—	1级:铅含量≥60%,含水≤8%的废铅渣、灰料 2级:铅含量≥30%,含水≤8%的废铅渣、灰料 3级:铅含量≥10%,含水≤8%的废铅渣、灰料	生产过程中产生的各种铅及铅合金的渣泥、浮渣、鳞皮、氧化铅皮、铅灰及扫地尘等

4 技术要求

4.1 铅及铅合金废料、废件应按本标准规定的类、组(金属名称、牌号)和级别进行回收和供应,不同的类、组和级不应相混。未列入表中的牌号及以后产生的新牌号,可视其成分归入化学成分相同或相近的组中。

4.2 废料、废件中不允许混有密封容器、易燃、易爆物及有毒物品等。未解体的废旧铅蓄电池要排放出硫酸液。

4.3 废料、废件中不准有放射性物质。

4.4 废旧子弹芯、爆炸物、易燃品、有毒设备及沾染的放射性物质,应由供方作安全检查处理。

4.5 废料、废件表面的杂物应予剔除。

4.6 块状废料、废件的最大外形尺寸小于或等于300mm,单块重量小于或等于100kg,也可由供需双方协商解决。

4.7 需方另有技术要求时,可由供需双方协商解决。

5 试验方法

5.1 铅及铅合金废料、废件一般用感观确定类、组和级别。

5.2 如对铅及铅合金废料、废件的化学成分有异议时,则纯铅废料、废件的化学成分仲裁分析方法按GB 472的规定进行,铅锑合金、铸造铅基轴承合金废料、废件的化学成分仲裁分析方法按GB 4103的规定进行。

5.3 混合料的化学成分分析方法由供需双方商定。

5.4 废料、废件的取样方法以及其他有关事宜由供需双方商定。

5.5　废料、废件的供应方式、清洁程度、外形尺寸及单块重量，可用肉眼查看的方法进行，必要时，可抽样测定。

6　检验规则

6.1　检查和验收

6.1.1　废料、废件应由供方技术监督部门进行检验，也可委托他方技术监督部门进行检验，保证其质量符合本标准的规定，并填写质量证明书。

6.1.2　需方应对收到的废料、废件按本标准的规定进行检验，如检验结果与本标准不符时，应单独存放，不准动用，并在收到之日起15天内向供方提出，由供需双方协商解决。

6.2　组批

废料、废件应成批提交检验，每批应由同一类、组(金属名称、牌号)和级别组成。

7　标志、包装、运输和贮存

7.1　废料、废件发运时，必须附有标志，写明废料、废件名称、类、组(金属名称、牌号)、级别和供需双方名称。

7.2　碎料应包装，包装方式、尺寸和重量由供需双方商定。

7.3　装车发运时，不应混批装运。如在同一车厢内装运不同批时，应采取措施防止在运输过程中混料。

7.4　废料、废件在运输、装卸、堆放等过程中，应严禁混入爆炸物、易燃物和有毒物品等，也不得用带腐蚀性物质的工具装运。有特殊要求时应有防雨、防雪设施。

7.5　废料、废件交货时，必须附有质量证明书，写明：

a. 供方名称；

b. 废料、废件名称；

c. 类、组(金属名称、牌号)、级别；

d. 每批的总重量；

e. 检验结果；

f. 发货日期；

g. 技术监督部门的印记；

h. 本标准编号。

第二节　锌质量技术要求

一、锌精矿

锌精矿的质量技术要求按中国有色金属行业标准YS/T 320—1997执行。该标准具体规定如下：

1　范围

本标准规定了锌精矿的要求、试验方法、检验规则及包装和运输。

本标准适用于硫化型锌矿经浮选而制得的锌精矿，也可适用其他方法选得的锌精矿，供炼锌用。

2 引用标准

下列标准所包含的条文，通过在本标准中引用而构成为本标准的条文。本标准出版时，所示版本均为有效。所有标准都会被修订，使用本标准的各方应探讨使用下列标准最新版本的可行性。

GB 1250—89 极限数值的表示方法和判定方法

GB 8151.1～8151.11—87 锌精矿化学分析方法

GB 8151.12—89 锌精矿化学分析方法

GB 8170—87 数值修约规则

GB 14261—93 散装浮选锌精矿取样、制样方法

3 订货单(或合同)内容

本标准所列锌精矿的订货单(或合同)应包括下列内容：

3.1 产品名称。

3.2 品级。

3.3 杂质含量的特殊要求。

3.4 数量。

3.5 本标准编号。

3.6 其他。

4 要求

4.1 产品分类

锌精矿按化学成分分为一级品、二级品、三级品和四级品。

4.2 化学成分

锌精矿的化学成分应符合表 1 的规定。

表 1 锌精矿的化学成分 %

品　级	Zn 不小于	杂质含量，不大于				
		Cu	Pb	Fe	As	SiO_2
一级品	55	0.8	1.0	6	0.2	4.0
二级品	50	1.0	1.5	8	0.4	5.0
三级品	45	1.0	2.0	12	0.5	5.5
四级品	40	1.5	2.5	14	0.5	6.0

4.3 锌精矿中的银、硫为有价元素，应报出数据。

4.4 锌精矿中的镉、氟的含量应分别不大于 0.3%，锑的含量应不大于 0.03%，锡的含量应不大于 0.1%，镍和锗的含量要求，由供需双方商定。

4.5　四级品铁闪锌矿含铁允许不大于18%。

4.6　锌精矿中的水分应不大于12%;冬季应不大于8%。

4.7　锌精矿的粒度应小于150μm。

4.8　锌精矿中不应混入外来夹杂物。同批锌精矿应混匀,主品位差应不大于5%。

5　试验方法

5.1　锌精矿水分含量的测定按GB 14261的规定进行。

5.2　锌精矿化学成分的测定按GB 8151.1～GB 8151.12的规定进行。

5.3　锌精矿的粒度测定,用孔径为150μm的标准筛进行筛分。

6　检验规则

6.1　检查和验收

锌精矿运到需方就近的车站或码头,由需方技术监督部门负责验收。供方应确保产品质量符合本标准(或订货合同)的规定。

6.2　组批

锌精矿应成批提交检验,每批应由同一品级组成,检验批应不大于65t。

6.3　取样和制样

6.3.1　散装锌精矿的取样方法按GB 14261的规定执行;袋装锌精矿按10%(m/m)随机抽取样袋,采用样钎钎取份样时,应将样钎插入袋底,每袋取一钎,并将从样袋中所取份样混合均匀。

6.3.2　样品的制备按GB 14261规定的程序和方法进行。

6.3.3　将所制样品分成3份:一份为验收分析试样,一份交供方,一份由需方保存3个月,作为仲裁样品。供方如对验收分析结果有异议,可在仲裁样保存期内提出。

6.4　检验结果的判定

6.4.1　检验结果的判定按GB 1250中修约值比较法的规定进行。

6.4.2　检验结果保留2位小数,数字修约按GB 8170中第3章的规定进行。

6.4.3　当供需双方对检验结果有争议时,由供需双方协商解决;如需仲裁,以仲裁结果为最终判定依据。

7　包装、运输及其他

7.1　锌精矿为散装,也可袋装,每袋重量应基本一致。

7.2　锌精矿用火车(船)或汽车运输,装车后,应将精矿表面扒平。

7.3　每批精矿发运时,应附质量预报单,注明:

a. 供方名称;

b. 精矿名称;

c. 品级;

d. 重量;

e. 车号;

f. 发货日期;

g. 本标准编号。

二、锌锭

锌锭的质量技术要求按国家标准 GB/T 470—1997 执行。该标准具体规定如下：

1 范围

本标准规定了锌锭要求、试验方法、检验规则及标志、包装、运输和贮存。

本标准适用于以锌精矿和含锌物料为原料，用蒸馏法、精馏法或电解法生产的锌锭。主要供镀锌、合金、化工、电气等工业部门使用。

2 引用标准

下列标准所包含的条文，通过在本标准中引用而构成为本标准的条文。本标准出版时，所示版本均为有效。所有标准都会被修订，使用本标准的各方应探讨使用下列标准最新版本的可能性。

GB 1250—89 极限数值的表示方法和判定方法

GB 8170—87 数值修约规则

GB/T 12689.1～12689.14—1990 锌及锌合金化学分析方法

3 订货单内容

本标准所列材料的订货单应包括下列内容：

3.1 产品名称。

3.2 牌号。

3.3 数量。

3.4 标准编号、年代号。

4 要求

4.1 产品分类

锌锭按化学成分分为 5 个牌号：Zn 99.995、Zn 99.99、Zn 99.95、Zn 99.5、Zn 98.7。

4.2 化学成分

锌锭的化学成分应符合表 1 的规定。

表 1 锌锭的化学成分

牌 号	化学成分，%				
	Zn 不小于	杂质含量，不大于			
		Pb	Cd	Fe	Cu
Zn99.995	99.995	0.003	0.002	0.001	0.001
Zn99.99	99.99	0.005	0.003	0.003	0.002
Zn99.95	99.95	0.020	0.02	0.010	0.002
Zn99.5	99.5	0.3	0.07	0.04	0.002

续表1

牌号	化学成分,%				
	Zn不小于	杂质含量,不大于			
		Pb	Cd	Fe	Cu
Zn98.7	98.7	1.0	0.20	0.05	0.005

牌号	化学成分,%				
	杂质含量,不大于				
	Sn	Al	As	Sb	总和
Zn99.995	0.001	—	—	—	0.0050
Zn99.99	0.001	—	—	—	0.010
Zn99.95	0.001	—	—	—	0.050
Zn99.5	0.002	0.010	0.005	0.01	0.50
Zn98.7	0.002	0.010	0.01	0.02	1.30

注:Zn99.99%的锌锭用于生产压铸合金,最高铅含量应为0.003%。

4.3 Zn99.995用于间接法生产氧化锌时,铜含量不大于0.0001%;除Zn98.7以外的锌锭,用于生产铜锌合金时,铜含量不作规定;Zn99.5用于生产含锡合金时,锡含量应不大于0.05%;Zn99.995、Zn99.99和Zn99.95中的铝含量应不大于0.003%。

4.4 锌含量等于100%减去表1中杂质总和的余量。

4.5 各牌号锌的杂质,在表1中规定的最末位后出现的数字,按GB 8170—1987的规定处理。

4.6 锌锭表面不允许有熔洞、缩孔、夹层、浮渣及外来夹杂物。但允许有自然氧化膜。

4.7 锌锭单重为20~25kg,锭的厚度为30~50mm。锭的底面允许有两条凹沟及铸腿,便于集装和使用。如用户有其他规格要求,由供需双方商定。

5 试验方法

5.1 锌锭的化学成分仲裁分析方法按GB/T 12689.1~12689.14的规定进行。

5.2 锌锭的表面质量用目测法进行检验。

6 检验规则

6.1 检查和验收

6.1.1 锌锭应由供方技术监督部门进行检验,保证产品质量符合本标准的规定,并填写质量证明书。

6.1.2 需方应对收到的产品按本标准的规定进行检验,如检验结果与本标准的规定不符时,应在收到产品之日起2个月内向供方提出,由供需双方协商解决。如需仲裁,仲裁取样在需方由供需双方共同进行。

6.2 组批

6.2.1 锌锭应成批提交检验,每批应由同一牌号的锌锭组成。同一牌号的锌锭允许有多种批号,每批重量不超过60t。

6.3 检验项目

6.3.1 每批锌锭应进行化学成分、表面质量的检验。

6.4 仲裁取样和制样

6.4.1 仲裁样锭由供需双方按批等间隔抽取,每批抽取 6～20 块。

6.4.2 取样位置:将取得的样锭分组,每组样锭最多为 10 块。样锭按长边相靠并排摆放,第一块浇铸面向上,第二块浇铸面向下,依次交替排列成矩形,在此矩形上划出两对角线。再把每块锌锭表面等分成该组锭数加 1 个相等的部分,划出平行于锭长边的等分线。等分线与对角线的交点是钻孔位置,即第一块锌锭的第一条等分线交点上钻孔,第二块锌锭在第二条等分线交点上钻孔,依此类推,详见图 1。当钻屑量不足时,可在每块锭等分线交点相邻处增加钻孔。

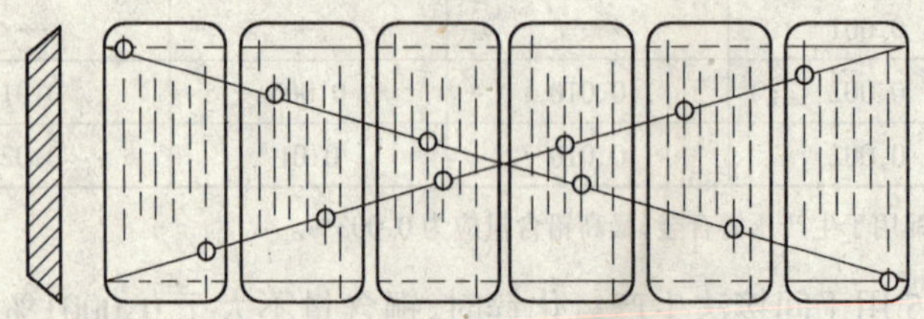

图 1 锭样钻孔位置示意图

6.4.3 取样用直径 10～15mm 的钻头,钻孔时不得使用润滑剂,钻孔速度以钻屑不氧化为宜。去掉表面钻屑,钻孔深度不小于锌锭厚度的三分之二。

6.4.4 将每批所得钻屑剪碎至 2mm 以下,混合均匀缩分至 1000g,用磁铁除净铁质后分成四等份,分别加封,加盖供需双方印记,2 份用于仲裁,其余双方各存一份。

6.5 检验结果判定

6.5.1 化学成分仲裁分析结果与本标准规定不符时,按仲裁分析结果重新判定牌号。

6.5.2 锌锭表面质量不符合本标准规定时,按锭判废。

7 标志、包装、运输和贮存

7.1 标志

7.1.1 每块锌锭上应浇铸或打印上生产厂商标和批号。

7.1.2 每块锌锭的一端或一侧应有不易脱落的鲜明颜色标志,各牌号锌锭的颜色标志规定如下:

锌锭牌号	颜色标志
Zn 99.995	红色二条
Zn 99.99	红色一条
Zn 99.95	黑色一条
Zn 99.5	绿色二条
Zn 98.7	绿色一条

出口锌锭允许不作颜色标志。

7.1.3 锌锭必须打捆集装,每捆应注明:

a. 供方名称或商标;

b. 产品名称；

c. 批号；

d. 捆重。

7.2 包装、运输、贮存

7.2.1 锌锭禁止用带酸、碱、盐等腐蚀锌锭的包装物包装和运输工具装运。

7.2.2 两个牌号的锌锭用同一车皮装运时，应分隔开，插上明显标志。

7.3 质量证明书

每批产品应附有质量证明书，注明：

a. 供方名称；

b. 产品名称和牌号；

c. 批号；

d. 净重和件(捆)数；

e. 分析检验结果和技术监督部门印记；

f. 本标准编号，年代号；

g. 出厂日期。

三、锌粉

锌粉的质量技术要求按国家标准 GB/T 6890—2000 执行。该标准具体规定如下：

1 范围

本标准规定了锌粉的要求、试验方法、检验规则及包装、标志、运输和贮存。

本标准适用于以金属锌或含锌物料为原料，用蒸馏法、雾化法、电热还原法生产的金属锌粉。主要供涂料、染料、冶金、化工及制药等工业部门使用。

2 引用标准

下列标准所包含的条文，通过在本标准中引用而构成为本标准的条文。本标准出版时，所示版本均为有效。所有标准都会被修订，使用本标准的各方应探讨使用下列标准最新版本的可能性。

GB/T 1715—1979 颜料筛余物测定法

GB/T 5314—1985 粉末冶金用粉末的取样方法

GB/T 6524—1986 金属粉末粒度分布的测定——光透法

3 要求

3.1 产品分类

3.1.1 锌粉按化学成分分为一级、二级、三级、四级四个等级。

3.1.2 锌粉按粒度分为 FZn30、FZn45、FZn90、FZn125 四种规格。

3.2 化学成分

锌粉的化学成分应符合表 1 的规定。

表 1

等级	化学成分,%					
	主品位,不小于		杂质,不大于			
	全锌	金属锌	Pb	Fe	Cd	酸不溶物
一级	98	96	0.1	0.05	0.1	0.2
二级	98	94	0.2	0.2	0.2	0.2
三级	96	92	0.3	—	—	0.2
四级	92	88	—	—	—	0.2

注:以含锌物料为原料生产的四级锌粉,其含硫量应不大于 0.5%。

3.3 粒度及筛余物

锌粉的粒度应符合表 2 的规定。

表 2

规格	筛余物,不大于		粒度分布,%(不小于)	
	最大粒径,μm	含量,%	30μm 以下	10μm 以下
FZn30	45	—	99.5	80
FZn45	90	0.3	—	—
FZn90	125	0.1	—	—
FZn125	200	1.0	—	—

3.4 锌粉用作与饮用水接触的涂料时,杂质铅和镉的含量应分别不大于 0.01%。

3.5 生产立德粉用的锌粉,铅含量可不做规定;生产保险粉用的锌粉,除金属锌和筛余物外,其他成分可不规定。

3.6 需方如对化学成分或粒度有特殊要求时,由供需双方商定。

3.7 外观

锌粉外观呈灰色,锌粉内不应混入外来夹杂物。

4 试验方法

4.1 化学成分分析方法

锌粉的化学成分仲裁分析方法按附录 A、附录 B、附录 C、附录 D、附录 E、附录 F、附录 G 的规定进行。

4.2 粒度的测定方法

4.2.1 锌粉粒度分布的仲裁测定方法按 GB/T 6524 中光透法的规定进行。

4.2.2 锌粉筛余物的仲裁测定方法按 GB/T 1715 中甲法的规定进行。

5 检验规则

5.1 检查和验收

5.1.1 锌粉由供方技术监督部门进行检验,保证产品质量符合本标准的规定,并填写质量证明书。

5.1.2　需方应对收到的产品按本标准的规定进行检验，如检验结果与本标准的规定不符时，应在收到产品之日起 30 天内向供方提出，由供需双方协商解决。如需仲裁，仲裁取样在需方共同进行。

5.2　组批

锌粉应成批提交验收，每批应由同一规格、等级的锌粉组成（若干个生产批构成一个检验批的时间应不超过 7 天）。每批净重不超过 5t。

5.3　检验项目

每批锌粉应进行化学成分、粒度和外观的检验。

5.4　仲裁取样和制样

5.4.1　仲裁取样方法按 GB/T 5314 的规定进行。

5.4.2　将所有试样混匀，并缩分至 1kg，均匀分成 4 等份，1 份供供方分析用，1 份供需方分析用，1 份供仲裁分析用，1 份备用。

5.5　检验结果判定

5.5.1　化学成分的仲裁分析结果与本标准规定不符时，该批为不合格品。

5.5.2　粒度的仲裁测定结果与本标准规定不符时，该批为不合格品。

5.5.3　锌粉的颜色与本标准规定不符时，该批为不合格品；有外来夹杂物时，该桶为不合格品。

6　包装、标志、运输和贮存

6.1　包装

锌粉用铁桶包装，内衬塑料袋，袋口用绳扎紧，桶盖应牢固并密封。每桶净重分为 25kg、40kg、50kg。需方如有特殊要求时，由供需双方商定。

6.2　标志

6.2.1　包装桶表面应涂上不易脱落的颜色标志，各包装桶的颜色标志规定如下：

规　格	颜色标志
FZn30	黑色
FZn45	黄色
FZn90	绿色
FZn125	蓝色

6.2.2　包装桶上应注明：

a. 生产厂名称及厂址；

b. 产品名称；

c. 净重；

d. 注册商标；

e. 防潮、防火、轻放标志。

6.2.3　每个包装桶上应有产品合格证，其上注明：

a. 生产厂名称及厂址；

b. 产品名称；

c. 批号；

d. 牌号、等级；
e. 标准编号；
f. 生产日期。

6.3　运输和贮存

6.3.1　锌粉在运输过程中应防潮、防火、轻放，避免撞击和跌落。

6.3.2　锌粉应贮存在通风、干燥、防火的库房内。

6.4　质量证明书

每批锌粉出厂时应附有产品质量证明书，其上应注明：
a. 生产厂名称及厂址；
b. 产品名称；
c. 批号；
d. 牌号、等级、批净重和桶数；
e. 主要技术指标检验结果及技术监督部门印记；
f. 标准编号；
g. 出厂日期。

6.5　使用说明书

每批锌粉出厂时应附有产品使用说明书，说明书内一般应包括下列内容：
a. 产品特点；
b. 主要用途及适用范围；
c. 主要参数；
d. 使用注意事项；
e. 生产厂名称、厂址等。

7　订货单内容

本标准所列材料的订货单(或合同)内应包括下列内容：

7.1　产品名称。

7.2　牌号。

7.3　等级。

7.4　数量。

7.5　本标准编号、代号。

7.6　其他。

附　录　A

（标准的附录）

Na_2EDTA 滴定法测定全锌量

A1　范围

本方法适用于锌粉中全锌含量的测定。测定范围：90％～99％。

A2 方法提要

试样用盐酸和过氧化氢溶解，在 pH5～6 的乙酸-乙酸钠缓冲溶液中，以二甲酚橙为指示剂，用 Na_2EDTA 标准溶液直接滴定。

A3 试剂

A3.1 抗坏血酸(固体)。

A3.2 乙酸钠(无水)。

A3.3 盐酸(ρ1.19g/mL)。

A3.4 氨水(ρ0.90g/mL)。

A3.5 冰乙酸(ρ1.049g/mL)。

A3.6 盐酸(1+1)。

A3.7 氨水(1+1)。

A3.8 甲基橙(1g/L)。

A3.9 二甲酚橙指示剂(5g/L)，限 2 周内使用。

A3.10 乙酸-乙酸钠缓冲溶液：称取 180g 乙酸钠(A3.2)溶于少量水中，加入 15mL 冰乙酸(A3.5)，用水稀释至 1L，混匀。

A3.11 过氧化氢(30%)。

A3.12 硫代硫酸钠(100g/L)。

A3.13 氟化钾(200g/L)。

A3.14 乙二胺四乙酸二钠(Na_2EDTA)标准溶液[$c(C_{10}H_{14}N_2O_8Na_2 \cdot 2H_2O)$ = 0.05mol/L]。

A3.14.1 配制：称取 18.6g EDTA 二钠盐溶于少量水中，移入 1000mL 容量瓶中，用水稀释至刻度，混匀，放置 3 日后标定。

A3.14.2 标定：称取 3 份 0.1000g 金属锌(＞99.99%)置于 400mL 烧杯中，加入 10mL 盐酸(A3.6)，盖上表皿，低温溶解，取下冲洗表皿，冷至室温，稀释至 50mL，加 1 滴甲基橙指示剂(A3.8)，用氨水(A3.7)和盐酸(A3.6)调至溶液恰变红色，加入 15mL 缓冲溶液(A3.10)，加入 2 滴二甲酚橙指示剂(A3.9)，用待标定的 Na_2EDTA 溶液(A3.14)滴定至溶液由紫色变为亮黄色为终点。

同时作空白试验。

按式(A1)计算 Na_2EDTA 标准溶液对锌的滴定系数：

$$F = \frac{m}{V - V_0} \tag{A1}$$

式中 F——Na_2EDTA 标准溶液对锌的滴定系数，g/mL；

m——称取金属锌质量，g；

V——标定时消耗 Na_2EDTA 标准溶液的体积，mL；

V_0——空白试验消耗 Na_2EDTA 标准溶液的体积，mL。

当 3 次标定结果的极差值不大于 0.000005g/mL 时，取其平均值。否则重新标定。

A4　分析步骤

A4.1　称取试样 0.15g±0.0001g 放入 400mL 烧杯中，加 5mL 盐酸（A3.3），滴入 4～5 滴过氧化氢（A3.11），盖上表皿，低温加热至试样完全溶解，取下表皿，用少许水吹洗表皿及杯壁，放冷。

A4.2　滴加两滴甲基橙指示剂（A3.8），用氨水（A3.7）和盐酸（A3.6）调至溶液恰变红色，加 0.1g 抗坏血酸（A3.1）溶解，加入 15mL 乙酸-乙酸钠缓冲溶液（A3.10）、5mL 硫代硫钠溶液（A3.12）、5mL 氟化钾溶液（A3.13），摇匀。加入 1～2 滴二甲酚橙溶液（A3.9），用 Na_2EDTA 标准溶液（A3.14）滴定，溶液由紫红色变黄色为终点。

A5　分析结果的计算与表述

按式（A2）计算全锌的百分含量：

$$Zn(\%)=\frac{F(V_1-V_2)}{m}\times 100 \tag{A2}$$

式中　F——Na_2EDTA 标准溶液对锌的滴定系数，g/mL；

V_1——试液消耗 Na_2EDTA 标准溶液的体积，mL；

V_2——空白试验消耗 Na_2EDTA 标准溶液的体积，mL；

m——试样量，g。

A6　允许差

实验室之间分析结果的差值应不大于表 A1 所列允许差。

表 A1　　%

全锌含量	允许差
90～99	0.60

附　录　B

（标准的附录）

金属锌的测定

B1　范围

本方法适用于锌粉中金属锌含量的测定。测定范围：88%～99%。

B2　方法提要

在二氧化碳作保护气的条件下，试样中的金属锌与硫酸铁作用（铜盐作催化剂）生成相当量的硫酸亚铁，用高锰酸钾标准溶液滴定，间接计算试样中的金属锌量。

B3 试剂

B3.1 二氧化碳(瓶装、临时制备见 B4.1)。

B3.2 磷酸(ρ1.69g/mL)。

B3.3 硫酸(1+19)。

B3.4 甲基红指示剂(1g/L):称取 0.10g 甲基红溶于 100mL 的乙醇(1+1)溶液中。

B3.5 硫酸铜溶液(200g/L):称取 200g $CuSO_4 \cdot 5H_2O$ 溶于 1L 的水中。

B3.6 硫酸铁溶液(330g/L):称取 330g$Fe_2(SO_4)_3$ 溶于 1L 的水中,加热至完全溶解。

B3.7 高锰酸钾标准溶液

B3.7.1 配制:称取 20g 的高锰酸钾置于 3L 的烧杯中,加入 2L 蒸馏水,煮沸 1h,冷却,静置至次日。移入 2L 容量瓶中。用煮沸并冷却的蒸馏水稀释至刻度,充分摇匀。放置至沉淀下降,经玻璃丝或瓷过滤器过滤于棕色瓶中,盖上玻璃塞。

B3.7.2 标定:称取 0.72g±0.0002g 无水草酸钠(在 105℃ ±5℃烘箱中干燥 1h)置于 500mL 的锥形瓶中,将其溶解于 200mL 的硫酸(B3.3)溶液中,加热至 70~80℃,立即用高锰酸钾溶液滴定至出现淡红色为终点。

高锰酸钾对 Zn 元素的滴定系数计算如式(B1):

$$F=\frac{m \times 0.4879}{V-V_0} \tag{B1}$$

式中 F——高锰酸钾标准溶液对 Zn 元素的滴定系数,g/mL;

m——称取草酸钠的质量,g;

V——标定时消耗高锰酸钾溶液的体积,mL;

V_0——空白消耗高锰酸钾溶液的体积,mL;

0.4879——草酸钠转化为对 Zn 元素系数。

当 3 次测定的极差值不大于 0.00001g/mL,取其平均值。否则重新标定。

B4 分析步骤

B4.1 二氧化碳的制备

B4.1.1 在一个干燥的 750mL 的锥形瓶中充满二氧化碳,塞好胶塞。若无二氧化碳,按 B4.1.2 执行。

B4.1.2 在一个 750mL 的锥形瓶中加入 35mL 的饱和碳酸氢钠溶液,滴加 2 滴甲基红指示剂(B3.4),加入 10mL 硫酸(B3.3),在摇动下将瓶内空气赶尽,再继续滴加硫酸(B3.3)直到溶液由黄色变为红色。立即塞好胶塞。

B4.2 称取 0.40g±0.0002g(差减法称量)试样,迅速打开瓶塞将试样倒入锥形瓶中。立即塞好胶塞,摇动,使试样散开(避免生成聚焦物)。

B4.3 向锥形瓶中加入 10mL 硫酸铜(B3.5)剧烈摇动 1min,然后加入 50mL 的硫酸铁(B3.6)冲洗锥形瓶颈部,把附在上面的金属粒子冲下去,塞紧锥形瓶口,放置在搅拌器上搅拌或用手摇动直到完全溶解。(需 15~30min)。

B4.4 试样完全溶解后,加入 20mL 磷酸(B3.2)及 200mL 硫酸(B3.3),立即用高锰酸钾标准溶液滴定至淡红色为终点。

随同试样作空白试验。

B5　分析结果的计算与表述

金属锌百分含量按式(B2)计算：

$$\text{Zn}(\%)=\frac{F(V_1-V_0)}{m}\times 100 \tag{B2}$$

式中　F——高锰酸钾标准溶液对 Zn 元素的滴定系数，g/mL；

V_1——滴定试样消耗高锰酸钾标准溶液的体积，mL；

V_0——滴定空白消耗高锰酸钾标准溶液的体积，mL；

m——称取的试样量，g。

B6　允许差

实验室之间分析结果的差值应不大于表 B1 所列允许差。

表 B1　　%

锌　量	允许差
88～99	0.80

附　录　C

(标准的附录)

火焰原子吸收光谱法测定铅量

C1　范围

本方法适用于锌粉中铅量的测定。测定范围：0.010%～0.40%。

C2　方法提要

试料以盐酸、过氧化氢分解，在稀盐酸介质中于原子吸收分光光度计波长 283.3nm 处以空气-乙炔火焰测量铅吸光度，按标准曲线法计算其含量。

C3　试剂

C3.1　盐酸(ρ1.19g/mL)。

C3.2　过氧化氢(30%)。

C3.3　盐酸(1+1)。

C3.4　硝酸(1+3)。

C3.5　铅标准溶液：称取 0.1000g 金属铅(>99.99%)于 250mL 烧杯中，加入 10mL 硝酸(C3.4)，加热至溶解完全，煮沸除去氮的氧化物，取下冷却，移入 1000mL 容量瓶中，用水稀至刻度混匀，此溶液 1mL 含铅 0.1mg。

C4 仪器

原子吸收分光光度计,附铅空心阴极灯。

在仪器最佳工作条件下,凡能达到下列指标的仪器均可使用:

灵敏度:在与测量试样溶液的基体相一致的溶液中,铅的特征浓度应不大于0.2μg/mL。

精密度:用最高浓度的标准溶液测量10次吸光度,其标准偏差应不超过平均吸光度的1.0%。用最低浓度的标准溶液(不是“零”标准溶液)测量10次吸光度,其标准偏差应不超过最高浓度标准溶液平均吸光度的0.5%。

工作曲线线性:将工作曲线按浓度等分成5段,最高段的吸光度差值与最低段的吸光度差值之比,应不小于0.8。

仪器工作条件见表C1。

表C1

波 长 nm	灯电流 mA	燃烧器高度 mm	狭 缝 nm	空气流量 L/min	乙炔流量 L/min
283.3	2	7.5	0.2	4.5	1.2

C5 分析步骤

C5.1 试料

按表C2称取试样,精确至0.0001g。

表C2

铅含量 %	试料量 g	测定体积 mL	移取溶液体积 mL
0.010~0.025	2.0	100	—
0.025~0.05	1.0	100	—
0.05~0.1	0.50	100	—
0.1~0.5	1.0	100	10.00

C5.2 空白试验

随同试料做空白试验。

C5.3 测定

C5.3.1 将试料(C5.1)置于250mL烧杯中,加10~15mL盐酸(C3.3)和1mL过氧化氢(C3.2),盖上表皿,低温加热至溶解完全,煮沸片刻,冷却,按表C2移入容量瓶中,以水稀释至刻度,混匀。

C5.3.2 使用空气-乙炔火焰,于原子吸收分光光度计波长283.3nm处,与标准溶液系列同时,以水调零测量溶液的吸光度,减去试料空白溶液的吸光度,从工作曲线上查出相应的铅浓度。

C5.4 工作曲线的绘制

移取0、1.00、2.00、3.00、4.00、5.00mL铅标准溶液(C3.5)于100mL容量瓶中,分别加入

10mL 盐酸(C3.3)以水稀释至刻度,混匀。以铅浓度为横坐标,吸光度为纵坐标绘制工作曲线。

C6 分析结果的计算与表述

按式(C1)计算铅的百分含量:

$$\mathrm{Pb}(\%)=\frac{cV\times 10^{-6}}{m}\times 100 \tag{C1}$$

式中 c——自工作曲线上查得的铅浓度,μg/mL;

V——试液体积,mL;

m——试料的质量,g。

C7 允许差

实验室之间分析结果的差值应不大于表 C3 所列允许差。

表 C3 %

铅含量	允许差	铅含量	允许差
0.010～0.030	0.003	>0.10～0.20	0.02
>0.030～0.100	0.010	>0.20～0.40	0.03

附录 D

(标准的附录)

火焰原子吸收光谱法测定铁量

D1 范围

本方法适用于本标准正文部分所有等级铁量的测定。测定范围:0.010%～0.40%。

D2 方法提要

试料以盐酸、过氧化氢分解,在稀盐酸介质中于原子吸收分光光度计波长 248.3nm 处以空气-乙炔火焰测量铁吸光度,按标准曲线法计算其含量。

D3 试剂

D3.1 盐酸(ρ1.19g/mL)。

D3.2 过氧化氢(30%)。

D3.3 盐酸(1+1)。

D3.4 硝酸(1+3)。

D3.5 铁标准溶液:称取 0.1000g 金属铁(>99.99%)于 250mL 烧杯中,加入 10mL 硝酸(D3.4),加热至溶解完全,煮沸除去氮的氧化物,取下冷却,移入 1000mL 容量瓶中,用水稀至刻度混匀,此溶液 1mL 含铁 0.1mg。

D4　仪器

原子吸收分光光度计，附铁空心阴极灯。

在仪器最佳工作条件下，凡能达到下列指标的仪器均可使用：

灵敏度：在与测量试样溶液的基体相一致的溶液中，铁的特征浓度应不大于0.10μg/mL。

精密度：用最高浓度的标准溶液测量10次吸光度，其标准偏差应不超过平均吸光度的1.0%。用最低浓度的标准溶液（不是“零”标准溶液）测量10次吸光度，其标准偏差应不超过最高浓度标准溶液平均吸光度的0.5%。

工作曲线线性：将工作曲线按浓度等分成5段，最高段的吸光度差值与最低段的吸光度差值之比，应不小于0.8。

仪器工作条件见表D1。

表 D1

波　长 nm	灯电流 mA	燃烧器高度 mm	狭　缝 nm	空气流量 L/min	乙炔流量 L/min
248.3	2	7.5	0.2	4.5	1.0

D5　分析步骤

D5.1　试料

按表D2称取试样，精确至0.0001g。

表 D2

铁含量 %	试料量 g	测定体积 mL	移取溶液体积 mL
0.010～0.025	2.0	100	—
0.025～0.05	1.0	100	—
0.05～0.1	0.50	100	—
0.1～0.5	1.0	100	10.00

D5.2　空白试验

随同试料做空白试验。

D5.3　测定

D5.3.1　将试料（D5.1）置于250mL烧杯中，加10～15mL盐酸（D3.3）和1mL过氧化氢（D3.2），盖上表皿，低温加热至溶解完全，煮沸片刻，冷却，按表D2移入容量瓶中，以水稀释至刻度，混匀。

D5.3.2　使用空气-乙炔火焰，于原子吸收分光光度计波长248.3nm处，与标准溶液系列同时，以水调零测量溶液的吸光度，减去试样空白溶液的吸光度，从工作曲线上查出相应的铁浓度。

D5.4　工作曲线的绘制

移取0、1.00、2.00、3.00、4.00、5.00mL铁标准溶液(D3.5)于100mL容量瓶中，分别加入10mL盐酸(D3.3)以水稀释至刻度，混匀。以铁浓度为横坐标，吸光度为纵坐标绘制工作曲线。

D6 分析结果的计算与表述

按式(D1)计算铁的百分含量：

$$\mathrm{Fe}(\%)=\frac{cV\times10^{-6}}{m}\times100 \qquad (D1)$$

式中 c——自工作曲线上查得的铁浓度，μg/mL；

V——试液体积，mL；

m——试料的质量，g。

D7 允许差

实验室之间分析结果的差值应不大于表D3所列允许差。

表 D3 %

铁含量	允许差	铁含量	允许差
0.010～0.030	0.004	>0.060～0.200	0.015
>0.030～0.060	0.008	>0.20～0.40	0.03

附 录 E

(标准的附录)

火焰原子吸收光谱法测定镉量

E1 范围

本方法适于锌粉中镉量的测定。测定范围：0.010%～0.40%。

E2 方法提要

试料以盐酸、过氧化氢分解，在稀盐酸介质中于原子吸收分光光度计波长228.8nm处，以空气-乙炔火焰测量镉的吸光度，按标准曲线法计算其含量。

E3 试剂

E3.1 盐酸(ρ1.19g/mL)。

E3.2 过氧化氢(30%)。

E3.3 盐酸(1+1)。

E3.4 硝酸(1+3)。

E3.5 镉标准溶液：称取0.1000g金属镉(>99.99%)于250mL烧杯中，加入10mL硝酸(E3.4)，加热至溶解完全，煮沸除去氮的氧化物，取下冷却，移入1000mL容量瓶中，用水稀至刻度混匀，此溶液1mL含镉0.1mg。

E4 仪器

原子吸收分光光度计，附镉空心阴极灯。

在仪器最佳工作条件下，凡能达到下列指标的仪器均可使用：

灵敏度：在与测量试样溶液的基体相一致的溶液中，镉的特征浓度应不大于0.1μg/mL。

精密度：用最高浓度的标准溶液测量10次吸光度，其标准偏差应不超过平均吸光度的1.0%。用最低浓度的标准溶液（不是“零”标准溶液）测量10次吸光度，其标准偏差应不超过最高浓度标准溶液平均吸光度的0.5%。

工作曲线线性：将工作曲线按浓度等分成5段，最高段的吸光度差值与最低段的吸光度差值之比，应不小于0.8。

仪器工作条件见表E1。

表 E1

波长 nm	灯电流 mA	燃烧器高度 mm	狭缝 nm	空气流量 L/min	乙炔流量 L/min
228.8	2	7.5	0.2	5.0	1.0

E5 分析步骤

E5.1 试料

按表E2称取试样，精确至0.0001g。

表 E2

镉含量 %	试料量 g	测定体积 mL	移取溶液体积 mL
0.010～0.025	2.0	100	—
0.025～0.05	1.0	100	—
0.05～0.1	0.50	100	—
0.1～0.5	1.0	100	10.00

E5.2 空白试验

随同试料做空白试验。

E5.3 测定

E5.3.1 将试料（E5.1）置于250mL烧杯中，加10～15mL盐酸（E3.3）和1mL过氧化氢（E3.2），盖上表皿，低温加热至溶解完全，煮沸片刻，冷却，按表E2移入容量瓶中，以水稀释至刻度，混匀。

E5.3.2 使用空气-乙炔火焰，于原子吸收分光光度计波长228.8nm处，与标准溶液系列同时，以水调零测量溶液的吸光度，减去试料空白溶液的吸光度，从工作曲线上查出相应的镉浓度。

E5.4 工作曲线的绘制

移取0、1.00、2.00、3.00、4.00、5.00mL镉标准溶液(E3.5)于100mL容量瓶中,分别加入10mL盐酸(E3.3)以水稀释至刻度,混匀。以镉浓度为横坐标,吸光度为纵坐标绘制工作曲线。

E6 分析结果的计算与表述

按式(E1)计算镉的百分含量:

$$\mathrm{Cd}(\%)=\frac{cV\times10^{-6}}{m}\times100 \qquad \text{(E1)}$$

式中 c——自工作曲线上查得的镉浓度,μg/mL;

V——试液体积,mL;

m——试料的质量,g。

E7 允许差

实验室之间分析结果的差值应不大于表E3所列允许差。

表E3 %

镉含量	允许差	镉含量	允许差
0.010~0.030	0.003	>0.10~0.20	0.02
>0.030~0.100	0.010	>0.20~0.40	0.03

附 录 F

(标准的附录)

重量法测定酸不溶物含量

F1 范围

本方法适用于锌粉中酸不溶物含量的测定。

F2 方法提要

试样用盐酸和少量硝酸溶解,过滤,洗涤残渣,烘干,称至恒重,重量法计算酸不溶物的含量。

F3 试剂

F3.1 盐酸(ρ1.19g/mL)。

F3.2 硝酸(ρ1.42g/mL)。

F3.3 盐酸(1+1)。

F3.4 盐酸(1+49)。

F3.5 硝酸银溶液(10g/L)。

F4　仪器

玻璃坩埚4号(G4漏斗)。

F5　分析步骤

称取10g±0.01g试样于300mL锥形瓶中,加入100mL盐酸(F3.3),盖上表皿,煮沸溶解(15~60min),加入1mL硝酸(F3.2),煮沸10min,取下冷却,用已恒重的玻璃坩埚过滤,用热的盐酸(F3.4)洗涤5次,用水洗涤烧杯和残渣至无氯离子(用硝酸银(F3.5)检查),将坩埚放入烘箱(105℃±5℃)烘1h,取出坩埚,放入干燥器中,冷却至室温,称至恒重。

F6　分析结果的计算与表述

按式(F1)计算酸不溶物的百分含量:

$$酸不溶物(\%)=\frac{m_1-m_2}{m}\times 100 \qquad \text{(F1)}$$

式中　m_1——坩埚与残渣的总重量,g;

m_2——坩埚重量,g;

m——称取试样量,g。

F7　允许差

实验室之间分析结果的差值应不大于表F1所列允许差。

表F1　　%

酸不溶物含量	允许差
0.1~0.3	0.03

附　录　G
(标准的附录)

重量法测定硫量

G1　范围

本方法适用于锌粉中硫量的测定。测定范围:0.1%~1.0%。

G2　方法提要

试料在750~780℃经碳酸钠、氧化锌半熔后,用水溶解可溶物。并用氯化钡沉淀溶液中的硫酸根。沉淀经过滤、灼烧后称量,按硫酸钡的质量计算试料的硫含量。

G3　试剂

G3.1　无水碳酸钠(优级纯)。

G3.2　氧化锌(纯度＞99.99%)。

G3.3　盐酸(优级纯)。

G3.4　甲基橙指示剂(1g/L)。

G3.5　氯化钡溶液(100g/L)。

G3.6　混合熔剂:无水碳酸钠 G(3.1)+氧化锌 G(3.2)按 1:2 比例放入研铂中研磨,混匀。

G3.7　硝酸银溶液(10g/L)。

G4　仪器

G4.1　高温马弗炉。

G4.2　50mL 瓷坩埚。

G4.3　10mL 瓷坩埚。

G4.4　万分之一电子天平。

G5　分析步骤

G5.1　试料

称取试样 4.000g,精确至 0.0001g。

G5.2　空白试验

随同试料作空白试验。

G5.3　测定

G5.3.1　将试料(G5.1)放入盛有 10g(碳酸钠+氧化锌)混合熔剂的瓷坩埚内,翻转数次,使试料混合均匀,转入另一底铺有 2g 混合熔剂的瓷坩埚内,再用 2g 混合熔剂扫净瓷坩埚,并入一起。

G5.3.2　将盛有试料的瓷坩埚先赶走水分,再放入高温马弗炉 750～780℃灼烧,恒温 1～1.5h 后,取出稍冷。

G5.3.3　将坩埚中的半熔物放入 500mL 的烧杯中,用热水浸取熔块后,放到电热板上煮沸 2～3min。趁热过滤于 500mL 的烧杯中,用 2%的热碳酸钠洗涤烧杯 2～3 次,洗涤沉淀 8～10 次。

G5.3.4　将滤液用盐酸(G3.3)中和至甲基橙变成红色再过量 3mL。

G5.3.5　将滤液保持体积 300mL 加热煮沸,趁热徐徐加入煮沸的氯化钡溶液(G3.5) 20mL,边加入边搅拌,保温 1h,静止 4h。

G5.3.6　用定量滤纸过滤,用热水洗涤沉淀至无氯离子,用硝酸银(G3.7)溶液检验。

G5.3.7　将沉淀连同滤纸移入已恒重瓷坩埚内,烘干灰化、于 750～780℃灼烧至恒重,冷至室温后称量。

G6　分析结果的计算与表述

按式(G1)计算硫的百分含量:

$$S(\%)=\frac{(m_1-m_2-m_3)\times 0.1374}{m_0}\times 100 \tag{G1}$$

式中 m_0——试料的质量,g;

m_1——沉淀与瓷坩埚的质量,g;

m_2——瓷坩埚的质量,g;

m_3——空白的质量,g;

0.1374——硫酸钡换算为硫的换算系数。

G7 允许差

实验室之间分析结果的差值应不大于表 G1 所列允许差。

表 G1 %

硫含量	允许差	硫含量	允许差
>0.10~0.30	0.02	>0.60~1.00	0.06
>0.30~0.60	0.04		

四、锌合金

(一) 铸造锌合金锭

铸造锌合金锭的质量技术要求按国家标准 GB/T 8738—1988 执行。该标准具体规定如下:

本标准适用于制造锌合金铸件用的铸造锌合金锭。

1 技术要求

1.1 铸锭的牌号和化学成分应符合表中规定。

1.2 铸锭的形状、规格应符合图 1 或图 2 的规定。

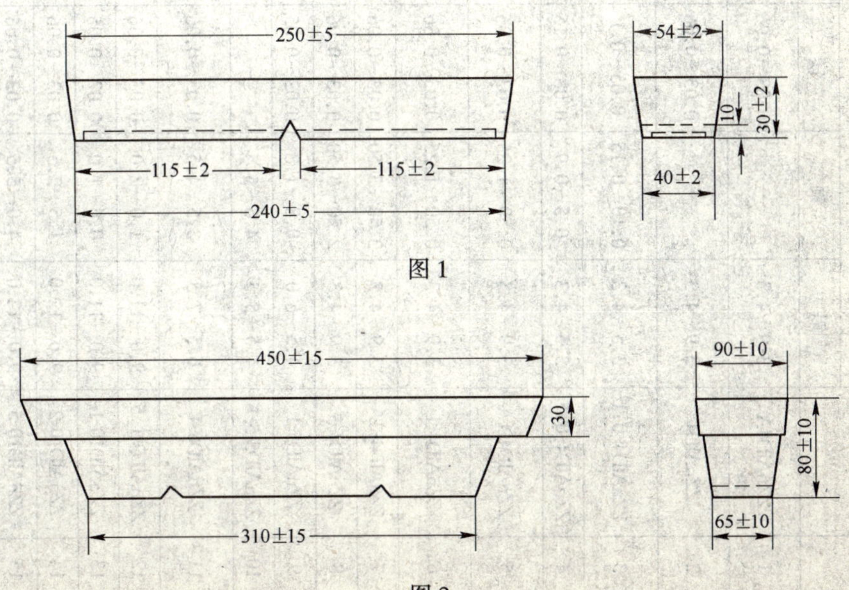

图 1

图 2

铸造锌合金锭化学成分表

序号	牌号	化学成分,%											主要用途
		主要成分					杂质,不大于						
		铝	铜	镁	铅	锌	铁	铅	镉	锡	硅	铜	
1	ZZnAlD4A	3.9~4.3	—	0.03~0.06	—	余量	0.03	0.003	0.003	0.001	—	0.03	用于压铸较大铸件及仪表、汽车零件外壳
2	ZZnAlD4	3.9~4.3	—	0.03~0.06	—	余量	0.1	0.005	0.003	0.002	—	0.03	用于压铸较大铸件及仪表、汽车零件外壳
3	ZZnAlD4-0.1	3.5~4.3	0.10~0.15	0.05~0.1	—	余量	0.1	0.005	0.003	0.003	—	—	用于压铸较大铸件及仪表、汽车零件外壳
4	ZZnAlD4-0.5	3.5~4.3	0.5~0.9	0.08~0.15	—	余量	0.1	0.015	0.01	0.005	—	—	广泛用于压铸零件
5	ZZnAlD4-1A	3.9~4.3	0.50~1.25	0.03~0.06	—	余量	0.03	0.003	0.003	0.001	—	—	广泛用于压铸零件,用于复杂形状铸件
6	ZZnAlD4-1	3.9~4.3	0.50~1.25	0.03~0.06	—	余量	0.1	0.005	0.003	0.002	—	—	广泛用于压铸零件,用于复杂形状铸件
7	ZZnAlD4-3A	3.9~4.3	2.50~3.50	0.03~0.06	—	余量	0.05	0.003	0.003	0.001	—	—	用于压铸各种零件
8	ZZnAlD4-3	3.9~4.3	2.50~3.50	0.03~0.06	—	余量	0.1	0.005	0.003	0.002	—	—	用于压铸各种零件
9	ZZnAlD5-1	4.5~6.0	0.8~1.8	0.02~0.05	—	余量	0.1	0.03	0.005	0.005	—	—	用于硬模铸造及压铸零件
10	ZZnAlD5-5-1	4.5~5.5	4.5~5.5	—	0.5~1.5	余量	0.1	—	0.005	0.002	—	—	用于铸造矿山圆锥破碎机护板
11	ZZnAlD6-4	6.5~7.5	3.5~4.5	0.03~0.06	—	余量	0.2	0.007	0.005	0.005	—	—	用于军械零件,仪表零件,印刷钢字
12	ZZnAlD9-1.5	9.0~11.0	1.0~2.0	0.03~0.06	—	余量	0.1	0.02	0.015	0.01	0.03	—	用于复杂形状铸件及制造轴承
13	ZZnAlD10-1	9.0~11.0	0.6~1.0	0.02~0.05	—	余量	0.1	0.03	0.02	0.01	—	—	用于制造轴承
14	ZZnAlD10-2	9.0~12.0	1.5~2.5	0.03~0.06	—	余量	0.2	0.03	0.02	0.01	—	—	用于制造机床、水泵等轴承
15	ZZnAlD10-5	9.0~12.0	4.0~5.5	0.03~0.06	—	余量	0.1	0.02	0.015	0.01	0.03	—	用于制造轴承
16	ZZnAlD11-1	10.5~11.5	0.50~1.25	0.015~0.03	—	余量	0.075	0.004	0.003	0.002	—	—	用于硬模铸件

1.3　铸锭的表面应整洁，不得有熔渣和夹杂物，但允许有浇注时产生的轻微收缩裂纹。

1.4　铸锭的断口组织应致密，不得有熔渣和夹杂物。

1.5　需方对铸锭的化学成分、形状和规格有特殊要求时，由供需双方另行商定。

2　试验方法

2.1　铸锭化学成分的仲裁分析方法由供需双方商定。

2.2　化学成分可以只分析主要成分及铁、铅和镉。其他元素定期分析，但必须保证其符合本标准要求。

2.3　表面质量用肉眼进行检查。

2.4　断口组织检验可从每批铸锭中任取一锭打断，用肉眼进行检查。

3　检验规则

3.1　检查和验收

3.1.1　铸锭由供方技术监督部门进行检验，保证产品质量符合本标准要求，并填写质量证明书。

3.1.2　需方可对收到的产品进行检验，如检验结果不符合本标准要求时，应在收到产品之日起3个月内向供方提出，由供需双方协商解决。如需仲裁时，由供需双方在需方共同取样。

3.1.3　铸锭的表面质量不符合本标准第1.3条规定，则该锭为不合格。

3.2　组批

产品应成批提交验收，每批应由同一炉号组成。经供需双方商定，也可由多炉组成。

3.3　取样规则

仲裁分析用试样是从每批锭中任取一锭，分别在其上表面沿对角线钻孔三处取得，钻孔间距不少于50mm，钻孔深度为锭厚的2/3。

3.4　重复试验

化学成分和断口组织检验不符合本标准规定时，则在该批产品中对不符合本标准规定的项目取双倍试样复验。如复验后仍有一个结果不符合本标准规定时，则该批产品为不合格。

4　标志、包装、运输、贮存和质量证明书

4.1　每块铸锭上应标注牌号、炉号。

4.2　铸锭散装供货。经供需双方协议也可用木箱或其他容器包装，每箱或件重量不超过50kg。

4.3　铸锭按牌号堆放及运输，不得混号。严防雨水潮湿。

4.4　铸锭出厂应附质量证明书，其上注明：

a. 供方名称或代号；

b. 产品名称、牌号及注册商标；

c. 化学成分分析结果及技术监督部门印记；

d. 批或炉号；

e. 每批或炉重量；

f. 本标准编号；

g. 出厂日期。

(二) 热镀用锌合金锭

热镀用锌合金锭的质量技术要求按中国有色金属行业标准 YS/T 310—1995 执行。该标准具体规定如下：

1　范围

本标准规定了热镀用锌合金锭的技术要求、试验方法、检验规则、标志、包装、运输及贮存。

本标准适用于钢材热镀用锌合金锭。

2　引用标准

GB 470　锌锭

GB 1250　极限数值的表示方法和判定方法

GB 8170　数字修约规则

GB/T 12689.1　锌及锌合金化学分析方法　EDTA 滴定法测定铝量

GB/T 12689.2　锌及锌合金化学分析方法　二乙基二硫代氨基甲酸铅分光光度法测定铜量

GB/T 12689.3　锌及锌合金化学分析方法　磺基水杨酸分光光度法测定铁量

GB/T 12689.6　锌及锌合金化学分析方法　苯芴酮-溴化十六烷基三甲胺分光光度法测定锡量

GB/T 12689.10　锌及锌合金化学分析方法　火焰原子吸收光谱法测定铅量

GB/T 12689.12　锌及锌合金化学分析方法　火焰原子吸收光谱法测定镉量

GB/T 12689.13　锌及锌合金化学分析方法　电热原子吸收光谱法测定铝量

3　产品分类

按组成合金的主要成分，热镀用锌合金锭产品分为两类。一类为 RZnAl0.36、RZnAl0.42两个牌号；另一类为 RZnAl5RE 牌号。

4　技术要求

4.1　热镀用锌合金锭的牌号、代号及化学成分应符合表 1 的规定。

表 1　　%

牌号	代号	主要成分				杂质含量，不大于								
		Zn	Al	Pb	La+Ce	Fe	Cd	Sn	Cu	Pb	Si	其他杂质元素		杂质总和
												单个	总和	
RZnAl0.36	R36	余量	0.34～0.38	0.06～0.09	—	0.006	0.01	0.01	0.01	—	—	—	—	0.04
RZnAl0.42	R42	余量	0.40～0.44											
RZnAl5RE	RE5	余量	4.7～6.2	—	0.03～0.10	0.075	0.005	0.002	—	0.005	0.015	0.02	0.04	—

4.2　物理规格

4.2.1　热镀用锌合金锭按形状、规格分为大锭和小锭。大锭呈短“T”字形，重量分为1600kg±200kg和1000kg±200kg两种；小锭呈长方梯形，锭底铸有二条凹槽，重量为20～25kg。

4.2.2　热镀用锌合金锭表面不得有熔渣和外来夹杂物。

4.2.3　热镀用锌合金锭不得有明显裂缝。

4.3　需方如对热镀用锌合金锭的化学成分和物理规格有其他要求时，由供需双方商定。

5　试验方法

5.1　RZnAl0.36、RZnAl0.42 2个牌号的分析方法按GB/T 12689.1、GB/T 12689.2、GB/T 12689.3、GB/T 12689.6、GB/T 12689.10、GB/T 12689.12、GB/T 12689.13的规定进行。

5.2　RZnAl5RE牌号的分析方法按本标准附录A、附录B、附录C的规定进行。

5.3　热镀用锌合金锭的重量用称量法检查。

5.4　热镀用锌合金锭的外观用肉眼检查。

6　检验规则

6.1　组批

同一熔炼号的热镀用锌合金锭为一检验批，批重不超过60t。

6.2　检查与验收

6.2.1　产品应由供方技术监督部门进行检验，保证产品质量符合本标准的规定，并填写质量证明书。

6.2.2　需方对收到的产品应按木标准的规定进行检验，如检验结果与本标准不符时应在收到产品之日起60d内向供方提出，由供需双方协商解决。如需仲裁，仲裁取样由供需双方共同进行。其供方的质量责任，按《中华人民共和国产品质量法》的有关规定执行。

6.3　取制样方法

6.3.1　取样数量

热镀用锌合金锭的取样锭数，大锭为从该批锭的每10个锭中任取一个锭，但总锭数不得少于2个；小锭为从该批锭的每50个锭中任取一个锭，但总锭数不得少于6个。

6.3.2　取样方法

6.3.2.1　热镀用锌合金锭大锭布点方法

在每一锭正反两表面各划二条对角线，在对角线上均匀布5点，一点在两对角线交点处，其余4点各在顶角与对角线交点之间的二分之一处(见图1)。

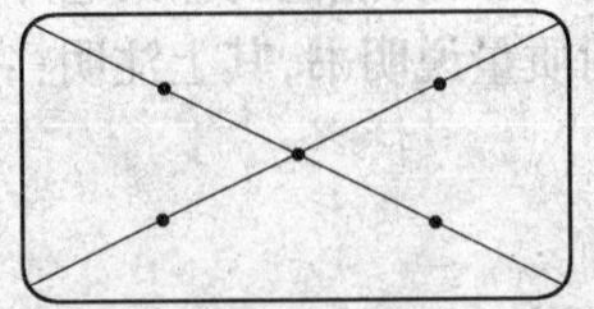
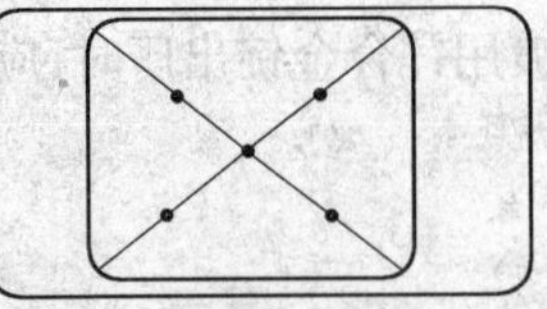

图1　热镀用锌合金锭大锭布点位置示意图

6.3.2.2 热镀用锌合金锭小锭布点方法

将样锭按每6锭一组分组，不足6锭时补足6锭。样锭按长边相靠对齐摆放，第一锭浇铸面向上，第二锭浇铸面向下，依次交替排列成矩形，在此矩形上划出任一对角线。再在每锭表面划出三条平行于样锭长边的等分线。每锭上等分线与对角线的交点是布点位置(见图2)。

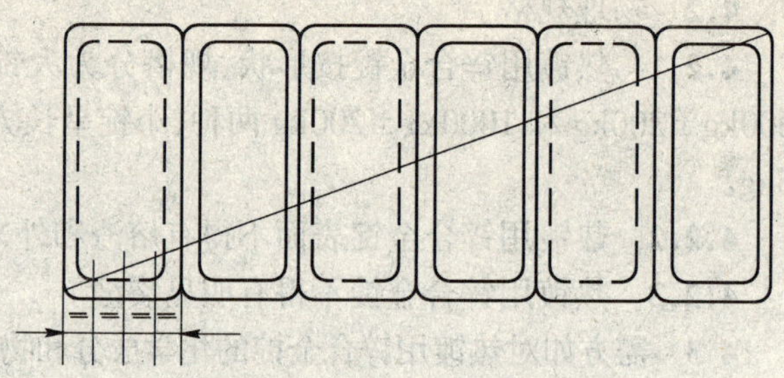

图2 热镀用锌合金锭小锭布点位置示意图

6.3.2.3 试样钻取方法

取样钻头直径为10～15mm。钻孔时，应先去掉表皮钻屑，不得使用润滑剂。钻孔速度以钻屑不氧化为宜。钻孔深度不小于锭厚的二分之一。

6.3.3 试样制备方法

将所得钻屑剪碎至2mm以下，混匀，用四分法缩分至1000g，用磁铁除净加工时带入的铁质，分成4等份，分别加封，2份用于分析，其余由供需双方各存一份。

6.4 检验结果的判定

6.4.1 化学成分检验结果的数字修约，按GB 8170中第3章的规定进行，修约后数值的判定按GB 1250中5.2.2规定进行。

6.4.2 热镀用锌合金锭的化学成分与本标准4.1不符时，按批作废。

6.4.3 热镀用锌合金锭的物理规格与本标准4.2不符时，按锭作废。

7 标志、包装、运输、贮存和质量证明书

7.1 标志

7.1.1 热镀用锌合金锭大锭的同一端面应有不易脱落、且清晰的商标、代号、批号和锭重等标志。

7.1.2 热镀用锌合金锭小锭上应有不易脱落、清晰的商标、代号、批号等标志。每捆上应有代号、捆重等标志。

7.2 包装

7.2.1 热镀用锌合金锭大锭不包装。

7.2.2 热镀用锌合金锭小锭用镀锌钢带捆扎包装，捆重为1000kg±100kg。

7.3 运输、贮存和质量说明书

7.3.1 热镀用锌合金锭禁止用带酸、碱、盐等腐蚀性物质的运输工具装运。

7.3.2 热镀用锌合金锭应贮存在干燥、通风、无腐蚀性物品的仓库里。

7.3.3 每批热镀用锌合金锭出厂时，应附质量说明书，其上注明：

a. 供方名称；

b. 商标；

c. 产品名称；

d. 牌号；

e. 批号；
f. 净重和件数；
g. 分析检验结果及技术监督部门印记；
h. 本标准编号；
i. 生产日期。

附　录　A
电感耦合等离子发射光谱法测定 RZnAl5RE 合金中的镧、铈、铝、铁、铅、镉量
（补充件）

A1　范围

本方法规定了 RZnAl5RE 合金中镧、铈、铝、铁、铅、镉含量的测定方法。

本方法适用于 RZnAl5RE 合金中镧、铈、铝、铁、铅、镉含量的测定。测定范围见表 A1。

表 A1　%

元　素	测　定　范　围	元　素	测　定　范　围
La	0.010～0.20	Fe	0.010～0.20
Ce	0.010～0.20	Pb	0.001～0.020
Al	3.00～8.00	Cd	0.001～0.020

A2　方法提要

试料用盐酸溶解，在稀盐酸介质中直接以氩等离子光源激发，进行光谱测定。

A3　试剂和材料

A3.1　盐酸（ρ1.19g/mL）。

A3.2　氩气（≥99.99%）。

A3.3　盐酸（1+1）。

A3.4　锌溶液：称取 50.0000g 金属锌（≥99.99%）置于 500mL 烧杯中，加 150mL 水，加 150mL 盐酸（A3.1），加热缓慢溶解，溶解至少量时，加 5mL 硝酸（ρ1.42g/mL）使之溶解完全，取下，冷却，移入 500mL 容量瓶中，用水稀释至刻度，混匀。

A3.5　铝标准溶液：称取 10.0000g 金属铝（≥99.99%）置于 500mL 烧杯中，加 30mL 水、30g 氢氧化钠，待其溶解后，用盐酸（A3.3）中和至生成白色沉淀，再过量 100mL 盐酸（A3.3），小心搅拌，加热溶解。取下，冷却，移入 1000mL 容量瓶，用水稀释至刻度，混匀。此溶液 1mL 含 10mg 铝。

A3.6　镧标准贮存溶液：称取 2.3326g 三氧化二镧（≥99.99%，预先于 1000℃ 灼烧 1h，在干燥器中冷却，待用）置于 250mL 烧杯中，加 100mL 盐酸（A3.3），低温加热溶解，取下，冷却，移入 1000mL 容量瓶中，加 250mL 盐酸（A3.3），用水稀释至刻度，混匀。此溶液

1mL 含 2mg 镧。

A3.7 铈标准贮存溶液：称取 2.4568g 二氧化铈（≥99.99%，预先于 1000℃灼烧 1h，在干燥器中冷却，待用）置于 250mL 烧杯中，加 50mL 硝酸（1+1），加适量过氧化氢（30%），低温加热溶解，取下，冷却，移入 1000mL 容量瓶中，加 250mL 盐酸（A3.1），用水稀释至刻度，混匀。此溶液 1mL 含 2mg 铈。

A3.8 铁标准贮存溶液：称取 2.000g 金属铁（≥99.99%）置于 250mL 烧杯中，加 100mL 盐酸（A3.3），加热溶解，取下，冷却，移入 1000mL 容量瓶中，加 250mL 盐酸（A3.1），用水稀释至刻度，混匀。此溶液 1mL 含 2mg 铁。

A3.9 铅标准贮存溶液：称取 0.2000g 金属铅（≥99.99%）置于 100mL 烧杯中，加 20mL 硝酸（1+1），低温加热溶解，取下，冷却，移入 1000mL 容量瓶中，加 250mL 盐酸（A3.1），用水稀释至刻度，混匀。此溶液 1mL 含 0.2mg 铅。

A3.10 镉标准贮存溶液：称取 0.2000g 金属镉（≥99.99%）置于 100mL 烧杯中，加 20mL 硝酸（1+1），加 5mL 盐酸（A3.1），低温加热溶解，取下，冷却，移入 1000mL 容量瓶中，加 250mL 盐酸（A3.1），用水稀释至刻度，混匀。此溶液 1mL 含 0.2mg 镉。

A3.11 镧、铈、铁、铅、镉混合标准溶液：分别移取 20.00mL 镧、铈、铁、铅、镉、标准贮存液（A3.6～A3.10）于 200mL 容量瓶中，加 40mL 盐酸（A3.1），用水稀释至刻度，混匀。此溶液 1mL 含镧、铈、铁各 200μg，含铅、镉各 20μg。

A4 仪器

A4.1 装有电感耦合等离子光源的原子发射光谱仪。

A4.2 光源：等离子光源，功率 1.6kW。

A5 分析步骤

A5.1 试料

称取 2.0000g 试样，精确至 0.0001g。独立进行两次测定，取其平均值。

A5.2 测定

A5.2.1 将试料置于 100mL 烧杯中，加入 40mL 盐酸（A3.3），低温加热溶解，取下，冷却，移入 200mL 容量瓶中，用水稀释至刻度，混匀。

A5.2.2 将锌溶液（A3.4）、铝标准溶液（A3.5）及镧、铈、铁、铅、镉混合标准溶液（A3.11）按表 A2 浓度分别加入 6 个 200mL 容量瓶中，各加 20mL 盐酸（A3.3），用水稀释至刻度，混匀，制得系列标准溶液。

表 A2

元素 \ 浓度，μg/mL \ 编号	1	2	3	4	5	6
La	1	3	5	10	20	0
Ce	1	3	5	10	20	0
Fe	1	3	5	10	20	0
Al	300	500	600	700	800	0

续表 A2

元素＼浓度，μg/mL＼编号	1	2	3	4	5	6
Pb	0.1	0.3	0.5	1	2	0
Cd	0.1	0.3	0.5	1	2	0
Zn	9500	9500	9500	9500	9500	10000

A5.2.3　测定条件

等离子光源：入射功率 1.0kW，反射功率小于 0.005kW；

氩气流量：冷却气 10L/min，载气 1.2L/min；

观察高度：线圈上方 17mm；

分析线及线性范围见表 A3。

表 A3

分析线，nm	线性范围，%	分析线，nm	线性范围，%	分析线，nm	线性范围，%
Al 394.403	3.00～8.00	La398.862	0.01～0.20	Pb 405.782	0.001～0.020
Fe 259.940	0.01～0.20	Ce 413.380	0.01～0.20	Cd228.802	0.001～0.020

A5.2.4　将表 A2 中所列的系列标准溶液的浓度输入计算机，并同时依次测定标准溶液(A5.2.2)，在分析试液前做好工作曲线，将曲线系数储存于计算机中待用。测定试液(A5.2.1)时，同时测定表 A2 中序号为 6 和 5 两标准溶液分别作为高低标准。最后由计算机计算试液的浓度。

A6　分析结果的计算与表述

按式(A1)计算元素的百分含量：

$$元素(\%)=\frac{cV\times10^{-6}}{m}\times100 \qquad (A1)$$

式中　c——试液的浓度，μg/mL；

V——试液总体积，mL；

m——试料的质量，g。

A7　允许差

实验室间分析结果的差值应不大于表 A4 所列允许差。

表 A4　%

元　素	含量范围	允许差
La、Ce、Fe	0.010～0.050	0.004
	>0.050～0.100	0.015
	>0.10～0.20	0.020

续表 A4

元　素	含量范围	允许差
Pb、Cd	0.0010～0.0050	0.0003
	>0.005～0.010	0.001
	>0.010～0.020	0.002
Al	3.00～6.00	0.20
	>6.00～8.00	0.30

附 录 B

苯芴酮-溴代十六烷基三甲胺分光光度法测定 RZnAl5RE 合金中的锡量

（补充件）

B1 范围

本方法规定了 RZnAl5RE 合金中锡量的测定方法。

本方法适用于 RZnAl5RE 合金中锡量的测定。测定范围:0.0001%～0.002%。

B2 方法提要

试料用酒石酸、硝酸溶解。在 0.6～0.8mol/L 硝酸介质中,锡与苯芴酮在阳离子表面活性剂溴代十六烷基三甲胺存在下,形成有色的三元络合物,于分光光度计波长 510nm 处,测量其吸光度。

在测定条件下,铝(4.7%～6.2%)、镧+铈(0.03%～0.10%)、铁(≤0.075%)、硅(≤0.015%)、铅(≤0.005%)、镉(≤0.005%)不干扰测定;钼(>2μg)、锗(>0.5μg)、锑(50μg)有干扰。本合金中钼、锗、锑的含量甚微,不干扰测定。

B3 试剂

B3.1 氨水(ρ0.90g/mL)。

B3.2 硝酸(1+1),优级纯。

B3.3 硝酸(1+2),优级纯。

B3.4 硝酸(1+4),优级纯。

B3.5 草酸溶液(0.05mol/L)。

B3.6 抗坏血酸溶液(50g/L),过滤澄清,用时现配。

B3.7 尿素溶液(50g/L)。

B3.8 酒石酸溶液(200g/L),过滤澄清。

B3.9 α-二硝基苯酚溶液(1g/L):称取 0.10gα-二硝基苯酚置于 250mL 烧杯中,先用少许无水乙醇溶解完全,加水至 100mL,混匀。

B3.10 溴代十六烷基三甲胺(CTAB)溶液(6g/L):称取 6.0g CTAB 置于 250mL 烧杯中,加入 100 mL 水,微热溶解,冷却,加入 100mL 无水乙醇,移入 1000mL 容量瓶中,用水稀释至刻度,混匀。

B3.11 苯芴酮乙醇溶液(0.3g/L):称取0.15g苯芴酮于200mL烧杯中。加入5mL硫酸(1+3)、50mL无水乙醇,搅拌溶解,先将部分溶液滤入500mL容量瓶中,未溶解部分继续加入无水乙醇,搅拌至溶解完全,再滤入同一容量瓶中,用无水乙醇定容,混匀(避光保存)。

B3.12 锡标准贮存溶液:称取0.1000g金属锡(≥99.99%)于200mL烧杯中,加入10mL硫酸(ρ1.84g/mL),盖上表皿,加热溶解,取下,冷却,加50mL硫酸(1+1)、10mL酒石酸溶液(B3.8),移入1000mL容量瓶中,用水稀释至刻度,混匀,此溶液1mL含100μg锡。

B3.13 锡标准溶液:移取10.00mL锡标准贮存溶液(B3.12)于500mL容量瓶中,加入10mL硝酸(B3.2)、5mL酒石酸溶液(B3.8),用水稀释至刻度,混匀。此溶液1mL含2μg锡。

B4 仪器

721型分光光度计。

B5 分析步骤

B5.1 试料

按表B1称取试样,精确至0.0001g。独立进行两次测定,取其平均值。

表B1

锡含量,%	试料,g	试液总体积,mL	移取试液体积,mL
0.0001~0.0005	2.0000	—	全 量
>0.0005~0.0010	1.0000	—	全 量
>0.0010~0.0020	2.0000	50	10.00

B5.2 空白试验

随同试料做空白试验。

B5.3 测定

B5.3.1 将试料(B5.1)置于150mL烧杯中,加入2mL酒石酸溶液(B3.8)、15~25mL硝酸(B3.3),待剧烈反应后,低温加热至试料完全溶解。煮沸,驱除氮的氧化物并蒸发至8~10mL。

B5.3.2 以少许水洗表皿及杯壁,加入5mL尿素溶液(B3.7),煮沸蒸发至8~10mL,冷却。

B5.3.3 高含量试料按表B1将试液移入50mL容量瓶中,用水稀释至刻度,混匀。按表B1移取全量试液或部分试液于50mL容量瓶中,用水稀释至近25mL,加入3~4滴α-二硝基苯酚溶液(B3.9)。

B5.3.4 用氨水(B3.1)和硝酸(B3.4)调节溶液至刚变为黄色,依次加入5.0mL硝酸(B3.2)、3mL酒石酸溶液(B3.8)、1mL抗坏血酸(B3.6)、1mL草酸溶液(B3.5)和5.0mL溴代十六烷基三甲胺溶液(B3.10),每加一种试剂均需混匀。

B5.3.5 准确加入4.0mL苯芴酮乙醇溶液(B3.11),用水稀释至刻度,混匀。放置

20min。

B5.3.6 将部分溶液移入3cm吸收皿中，以随同试料的空白溶液为参比，于分光光度计波长510nm处，测量其吸光度，从工作曲线上查出相应的锡量。

B5.4 工作曲线的绘制

B5.4.1 分别移取0、1.00、2.00、3.00、4.00、5.00mL锡标准溶液(B3.13)于一组50mL容量瓶中，用水稀释至近25mL，滴加3～4滴α-二硝基苯酚溶液(B3.9)。以下按B5.3.4～B5.3.5操作。

B5.4.2 将部分溶液移入3cm吸收皿中，以试剂空白为参比，于分光光度计波长510nm处测其吸光度，以锡量为横坐标，吸光度为纵坐标，绘制工作曲线。

B6 分析结果的计算与表述

按式(B1)计算锡的百分含量：

$$\mathrm{Sn}(\%)=\frac{m_1 V_0\times 10^{-6}}{m_0 V_1}\times 100 \qquad \text{(B1)}$$

式中 m_1——自工作曲线上查得的锡量，μg；

V_0——试液总体积，mL；

V_1——分取试液体积，mL；

m_0——试料的质量，g。

B7 允许差

实验室之间分析结果的差值应不大于表B2所列允许差。

表B2 %

锡含量	允许差	锡含量	允许差
0.00010～0.00030	0.00006	>0.0010～0.0020	0.0003
>0.0003～0.0010	0.0002		

附录C

硅钼蓝分光光度法测定RZnAl5RE合金中的硅量

（补充件）

C1 范围

本方法规定了RZnAl5RE牌号合金中硅量的测定方法。

本方法适用于RZnAl5RE牌号合金中硅量的测定。测定范围：0.01%～0.02%。

C2 方法提要

试料用硝酸和氢氟酸溶解，在稀硫酸溶液中，硅与钼酸铵形成硅钼蓝，于分光光度计波长 680nm 处测量其吸光度。

在测定条件下：在 50mL 测定体积中，15mg 铝无干扰，镧在 120μg 以下，铈在 500μg 以下不产生干扰。

C3 试剂

C3.1 硫酸(4mol/L)，优级纯。

C3.2 硝酸(1+2)，优级纯。

C3.3 氢氟酸(40%)，优级纯。

C3.4 钼酸铵溶液(50g/L)，优级纯。

C3.5 硼酸饱和溶液，优级纯。

C3.6 氢氧化钠溶液(100g/L)，优级纯。

C3.7 抗坏血酸溶液(50g/L)，用时现配。

C3.8 锌溶液(10g/L)：称取 10.0000g 金属锌(≥99.99%)置于 500mL 烧杯中，加入 40mL 硝酸(C3.2)，低温加热溶解，煮沸，驱除氮的氧化物，取下，冷却，移入 1000mL 容量瓶中，用水稀释至刻度，混匀。

C3.9 硅标准贮存溶液：称取 0.1071g 二氧化硅(≥99.99%)与 3g 碳酸钠在铂金坩埚中熔融，用水浸出熔融物，冷却，移入 1000mL 容量瓶中，用水稀释至刻度，混匀。此溶液 1mL 含 50μg 硅。

C3.10 硅标准溶液：移取 10.00mL 硅标准贮存溶液(C3.9)置于 100mL 容量瓶中，用水稀释至刻度，混匀，此溶液 1mL 含 5μg 硅。

C4 仪器

721 型分光光度计。

C5 分析步骤

C5.1 试料

称取 1.0000g 试样，精确至 0.0001g。独立进行两次测定，取其平均值。

C5.2 空白试验

随同试料做空白试验。

C5.3 测定

C5.3.1 将试料(C5.1)置于 250mL 聚乙烯塑料杯中，加 12mL 硝酸(C3.2)，在水浴中加热溶解，取下，滴加 10 滴氢氟酸(C3.3)，加入 10mL 饱和硼酸溶液(C3.5)及 50mL 水，将溶液移入 100mL 容量瓶中，用水稀释至刻度，混匀。取两份 10.00mL 溶液分别放入两个 50mL 容量瓶中，用水稀释一个容量瓶至刻度，混匀，待用(比较液)。向另一个容量瓶加水至约 35mL。

C5.3.2 用氢氧化钠溶液(C3.6)调节溶液酸度为 pH1～2(用精密试纸测定)，加入 1mL 钼酸铵溶液(C3.4)，混匀，放置 10min，加入 2mL 硫酸(C3.1)、1mL 抗坏血酸溶液(C3.7)，用水稀释至刻度，混匀，放置 20min。

C5.3.3 将部分溶液移入 2cm 吸收皿中，以比较液为参比，于分光光度计波长 680nm

处测量其吸光度。减去随同试料的空白溶液的吸光度,从工作曲线上查出相应的硅量。

C5.4 工作曲线的绘制

C5.4.1 分别移取 0、1.00、2.00、3.00、4.00、5.00mL 硅标准溶液(C3.10)于 6 个 50mL 容量瓶中,依次加入 10.00mL 锌溶液(C3.8),加水至 35mL,以下按 C5.3.2 进行。

C5.4.2 将部分溶液移入 2cm 吸收皿中,以标准系列中零浓度溶液为参比,于分光光度计波长 680nm 处测量其吸光度,以硅量为横坐标,吸光度为纵坐标,绘制工作曲线。

C6 分析结果的计算与表述

按式(C1)计算硅的百分含量:

$$\mathrm{Si}(\%)=\frac{m_1 V_0\times 10^{-6}}{m_0 V_1}\times 100 \qquad \text{(C1)}$$

式中 m_1——自工作曲线上查得的硅量,μg;

V_0——试液的总体积,mL;

V_1——分取试液体积,mL;

m_0——试料的质量,g。

C7 允许差

实验室之间分析结果的差值应不大于 0.003%。

五、氧化锌

(一) 直接法氧化锌

直接法氧化锌的质量技术要求按国家标准 GB/T 3494—1996 执行。该标准具体规定如下:

1 范围

本标准规定了直接法氧化锌的技术要求、试验方法、检验规则、标志、包装、运输和贮存。

本标准适用于以锌精矿为原料经火法处理而得到的氧化锌。直接法氧化锌主要用于橡胶、涂料、电缆、玻璃、陶瓷、搪瓷、石油、化工等行业。

分子式:ZnO

相对分子质量:81.384(1989 年国际相对原子质量)

2 引用标准

下列标准所包含的条文,通过在本标准中引用而构成为本标准的条文。在标准出版时,所示版本均为有效。所有标准都会被修订,使用本标准的各方应探讨使用下列标准最新版本的可能性。

GB/T 1709—79 颜料遮盖力测定法

GB/T 3185—92 氧化锌(间接法)

GB/T 4104—83　直接法氧化锌白度(颜色)检验方法
GB/T 4372—84　氧化锌(直接法)化学分析方法
GB/T 5211.2—85　颜料水溶物的测定　热萃取法
GB/T 5211.3—85　颜料在105℃挥发物的测定
GB/T 5211.15—88　颜料吸油量的测定
GB/T 5211.16—88　白色颜料消色力的比较
GB/T 5211.18—88　颜料筛余物的测定　水法　手工操作
GB/T 6678—86　化工产品采样总则
GB 8170—87　数值修约规则

3　要求

3.1　分类和牌号

氧化锌的分类、级别和牌号的规定见表1。

表1　氧化锌的分类、级别和牌号

类　别	级　别	牌　号	主　要　用　途
X	一级	ZnO-X1	主要用于橡胶等工业部门
	二级	ZnO-X2	
T	一级	ZnO-T1	主要用于涂料等工业部门
	二级	ZnO-T2	
	三级	ZnO-T3	

3.2　化学成分和物理性能

各种牌号氧化锌的化学成分和物理性能应符合表2的规定。

表2　氧化锌化学成分和物理性能

指　标　项　目	ZnO-X1	ZnO-X2	ZnO-T1	ZnO-T2	ZnO-T3
氧化锌(以干品计),不小于,%	99.5	99.0	99.5	99.0	98.0
氧化铅(PbO),不大于,%	0.12	0.20	—	—	—
氧化镉(CdO),不大于,%	0.02	0.05	—	—	—
氧化铜(CuO),不大于,%	0.006	—	—	—	—
锰(Mn),不大于,%	0.0002	—	—	—	—
金属锌	无	无	无	—	—
盐酸不溶物,不大于,%	0.03	0.04	—	—	—
灼烧减量,不大于,%	0.4	0.6	0.4	0.6	—
水溶物,不大于,%	0.4	0.6	0.4	0.6	0.8
筛余物(45μm湿筛),不大于,%	0.28	0.32	0.28	0.32	0.35
105℃挥发物,不大于,%	0.4	0.4	0.4	0.4	0.4
遮盖力,不大于,g/m²	—	—	150	150	150

续表 2

指 标 项 目	ZnO-X1	ZnO-X2	ZnO-T1	ZnO-T2	ZnO-T3
吸油量,不大于,g/100g	—	—	18	20	20
消色力,不小于,%	—	—	100	95	95
颜色(与标准样品比)	—		符 合 标 样		

注:如有特殊要求,由供需双方协商。

3.3 氧化锌不应带有外来夹杂物。

3.4 氧化锌应呈白色粉末状。

4 试验方法

4.1 化学成分的测定按 GB 4372 的规定进行。

4.2 盐酸不溶物的测定按 GB/T 3185—1992 中 5.6 的规定进行。

4.3 灼烧减量的测定按 GB/T 3185—1992 中 5.7 的规定进行。

4.4 水溶物的测定按 GB 5211.2 的规定进行。

4.5 筛余物的测定按 GB 5211.18 的规定进行。

4.6 105℃挥发物的测定按 GB 5211.3 的规定进行。

4.7 遮盖力的测定按 GB 1709 的规定进行。

4.8 吸油量的测定按 GB 5211.15 的规定进行。

4.9 消色力的测定按 GB 5211.16 的规定进行。

4.10 颜色的测定按 GB 4104 的规定进行。

5 检验规则

5.1 组批

每批产品应由同一牌号产品组成,批重不限。

5.2 复验和仲裁取样方法

5.2.1 复验和仲裁按批取样,取样数按 GB 6678 的规定见表 3。

表 3　复验、仲裁采样的规定

总体(批)产品的袋数	最少采样袋数	总体(批)产品的袋数	最少采样袋数
1~10	全　数	182~216	18
11~49	11	217~254	19
50~64	12	255~296	20
65~81	13	297~343	21
82~10	14	344~394	22
102~125	15	395~450	23
126~151	16	451~512	24
152~181	17	>512	$3\times\sqrt{N}$(N 为该批的总袋数)

5.2.2　取样时，将取样扦插入包装完整洁净的袋的四分之三深处，每袋的采样量不得少于 50g。样品取出后，立即装入干净的气密性好的容器中，再充分混匀，以四分法缩分至重量不少于 1500g。将样品分成 3 份，分别装入磨口瓶中，用白蜡封口，贴上标签，注明生产厂名称、产品名称、牌号、批号和采样日期，其中供需双方各存一份，另一份作仲裁用。

5.3　检查和验收

5.3.1　产品应由供方质量检验部门检验，保证产品质量符合本标准的规定，并填写产品质量证明书。

5.3.2　需方有权对收到的产品按本标准的规定进行验收。当验收结果与本标准规定不符时，应在收到产品之日起两个月内向供方提出，由供需双方协商解决。如需仲裁，仲裁取样在需方由供需双方共同进行，仲裁单位由供需双方商定。仲裁分析结果为最终结果。

5.3.3　分析数据的处理按 GB 8170—1987 的规定进行。

6　标志、包装、运输、贮存和质量证明书

6.1　标志、包装

6.1.1　氧化锌采用内衬塑料薄膜袋、外套塑料编织袋包装，必须保证密封严实、防潮。根据用户需要，每袋净重 25kg 或 50kg。

6.1.2　包装袋外表应印有不褪色的标志，标明产品名称、生产厂名称和厂址、商标、牌号、净重以及“严防潮湿、小心轻放”等明显字样，并附有产品合格证，注明批号、生产日期。

6.2　运输、贮存

6.2.1　产品搬运时应小心轻放，切勿碰撞跌落，严防破损。运输过程中不得与酸、碱等污染物品接触，且必须有严密的防雨措施。

6.2.2　产品必须放置于干燥清洁处贮存，严防潮湿，必须与酸碱等污染物品隔离。氧化锌有效贮存期为半年。

6.3　质量证明书

每批产品应附有质量证明书，注明：

a. 生产厂名称；

b. 产品名称；

c. 牌号；

d. 批号、批重、袋数；

e. 各项分析结果及检验部门印记；

f. 本标准编号；

g. 出厂日期。

(二) 间接法氧化锌

间接法氧化锌的质量技术要求按国家标准 GB/T 3185—1992 执行。该标准具体规定如下：

1　主题内容与适用范围

本标准规定了间接法制备的氧化锌的技术要求、试验方法、检验规则和标志、包装、运输、贮存。

本标准适用于涂料、橡胶、医药、化工和轻工等工业用的氧化锌。

分子式:ZnO

相对分子质量:81.39(1987年国际原子量)

2 引用标准

GB 601 化学试剂 滴定分析(容量分析)用标准溶液的制备

GB 603 化学试剂 试验方法中所用制剂及制品的制备

GB 1715 颜料筛余物测定法

GB 1864 颜料颜色的比较

GB 5211.2 颜料水溶物测定 热萃取法

GB 5211.3 颜料在105℃挥发物的测定

GB 5211.15 颜料吸油量的测定

GB 5211.16 白色颜料消色力的比较

GB 6682 实验室用水规格

GB 9285 色漆和清漆用原材料 取样

GB 9723 化学试剂火焰原子吸收光谱法通则

3 产品分类

根据用途不同分为两类,每类分为下列等级:

a. BA01-05(Ⅰ型)橡胶用,优级品、一级品、合格品;

b. BA01-05(Ⅱ型)涂料用,优级品、一级品、合格品。

4 技术要求

氧化锌的技术指标应符合下表要求:

项目		指标					
		BA01-05(Ⅰ型)			BA01-05(Ⅱ型)		
		优级品	一级品	合格品	优级品	一级品	合格品
氧化锌(以干品计),%	≥	99.70	99.50	99.40	99.70	99.50	99.40
金属物(以Zn计),%	≤	无	无	0.008	无	无	0.008
氧化铅(以Pb计),%	≤	0.037	0.05	0.14	—	—	—
锰的氧化物(以Mn计),%	≤	0.0001	0.0001	0.0003	—	—	—
氧化铜(以Cu计),%	≤	0.0002	0.0004	0.0007	—	—	—
盐酸不溶物,%	≤	0.006	0.008	0.05	—	—	—
灼烧减量,%	≤	0.2	0.2	0.2	—	—	—
筛余物(45μm网眼),%	≤	0.10	0.15	0.20	0.10	0.15	0.20
水溶物,%	≤	0.10	0.10	0.15	0.10	0.10	0.15

续表

项　目		指　标					
		BA01-05(Ⅰ型)			BA01-05(Ⅱ型)		
		优级品	一级品	合格品	优级品	一级品	合格品
105℃挥发物,%	≤	0.3	0.4	0.5	0.3	0.4	0.5
吸油量,g/100g	≤	—	—	—	14	14	14
颜色[①](与标准样比)		—	—	—	近　似	微	稍
消色力[①](与标准样比),%	≥	—	—	—	100	95	90

① Ⅱ型"颜色""消色力"的标准样提供单位:兰州化工原料厂。

5　试验方法

本标准所用的试剂,在没有注明其他要求时,均使用分析纯试剂。本标准使用 GB 6682 规定的三级水或相应纯度的水。

5.1　氧化锌含量的测定

5.1.1　原理

将试样溶于盐酸中,中和之后,用 EDTA 标准滴定溶液滴定氧化锌含量。

5.1.2　试剂和材料

5.1.2.1　盐酸(GB 622):优级纯,稀释 1+1。

5.1.2.2　氨水(GB 631):优级纯。

5.1.2.3　氨水(GB 631):优级纯,稀释 1+1。

5.1.2.4　缓冲溶液(pH=10)。

称取 54g 氯化铵(GB 658)溶于 200mL 水中,加 350mL 氨水(5.1.2.2),再继续用水稀释至 1000mL。

5.1.2.5　铬黑 T 指示剂:5g/L,按 GB 603 配制。

5.1.2.6　乙二胺四乙酸二钠(EDTA)标准滴定溶液:c(EDTA)=0.05mol/L,按 GB 601 配制与标定。

5.1.3　仪器和设备

5.1.3.1　天平:感量 0.0001g。

5.1.3.2　锥形烧瓶:500mL。

5.1.3.3　电炉。

5.1.4　分析步骤

5.1.4.1　试样

称取预先干燥(105±1℃)的试样 0.13～0.15g,准确至 0.0001g。

5.1.4.2　测定

将试样置于 500mL 锥形烧瓶中,加少量水润湿,加盐酸(5.1.2.1)3mL,加热溶解后,加水至 200mL,用氨水(5.1.2.3)中和至 pH7～8(有氢氧化锌沉淀生成),再加缓冲液(5.1.2.4)10mL 和铬黑 T 指示剂(5.1.2.5)5 滴,用 EDTA 标准滴定溶液(5.1.2.6)滴定至溶液由葡萄紫色变为蓝色即为终点。

5.1.5 结果表示

氧化锌含量(X_1)以质量百分数表示,按式(1)计算:

$$X_1 = \frac{0.08139 \times cV}{m} \times 100 \tag{1}$$

式中 X_1——氧化锌之百分含量,以质量百分数表示;

c——EDTA 标准滴定溶液之物质的量浓度,mol/L;

V——EDTA 标准滴定溶液之用量,mL;

m——试样的质量,g;

0.08139——与 1.00mL EDTA 标准滴定溶液[c(EDTA)=1.000mol/L]相当的以克表示的氧化锌的质量。

取两次测定的平均值,结果保留二位小数。

5.1.6 允许差

两次平行测定值的相对误差不得大于 0.1%。

5.2 金属物(以 Zn 计)含量的测定

5.2.1 原理

定性试验:将试样溶于盐酸中,观察其溶解过程。

定量试验:将试样溶于碘标准溶液和盐酸中,冷却,用硫代硫酸钠标准滴定溶液滴定锌。

5.2.2 试剂和材料

5.2.2.1 盐酸(GB 622):优级纯,稀释 1+1。

5.2.2.2 盐酸(GB 622):优级纯,稀释 1+3。

5.2.2.3 碘标准溶液:$c\left(\frac{1}{2}I_2\right)=0.05$mol/L,按 GB 601 配制。

5.2.2.4 硫代硫酸钠标准滴定溶液:$c(Na_2S_2O_3)=0.05$mol/L,按 GB 601 配制与标定。

5.2.2.5 淀粉溶液:5g/L,按 GB 603 配制。

5.2.3 仪器和设备

5.2.3.1 天平:感量 0.1g。

5.2.3.2 烧杯:400mL。

5.2.3.3 碘量瓶:500mL。

5.2.3.4 移液管:25mL。

5.2.4 分析步骤

5.2.4.1 试样

称取试样 30g、10g,准确至 0.1g。

5.2.4.2 测定

定性试验:将 30g 试样置于 400mL 烧杯中,以少量水润湿,加盐酸(5.2.2.1)200mL,用玻璃棒搅拌并观察氧化锌溶解情况。在溶解过程中,如没有发现黑色点状金属物及放出氢气泡的现象,则认为不含金属物,否则需进行定量试验。

定量试验:将 10g 试样置于装有玻璃球的 500mL 碘量瓶中,以水润湿,用移液管加入碘标准溶液(5.2.2.3)25mL,摇动混合,盖上瓶塞并加水密封,置于暗处 1h,时时振摇,然后徐徐加入盐酸(5.2.2.2)90mL,盖紧瓶塞,立即以流水冷却至室温,待氧化锌完全溶解后,以蒸馏水冲洗瓶塞及瓶壁，立即以硫代硫酸钠标准滴定溶液(5.2.2.4)滴定，待溶液变为浅蓝色，加入淀粉溶液(5.2.2.5)1～2mL，继续滴定至蓝色消失为终点，同时作空白试验。

5.2.5　结果表示

金属物以锌(Zn)计含量(X_2)以质量百分数表示，按式(2)计算：

$$X_2=\frac{0.03269\times c(V_0-V_1)}{m}\times 100 \tag{2}$$

式中　X_2——金属物以锌计之百分含量，以质量百分数表示；

c——硫代硫酸钠标准滴定溶液之物质的量浓度，mol/L；

V_0——空白试验用硫代硫酸钠标准滴定溶液之用量，mL；

V_1——滴定试样用硫代硫酸钠标准滴定溶液之用量，mL；

m——试样质量，g；

0.03269——与1.00mL硫代硫酸钠标准滴定溶液[$c(Na_2S_2O_3)=1.000mol/L$]相当的以克表示的锌的质量。

5.3　氧化铅(以Pb计)含量测定

按下列的A法(氧化还原法)或B法(原子吸收光谱法)进行测定。

5.3.1　A法——氧化还原法

5.3.1.1　试剂和材料

5.3.1.1.1　硝酸(GB 626)：优级纯，稀释1+1。

5.3.1.1.2　氢氧化钠溶液(GB 629)：优级纯，100g/L，按GB 603配制。

5.3.1.1.3　甲基橙指示剂：1g/L，按GB 603配制。

5.3.1.1.4　冰乙酸溶液(GB 676)：2%(V/V)，按GB 603配制。

5.3.1.1.5　冰乙酸溶液(GB 676)：12%(V/V)，按GB 603配制。

5.3.1.1.6　铬酸钾溶液：50g/L，按GB 603配制。

5.3.1.1.7　硝酸银溶液(GB 670)：10g/L，按GB 603配制。

5.3.1.1.8　盐酸(GB 622)：优级纯，稀释1+1。

5.3.1.1.9　氯化钠饱和溶液(GB 1266)。

5.3.1.1.10　盐酸-氯化钠混合液

取氯化钠饱和溶液(5.3.1.1.9)100mL，加入盐酸(5.3.1.1.8)30mL混匀。

5.3.1.1.11　碘化钾(GB 1272)。

5.3.1.1.12　硫代硫酸钠标准滴定溶液：$c(Na_2S_2O_3)=0.01mol/L$，按GB 601配制与标定。

5.3.1.1.13　淀粉溶液：5g/L，按GB 603配制。

5.3.1.2　仪器和设备

5.3.1.2.1　天平：感量0.1g。

5.3.1.2.2　烧杯：300mL。

5.3.1.2.3　磨口锥形瓶：300mL。

5.3.1.2.4　电炉。

5.3.1.3　分析步骤

5.3.1.3.1　试样

称取试样 10g,准确至 0.1g。

5.3.1.3.2 测定

将试样置于 300mL 烧杯中,先以少量水润湿,加入硝酸(5.3.1.1.1)40mL,溶解后,再加入氢氧化钠溶液(5.3.1.1.2)中和至有白色悬浮状沉淀生成时,加入甲基橙指示剂(5.3.1.1.3)2 滴,再加入氢氧化钠溶液(5.3.1.1.2)中和至甲基橙由红色变为橙黄色(pH=5)时,再加冰乙酸溶液(5.3.1.1.5)酸化至 pH=3.5(用 0.5~5.5 精密 pH 试纸对照),在搅拌下逐渐地加入铬酸钾溶液(5.3.1.1.6)5mL,加热煮沸 5min,冷却,待铬酸铅凝聚后过滤,滤纸上的沉淀先用冰乙酸溶液(5.3.1.1.4)30mL 冲洗至滤液不呈黄色,再以水洗至无铬酸根离子存在为止[用硝酸银溶液(5.3.1.1.7)试验至无红色沉淀]。用热盐酸-氯化钠混合液(5.3.1.1.10)50mL 将沉淀溶解于 300mL 磨口锥形瓶中,先用热水后用冷水洗涤滤纸至无铬酸根离子为止,然后加入碘化钾(5.3.1.1.11)0.5g,置于暗处 15min,用硫代硫酸钠标准滴定溶液(5.3.1.1.12)滴定至淡黄色,再加淀粉溶液(5.3.1.1.13)2~3mL,继续滴定至蓝色消失为终点。

5.3.1.4 结果表示

氧化铅以铅(Pb)计含量(X_3)以质量百分数表示,按式(3)计算:

$$X_3=\frac{0.06906\times cV}{m}\times 100 \tag{3}$$

式中 X_3——氧化铅以铅计之百分含量,以质量百分数表示;

c——硫代硫酸钠标准滴定溶液之物质的量浓度,mol/L;

V——硫代硫酸钠标准滴定溶液之用量,mL;

m——试样的质量,g;

0.06906——与 1.00mL 硫代硫酸钠标准滴定溶液[$c(Na_2S_2O_3)=1.000$mol/L]相当的以克表示的铅的质量。

5.3.2 B 法——原子吸收光谱法

按 GB 9723 中规定进行,试样量取 5g。

5.4 锰的氧化物(以 Mn 计)含量测定

按下列的 A 法(氧化还原法)或 B 法(原子吸收光谱法)进行测定。

5.4.1 A 法——氧化还原法

5.4.1.1 试剂和材料

5.4.1.1.1 硝酸(GB 626):优级纯,稀释 1+3。

5.4.1.1.2 硫酸(GB 625):优级纯。

5.4.1.1.3 磷酸(GB 1282):优级纯。

5.4.1.1.4 高碘酸钾:优级纯。

5.4.1.1.5 锰标准溶液(甲)

准确称取 0.2749g 在 400~500℃灼烧至恒重的无水硫酸锰(优级纯)置于烧杯中,加入 100mL 水使其溶解,移入 1000mL 棕色容量瓶中稀释至刻度,摇匀。此溶液每毫升中含锰 0.1mg。

锰标准溶液(乙)

吸取锰标准溶液(甲)25mL,加入 250mL 棕色容量瓶中,用水稀释至刻度,摇匀。此溶液中每毫升中含锰 0.01mg。本溶液需当天配制。

注:锰标准溶液用二次蒸馏水配制。

5.4.1.2　仪器和设备

5.4.1.2.1　天平:感量 0.1g。

5.4.1.2.2　烧杯:100mL。

5.4.1.2.3　比色管:50mL。

5.4.1.2.4　电炉。

5.4.1.3　分析步骤

5.4.1.3.1　试样

称取试样 5g,准确至 0.1g。

5.4.1.3.2　测定

将试样置于烧杯中,加硝酸(5.4.1.1.1)25mL,使其溶解,再加入硫酸(5.4.1.1.2)5mL及磷酸(5.4.1.1.3)5mL,然后将其煮沸 5min,冷却后加入高碘酸钾(5.4.1.1.4)0.5g,再煮沸 5～10min,迅速冷却将其移入 50mL 比色管中,用水稀释至刻度,供比色用。另吸取锰标准溶液[5.4.1.1.5(乙)]与试样同样处理,然后进行比色,当试样颜色不深于标准时,即为合格。

锰标准溶液按下列数量吸取:

优级品:吸取锰标准溶液[5.4.1.1.5(乙)]0.5mL(相当于锰含量 0.0001%)。

一级品:吸取锰标准溶液[5.4.1.1.5(乙)]0.5mL(相当于锰含量 0.0001%)。

合格品:吸取锰标准溶液[5.4.1.1.5(乙)]1.5mL(相当于锰含量 0.0003%)。

5.4.2　B 法——原子吸收光谱法

按 GB 9723 中规定进行,试样量取 5g。

5.5　氧化铜(以 Cu 计)含量测定

按下列的 A 法(氧化还原法)或 B 法(原子吸收光谱法)进行测定。

5.5.1　A 法——氧化还原法

5.5.1.1　试剂和材料

5.5.1.1.1　硝酸(GB 626):优级纯,稀释 1+1。

5.5.1.1.2　氨水(GB 631):优级纯,稀释 1+1。

5.5.1.1.3　三氯甲烷(GB 682)。

5.5.1.1.4　酚酞乙醇溶液:10g/L。

5.5.1.1.5　金属铜:99.95%。

5.5.1.1.6　二乙基二硫代氨基甲酸钠(铜试剂)溶液:1g/L。

准确称取铜试剂 0.1g 溶于 100mL 二次蒸馏水中,用时现配制。

5.5.1.1.7　柠檬酸三铵:200g/L。

提纯方法:取 20%柠檬酸铵溶液 100mL 放入 250mL 分液漏斗中,加酚酞(5.5.1.1.4)2 滴,用 1:1 氢氧化铵中和至呈红色,再过量 6 滴,加铜试剂(5.5.1.1.6)10mL,加三氯甲烷(5.5.1.1.3)25mL,盖紧瓶塞振荡 1min,然后分离除去有机溶剂层,再加三氯甲烷 10mL 重复萃取,直至有机溶剂层无色,最后分离除去有机溶剂层。将柠檬酸三铵溶液放入试剂瓶中备用。

5.5.1.1.8 铜标准溶液(甲)

准确称取金属铜(5.5.1.1.5)0.1000g,放入200mL烧杯中,加入硝酸(5.5.1.1.1)10mL溶解,加热驱除氮的氧化物,取下放冷,洗入1000mL容量瓶中,用水稀释至刻度,摇匀。此溶液每毫升中含铜0.1mg。

铜标准溶液(乙)

吸取铜标准溶液(甲)5mL于500mL容量瓶中,用水稀释至刻度,摇匀。此溶液每毫升中含铜0.001mg。

5.5.1.2 仪器和设备

5.5.1.2.1 天平:感量0.1g。

5.5.1.2.2 烧杯:100mL。

5.5.1.2.3 分液漏斗:250mL。

5.5.1.2.4 比色管:50mL。

5.5.1.2.5 电炉。

5.5.1.3 分析步骤

5.5.1.3.1 试样

称取试样2g,准确至0.1g。

5.5.1.3.2 测定

将试样置于烧杯中,用少量水润湿,加硝酸(5.5.1.1.1)10mL溶解,加热蒸发至约5mL,冷却,洗入250mL分液漏斗中,体积为30mL左右,加柠檬酸三铵(5.5.1.1.7)40mL,加酚酞(5.5.1.1.4)2滴,再加氨水(5.5.1.1.2)中和至呈红色并过量6滴,加入铜试剂(5.5.1.1.6)10mL,准确加入三氯甲烷(5.5.1.1.3)5mL,盖紧瓶塞,振荡1min,待有机溶剂层分层后,将有机溶剂层移入50mL比色管中,供比色用。另吸取铜标准溶液[5.5.1.1.8(乙)]与试样同样处理,然后同试样进行比色。当试样之颜色不深于标准时,即为合格。

铜标准溶液按下列数量吸取:

优级品:吸取铜标准溶液[5.5.1.1.8(乙)]4mL(相当于铜含量0.0002%)。

一级品:吸取铜标准溶液[5.5.1.1.8(乙)]8mL(相当于铜含量0.0004%)。

合格品:吸取铜标准溶液[5.5.1.1.8(乙)]10mL(相当于铜含量0.0005%)。

5.5.2 B法——原子吸收光谱法

按GB 9723中规定进行,试样量取5g。

5.6 盐酸不溶物含量的测定

5.6.1 试剂和材料

5.6.1.1 盐酸(GB 622):优级纯,稀释1+1。

5.6.1.2 硝酸银(GB 670):10g/L,按GB 603配制。

5.6.2 仪器和设备

5.6.2.1 天平:感量0.1g,0.0001g。

5.6.2.2 烧杯:300mL。

5.6.2.3 坩埚。

5.6.2.4 电炉。

5.6.2.5 滤纸:定量滤纸。

5.6.2.6 干燥器。

5.6.2.7 高温炉:800℃。

5.6.3 分析步骤

5.6.3.1 试样

称取试样 30g,准确至 0.1g。

5.6.3.2 测定

将试样置于烧杯中,用少量水润湿,加入盐酸(5.6.1.1)200mL,加热溶解后,用定量滤纸过滤,残渣用水洗至无氯离子为止[用硝酸银溶液(5.6.1.2)试验,应不呈混浊],将滤纸移入已恒重的坩埚中,使滤纸全部炭化后,移入高温炉中,在 800℃灼烧 30min,取出坩埚,移入干燥器中,冷却至室温后称至恒重。

5.6.4 结果表示

盐酸不溶物含量(X_4)以质量百分数表示,按式(4)计算:

$$X_4=\frac{m_1-m_0}{m}\times 100 \tag{4}$$

式中 X_4——盐酸不溶物之百分含量,以质量百分数表示;

m_1——坩埚及盐酸不溶物的总质量,g;

m_0——坩埚的质量,g;

m——试样的质量,g。

5.7 灼烧减量的测定

5.7.1 仪器和设备

5.7.1.1 天平:感量 0.0001g。

5.7.1.2 坩埚

5.7.1.3 高温炉:800~850℃。

5.7.1.4 干燥器

5.7.2 分析步骤

5.7.2.1 试样

称取预先干燥(105~110℃)的试样 2~3g,准确至 0.0002g。

5.7.2.2 测定

将试样置于已恒重的坩埚中,于高温炉中在 800~850℃灼烧 2h,然后取出坩埚移至干燥器中,冷却至室温称量(称准至 0.0002g),直至恒重。

5.7.3 结果表示

灼烧减量(X_5)以质量百分数表示,按式(5)计算:

$$X_5=\frac{m_0-m_1}{m}\times 100 \tag{5}$$

式中 X_5——灼烧减量的百分含量,以质量百分数表示;

m_0——试样与坩埚灼烧前的质量,g;

m_1——试样与坩埚灼烧后的质量,g;

m——试样的质量,g。

5.8 筛余物的测定

按 GB 1715 中的甲法进行。

5.9 水溶物的测定

按 GB 5211.2 中的规定进行。

5.10 105℃挥发物的测定

按 GB 5211.3 中的规定进行。

5.11 吸油量的测定

按 GB 5211.15 中的规定进行。试样量取 10g。

5.12 颜色的比较

按 GB 1864 中的规定进行。试样量取 2g，精制亚麻仁油第一次加 0.7mL 研磨 200 转(50×4)后再补加 0.7mL 研磨 25 转。

5.13 消色力的比较

按 GB 5211.16 中的规定进行。

6 检验规则

6.1 氧化锌产品应由生产厂质量检验部门负责检验，生产厂应保证所有出厂的氧化锌产品质量符合本标准的技术要求，每一批出厂的氧化锌应附有产品的合格证书。

6.2 每批产品出厂均需逐项按本标准规定的试验方法进行检验。

6.3 取样方法：按 GB 9285 中有关规定进行。

6.4 使用单位有权按本标准所规定的技术要求和试验方法对所收到的产品进行检验，如检验结果不符合本标准规定时，应自原批号中按 6.3 的规定加倍抽样进行复验，复验结果仍不符合本标准规定时，则整批产品即为不合格品。

6.5 如双方对复验结果有异议而需进行仲裁时，仲裁机构由双方协议选定。

7 标志、包装、运输、贮存

7.1 标志

包装上应有明显标志，包括生产厂名，产品名称，商标，标准号，生产批号，型号，等级以及净重等，并附有质量合格证。

7.2 包装

氧化锌用塑料编织袋内衬塑料薄膜或防水纸袋包装，每袋净重 25kg 或 50kg。

7.3 运输

运输装卸时要求轻装、轻卸，应防止碰撞和破裂，按运输有关规定进行。

7.4 贮存

氧化锌贮存于干燥通风处，严禁与酸、碱物品接触，按上述贮存条件，自生产日期起未拆封的氧化锌有效贮存期为半年。期满后按本标准各条规定进行检验，如达到本标准各项要求时，可继续使用。

(三) 工业活性氧化锌

工业活性氧化锌的质量技术要求按化学工业行业标准 HG/T 2572—1994 执行。该标准具体规定如下：

1　主题内容与适用范围

本标准规定了工业活性氧化锌的技术要求、试验方法、检验规则以及标志、包装、运输、贮存。

本标准适用于碳酸锌分解制得的工业活性氧化锌。该产品主要适用于橡胶或电缆的补强剂、活化剂(天然橡胶)、天然橡胶和氯丁橡胶的硫化剂。

分子式:ZnO

相对分子质量:81.39(按1989年国际相对原子质量)

2　引用标准

GB 191　包装储运图示标志

GB/T 601　化学试剂　滴定分析(容量分析)用标准溶液的制备

GB/T 602　化学试剂　杂质测定用标准溶液的制备

GB/T 603　化学试剂　试验方法中所用制剂及制品的制备

GB 1250　极限数值的表示方法和判定方法

GB/T 2922　化学试剂　色谱载体比表面积的测定方法

GB/T 6678　化工产品采样总则

GB/T 6682　分析实验室用水规格和试验方法

GB 8946　塑料编织袋

GB/T 9723　化学试剂　火焰原子吸收光谱法通则

3　技术要求

3.1　外观:本品为白色或微黄色微细粉末。

3.2　工业活性氧化锌应符合下表要求:

项　目		指　标	
		一等品	合格品
氧化锌(ZnO)含量,%		95～98	95～98
水分,%	≤	0.7	0.7
水溶物含量,%	≤	0.5	0.7
灼烧失量,%		1～4	1～4
盐酸不溶物含量,%	≤	0.02	0.05
氧化铅(以Pb计)含量,%	≤	0.01	0.05
氧化锰(以Mn计)含量,%	≤	0.001	0.003
氧化铜(以Cu计)含量,%	≤	0.001	0.003
细度(45μm试验筛筛余物),%	≤	0.1	0.4
比表面积,m^2/g	≥	45	35
堆积密度,g/mL	≤	0.35	0.40

4 试验方法

本标准所用试剂和水，在没有注明其他要求时，均指分析纯试剂和 GB/T 6682 中规定的三级水。

试验中所用标准滴定溶液、杂质标准溶液、制剂及制品，在没有注明其他要求时，均按 GB/T 601、GB/T 602、GB/T 603 之规定制备。

4.1 氧化锌含量的测定

4.1.1 方法提要

在试验溶液中，以二甲酚橙为指示剂，用 EDTA 标准滴定溶液滴定锌离子，根据 EDTA 标准滴定溶液的消耗量，确定氧化锌含量。

4.1.2 试剂和材料

4.1.2.1 碘化钾(GB/T 1272)；

4.1.2.2 氨水(GB/T 631)；

4.1.2.3 盐酸(GB/T 622)溶液：1+1；

4.1.2.4 氟化钾(GB/T 1271)溶液：200g/L；

4.1.2.5 硫脲(HG/T 3—979)：饱和溶液；

4.1.2.6 乙酸-乙酸钠缓冲溶液：pH=4.5；

4.1.2.7 乙二胺四乙酸二钠(GB/T 1401)标准滴定溶液：c(EDTA)≈0.05mol/L；

4.1.2.8 二甲酚橙指示液：2g/L。

4.1.3 分析步骤

称取约 0.12～0.14g 试样(精确至 0.0002g)，置于 250mL 锥形瓶中，加 10mL 盐酸溶液，加热使试样全部溶解，冷却后加 50mL 水、5mL 氟化钾溶液、5 滴二甲酚橙指示液，摇匀。用氨水调节至试验溶液恰呈红色，加 10mL 硫脲饱和溶液、20mL 乙酸-乙酸钠缓冲溶液、4g 碘化钾、摇匀。用 EDTA 标准滴定溶液滴定至溶液呈亮黄色即为终点。

4.1.4 分析结果的表述

以质量百分数表示的氧化锌(ZnO)含量 X_1 按式(1)计算：

$$X_1 = \frac{Vc \times 0.08139}{m} \times 100 \tag{1}$$

式中 V——滴定试验溶液所消耗的 EDTA 标准滴定溶液的体积，mL；

c——EDTA 标准滴定溶液的实际浓度，mol/L；

m——试料的质量，g；

0.08139——与 1.00mL 乙二胺四乙酸二钠标准滴定溶液[c(EDTA)=1.000mol/L]相当的以克表示的氧化锌的质量。

4.1.5 允许差

取平行测定结果的算术平均值为测定结果。平行测定结果的绝对差值不大于 0.5%。

4.2 水分的测定

4.2.1 方法提要

在一定的温度条件下，将试样烘干至恒重，根据试样减少的质量，确定水分。

4.2.2 仪器、设备

4.2.2.1 称量瓶：ϕ50mm×25mm；

4.2.2.2 电烘箱：温度能控制在105～110℃。

4.2.3 分析步骤

用已预先在105～110℃条件下恒重的称量瓶称取约5g试样（精确至0.0002g），置于电烘箱中，于105～110℃条件下烘至恒重。

4.2.4 分析结果的表述

以质量百分数表示的水分 X_2 按式（2）计算：

$$X_2 = \frac{m - m_1}{m} \times 100 \tag{2}$$

式中 m_1——干燥后试料的质量，g；

m——干燥前试料的质量，g。

4.2.5 允许差

取平行测定结果的算术平均值为测定结果。平行测定结果的绝对差值不大于0.05%。

4.3 水溶物含量的测定

4.3.1 方法提要

试样溶解于水中，经加热、搅拌、过滤后，取一定量的滤液蒸发，烘干至恒重，根据烘干后残留物的量，确定水溶物的含量。

4.3.2 仪器、设备

4.3.2.1 瓷蒸发皿：150mL；

4.3.2.2 电烘箱：温度能控制在105～110℃。

4.3.3 分析步骤

称取约10g试样（精确至0.01g），置于400mL烧杯中，用少量水润湿，加200mL无二氧化碳的水，在不断搅拌下加热煮沸5min，迅速冷却至室温后，全部移入250mL容量瓶中，用水稀释至刻度，摇匀。用中速定量滤纸干过滤，弃去最初的20mL滤液。用移液管移取100mL滤液，置于已预先恒重的瓷蒸发皿中，在沸水浴上蒸发至干。移入电烘箱中，在105～110℃条件下烘至恒重。

4.3.4 分析结果的表述

以质量百分数表示的水溶物 X_3 按式（3）计算：

$$X_3 = \frac{m_1}{m \times \frac{100}{250}} \times 100 = \frac{250 m_1}{m} \tag{3}$$

式中 m_1——水溶物的质量，g；

m——试料的质量，g。

4.3.5 允许差

取平行测定结果的算术平均值为测定结果。平行测定结果的绝对差值不大于0.05%。

4.4 灼烧失量的测定

4.4.1 方法提要

在高温下，将试样灼烧至恒重，根据试样减少的质量，确定试样的灼烧失量。

4.4.2 仪器、设备

高温炉：温度能控制在850±25℃。

4.4.3 分析步骤

称取约3g测定水分后的试样(精确至0.0002g)，置于已预先恒重的瓷坩埚中，放入高温炉中，在850±25℃条件下灼烧至恒重。

4.4.4 分析结果的表述

以质量百分数表示的灼烧失量X_4按式(4)计算：

$$X_4=\frac{m-m_1}{m}\times 100 \tag{4}$$

式中 m_1——灼烧后试样的质量，g；

m——试料的质量，g。

4.4.5 允许差

取平行测定结果的算术平均值为测定结果。平行测定结果的绝对差值不大于0.2%。

4.5 盐酸不溶物含量的测定

4.5.1 方法提要

试样用盐酸溶解后，经过滤、洗涤、烘干至恒重。根据不溶物的质量，确定盐酸不溶物含量。

4.5.2 试剂和材料

4.5.2.1 盐酸(GB/T 622)溶液：1+3；

4.5.2.2 硝酸银(GB/T 670)溶液：17g/L。

4.5.3 仪器、设备

高温炉：温度能控制在850±25℃。

4.5.4 分析步骤

称取约10g试样(精确至0.01g)，置于400mL烧杯中，用少量水润湿，加200mL盐酸溶液，加热使试样全部溶解，用中速定量滤纸过滤，不溶物用水洗涤至无氯离子，用硝酸银溶液检验。将不溶物连同滤纸移入已预先恒重的瓷坩埚中，低温灰化后，移入高温炉中，在850±25℃条件下灼烧至恒重。

4.5.5 分析结果的表述

以质量百分数表示的盐酸不溶物X_5按式(5)计算：

$$X_5=\frac{m_1}{m}\times 100 \tag{5}$$

式中 m_1——盐酸不溶物的质量，g；

m——试料的质量，g。

4.5.6 允许差

取平行测定结果的算术平均值为测定结果。平行测定结果的绝对差值不大于0.005%。

4.6 氧化铅含量的测定

4.6.1 原子吸收法(仲裁法)

4.6.1.1　方法提要

见 GB/T 9723 第 3 条。

4.6.1.2　试剂和材料

4.6.1.2.1　盐酸(GB/T 622)溶液:1+1;

4.6.1.2.2　铅标准溶液:1mL 溶液含 0.1mgPb。

4.6.1.3　仪器、设备

原子吸收分光光度计:带有铅空心阴极灯;

波长:283.3nm;

火焰:乙炔-空气。

4.6.1.4　分析步骤

4.6.1.4.1　试验溶液的制备

称取约 30g 试样(精确至 0.01g)。置于 250mL 烧杯中,加少量水润湿。加 150mL 盐酸溶液,使其完全溶解。转移至 250mL 容量瓶中,用水稀释至刻度,摇匀。此为试验溶液 A,并用于铅、锰、铜含量的原子吸收法测定。

4.6.1.4.2　测定

用移液管移取 10mL 试验溶液 A(4.6.1.4.1)共 4 份。分别置于 100mL 容量瓶中,以下操作按 GB/T 9723 第 6.2.2 条中从“……(1) 份不加标准溶液,……”开始进行操作。

4.6.1.5　分析结果的表述

以质量百分数表示的氧化铅(以 Pb 计)含量 X_6 按式(6)计算:

$$X_6=\frac{c\times100\times10^{-3}}{m\times\frac{10}{250}}\times100=\frac{250c}{m}\tag{6}$$

式中　c——由曲线上查出试验溶液中被测元素之浓度,mg/mL;

m——4.6.1.4.1 条中称量的试料的质量,g。

4.6.1.6　允许差

取平行测定结果的算术平均值为测定结果。平行测定结果的绝对差值不大于 0.002%。

4.6.2　比色法

4.6.2.1　方法提要

在氰化钾的掩蔽下,试样中的铅离子与二价硫生成有色硫化物沉淀,当铅含量较低时,形成稳定的暗色悬浮液,可用于铅的目视比色法测定。

4.6.2.2　试剂和材料

4.6.2.2.1　盐酸(GB/T 622)溶液:1+3;

4.6.2.2.2　氨水(GB/T 631)溶液:1+4;

4.6.2.2.3　氰化钾溶液:100g/L;

4.6.2.2.4　硫化钠(HG/T 3—905)溶液:5g/L;

4.6.2.2.5　铅标准溶液:1mL 溶液含 0.1mgPb。

4.6.2.3 分析步骤

4.6.2.3.1 试验溶液的制备

称取约25g试样(精确至0.01g)。置于250mL烧杯中,加120mL盐酸溶液,加热溶解,冷却。移入250mL容量瓶中,稀释至刻度,摇匀。

4.6.2.3.2 测定

用移液管移取3mL试验溶液,置于50mL比色管中,用氨水溶液调节至刚产生混浊,再滴加盐酸溶液使混浊恰好消失。加水至约20mL,加28mL氰化钾溶液和1mL硫化钠溶液,用水稀释至刻度,摇匀。放置10min,所呈颜色不得深于标准比色溶液。

标准比色溶液的配制:用移液管移取1mL试验溶液和0.2mL(一等品)、1.0mL(合格品)铅标准溶液,置于50mL比色管中,与试验溶液同时进行同样处理。

4.7 氧化锰含量的测定

4.7.1 原子吸收法(仲裁法)

4.7.1.1 方法提要

见GB/T 9723第3条。

4.7.1.2 试剂和材料

锰标准溶液:1mL溶液含0.1mgMn。

4.7.1.3 仪器、设备

原子吸收分光光度计:带有锰空心阴极灯;

波长:279.5nm;

火焰:乙炔-空气。

4.7.1.4 分析步骤

用移液管移取25mL试验溶液A(4.6.1.4.1)共4份。分别置于100mL容量瓶中,以下操作按GB/T 9723第6.2.2条中从“……(1) 份不加标准溶液,……”开始进行操作。

4.7.1.5 分析结果的表述

以质量百分数表示的氧化锰(以Mn计)含量X_7按式(7)计算:

$$X_7 = \frac{c \times 100 \times 10^{-3}}{m \times \frac{25}{250}} \times 100 = \frac{100c}{m} \tag{7}$$

式中 c——由曲线上查出试验溶液中被测元素之浓度,mg/mL;

m——4.6.1.4.1条中称量的试料质量,g。

4.7.1.6 允许差

取平行测定结果的算术平均值为测定结果。平行测定结果的绝对差值不大于0.0002%。

4.7.2 比色法

4.7.2.1 方法提要

在酸性介质中,用高碘酸钾将试样中的Mn(Ⅳ)氧化为Mn(Ⅶ),生成的粉红色可用于锰的目视比色法测定。

4.7.2.2　试剂和材料

4.7.2.2.1　高碘酸钾(HG/T 3—1158)；

4.7.2.2.2　硫酸(GB/T 625)；

4.7.2.2.3　磷酸(GB/T 1282)；

4.7.2.2.4　硝酸(GB/T 626)溶液：1+3；

4.7.2.2.5　锰标准溶液：1mL溶液含0.1mgMn。

4.7.2.3　分析步骤

称取约5g试样(精确至0.01g)。置于100mL烧杯中，加25mL硝酸溶液，待试样全部溶解后，再加入5mL硫酸和5mL磷酸，然后加热煮沸5min，冷却后加0.5g高碘酸钾，再煮沸5～10min，迅速冷却后，将其移入50mL比色管中，用水稀释至刻度，所呈粉红色不得深于标准比色溶液。

标准比色溶液的配制：用移液管移取0.5mL(一等品)、1.5mL(合格品)锰标准溶液，与试样溶液同时进行同样处理。

4.8　氧化铜含量的测定

4.8.1　原子吸收法(仲裁法)

4.8.1.1　方法提要

见GB/T 9723第3条。

4.8.1.2　试剂和材料

铜标准溶液，1mL溶液含0.1mgCu。

4.8.1.3　仪器、设备

原子吸收分光光度计：带有铜空心阴极灯；

波长：324.7nm；

火焰：乙炔-空气。

4.8.1.4　分析步骤

用移液管移取25mL试验溶液A(4.6.1.4.1)共4份。分别置于100mL容量瓶中，以下操作按GB/T 9723第6.2.2条中从“……(1)份不加标准溶液，……”开始进行操作。

4.8.1.5　分析结果的表述

以质量百分数表示的氧化铜(以Cu计)含量X_8按式(8)计算：

$$X_8=\frac{c\times 100\times 10^{-3}}{m\times\frac{25}{250}}\times 100=\frac{100c}{m} \qquad (8)$$

式中　c——由曲线上查出试验溶液中被测元素之浓度，mg/mL；

m——4.6.1.4.1条中称量的试料质量，g。

4.8.1.6　允许差

取平行测定结果的算术平均值为测定结果。平行测定结果的绝对差值不大于0.0002%。

4.8.2　比色法

4.8.2.1 方法提要

试样中的铜离子,在柠檬酸铵介质中,以铜试剂为显色剂,用三氯甲烷萃取。有机相生成的颜色可用作铜的目视比色法测定。

4.8.2.2 试剂和材料

4.8.2.2.1 三氯甲烷(GB/T 682);

4.8.2.2.2 硝酸(GB/T 626)溶液:1+1;

4.8.2.2.3 氨水(GB/T 631)溶液:1+1;

4.8.2.2.4 柠檬酸铵溶液:200g/L;

配制:称取50g柠檬酸铵,溶解于250mL水中。取100mL柠檬酸铵溶液,置于250mL分液漏斗中,加2滴酚酞指示液,用氨水溶液调节至红色出现,再过量6滴,加10mL二乙基二硫代氨基甲酸钠溶液和25mL三氯甲烷。盖紧瓶塞振荡1min,静置分层,除去有机相,再加10mL三氯甲烷重复萃取,直至有机相无色为止。最后分离除去有机相,将柠檬酸铵溶液移入试剂瓶中备用。

4.8.2.2.5 二乙基二硫代氨基甲酸钠(铜试剂)(HG/T 3—962)溶液:1g/L;

4.8.2.2.6 酚酞(GB/T 10728)指示液:10g/L;

4.8.2.2.7 铜标准溶液:1mL溶液含0.1mgCu。

4.8.2.3 分析步骤

称取约2g试样(精确至0.01g),置于100mL烧杯中,用少量水润湿,加10mL硝酸溶液溶解,加热蒸发至溶液约为5mL,冷却,全部移入250mL分液漏斗中。加水至约30mL,加40mL柠檬酸铵溶液、2滴酚酞指示液,用氨水溶液调节至红色出现,再过量6滴,加10mL铜试剂溶液和5mL三氯甲烷,盖紧瓶塞振荡1min,静置分层,将百机相移入25mL比色管中,水层每次用5mL三氯甲烷重复萃取,直至有机相无色为止。有机相合并于比色管中,用三氯甲烷稀释至刻度,摇匀。所呈黄色不得深于标准比色溶液。

标准比色溶液的配制:用移液管移取0.2mL(一等品)、0.6mL(合格品)铜标准溶液,与试样同时进行同样处理。

4.9 细度的测定

4.9.1 仪器、设备

4.9.1.1 试验筛(GB 6003):R401/3系列,ϕ75mm×50mm/45μm;

4.9.1.2 软毛刷;

4.9.1.3 电烘箱:温度能控制在105~110℃。

4.9.2 分析步骤

称取约10g试样(精确至0.01g),置于已预先恒重的试验筛中,用水将试样润湿,将试验筛下部浸于水中,用软毛刷轻轻刷洗,酌情更换新水,直至水澄清且软毛刷上无试样为止。然后用水冲洗试验筛,用毛刷刷两次。将试验筛置于电烘箱中,在105~110℃条件下烘至恒重。

4.9.3 分析结果的表述

以质量百分数表示的细度(以筛余物表示)X_9按式(9)计算:

$$X_9=\frac{m_1}{m}\times 100 \tag{9}$$

式中　m_1——筛余物的质量，g；

m——试料的质量，g。

4.10　堆积密度的测定

4.10.1　方法提要

试样经漏斗自由下落于已知质量和容积的量杯中，经称量、计算，确定试样的堆积密度。

4.10.2　仪器、设备

堆积密度测定仪

如图所示，漏斗固定在支架上，量杯位于漏斗中心线下方，其间距为30～50mm。

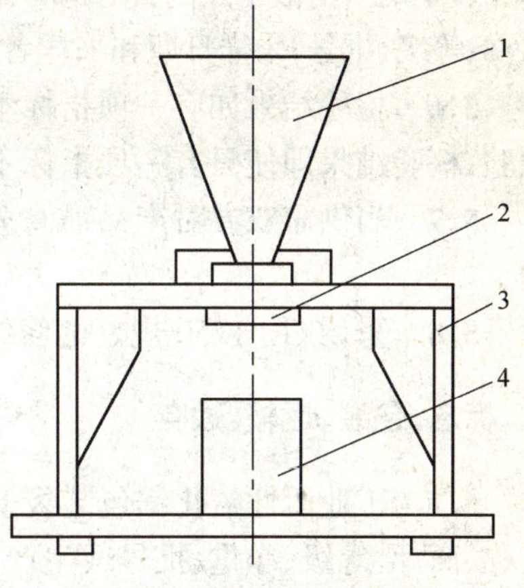

图　堆积密度测定仪

1—料斗；2—挡板；3—支架；4—量杯

4.10.3　分析步骤

在1min内使试样经漏斗自由落入已知质量和容积的量杯中，试样的锥体应高出量杯杯壁，用直尺刮去高出部分，准确称量装有试样的量杯（精确至0.1g）。

4.10.4　分析结果的表述

以单位体积的质量表示的堆积密度 X_{10} 按式（10）计算：

$$X_{10}=\frac{m_1-m_2}{V} \tag{10}$$

式中　m_1——试料和量杯的质量，g；

m——量杯的质量，g；

V——量杯的容积，mL。

4.10.5　允许差

取平行测定结果的算术平均值为测定结果。平行测定结果的绝对差值不大于0.02 g/mL。

4.11　比表面积的测定

按GB/T 2922测定。

5　检验规则

5.1　本标准所列的全部技术指标为型式检验项目，其中氧化锌、水分、水溶物、灼烧失量、盐酸不溶物、氧化铅、氧化锰、氧化铜、细度、堆积密度10项为出厂检验项目，必须逐批检验。在正常生产情况下，3个月进行一次型式检验。

5.2　工业活性氧化锌应由生产厂的质量监督检验部门按本标准的规定进行检验，生产厂应保证所有出厂的工业活性氧化锌符合本标准的要求。每批出厂的工业活性氧化锌都应附有质量证明书。内容包括：生产厂名、厂址、产品名称、等级、净重、批号或生产日期、产品质量符合本标准的证明及本标准编号。

5.3　使用单位有权按照本标准的规定对所收到的工业活性氧化锌产品进行验收。

5.4　每批产品不超过30t。

5.5　按照GB/T 6678第6.6条的规定确定采样单元数。采样时，将采样器自包装袋的中心垂直插入至料层深度的3/4处采样，将采得的样品迅速混匀后，按四分法缩分至约500g，立即分装于两个清洁干燥的具有磨口塞的广口瓶中，密封。瓶上粘贴标签，注明：生产厂名、产品名称、等级、批号，采样日期和采样者姓名。一瓶用于检验，另一瓶保存3个月备查。

5.6 检验结果如有一项指标不符合本标准要求时，应重新自两倍量的包装中采样进行核验，核验结果即使只有一项指标不符合本标准的要求时，则整批产品不能验收。

5.7 当供需双方对产品质量发生异议时，按《中华人民共和国产品质量法》的规定办理。

5.8 采用GB 1250规定的修约值比较法判定检验结果是否符合标准。

6 标志、包装、运输、贮存

6.1 工业活性氧化锌包装袋上应有牢固清晰的标志，内容包括：生产厂名、厂址、产品名称、商标、等级、净重、批号或生产日期、本标准编号、以及GB 191规定的"怕湿"标志。

6.2 工业活性氧化锌采用三层包装。内包装采用两层聚乙烯塑料薄膜袋，规格尺寸为：600mm×450mm，厚度为0.1mm；外包装采用聚乙烯塑料编织袋，规格尺寸为：500mm×350mm。其性能和检验方法应符合GB 8946A型的规定。该产品每袋净重25kg。

6.3 工业活性氧化锌的包装，内袋分别用维尼龙绳或其质量相当的绳人工扎口，或用与其相当的其他方式封口；外袋在距袋边不小于30mm处折边，在距袋边不小于15mm处用维尼龙线或其他质量相当的线缝口，针距7～12mm，缝线整齐，针距均匀，无漏缝和跳线现象。

6.4 工业活性氧化锌在运输过程中应有遮盖物，防止雨淋、受潮。严禁与碱类及酸类物品混运。

6.5 工业活性氧化锌应贮存在阴凉、干燥处，防止雨淋、受潮。严禁与碱类及酸类物品混贮。

附 录 A
氰化钾废液处理
（补充件）

为了防止含氰废液的污染，应将测定氧化铅含量后的废液进行处理。

A1 原理

在碱性介质中，用过量的次氯酸钠使CN^-氧化分解：

$$KCN + NaClO \longrightarrow NaCNO + KCl$$

$$2NaCNO + 3NaClO + 2H_2O \longrightarrow 2CO_2\uparrow + N_2\uparrow 2NaOH + 3NaCl$$

A2 操作步骤

将测定每批产品后的废液收集于500mL的大口容量瓶中，用400g/L的氢氧化钠溶液调节至废液的pH=12，加入250mL10%的次氯酸钠溶液，充分混合，放置24h后即可排放。

（四）副产品氧化锌

副产品氧化锌的质量技术要求按中国有色金属行业标准YS/T 73—1994执行。该标准具体规定如下：

1 主题内容与适用范围

本标准规定了氧化锌的产品分类、技术要求、试验方法、检验规则及标志、包装、运输、贮存等。

本标准适用于含锌的合金和冶炼渣料经综合回收所得的氧化锌。

2 产品分类及技术要求

2.1 按产品化学成分(干量检定),氧化锌品级规定如下表:

品级	ZnO,%,不小于	品级	ZnO,%,不小于
1	95	6	70
2	90	7	65
3	85	8	60
4	80	9	55
5	75	10	45

注:如需方对杂质有特殊要求,由供需双方商定。

2.2 产品呈灰白色粉状。

2.3 产品中不得有肉眼可见的外来夹杂物。

3 试验方法

产品化学成分分析按附录A或附录B规定的方法进行。

4 检验规则

4.1 检查和验收

4.1.1 产品由供方技术检验部门检验,保证产品质量符合本标准的规定,并填写质量证明书。

4.1.2 需方可对收到的产品进行验收。若检验结果与本标准规定不符时,应在收到产品之日起一个月内向供方提出,由供需双方协商解决。如需仲裁,仲裁取样在需方共同进行,仲裁结果为最终结果。

4.2 组批

产品应成批提交验收,每批由一天生产的同一品级的产品组成。

4.3 取样方法和取样数量

4.3.1 每批氧化锌按袋数的十分之一取样(最低不少于3袋),并以探针从袋角斜插入至底部抽取试样,试样量不少于200g。

4.3.2 将取得的试样经制备后以四分法缩减至重量不少于50g,均匀分成两份,一份化验,一份保留。

5 标志、包装、运输和贮存

5.1 每袋产品应有明显标志，注明：

a. 供方名称；

b. 产品名称；

c. 品级；

d. 批号；

e. 净重；

f. 生产日期。

5.2 产品用内衬塑料袋的编织袋包装，每袋净重 20～50kg，也可按用户要求包装。

5.3 产品运输及贮存时，必须与易燃、易爆及腐蚀性化学物品隔离。贮存场所应干燥，以免受潮。

5.4 每批出厂产品应附有质量证明书，注明：

a. 供方名称；

b. 产品名称；

c. 产品批号、品级和净重；

d. 分析检验结果和检验部门印记；

e. 本标准编号；

f. 出厂日期。

附 录 A
氧化锌含量的测定 亚铁氰化钾滴定法
（补充件）

A1 方法提要

试料以硫酸溶解，控制一定体积，加热煮沸，用硫代硫酸钠、焦磷酸钠掩蔽少量铜、铁，以二苯胺磺酸钠为指示剂，用亚铁氰化钾标准滴定溶液滴定至紫蓝色突然消失，并呈现黄绿色为终点。测定范围：≥45%。

A2 试剂

A2.1 硫酸溶液[$c(H_2SO_4)=3mol/L$]。

A2.2 硫代硫酸钠溶液(200g/L)。

A2.3 过氧化氢(ρ1.4g/mL)。

A2.4 焦磷酸钠。

A2.5 二苯胺磺酸钠溶液(10g/L)：用硫酸(ρ1.84g/mL)配制。

A2.6 亚铁氰化钾标准滴定溶液($c[K_4Fe(CN)_6\cdot 3H_2O]=0.05mol/L$)。

A2.6.1 配制：称取 21g 亚铁氰化钾[$K_4Fe(CN)_6\cdot 3H_2O$]和 0.3g 铁氰化钾[$K_3Fe(CN)_6$]置于 500mL 烧杯中，用热蒸馏水溶解后移入 1L 棕色容量瓶中，并以水稀释至刻度，混匀，放置一周后过滤，混匀。

A2.6.2 标定：称取约 0.5g（精确至 0.0001g）预先于 800℃灼烧 2h 后于干燥器中冷却至室温的氧化锌基准试剂 3 份，分别置于 3 个 400mL 烧杯中，盖上表皿，以下按 A3.2 与分析试样同时进行标定。

A2.6.3 随同标定做空白试验。

A2.6.4 亚铁氰化钾标准滴定溶液的实际浓度（$c[K_4Fe(CN)_6 \cdot 3H_2O]$）按（A1）式计算。

$$c[K_4Fe(CN)_6 \cdot 3H_2O] = \frac{m_1}{(V_1 - V_0) \times 0.04069} \qquad (A1)$$

式中 $c[K_4Fe(CN)_6 \cdot 3H_2O]$——亚铁氰化钾标准滴定溶液（A2.6）浓度，mol/L；

m_1——所称取氧化锌基准试剂的质量，g；

V_1——滴定基准溶液所消耗的亚铁氰化钾标准滴定溶液（A2.6）体积，mL；

V_0——滴定空白溶液所消耗的亚铁氰化钾标准滴定溶液体积（A2.6），mL；

0.04069——与 1.00mL 亚铁氰化钾标准滴定溶液（$c[K_4Fe(CN)_6 \cdot 3H_2O] = 1.000$mol/L）相当的氧化锌质量，g/mol。

取 3 份标定结果的平均值为亚铁氰化钾标准滴定溶液的实际浓度。平行标定所消耗的亚铁氰化钾标准滴定溶液体积的极差不应超过 0.1mL。

A3 分析步骤

A3.1 称取试料 0.3g（称准至 0.0001g）（m）于 250mL 烧杯中，盖上表皿。

A3.2 用水润湿试料，加 25mL 硫酸溶液（A2.1），加热溶解，稍冷后加水至约 100mL，加热至沸，取下，边搅拌边加入 5mL 硫代硫酸钠溶液（A2.2）至沉淀凝聚，上清液澄清后过滤，用热水洗涤数次，弃去沉淀，向滤液中加入 3mL 过氧化氢（A2.3），加热煮沸，并蒸发体积至约 10mL，取下，趁热加入 3～4g 焦磷酸钠（A2.4）及 3 滴二苯胺磺酸钠溶液（A2.5），用亚铁氰化钾标准滴定溶液（A2.6）滴定至紫蓝色突然消失，并呈现黄绿色，再继续保持 20s 不变色为终点，记下所消耗亚铁氰化钾标准滴定溶液的体积（V）。

A4 分析结果的计算

氧化锌的百分含量（X）按（A2）式计算：

$$X(\%) = \frac{Vc[K_4Fe(CN)_6 \cdot 3H_2O] \times 0.04069}{m} \times 100 \qquad (A2)$$

式中 V——滴定所消耗的亚铁氰化钾标准滴定溶液的体积，mL；

$c[K_4Fe(CN)_6 \cdot 3H_2O]$——亚铁氰化钾标准滴定溶液的实际浓度，mol/L；

m——试料质量，g。

A5 允许差

实验室之间测定结果之差应不大于 0.5%。

附 录 B
氧化锌含量的测定 EDTA 滴定法
（补充件）

B1 方法提要

试料以硝酸溶解，加入硫酸钾使铅呈硫酸铅钾复盐沉淀分离，在氧化剂存在下于氨性溶液中沉淀铁、锰等元素，加硫脲掩蔽铜，氟化物消除少量铁、铝等元素的干扰，以六次甲基四胺为缓冲液，二甲酚橙作指示剂，用 EDTA 标准滴定溶液滴定锌镉合量，减去其中镉量，即得锌量。测定范围：≥45%。

B2 试剂

B2.1 硝酸（ρ1.42g/mL）。

B2.2 盐酸（1+1）。

B2.3 氨水（ρ0.9g/mL）。

B2.4 氨水（1+1）。

B2.5 洗涤液：称取 25g 氯化铵（B2.14）溶于水中，加 25mL 氨水（B2.3），加水至 500mL，混匀。

B2.6 硫脲饱和溶液。

B2.7 缓冲溶液（pH5.5）：称取 100g 六次甲基四胺溶于水中，加 20mL 盐酸（ρ1.19 g/mL），用水稀释至 500mL，混匀。

B2.8 二甲酚橙溶液（2g/L）。

B2.9 甲基橙溶液（1g/L）。

B2.10 锌基准溶液：称取 2.4102g 金属锌（纯度为 99.9%以上）于 250mL 烧杯中，加 20mL 盐酸（B2.2）溶解，冷却，移入 200mL 容量瓶中，用水稀释至刻度，混匀。此溶液 1mL 含 15mg 氧化锌。

B2.11 EDTA 标准滴定溶液［c(EDTA)0.05mol/L］。

B2.11.1 配制

称取 20g 乙二胺四乙酸二钠（$C_{10}H_{14}N_2O_8Na_2 \cdot 2H_2O$）溶于水中，移入 1L 容量瓶中，用水稀释至刻度，摇匀。贮于塑料瓶中。

B2.11.2 标定

移取 10mL 锌基准溶液（B2.10）3 份分别置于三个 300mL 烧杯中，用水稀释体积至约 150mL，加 1 滴甲基橙溶液（B2.9），用氨水（B2.4）和盐酸（B2.2）调至溶液刚好显黄色，加 20mL 缓冲溶液（B2.7）、2～3 滴二甲酚橙溶液（B2.8），用 EDTA 标准滴定溶液（B2.11）滴定至溶液由紫红色变为亮黄色即为终点。记下所消耗 EDTA 标准滴定溶液（B2.11）体积。

B2.11.3 随同标定做空白试验。

B2.11.4 EDTA 标准滴定溶液（B2.11）的实际浓度［c(EDTA)］按（B1）式计算。

$$c(\mathrm{EDTA})=\frac{m_1}{(V_1-V_0)\times 0.08138} \tag{B1}$$

式中　c(EDTA)——EDTA标准滴定溶液(B2.11)的实际浓度,mol/L;

m_1——与移取锌基准溶液(B2.10)相当的氧化锌质量,g;

V_1——滴定锌基准溶液所消耗的EDTA标准滴定溶液(B2.11)的体积,mL;

V_0——滴定空白溶液所消耗的EDTA标准滴定溶液(B2.11)的体积,mL;

0.08138——与1.00mLEDTA标准滴定溶液[c(EDTA)=1.000mol/L]相当的氧化锌质量,g/mol。

取3份标定结果的平均值为EDTA标准滴定溶液的实际浓度。平行滴定所消耗的EDTA标准滴定溶液体积的极差不应超过0.1mL。

B2.12　抗坏血酸。

B2.13　硫酸钾。

B2.14　氯化铵。

B2.15　过硫酸铵。

B2.16　氟化铵。

B3　分析步骤

B3.1　试料量

称取0.3000g(锌含量高时称取0.2000g)试料(m)。

B3.2　测定

将试料置于300mL烧杯中,加10mL硝酸(B2.1),盖上表皿,低温溶解试样完全,并蒸至体积3~4mL,取下,加3g硫酸钾(B2.13)、70mL热水,煮沸3min,取下稍冷,再加25mL水,5g氯化铵(B2.14),在搅拌下用氨水(B2.3)中和至氢氧化物沉淀完全,再过量10mL,加0.5g过硫酸铵(B2.15),煮沸1~2min,趁热用快速定量滤纸过滤于500mL三角烧杯中,用热洗涤液(B2.5)洗涤烧杯3次,洗涤沉淀5~6次,摇匀滤液,加热煮沸并浓缩溶液体积至150mL左右取下放冷。用盐酸(B2.2)酸化溶液,加约0.2g氟化铵(B2.16)、少许抗坏血酸(B2.12)、3mL硫脲饱和溶液(B2.6),每加一种试剂均须混匀。加1滴甲基橙溶液(B2.9),用盐酸(B2.2)和氨水(B2.4)调至溶液刚好显黄色,加20mL缓冲溶液(B2.7),2~3滴二甲酚橙溶液(B2.8),用EDTA标准滴定溶液(B2.11)滴定至溶液由紫红色变为亮黄色即为终点。记下所消耗EDTA标准滴定溶液(B2.11)体积(V)。

B4　分析结果的计算

氧化锌的百分含量(X)按(B2)式计算:

$$X(\%)=\frac{Vc(\mathrm{EDTA})\times 0.08138}{m}\times 100-\mathrm{Cd}(\%)\times 0.7240 \tag{B2}$$

式中　V——滴定所消耗的EDTA标准滴定溶液(B2.11)的体积,mL;

c(EDTA)——EDTA标准滴定溶液(B2.11)的实际浓度,mol/L;

m——试料质量,g;

0.7240——镉量换算成氧化锌量的系数；

Cd(%)——镉的百分含量，由原子吸收光谱法测定。

B5 允许差

实验室之间测定结果之差应不大于0.5%。

六、立德粉

立德粉的质量技术要求按国家标准GB/T 1707—1995执行。该标准具体规定如下：

本标准等效采用国际标准ISO 473—1982《色漆用立德粉颜料——规格和试验方法》。

1 主题内容和适用范围

本标准规定了立德粉的技术要求、试验方法、检验规则和标志、包装、运输、贮存。

本标准适用于由近似等分子比的硫化锌和硫酸钡共沉淀物经煅烧而成的白色颜料。产品主要用于涂料、油墨、橡胶和塑料等工业。

2 引用标准

GB/T 1864 颜料颜色的比较

GB/T 5211.2 颜料水溶物的测定 热萃取法

GB/T 5211.3 颜料在105℃挥发物的测定

GB/T 5211.13 颜料水萃取液酸碱度的测定

GB/T 5211.15 颜料吸油量的测定

GB/T 5211.16 白色颜料消色力的比较

GB/T 5211.17 白色颜料对比率(遮盖力)的比较

GB/T 5211.18 颜料筛余物的测定 水法手工操作

GB 6682 分析实验室用水规格和试验方法

HG/T 2457 颜料产品检验、标志、包装、运输和贮存通则

3 产品分类1]

根据表面处理及含硫化锌的量不同分为四个品种，每个品种分为下列等级。

a. B301：优等品、一等品、合格品；

b. B302(表面处理)：优等品、一等品、合格品；

c. B311：优等品、一等品、合格品；

d. B312(表面处理)：优等品、一等品、合格品。

4 技术要求

立德粉应符合下表所列的技术要求：

采用说明：

1] ISO 473—1982中产品分为30%立德粉和60%立德粉两类，不分品种和等级。

项目	指标											
	B301			B302			B311			B312		
	优等品	一等品	合格品	优等品	一等品	合格品	优等品	一等品	合格品	优等品	一等品	合格品
以硫化锌计的总锌和硫酸钡的总和,%(m/m) ≥	99			99			99			99		
总锌量(以硫化锌计),%(m/m) ≥	28			28			30			30		
氧化锌,%(m/m) ≤	0.6	0.8	1	0.3	0.3	0.5	0.3	0.3	0.5	0.2	0.2	0.4
105℃挥发物,%(m/m) ≤	0.3	0.3	0.5	0.3	0.3	0.5	0.3	0.3	0.5	0.3	0.3	0.5
水溶物,%(m/m) ≤	0.4	0.5	0.5	0.4	0.5	0.5	0.3	0.4	0.5	0.3	0.4	0.5
筛余物(63μm筛孔),%(m/m) ≤	0.1	0.1	0.1	0.1	0.1	0.1	0.1	0.1	0.1	0.05	0.05	0.05
颜色(与标准样比)[1]	优于	近似	微差于	优于	近似	微差于	优于	近似	微差于	优于	近似	微差于
水萃取液碱度[1]	中性											
吸油量[1],g/100g ≤	14			11			10			8.5		
消色力(与标准样比)[1],% ≥	105	100	95	105	100	95	105	100	95	105	100	95
遮盖力(对比率)[1]	不低于标准样的5%(绝对差)											

5 试验方法

所用试剂均应采用分析纯试剂,使用GB 6682规定的三级水或相应纯度的水。

5.1 硫酸钡和总锌量的测定

5.1.1 原理

用盐酸将试样中硫化锌和氧化锌溶解,然后加硫酸让溶液保持一定的酸度,并进行固液分离,固体用重量法测定硫酸钡含量,液体在pH1.5~3.0,以二苯胺作指示剂用六氰铁(Ⅱ)酸钾滴定总锌含量。

5.1.2 试剂

5.1.2.1 盐酸(GB/T 622)溶液:稀释1+2。

5.1.2.2 硫酸(GB/T 625)溶液:稀释1+8。

5.1.2.3 氨水(GB/T 631):$\rho=0.9$g/mL。

5.1.2.4 氨水(GB/T 631)溶液:稀释1+3。

5.1.2.5 二苯胺指示剂(GB/T 681):50g/L乙醇溶液。

5.1.2.6 刚果红试纸。

5.1.2.7 乙酸铅试纸。

5.1.2.8 氯化锌标准溶液,每升约含5g锌(浓度c以每毫升含锌的克数表示)。

称取约5g高纯锌(准确至0.1mg),溶于300mL盐酸溶液(5.1.2.1),并移入1000mL

采用说明:

1] ISO 473—1982中规定与商定样品比较,无具体指标。

容量瓶中,用水稀释至刻度,摇匀。

5.1.2.9 六氰铁(Ⅱ)酸钾标准滴定溶液 c[$K_4Fe(CN)_6$]≈0.05mol/L(滴定度 T 以每毫升锌的克数表示)。

5.1.2.9.1 制备

将21.0g六氰铁(Ⅲ)酸钾,0.3g六氰铁(Ⅲ)酸钾和2g无水碳酸钠(起稳定溶液作用)溶于水,并移入1000mL容量瓶中,用水稀释至刻度,摇匀。

5.1.2.9.2 标定

用移液管吸取25mL氯化锌标准溶液(5.1.2.8)置于烧杯中,加氨水(5.1.2.4)至刚果红试纸(5.1.2.6)在溶液中刚好变成纯红色,然后小心滴加盐酸(5.1.2.1)进行中和,过量几滴至刚果红试纸变成稳定的蓝色(pH1.5～3.0)。

用水稀释至150mL,将此溶液加热至沸,加10滴二苯胺指示剂(5.1.2.5)。

立即用六氰铁(Ⅱ)酸钾溶液(5.1.2.9)滴定,直至溶液变成稳定的黄色或黄绿色。

然后,用氯化锌标准溶液(5.1.2.8)回滴该溶液,至溶液颜色刚好再变成蓝色。

整个滴定过程溶液温度必须控制在80℃以上。

5.1.2.9.3 滴定度的计算

六氰铁(Ⅱ)酸钾标准滴定溶液的滴定度 T,以每毫升锌的克数表示,按式(1)计算:

$$\frac{c(25+V_2)}{V_1} \tag{1}$$

式中 c——氯化锌标准溶液浓度,每毫升含锌克数,g/mL;

V_1——滴定时耗用六氰铁(Ⅱ)酸钾溶液的体积,mL;

V_2——回滴时耗用氯化锌标准溶液的体积,mL。

5.1.3 操作步骤

称取预先在105±2℃烘干的试样约0.6g(准确至0.1mg)置于烧杯中,加入25mL盐酸溶液(5.1.2.1),立即盖上表面皿,煮沸至不再放出硫化氢[用乙酸铅试纸(5.1.2.7)检验],用100mL水稀释,加入5mL硫酸溶液(5.1.2.2),再次煮沸该溶液。

让沉淀物沉降,趁热将上层溶液用慢速定量滤纸过滤,把沉淀物移至滤纸上,并用含有硫酸的热水(约3%)洗涤烧杯及滤纸,直至洗涤液无锌离子[洗涤液滴与六氰铁(Ⅱ)酸钾溶液(5.1.2.9)不起反应]为止,然后将沉淀物连同滤纸趁湿移至一已恒重的瓷坩埚中,在低温下灰化,并在800±20℃灼烧至恒重。

在滤液中加入稍过量的氨水(5.1.2.3)[以刚果红试纸(5.1.2.6)检验由蓝色变成红色],然后滴加盐酸溶液(5.1.2.1),直至刚果红试纸(5.1.2.6)在该溶液中刚好变成稳定的蓝色(pH1.5～3.0)。

将此溶液加热至沸,加10滴二苯胺指示剂(5.1.2.5),立即按5.1.2.9.2标定六氰铁(Ⅱ)酸钾溶液的方法滴定该溶液。

5.1.4 结果的表示

硫酸钡含量,以质量百分数表示,按式(2)计算:

$$\frac{100\times m_2}{m_1} \tag{2}$$

总锌含量，以硫化锌的质量百分数表示，按式(3)计算：

$$1.490(TV_3-cV_4)\frac{100}{m_1}=\frac{149}{m_1}(TV_3-cV_4) \tag{3}$$

式中　T——六氰铁(Ⅱ)酸钾标准滴定溶液的滴定度，每毫升锌的克数，g/mL；

c——氯化锌标准溶液的浓度，每毫升含锌的克数，g/mL；

V_3——滴定时耗用六氰铁(Ⅱ)酸钾标准滴定溶液的体积，mL；

V_4——回滴时耗用氯化锌标准溶液的体积，mL；

m_1——试样的质量，g；

m_2——灼烧残余物的质量，g。

5.1.5　允许差

平行测定两个结果之差不得大于0.2%。

5.2　氧化锌含量的测定

5.2.1　原理

用氨水和氯化铵将试样中的氧化锌溶解，过滤，滤液在pH1.5～3.0时以二苯胺作指示剂，用六氰铁(Ⅱ)酸钾滴定。

5.2.2　试剂

5.2.2.1　氯化铵(GB/T 658)。

5.2.2.2　盐酸(GB/T 622)溶液：稀释1+2。

5.2.2.3　氨水(GB/T 631)溶液：稀释1+3。

5.2.2.4　二苯胺指示剂(GB/T 681)：50g/L乙醇溶液。

5.2.2.5　刚果红试纸。

5.2.2.6　氯化锌标准溶液，按5.1.2.8规定配制。

5.2.2.7　六氰铁(Ⅱ)酸钾标准滴定溶液，按5.1.2.9规定制备、标定和计算。

5.2.3　操作步骤

称取预先在105±2℃烘干的试样约10g(准确至1mg)，置于500mL容量瓶中，加入100mL氨水(5.2.2.3)，加4g氯化铵(5.2.2.1)，让悬浮液置于冷处1h，并不断摇动。用水稀释至刻度，摇匀，并用完全干燥的漏斗和滤纸进行过滤，弃去最初的10～20mL滤液，其余滤液收集在干燥的烧杯中。用移液管将250mL滤液移至烧杯中，并准确加入10mL氯化锌标准溶液(5.2.2.6)，然后滴加盐酸溶液(5.2.2.2)，至刚果红试纸(5.2.2.5)在溶液中变成稳定的蓝色(pH1.5～3.0)。

将溶液加热至沸，加10滴二苯胺指示剂(5.2.2.4)，立即按5.1.2.9.2标定六氰铁(Ⅱ)酸钾溶液的方法滴定该溶液。

5.2.4　结果的表示

氧化锌含量，以质量百分数表示，按式(4)计算：

$$2.490(TV_5-cV_6-10c)\frac{100}{m_3}=\frac{249}{m_3}(TV_5-cV_6-10c) \tag{4}$$

式中　T——六氰铁(Ⅱ)酸钾标准滴定溶液的滴定度，每毫升锌的克数，g/mL；

c——氯化锌标准溶液的浓度，每毫升含锌的克数，g/mL；

V_5——滴定时耗用六氰铁(Ⅱ)酸钾标准滴定溶液的体积,mL;

V_6——回滴时耗用氯化锌标准溶液的体积,mL;

m_3——试样的质量,g。

5.2.5　允许差

平行测定两个结果之差不得大于0.05%。

5.3　105℃挥发物的测定

按GB/T 5211.3中的规定进行。

5.4　水溶物的测定

按GB/T 5211.2中的规定进行。试样量为10g。

5.5　筛余物的测定

按GB/T 5211.18中的规定进行。分散剂为六偏磷酸钠,浓度10g/L,加入量20mL。

5.6　颜色的比较

按GB/T 1864中的规定进行。试样量为2g,精制亚麻仁油加量为0.8mL。

5.7　水萃取液碱度的测定

按GB/T 5211.13中电位滴定法的规定进行。pH值在6~8范围内,报告结果为“中性”。

5.8　吸油量的测定

按GB/T 5211.15中的规定进行。

5.9　消色力的比较

按GB/T 5211.16中的规定进行。

5.10　遮盖力(对比率)的比较1]

有两种方法:A法(振荡磨分散)或B法(自动研磨机分散)均可用于常规分析。仲裁时用A法。

5.10.1　A法(振荡磨分散)

按GB/T 5211.17中的规定进行,其中漆膜厚度为50±5μm。

5.10.2　B法(自动研磨机分散)

5.10.2.1　试剂

5.10.2.1.1　1号厚油,粘度(涂-4粘度计)38~42s/25℃,酸值为7mg KOH/g以下。

5.10.2.1.2　环烷酸铅、环烷酸钴、环烷酸锰混合催干剂。

5.10.2.1.3　乙醇

5.10.2.2　仪器

5.10.2.2.1　调刀,钢制,锥形刀身,长约140~150mm,最宽处约20~25mm,最窄处不小于12.5mm。

5.10.2.2.2　旋转涂漆器。

5.10.2.2.3　聚酯薄膜,厚度为30~50μm,长120mm,宽90mm。

5.10.2.2.4　自动研磨机,磨砂玻璃板直径为180~250mm,在研磨机上施加约1kN的力,转速为70~120r/min。

采用说明:

1] ISO 473—1982中采用商定的方法测定。

5.10.2.2.5　反射率仪，精度在1%以内。

5.10.2.2.6　玻璃板，表面平整，长约130mm，宽约100mm。

5.10.2.2.7　杠杆千分卡，量程0～25mm。

5.10.2.3　操作步骤

漆浆的制备

称取试样7g(准确至0.1g)，置于自动研磨机(5.10.2.2.4)的下层板上，再加2.5mL1号厚油(5.10.2.1.1)，用调刀(5.10.2.2.1)调匀。当试样充分润湿后，将其铺于下层板边缘到中心的中间处，并将调刀在上层板上抹净，合上玻璃板，施加1kN的力，以每遍50转研磨浆状物共四遍。在每研磨一遍后，用调刀收拢浆状物。研磨完毕后，从玻璃板上取下浆状物。重复上述操作，以制备约25g的浆状物，收集浆状物称量。

按已知称量的浆料中所含颜料量补加1号厚油(5.10.2.1.1)，配制PVC＝20%(颜料量:油量＝7:6)的漆浆，并加入适量的催干剂调匀备用。

以下操作按GB/T 5211.17中的规定进行，其中漆膜厚度为30±5μm。

6　检验、标志、包装、运输和贮存

6.1　检验规则

按HG/T 2457中第3章的规定进行。本标准中所列的全部技术要求项目为型式检验项目，其中以硫化锌计的总锌和硫酸钡的总和、总锌量、氧化锌、105℃挥发物、水溶物、筛余物、颜色、水萃取液碱度、吸油量、消色力为出厂检验项目。在正常生产情况下，每季度至少进行一次型式检验。

6.2　标志

按HG/T 2457中第4章的规定进行。

6.3　包装

按HG/T 2457中第5章的规定进行。产品应用塑料编织袋内衬塑料薄膜袋包装，每袋净重25kg或50kg。

6.4　运输和贮存

按HG/T 2457中第6章的规定进行。

七、锌及锌合金废料、废件分类和技术条件

锌及锌合金废料，废件分类和技术条件按国家标准GB/T 13589—1992执行。该标准具体规定如下：

1　主题内容与适用范围

本标准规定了锌及锌合金废料、废件的分类、技术要求、试验方法、检验规则、标志、包装、运输和贮存。

本标准适用于作为再生有色金属冶炼厂的原料、加工制造厂使用的回炉料和流通领域的各种锌及锌合金废料、废件。

2 引用标准

GB 473 锌化学分析方法
GB 1175 铸造锌合金
GB 1977 照相制版用微晶锌板
GB 1978 电池锌板
GB 2058 锌阳极板
GB 3496 胶印锌板
GB 3610 电池锌饼
GB 6890 锌粉
GB 8738 铸造锌合金锭
ZB H62002 热镀锌合金

3 分类

锌及锌合金废料、废件按物理形态分为3大类，每类按化学成分分为不同组(金属名称、牌号)，各组按质量分为不同级别(见下表)。

<table>
<tr><th>类别</th><th>组别</th><th>原金属标准号</th><th>原金属名称</th><th>原金属代表牌号</th><th>级　别</th><th>典型举例</th></tr>
<tr><td rowspan="7">1
锌及锌合金块状废料、废件</td><td rowspan="5">1
金属锌废料、废件</td><td>GB 1977</td><td>照相制版用微晶锌板</td><td>XI2</td><td rowspan="5">1级:同一牌号的金属锌,无腐蚀、无夹杂
2级:同一牌号的金属锌,夹杂率≤1%
3级:同一金属名称的金属锌,无腐蚀、无夹杂
4级:同一金属名称的金属锌,夹杂率≤1%
5级:同一组的金属锌,无腐蚀、无夹杂
6级:同一组的金属锌,夹杂率≤1%</td><td rowspan="5">1 废旧电池皮、电池锌饼印刷锌板、掀钮拉链头、电镀用阳极板及其他报废的零部件
2 各种锌材在加工过程中产生的边角料和废品</td></tr>
<tr><td>GB 1978</td><td>电池锌板</td><td>XD1
XD2</td></tr>
<tr><td>GB 3496</td><td>胶印锌板</td><td>XJ</td></tr>
<tr><td>GB 3610</td><td>电池锌饼</td><td>XB</td></tr>
<tr><td>GB 2058</td><td>锌阳极板</td><td>Zn1
Zn2</td></tr>
<tr><td rowspan="2">2
加工锌合金废料、废件</td><td rowspan="2">—</td><td>加工锌铜合金</td><td>ZnCu1.5
ZnCu1.2
ZnCu1
ZnCu0.3</td><td rowspan="2">1级:同一牌号的加工锌合金,无腐蚀、无夹杂
2级:同一牌号的加工锌合金,夹杂率≤2%
3级:同一金属名称的加工锌合金,无腐蚀、无夹杂
4级:同一金属名称的加工锌合金,夹杂率≤2%
5级:同一组的加工锌合金,无腐蚀、无夹杂
6级:同一组的加锌合金,夹杂率≤2%</td><td rowspan="2">各种锌合金材在加工过程中产生的废料和废品</td></tr>
<tr><td>加工锌铝合金</td><td>ZnAl15
ZnAl10-5
ZnAl10-1</td></tr>
</table>

续表

<table>
<tr><th>类别</th><th>组别</th><th>原金属标准号</th><th>原金属名称</th><th>原金属代表牌号</th><th>级　别</th><th>典型举例</th></tr>
<tr><td rowspan="3">1
锌及锌合金块状废料、废件</td><td rowspan="2">3
铸造锌合金废料、废件</td><td>GB 1175</td><td>铸造锌合金</td><td>ZZnAl 10-5
ZZnAl 9-1.5
ZZnAl 4-1
ZZnAl 4-0.5
ZZnAl 4</td><td rowspan="2">1 级:同一牌号的铸造锌合金,无腐蚀,无夹杂
2 级:同一牌号的铸造锌合金,无腐蚀,夹杂率≤2%
3 级:同一金属名称的铸造锌合金,无腐蚀,无夹杂
4 级:同一金属名称的铸造锌合金,夹杂率≤2%
5 级:同一组的铸造锌合金,无腐蚀,无夹杂
6 级:同一组的铸造锌合金,夹杂率≤2%</td><td rowspan="2">1　废旧汽车仪表外壳及零部件、印刷字、煤气灶零部件、航空用零部件、军械零部件及其他报废的零部件
2　各种铸造锌合金在加工过程中产生的废料和废品</td></tr>
<tr><td>GB 8738</td><td>铸造锌合金锭</td><td>ZZnAlD 4A
ZZnAlD 4
ZZnAlD 4-0.1
ZZnAlD 4-0.5
ZZnAlD 4-1A
ZZnAlD 4-1
ZZnAlD 4-3A
ZZnAlD 4-3
ZZnAlD 5-1
ZZnAlD5-5-1
ZZnAlD6-4
ZZnAlD9-1.5
ZZnAlD10-1
ZZnAlD10-2
ZZnAlD10-5
ZZnAlD11-1
ZZnAl10-4
ZZnAl0.2-4</td></tr>
<tr><td>4
混合锌及锌合金废料、废件</td><td>—</td><td>—</td><td>—</td><td>1 级:锌含量≥98%的金属锌,无腐蚀
2 级:锌含量≥85%的锌合金
3 级:锌含量≥75%的锌合金
4 级:锌含量≥60%的锌合金
5 级:不符合上述要求的锌合金</td><td>各种锌及锌合金材在加工过程中产生的边角料和废品,废旧零部件、热镀锌渣块、汽车化油器等</td></tr>
<tr><td rowspan="6">2
锌及锌合金屑、粉料</td><td rowspan="6">5
金属锌屑、粉料</td><td>GB 6890</td><td>锌粉</td><td>FZn1,FZn2,FZn3</td><td rowspan="6">1 级:同一牌号金属锌,无腐蚀,无夹杂
2 级:同一牌号金属锌,夹杂率≤3%
3 级:同一金属名称的金属锌,无腐蚀、无夹杂
4 级:同一金属名称的金属锌,夹杂率≤3%
5 级:同一组的金属锌,无腐蚀、无夹杂
6 级:同一组的金属锌,夹杂率≤3%</td><td rowspan="6">各种金属锌屑、粉</td></tr>
<tr><td>GB 1977</td><td>照相制版用微晶锌板</td><td>XI2</td></tr>
<tr><td>GB 1978</td><td>电池锌板</td><td>XD1
XD2</td></tr>
<tr><td>GB 3610</td><td>电池锌饼</td><td>XB</td></tr>
<tr><td>GB 3496</td><td>胶印锌板</td><td>XJ</td></tr>
<tr><td>GB 2058</td><td>锌阳极板</td><td>Zn1
Zn2</td></tr>
</table>

续表

类别	组别	原金属标准号	原金属名称	原金属代表牌号	级别	典型举例
2 锌及锌合金屑、粉料	5 金属锌屑、粉料	GB 8738	铸造锌合金锭	ZZnAlD4A ZZnAlD4 ZZnAlD4-0.1 ZZnAlD4-0.5 ZZnAlD4-1A ZZnAlD4-1 ZZnAlD4-3A ZZnAlD4-3 ZZnAlD5-1 ZZnAlD5-5-1 ZZnAlD6-4 ZZnAlD9-1.5 ZZnAlD10-1 ZZnAlD10-2 ZZnAlD10-5 ZZnAlD11-1	3级：同一金属名称的铸造锌合金，无腐蚀，无夹杂 4级：同一金属名称的铸造锌合金，夹杂率≤3% 5级：同一组的铸造锌合金，无腐蚀，无夹杂 6级：同一组的铸造锌合金，夹杂率≤3%	各种锌合金屑
	6 加工锌合金屑料	—	加工锌铜合金	ZnCu1.5 ZnCu1.2 ZnCu1 ZnCu0.3	1级：同一牌号加工锌合金，无腐蚀，无夹杂 2级：同一牌号加工锌合金，夹杂率≤3% 3级：同一金属名称的加工锌合金，无腐蚀，无夹杂 4级：同一金属名称的加工锌合金，夹杂率≤3% 5级：同一组的加工锌合金，无腐蚀，无夹杂 6级：同一组的加工锌合金，夹杂率≤3%	各种加工锌合金屑
			加工锌铝合金	ZnAl15 ZnAl10-5 ZnAl10-1 ZnAl10-4 ZnAl0.2-4		
	7 铸造锌合金屑料	GB 1175	铸造锌合金	ZZnAl10-5 ZZnAl9-15 ZZnAl4-1 ZZnAl4-0.5 ZZnAl4	1级：同一牌号的铸造锌合金，无腐蚀，无夹杂 2级：同一牌号的铸造锌合金，夹杂率≤3%	—
	8 混合锌及锌合金屑料	—	—	—	1级：金属锌含量≥90%的锌及锌合金屑 2级：金属锌含量≥75%的锌及锌合金屑 3级：金属锌含量≥60%的锌及锌合金屑 4级：金属锌含量≥40%的锌及锌合金屑	各种锌及锌合金屑

续表

类别	组别	原金属标准号	原金属名称	原金属代表牌号	级　别	典型举例
3 锌及锌合金渣、灰	9 锌及锌合金渣、灰	—	—	—	1级：锌含量≥60%的锌及锌合金渣、灰 2级：锌含量≥40%的锌及锌合金渣、灰 3级：锌含量≥30%的锌及锌合金渣、灰 4级：锌含量≥20%的锌及锌合金渣、灰 5级：锌含量≥5%的锌及锌合金渣、灰	冶炼、加工、压铸过程中产生的锌及锌合金渣、烟灰及扫地垃圾等

4　技术要求

4.1　锌及锌合金废料、废件按本标准规定的类、组(金属名称、牌号)和级别进行回收和供应,不同的类、组和级不应相混。未列入表中的牌号及以后产生的新牌号,可视其成分归入化学成分相同或相近的组中。

4.2　废料、废件中不允许混有密封容器、易燃、易爆物及有毒物品等。

4.3　废旧武器、爆炸物、易燃物和有毒设备中的锌及锌合金废件应由供方技术监督部门作安全检查处理。

4.4　废料、废件表面的杂物应予剔除。

4.5　块状废料、废件最大外形尺寸小于或等于300mm,单块重量小于或等于100kg。也可由供需双方协商。

4.6　需方另有技术要求时,可由供需双方协商解决。

5　试验方法

5.1　锌及锌合金废料、废件一般用感观确定类、组和级别。

5.2　如对锌及锌合金废料、废件的化学成分有异议时,则纯锌废料、废件的化学成分仲裁分析方法按GB 473的规定进行。锌合金废料、废件的化学成分仲裁分析方法按ZBH 62002的规定进行。

5.3　混合料的化学成分分析方法由供需双方商定。

5.4　废料、废件的取样方法以及其他有关事宜由供需双方商定。

5.5　废料、废件的供应方式、清洁程度、外形尺寸和单块重量,可用肉眼查看的方法进行,必要时,可抽样测定。

6　检验规则

6.1　检查和验收

6.1.1　废料、废件应由供方技术监督部门进行检验,也可委托他方技术监督部门进行检验,保证其质量符合本标准的规定,并填写质量证明书。

6.1.2　需方应对收到的废料、废件按本标准的规定进行检验,如检验结果与本标准不符时,应单独存放,不准动用,并在收到之日起15天内向供方提出,由供需双方协商解决。

6.2 组批

废料、废件应成批提交检验,每批应由同一类、组(金属名称、牌号)和级别组成。

7 标志、包装、运输和贮存

7.1 废料、废件发运时,必须附有标志,写明废料、废件名称、类、组(金属名称、牌号)、级别和供需双方名称。

7.2 碎料应包装,包装方式、尺寸和重量由供需双方商定。

7.3 装车发运时,不应混批装运。如在同一车厢内装运不同批时,应采取措施防止在运输过程中混料。

7.4 废料、废件在运输、装卸、堆放等过程中严禁混入爆炸物、易燃物和有毒物品等,也不得用带有腐蚀性物质的工具装运。有特殊要求时,应有防雨、防雪设施。

7.5 废料、废件交货时,必须附有质量证明书,写明:

a. 供方名称;

b. 废料、废件名称;

c. 类、组(金属名称、牌号)、级别;

d. 每批总重量;

e. 检验结果;

f. 发货日期;

g. 技术监督部门的印记;

h. 本标准编号。

第七章　铅、锌中伴生金银质量技术要求

第一节　金质量技术要求

一、冶金用金块矿

冶金用金块矿的质量技术要求按黑色冶金行业标准 YB/T 4067—1991 执行。该标准具体规定如下：

1　主题内容与适用范围

本标准规定了冶金用金块矿的技术要求、试验方法、检验规则、包装、标志、运输、贮存和质量证明书。

本标准适用于有色金属铜和铅熔炼用的金块矿。

2　引用标准

GB 1467　冶金产品化学分析方法标准总则及一般规定

GB 5689　冶金矿产品包装、标志和质量证明书的一般规定

GB 7739　金精矿化学分析方法

GB/T 13449　金块矿取样和制样方法

3　代号

冶金用金块矿以金元素符合“Au”和“块、铜、铅”三个汉字拼音字第一个大写字母“K、T、Q”为代号：

AuKT——用于铜熔炼的金铜块矿；

AuKQ——用于铅熔炼的金铅块矿。

4　技术要求

4.1　按产品化学成分应符合表 1 规定。

表 1

产品代号	Au 不小于 g/t	SiO_2 不小于 %	杂质含量不大于，%			
			Cu	Pb	Zn	As
AuKT	8	70	—	2	2	0.2

续表 1

产品代号	Au 不小于 g/t	SiO_2 不小于 %	杂质含量不大于，%			
			Cu	Pb	Zn	As
AuKQ	10	45	1	—	2	0.2

注：1. 用户如有特殊要求，由供需双方议定。
2. 产品中银、硫为有价元素，需方应提供分析数据。

4.2 按金含量金块矿品级应符合表 2 规定。

表 2

品　级	一	二	三	四	五	六	七	八	九	十
Au，g/t(不小于)	100	90	80	70	60	50	40	30	20	10

注：十级品金铜块矿允许金含量不小于 8g/t。

4.3 金块矿中不准有生产过程中带入的雷管等易爆物。

4.4 金块矿中不得混入外来杂物。

4.5 金块矿的粒级规定如下：

AuKT 分为 30～60mm、10～25mm、不大于 10mm 三种粒级；

AuKQ 的粒度不大于 10mm。

金块矿超过各粒级规定的不大于 10%。

5 试验方法和检验规则

5.1 金块矿化学成分分析方法按 GB 1467 和 GB 7739 进行。

5.2 金块矿取样和制样方法按 GB/T 13449 进行。

5.3 产品在需方交货。由需方技术监督部门负责验收。

5.4 由相同品级、相同规格组成交货单车作为一批。

5.5 供方如有异议，应在需方备查试样保存期内提出。如需仲裁，有关事宜由供需双方商定。

6 包装、标志和质量证明书

金块矿的包装、标志、运输、贮存和质量证明书按 GB 5689 执行。

二、金精矿

金精矿的质量技术要求按黑色冶金行业标准 YB/T 2430—1988 执行。该标准具体规定如下：

1 主题内容与适用范围

本标准规定了金精矿技术要求、试验方法及检验规则、包装和标志。

本标准适用于经选矿所得的金精矿。该产品供氰化提金和黄金冶炼用。

2 引用标准

GB 7739.1～7739.4 金精矿化学分析方法

GB 5689 冶金矿产品包装、标志和质量证明书的一般规定

3 技术要求

3.1 按化学成分,金精矿分为十一个品级,均以干矿品位计算,应符合表1规定。

表 1

品级	金,g/t(不小于)	杂质,%(不大于)	品级	金,g/t(不小于)	杂质,%(不大于)
		As			As
一级品	180	0.30	七级品	80	0.35
二级品	160	0.30	八级品	70	0.40
三级品	140	0.30	九级品	60	0.40
四级品	120	0.35	十级品	50	0.40
五级品	100	0.35	十一级品	40	0.40
六级品	90	0.35			

注:含铜金精矿、含铅金精矿——金精矿中铜或铅的含量大于最低计价品位规定,即含铜不小于1.0%,含铅不小于10%时,称为含铜金精矿或含铅金精矿。含铜金精矿中铅和锌含量均不大于3%,含铅金精矿中铜含量不大于1.5%。如果含铜金精矿或含铅金精矿金品位超过80g/t时,其含铅、锌或含铜可适当放宽,由供需双方协商解决。

3.2 金精矿中银、硫和含铜金精矿中银、铜、硫以及含铅金精矿中银、铅均为有价元素,供方应报出分析数据。

3.3 精矿中水分不大于12%。在冬季,精矿中水分不大于8%。

3.4 精矿中不得混入外来夹杂物。

4 试验方法和检验规则

4.1 金精矿化学分析方法按GB 7739.1～7739.4进行。

4.2 火车装运,每列的每节车厢,按18个点取样。采样探针必须直达车板。汽车装运,采样为5个点,采样方法与列车相同。袋装精矿每隔10袋抽取一袋,并用采样探针从中采取试样。

4.3 将精矿试样放入带盖容器中,并在8h内测定水分。

4.4 将精矿试样分成3份,每份重量不得少于150g。一份作为验收分析样品,一份送供方,一份由需方在寄出化验单之日起保存3个月备查。

4.5 供方如有异议,应在备查样品保存期内提出。仲裁分析样品必须研磨至全部通过200网目筛。仲裁分析单位和有关事宜由供需双方协商解决。

5 包装和标志

金精矿包装和标志按GB 5689进行。

三、金锭

金锭的质量技术要求按国家标准 GB/T 4134—1994 执行。该标准具体规定如下：

1　主题内容与适用范围

本标准规定了金锭的产品分类、技术要求、试验方法、检验规则及标志、包装、运输、贮存。

本标准适用于以各种金原料生产的金锭。

2　引用标准

GB 8170　数值修约规则

GB/T 11066　金化学分析方法

3　产品分类

金锭按金的含量分为 Au-1、Au-2、Au-3 三个牌号。

4　技术要求

4.1　金锭的化学成分应符合下表的规定。

牌　号	化学成分，%							
	Au(不小于)	杂质含量，(不大于)						
		Ag	Cu	Fe	Pb	Bi	Sb	总　和
Au-1	99.99	0.005	0.002	0.002	0.001	0.002	0.001	0.01
Au-2	99.95	0.020	0.015	0.003	0.003	0.002	0.002	0.5
Au-3	99.9	—	—	—	—	—	—	0.1

注：1. Au-1、Au-2 牌号的金含量是以 100%减去表中规定的杂质实测含量总和而得。Au-3 牌号的金含量为直接测定值。

2. 需方如有特殊要求，供需双方可另行协议。

4.2　金锭为长方梯形或长方形，边、角完整，不得有飞边、毛刺。

4.3　金锭表面呈光亮黄色，无夹杂物和油污。

4.4　每块金锭重一般规定 11～13kg。如需方有特殊要求，由供需双方协议。金锭重以单锭为单位按 GB 8170 规定修约到 0.1g。

5　试验方法

5.1　金锭的化学成分仲裁分析方法按 GB/T 11066 规定进行。生产厂可用其他分析方法，但必须保证其精密度不低于该标准的规定。

5.2　金锭外观质量用目视检查。

6　检验规则

6.1　检查与验收

6.1.1　产品由供方技术监督部门进行检验，保证产品质量符合本标准规定，并填写质量证明书。

6.1.2　需方应对收到的产品按本标准规定进行检验。如检验结果与本标准不符时，应在收到产品之日起3个月内向供方提出，由供需双方协商解决。如需仲裁，可委托双方认可的单位进行，并在需方共同取样。

6.1.3　用户在合理的选材和加工工艺条件下出现的加工脆裂，如确属金锭的质量问题，由生产厂负责。

6.2　组批

金锭应成批提交检验。每批应由同一牌号的金锭组成，批重不限。

6.3　取样和制样

6.3.1　生产厂取样：

每熔一锅可在浇铸时随机取1个试样，数锅试样组成一批试样。试样允许表面处理。

6.3.2　仲裁取样：

每批按金锭数的20%取样，但不得少于1个锭。特殊情况下，可逐块取样。取样时，金锭表面不得有灰尘及油污等外来物。

用直径8mm钻头钻取试样。钻取深度不小于锭厚的二分之一。将取得的钻屑经磁铁处理后混匀，用四分法缩分至不少于50g，分为3份，每份15g。

6.3.2.1　单锭取样点：

在浇铸面和底面对角线中心点至顶角距离的二分之一处为取样点，共取四点，见图1。

6.3.2.2　两个或两个以上的锭取样点：

取样点按$2n$（n 为锭数）规定进行。将金锭排列成长方形，作每块金锭浇铸面和底面平行于长边的中心线与长方形对角线相交处为取样点，见图2。

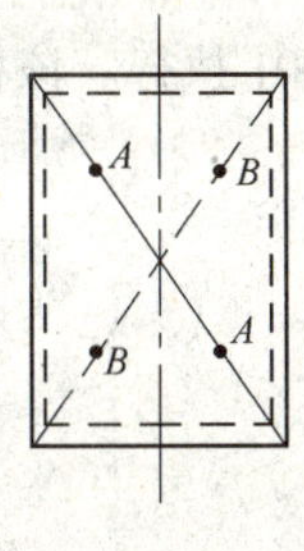

图1

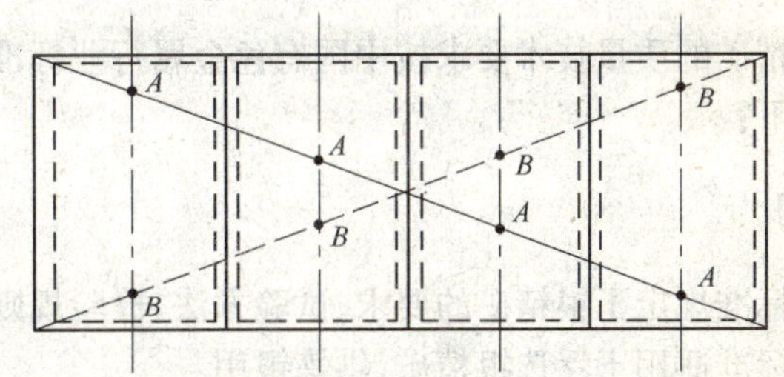

图2

A—浇铸面取样点；*B*—底面取样点

6.4　判定规则

6.4.1　检验结果判定

每批金锭凡不符合本标准4.1条者，该批为不合格品；不符合本标准4.2、4.3、4.4条者，该锭为不合格品。

6.4.2　仲裁结果判定

3个试样的分析结果，如有2个不合格，则该批产品为不合格品。

7 标志、包装、运输、贮存

7.1 标志

每块金锭必须有生产厂钢印的标志、年号、批号和编号。

7.2 包装

每块金锭用干净纸包好,装入接榫的木箱,两端用铁皮带加固。经需方同意也可以不包装。

7.3 运输与贮存

运输与贮存时,不得损坏、沾污产品。

7.4 质量证明书

每批金锭应附质量证明书,注明:

a. 供方名称;

b. 产品名称;

c. 牌号、批号;

d. 净重、锭数;

e. 各项分析检验结果及质量监督部门印记;

f. 本标准编号;

g. 出厂日期。

第二节 银质量技术要求

一、银精矿

银精矿的质量技术要求按中国有色金属行业标准 YS/T 433—2001 执行。该标准具体规定如下:

1 范围

本标准规定了银精矿的要求、试验方法、检验规则及包装和运输。

本标准适用于浮选银精矿,供炼银用。

2 引用标准

下列标准所包含的条文,通过在本标准中引用而构成为本标准的条文。本标准出版时,所示版本均为有效。所有标准都会被修改,使用本标准的各方应探讨使用下列标准最新版本的可能性。

GB/T 1250—1989 极限数值的表示方法和判定方法

GB/T 8170—1987 数值修约规则

GB/T 14263—1993 散装浮选铜精矿取样、制样方法

YS/T 96—1996 散装浮选铜精矿、铅精矿中金、银分析取制样方法

YS/T 445.1~445.9—2001 银精矿化学分析方法

3　要求

3.1　化学成分

3.1.1　银精矿的化学成分应符合表 1 的规定。

表 1

名　称	流　　程	Ag g/t(大于)	杂质元素(不大于),%							
			Cu	Pb + Zn	Zn	As	Bi	MgO	SiO_2	Al_2O_3
银精矿	铜冶炼流程	3000	—	8	—	0.4	0.5	5	—	—
	铅冶炼流程		1.5	—	7	0.4	—	2	—	4
	铅锌混合冶炼流程		2.5	—	—	0.4	—	—	4.5	—

3.1.2　除表 1 的规定外,有价元素、其他杂质元素的确定及限量由供需双方商定。

3.2　银精矿水分应不大于 12%,冬季应不大于 8%。

3.3　银精矿不得混入外来杂物,同批精矿必须混匀。

4　试验方法

4.1　银精矿水分含量的测定按 GB/T 14263 中的规定进行。

4.2　银精矿化学成分测定按 YS/T 445.1～445.9 中的规定进行。

5　检验规则

5.1　检查和验收

银精矿运输到需方就近车站或码头后,由需方技术监督部门负责验收。供方必须确保产品质量符合本标准(或订货合同)的规定。

5.2　组批

银精矿应成批提交检验,每批应由同一品质组成。检验批不大于 60t。

5.3　取样和制样

5.3.1　散装银精矿取样方法按照 YS/T 96 实施,袋装银精矿按 10%(m/m)以上随机抽取样袋,采用样钎钎取份样,钎样时插入袋底,每袋取一钎,并将样袋中所取份样混合均匀。

5.3.2　样品的制备按 GB/T 14263 规定的程序和方法进行。

5.3.3　将所制样品分成 3 份:一份为验收分析试样;一份交供方;一份由需方保存 3 个月,作为仲裁样品。供方如对验收分析结果有异议,应在仲裁样保存期内提出。

5.4　检验结果的判定

5.4.1　检验结果的判定按 GB/T 1250 中修约值比较法的规定进行。

5.4.2　检验结果保留 2 位小数;数字的修约按 GB/T 8170—1987 中第 3 章的规定进行。

5.4.3　当供需双方对检验结果有争议时,由供需双方协商解决;如需仲裁,以仲裁结果为最终判定依据。

5.4.4 同一车内,发现精矿颜色明显不一致或掺杂等不符合银精矿标准规定时判废。

6 包装和运输

6.1 银精矿为散装也可袋装。袋装时每袋重量应基本一致。

6.2 银精矿用火车(船)或汽车运输,装车后应将精矿表面扒平。

6.3 每批精矿发运时,应附有质量保证预报单。注明:

a. 供方名称;

b. 精矿名称;

c. 品质;

d. 重量;

e. 车号;

f. 发货日期;

g. 本标准编号(或合同号)。

7 订单(或合同)内容

本标准所列银精矿的订单(或合同)应包括下列内容:

7.1 产品名称。

7.2 含量。

7.3 杂质含量的特殊要求。

7.4 数量。

7.5 本标准编号。

7.6 其他。

二、银锭

银锭的质量技术要求按国家标准 GB/T 4135—1994 执行。该标准具体规定如下:

1 主题内容与适用范围

本标准规定了银锭的产品分类、技术要求、试验方法、检验规则及标志、包装、运输、贮存。

本标准适用于以各种银原料生产的银锭。

2 引用标准

GB 8170 数值修约规则

GB/T 11067 银化学分析方法

3 产品分类

银锭按银的含量分为 Ag-1、Ag-2、Ag-3 三个牌号。

4 技术要求

4.1 银锭的化学成分应符合下表的规定。

牌号	化学成分,%									
	Ag（不小于）	杂质含量,(不大于)								
		Bi	Cu	Fe	Pb	Sb	Au	C	S	总和
Ag-1	99.99	0.002	0.003	0.001	0.001	0.001	—	—	—	0.01
Ag-2	99.95	0.004	0.025	0.003	0.005	0.002	—	—	—	0.05
Ag-3	99.9	—	—	—	—	—	—	—	—	0.1

注：1. Ag-1、Ag-2 牌号银含量是以 100%减去表中规定的杂质实测含量总和而得。Ag-3 牌号银含量为直接测定值。

2. 杂质 Au、C、S 的含量不规定上限值,但必须参加 Ag-1、Ag-2 牌号银的减量。

3. 需方如有特殊要求,供需双方可另行协议。

4.2 银锭为长方体。若需方同意,银锭切头可随批交货。

4.3 银锭表面须平整、洁净,不得有夹层、冷隔、裂纹、飞边、毛刺和夹杂物。

4.4 银锭表面不得有机械、手工式加工的痕迹(切口及铜刷处理表面例外)。

4.5 银锭顶端缩坑不得大于:长 10mm、宽 3mm、深 5mm。

4.6 银锭顶端切口高度不得超过端面 5mm。

4.7 每块银锭重一般规定 15～16kg。如需方有特殊要求,由供需双方协议。银锭重以单锭为单位按 GB 8170 规定修约到 0.1g。

5 试验方法

5.1 银锭的化学成分仲裁分析方法按 GB/T 11067 规定进行。生产厂可用其他分析方法,但必须保证其精密度不低于该标准的规定。

5.2 银锭外观质量用目视检查。

6 检验规则

6.1 检查与验收

6.1.1 产品由供方技术监督部门进行检验,保证产品质量符合本标准规定,并填写质量证明书。

6.1.2 需方应对收到的产品按本标准规定进行检验。如检验结果与本标准规定不符时,应在收到产品之日起 3 个月内向供方提出,由供需双方协商解决。如需仲裁,可委托双方认可的单位进行,并在需方共同取样。

6.1.3 用户在合理的选材和加工工艺条件下出现的加工脆裂,如确属银锭的质量问题,由生产厂负责。

6.2 组批

银锭应成批提交检验。每批应由同一牌号的银锭组成,批重不限。

6.3 取样和制样

6.3.1 生产厂取样

每熔一锅可在浇铸时随机取1个试样,数锅试样组成一批试样。试样允许表面处理。

6.3.2　仲裁取样

每批按银锭数的10%取样,但不得少于1个锭。特殊情况下,可逐块取样。取样时,银锭表面不得有灰尘及油污等外来物。

用直径12mm钻头钻取试样。钻取深度不小于锭厚的三分之二。将取得的钻屑经磁铁处理后混匀,用四分法缩分至不少于150g,分为3份,每份50g。

6.3.2.1　单锭取样点

在锭的两个大面对角线中心点距两边顶角的三分之一和三分之二处为取样点,共取8点,见图1。

6.3.2.2　两个或两个以上的锭取样点

取样点按 $4n$(n 为锭数)规定进行。将银锭平行排列成长方形,在每个锭的两个大面上,作长边的平行线,将锭宽分成3等份,再作两个面的对角线,其平行线与对角线相交处为取样点,见图2。

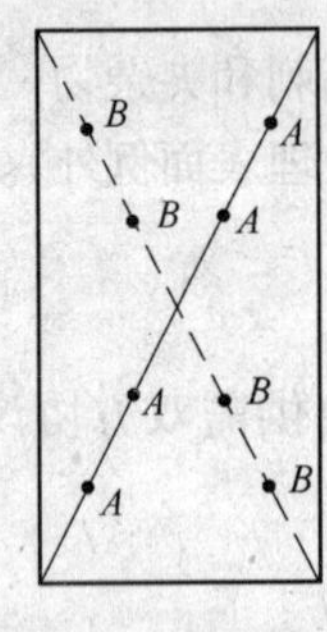

图1

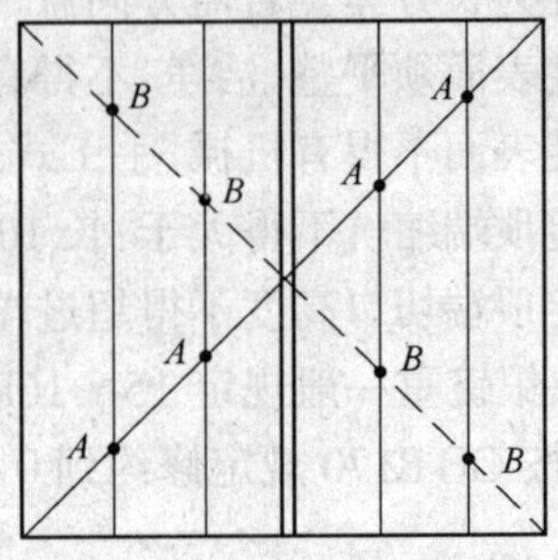

图2

注:A 为一面的取样点,B 为另一面的取样点

6.4　判定规则

6.4.1　检验结果判定

每批银锭凡不符合本标准4.1条者,该批为不合格品;不符合本标准4.2、4.3、4.4、4.5、4.6、4.7条者,该锭为不合格品。

6.4.2　仲裁结果判定

3个试样的分析结果,如有两个不合格,则该批产品为不合格品。

7　标志、包装、运输、贮存

7.1　标志

每批银锭必须有生产厂钢印的标志、年号、批号和编号。

7.2　包装

银锭用木箱包装。在箱底及锭与锭之间用干净纸垫好。经需方同意也可以不包装。

7.3　运输与贮存

运输与贮存时,不得损坏、污染产品。

7.4　质量证明书

每批银锭应附质量证明书,注明:

a. 供方名称；
b. 产品名称；
c. 牌号、批号；
d. 净重、锭数；
e. 各项分析检验结果及质量监督部门印记；
f. 本标准编号；
g. 出厂日期。

第八章　铅、锌国外相应标准目录

一、国际标准化组织(ISO)

ISO 301:1981　铸造锌合金锭
ISO 713:1975　锌　铅和镉含量的测定　极谱法
ISO 714:1975　锌　铁含量的测定　光度法
ISO 715:1975　锌　铅含量的测定　极谱法
ISO 752:1981　锌锭
ISO 1053:1975　锌　铜含量的测定　分光光度法
ISO 1054:1975　锌　镉含量的测定　极谱法
ISO 1055:1975　锌及锌合金　铁含量的测定　分光光度法
ISO 1169:1975　锌合金　铝含量的测定　容量法
ISO 1570:1975　锌及锌合金　锡含量的测定　分光光度法
ISO 1976:1975　锌合金　铜含量的测定　电解法
ISO 2576:1972　锌合金化学分析　含铜锌合金中铅和镉极谱法测定
ISO 2741:1973　锌合金　镁的络合滴定法测定
ISO 3549:1995　涂料用锌粉规范和试验方法
ISO 3750:1976　锌合金　镁含量的测定　原子吸收法
ISO 3751:1976　锌锭化学分析试样选取及制备
ISO 3752:1976　锌合金化学分析试样选取及制备
ISO 3815:1976　锌及锌合金　光谱分析
ISO 3816:1976　锌锭光谱试样选取及制备
ISO 3817:1976　锌合金光谱试样选取及制备
ISO 9453:1990　软焊料合金化学成分
ISO 9599:1991　硫化铜铅锌精矿　在分析样品中湿存水的测定　重量法
ISO 10251:1997　硫化铜铅锌精矿　堆积物料质量损失的测定
ISO 11441:1995　硫化铅精矿　铅量的测定　硫化铅沉淀 EDTA 滴定法
ISO 12739:1997　硫化铜铅锌矿和精矿　检查取样精密度的试验方法
ISO 12745:1996　硫化铜铅锌矿和精矿质量测定方法的精密度和偏差
ISO 13291:1997　硫化锌精矿　锌量的测定　溶剂萃取 EDTA 滴定法
ISO 13292:1997　硫化铜铅锌矿　检查取样偏差的试验方法
ISO 13543:1996　硫化铜铅锌矿批料中金属量的测定

二、美国标准(ASTM)

ASTM B6:1998　锌
ASTM B23:1994　巴比特轴承合金
ASTM B69:1998a　轧制锌
ASTM B86:1998　锌及锌合金铸件及压铸件
ASTM B240:1998　压铸件用锌合金锭
ASTM B319:1991　电镀用铅及铅合金的制备
ASTM B418:1995a　铸造和加工的镀锌阳极
ASTM B560:1994　新锡铅合金
ASTM B669:1997a　铸件和压铸件用锌-铝合金锭
ASTM B750:1999a　热压铸件用锌-0.05　铝-含铈稀土合金(UNSZ38510)锭
ASTM B792:1998　空心铸件用锌合金锭
ASTM B793:1998　金属板成型模用铸造锌合金锭
ASTM B897:1999a　特大锌及锌合金锭
ASTM E37:1995　粗铅化学分析方法
ASTM E47:1993　压铸锌合金化学分析方法
ASTM E536:1993　锌及锌合金化学分析方法
ASTM E634:1996　发射光谱化学分析　锌及锌合金取样规程
ASTM E945:1996　锌矿石、精矿及有关原料的化学分析方法

三、日本工业标准(JIS)

JIS H1108:1989　锌锭中铅含量测定方法
JIS H1109:1989　锌锭中铁含量测定方法
JIS H1110:1989　锌锭中镉含量测定方法
JIS H1111:1989　锌锭中锡含量测定方法
JIS H1113:1993　锌锭发射分光光谱分析方法
JIS H1560:1994　硬模铸造锌合金发射分光光谱分析方法
JIS H1551:1999　硬模铸造锌合金分析方法
JIS H1121:1995　铅锭分析方法
JIS H1123:1995　铅锭发射分光光谱分析方法
JIS H1503:1975　铅字合金分析方法
JIS H1501:1975　轴承合金分析方法
JIS H2105:1995　铅锭
JIS H2107:1999　锌锭
JIS H2201:1999　压铸用锌合金锭
JIS H4301:1993　铅板
JIS H4311:1993　一般工业用铅管
JIS H4312:1997　水道用铅管

JIS H5301:1990 锌合金硬模铸锭
JIS H8300:1999 喷镀锌
JIS H8610:1999 电镀锌
JIS H8641:1999 热浸镀锌
JIS H8661:1999 喷镀锌试验方法
JIS M8111:1963 矿石中金、银的测定
JIS M8121:1997 矿石中铜量的测定
JIS M8122:1994 矿石中硫的测定
JIS M8123:1994 矿石中铅的测定
JIS M8124:1979 矿石中锌的测定
JIS M8126:1994 矿石中镍的测定
JIS M8127:1994 矿石中铅锡的测定
JIS M8128:1976 矿石中钨的测定
JIS M8129:1994 矿石中钴的测定
JIS M8130:1996 矿石中锑的测定
JIS M8131:1962 矿石中钼的测定
JIS M8133:1996 矿石中铋的测定
JIS M8134:1994 矿石中硒的测定
JIS M8135:1994 矿石中镉的测定

四、法国标准(NF)

NF A06-401:1975 铅的化学分析 铜的分光光度法测定
NF A06-404:1975 铅的化学分析 铋的分光光度法测定(每吨含铋量 25～1000g)
NF A06-405:1974 铅的化学分析 铋的分光光度法测定(每吨含铋量 3～30g)
NF A06-407:1975 铅的化学分析 砷的分光光度法测定(每吨含砷量 5～400g)
NF A06-408:1979 铅的化学分析 砷的分光光度法测定(每吨含砷量 0.5～20g)
NF A06-409:1979 铅的化学分析 砷的测定(每吨含砷量 0.2～2g)
NF A06-410:1976 铅的化学分析 锑的分光光度法测定
NF A06-411:1979 铅的化学分析 锑的分光光度法测定(每吨含量 0.25～2.5g)
NF A06-502:1958 铅的化学分析 金和银的测定
NF A06-503:1957 铅和氧化铅的化学分析 铁的比色法测定
NF A06-507:1957 铅和氧化铅的化学分析 锡的分光光度法测定
NF A06-508:1957 铅的化学分析 镉的比色法测定
NF A06-510:1957 铅和氧化铅的化学分析 锌的比色法测定
NF A06-512:1959 铅的化学分析 铅的直接测定
NF A06-800:1968 锌及锌合金分析方法 铜的分光光度法测定(Cupzazon)法
NF A06-801:1966 锌及锌合金分析方法 铜的分光光度法测定
NF A06-802:1971 锌及锌合金分析方法 锡的分光光度法测定
NF A06-803:1966 锌及锌合金分析方法 锡的极谱法测定

NF A06-804:1968　锌及锌合金分析方法　钙的分光光度法测定
NF A06-813:1967　锌的化学分析方法　铁的分光光度法测定
NF A06-814:1967　锌的化学分析方法　铅和钙的极谱法测定
NF A06-815:1966　锌的化学分析方法　铅的重量法测定
NF A06-818:1968　锌的化学分析方法　钠的极谱法测定
NF A06-819:1968　锌的化学分析方法　钠的分光光度法测定
NF A06-821:1967　锌合金的化学分析方法　铜的电解法测定
NF A06-823:1967　锌合金的化学分析　铁的分光光度法测定
NF A06-824:1971　锌合金的化学分析　铅和钙的极谱法测定
NF A06-825:1967　锌合金的化学分析　铅的容量法测定
NF A06-826:1968　锌合金的化学分析　镁的滴定法测定
NF A06-827:1968　锌合金的化学分析　钛的分光光度法测定
NF A06-830:1973　电镀用锌的分析
NF A06-832:1973　电镀用锌的分析　锡的容量法测定
NF A06-835:1973　电镀用锌的分析　铝的分光光度法测定
NF A06-999:1950　冶金　锡基轴承合金和铅的化学分析
NF A07-822:1954　压铸用的锌合金的化学分析　锡的分光光度法测定
NF A07-830:1973　电镀用锌　发射光谱分析用的技术条件
NF A08-401:1973　铅的化学分析　铜的测定(原子吸收法)
NF A08-404:1975　铅的化学分析　铋的测定(原子吸收法)(含量为25～1000g/t)
NF A08-405:1974　铅的化学分析　铋的测定(原子吸收法)(含量为3～30g/t)
NF A08-410:1979　铅的化学分析　锑的测定(原子吸收法)(含量为25～250g/t)
NF A08-417:1979　铅的化学分析　镉的原子吸收法测定(含量为1～10g/t)
NF A08-425:1979　铅的化学分析　锌的原子吸收法测定(含量为1～10g/t)
NF A08-450:1979　铅合金的化学分析　锑的原子吸收法测定
NF A08-811:1970　锌的化学分析　铝和铜、镉、铅的测定(原子吸收法)
NF A08-821:1971　锌合金的化学分析　铜和镉、铅的测定(原子吸收法)
NF A08-825:1973　锌合金的化学分析　铝的测定(原子吸收法)
NF A08-826:1970　锌合金的化学分析　镁的测定(原子吸收法)
NF A24-001:1985　锌矿石　锌精矿的化学分析　杂质完全沉淀后络合滴定法测定锌
NF A24-002:1985　锌矿石　锌精矿的化学分析　锌优选萃取后用络合滴定法测定锌
NF A24-003:1985　锌矿石　锌精矿的化学分析　用内部标准液X射线荧光光谱法对锌含量的精确测定
NF A55-105:1980　铅锭(金属锭)
NF T31-006:1983　氧化锌
NF T31-014:1975　涂料用锌粉

五、德国标准(DIN)

DIN 1260:1967　铅制弯管

DIN 1262:1977 非饮用水管道用铅制压力管
DIN 1263:1966 非水系统用铅制的废水管与弯管
DIN 1706:1974 锌
DIN 1719:1986 铅化学成分
DIN 1743T2:1978 精炼铸造锌合金、压铸铸件
DIN 17640T1:1986 铅合金的一般用途
DIN 17640T2:1986 铅合金 电缆的铅包皮
DIN 17640T3:1986 铅合金 蓄电池用铅合金
DIN 55969:1977 锌粉颜料、交货技术条件
DIN ISO714:1983 锌铁量的测定 光度法
DIN ISO1055:1983 锌及锌合金 铁量的测定 光度法
DIN ISO1169:1975 锌合金 铝量的测定 容量法
DIN ISO1570:1982 锌及锌合金 锡量的测定 光度法
DIN ISO1976:1983 锌合金 铜量的测定 电解法
DIN ISO3750:1984 锌合金 镁量的测定 原子吸收光谱法

六、俄罗斯标准(ГОСТ)

ГОСТ 167:1969 铅管技术条件
ГОСТ 1219.0:1974 铅 钙轴承合金 化学分析方法一般要求
ГОСТ 1219.1:1974 铅 钙轴承合金 钙含量测定方法
ГОСТ 1219.2:1974 铅 钙轴承合金 钠含量测定方法
ГОСТ 1219.3:1974 铅 钙轴承合金 铝含量测定方法
ГОСТ 1219.4:1974 铅 钙轴承合金 镁含量测定方法
ГОСТ 1219.5:1974 铅 钙轴承合金 锡含量测定方法
ГОСТ 1219.6:1974 铅 钙轴承合金 锑含量测定方法
ГОСТ 1219.7:1974 铅 钙轴承合金 铋含量测定方法
ГОСТ 1219.8:1974 铅 钙轴承合金 铜含量测定方法
ГОСТ 1292:1981E 铅锑合金技术条件
ГОСТ 1293.0:1983 铅锑合金 化学分析方法一般要求
ГОСТ 1293.1:1983 铅锑合金 锑含量测定方法
ГОСТ 1293.2:1983 铅锑合金 铜含量测定方法
ГОСТ 1293.3:1983 铅锑合金 铋含量测定方法
ГОСТ 1293.4:1983 铅锑合金 砷含量测定方法
ГОСТ 1293.5:1983 铅锑合金 锌和铜含量测定方法
ГОСТ 1293.6:1983 铅锑合金 钠含量测定方法
ГОСТ 1293.7:1983 铅锑合金 铁含量测定方法
ГОСТ 1293.8:1983 铅锑合金 钙含量测定方法
ГОСТ 1293.9:1983 铅锑合金 镁含量测定方法
ГОСТ 1293.10:1983 铅锑合金 锡含量测定方法

ГОСТ 1293.11:1983　铅锑合金　硫含量测定方法
ГОСТ 1293.12:1983　铅锑合金　银含量测定方法
ГОСТ 1293.13:1983　铅锑合金　镍含量测定方法
ГОСТ 1293.14:1983　铅锑合金　光谱法测定钠、钙和镁含量
ГОСТ 1293.15:1983　铅锑合金　发射光谱法测定镍
ГОСТ 1320:1974　含锡及含铅巴比合金技术条件
ГОСТ 1583:1993　铸造铝合金技术条件
ГОСТ 3640:1994　锌技术条件
ГОСТ 3778:1977　铅技术条件
ГОСТ 8857:1977　铅光谱分析方法
ГОСТ 9519.0:1982　铅　钙轴承合金光谱分析方法一般要求
ГОСТ 9519.1:1977　铅　钙轴承合金　铸造金属标准样品光谱分析方法
ГОСТ 9519.2:1977　铅　钙轴承合金　合成校正试样光谱分析方法
ГОСТ 9519.3:1977　铅　钙轴承合金　原子吸收光谱分析方法
ГОСТ 13073:1977　锌线技术条件
ГОСТ 13348:1974　铅锑合金　光谱分析方法
ГОСТ 14047.2:1978　铅精矿　极谱法和络合滴定法测定铜、锌含量
ГОСТ 14047.3:1981　铅精矿　金、银含量测定方法
ГОСТ 14047.4:1978　铅精矿　光度法和极谱法测定铋含量
ГОСТ 14047.5:1978　铅精矿　光度法和滴定分析法测定砷含量
ГОСТ 14047.6:1978　铅精矿　重量法测定硫含量
ГОСТ 14047.7:1978　铅精矿　钴含量的光度测定方法
ГОСТ 14047.8:1978　铅精矿　络合滴定法测定铁含量
ГОСТ 14047.9:1978　铅精矿　光度法测定锑含量
ГОСТ 14047.10:1978　铅精矿　光度法和重量法测定二氧化碳含量
ГОСТ 14047.11:1978　铅精矿　光度法测定铝含量
ГОСТ 14047.12:1978　铅精矿　氧化钙和氧化镁含量测定方法
ГОСТ 14047.13:1978　铅精矿　光度法测定锗含量
ГОСТ 14048.2:1978　锌精矿　铁含量测定方法
ГОСТ 14048.3:1978　锌精矿　铜、铅、镉含量测定方法
ГОСТ 14048.4:1978　锌精矿　二氧化硅含量测定方法
ГОСТ 14048.5:1978　锌精矿　砷含量测定方法
ГОСТ 14048.7:1980　锌精矿　氟含量测定方法
ГОСТ 14048.8:1980　锌精矿　硫含量测定方法
ГОСТ 14048.9:1980　锌精矿　锑含量测定方法
ГОСТ 14048.10:1980　锌精矿　锰含量测定方法
ГОСТ 14048.11:1980　锌精矿　氧化钙、氧化镁和氧化铝含量测定方法
ГОСТ 14048.12:1980　锌精矿　钴含量测定方法
ГОСТ 14048.13:1980　锌精矿　银和金含量测定方法

ГОСТ 14048.14:1980 锌精矿 氧化铝含量测定方法
ГОСТ 14048.15:1980 锌精矿 氧化镁含量测定方法
ГОСТ 14048.16:1980 锌精矿 镓含量测定方法
ГОСТ 14048.17:1977 锌精矿 铟含量测定方法
ГОСТ 17261:1977 锌光谱分析方法
ГОСТ 18846:1973 锌箔技术条件
ГОСТ 19251.0:1979 锌分析方法一般要求
ГОСТ 19251.1:1979 锌 铁含量测定方法
ГОСТ 19251.2:1979 锌 镉和铅含量测定方法
ГОСТ 19251.3:1979 锌 铜含量测定方法
ГОСТ 19251.4:1979 锌 砷含量测定方法
ГОСТ 19251.5:1979 锌 锡含量测定方法
ГОСТ 19251.6:1979 锌 锑含量测定方法
ГОСТ 19251.7:1993 锌 铝含量测定方法
ГОСТ 19424:1974 压模铸造用锌合金锭 技术条件
ГОСТ 20580.0:1980 铅化学分析方法一般要求
ГОСТ 20580.1:1980 铅 银含量测定方法
ГОСТ 20580.2:1980 铅 铜含量测定方法
ГОСТ 20580.3:1980 铅 锌含量测定方法
ГОСТ 20580.4:1980 铅 铋含量测定方法
ГОСТ 20580.5:1980 铅 砷含量测定方法
ГОСТ 20580.6:1980 铅 锡含量测定方法
ГОСТ 20580.7:1980 铅 锑含量测定方法
ГОСТ 20580.8:1980 铅 铁含量测定方法
ГОСТ 21877.0:1976 锡及铅轴承合金 分析方法一般要求
ГОСТ 21877.1:1976 锡及铅轴承合金 锑含量测定方法
ГОСТ 22518.1:1977 高纯铅 化学光谱法测定杂质含量
ГОСТ 22518.2:1977 高纯铅 光谱法测定钠、钙、镁、铝、铁和铊含量
ГОСТ 22518.3:1977 高纯铅 比色法测定汞含量
ГОСТ 22518.4:1977 高纯铅 光谱法测定汞含量
ГОСТ 22861:1993 高纯铅技术条件
ГОСТ 23328:1995 耐磨锌合金光谱分析方法
ГОСТ 23957.1:1980 锌 原子吸收法测定铅、镉和锑含量
ГОСТ 23957.2:1980 锌 原子吸收法测定锡含量
ГОСТ 24938:1985 锌精矿 光谱法测定镓、锗、铟、砷、锡、锑和铊含量
ГОСТ 25284.0:1995 锌合金 分析方法一般要求
ГОСТ 25284.1:1995 锌合金 铝含量测定方法
ГОСТ 25284.2:1995 锌合金 铜含量测定方法
ГОСТ 25284.3:1995 锌合金 镁含量测定方法

ГОСТ 25284.4:1995 锌合金 铅含量测定方法

ГОСТ 25284.5:1995 锌合金 镉含量测定方法

ГОСТ 25284.6:1995 锌合金 铁含量测定方法

ГОСТ 25284.7:1995 锌合金 锡含量测定方法

ГОСТ 25284.8:1995 锌合金 硅含量测定方法

ГОСТ 25363:1982 锌精矿 原子吸收法测定金和银含量

ГОСТ 26880.1:1986 铅原子吸收分析方法

ГОСТ 26880.2:1986 铅 钠和钾含量测定方法

ГОСТ 26958:1986 高纯铅丹用铅、钒、钴、锰和铬含量测定方法

ГОСТ 27225:1987 无锡铅基轴承合金 原子吸收法测定镁、铜和铝含量

七、英国标准(BS)

BS 334:1989 化学用铅成分范围

BS 1431:1960(80) 用于饮水的加工铜和锌容器

BS 2656:1990 电镀用氧化锌和锌盐

BS 3332:1996 轴承合金锭

BS 3436:1986 锌锭

BS 3630.1:1963 锌及锌合金的取样和分析方法 第1部分:锌及锌合金锭的取样

BS 3630.4:1963 锌及锌合金的取样和分析方法 第4部分:锌及锌合金锭和锌合金模铸件光谱分析样品的取样

BS 3630.5:1963 锌及锌合金的取样和分析方法 第5部分:锌及锌合金中铁的测定(光度法)

BS 3630.6:1987 锌及锌合金的取样和分析方法 第6部分:锌及锌合金中铝的测定(容量法)

BS 3630.7:1967 锌及锌合金的取样和分析方法 第7部分:3级和4级锌中铅的测定(极谱分析法)

BS 3630.8:1971 锌及锌合金的取样和分析方法 第8部分:1级和2级锌及锌合金中的铅和镉的测定方法(极谱法)

BS 3630.9:1969 锌及锌合金的取样和分析方法 第9部分:锌锭和锌合金(合金A)中铜的测定(光度法)

BS 3630.11:1970 锌及锌合金的取样和分析方法 第11部分:锌及锌合金中铟的测定(极谱法)

BS 3630.12:1970 锌及锌合金的取样和分析方法 第12部分:锌及锌合金中砷的测定(光度法)

BS 3630.13:1972 锌及锌合金的取样和分析方法 第13部分:锌合金(合金B)中铜的测定(电解法)

BS 3630.14:1972 锌及锌合金的取样和分析方法 第14部分:锌(3级和4级锌)中镉的测定(极谱法)

BS 3630.15:1976 锌及锌合金的取样和分析方法 第15部分:锌合金中镁的测定(原

子吸收法)

BS 3630.16:1987 锌及锌合金的取样和分析方法 第16部分:锌合金中镍的测定(光度法)

BS 3908.1:1991 铅及铅合金的取样和分析方法 第1部分:铅锭、铅合金锭、板、管和电缆包皮合金的取样

BS 3908.2:1991 铅及铅合金的取样和分析方法 第2部分:铅及铅合金中砷的测定(光度法)

BS 3908.3:1991 铅及铅合金的取样和分析方法 第3部分:铅及铅合金中铋含量的测定(光度法)

BS 3908.4:1991 铅及铅合金的取样和分析方法 第4部分:铅及铅合金中铜的测定(光度法)

BS 3908.5:1991 铅及铅合金的取样和分析方法 第5部分:铅及铅合金中镍的测定(光度法)

BS 3908.6:1991 铅及铅合金的取样和分析方法 第6部分:铅及铅合金中碲的测定(光度法)

BS 3908.9:1991 铅及铅合金的取样和分析方法 第9部分:铅及铅合金硫中的测定

BS 3908.10:1989 铅及铅合金的取样和分析方法 第10部分:铅及铅合金中锑的测定

BS 3908.11:1991 铅及铅合金的取样和分析方法 第11部分:铅及铅合金中锡的测定(容量法)

BS 3908.13:1991 铅及铅合金的取样和分析方法 第13部分:铅及铅合金中低含量锑的测定(光度法)

BS 3908.15:1991 铅及铅合金的取样和分析方法 第15部分:铅及铅合金中铁的测定(光度法)

BS 3909:1996 屏蔽辐射用铅锭

BS 3982:1996 锌粉颜料规范

BS 4513:1969 雷达防护屏用铅块

BS EN 60127:1991 微型保险丝用熔丝管技术条件

EN 611-1:1991 铅锡合金

EN 988:1992 锌及锌合金